Stereochemie.

Stereochemie

von

A. W. Stewart, D. Sc.

**Lecturer on Stereochemistry in University College, London,
Carnegie Research Fellow; formerly 1851 Exhibition Research Scholar and Mackay Smith Scholar
in the University of Glasgow.**

Deutsche Bearbeitung

von

Dr. Karl Löffler,

Privatdozent an der Königlichen Universität zu Breslau.

Berlin.

Verlag von Julius Springer.

1908.

ISBN 978-3-642-98192-0 ISBN 978-3-642-99003-8 (eBook)
DOI 10.1007/978-3-642-99003-8
Softcover reprint of the hardcover 1st edition 1908

Vorwort zur englischen Ausgabe.

In Anbetracht der ausgedehnten stereochemischen Untersuchungen, welche im Verlaufe der vergangenen Dekade durchgeführt worden sind, war eine volle, eingehende Behandlung der einzelnen Gebiete dieses Wissenszweiges im Rahmen des vorliegenden Buches unmöglich. Da aber das vorzügliche Buch Landolts „Das optische Drehungsvermögen organischer Verbindungen“ vorliegt und ins Englische übersetzt worden ist, schien es nicht notwendig, diesen Teil der Stereochemie so eingehend zu behandeln, wie es sonst vielleicht ratsam gewesen wäre. Dagegen sind auf anderen Gebieten in den letzten Jahren so viele Arbeiten ausgeführt worden, daß es wünschenswert erschien, diese Untersuchungen vollständiger zu behandeln als die Probleme der optischen Aktivität. Die Anordnung des Stoffes und der jedem Teil zuerkannte Raum wurden durch diese Erwägungen bestimmt. Andererseits wird angenommen, daß kein wesentlicher Punkt in den folgenden Seiten ausgelassen worden ist.

Da es natürlich unmöglich wäre, jede einzelne in den letzten zwanzig Jahren ausgeführte Arbeit zu erwähnen, so wurde eine Auswahl jener Fälle getroffen, welche die allgemeinen Linien, auf denen die stereochemischen Untersuchungen in den gegenwärtigen Tagen fortschreiten, am besten beleuchten, und diese Punkte wurden eingehender behandelt. Da aber vielleicht einige Leser den einzelnen Details, durch welche die laufenden Theorien unterstützt werden, nur eine geringere Aufmerksamkeit schenken und sich mehr für die allgemeinen Prinzipien interessieren, so erschien es angebracht, in dem Kapitel „Über sterische Hinderungen“ in einem besonderen Teile eine allgemeine Zusammenfassung der verschiedenen Untersuchungen zu geben, welche in den anderen eingehender behandelt werden. Der erste und letzte Teil dieses Kapitels bilden ein zusammenhängendes Ganzes, so daß die übrigen Teile von den Lesern, welche sich für die Einzelheiten weniger interessieren, ausgelassen werden können. —

Die Literaturangaben sind nicht als absolut komplett aufzufassen; sie sollen dem Leser nur als Führer dienen, ohne ein Literaturverzeichnis zu bilden.

Dabei mag erwähnt werden, daß es die Anführung von Literaturangaben auf diesem Gebiete sehr erleichtern würde, wenn die Autoren, welche stereochemische Probleme behandeln, neben dem Haupttitel ihrer Publikationen noch einen auf die stereochemischen Fragen bezugnehmenden Nebentitel anführen würden. Denn bisher sind viele diesbezügliche Arbeiten unter Titeln veröffentlicht worden, welche den Suchenden die Auffindung derselben nicht erleichtern. Es erschien nicht sehr ratsam, viele Tabellen in das vorliegende Buch aufzunehmen, da sie zu viel Raum in Anspruch genommen hätten, andererseits hätte ihre Gegenwart kaum für den entsprechenden Verlust an Text entschädigt. Sehr vollständige Tabellen von Schmelz- und Siedepunkten sind in Werners „Lehrbuch der Stereochemie“ enthalten.

Da die Raumanordnung der Atome die physiologische Wirkung mancher Gifte beherrscht, erschien es nötig, diese Erscheinungen ausführlicher zu beschreiben. In den meisten Lehrbüchern der Stereochemie wird dieser Stoff jeweilig unter den verschiedenen Klassen der Isomeren behandelt. Es erschien jedoch vorteilhafter, die Beziehungen zwischen Stereochemie und Physiologie in einer mehr zusammenhängenden Weise zu betrachten, so daß in diesem Werke die Verhältnisse in einem besonderen Teile, dem Anhang A, beschrieben werden.

Es erscheint zweckdienlich, allen jenen, welche das Studium der Stereochemie beginnen, einzuprägen, daß die räumlichen Verhältnisse sich viel verständlicher darstellen lassen, wenn man Modelle an Stelle von ebenen Formeln oder perspektivischen Zeichnungen benutzt. Im Anhang B sind Angaben zur Konstruktion verschiedener in diesem Buche beschriebener Modelle gegeben.

Zum Schlusse möchte ich folgenden Herren meinen Dank aussprechen: Sir William Ramsay K. C. B. und Professor Collie F. R. S., welche das Manuskript gelesen haben, Herrn F. N. A. Fleischmann für einige Bemerkungen bei einem speziellen Kapitel, Herrn Sproxton für seine Kritik einzelner Teile dieses Werkes und Herrn W. B. Tuch für die Durchsicht der Endkorrekturen. Zu besonderem Danke bin ich Herrn Dr. J. K. H. Inglis für verschiedentliche Anregung zur Vervollkommnung dieses Buches und für seine Kritik beim Durchlesen der Endkorrekturen verpflichtet. Ferner habe ich der Chemical Society zu danken, welche die Fig. 72—80 aus ihren Transactions für das vorliegende Buch zur Verfügung gestellt hat.

University College, London, Mai 1907.

A. W. Stewart.

Vorwort des Verfassers zur deutschen Ausgabe.

Wenn wir die Geschichte der organischen Chemie im Verlaufe der letzten dreißig Jahre überblicken, so treten unter der Menge der verschiedensten Theorien zwei besonders wichtige Anschauungen hervor.

Die erste dieser Ideen bedingte eine Umwälzung unserer Anschauungen über die Atomlagerung, kurz eine Änderung der zweidimensionalen in die dreidimensionale Formel. Die unvermeidliche Folge davon war eine Änderung unserer Anschauungen über die Atomgruppierungen. Solange als chemische Formeln nur auf Papier geschriebene Figuren waren, konnten wir die Bewegungen der einzelnen Atome vernachlässigen und uns mit einer statischen Ansicht über die Moleküle begnügen. Mit der Einführung der Raumchemie wurde diese Anschauung ungenügend und als natürliche Folge davon sehen wir bald einen raschen Fortschritt der dynamischen Ideen in unserer Wissenschaft. In dem vorliegenden Werke ist den älteren statischen Anschauungen der gebührende Raum zugewiesen worden, aber auch gleichzeitig ein besonderer Nachdruck auf die kinetische Seite stereochemischer Probleme gelegt worden. Es ist zu hoffen, daß diese Darstellung stereochemischer Fragen einen und wenn auch nur geringen Ansporn zu weiteren Studien auf diesem fruchtbaren Gebiete der Chemie geben wird. Noch vieles bleibt uns zu untersuchen übrig. Auf den folgenden Seiten wird der Versuch gemacht, nicht nur den festen Grund dieser Wissenschaft zu zeigen, sondern auch auf die Lücken, welche noch auszubauen sind, hinzuweisen.

Ich bin sehr glücklich, die Hilfe meines Freundes Privatdozent Dr. Löffler bei der Übersetzung dieses Werkes erlangt zu haben. Er hat an verschiedenen Stellen Teile eingefügt, welche die Brauchbarkeit des Buches gesteigert haben, und ich möchte ihm meinen wärmsten Dank sowohl dafür, als auch für die Sorgfalt und Gründlichkeit, mit welcher er diese arbeitsreiche Aufgabe durchgeführt hat, aussprechen.

University College, London, September 1908.

A. W. Stewart.

Vorwort des Übersetzers.

Das vorliegende Werk ist ein Band aus der von Sir William Ramsay herausgegebenen Serie „Text-Books of Physical Chemistry".

Der Aufforderung der Verlagsbuchhandlung Julius Springer, die deutsche Bearbeitung der Stewartschen „Stereochemistry" zu übernehmen, bin ich um so freudiger nachgekommen, als das Werk aus einem Institut herrührt, in welchem ich selbst arbeitsfrohe Tage verlebt habe.

Die vorliegende deutsche Ausgabe wurde durch eingefügte Abhandlungen des Herrn Verfassers über die „Waldensche Umkehrung" und über die „Beziehungen der Stereochemie zur Fermentation" erweitert. Auch eine Menge weiterer Literaturangaben sind ihm zu verdanken. Die seit dem Erscheinen der englischen Ausgabe erfolgten neueren stereochemischen Resultate wurden, so weit sie von Interesse waren, aufgenommen und auch die Literatur möglichst berücksichtigt.

Es ist mir eine angenehme Pflicht, dem Herrn Verfasser sowohl für seine verschiedentlichen Mitteilungen als auch für das Lesen der Korrekturen meinen wärmsten Dank auszusprechen. Ebenso bin ich Herrn Privatdozent Dr. Sackur für seine Kritik beim Lesen der Endkorrekturen zu herzlichem Danke verpflichtet.

Breslau, Oktober 1908.

Karl Löffler.

Inhaltsverzeichnis.

B. Stereoisomerie ohne optische Aktivität.

Zweiter Teil.

Stereochemische Probleme ohne Stereoisomerie.

Berichtigungen.

S. 27, Z. 10 v. o., statt . . . obgleich optisch aktiv sind, aber weder . . . soll heißen: . . . obgleich sie optisch aktiv sind, weder . . .

S. 52 oben, soll heissen:

$$\text{l-Brompropionylglyzin} \left\{ \begin{matrix} Ag_2O \\ \text{u. Hydrolyse} \end{matrix} \right\} \rightarrow \text{l-Milchsäure.}$$

S. 134 letzte Z. statt S. 787 zu setzen: S. 187.

S. 183 in der zweiten Formelreihe statt:

$$\begin{matrix} C_6H_5C & \text{———} & C-C_6H_5 \\ \| & & \| \\ N-OH & & HO-CN \\ & (\alpha) & \end{matrix} \quad \text{setze} \quad \begin{matrix} C_6H_5C & \text{———} & C-C_6H_5 \\ \| & & \| \\ N-OH & & HO-N \\ & (\alpha) & \end{matrix}$$

S. 228 statt: 4. Di-bromo-diäthylendiaminkobaltsäure soll heißen . . .-kobaltsalze.

S. 412 statt: 6. Daß sechs Wasserstoffatome notwendig sind, um den Benzolkern zu bilden, soll heißen: 6. Daß sechs Kohlenstoffatome notwendig sind usw.

Literaturübersicht.

Eine vollzählige Anführung der einschlägigen Bücher ist in dieser Liste nicht beabsichtigt; nur die neuesten Ausgaben der entsprechenden Werke sind erwähnt.

1860. Pasteur, Récherches sur la dissymétrie moléculaire des produits organiques naturels. Paris.

1874. Van't Hoff, Voorstell tot Uitbreidung der Strukturformules in de ruimte. Utrecht.

1886. Wunderlich, Konfiguration organischer Molekule. Leipzig.

1890. Auwers, Die Entwickelung der Stereochemie. Heidelberg.
V. Meyer, Die Ergebnisse und Ziele der stereochemischen Forschung. Heidelberg.

1891. Werner, Beiträge zur Theorie der Affinität und Valenz. Zürich.

1893. Eiloart, A Guide to Stereochemistry. New York.
Studler, La Structure intime des Molécules chimiques. Paris.

1894. Bischoff und Walden, Handbuch der Stereochemie. Frankfurt a. M.
Warder, Recent Theories of Geometrical Isomerism. U. S. A.

1895. Monod, Stéreochimie. Paris.

1896. Freundler, La Stéreochimie du Carbone et ses Applications.
Thomas Mamert, Sur l'Application de la Stéreochimie aux Réactions internes entre les Radicaux éloignés d'une même Molécule.

(Diese Abhandlungen wurden gegeben in „Conférences de la Chimie faites au Laboratoire de M. Friedel" und finden sich in Band III dieser Serie.) Paris.

1897. Frankland, The Chemical Societys Pasteurs Memorial Lecture.
Van Ryn, Die Stereochemie des Stickstoffs. Zürich.

1898. Freundler, La Stéreochimie. Paris.
Japp, Stereochemistry and Vitalism. British Association 1898.
Scholtz, Der Einfluß der Raumerfüllung der Atomgruppen auf den Verlauf chemischer Reaktionen. Stuttgart.
Vaubel, Stereochemische Forschungen. München.
Van't Hoff, The Arrangement of Atoms in Space. London.

1900. Thorpe, The Chemical Societys Victor Meyer Memorial Lecture.
Wedekind, Grundlagen und Aussichten der Stereochemie. Leipzig.

1902. Hantzsch, Die Diazoverbindungen. Stuttgart.
Landolt, Das optische Drehungsvermögen organischer Substanzen.
Morgan, Our Present Knowledge of the aromatic-Diazo-compounds. British Association Report.
Schmidt, Über den Einfluß der Kernsubstitution auf die Reaktionsfähigkeit aromatischer Verbindungen. Stuttgart.

1903. Bloch, Alfred Werners Theorie des Kohlenstoffatoms und die Stereochemie der karbocyklischen Verbindungen. Leipzig.
Ladenburg, Über Racemie. Stuttgart.
1904. Bischoff, Materialien der Stereochemie. 1894—1902. 2. Bd. Braunschweig.
The Chemical Societys Annual Reports: Stereochemistry.
Hantzsch, Grundriß der Stereochemie. Leipzig.
Jones, The Stereochemistry of Nitrogen. British Association Report.
Wedekind, Stereochemie. Leipzig.
Werner, Lehrbuch der Stereochemie. Jena.
1905. The Chemical Societys Annual Reports: Stereochemistry.
Perkin, The Chemical Societys Wislicenus Memorial Lecture.
Werner, Neuere Anschauungen auf dem Gebiete der anorganischen Chemie. Braunschweig.
1906. Meyerhoffer, Gleichgewichte der Stereomeren. Leipzig.
1907. Wedekind und Fröhlich, Zur Stereochemie des fünfwertigen Stickstoffs. Leipzig.
Scholtz, Die optisch aktiven Verbindungen des Schwefels, Selens, Zinns, Siliciums und Stickstoffs. Stuttgart.

Einleitung.

Die Stereochemie ($\sigma\tau\varepsilon\varrho\varepsilon\acute{o}\varsigma$, körperlich, räumlich) behandelt diejenigen chemischen und physikalischen Erscheinungen, von denen man annimmt, daß sie durch die relative räumliche Lagerung der Atome innerhalb eines Moleküls hervorgerufen werden.

Man bezeichnet diese räumliche Anordnung der Atome als die Konfiguration der Verbindung und ebenso wie wir die Konstitution einer organischen Verbindung mit Hilfe ihrer Strukturformel darstellen, können wir uns ihre Konfiguration durch eine Raumformel vorstellen.

Wenn wir zwei Verbindungen haben, deren Konstitution gleich ist, während ihre Eigenschaften in irgend einer Weise verschieden sind, so schließen wir, daß ihre Konfiguration verschieden sein muß, d. h. in den zwei Molekülen müssen die Atome, obzwar sie untereinander in vollkommen gleicher Weise verkettet sind, eine verschiedene Raumstellung innerhalb eines jeden Moleküls einnehmen; derartige Verbindungen, welche gleiche Struktur, aber verschiedene Konfiguration besitzen, nennen wir „stereoisomer".

Man kann sich möglicherweise vorstellen, daß die Atome irgend eines Moleküls sich in einem von zwei gegebenen Wegen bewegen:

Sie können so chaotisch durcheinanderschwingen wie die Moleküle einer Substanz im gasförmigen Zustande, oder sie können oszillieren um bestimmte Zentren, welche untereinander annähernd in gleicher Lage verbleiben.

Aus fast allen Untersuchungen dieses Zweiges der Chemie ergibt sich das fast sichere Resultat, daß die zweite Ansicht die richtigere ist. Man kann annehmen, daß sich die Atome in einem Molekül in einem Zustande kontinuierlicher Vibration befinden, die sie aber nur hin und her um einige fixierte Punkte oder Gleichgewichtslagen trägt, so daß in irgend einem Zeitpunkte sich zwei Atome immer in einer bestimmten Entfernung voneinander befinden und ihre Bewegungen sie nie auf größere Entfernungen trennt. Es ist deshalb angebracht, diese Atombewegungen zu vernachlässigen und das Molekül so zu behandeln, als wenn es aus einer Reihe von Atomen bestünde, deren relative Stellungen sich nur im Verlaufe intramolekularer Reaktionen verändern.

Die Grundlage für die Stereochemie wurde im Jahre 1861 von Pasteur[1]) in seinen denkwürdigen Untersuchungen über die Weinsäuren gelegt.

Zwölf Jahre später zeigte Wislicenus[2]), daß die Strukturformel in manchen Fällen zur Erklärung von Isomerieerscheinungen nicht hinreichend ist und wies auf die Notwendigkeit einer Umwandlung der ebenen Strukturformel in die dreidimensionale Raumformel hin.

Im folgenden Jahre entwickelten gleichzeitig und unabhängig voneinander van't Hoff[3]) und Le Bel[4]) die Lehre von dem asymmetrischen Kohlenstoffatom, welche eine Erklärung für die optische Aktivität gewisser organischer Verbindungen gibt.

v. Baeyer[5]) übertrug diese Anschauungen auf die Isomerieverhältnisse zyklischer Verbindungen. Seit dieser Zeit wurde das Studium stereochemischer Verhältnisse immer mehr ausgedehnt.

Im Jahre 1891 verwendeten Hantzsch und Werner[6]) die stereochemischen Anschauungen zur Erklärung der Isomerieverhältnisse bei den Oximen.

Im Jahre 1893 gelang es Werner, einige Isomerien bei anorganischen Verbindungen durch Anwendung von Raumformeln zu erklären.

1894 gab Hantzsch[7]) eine Theorie der Diazo-Verbindungen, die manches früher Dunkle nunmehr auf Grund räumlicher Vorstellungen erhellte.

Smiles[8]) isolierte 1900 die ersten optisch aktiven Schwefelverbindungen.

Später stellten Pope[9]) und seine Schüler optisch aktive Verbindungen von Selen und Zinn dar. 1907 gelang es Kipping[10]), optisch aktive Siliziumverbindungen zu isolieren.

Wir müssen nunmehr die möglichen Raumanordnungen der Atome in einem Moleküle MR_4 betrachten, in welchem M ein vierwertiges Kohlenstoffatom und die „R" einwertige Atome oder Radikale vorstellen.

Chemische Beweise haben ergeben, daß dem Methan folgende Strukturformel zukommt:

```
     H
     |
 H — C — H
     |
     H
```

1) Pasteur, Récherches sur la dissymetrie moléculaire des produits organiques naturels.

2) Wislicenus, Liebigs Annal. d. Chem. u. Pharm. **167**, 343 (1873).

3) van't Hoff, La Chimie dans l'Espace (1874).

4) Le Bel, Bull. Soc. Chim. (**2**), **22**, 377 (1874).

5) v. Baeyer, Ber. d. deutsch. chem. Ges. **18**, 2277 (1885).

6) Hantzsch und Werner, Ber. d. deutsch. chem. Ges. **23**, 11 (1890).

7) Hantzsch, Ber. d. deutsch. chem. Ges. **27**, 1702 (1894).

8) Smiles, Trans. **77**, 1174 (1900).

9) Pope und Neville, Trans. **81**, 1552 (1902); Pope and Peachey, Proceed. **16**, 42, 116 (1900).

10) Kipping, Trans. **91**, 209; 717 (1907); **93**, 198, 439, 457 (1908).

Vom rein strukturellen Standpunkt aus betrachtet, ersieht man, daß eine solche Formel nur eine Deutung zuläßt: sie zeigt an, daß jedes Wasserstoffatom direkt mit dem Kohlenstoffatom verbunden ist.

Wenn wir nun diese Formel in eine dreidimensionale verwandeln wollen, müssen wir erwägen, was für eine Stellung die vier Wasserstoffe nunmehr im Raume einnehmen und in welcher Beziehung dieselben zueinander und zu dem Kohlenstoffatom stehen.

Dieses Problem ist aber nur ein rein spezieller Fall eines allgemeineren, welcher die Raumanordnung der Gruppen in dem Molekül MR_4 betrifft.

In diesem Falle, also bei dem Molekül MR_4, gibt es zwei Wege, in denen die Atome oder Gruppen R gelagert sein können: Entweder liegen alle Gruppen in einer Ebene oder sie sind so gelagert, daß nur drei derselben in eine Ebene fallen. Nach weiterer Überlegung wird man ersehen, daß jede dieser Möglichkeiten wiederum zwei Alternativen enthält.

Im ersten Falle (Fig. 1) liegt das Zentralatom entweder in derselben Ebene wie die anderen vier Gruppen oder es liegt außerhalb dieser Ebene (II):

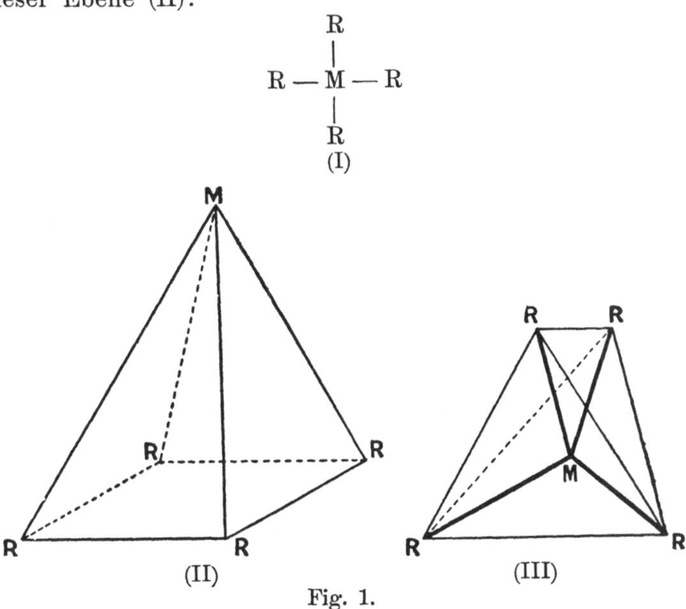

Fig. 1.

Im zweiten Falle ergeben sich abermals zwei Möglichkeiten; denn die Atome müssen in den Ecken eines Tetraeders liegen, das nun eine reguläre oder irreguläre Gestalt haben kann. Wir brauchen nicht den Fall der irregulären Figur zu betrachten, sondern beschränken unsere Aufmerksamkeit auf das reguläre Tetraeder (III.). Wir haben also mindestens 3 mögliche Raumformeln für die Verbindung MR_4 und es erscheint notwendig, Mittel und Wege zu finden, durch welche wir die einer solchen Verbindung wirklich zukommende Konfiguration feststellen können. Dies können wir erreichen, wenn wir erforschen, welche von diesen Formeln dieselbe Anzahl von Isomeren ergibt, als man in der Tat für Verbindungen dieser Art gefunden hat. Wir wissen, daß Verbindungen vom Typus MR_2X_2, z. B. CH_2Cl_2, $CH_2(COOH)_2$, $CH_2(NO_2)_2$ nur in einer Form existieren; nie ist eine zweite in dieser Klasse aufgefunden worden.

Wenn wir nun die drei Konfigurationen, die wir oben aufgestellt haben, auf diese Frage hin untersuchen, so sehen wir aus Fig. 2, daß (I) zu zwei isomeren Verbindungen führt; (II) würde ebenfalls zwei Isomere ergeben, während (III) in Fig. 2a die einzige Form ist, die mit den Tatsachen übereinstimmt; es ist daher wahrscheinlich, daß (III) die wahre Konfiguration des Moleküls MR_4 ist.

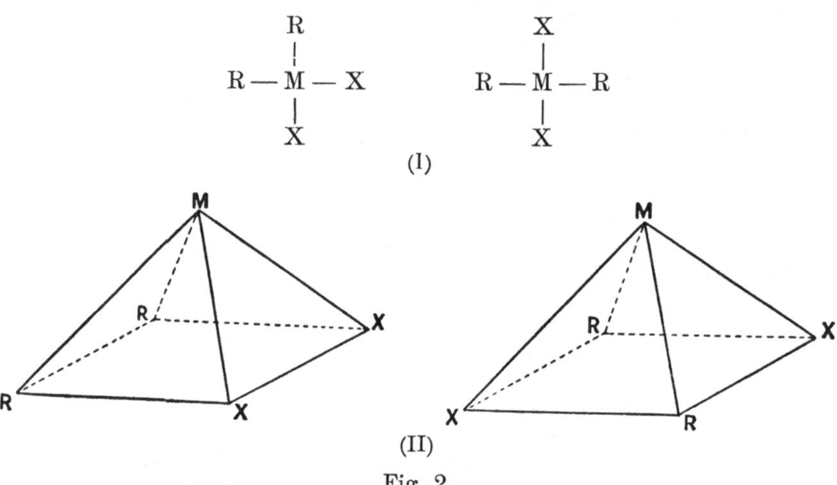

Fig. 2.

Man hat Verbindungen vom Typus M·abcd bisher nur in zwei isomeren Formen beobachtet; keine anderen Isomeren sind in dieser Reihe gefunden worden.

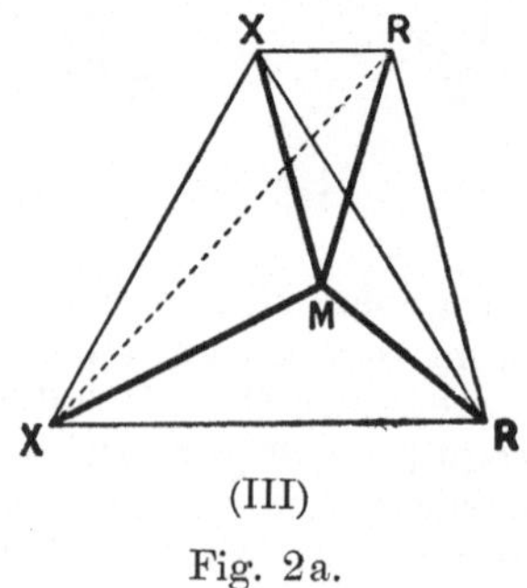

Fig. 2a.

Die Konfigurationen I und II führen aber jede zu drei Isomeren:

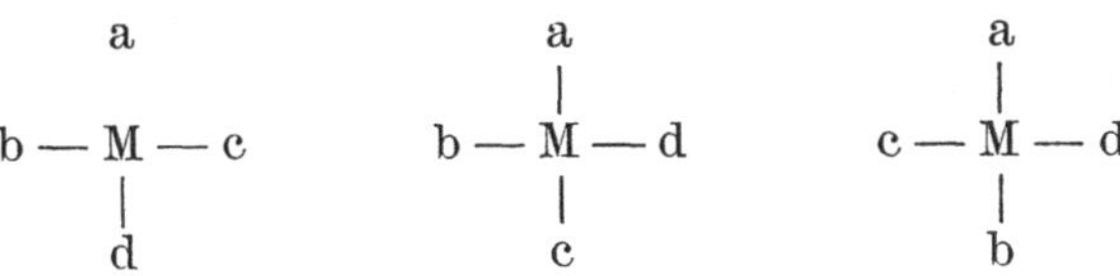

Die tetraedrische Anordnung ergibt dagegen die richtige Anzahl von Isomeren.

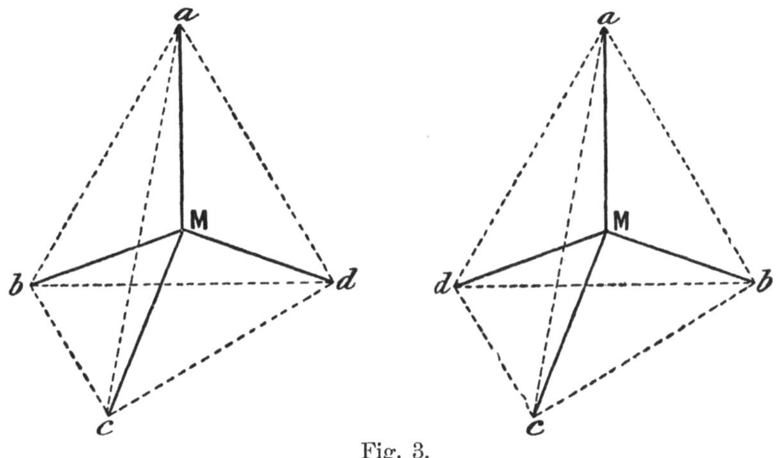

Fig. 3.

Man wird erkennen, daß diese beiden Konfigurationen nicht überdeckbar sind, sondern daß sie sich verhalten wie ein Objekt zu seinem Spiegelbild.

Wir kehren nunmehr zu dem Falle des Methans zurück.

Hier haben wir den speziellen Fall, in welchem M durch ein Kohlenstoffatom ersetzt ist und die vier R durch vier Wasserstoffatome vertreten sind, so daß wir statt MR_4, CH_4 haben. Durch diese Substitution wird aber keine Änderung in der Konfiguration hervorgerufen, sondern die ursprüngliche symmetrische Anordnung bleibt erhalten. Das Methan wird daher durch folgende Raumformel dargestellt.

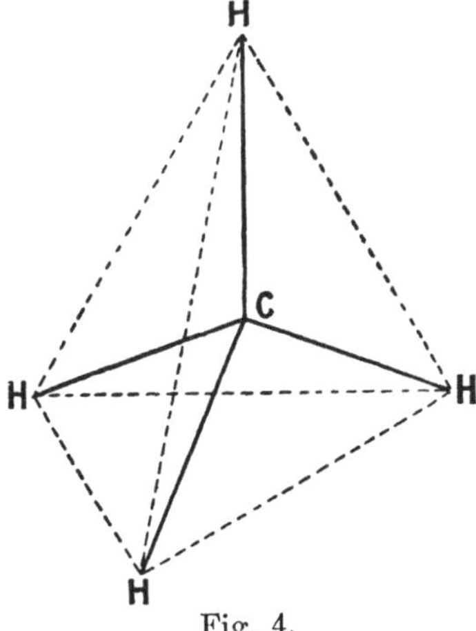

Fig. 4.

Nachdem wir auf die Weise die Konfiguration des Moleküls MR_4 abgeleitet haben, müssen wir nun versuchen, eine Erklärung für die tetraedrische Anordnung der vier „R“ - Atome zu finden.

Wenn wir mit van't Hoff's Theorie beginnen, so finden wir, daß er das Kohlenstoffatom als einen materiellen Punkt betrachtet, von welchem sich die vier Valenzen im Raume gegen die Ecken eines Tetraeders verzweigen.

Van't Hoff hat allerdings nicht ausdrücklich dargelegt, daß das Kohlenstoffatom ein materieller Punkt ist, aber diese Annahme scheint aus einigen seiner Schriften hervorzugehen.

Auwers[1]) hat gezeigt, daß man bei Annahme dieser Ansicht zu Konsequenzen geführt wird, die mit unseren modernen dynamischen Ideen nicht in Einklang gebracht werden können, so z. B. im Falle einer doppelten Bindung zweier Kohlenstoffatome, die dann durch folgendes Schema dargestellt werden müßten:

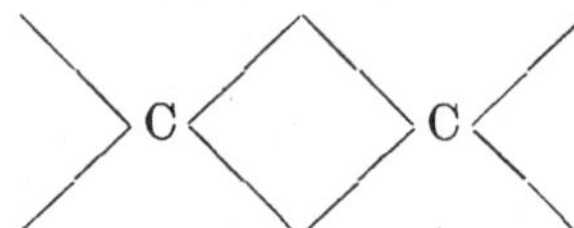

d. h. wir hätten es hier mit Kräften zu tun, die, von zwei Punkten ausgehend, durch den Raum unter einem Winkel aufeinander wirken, statt in der Verbindungslinie der beiden Punkte. Eine derartige Annahme bedingt aber, wie Lossen[2]) zeigte, daß man den Atombindekräften, ebenso wie den Atomen selbst, eine bestimmte Stellung im Raume zusprechen muß. Solche Kräfte sind in Verbindung mit unseren modernen Anschauungen unverständlich; da wir aber die doppelte Bindung nicht in eine einzelne Kraftlinie auflösen können, auf Grund von Tatsachen, die im I. Teil dieses Buches noch mitgeteilt werden, sind wir gezwungen, diese Darstellung van't Hoff's als ungenügend zu verwerfen.

Einige Forscher haben versucht, die Ursache der tetraedrischen Gruppierung durch die Annahme eines Kohlenstoffatoms von bestimmter Form und Größe zu erklären; es erscheint unnötig, auf diese Ansichten näher einzugehen; es genügt, auf die Arbeiten von Wunderlich[3]), Auwers[4]), Wislicenus[5]), V. Meyer und Rieke[6]), Naumann[7]), Sachse[8]), Erlenmeyer jun.[9]), Vorländer und

---

1) Auwers, Die Entwickelung der Stereochemie p. 22 (1890).

2) Lossen, Liebigs Annal. d. Chem. u. Pharm. **204**, 336 (1880). Ber. d. deutsch. chem. Ges. **20**, 3306 (1887).

3) Wunderlich, Konfiguration organischer Moleküle 1886.

4) Auwers, Die Entwickelung der Stereochemie, p. 31 (1890).

5) Wislicenus, Ber. d. deutsch. chem. Ges. **21**, 581 (1888).

6) V. Meyer und Rieke, Ber. d. deutsch. chem. Ges. **21**, 946 (1888).

7) Naumann, Ber. d. deutsch. chem. Ges. **23**, 477 (1890).

8) Sachse, Ber. d. deutsch. chem. Ges. **21**, 2530 (1888); Zeitschr. f. phys. Chem. **11**, 185 (1893).

9) Erlenmeyer jun., Liebigs Annal. d. Chem. u. Pharm. **316**, 71 (1901).

Mumme[1]), Vorländer[2]), Knorr[3]), Vaubel[4]), Knoevenagel[5]), Bloch[6]), P. de Heen[7]) und J. J. Thomson[8]) hinzuweisen.

Le Bel[9]) gab folgende Erklärung für die tetraedrische Gruppierung. Er nimmt an, daß sich zwei Atome, welche in den gegenseitigen Bereich ihrer Anziehung gelangen, einander nähern werden, aber nur auf eine bestimmte Entfernung, da dann eine neue abstoßende Kraft in Wirksamkeit tritt, die beide Atome wieder auseinander hält.

Zur Vereinfachung der Sache macht er die Annahme, daß der Wirkungsbereich am besten durch eine Kugeloberfläche begrenzt wird. Nach dieser Hypothese werden somit die vier Atome, welche mit dem Zentralatom einer Kohlenstoffverbindung verbunden sind, sich bestreben, dem Zentralatom zu nähern und zwar so weit, bis die anziehende und abstoßende Kraft sich im Gleichgewicht befinden. Ein gleicher Effekt wird hervorgerufen durch die Wirkung eines jeden Atoms auf sein Nachbaratom. Somit werden alle Atome voneinander in Entfernungen gehalten, welche durch ihre Repulsivsphären eingeschränkt sind. Wenn wir nun annehmen, die Repulsivsphären der Atome seien von einer solchen Größe, daß die Zentren von drei derselben in den Ecken eines Dreiecks ABC liegen, das mit einer Fläche eines Tetraeders gleich ist, welches konzentrisch mit der Repulsivsphäre des Kohlenstoffatoms liegt, dann wird das vierte Atom die Stellung D einnehmen und die tetraedrische Gruppierung erreicht sein.

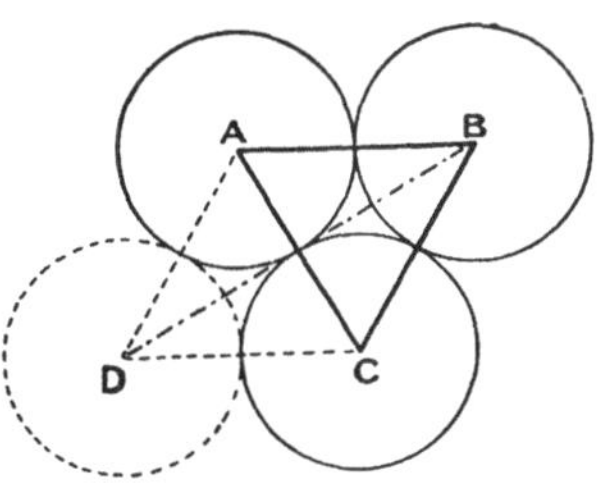

Fig. 5.

Werner[10]) hat eine Theorie aufgestellt, die als die beste aller bisher gegebenen erscheint. Er macht die einfachste Annahme von allen, wenn er sagt: Die chemische Affinität ist eine Kraft, welche vom Zentrum irgend eines Atoms gleichmäßig nach jeden beliebigen Punkt einer Kugeloberfläche wirkt, in deren Mittelpunkt das Atom selbst liegt. Die Valenz ist nach dieser Ansicht ein empirisch gefundenes Zahlenverhältnis, nicht abhängig von einem Atom allein, sondern von der Natur aller Atome im Molekül. Die Valenzen des

---

1) Vorländer und Mumme, Ber. d. deutsch. chem. Ges. **36**, 1470 (1903).

2) Vorländer, Liebigs Annal. d. Chem. u. Pharm. **320**, 99 (1902).

3) Knorr, Liebigs Annal. d. Chem. u. Pharm. **279**, 202 (1894).

4) Vaubel, Chem. Zeitschr. **21**, 96 (1897).

5) Knoevenagel, Liebigs Annal. d. Chem. u. Pharm. **311**, 194 (1900).

6) Bloch, Alfred Werners Theorie des Kohlenstoffatoms (1903).

7) de Heen, Bull. Soc. Chim. (**3**), **3**, 788 (1890).

8) J. J. Thomson, The Corpuscular Theory of Matter p. 131 (1907).

9) Le Bel, Bull. Soc. Chim. (**3**), **3**, 788 (1890).

10) Werner, Beiträge zur Theorie der Affinität und Valenz.

Kohlenstoffs werden zu vier angenommen, da wir keine Kohlenstoffverbindung kennen, in der mehr als vier Atome direkt mit einem Kohlenstoffatom verbunden sind.

Wenn alle Atome kugelförmige Gestalt haben, dann werden die vier Atome ihre Stellung in den Ecken eines das Kohlenstoffatom umschreibenden Tetraeders einnehmen, denn in dieser Stellung werden die Atome untereinander und mit dem Zentralkohlenstoffatom eine weit größere Affinitätswirkung ausüben, als in jeder anderen unsymmetrischen Anordnung.

In den folgenden Kapiteln wird eine Übersicht über die Anwendung stereochemischer Ansichten auf wirkliche chemische Probleme gegeben und, wo nötig, sollen die bereits gegebenen Theorien in bezug auf den besonderen Fall wiederholt werden.

Erster Teil.

Stereoisomerie.

A. Optische Aktivität.

I. Das asymmetrische Kohlenstoffatom.

§ 1. Allgemeine Eigenschaften optisch aktiver Verbindungen.

In einem gewöhnlichen Lichtstrahl schwingen die Ätherteilchen sukzessiv in allen möglichen senkrecht zum Strahl liegenden Richtungen; in einem geradlinig polarisierten Lichtstrahl schwingen die Ätherteilchen nur noch in einer Richtung, d. h. alle in einer Ebene. Die Ebene, in welcher der Lichtstrahl polarisiert ist, wird als seine Polarisationsebene bezeichnet. Wir können uns die Sachlage klarer machen, wenn wir einige Erscheinungen, wie sie der Turmalin zeigt, näher ins Auge fassen. Der Turmalin ist ein durchsichtiges Mineral von sehr feinblätteriger Struktur.

Wenn zwei dünne parallel zur Hauptachse geschnittene Platten von Turmalin parallel hintereinander gehalten werden, so wird das Licht dieselben durchdringen. Läßt man nun die eine Platte bei bleibender Parallelstellung rund um die andere gleiten, so merkt man eine Erhöhung oder Verminderung des durchgehenden Lichtes, d. h. ein Heller- oder Dunkelwerden.

Man findet ferner, daß bei einer bestimmten Stellung überhaupt kein Licht durchgeht, während durch eine Drehung der einen Platte um 90^0 von dem Punkte der größten Dunkelheit an gerechnet, die größte Helligkeit erzielt wird.

Dies läßt sich in folgender Weise erklären: Wenn wir zum leichteren Verständnis annehmen, daß das Licht durch die Zwischenräume der Turmalinblätter hindurchgehen kann, dagegen von den Blättern selbst absorbiert wird, so ersieht man, daß das Licht, welches aus dem ersten Turmalinkristall hervordringt, in einer Ebene schwingen wird und zwar in einer Ebene, die senkrecht zu den Blättern der Turmalinplatte liegt, was weiter unten näher begründet wird. Das Licht ist somit beim Durchgang durch die Turmalinplatte polarisiert worden; in dem austretenden Strahl sind alle Schwingungen bis auf diejenigen, welche die parallelen Zwischenräume des Turmalins durchdringen konnten, ausgelöscht worden. Wenn wir nun in den Weg des polarisierten Lichtstrahles eine zweite Turmalinplatte einschalten, so ergeben sich dreierlei mögliche Stellungen.

Wir können sie so stellen, daß die Blätter parallel zu denen der ersten Platte liegen; in diesem Falle wird alles Licht, das aus der ersten Platte kommt, ohne Hindernis die zweite Platte durchdringen.

Dann können wir die zweite Platte so einschalten, daß ihre Blätter senkrecht zu denen der ersten Platte stehen; in diesem Falle wird kein Licht in die zweite Platte eindringen können. Und endlich können wir die zweite Platte so einführen, daß sie weder senkrecht noch parallel steht, worauf nur Teile des Lichtes ihren Weg durch die Platte nehmen können.

Eine etwas drastische Darstellung soll das Verständnis noch erleichtern.

Die Turmalinplatten seien wiedergegeben durch zwei Bücher, deren Blätter die feinen Schichten der Turmalinkristalle vorstellen;

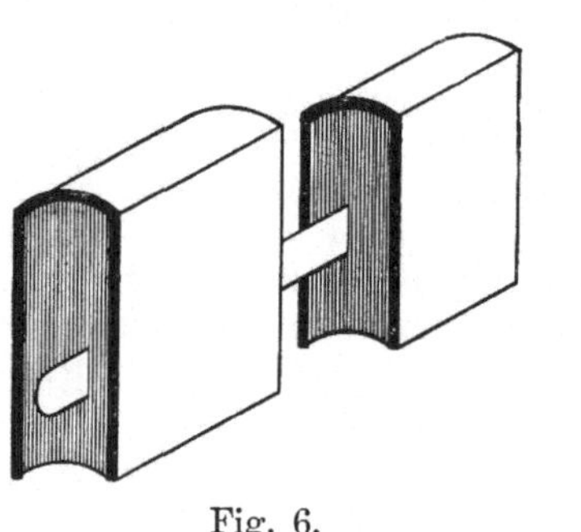

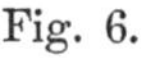

Fig. 6.

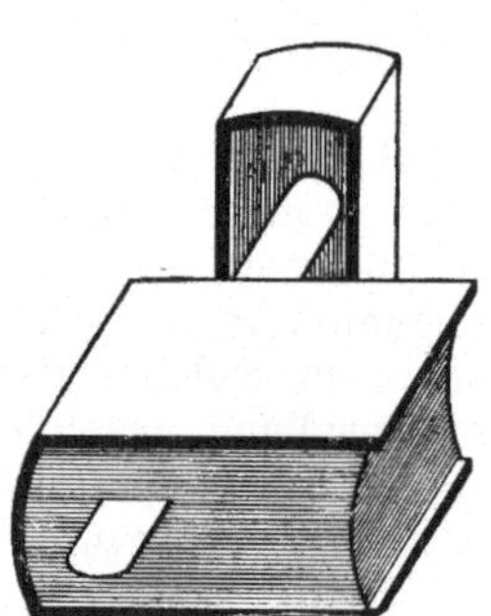

Fig. 7.

der einfallende Lichtstrahl sei durch einen Stift repräsentiert. Es ist ersichtlich, daß wir den Stift durch das erste Buch nicht hindurchschieben können ohne die Blätter erheblich auseinander zu bringen. Wenn wir dagegen den Stift zu einem flachen Objekt schneiden könnten, würde er viel leichter die Blätter durchdringen. Nehmen wir daher in das erste Buch ein flaches Papiermesser an Stelle des polarisierten Lichtstrahles und bringen die Blätter des zweiten Buches parallel zu denen des ersten, so finden wir, daß das Papiermesser leicht in und durch das zweite Buch gehen wird. Stellen wir aber die Blätter des zweiten Buches senkrecht zu denen des ersten, so wird das Papiermesser verhindert, in das zweite Buch einzudringen.

Man hat gefunden, daß man Ätherwellen von viel größerer Wellenlänge erhält, als die Lichtwellen sie zeigen, wenn man elektrische Funken zwischen den Knöpfen einer Leydener Flasche überspringen läßt. Diese Wellen, nach ihrem Entdecker Hertz „Hertzsche Wellen“ genannt, unterliegen ebenso der Reflexion und Polarisation wie die Wellen des gewöhnlichen Lichtes; so werden sie polarisiert beim Durchgang durch Objekte, die wie die Blätter eines Buches angeordnet sind. Nun hat man aber gefunden, daß die Wellen hindurchgehen, wenn die Blätter des Buches unter einem „rechten Winkel" zu der Schwingungsebene der Wellen stehen; wenn sie dagegen parallel stehen, werden in jedem Blatt Ströme erzeugt, so daß die Ätherschwingungen absorbiert werden. Da die Lichtwellen, wie Clerk Maxwell gezeigt hat, qualitativ mit den elektrischen Wellen identisch sind, so erscheint es wohl als ziemlich sicher, daß die Lichtwellen den Turmalin durchdringen, wenn die Schichtung dieses Minerals im rechten Winkel zur Schwingungsebene des Lichtes steht.

Diese Erklärung beeinträchtigt durchaus nicht die sonstigen allgemeinen Resultate über die Durchlassung resp. Fortpflanzung des Lichtes; aber sie gibt einen Grund an, warum eine Absorption des Lichtes stattfindet, indem durch die Absorption eine Umwandlung in Ströme stattfindet, welche einen geschlossenen Stromkreis innerhalb des Moleküls finden.

Man hat gefunden, daß beim Durchgang des polarisierten Lichtes durch bestimmte Medien die Ebene des polarisierten Lichtes um einen gewissen Winkel abgelenkt wird; eine Substanz, welche diese Eigenschaft besitzt, wird optisch aktiv genannt. Arago beobachtete dieses Phänomen im Jahre 1811 zum ersten Male beim Quarz; vier Jahre später machten Biot und Seebeck die Entdeckung, daß bestimmte organische Substanzen ebenfalls fähig sind, die Polarisationsebene zu drehen und eröffneten dadurch ein neues wichtiges Feld für die Chemie.

Man konnte bald die optisch aktiven Substanzen in zwei Klassen teilen und zwar in solche, welche die Eigenschaft der optischen Aktivität nur im festen Zustande zeigen und solche, welche sie auch beibehalten wenn sie geschmolzen, gelöst oder eventuell verdampft werden.

Zum besseren Verständnis seien ein oder zwei Beispiele beschrieben. Quarz ist in kristallisiertem Zustande optisch aktiv, verliert aber diese Eigenschaft, wenn er gelöst und als amorphe Kieselsäure ausgefällt wird.

Natriumchlorat, Natriumbromat und Lithiumammoniumsulfat sind alle im kristallisierten Zustande optisch aktiv, verlieren aber ihre Aktivität beim Auflösen in Wasser.

Anders dagegen z. B. der Kampfer, der sowohl im geschmolzenen und gelösten, ja sogar im dampfförmigen Zustande seine optische Aktivität beibehält. Daraus ersieht man, daß in den ersten Fällen die Wirkung auf das polarisierte Licht nur durch die Kristallform der Substanz bedingt ist, während sie im Falle des Kampfers durch eine eigentümliche Molekularstruktur des aktiven Körpers hervorgerufen wird. Diese eigentümliche Molekularstruktur steht, wie Pasteur zeigte, in einem Zusammenhange mit der Kristallform vieler optisch aktiver Substanzen.

In seinen Untersuchungen über die Weinsäuren[1]) zeigte er, daß derartige Körper in hemiedrischen Formen kristallisieren; die Folge

---

[1]) Pasteur, Compt. rend. de l'Acad. d. Sciences **26**, 535 (1848); **27**, 401 (1848); **35**, 180 (1852).

davon ist, daß ein solcher Kristall nicht mit seinem Spiegelbilde zur Deckung gebracht werden kann.

Zwei Kristalle, die sich wie Bild und Spiegelbild verhalten und nicht zur Deckung gebracht werden können, sind enantiomorph. Die beiden vorangehenden Figuren zeigen die Flächen von zwei enantiomorphen Kristallen des Natriumammoniumtartrats (Fig. 8).

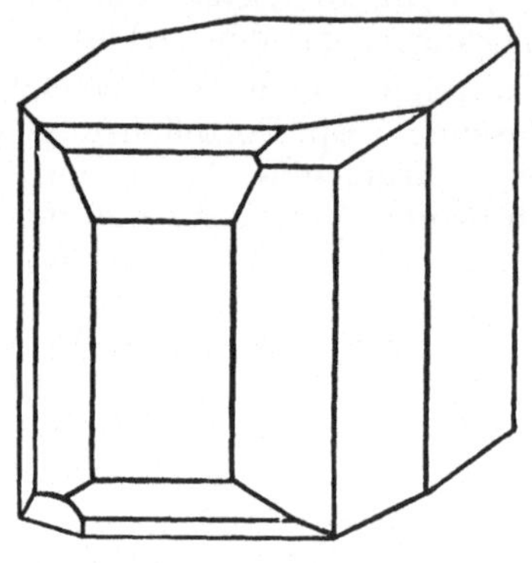
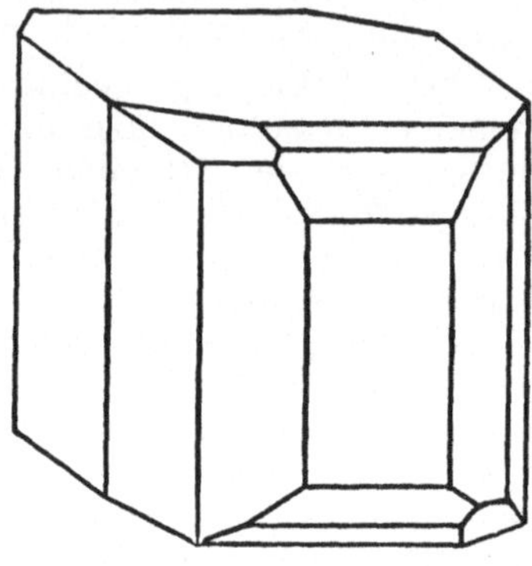

Fig. 8.

Walden[1]) berichtet, daß Hemiedrie, obschon sehr häufig mit optischer Aktivität verbunden, keine notwendige Erscheinung einer optisch aktiven Substanz sein muß. Traube[2]) dagegen glaubt, daß in diesen Ausnahmefällen der kristallographische Charakter der Substanz noch nicht genau bestimmt worden ist.

§ 2. Spezifische Drehung und Molekularrotation.

Biot[3]) fand, daß die Größe des Drehungswinkels, welchen eine optisch aktive Substanz im Polarimeter hervorruft, von folgenden drei Faktoren abhängig ist:

1. der Länge der durchstrahlten Schicht,
2. der Wellenlänge des angewandten Lichtstrahles,
3. von der Temperatur der Substanz.

Um die Stärke der optischen Aktivität optisch aktiver Verbindungen auszudrücken und zu vergleichen, dient der von Biot eingeführte Begriff der spezifischen Drehung. Man versteht darunter denjenigen Drehungswinkel, welchen eine optisch aktive Substanz in flüssigem oder gelöstem Zustande erzeugt, wenn sie in dem Volum von 1 ccm 1 g aktiven Stoff gelöst enthält und in einer Schicht von 1 dm Länge auf den polarisierten Strahl wirkt.

Man wählt gewöhnlich das homogene Natriumlicht und somit die D-Linie des Spektrums als Lichtquelle. Die spezifische Drehung wird durch das Zeichen $[\alpha]$ ausgedrückt.

---

1) Walden, Ber. d. deutsch. chem. Ges. **29**, 1692 (1896); **30**, 98 (1897).
2) Traube, Ber. d. deutsch. chem. Ges. **29**, 2446 (1896); **30**, 98 (1897).
3) Biot, Mem. de l'Acad. **2**, 41, 91.

Es ergibt sich somit für [α]:

bei einer gegebenen Wellenlänge D,

der Temperatur t,

der Länge l der durchstrahlten Schicht, ausgedrückt in Dezimetern,

das Gewicht d, ausgedrückt in Grammen der in einem Kubikzentimeter gelösten aktiven Substanz:

$$[\alpha]_{D}^{t} = \frac{\alpha}{l \cdot d} \quad \ldots\ldots (A)$$

Wenn man den Wert des spezifischen Drehungsvermögens mit dem Molekulargewicht multipliziert, erhält man das „molekulare Drehungsvermögen" der Substanz.

Zur Vermeidung unbequem hoher Zahlen ist es jedoch gebräuchlich, nur den hundertsten Teil des Wertes zu nehmen; wonach

$$[M] = \frac{M}{100} \cdot [\alpha]$$

[M] bedeutet dann den 100. Teil des molekularen Drehungsvermögens.

Bei festen Körpern erfährt die Formel eine geringe Änderung.

Feste Körper werden natürlich durch inaktive Flüssigkeiten in Lösung gebracht; man macht die Annahme, daß das Drehungsvermögen proportional der Konzentration der Lösung ist. Diese Konzentration „c" gibt die Anzahl der Gramme aktiver Substanz an, die in 100 ccm der Lösung enthalten sind. Setzen wir den Wert „c" in die Formel (A) ein, so erhalten wir:

$$[\alpha]_{D}^{t} = \frac{100 \cdot \alpha}{l \cdot c} \quad \ldots\ldots B$$

Diese Formel kann weiter modifiziert werden, wenn wir bedenken, daß die Konzentration auch berechnet werden kann aus der Dichte „d" der Lösung, in der Regel bei 20^{0} bestimmt und bezogen auf Wasser von 4^{0} C und der Anzahl Gewichtsprozente (p) der aktiven gelösten Substanz: Da p . d = c ist, so folgt:

$$[\alpha]_{D}^{t} = \frac{100 \cdot \alpha}{l \cdot d \cdot p} \quad \ldots\ldots C$$

Das spezifische Drehungsvermögen ist aber in solchen Fällen keine konstante Zahl, sondern hängt von verschiedenen Faktoren ab, wie

1. der Konzentration der Lösung,
2. der Natur des Lösungsmittels,
3. der Temperatur, bei welcher die Beobachtung gemacht wird.

Diese Punkte werden später besprochen werden[1]).

---

1) Siehe Kapitel IX dieses Teiles.

§ 3. Der strukturelle Charakter des asymmetrischen Kohlenstoffatoms.

Ein Kohlenstoffatom ist asymmetrisch, wenn alle vier mit demselben verbundenen Gruppen untereinander verschieden sind, entweder in chemischer oder struktureller Hinsicht. Z. B. in den folgenden Verbindungen ist das mit einem Stern bezeichnete Kohlenstoffatom asymmetrisch:

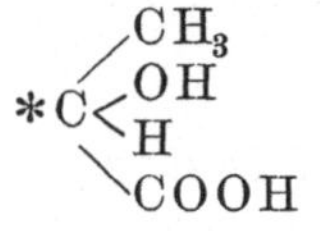

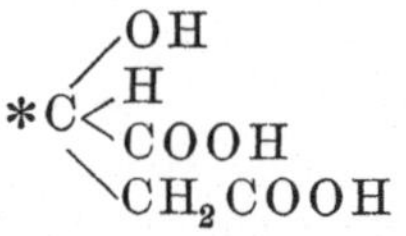

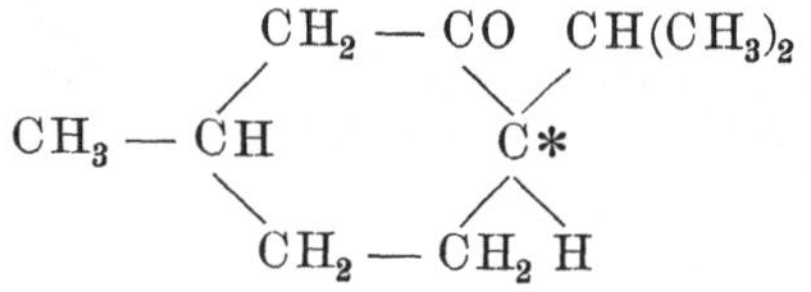

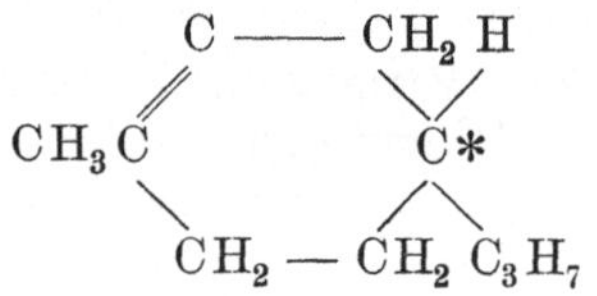

$$*C\begin{cases} CH_3 \\ OH \\ H \\ COOH \end{cases} \qquad *C\begin{cases} OH \\ H \\ COOH \\ CH_2COOH \end{cases}$$

$$CH_3-CH\begin{matrix} \diagup CH_2-CO \diagdown \\ \diagdown CH_2-CH_2 \diagup \end{matrix}C^{*}\begin{matrix} CH(CH_3)_2 \\ H \end{matrix} \qquad CH_3C\begin{matrix} \diagup\!\!\diagup C-CH_2 \diagdown \\ \diagdown CH_2-CH_2 \diagup \end{matrix}C^{*}\begin{matrix} H \\ C_3H_7 \end{matrix}$$

Mohr[1]) definiert ein asymmetrisches Kohlenstoffatom als ein solches, durch das keine Symmetrieebene gelegt werden kann.

§ 4. Zusammenhang zwischen der optischen Aktivität und dem asymmetrischen Kohlenstoffatome.

Das Resultat aller bisherigen Untersuchungen ist, daß, wo immer optische Aktivität bei einer organischen Verbindung gefunden wurde, dieselbe auch wenigstens ein asymmetrisches Kohlenstoffatom*) enthielt.

Die sehr geringen Ausnahmen von dieser Regel werden später eingeteilt.

Ferner ist (mit Ausnahme des eben erwähnten speziellen Falles) bisher kein Fall mit Gewißheit bekannt, in welchem eine Verbindung, die kein asymmetrisches Kohlenstoffatom enthält, in aktiver Form erhalten worden wäre.

Wird eine optisch aktive Verbindung, die ein asymmetrisches Kohlenstoffatom enthält, so verändert, daß die Asymmetrie verschwindet, so verschwindet auch die Aktivität. Z. B. Amylalkohol besitzt die unten angegebene Formel, ist optisch aktiv und enthält ein asymmetrisches Kohlenstoffatom; wird nun die Hydroxylgruppe durch Wasserstoff ersetzt, so verschwindet die Asymmetrie, mithin auch die Aktivität.

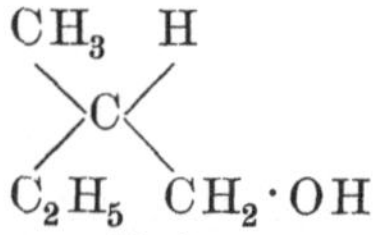

$$\begin{matrix} CH_3 & & H \\ & \diagdown C \diagup & \\ & \diagup \quad \diagdown & \\ C_2H_5 & & CH_2\cdot OH \end{matrix} \qquad \begin{matrix} CH_3 & & H \\ & \diagdown C \diagup & \\ & \diagup \quad \diagdown & \\ C_2H_5 & & CH_3 \end{matrix}$$

Aktiv 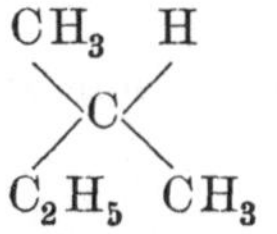 — Inaktiv

[1]) Mohr, Journ. f. prakt. Chem. **68**, 369 (1903).

*) In gewissen Fällen kann auch ein asymmetrisches S, Se, Si, N, Sn-Atom das asymmetrische Kohlenstoffatom ersetzen.

Die Apfelsäure bietet noch ein besseres Beispiel, denn hier können alle vier mit dem asymmetrischen Kohlenstoff verbundenen Gruppen leicht durch andere ersetzt werden. Man hat gefunden, daß die Substitution allein die Aktivität nicht zerstört; erst wenn dadurch die Asymmetrie aufgehoben wird, erlischt auch die optische Aktivität. Verschiedene aktive Derivate der Äpfelsäure mögen erwähnt werden, z. B. Brombernsteinsäure, Amidobernsteinsäure, ebenso die Ester der freien Säure und ihre Amide. Sobald aber die Hydroxylgruppe durch ein Wasserstoffatom ersetzt wird, verschwindet die Asymmetrie, und die resultierende Substanz ist optisch inaktiv.

Man hat gefunden, daß alle optisch aktiven Verbindungen in isomeren Formen auftreten können, die in allen Eigenschaften, bis auf das optische Drehungsvermögen und die Kristallform, Übereinstimmung zeigen. Das Drehungsvermögen unterscheidet sich dadurch, daß — bei gleich großem Drehungswerte — die Ablenkung der Polarisationsebene in entgegengesetztem Sinne erfolgt. Ebenso sind die zwar vollkommen gleichwertigen Kristallflächen bei der einen isomeren Form im entgegengesetzten Sinne angeordnet wie bei der anderen.

Man hat gefunden, daß eine inaktive Verbindung, deren Molekül nur ein asymmetrisches Kohlenstoffatom enthält, kein einfacher Körper, sondern eine Mischung der beiden entgegengesetzten Isomeren in vollkommen gleichen Verhältnissen ist. Eine solche inaktive Modifikation wird als „razemische" Verbindung oder Razemkörper bezeichnet. Man hat diesen Namen von der Traubensäure (Acidum racemicum) abgeleitet, die aus gleichen Mengen Rechts- und Links-Weinsäure besteht, und das am längsten bekannte und am besten untersuchte Beispiel einer solchen Vereinigung bietet. Das Vorzeichen „r" dient dazu, diese Verbindungen von den beiden aktiven Modifikationen oder Komponenten zu unterscheiden, welche die Zeichen „d" und „l" von dextrogyr (rechtsdrehend) und lävogyr (linksdrehend) erhalten.

Inaktive Körper, welche keine eigentlichen Razemkörper, sondern nur Gemenge der beiden Antipoden sind, erhalten das Vorzeichen „d l".

Soweit unsere bisherigen Kenntnisse reichen, scheint es, daß die geringsten Differenzen chemischer Natur zwischen den mit dem asymmetrischen Kohlenstoffatom verbundenen Gruppen genügen, um optische Aktivität zu ermöglichen.

Swarts[1]) hat z. B. gezeigt, daß Brom-chlor-fluor-essigsäure in aktiven Formen erhalten werden kann.

$$\begin{matrix} Br\diagdown & & \\ Cl-\!\!\!& C - COOH \\ F\diagup & & \end{matrix}$$

§ 5. Anzahl und Charakter der Isomeren, die ein oder mehrere asymmetrische Kohlenstoffatome enthalten.

Im Sinne der Van't Hoff-Le Belschen Theorie können Verbindungen vom Typus C · a b c d, die ein asymmetrisches Kohlenstoff-

[1]) Swarts, Bull. Acad. Roy. Belg. (**3**), **31**, 28 (1896).

atom enthalten, durch folgende Konfigurationsformeln dargestellt werden:

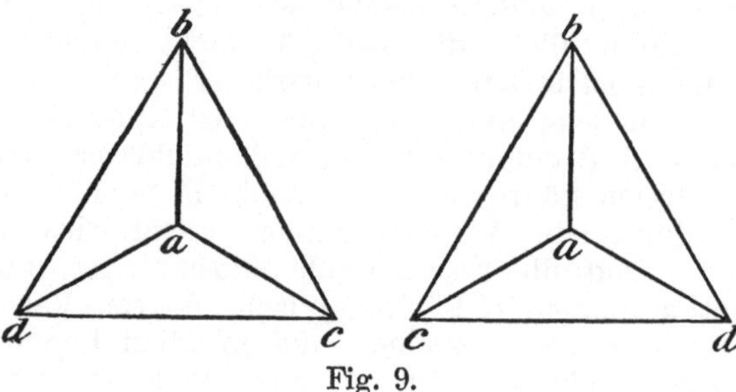

Fig. 9.

Im ersten Falle sind die Atome in der Richtung des Uhrzeigers um die Basis des das Kohlenstoffatom darstellenden Tetraeders angeordnet, im anderen Falle in entgegengesetzter Richtung.

Nennen wir die absolute Drehung der Gruppe — C · b c d = A, so haben die beiden Radikale die Rotation — A und + A. Gehen wir über zu Verbindungen mit zwei asymmetrischen Kohlenstoffatomen, sagen wir b c d C — C e f g und nehmen an, daß die Gruppe — C e f g das Drehungsvermögen ± B hat, so finden wir, daß nunmehr vier verschiedene Isomeren möglich sind, die wir folgendermaßen darstellen können:

1.	2.	3.	4.
+ A	+ A	— A	— A
+ B	— B	+ B	— B.

Zwei davon, 1 und 4, besitzen gleiche aber entgegengesetzte Drehung und dasselbe gilt für 2 und 3.

Daher werden äquimolekulare Mischungen von 1 mit 4 und 2 mit 3 inaktiv sein, obgleich jedes Molekül ein asymmetrisches Kohlenstoffatom enthält.

Betrachten wir in gleicher Weise ein Molekül mit drei asymmetrischen Kohlenstoffatomen, so finden wir, daß acht Isomeren möglich sind.

Falls wir eine Verbindung b c d C — C (e f) — C g h k annehmen, in der die Drehungen der Komplexgruppen A, B und C sind, so ergeben sich folgende Schemata:

1.	2.	3.	4.
+ A	+ A	+ A	+ A
+ B	+ B	— B	— B
+ C	— C	+ C	— C

5.	6.	7.	8.
— A	— A	— A	— A
+ B	+ B	— B	— B
+ C	— C	+ C	— C.

Hier würde eine Mischung von 1 mit 8 inaktiv sein; ebenso 2 mit 7, 3 mit 6 und 4 mit 5.

Im Sinne dieser Beispiele kann man sich leicht die Verhältnisse bei Verbindungen mit vier, fünf und mehr asymmetrischen Kohlenstoffatomen darstellen.

Bisher haben wir nur Verbindungen mit asymmetrischer Strukturformel betrachtet. Nunmehr wollen wir Verbindungen mit asymmetrischen Kohlenstoffatomen aber symmetrischen Formeln besprechen, wie z. B.:

b c d C — C b c d.

Es ist ersichtlich, daß in diesem Falle die Anzahl der verschiedenen Isomeren nicht so groß sein wird, da einige der Konfigurationen miteinander identisch werden.

Kehren wir zu der Verbindung b c d C — C e f g zurück und ersetzen darin die Gruppe — C e f g durch — C b c d, so wird auch die Drehung B durch A ersetzt. Hieraus ergeben sich die vier bereits für eine unsymmetrische Kette abgeleiteten Formeln, wie folgt:

1. + A	2. + A	3. — A	4. — A
+ A	— A	+ A	— A

Man ersieht, daß 2 und 3 identisch und inaktiv sind.

Nr. 1 hat eine Drehung zweimal A und Nr. 4 das gleiche, aber entgegengesetzte Rotationsvermögen. Man darf aber nicht folgern, daß die in 2 und 3 dargestellten Formen razemische Verbindungen vorstellen, d. h. solche, die sich in zwei Komponenten von gleichem, aber entgegengesetztem Drehungsvermögen spalten lassen.

Die Inaktivität wird hier nicht hervorgerufen durch eine äquimolekulare Mischung zweier optischer Antipoden, sondern durch eine intramolekulare Kompensation der beiden Molekülhälften, von denen die eine die Ebene des polarisierten Lichtes um ebensoviel nach rechts, wie die andere nach links ablenkt.

In derselben Weise kann man auch die Anzahl der möglichen Isomeren bei irgend einer Verbindung vom Typus

b c d C — C f_2 — C b c d

ableiten, da es ja nur eine Wiederholung desselben Falles ist.

Eine Untersuchung des allgemeinen Falles gibt folgende Resultate: Es sei:

n = der Anzahl der asymmetrischen Kohlenstoffatome in einer Verbindung;
N = „ „ der möglichen Isomeren;
i = „ „ der inaktiven, durch intramolekularen Ausgleich gebildeten Formen;
a = „ „ der aktiven Formen (Antipoden);
$r = \frac{a}{2}$ = „ der razemischen Formen.

Klasse I. n ist gerade oder ungerade; die Strukturformel ist asymmetrisch, also nicht teilbar in zwei Hälften:

$$N = 2^n; \quad a = 2^n; \quad i = 0.$$

Klasse II. n ist gerade; die Strukturformel ist symmetrisch, also teilbar in zwei Hälften.

$$N = 2^{n-1} + 2^{\frac{n}{2}-1}; \quad a = 2^{n-1}; \quad i = 2^{\frac{n}{2}-1}.$$

Klasse III. n ist ungerade; die Strukturformel ist teilbar in zwei Hälften, wenn das mittlere Kohlenstoffatom dabei ausgenommen ist.

$$N = 2^{n-1}; \quad a = 2^{n-1} - 2^{\frac{n-1}{2}}; \quad i = 2^{\frac{n-1}{2}}.$$

§ 6. Pseudo-Asymmetrie.

Bisher haben wir Verbindungen betrachtet, welche symmetrische Struktur haben und ein, zwei, vier oder eine noch höhere Zahl asymmetrischer Kohlenstoffatome enthalten. Der Fall von Verbindungen mit drei asymmetrischen Kohlenstoffatomen unterscheidet sich von den früher beschriebenen durch die Möglichkeit einer davon verschiedenen Art von Asymmetrie. Ein Beispiel dieser Klasse findet man in Verbindungen vom Typus a b c C — C d e — C a b c.

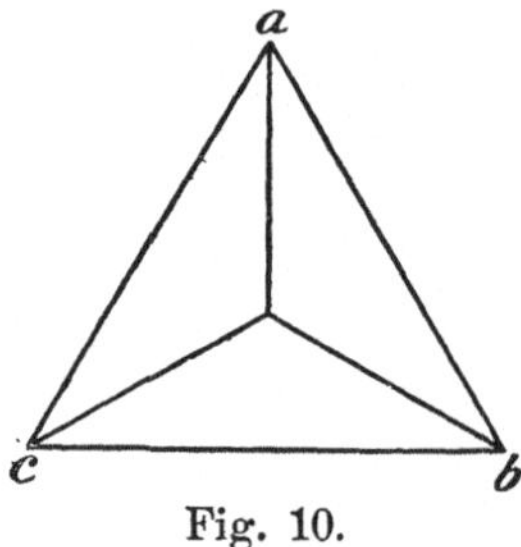

Fig. 10.

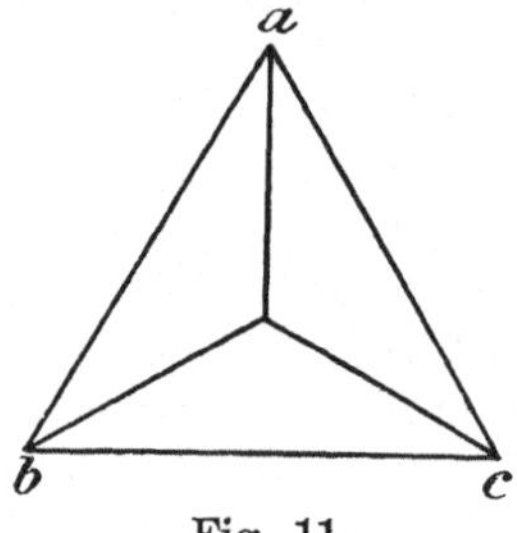

Fig. 11.

Angenommen ein Beobachter befände sich bei dem mittleren Kohlenstoffatome der Kette und würde, wenn er zu seiner rechten Hand blickt, finden, daß die Ordnung, in welcher a, b und c um die Achse des Moleküls angeordnet sind, dieselbe ist, wie wenn er zu seiner Linken schaut. In diesem Falle würde das mittlere Kohlenstoffatom nicht asymmetrisch sein.

Wenn er dagegen die Gruppen zu seiner Rechten so gruppiert sieht wie in Fig. 10, die zu seiner Linken aber wie in Fig. 11, so erkennt er, daß das mittlere Kohlenstoffatom, bei dem er sich befindet, nicht symmetrisch ist, obgleich es mit zwei in struktureller Hinsicht symmetrischen Gruppen verbunden ist. Ein solcher Fall wird P s e u d o - a s y m m e t r i e genannt, und das mittlere Kohlenstoffatom zur Unterscheidung von dem wirklichen asymmetrischen Kohlenstoffals pseudo-asymmetrisches Kohlenstoffatom bezeichnet. Ein solches unterscheidet sich also von einem wirklich asymmetrischen dadurch, daß es mit vier verschiedenen Gruppen verbunden ist, aber trotzdem nicht asymmetrisch ist, da es eine Symmetrieebene besitzt. Es ist insofern an vier verschiedene Radikale gebunden, als die beiden strukturell gleichen Gruppen gegenseitige Spiegelbilder, also räumlich verschieden sind.

Man kennzeichnet ein solches Kohlenstoffatom zur Unterscheidung von dem wirklich asymmetrischen mit dem Symbol Ps+ und Ps—. Sind die beiden strukturell gleichen Gruppen auch asymmetrisch identisch, so schwindet die Pseudo-Asymmetrie und wir haben den Fall, daß ein Kohlenstoffatom, welches an zwei identische Gruppen gebunden ist, asymmetrisch und somit optisch aktiv ist; in diesem Falle werden die mittleren Kohlenstoffatome einfach mit C bezeichnet.

Im Falle der Verbindung a b c C — C d e — C a b c haben wir daher folgende vier Isomeren:

1.	2.	3.	4.
+ A	— A	+ A	+ A
C	C	+ Ps	— Ps
+ A	— A	— A	— A.

Die ersten beiden Konfigurationen stellen zwei nicht überdeckbare Spiegelbilder vor und sind daher optische Antipoden. Die 3. und 4. dagegen sind weder Spiegelbilder noch optisch aktive Verbindungen.

Sie repräsentieren eine neue Klasse von Isomeren.

Eine weitergehende Betrachtung dieses Gegenstandes ist vorläufig unnötig.

Es genügt, darauf hinzuweisen, daß bei einer Verbindung vom Typus a b c C — C d_2 — C e f g, in welcher die zwei Gruppen „d" strukturidentisch, aber asymmetrisch sind, die Möglichkeit von zwei pseudo-asymmetrischen und acht anderen Isomeren gegeben ist, bei denen Pseudo-Asymmetrie nicht auftritt.

§ 7. Graphische Darstellung der Konfigurationen von Systemen mit mehreren asymmetrischen Kohlenstoffatomen.

Um eine klare Vorstellung über die Raumverhältnisse bei Verbindungen mit mehreren asymmetrischen Kohlenstoffatomen zu erhalten, muß man meist Modelle benutzen. Verschiedene derselben sind im Anhang B beschrieben.

Da man möglicherweise nicht immer Modelle bei der Hand hat, so erscheint es notwendig, die mit Hilfe der Modelle erhaltenen Resultate auf das Papier zu übertragen.

Die im vorangehenden Abschnitte benutzten Zeichen sind natürlich nicht ausreichend, um uns ein genügendes Bild über die wirkliche Anordnung der Atome im Raume zu geben.

Gewöhnlich verwendet man die von E. Fischer erdachten Konfigurationsformeln.

Um die Methode, nach welcher dieselben von den wirklichen Modellen abgeleitet sind, besser zu verstehen, wollen wir uns der Weinsäure als Beispiel bedienen.

Das Modell ist aus Tetraedern in der gewöhnlichen Weise zusammengesetzt; es wird so auf ein Papierblatt gelegt, daß die vier Kohlenstoffatome in einer zur Papierfläche senkrecht stehenden Ebene [1]) liegen, während die Wasserstoffatome und Hydroxylgruppen über der Papierebene gelagert sind, s. Fig. 12.

Die relativen Stellungen der Gruppen werden dann in folgender Weise auf die Papierfläche projiziert.

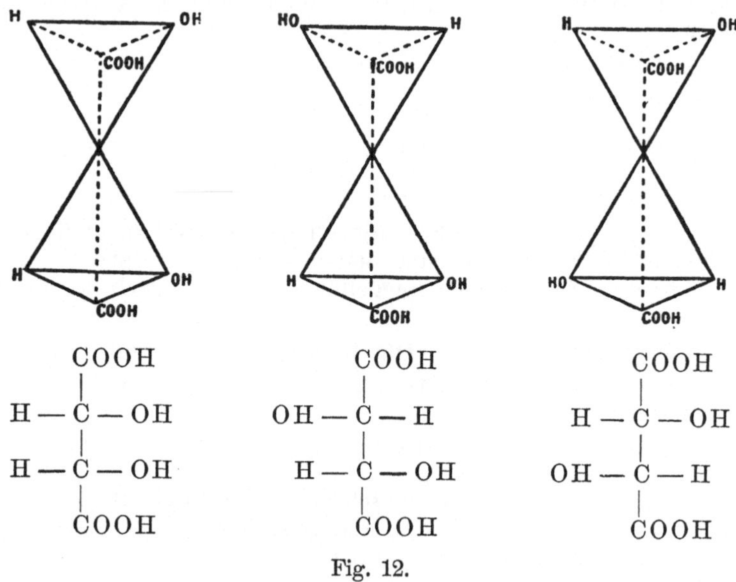

Fig. 12.

Formeln dieser Art lassen uns sofort erkennen, ob eine Verbindung mit einer gegebenen Konfiguration aktiv oder inaktiv ist.

Wenn das Modell eine Symmetrieebene besitzt, d. h. wenn es in zwei Hälften geteilt werden kann, die zueinander symmetrisch liegen, dann stellt es eine inaktive Verbindung vor, im anderen Falle, also bei Abwesenheit von Symmetrie, wird es aktiv sein.

Z. B. die erste der zwei folgenden Konfigurationsformeln stellt eine aktive, die zweite eine inaktive Weinsäure vor.

---

[1]) Fischer benutzt Modelle aus Gummischläuchen, die so heruntergepreßt werden können, daß alle Kohlenstoffatome in einer Linie der Papierfläche liegen. Seine Methode führt zu denselben Resultaten wie die oben beschriebene.

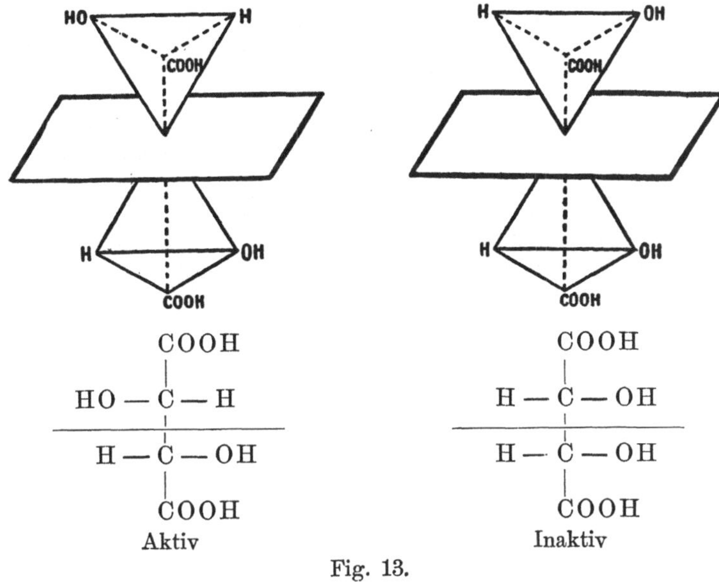

Fig. 13.

Mit Rücksicht darauf, daß derartige Formeln einen beträchtlichen Raum einnehmen, schlagen Meyer und Jacobson[1]) vor, die asymmetrischen Kohlenstoffatome wegzulassen und die Formeln in folgender Weise zu schreiben:

	COOH	
OH —	|	— H
H —	|	— OH
	COOH	

	COOH	
H —	|	— OH
H —	|	— OH
	COOH	

Man hat diese Schreibweise im allgemeinen angenommen, doch um sie noch mehr zu vereinfachen, auch die Linien weggelassen, so daß obige Formeln in folgender Weise geschrieben werden:

COOH
HO · H
H · OH
COOH

COOH
H · OH
H · OH
COOH

Für manche Zwecke erscheinen aber auch diese Formeln noch zu umständlich; Emil Fischer[2]) hat daher eine andere Art von Nomenklatur eingeführt; er benutzt die Zeichen + und —, nicht in

1) Meyer und Jacobson, Lehrbuch der organischen Chemie, 1904.

2) Fischer, Ber. d. deutsch. chem. Ges. **27**, 3189 (1894).

dem Sinne der Rechts- und Linksdrehung eines asymmetrischen Kohlenstoffatoms, sondern einfach um anzudeuten, ob ein Substituent auf der rechten oder linken Seite der Konfigurationsformel steht.

Die Formel wird dann so geschrieben, daß in den Zuckern die Aldehydgruppe die oberste Stellung einnimmt; ebenso die Karboxylgruppe in den einbasischen Säuren.

Die Karboxylgruppe in den Ketonen wird in die zweite Reihe von oben geschrieben.

Die Zählung beginnt von der obersten Reihe und die Zeichen $+$ und $-$ bestimmen die Lage der Hydroxylgruppe.

Als Beispiel wollen wir ein oder zwei Verbindungen in dieser Weise darstellen:

$$\begin{array}{rlc} & \mathrm{CHO} & \\ \mathrm{H}\cdot & \mathrm{OH} & + \\ \mathrm{HO}\cdot & \mathrm{H} & - \\ \mathrm{H}\cdot & \mathrm{OH} & + \\ \mathrm{H}\cdot & \mathrm{OH} & + \\ & \mathrm{CH_2\cdot OH} & \end{array} \qquad\qquad \begin{array}{rlc} & \mathrm{CH_2\cdot OH} & \\ & \mathrm{CO} & \\ \mathrm{HO}\cdot & \mathrm{H} & - \\ \mathrm{H}\cdot & \mathrm{OH} & + \\ \mathrm{H}\cdot & \mathrm{OH} & + \\ & \mathrm{CH_2\cdot OH} & \end{array}$$

d-Glukose oder Hexanpentolal $+ - + +$ d-Fruktose oder Hexanpentol — 2 — on — $+ +$.

Bei symmetrischer Struktur, also in der Zuckergruppe bei den Disäuren und den Alkoholen gibt es keine bevorzugte Stellung; infolgedessen erhält man hier unter der Voraussetzung, daß die Zählung immer von oben nach unten geht, eine doppelte sterische Bezeichnung.

$$\begin{array}{rlc} & \mathrm{COOH} & \\ \mathrm{H}\cdot & \mathrm{OH} & + \\ \mathrm{HO}\cdot & \mathrm{H} & - \\ \mathrm{H}. & \mathrm{OH} & + \\ \mathrm{H}\cdot & \mathrm{OH} & + \\ & \mathrm{COOH} & \end{array} \quad \text{oder} \quad \begin{array}{rlc} & \mathrm{COOH} & \\ \mathrm{HO}\cdot & \mathrm{H} & - \\ \mathrm{HO}\cdot & \mathrm{H} & - \\ \mathrm{H}\cdot & \mathrm{OH} & + \\ \mathrm{HO}\cdot & \mathrm{H} & - \\ & \mathrm{COOH} & \end{array}$$

d-Zuckersäure oder Hexantetroldisäure.

Ein weiteres System einer Nomenklatur wurde von Maquenne[1]) eingeführt.

Er schlägt vor, alle Kohlenstoffatome einer Verbindung zu numerieren und diejenigen asymmetrischen Kohlenstoffatome, deren Hydroxylgruppe auf einer Seite der Konfigurationsformel stehen, über, die anderen unter eine Linie zu schreiben; z. B. d-Glukose in folgendem Sinne:

$$\begin{array}{ccccccccccc} & & (2) & & & & (4) & & (5) & & \\ & & \mathrm{OH} & & \mathrm{H} & & \mathrm{OH} & & \mathrm{OH} & & \\ (1) & & | & & | & & | & & | & & (6) \\ \mathrm{CHO} & - & \mathrm{C} & - & \mathrm{C} & - & \mathrm{C} & - & \mathrm{C} & - & \mathrm{CH_2\cdot OH} \\ & & | & & | & & | & & | & & \\ & & \mathrm{H} & & \mathrm{OH} & & \mathrm{H} & & \mathrm{H} & & \\ & & & & (3) & & & & & & \end{array} \qquad 1\,\frac{2\cdot 4\cdot 5}{3}\,6 \text{ oder } \frac{2\cdot 4\cdot 5}{3}$$

---

[1]) Maquenne, Les sucres et principaux dérivés p. 14.

d-Mannit ergibt folgendes Schema:

$$\begin{array}{ccccccccccc}
 & & & & & & {\scriptstyle (4)} & & {\scriptstyle (5)} & & \\
 & & H & & H & & OH & & OH & & \\
 & & | & & | & & | & & | & & \\
\overset{(1)}{CH_2 \cdot OH} & - & C & - & C & - & C & - & C & - & \overset{(6)}{CH_2 \cdot OH} \\
 & & | & & | & & | & & | & & \\
 & & OH & & OH & & H & & H & & \\
 & & {\scriptstyle (2)} & & {\scriptstyle (3)} & & & & & &
\end{array} \qquad 1\,\frac{4 \cdot 5}{2 \cdot 3}\,6 \text{ oder } \frac{4 . 5}{2 \cdot 3}$$

Dulzit ergibt:

$$\begin{array}{ccccccccccc}
 & & {\scriptstyle (2)} & & & & & & {\scriptstyle (5)} & & \\
 & & OH & & H & & H & & OH & & \\
 & & | & & | & & | & & | & & \\
\overset{(1)}{CH_2 \cdot OH} & - & C & - & C & - & C & - & C & - & \overset{(6)}{CH_2 \cdot OH} \\
 & & | & & | & & | & & | & & \\
 & & H & & OH & & OH & & H & & \\
 & & & & {\scriptstyle (3)} & & {\scriptstyle (4)} & & & &
\end{array} \qquad 1\,\frac{2 \cdot 5}{3 \cdot 4}\,6 \text{ oder } \frac{2 \cdot 5}{3 \cdot 4}$$

Bei symmetrischen Molekülen bildet diese Methode ein einfaches Mittel, aktive und konfigurationsinaktive Formen zu unterscheiden; denn wenn eine Verbindung vollständig symmetrisch ist, so muß jede symmetrisch gelegene Gruppe in derselben Entfernung von dem einen Ende der Kette liegen, wie die ihr entsprechende von dem anderen Ende.

Deshalb wird, wenn wir mit n die Anzahl der Kohlenstoffatome in einer Kette bezeichnen, im Falle einer inaktiven Verbindung die Summe der Zahlen über oder unter der Linie entweder gleich oder ein Multiplum von $n + 1$ sein.

Bei ungeraden Zahlen, wo Pseudo-Asymmetrie auftritt, wird die Summe entweder gleich oder ein Multiplum von $\frac{n+1}{2}$ sein.

Z. B. im Falle der d-Zuckersäure haben wir die Formel:

$$\frac{2 \cdot 4 \cdot 5}{3}$$

Die Summe der Zahlen in der oberen Linie ist 11, in der unteren 3; in diesem Falle ist die Anzahl der Kohlenstoffatome in der Verbindung $n = 6$, daher $(n + 1) = 7$; weder 11 noch 3 ist ein Vielfaches von 7, daher ist die Verbindung aktiv.

Mannit: $\frac{4 \cdot 5}{2 \cdot 3}$; die Summe $= \frac{9}{5}$; $(n + 1) = 7$; Verbindung aktiv,

Dulzit: $\frac{2 \cdot 5}{3 \cdot 4}$; „ „ $= \frac{7}{7}$: $(n + 1) = 7$; „ inaktiv.

Die Formel der dem Mannit entsprechenden isomeren optisch aktiven Verbindung kann man ohne weiteres niederschreiben:

Mannit ist $1\,\frac{4 \cdot 5}{2 \cdot 3}\,6$; sein Isomeres daher: $1\,\frac{2 \cdot 3}{4 \cdot 5}\,6$.

§ 8. Das asymmetrische Kohlenstoffatom als Glied eines Ringes.

Wie ein asymmetrisches Kohlenstoffatom in einer offenen Kette optische Aktivität hervorruft, so gilt seine Anwesenheit auch in einer ringförmigen Verbindung als Ursache der optischen Aktivität. Es erscheint zunächst etwas befremdend, daß Asymmetrie unter diesen Umständen gebildet werden kann, da ja zwei Valenzen desselben Kohlenstoffs mit einem Radikal vereinigt sind und somit Asymmetrie abwesend erscheint.

In einer ringförmigen Verbindung sind zwei Fälle möglich: entweder der Ring ist symmetrisch oder nicht. Im ersten Fall kann man keine optische Aktivität erwarten, da ja kein asymmetrisches Kohlenstoffatom vorhanden ist. Wird aber ein Substituent eingeführt, der den Ring unsymmetrisch macht, dann wird auch die Aktivität möglich sein.

Folgende Figuren werden die Verhältnisse klarlegen:

$$\begin{matrix} R_1 \searrow & & \nearrow CH_2 - CH_2 \searrow & \\ & \overset{(a)}{C} & & CH_2 \\ R_2 \nearrow & & \searrow CH_2 - CH_2 \nearrow & \end{matrix} \qquad \begin{matrix} & & \quad R_3 & \\ R_1 \searrow & & \nearrow CH - CH_2 \searrow & \\ & \overset{(a)}{C} & & CH_2 \\ R_2 \nearrow & & \searrow CH_2 - CH_2 \nearrow & \end{matrix}$$

(1) (2)

$$\begin{matrix} R_1 \searrow & & \nearrow CH_2 - CH_2 \searrow & \\ & \overset{(a)}{C} & & CHR_3 \\ R_2 \nearrow & & \searrow CH_2 - CH_2 \nearrow & \end{matrix}$$

(3)

Wenn wir im ersten Falle die mit dem Kohlenstoffatom (a) verbundenen Gruppen der Reihe nach im Sinne des Uhrzeigers betrachten, sehen wir, daß die Aufeinanderfolge derselben ist: R_2; R_1;

$$CH_2 - CH_2 - CH_2 - CH_2 - CH_2\,X \text{ und}$$
$$CH_2 - CH_2 - CH_2 - CH_2 - CH_2\,X,$$

wenn wir im entgegengesetzten Sinne des Uhrzeigers zählen (X repräsentiert darin den Rest des Moleküls CR_1R_2).

Hier enthält das Molekül kein asymmetrisches Kohlenstoffatom, da zwei Gruppen identisch sind.

Der zweite Fall ist dagegen verschieden von dem ersten; denn hier sind die Gruppen: R_1; R_2;

$$CH_2 - CH_2 - CH_2 - CH_2 - CHR_3 - X \text{ und}$$
$$CHR_3 - CH_2 - CH_2 - CH_2 - CH_2 - X.$$

Hier ist die Reihenfolge, in welcher die Gruppe R_3 in der Kette erscheint, in beiden Fällen verschieden, so daß das Kohlenstoffatom (a) wirklich asymmetrisch ist; Bild und Spiegelbild dieser Verbindung sind nicht überdeckbar.

Fall 3 dagegen zeigt, daß Substitution nicht immer Asymmetrie hervorruft; denn hier sind die mit dem Kohlenstoffatome „a" verbundenen

Ringgruppen identisch, falls man sie im Sinne des Uhrzeigers oder im entgegengesetzten betrachtet, somit ist das Kohlenstoffatom (a) in diesem Falle nicht asymmetrisch.

§ 9. Einteilung der Isomeren.

Substanzen, in denen Isomerie durch Anwesenheit asymmetrischer Kohlenstoffatome hervorgerufen wird, lassen sich in drei Klassen einteilen:

1. Isomere mit gleichem oder entgegengesetztem Drehungsvermögen,
2. Isomere, welche, obgleich optisch aktiv sind, aber weder gleiches noch entgegengesetztes Drehungsvermögen haben und
3. Isomere, welche, obgleich ihre Isomerie durch die Gegenwart eines asymmetrischen Kohlenstoffatomes hervorgerufen wird, optisch inaktiv sind.

Diese Klassifikation erscheint jedoch für den beabsichtigten Zweck nicht gerade günstig und somit werden in den folgenden Seiten die inaktiven Verbindungen, die ein asymmetrisches Kohlenstoffatom enthalten, in einem Kapitel allein behandelt werden; ein anderes wird den aktiven Isomeren gewidmet werden.

II. Inaktive Verbindungen.

a) Äquimolekulare Mischungen und razemische Verbindungen.

§ 1. Bildungsmethoden.

1. Bildung inaktiver Verbindungen mit einem asymmetrischen Kohlenstoffatom. Wenn eine Verbindung vom Typus $Cabc_2$ in eine andere vom Typus $Cabcd$ umgewandelt wird, die ein asymmetrisches Kohlenstoffatom enthält, so sollte man annehmen, daß eine optisch aktive Substanz entstehen würde. In der Praxis ist dies jedoch nicht der Fall: Keine Aktivität kann in diesem Produkte aufgefunden werden. Die Erklärung ist leicht gegeben. Angenommen, wir haben eine Substanz $Cabc_2$, deren Atomanordnung in der in Fig. 14 dargestellten Tetraederformel wiedergegeben ist und in der die zwei Gruppen „c" identisch sind.

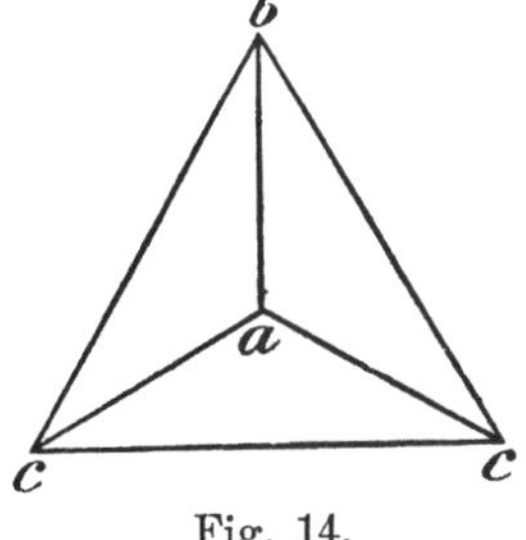

Fig. 14.

Wenn wir nun das eine „c" durch d ersetzen, so erhalten wir eine asymmetrische Verbindung von bestimmtem Drehungssinne, wählen wir aber das andere c zum Austausch für das d, so erhalten wir den optischen Antipoden der ersten Verbindung (Fig. 15). Da aber, wie bereits früher dargelegt wurde, zwei Antipoden sich chemisch vollkommen identisch verhalten, ist kein Grund zur Annahme vorhanden, daß das eine c bei der Substitution durch d bevorzugt sein sollte. Man muß vielmehr erwarten, daß die Substitution sich in gleicher Weise auf beide c verteilen wird. Wenn dies aber der Fall ist, dann wird das Reaktionsprodukt aus einem Gemenge gleicher Quantitäten zweier Substanzen bestehen, die gleiches, aber entgegengesetztes Drehungsvermögen besitzen;

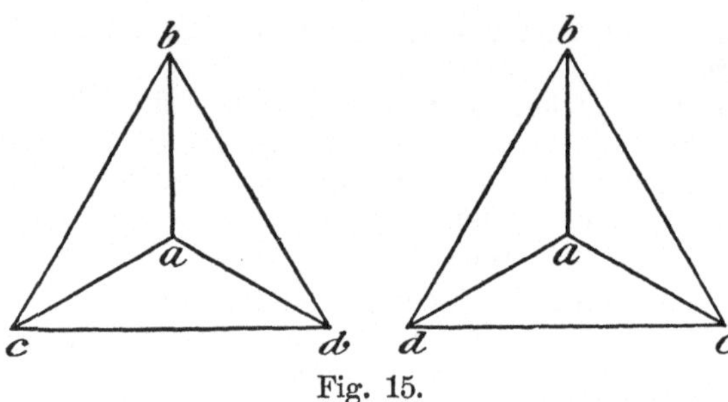

Fig. 15.

daher wird keine Aktivität auftreten. Man hat gefunden, daß ein derartiger, inaktiver Körper, bestehend aus zwei Molekülen, von denen das eine rechts-, das andere linksdrehend ist, in drei verschiedenen Formen existieren kann.

Er kann eine einfache mechanische Mischung von Kristallen der beiden Antipoden vorstellen (Konglomerat); er kann ein kristallisierender Körper sein, dessen Kristalle von abwechselnden Schichten der rechts- und links-Substanz gebildet werden (Mischkristall); oder endlich, er bildet eine wahre chemische Verbindung, in welcher sich zwei Moleküle, das eine von der d-Form, das andere von der l-Form, miteinander zu einem Molekül vereinigt haben (razemische Verbindung). Nur bei der razemischen Verbindung hat eine wirkliche chemische Vereinigung stattgefunden, denn das Molekulargewicht und andere physikalische Eigenschaften der Substanz unterscheiden sich von denen einer reinen Mischung der beiden Antipoden.

2. Methoden zur Darstellung von Verbindungen mit zwei oder mehreren asymmetrischen Kohlenstoffatomen. Bei vielen allgemeinen Darstellungsmethoden organischer Verbindungen ist es möglich, Substanzen zu bilden, die mehr als ein asymmetrisches Kohlenstoffatom enthalten, z. B. bei der Addition von Halogen an ungesättigte Körper, oder bei der Darstellung von Pinakonen; ebenso lassen sich solche Substanzen bei der Verwendung von Azetessigester erzeugen.

$$\begin{array}{c} R \\ | \\ HC \\ \| \\ HC \\ | \\ R \end{array} + X_2 = \begin{array}{c} R \\ | \\ H-C-X \\ | \\ H-C-X \\ | \\ R \end{array} \qquad (1)$$

$$\begin{array}{c} R_1 \\ | \\ R-C:O \\ \\ R-C:O \\ | \\ R_1 \end{array} + H_2 = \begin{array}{c} R_1 \\ | \\ R-C-OH \\ | \\ R-C-OH \\ | \\ R_1 \end{array} \qquad (2)$$

$$2\begin{array}{c} CH_3 \\ | \\ CO \\ | \\ HC-Na \\ | \\ COOC_2H_5 \end{array} + J_2 = 2\,NaJ + \begin{array}{ccc} CH_3 & & CH_3 \\ | & & | \\ CO & & CO \\ | & & | \\ HC & - & CH \\ | & & | \\ COOC_2H_5 & & COOC_2H_5 \end{array} \qquad (3)$$

In diesen Fällen werden ebenfalls nur inaktive Formen gebildet. Oft treten inaktive Substanzen in zwei Formen auf, von denen die eine durch Kompensation der beiden aktiven Antipoden entsteht, während die andere durch intramolekularen Ausgleich, infolge einer besonderen Atomanordnung innerhalb des Moleküls, bedingt wird. Dieser letzte Fall ist nur dann möglich, wenn das Molekül in zwei symmetrische Hälften teilbar ist, wie in den drei oben erwähnten Beispielen.

3. Durch Mischung der Antipoden. Es wurde bereits mehrfach darauf hingewiesen, daß inaktive Lösungen durch Mischung gleicher Mengen der beiden Antipoden dargestellt werden können; es muß aber bemerkt werden, daß die Kristalle, die sich aus solchen Lösungen abscheiden, nicht immer chemische Verbindungen der Antipoden sind, sondern häufig nur physikalische Gemenge. Die Wärme ist dabei von maßgebendem Einfluß, denn man hat gefunden, daß razemische Verbindungen nur innerhalb bestimmter Temperaturgrenzen gebildet werden. So hat man z. B. beim Kalium-Natriumtartrat festgestellt[1]), daß bei Temperaturen unter -6^0 d- und l-Tartrat nebeneinander in der Lösung existieren; über -6^0 beginnt die Bildung des Na-K-Razemats und bei 41^0 zersetzt sich das letztere in Natrium- und Kaliumrazemat.

4. Razemisation aktiver Verbindungen. Wenn eine aktive Substanz längere Zeit erhitzt wird, so nimmt ihr Drehungsvermögen ab und kann, wenn die Erwärmung genügend lange fortgesetzt wird, eventuell ganz verschwinden, so daß die Substanz inaktiv wird. Dabei tritt keine Änderung in der Konstitution der Verbindung ein, aber es erscheint wahrscheinlich, daß die intramolekulare Stabilität der Substanz durch die Steigerung der Temperatur erschüttert wird,

---

[1]) van't Hoff, Goldschmidt und Jorissen, Zeitschr. f. physikal. Chem. **17**, 505 (1895).

so daß ein Wechsel in der Konfiguration stattfindet und eine Umlagerung der ersten Substanz in die entgegengesetzt drehende Modifikation erfolgt. Daß das Endprodukt wirklich eine äquimolekulare Mischung der beiden Antipoden ist, haben Le Bel[1]) und Lewkowitsch[2]) gezeigt. Der Prozeß kann durch die Gegenwart bestimmter Substanzen beschleunigt werden, so z. B. wird Weinsäure in Gegenwart von Aluminiumtartrat viel leichter razemisiert[3]).

Da die zwei Antipoden identische chemische Eigenschaften besitzen, so mußte man erwarten, daß auch ihre Stabilität dieselbe sein wird. Bei der Umwandlung der einen Komponente in die andere wird der Gleichgewichtszustand erreicht, wenn beide in gleicher Quantität vorhanden sind.

Die Erklärung ergibt sich aus der Tatsache, daß die Umwandlung der d-Form in die isomere l-Form mit derselben Geschwindigkeit vor sich geht, wie die umgekehrte Verwandlung der l-Form in die d-Form.

Die Razemisation kann hervorgerufen werden durch einfaches Erhitzen, durch Erhitzen mit Alkalien oder Säuren oder aber im Verlaufe mancher Reaktionen.

In einigen Fällen tritt spontane Razemisation ein.

a) Erklärung der Razemisationserscheinungen. Wenn wir annehmen, daß die Valenzen eines Kohlenstoffatoms vier abgesonderte Kräfte sind, die in bestimmten Richtungen wirken, so erscheint es fast unmöglich, eine befriedigende Erklärung für die Razemisation zu finden; denn wenn man die van't Hoffsche Hypothese benützt, so ist ersichtlich, daß ein Wechsel der Gruppen von einer zu einer anderen Valenz nur dann möglich ist, wenn eine Abtrennung dieser Gruppen von dem Rest des Moleküls und eine Wiedervereinigung im umgekehrten Sinne stattfinden kann. Dabei würden sie sich aber unter allen Umständen bestreben, zu der beständigsten und unter den Bedingungen begünstigsten Verbindung zusammenzutreten, so daß sich im Verlaufe der Reaktion Nebenprodukte bilden müßten, von denen keine Spur tatsächlich gefunden wurde.

Eine von Werner[4]) gegebene Erklärung basiert auf seiner Anschauung über den Charakter der Kohlenstoffvalenzen. Das Kohlenstoffatom wird, wie in Fig. 16, als eine Sphäre dargestellt und die mit ihm verbundenen Gruppen werden als schwingend um die Valenzorte (Gleichgewichtslagen) a, b, c und d angenommen. Unter dem Einfluß razemisierender Mittel werden diese Gruppen nicht in ihrer relativen Lage verharren, sondern Schwingungen mit größerer Amplitude ausführen als früher. Er nimmt an, daß die Schwingungen im Sinne der in der Figur gezeichneten Pfeile stattfinden und daß dadurch die Gruppen in eine Lage gebracht werden, wie sie in der

---

[1]) Le Bel, Bull. Soc. chim. (2), 31, 104 (1879). Compt. rend. de l'Acad. d. Sciences 87, 213 (1878).

[2]) Lewkowitsch, Ber. d. deutsch. chem. Ges. 15, 1505 (1882).

[3]) Jungfleisch, Compt. rend. de l'Acad. d. Sciences 85, 805 (1877).

[4]) Werner, Beiträge zur Theorie der Affinität und Valenz.

zweiten Figur angezeigt sind, wo alle in einer Ebene liegen. Von dieser Stellung aus werden sie nun in ihre ursprüngliche Lage zurückschwingen, oder aber in neue Stellungen gebracht werden, wie sie in der Figur (III) dargestellt sind.

In diesem Falle ist aber das Spiegelbild der Figur (I) gebildet worden. Ist einmal die mittlere Phase erreicht, so ist auch die Möglichkeit zur Bildung der einen isomeren Form genau so groß wie zur Bildung der anderen.

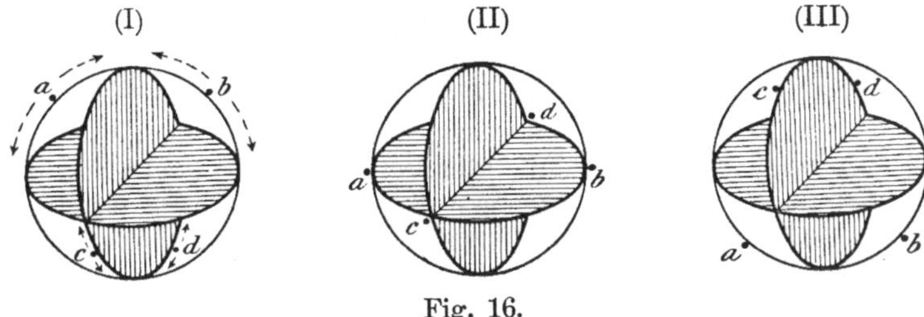

Fig. 16.

Nef[1]) hat die Theorie aufgestellt, daß in manchen Verbindungen durch Wasserabspaltung an einem Kohlenstoffatom und Wiederanlagerung desselben in einem anderen Sinne, Razemisation eintreten kann, z. B.:

```
    COOH              COOH                          COOH
     |                 |                             |
  H—C—OH            H—C—OH                        H—C—OH
     |        →        |        + H2O    →           |
 OH—C—H              = C                          H—C—OH
     |                 |                             |
    COOH              COOH                          COOH
                                                     ↓
                      COOH                          COOH
                       |                             |
                    HOC—H                           C =
                       |              ←              |        + H2O
                    H—C—OH                        H—C—OH
                       |                             |
                      COOH                          COOH
```

b) Autorazemisation. Walden[2]) hat einige Fälle beschrieben, hauptsächlich bei den halogenierten Fettsäuren, wo aktive Verbindungen nach drei- bis vierjährigem Stehen razemisiert waren. Soweit es sich ermitteln ließ, hatte keine Veränderung der Konstitution neben der Änderung der Konfiguration stattgefunden.

---

1) Nef, Liebigs Annal. d. Chem. u. Pharm. **355**, 191 (1904).
2) Walden, Ber. d. deutsch. chem. Ges. **31**, 1416 (1898).

Die Umwandlung scheint durch eine permanente Neuanordnung der Radikale in dem Molekül vor sich zu gehen; denn durch Fraktionierung und Kristallisation konnte keine beschleunigte Inaktivierung erzielt werden.

c) *Razemisation als Folge von Konstitutionsänderung.* Es muß erwähnt werden, daß der Ersatz eines Radikals durch ein anderes häufig die Razemisation einer Verbindung zur Folge hat. Erhitzt man z. B. l-Mandelsäure mit Bromwasserstoffsäure auf eine Temperatur nicht über 50^0, so erhält man inaktive Phenylbromessigsäure. Andererseits können Verbindungen öfters in andere umgewandelt werden, ohne ihre Aktivität zu verlieren, wenn eben die Reaktionsverhältnisse keine Razemisation hervorrufen.

Pope und *Harvey*[1]) haben gezeigt, daß d-ac-Tetrahydro-β-Naphtylamin bei der Darstellung der Benziliden-Benzoyl- und Azetylderivate zum Teil razemisiert wird.

d) *Beziehungen zwischen Tautomerie und Razemisation.* Bisher haben wir Razemisationserscheinungen betrachtet, bei welchen keine Strukturveränderung der Verbindungen beteiligt ist. Im folgenden soll eine Erscheinung behandelt werden, welche eine wechselseitige Beziehung zwischen Konstitutionsänderung und Razemisation erkennen läßt.

Es ist bekannt, daß sich die Gruppe $-CH_2-CO-$ umwandeln läßt in $-CH:C(OH)-$ und vice versa.

Diese Annahme gibt bei Anwendung auf den Fall der Razemisation Aufschluß über einige Punkte, die auf andere Weise nicht erklärt werden können. Wenn wir eine Säure betrachten, welche ein Wasserstoffatom in α-Stellung besitzt, so haben wir folgende tautomere Formen:

$$\begin{array}{c} | \\ CH_2 \\ | \\ HO-C=O \end{array} \qquad \text{und} \qquad \begin{array}{c} | \\ CH \\ \| \\ HO-C-OH. \end{array}$$

Nehmen wir z. B. die Phenylglykolsäure, so ist folgender Prozeß möglich:

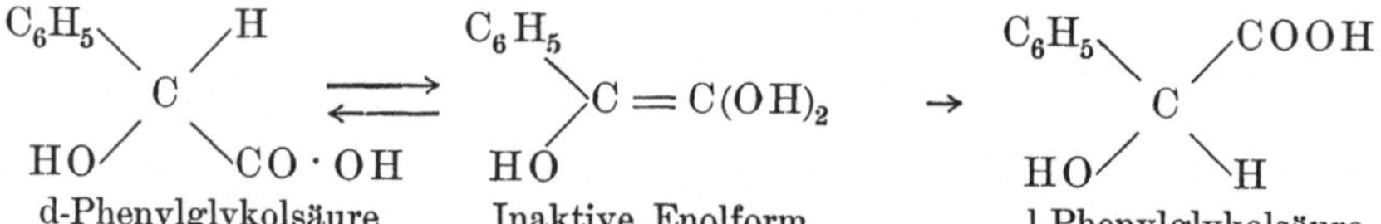

$$\begin{array}{ccc} C_6H_5 & & H \\ & C & \\ HO & & CO\cdot OH \end{array} \;\rightleftarrows\; \begin{array}{l} C_6H_5 \\ \quad\;\; >C=C(OH)_2 \\ HO \end{array} \;\rightarrow\; \begin{array}{ccc} C_6H_5 & & COOH \\ & C & \\ HO & & H \end{array}$$

d-Phenylglykolsäure 50 % — Inaktive Enolform (Spuren) — l-Phenylglykolsäure (50 %)

Hier ist also durch intermediäre Bildung der Enolform die Möglichkeit für die Umwandlung der einen aktiven Form in die andere gegeben. Es gibt Tatsachen, die sehr zugunsten dieser Erklärung sprechen.

---

[1]) *Pope* und *Harvey*, Proc. **16**, 74 (1900).

Es ist klar, daß, wenn man die Lösung des Problems der Razemisationserscheinungen auf Tautomerie zurückführen will, nur tautomere Substanzen der Razemisation fähig sein würden.

Wenn wir den Fall des Menthons betrachten:

```
                  CH2 — CH2
               (a)/       \            CH3
      CH3 — CH             (b)CH — CH<
               \          /            CH3
                  CH2 — CO
```

so können wir einen besseren Einblick in die Sachlage erhalten.

Menthon enthält zwei asymmetrische Kohlenstoffatome (a) und (b), von denen nur eines (b) mit einem Wasserstoffatom verbunden ist, das tautomere Erscheinungen zeigen kann.

Wenn nun Menthon razemisiert wird, so findet man, daß nur das eine Kohlenstoffatom, nämlich (b), also das der Karbonylgruppe benachbarte, der Razemisation unterliegt. Das andere asymmetrische Kohlenstoffatom (a) bleibt unverändert.

Einen ähnlichen Fall[1]) kann man bei den Kamphersäuren beobachten.

```
           (b) H                          (b) COOH
CH2 ———— C<                    CH2 ———— C<
 |         |  COOH              |         |  H
 | (CH3)2 : C                   | (CH3)2 : C
 |         |  CH3               |         |  CH3
CH2 ———— C<                    CH2 ———— C<
          (a) COOH                      (a) COOH

     Kamphersäure                   Isokamphersäure.
```

Diese Verbindung enthält wieder zwei asymmetrische Kohlenstoffatome (a) und (b). Auch in diesem Falle hat man gefunden, daß die Razemisation nur an einem asymmetrischen Kohlenstoffe stattfindet und zwar bei (b), das ein freies Wasserstoffatom in α-Stellung zur Hydroxylgruppe trägt.

Daß nur ein asymmetrisches Kohlenstoffatom verändert wird, kann folgendermaßen gezeigt werden. Da die d-Kamphersäure das Spiegelbild der l-Kamphersäure ist, so ist sicher, daß eine Umwandlung der einen in die andere nur dann möglich ist, wenn beide asymmetrische Kohlenstoffatome umgelagert werden; andererseits ersieht man aus den oben gegebenen Formeln, daß eine Umlagerung des Kohlenstoffs (b) allein genügt, um die Kampher- in die Isokamphersäure zu verwandeln.

Nun ergibt aber das Experiment, daß es nicht möglich ist, d-Kamphersäure in l-Kamphersäure umzuwandeln. Man erhält dabei die d-Isokamphersäure und somit findet die Konfigurationsänderung nur an dem Kohlenstoffatom (b) statt. Ähnliche Schlüsse kann man aus der Tatsache ziehen, daß die Säuren der Zuckergruppe bei der

---

1) Aschan, Liebigs Annal. d. Chem. u. Pharm. **316**, 220 (1901).

Razemisation nur das der Karboxylgruppe benachbarte Kohlenstoffatom umlagern.

§ 2. Kriterien zur Beurteilung der Natur äquimolekularer Mischungen[1]).

1. Allgemeines. Äquimolekulare Mischungen optischer Antipoden können sein: 1. Konglomerate oder mechanische Gemenge der beiden Komponenten; 2. Mischkristalle, wenn die beiden Verbindungen isomorph kristallisieren (hier liegt ebenfalls keine chemische Vereinigung vor) und 3. wahre „razemische Verbindungen“, deren Molekulargewicht doppelt so groß ist, wie das der entsprechenden aktiven Isomeren.

Es erscheint nun notwendig, festzustellen, welcher Klasse eine gegebene Verbindung angehört; diese Aufgabe ist nicht leicht und viele Methoden sind diesbezüglich angegeben worden, ohne zu vollständig sicheren Resultaten zu führen; Roozeboom[2]) hat gezeigt, daß die Bestimmung der Schmelzpunkte und der Löslichkeitsverhältnisse solcher Substanzen noch die besten Resultate ergeben. J. H. Adriani[3]) bestätigte Roozebooms Ansicht durch eine größere Zahl praktischer Arbeiten.

Diese Methoden können aber leider nur bei festen Substanzen benutzt werden; für den Nachweis flüssiger Razemkörper ist bisher noch keine zuverläßliche Methode gefunden worden.

Die folgenden Paragraphen behandeln daher nur feste Razemate.

2. Schmelzpunkt-Erscheinungen. a) Konglomerate. Der Schmelzpunkt resp. Erstarrungspunkt irgend eines Lösungsmittels wird durch die Auflösung einer fremden Substanz erniedrigt, und zwar um so mehr, je größer die molekulare Konzentration des gelösten Stoffes in der Schmelze ist. Beim Ausfrieren des Lösungsmittels wird daher der Schmelzpunkt dauernd sinken, bis die Schmelze auch an dem gelösten Stoffe gesättigt wird. Dann scheidet sich aus der Schmelze ein Gemenge von Lösungsmittel und gelöstem Stoff aus, welches als entektische Mischung bezeichnet wird.

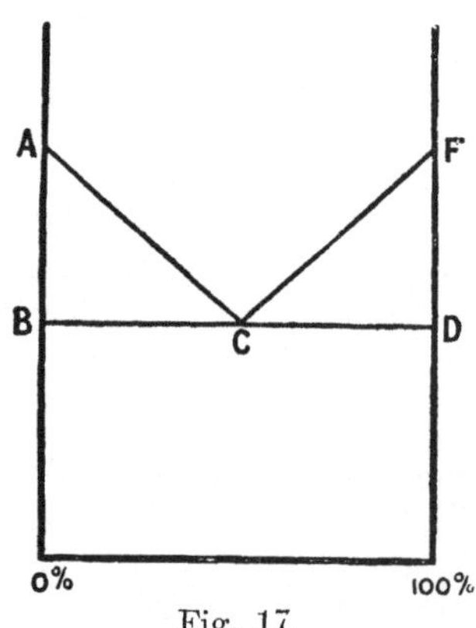

Fig. 17.

Wenn wir diese Anschauung auf den Fall einer äquimolekularen Mischung zweier Antipoden, die nicht chemisch verbunden, also mechanische Gemenge sind, übertragen, so finden wir folgendes (s. Fig. 17):

---

1) Vgl. dazu: Cf. Findley, „The Phase Rule and its Applications“, erschienen in der von Sir William Ramsay herausgegebenen Serie: „Text-Bocks of Physical Chemistry“, London 1907, sowie Meyerhoffer, „Gleichgewichte der Stereoisomeren“, welche diese Verhältnisse eingehender behandeln.

2) Roozeboom, Ber. d. deutsch. chem. Ges. **32**, 537 (1899). Zeitschr. f. physikal. Chem. **28**, 494 (1899).

3) Adriani, Zeitschr. f. physikal. Chem. **33**, 453 (1900); **36**, 168 (1901).

Wenn angenommen wird, daß A der Schmelzpunkt der d-Form ist, so wird durch fortschreitendes Zufügen der l-Form der Schmelzpunkt allmählich fallen, bis zu einem Minimum in C, wo gleiche Mengen d- und l-Verbindung vorhanden sind. Nehmen wir nun an, daß F den Schmelzpunkt der l-Form darstellt und fügen jetzt zu dieser die isomere Form zu, so wird der Schmelzpunkt ebenfalls bis zu dem Punkte C fallen, wo die beiden Antipoden in gleichen Mengen vorhanden sind. Aus der Figur ist ersichtlich, daß der Schmelzpunkt ein Minimum erreicht, wenn die Mischung äquimolekular ist und daß er steigen wird, sobald man irgend eine der beiden Formen hinzufügt.

b) Mischkristalle. Ein Mischkristall zweier isomorpher optischer Antipoden existiert nur in einer Phase und der Erstarrungspunkt der flüssigen Substanz hängt ab von der Zusammensetzung der sich zuerst ausscheidenden Kristalle. Ist ihre Zusammensetzung dieselbe, wie die der geschmolzenen Substanz, dann wird eine Mischung der beiden Verbindungen in sämtlichen Mischungsverhältnissen einen konstanten Schmelzpunkt haben. Ist dies nicht der Fall, dann wird der Schmelzpunkt während der Erstarrung fallen, bis die flüssige und die feste Phase die gleiche Zusammensetzung haben.

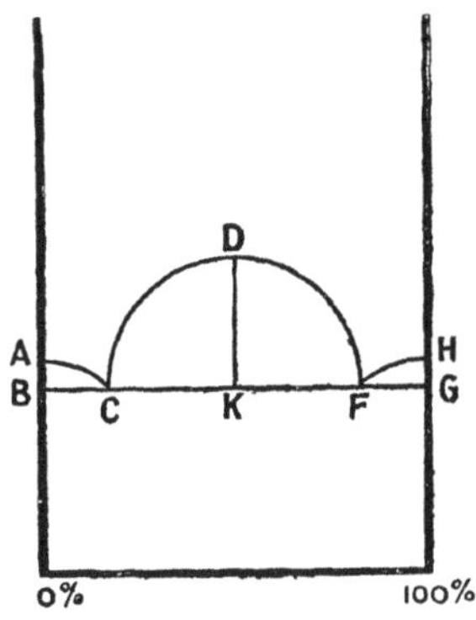

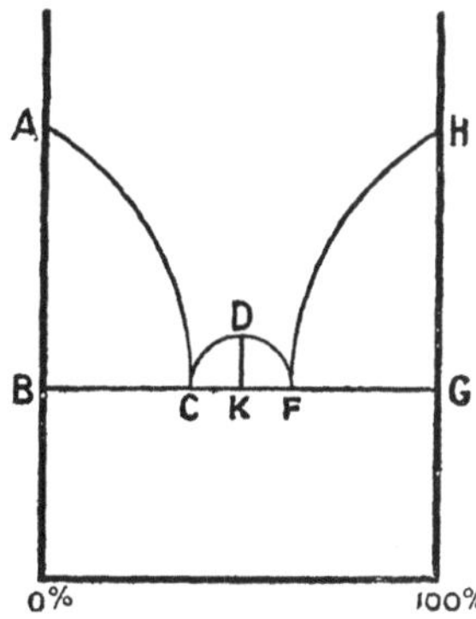

Fig. 18.

c) Razemische Verbindungen. Bei einer razemischen Verbindung haben wir zwei Reihen von Kurven zu beachten; die eine zeigt die Beziehungen der d-Komponente mit dem Razemkörper, die andere diejenigen der l-Komponente mit dem Razemkörper an. Die Figuren 18 zeigen mögliche Formen der Kurven.

Dieser Fall entspricht eigentlich dem Falle der Figur 17, nur zweimal genommen, wenn man annimmt, daß die razemische Verbindung den Platz des einen oder des anderen Antipoden einnimmt, so daß A den Schmelzpunkt der d-Form, H denjenigen der l-Form und D den des Razemates darstellt. Der Schmelzpunkt D des Razemates kann sowohl höher wie tiefer liegen als die Schmelzpunkte der reinen Antipoden.

Die Abszisse KB stellt dann graphisch die Prozente der d-Form und razemischen Verbindung dar, während diese von K zu G die Prozente Razemat und l-Antipode bedeutet.

Man erkennt sofort, daß eine Zugabe der d- oder l-Form zu dem Razemat stets eine Erniedrigung des Schmelzpunktes herbeiführen wird.

3. Lösungsverhältnisse[1]). Wenn ein inaktiver Körper gelöst wird, so zerfällt er in die zwei Antipoden; die Lösung bildet somit ein System von drei Komponenten, bestehend aus der d-Form, der l-Form und dem Lösungsmittel; ein solches System wird nur bei konstanter Temperatur und in Gegenwart von zwei Bestandteilen der festen Phase im vollständigen Gleichgewichte sein.

Ist der inaktive Körper ein Konglomerat, so existiert er bereits in zwei Bodenkörpern und infolgedessen wird die Zugabe einer der beiden aktiven Isomeren keine Änderung in der Lösung herbeiführen.

Wenn dagegen die inaktive Substanz eine chemische Verbindung oder eine feste Lösung ist, so besteht die feste Phase nur aus einem Bestandteil, und die Zugabe eines Antipoden wird die Löslichkeit beeinflussen.

Um zu bestimmen, ob in einer Substanz eine chemische Verbindung, ein Konglomerat, oder Mischkristalle vorliegen, schlägt Bruni[2]) noch folgende Methode vor.

Er weist darauf hin, daß sich die Kurven der Gefrierpunktserniedrigungen in den drei Fällen unterscheiden werden und zwar wird die Kurve der razemischen Verbindung drei Äste haben, die des Konglomerates zwei und die der Mischkristalle nur einen. Bruni und Finzi[3]) führten eine Reihe von Untersuchungen aus und zwar in folgender Weise:

Zu der kryohydratischen Lösung der inaktiven Substanz werden sukzessiv steigende Mengen von d- oder l-Form zugegeben.

Falls der inaktive Körper ein Konglomerat ist, so bleibt der Gefrierpunkt unverändert. Ist der Körper eine wirkliche razemische Verbindung, so sinkt er durch ein bestimmtes Intervall und bleibt dann konstant, selbst wenn weitere Mengen aktiver Substanz zugefügt werden. Die Lösung wird dann zur Trockne verdampft, und gewogen; aus dem Drehungsvermögen berechnet man die Mengen aktiver und inaktiver Substanz und aus diesen Daten bestimmt man die Gleichgewichtskurve.

Besteht die inaktive Substanz aus pseudorazemischen Mischkristallen, so wird das Drehungsvermögen und der Gefrierpunkt nach jeder weiteren Zugabe aktiver Substanz verändert.

---

1) Roozeboom, Zeitschr. f. physikal. Chem. **28**, 496 (1899).
2) Bruni, Gazetta **30** i. 35 (1900).
3) Bruni und Finzi, Atti R. Accad. Lincei (**5**), **13** ii. 349 (1904).

§ 3. Über die Eigenschaften razemischer Verbindungen.

1. Physikalische. — Molekulargewicht. Falls man die Methode der Gefrierpunktserniedrigung zur Bestimmung des Molekulargewichtes eines gelösten Razemates benützt, so findet man die Gefrierpunktserniedrigung übereinstimmend mit der einer einzelnen Komponente [1]). Man ersieht daraus, daß die razemische Verbindung in der Lösung in die beiden Antipoden zerfallen ist.

G. Bruni und M. Padoa [2]) berichten über Ergebnisse, die zugunsten der Annahme razemischer Verbindungen in Lösungen sprechen.

Die Bestimmung der Dampfdichte führte zu negativen Resultaten [3]).

Aus der Tatsache aber, daß razemische Verbindungen optisch inaktiv sind, muß man schließen, daß sie durch Vereinigung zweier aktiver, entgegengesetzt drehender Moleküle entstanden sein müssen und daraus folgt, daß die feste razemische Verbindung ein doppelt so großes Molekulargewicht besitzt, als eine der aktiven Komponenten.

Kristallform. In der Mehrzahl der Fälle unterscheidet sich dieselbe von jener der optischen Antipoden; im allgemeinen kristallisiert die razemische Verbindung in holoedrischer Form, während die aktiven Substanzen in der Regel in hemiedrischen Formen auftreten.

Die aktiven Isomeren und die entsprechenden razemischen Verbindungen gehören nicht immer demselben Kristallsystem an; z. B. das aktive Carvontetrabromid erscheint in rhombischen Kristallen, während die Kristallform der razemischen Verbindung monoklin ist.

Spezifisches Gewicht. Liebisch [4]), Walden [5]) und ebenso Wallach [6]) finden, daß im allgemeinen die inaktiven Substanzen eine größere Dichte haben wie die aktiven.

Molekular-Volumen. Die Form, die den niedrigeren Schmelzpunkt hat, scheint auch das größere Molekular-Volumen zu haben [7]).

Löslichkeit und Schmelzpunkt. Beide zeigen eine gewisse Abhängigkeit von den entsprechenden Dichten der aktiven und razemischen Substanzen: diejenige, welche eine höhere Dichte besitzt, zeigt den höheren Schmelzpunkt und eine geringere Löslichkeit [7]).

Absorptions-Spektra. Stewart [8]) fand dieselbe verschieden bei den aktiven und razemischen Formen.

---

1) Raoult, Zeitschr. f. physikal. Chem. **1**, 186 (1887). Anschütz, Liebigs Annal. d. Chem. u. Pharm. **247**, 121 (1888). Wallach ibid. **246**, 231 (1888).

2) Bruni und Padoa, Atti R. Accad. Lincei (**5**), **11** i. 212 (1902). Gazetta **32** i. 503 (1902).

3) Anschütz, Ber. d. deutsch. chem. Ges. **18**, 1397 (1885).

4) Liebisch, Liebigs Annal. d. Chem. u. Pharm. **286**, 140 (1895).

5) Walden, Ber. d. deutsch. chem. Ges. **29**, 1699 (1896).

6) Wallach, Liebigs Annal. d. Chem. u. Pharm. **286**, 135 (1895).

7) Walden, Ber. d. deutsch. chem. Ges. **29**, 1692 (1896).

8) Stewart, Trans. **91**, 1537 (1907).

Triboluminesczenz. Tschugaeff[1]) fand, daß einige aktive Verbindungen beim Reiben oder Schlagen phosphoreszieren, während dies bei den entsprechenden razemischen Substanzen ausbleibt.

Affinitätskonstanten[2]). Nach Walden[3]) sind dieselben für aktive und razemische Formen gleich. Dies beruht jedenfalls auf der Dissoziation der razemischen Säure in die beiden Antipoden, aus denen sie gebildet ist.

2. Chemische Eigenschaften. — Kristallwasser. Gewöhnlich besteht ein beträchtlicher Unterschied im Kristallwassergehalt einer aktiven und razemischen Form, obgleich dies nicht als allgemeine Regel gelten kann.

Chemisches Verhalten: Im allgemeinen haben beide Arten von Verbindungen dieselben chemischen Eigenschaften; nur in ein oder zwei Fällen wurden Abweichungen gefunden; so z. B. beobachteten Anschütz und Bennert[4]), daß sich der Äthylester der l-Äpfelsäure bei der Destillation unter gewöhnlichem Druck zersetzt, während der inaktive Ester unter den gleichen Bedingungen unzersetzt destilliert.

§ 4. Flüssige Razemkörper.

Wenn gleiche Mengen zweier optischer Antipoden flüssiger Substanzen gemischt werden, so können folgende zwei Fälle resultieren: Entweder bleibt die Mischung eine rein mechanische, oder die beiden Substanzen vereinigen sich miteinander und bilden eine wahre razemische Verbindung.

In einigen besonderen Fällen sind wir imstande festzustellen, welcher von diesen beiden Fällen eingetreten ist; wenn nämlich die Eigenschaften der razemischen Verbindung merklich verschieden sind von denen der Antipoden, aus welchen sie gebildet wird. So z. B. schmelzen die d- und l-Caronoxime bei 72°, während das razemische Caronoxim bei 93° schmilzt; wenn wir nun die beiden geschmolzenen aktiven Formen bei einer Temperatur zwischen 72° und 93° mischen, so kristallisiert die feste razemische Verbindung aus[5]). Wenn aber die physikalischen Eigenschaften der Mischung der beiden Antipoden mit denen der ursprünglichen aktiven Verbinduug gleich bleiben, so wird es sehr schwer, die wirkliche Existenz einer razemischen Verbindung festzustellen.

Man hat in einigen Fällen versucht, aus der Temperaturänderung oder Wärmetönung, die im Momente der Mischung der

---

[1]) Tschugaeff, Ber. d. deutsch. chem. Ges. **34**, 1820 (1901).

[2]) Walden, Ber. d. deutsch. chem. Ges. **29**, 1692 (1896).

[3]) Wenn wir den Dissoziationsgrad einer Säure mit m bezeichnen und die Verdünnung ihrer Lösung mit v, dann ist die Affinitätskonstante

$$k = \frac{m^2}{(1-m)\cdot v}.$$

[4]) Anschütz und Bennert, Liebigs Annal. d. Chem. u. Pharm. **254**, 164 (1889).

[5]) Baeyer, Ber. d. deutsch. chem. Ges. **28**, 640 (1895).

beiden aktiven Formen auftritt, einen Schluß auf die Bildung einer razemischen Form zu ziehen; doch sind sichere Resultate in dieser Hinsicht nicht erhalten worden. Ebenso haben die Molekulargewichtsbestimmungen nach der Gefrierpunktsmethode und die Untersuchungen der Siedepunkte der inaktiven Mischungen unsere Kenntnisse in dieser Hinsicht nicht erweitert.

Stewart[1]) hat gefunden, daß die Absorptionsspektra von d- und l-Weinsäure identisch sind, dagegen eine äquimolekulare Mischung beider Lösungen bei gleicher Konzentration ein viel größeres Absorptionsvermögen besitzt. Da diese Änderung im Spektrum nur auf eine Konstitutionsänderung zurückzuführen ist, scheint diese Methode immerhin von einigem Werte für die Untersuchung inaktiver Substanzen zu sein.

§ 5. Grenzen für die Existenz razemischer Verbindungen.

Wie wir bereits festgestellt haben, kann eine inaktive, kristallisierte Substanz sein: 1. ein Konglomerat, 2. ein Mischkristall und 3. eine wahre chemische Verbindung.

Nun ist es aber möglich, daß durch eine Temperaturänderung eine Änderung des Zustandes eintritt, so daß z. B., wie man tatsächlich gefunden hat, eine razemische Verbindung umgewandelt werden kann in ein Konglomerat oder in eine feste Lösung; oder es kann der umgekehrte Vorgang, die Verwandlung eines Konglomerats oder einer festen Lösung in einen Razemkörper eintreten.

Die erste Beobachtung in dieser Hinsicht wurde von Pasteur gemacht, welcher fand, daß das traubensaure Natrium-Ammonium durch Umkristallisieren in Kristalle des d- und in solche des l-weinsauren Natrium-Ammoniums zerfällt, die er an den hemiedrischen Flächen erkannte und durch Auslese trennen konnte.

Staedel[2]) erhielt dagegen bei einer Wiederholung des Pasteurschen Versuches lediglich Kristalle des Razemats. Scacchi[3]) beseitigte diesen scheinbaren Widerspruch, indem er nachwies, daß sich bei der Kristallisation über einer bestimmten Temperatur Kristalle der razemischen Verbindung, dagegen unter dieser Temperatur solche der beiden aktiven Tartrate ausscheiden. Wyrouboff[4]) bestimmte diese Temperatur zu 28^0.

Eine solche Temperatur wird als die **„Umwandlungstemperatur“** einer Verbindung bezeichnet.

Van't Hoff und Deventer[5]) fanden, daß sich dieser Prozeß nicht nur auf die Lösungen der Substanzen beschränkt, sondern auch vor sich geht, wenn man die Substanzen selbst für sich in geschlossenen Röhren erhitzt.

---

1) Stewart, Trans. **91**, 1537 (1907).
2) Staedel, Ber. d. deutsch. chem. Ges. **11**, 1752 (1878).
3) Scacchi, Rend. Accad. Sci. Fis. Mat. Napoli 1865, 250.
4) Wyrouboff, Bull. Soc. chim. (**2**), **41**, 210 (1884); **45**, 52 (1886). Compt. rend. de l'Acad. d. Sciences **102**, 627 (1886).
5) Van't Hoff und Deventer, Zeitschr. f. physikal. Chem. **1**, 165 (1887).

b) Verbindungen, die durch intramolekulare Kompensation inaktiv sind.

§ 1. Theoretisches.

Wir haben bereits erwähnt, daß Inaktivität einer Verbindung nicht immer anzeigt, daß in ihr kein asymmetrischer Kohlenstoff enthalten ist; denn die Inaktivität kann auch hervorgerufen werden entweder durch Mischung zweier Molekülgruppen, deren Drehungen gleich und entgegengesetzt sind, oder dadurch, daß zwei Hälften eines Moleküls gleiche aber entgegengesetzte Wirkungen auf das polarisierte Licht ausüben.

Verbindungen der letzteren Klasse nennt man „durch intramolekulare Kompensation inaktive Formen“ oder „Mesoformen“ nach dem bestbekanntesten Falle der Mesoweinsäure im Gegensatz zu den durch äußere Kompensation bedingten inaktiven „razemischen Verbindungen“. Damit nun eine Verbindung durch intramolekulare Kompensation inaktiv erscheinen kann ist es notwendig, daß ihr Molekül in zwei Hälften teilbar ist, die sich in ihrer Konfiguration zueinander verhalten wie ein Objekt zu seinem Spiegelbild.

Ist dies aber der Fall, so folgt weiter, daß das fragliche Molekül eine Symmetrieebene besitzen muß und daher nicht in enantiomorphen Formen auftreten kann.

So z. B. bei der Mesoweinsäure; auf den ersten Blick scheint es, als ob die Konfiguration (I) und ihr Spiegelbild (II) verschieden wären; doch man braucht nur die zweite Figur um einen Winkel von 180° in der Ebene des Papiers zu drehen, um zu sehen, daß beide Figuren identisch sind, was nicht der Fall sein könnte, wenn beide enantiomorph wären.

```
        COOH                  COOH
         |                     |
   H  —  C  —  OH       HO  —  C  —  H
         |                     |
   H  —  C  —  OH       HO  —  C  —  H
         |                     |
        COOH                  COOH
        (I)                   (II)
```

Verbindungen dieser Art können nicht mit den bei razemischen Verbindungen erfolgreichen Methoden gespalten oder aktiv gemacht werden. Nur durch Aufhebung der Symmetrie des Moleküls ist es möglich, eine Aktivierung durchzuführen, so z. B., wenn die inaktive Schleimsäure zu Galaktonsäure reduziert wird.

COOH — CH · (OH) — CH · (OH) — CH · (OH) — CH · (OH) — COOH →
→ CH_2(OH) — CH · (OH) — CH · (OH) — CH · (OH) — CH · (OH) — COOH.

Die Tatsache, daß Mesoweinsäure einen niedrigeren Schmelzpunkt hat als Traubensäure, wird in manchen Fällen angewendet, um eine Form von der isomeren zu unterscheiden. Diejenigen Konfigurationen, welche der Mesoweinsäure gleichen, nennt man Anti-Formen, die anderen Para-Formen.

Diese Nomenklatur erscheint nicht besonders glücklich gewählt, da in manchen Fällen die konfigurationsinaktiven Formen einen höheren Schmelzpunkt haben als die razemischen Verbindungen.

§ 2. Darstellungsmethoden für die durch intramolekulare Kompensation inaktiven Verbindungen.

Es gibt keine allgemeine Methode für die Darstellung solcher Substanzen; da man relativ nur wenige Verbindungen dieser Art studiert hat, so können nur einige isolierte Tatsachen angegeben werden.

Mesoweinsäure erhält man durch Erhitzen von d-Weinsäure mit Cinchonin auf 170°[1]; ferner durch längeres Erhitzen von d-Weinsäure oder Traubensäure auf 170° oder 180°. Beim vierhundertstündigen Kochen einer aktiven Weinsäure oder Traubensäurelösung mit Salz- oder Schwefelsäure[2]; ferner durch zweitägiges Erhitzen der aktiven oder razemischen Säure in einer geschlossenen Röhre mit Wasser (4 g Wasser zu 30 g Säure) bei einer Temperatur, die 165° nicht überschreitet[3].

Mesoweinsäure erhält man auch durch Oxydation von inaktivem Erythrit mit Salpetersäure, während letzterer durch Reduktion von Dextro-Erythrose gewonnen wird.

Hollemann[4]) hat eingehende Studien über die gegenseitigen Umwandlungen der aktiven, — meso- und razemischen Weinsäuren durchgeführt und kommt zu folgenden Resultaten.

Zunächst wurde die Einwirkung von Salzsäure auf die drei Verbindungen bei Temperaturen von 109—155° C und verschiedenen Reaktionszeiten studiert; unterhalb 155° gibt d-Weinsäure mehr Mesoweinsäure als Traubensäure. Mesoweinsäure und Traubensäure lassen sich gegenseitig ineinander umwandeln, doch keine von beiden ergibt nach dieser Methode die Rechtsform.

Wenn die Lösung von 100 g d-Weinsäure und 350 g Natriumhydrat in 700 g Wasser durch drei Stunden am Rückflußkühler gekocht wird, so werden 50 g Traubensäure und 30 g Mesoweinsäure gebildet; 20 g der d-Weinsäure bleiben dagegen unverändert.

§ 3. Eigenschaften der konfigurationsinaktiven Verbindungen.

Konfigurationsinaktive Verbindungen unterscheiden sich in beträchtlichem Maße von den entsprechenden razemischen Formen.

Die spezifischen Gewichte, Löslichkeiten, Schmelzpunkte und Affinitätskonstanten unterscheiden sich in jedem Falle.

---

1) Pasteur, Compt. rend. de l'Acad. d. Sciences **37**, 162 (1853).

2) Dessaignes, ibid. **55**, 769 (1862). Bull. Soc. chim., **3**, 34 (1862); **5**, 356 (1863).

3) Jungfleisch, Bull. Soc. chim., **19**, 101 (1873).

4) Hollemann, Rec. trav. chim., **17**, 66 (1898).

Die folgende Tabelle gibt ein Beispiel:

	Traubensäure	Mesoweinsäure
Schmelzpunkt[1]	206,0°	140,0
Affinitätskonstante[2]	0,097	0,060
Dichte	1,697	1,666
Löslichkeit in 100 Teilen Wasser von 15°[3]	17,1	125,0
Kristallwassergehalt der Kalziumsalze[4] .	4 Mol.	3 Mol.

Unterschiede in anderen Eigenschaften hat man z. B. bei der Trioxyglutarsäure gefunden. Die konfigurationsinaktive Verbindung (I) kann man leicht in Form ihrer Laktonsäure isolieren; die aktive (II) und die zweite konfigurationsinaktive Form (III) ergeben, auf dieselbe Weise behandelt, keine Laktone.

(I)	(II)	(III)
COOH	COOH	COOH
H·OH	H·OH	H·OH
H·OH	H·OH	HO·H
H·OH	HO·H	H·OH
COOH	COOH	COOH

III. Aktive Verbindungen.

a) Optische Antipoden.

§ 1. Eigenschaften optischer Antipoden.

Es ist noch unsicher ob eine optisch aktive Verbindung sich in ihrer Kristallform von ihrem Antipoden unterscheidet.

Walden[5]) und Wyrouboff[6]) haben die Frage verneint, während Traube[7]) und Becke[8]) die entgegengesetzte Meinung aussprechen. Bevor uns aber nicht mehr Material in dieser Hinsicht zur Verfügung steht, erscheint eine sichere Feststellung wenig hoffnungsvoll.

Zwei optische Antipoden haben folgende Eigenschaften völlig gleich: spezifisches Gewicht, Molekular-Volumen, Siedepunkt, Schmelzpunkt, Löslichkeit, Lösungswärme, Verbrennungswärme, Neutralisationswärme; sie haben dieselbe Affinitätskonstante und gleiche Brechungsexponenten; ihre Absorptionsspektra[9]) scheinen gleichfalls identisch.

---

1) Bischoff und Walden, Ber. d. deutsch. chem. Ges. **22**, 1815 (1889).
2) Walden, Ber. d. deutsch. chem. Ges. **22**, 1820 (1889). Ostwald, Zeitschr. f. physikal. Chem. **3**, 372 (1889).
3) Bischoff und Walden, Ber. d. deutsch. chem. Ges. **22**, 1814 (1889).
4) Anschütz, Liebigs Annal. d. Chem. u. Pharm. **226**, 197 (1884).
5) Walden, Ber. d. deutsch. chem. Ges. **29**, 1692 (1896).
6) Wyrouboff, Ann. Chim. Phys. (**6**), **8**, 416 (1885); (**7**), **1**, 10 (1894).
7) Traube, Ber. d. deutsch. chem. Ges. **29**, 2446 (1896).
8) Becke, Tsch. Min. Mitt. **10**, 414 (1891); **12**, 256 (1892).
9) Hartley und Huntington, Proc. Roy. Soc. **1881**, I; Magini J. Chim. physique **2**, 403 (1904).

Ein sehr wichtiger Unterschied zweier Antipoden wurde durch Cotton[1]) festgestellt, welcher fand, daß d-zirkularpolarisiertes Licht von d- und l-Kupfer-Ammoniumtartrat verschieden absorbiert wird. Byk[2]) wies darauf hin, daß das zum Teil linear polarisierte Sonnenlicht bei der Reflexion von den Oberflächen der Seen und Meere zirkularpolarisiert und durch den Einfluß des Erdmagnetismus in ein überwiegend einseitig zirkularpolarisiertes Licht verwandelt wird. Dieses Übergewicht der einen Lichtart mag möglicherweise vorteilhafter für die Beständigkeit der einen Form irgendwelcher Art aktiver Substanzen sein. Auf diese Weise hätte man eventuell eine Erklärung für die Entstehung aktiver Körper in der Natur gefunden.

Ein eigenartiger thermo-chemischer Effekt wird beim Abkühlen vorher erwärmter Kristalle von d- und l-Weinsäure beobachtet; bei dem einen Isomeren erscheint Pyroelektrizität zur rechten Hand des Kristalles, während sie bei dem anderen auf der entgegengesetzten Seite hervorgerufen wird[3]).

Es gilt als Regel, daß beide optische Antipoden dieselbe chemische Wirkung auf inaktive Körper ausüben.

Einige wenige Ausnahmen sind allerdings in der Literatur angegeben, doch sind sie vielleicht auf Beobachtungsfehler zurückzuführen.

Andererseits ist die Reaktionsgeschwindigkeit bei der Einwirkung einer aktiven Substanz auf zwei optische Isomeren nicht dieselbe. In diesem Falle wird ein neuer asymmetrischer Komplex in das Molekül eingeführt, wodurch die Unterschiede in dem Verhalten der zwei neuen Komponenten bedingt werden; z. B. angenommen, wir fügen zu einer Mischung einer d- und l-Säure eine d-Base, wobei wir den Rotationswert der Säure mit A, den der Base mit B annehmen. In beiden Fällen haben wir nun zwei neue Substanzen mit verschiedenen Drehungswerten, nämlich (B + A) und andererseits (B — A); es ist ersichtlich, daß beide neuen Verbindungen nicht Antipoden sind; somit werden sie sich in ihrer Löslichkeit und in anderen physikalischen Eigenschaften unterscheiden.

§ 2. Bildungsmethoden.

1. Aus äquimolekularen Mischungen. Es gibt drei Methoden, die hier angewendet werden können, welche alle schon von Pasteur entdeckt wurden.

Sie sind:

a) spontane Spaltung der Antipoden,
b) biochemische Methode und
c) Salzbildung mit aktiven Säuren oder Basen.

---

1) Cotton, Ann. Chim. Phys. (**7**), **8**, 373 (1896).
2) Byk, Zeitschr. f. physikal. Chem. **49**, 641 (1904); Ber. d. deutsch. chem. Ges. **37**, 4696 (1904).
3) Siehe Liebisch, Grundriß der physikalischen Kristallographie, S. 462—471 (1896).

Mehrere Modifikationen dieser Methoden sind von verschiedenen Forschern erfunden worden und sollen ebenfalls beschrieben werden.

a) Spontane Spaltung. Bereits früher wurde ausgeführt, daß inaktive Mischungen zweier Antipoden nicht immer chemische Verbindungen, sondern oft nur rein mechanische Gemenge sind.

In einem solchen Falle bilden die Antipoden keine Mischkristalle und es ist möglich, die einzelnen Kristalle voneinander durch Auslese zu trennen.

Aus dem früher Mitgeteilten wird man bereits wissen, daß in diesem Falle die Umwandlungstemperatur der betreffenden Substanz zu beachten ist.

Diese Methode findet keine weitgehende Anwendung und ist nicht so bequem wie die anderen anwendbaren Methoden.

b) Biochemische Methoden. Pasteur[1]) beobachtete, daß der Spaltpilz Penicillium glaucum bei seiner Fortpflanzung in einer Lösung von traubensaurem Ammonium die d-Komponente zerstört und die l-Form erhält. Viele ähnliche Experimente zeigten, daß diese Methode einer weitgehenden Anwendung fähig ist; aber seit Pasteurs Arbeiten beschränkte sich der einzige Fortschritt der biochemischen Methode auf die Entdeckung neuer Pilzarten, welche die Fähigkeit besitzen, isomere Formen voneinander zu trennen. Man muß in verdünnten Lösungen arbeiten, da in konzentrierten Lösungen die unzersetzte Komponente einen schädlichen Einfluß auf das Ferment ausübt; man setzt Ammoniumsalze und Phosphate zu, um die Ernährung der Pilze zu vervollständigen.

Die biochemische Methode hat den Nachteil, daß im besten Falle nur die Hälfte an aktiver Form erhalten werden kann und daß in den meisten Fällen die Ausbeute eine viel geringere ist; ferner bietet die Abscheidung der aktiven Verbindung aus der verdünnten Lösung eine weitere Schwierigkeit. Die Methode wird daher meistens nur verwendet, um qualitativ zu bestimmen, ob eine Substanz überhaupt aktiviert werden kann; als Darstellungsmethode wird sie nur dann verwendet, wenn alle anderen versagen.

Man hatte eine Zeitlang angenommen, daß die Wirkung der Pilze sich nur auf eine Komponente beschränke und die andere vollkommen unberührt lasse. McKenzie und Harden[2]) haben nunmehr gezeigt, daß dies nicht der Fall ist, daß vielmehr beide, allerdings in verschieden starkem Maße, angegriffen werden.

c) Salzbildung mit aktiven Basen oder Säuren. Diese Methode wurde ebenfalls schon von Pasteur entdeckt. Wenn eine Lösung von Traubensäure mit Cinchonin gesättigt und langsam verdünstet wird, so findet man, daß die zuerst sich abscheidenden Kristalle aus l-weinsaurem Cinchonin bestehen, während das Cinchonin-d-Tartrat in Lösung verbleibt.

---

[1]) Pasteur, Compt. rend. de l'Acad. d. Sciences **32**, 110 (1851); **36**, 26 (1853); **37**, 110, 162 (1853).

[2]) McKenzie und Harden, Trans., **83**, 424 (1903).

Man wird die Ursache dieses Vorganges erkennen, wenn wir die Resultate der Salzbildung näher betrachten.

Wenn wir die Säure mit A, die Base mit B bezeichnen und das linke bezw. rechte Drehungsvermögen mit + und — ausdrücken, so haben wir:

$$\begin{array}{lcl} (A+) + (B+) & = & (A+B+) \\ (A-) + (B+) & & (A-B+) \end{array}$$

Diese zwei resultierenden Verbindungen sind keine Spiegelbilder, und es ist daher unwahrscheinlich, daß ihre Löslichkeiten identisch sein werden, wie es z. B. bei den ursprünglichen Säuren der Fall ist. Das eine Salz wird daher früher auskristallisieren wie das andere. Es ist hin und wieder nötig, einen Kristall der schwerer löslichen Form einzuimpfen, um die Kristallisation einzuleiten.

Marckwald[1]) hat diese Methode benutzt, um beide aktive Formen, Basen oder Säuren, zu erhalten; er verfährt zunächst wie oben angegeben wurde, und entfernt soviel als möglich das schwerer lösliche Salz; den Rückstand verwandelt er in das entgegengesetzte Salz, aus dem er durch Kristallisation den zweiten Bestandteil der razemischen Verbindung in reinem Zustand erhält.

Die Nutzanwendung der verschiedenen aktiven Säuren und Basen für die Spaltung scheint ihrem Rotationsvermögen proportional zu sein.

Die natürlichen Basen kann man in zwei Klassen teilen: die einen geben schwerer lösliche Salze mit der einen aktiven Form, während der zweite Antipode durch Anwendung der anderen Klasse erhalten werden kann.

Z. B.:

Klasse I. Chinin, Strychnin und Bruzin.
Klasse II. Cinchonin, Cinchonidin und Morphin.

d) Beziehungen zwischen den durch biochemische Spaltung und den durch Anwendung von Säuren und Basen erhaltenen Resultaten. Winther[2]) hat eine überraschende Übereinstimmung in der Wirkung bestimmter Fermente einerseits und einiger Alkaloide andererseits aufgefunden. Aus seinen angeführten Beispielen scheint hervorzugehen, daß ein Ferment und eine Base, welche die gleichen Komponente einer razemischen Verbindung liefern, auch bei Anwendung auf eine andere razemische Substanz das gleiche Isomere liefern.

Die Tabelle zeigt einige wenige Beispiele von organischen Säuren. Kolumne I zeigt die Isomeren, welche durch Penicillium glaucum zerstört werden; Kolumne II enthält die Isomeren, welche mit Strychnin die schwerer löslichen Salze liefern; Kolumne III gibt jene Verbindungen an, welche durch den Lewkowitschen Schizomyzeten zerstört werden, und die letzte Kolumne enthält diejenigen Antipoden, welche mit Cinchonin schwer lösliche Salze liefern.

---

[1]) Marckwald, Ber. d. deutsch. chem. Ges. **29**, 43 (1896).
[2]) Winther, Ber. d. deutsch. chem. Ges. **28**, 3016 (1895).

I.	II.	III.	IV.
d-Weinsäure	—	l-Weinsäure	l-Weinsäure
l-Äthoxybernsteinsäure	l-Methoxybernsteinsäure	—	d-Methoxybernsteinsäure
l-Mandelsäure	—	d-Mandelsäure	d-Mandelsäure
l-Milchsäure	l-Milchsäure	—	—

Es kann noch nicht entschieden werden, was für eine Bedeutung dieser gegenseitigen Übereinstimmung zukommt und es erscheint wünschenswert, daß einige diesbezügliche Arbeiten zur Aufklärung durchgeführt würden.

e) Durch Bildung der Ester oder deren Hydrolyse. Wir haben bereits erwähnt, daß, falls zwei optisch aktive Isomere auf einen inaktiven Körper reagieren, kein Unterschied zwischen den beiden Reaktionen zu erkennen ist. Führen wir dagegen an Stelle der inaktiven Substanz eine aktive ein, so werden die Verhältnisse geändert und es treten Unterschiede auf, nicht nur in den Eigenschaften der Endprodukte, sondern auch in den Geschwindigkeiten, mit welcher die beiden Reaktionen fortschreiten. Es wird in einem späteren Teile dieses Buches gezeigt werden, daß die Raumanordnung der Atome einen großen Einfluß auf manche Reaktionsgeschwindigkeiten auszuüben scheint; hier wollen wir nur die Resultate Menschutkins[1]) über die Esterbildung der Fettsäuren anführen.

Er fand, daß die Geschwindigkeit der Esterifizierung von Säuren des Typus $RCH_2 \cdot COOH$ ungefähr doppelt so groß ist wie jene der Säuren vom Typus

$$\begin{matrix} R \\ R_1 \end{matrix} \rangle CH \cdot COOH$$

und viel größer als diese von Säuren der Klasse:

$$\begin{matrix} R \\ R_1 - \\ R_2 \end{matrix} \rangle C - COOH$$

Aus diesem Verhalten konnte man erwarten, daß ähnliche Resultate auch bei Verbindungen erzielt werden können, deren Atome in verschiedener Weise im Raume angeordnet sind.

Marckwald und McKenzie[2]) stellten diesbezügliche Versuche mit razemischer Mandelsäure und Menthol an; sie unterbrachen den Prozeß vorzeitig und fanden, daß sich l-Menthol tatsächlich langsamer mit l-Mandelsäure vereinigt als mit d-Mandelsäure. Dadurch war die Möglichkeit einer Trennung der beiden aktiven Komponenten gegeben; die erwähnten Autoren haben auch den umgekehrten Prozeß,

[1]) Menschutkin, Journ. Russ. Phys. Chem. Soc., **13**, 573 (1881).
[2]) Marckwald und McKenzie, Ber. d. deutsch. chem. Ges. **32**, 2130 (1899).

die Hydrolyse von Estern, verwendet, um optisch aktive Produkte aus inaktivem Material zu erhalten; sie zeigten, daß Ester vom Typus d-Säure — d-Alkohol und d-Säure — l-Alkohol mit verschiedener Geschwindigkeit hydrolysiert werden, so daß nach vorzeitiger Unterbrechung ebenfalls eine Spaltung erzielt werden kann.

f) Kombination aktiver Aldehyde mit razemischen Basen. E. Erlenmeyer jun. und A. Arnold[1]) verwendeten aktive Aldehyde zur Spaltung razemischer Basen in folgender Weise:

Sie benutzten als aktiven Aldehyd das Helizin, eine Salizylaldehydglukose: $C_6H_{11}O_5 \cdot O \cdot C_6H_4 \cdot CHO$; als razemische Base wählten sie Isodiphenyloxyäthylamin.

$$C_6H_5 \cdot CH \cdot (OH) \cdot CH(NH_2)C_6H_5.$$

Das Reaktionsprodukt beider Verbindungen

$$\begin{array}{l} C_6H_5 - CH - OH \\ \qquad\quad | \\ C_6H_5 - CH \cdot N : CH - C_6H_4 \cdot O \cdot C_6H_{11}O_5 \end{array}$$

trennt sich beim Verdampfen der alkoholischen Lösung im Vakuum in zwei Teile; die kristallisierte Portion enthält die Verbindung mit der Rechtsbase, während der amorphe Teil ein Derivat der Linksbase ist. Nach der Behandlung mit verdünnter Salzsäure erhält man die beiden aktiven basischen Komponenten.

g) Kombination aktiver Hydrazine mit razemischen Aldehyden oder Ketonen. Neuberg[2]) verwendete als aktives Hydrazin für diesen Zweck l-Menthylhydrazin,

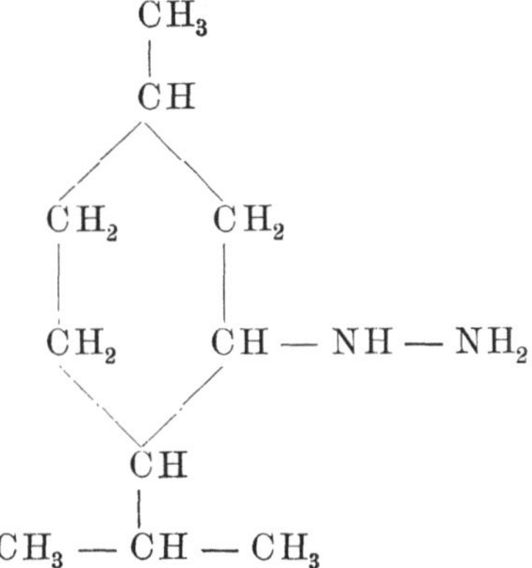

um den razemischen Aldehyd Arabinose zu spalten.

In diesem Falle wurde ebenfalls die intermediäre Verbindung (hier das Hydrazon) in zwei Teile getrennt, von denen der eine den d-, der andere den l-Aldehyd lieferte.

---

1) Erlenmeyer jun., Ber. d. deutsch. chem. Ges. **36**, 976 (1903); Erlenmeyer jun. und Arnold, Liebigs Annal. d. Chem. u. Pharm. **337**, 307 (1904).

2) Neuberg, Ber. d. deutsch. chem. Ges. **36**, 1192 (1903).

Neuberg und Federer[1]) haben zu demselben Zweck das d-Amylphenylhydrazin mit Erfolg verwendet:

$$\begin{array}{l} CH_3 \\ \quad\diagdown CH - CH_2 \\ \quad\diagup \qquad\qquad \diagdown \\ CH_3 - CH_2 \qquad\quad N - NH_2 \\ \qquad\qquad\qquad\quad \diagup \\ \qquad\qquad\qquad C_6H_5 \end{array}$$

h) Amidbildung aus Säuren und Basen. Wie Marckwald und Meth[2]) zeigten, kann eine razemische Säure beim Erhitzen mit einem aktiven Amin teilweise in ein Säureamid umgewandelt werden und zwar derartig, daß die unveränderte Säure optisches Drehungsvermögen erhält; sie erhitzten z. B. razemische Mandelsäure mit l-Menthylamin durch 10 Stunden auf 160—170° und fanden, daß 36% der Säure in das Amid verwandelt worden waren. Die unveränderten 64% Säure zeigten ein spezifisches Drehungsvermögen $[\alpha]_D = -5{,}1^0$.

Marckwald und Meth fanden ferner, daß die relative Geschwindigkeit der Amidbildung von l-Menthylamin mit d- und l-Mandelsäure durch den Faktor $c = 0{,}862$ ausgedrückt werden kann.

2. Biochemische Darstellung aktiver aus inaktiven Körpern. Bertrand[3]) hat eine interessante biochemische Methode ersonnen, deren Anwendung allerdings noch auf die Darstellung aktiver Ketone aus inaktiven Polyalkoholen beschränkt erscheint.

Er verwendete als wirkendes Mittel das Sorbose-Bakterium, das oxydierende Eigenschaften besitzt, und studierte die Wirkung desselben auf Glykol, Xylit, Dulzit, Glyzerin, l-Erythrit, l-Arabit, d-Sorbit, d-Mannit, Perseit und Volemit. Die ersten drei Körper werden durch das Ferment nicht angegriffen. Die übrigen werden oxydiert und zwar am leichtesten diejenigen, welche ein Multiplum von drei Kohlenstoffatomen enthalten. Die Oxydation findet an der sekundären Alkoholgruppe statt, welche der primären benachbart ist. Nur jene Polyalkohole werden dabei oxydiert, welche in ihrer Raumformel kein Wasserstoffatom in angrenzender Stellung zur Hydroxylgruppe enthalten: z. B. enthalten die oxydierbaren Alkohole die Gruppe:

$$\begin{array}{ccccc} & H & & H & \\ & | & & | & \\ - & C & - & C & - CH_2 \cdot OH \\ & | & & | & \\ & OH & & OH & \end{array}$$

während die nicht oxydierbaren folgende Gruppierung zeigen:

---

1) Neuberg und Federer, Ber. d. deutsch. chem. Ges. **38**, 866, 868 (1905).

2) Marckwald und Meth, Ber. d. deutsch. chem. Ges. **38**, 801 (1905).

3) Bertrand, Bull. Soc. chim. (**3**), **19**, 347, 947, 999 (1898). Compt. rend. de l'Acad. d. Sciences **122**, 900 (1896); **126**, 762 (1898).

$$\begin{array}{ccccccc}
 & & \mathrm{OH} & & \mathrm{H} & & \\
 & & | & & | & & \\
 & - & \mathrm{C} & - & \mathrm{C} & - & \mathrm{CH_2 \cdot OH} \\
 & & | & & | & & \\
 & & \mathrm{H} & & \mathrm{OH} & &
\end{array}$$

Da Glykol $CH_2OH \cdot CH_2OH$ keine sekundäre Alkoholgruppe enthält, wird es auch nicht angegriffen; im Xylit und Dulzit liegen die mit einem Stern bezeichneten Wasserstoffatome in benachbarter Stellung zu der Hydroxylgruppe, die angegriffen werden soll und wirken gewissermaßen als ein Schutz in einer allerdings noch unerklärten Weise.

Xylit:

$$\begin{array}{ccccccccc}
 & & \mathrm{H} & & \mathrm{OH} & & \mathrm{H} & & \\
 & & | & & | & & | & & \\
\mathrm{CH_2OH} & - & \mathrm{C} & - & \mathrm{C} & - & \mathrm{C} & - & \mathrm{CH_2OH} \\
 & & | & & | & & | & & \\
\text{Angriffspunkt} \rightarrow & & \mathrm{OH} & & \mathrm{H} & & \mathrm{OH} & & \leftarrow \text{Angriffspunkt} \\
 & & & & (*) & & & &
\end{array}$$

Dulzit:

$$\begin{array}{ccccccccccc}
 & & \mathrm{H} & & \mathrm{OH} & & \mathrm{OH} & & \mathrm{H} & & \\
 & & | & & | & & | & & | & & \\
\mathrm{CH_2 \cdot OH} & - & \mathrm{C} & - & \mathrm{C} & - & \mathrm{C} & - & \mathrm{C} & - & \mathrm{CH_2 \cdot OH} \\
 & & | & & | & & | & & | & & \\
\text{Angriffspunkt} \rightarrow & & \mathrm{OH} & & \mathrm{H} & & \mathrm{H} & & \mathrm{OH} & & \leftarrow \text{Angriffspunkt} \\
 & & & & (*) & & (*) & & & &
\end{array}$$

Andererseits finden wir bei Betrachtung der Raumformeln jener Verbindungen, welche von dem Sorbose-Bakterium angegriffen werden, daß bei allen das schützende Wasserstoffatom fehlt. Die durch das Ferment angegriffene Hydroxylgruppe ist in folgenden Fällen mit einem Kreuz bezeichnet.

Glyzerin:

$$\begin{array}{ccccc}
 & & (\dagger)\ \mathrm{OH} & & \\
 & & | & & \\
\mathrm{CH_2OH} & - & \mathrm{C} & - & \mathrm{CH_2OH} \\
 & & | & & \\
 & & \mathrm{H} & &
\end{array}$$

Erythrit:

$$\begin{array}{ccccccc}
 & & \mathrm{H} & & \mathrm{H} & & \\
 & & | & & | & & \\
\mathrm{CH_2OH} & - & \mathrm{C} & - & \mathrm{C} & - & \mathrm{CH_2OH} \\
 & & | & & | & & \\
 & & (\dagger)\ \mathrm{OH} & & \mathrm{OH}\ (\dagger) & &
\end{array}$$

l-Arabit:

$$\begin{array}{ccccccccc}
 & & (\dagger)\ \mathrm{OH} & & \mathrm{OH} & & \mathrm{H} & & \\
 & & | & & | & & | & & \\
\mathrm{CH_2OH} & - & \mathrm{C} & - & \mathrm{C} & - & \mathrm{C} & - & \mathrm{CH_2OH} \\
 & & | & & | & & | & & \\
 & & \mathrm{H} & & \mathrm{H} & & \mathrm{OH} & &
\end{array}$$

d-Sorbit:

```
                H    H    OH  H
                |    |    |   |
  CH2OH — C — C — C — C — CH2OH
                |    |    |   |
           (†) OH   OH   H   OH
```

3. Waldensche Umkehrung. Es gibt zwei Wege, auf denen ein optisch aktiver Körper aus seinem Antipoden erhalten werden kann. Der erste besteht darin, daß man die optisch aktive Verbindung nach den angegebenen Methoden razemisiert und aus dem Razemkörper den anderen Antipoden gewinnt. Diese Art der Gewinnung bedarf keiner weiteren Erklärung.

Es gibt aber noch einen zweiten Weg, auf dem man zu demselben Ziele gelangt.

Walden[1]) hat gefunden, daß bei der Einführung eines neuen Radikals an Stelle eines anderen in einer aktiven Verbindung die Natur des betreffenden Reaktionsmittels von Einfluß auf die Konfiguration der neuen Verbindung sein kann. So z. B. gibt l-Chlorbernsteinsäure beim Behandeln mit verdünnter Kalilauge d-Äpfelsäure; benutzt man aber Silberhydroxyd an Stelle von Kali, so erhält man l-Äpfelsäure. Silberoxyd und Kali sind demgemäß verschieden in ihrer Wirkung im stereochemischen Sinne.

Walden hat gezeigt, daß sich die basischen Hydroxyde sehr verschieden in ihrer Wirkung auf halogensubstituierte Fettsäuren verhalten.

Ein allgemeines Schema über die Umwandlungen der verschiedenen Säuren wird ein Bild von der Verwickelung dieses Problems geben.

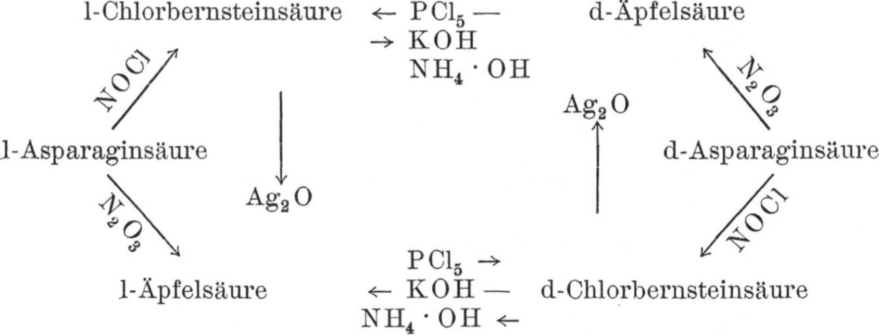

Es ist ohne weiteres ersichtlich. daß es durch diesen zyklischen Austausch der Radikale möglich ist, von einem Isomeren zu dem anderen zu gelangen; man bezeichnet diesen Prozeß als Waldensche Umkehrung.

---

1) Walden, Ber. d. deutsch. chem. Ges. **26**, 213 (1893); **28**, 1287, 2771 (1895). Walden und Lutz **30**, 2795. Walden **30**, 3146 (1897); **32**, 1833, 1855 (1899).

E. Fischer[1]) konnte ferner zeigen, daß die einfachste optisch aktive Aminosäure, das Alanin, nicht allein unter dem Einfluß des Nitrosylbromids in aktive α-Brompropionsäure übergeht, sondern daß diese auch leicht in aktives Alanin zurückverwandelt wird und daß dabei der gleiche Wechsel der Konfiguration eintritt, den er „Waldensche Umkehrung" nennt; aus den Beobachtungen, die auch auf Leuzin und Phenylalanin ausgedehnt wurden, ergibt sich ein Kreisprozeß, der dem von Walden beobachteten gleichgestellt werden kann:

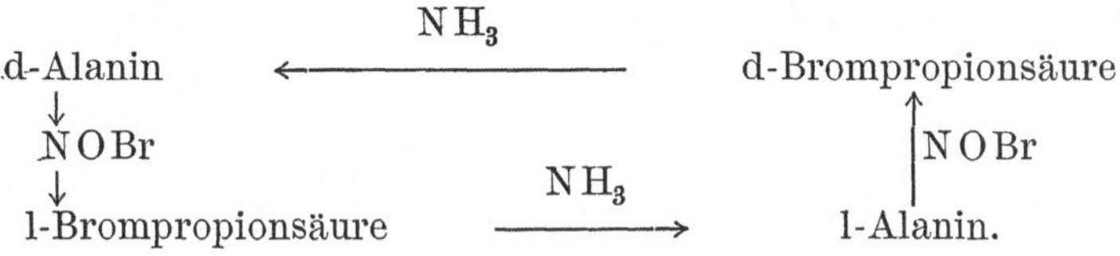

Man ersieht, daß hier zwei Möglichkeiten vorhanden sind: Der Wechsel der Konfiguration erfolgt entweder bei der Wirkung des Nitrosylbromids oder bei der Wirkung des Ammoniaks; da in diesem Falle die Rückverwandlung der Bromfettsäuren in Aminosäuren sehr leicht stattfindet, konnte E. Fischer nachweisen, daß bei Einwirkung von Ammoniak sowohl auf α-Brompropionsäure, wie auf den entsprechenden Ester stets die Aminosäure von demselben Drehungssinne regeneriert wird. Eine experimentelle Prüfung über die Wirkung des Nitrosylbromids führte ihn dagegen zu einem überraschenden Ergebnis: „Der Äthylester des Alanins verhält sich gerade umgekehrt wie die freie Aminosäure." Er fand folgende beiden Übergänge:

d-Alanin → (NOBr) → l-Brompropionsäure
d-Alaninester → (NOBr) → d-Brompropionester.

Es ist klar, daß bei einem der Vorgänge eine Umkehrung der Konfiguration stattfinden muß. Ein Vergleich der Wirkungen von Ammoniak und Nitrosylbromid führte zu dem Schluß, daß die „Waldensche Umkehrung" bei der Wirkung des Nitrosylbromids eintritt. Dasselbe Reagenz (Nitrosylbromid) wirkt demnach bei so ähnlichen Körpern wie Säure und Ester einmal optisch normal, das andere Mal anormal.

Walden hat, wie bereits erwähnt wurde, gefunden, daß d-Chlorpropionsäure mit Silberoxyd in wässeriger Lösung l-Milchsäure liefert.

E. Fischer fand, daß auch d-Brompropionsäure durch Silberoxyd in l-Milchsäure übergeht, dagegen durch Kali bei etwas höherer Temperatur in d-Milchsäure übergeführt wird, so daß hier derselbe Gegensatz zwischen Kali und Silberoxyd besteht, den Walden bei der Halogenbernsteinsäure festgestellt hat. Emil Fischer zeigte, daß die Umkehrung beim Behandeln mit Silberoxyd eintritt, denn er fand folgende verschiedene Wirkung des Silberoxyds:

[1]) E. Fischer, Ber. d. deutsch. chem. Ges. **39**, 2895 (1906); **40**, 489, 1051 (1907).

$$\text{l-Brompropionsäure} \xrightarrow{Ag_2O} \text{d-Milchsäure.}$$

$$\text{l-Brompropionylglyzin} \left\{ \begin{array}{l} Ag_2O \\ \text{u. Hydrolyse} \end{array} \right\} \rightarrow \text{Milchsäure.}$$

Damit ist für Silberoxyd resp. Silberkarbonat genau so wie für Nitrosylbromid der Beweis geliefert, daß es optisch anormal wirken kann. Man muß daher auch hier annehmen, daß die Umwandlung der Konfiguration bei der Brompropionsäure eintritt.

Emil Fischer kommt nun aus diesen Beobachtungen zu folgenden Schlüssen:

1. Die „Waldensche Umkehrung" ist beschränkt auf die Wechselwirkung zwischen Halogennitrosyl und der Aminogruppe oder zwischen Halogenfettsäuren und Silberoxyd, resp. den analog wirkenden Basen.

2. Sie ist bedingt durch die Anwesenheit des Karboxyls.

Ob die α-Stellung des Karboxyls notwendig ist, müssen weitere Beobachtungen entscheiden.

Eine Erklärung für diese eigenartige Erscheinung ist noch nicht gegeben worden, doch scheinen Beobachtungen E. Fischers einiges Licht auf die Art der Umwandlung zu werfen.

Er beobachtete nämlich bei der Umwandlung der Aminosäuren in Halogenfettsäuren mit Hilfe von Brom und Stickoxyd die Anlagerung zweier Bromatome an die Aminosäure unter Bildung von Perbromiden, welche der Abspaltung der Aminogruppe durch das Stickoxyd vorausgeht und jedenfalls die Ursache bei dem Umkehrungsmechanismus bilden. Bei der Asparaginsäure und ihrem Ester konnten die Additionsprodukte isoliert werden; sie zeigten die Formel

$$C_4H_7NO_4 \cdot HBr \cdot Br_2 \text{ resp. } C_8H_{15}O_4CN \cdot HBr \cdot Br_2.$$

4. Asymmetrische Synthese. Als Ausgangspunkt einer asymmetrischen Synthese dient eine aktive Verbindung, in die man ein Radikal derart einführt, daß ein neues asymmetrisches Kohlenstoffatom gebildet wird; der ursprüngliche aktive Teil des Moleküls wird dann abgespalten und falls der zurückbleibende Teil nunmehr optisch aktiv erscheint, so ist das Problem als gelöst zu betrachten.

Fischer und Slimmer[1]) wählten als Ausgangspunkt das Helizin, dem die Formel

$$C_6H_{11}O_5 \cdot O \cdot C_6H_4 \cdot CHO$$

zukommt.

Durch Einwirkung von Zinkäthyl auf das Tetraacetylderivat des Helizins erhielten sie das Tetraacetylglukosid des o-Oxyphenyläthylkarbinols:

$$(CH_3 \cdot CO \cdot O)_4C_6H_7O \cdot C_6H_4 \cdot CH(OH) \cdot C_2H_5.$$

---

[1]) Fischer und Slimmer, Sitzungsberichte d. k. Akad. d. Wissensch. z. Berlin **1902**, 597. Ber. d. deutsch. chem. Ges. **36**, 2575 (1903).

Das Glukosid selbst

$$C_6H_{11}O_5 \cdot O \cdot C_6H_4 \cdot CH(OH) \cdot C_2H_5$$

wurde daraus durch Einwirkung von Barytwasser erhalten; dieses letztere wurde nun mit sehr verdünnter Schwefelsäure in Glukose und o-Oxyphenyläthylkarbinol

$$HO \cdot C_6H_4 \cdot CH \cdot (OH) \cdot C_2H_5$$

hydrolytisch gespalten, das sich aber als inaktiv erwies.

Cohen und Whitely[1]) suchten das Problem folgendermaßen zu lösen:

Sie esterifizierten inaktive Säuren mit aktiven Alkoholen und führten in den so gewonnenen Ester ein neues asymmetrisches Kohlenstoffatom derart ein, daß dasselbe nach Wiederabspaltung des aktiven Alkohols in dem zurückbleibenden Molekülrest enthalten war. Z. B. esterifizierten sie Mesakonsäure mit aktivem Menthol, reduzierten den entstandenen Ester und spalteten den Alkohol wieder hydrolytisch ab; die auf diese Weise erhaltene Methylbernsteinsäure erwies sich aber als inaktiv.

Scholtz[2]) versuchte gleichfalls optisch aktive, quaternäre Basen durch Einwirkung aktiver Halogenalkyle auf razemische Basen zu erhalten; aber auch diese Versuche führten zu keinen positiven Resultaten.

Marckwald[3]) dagegen fand, daß das Bruzinsalz der Methyläthyl-malonsäure beim Erwärmen unter Kohlensäureentwickelung in das Salz der asymmetrischen Valeriansäure übergeht; die daraus in Freiheit gesetzte Säure war optisch aktiv und zwar linksdrehend. Hier liegt somit eine asymmetrische Synthese in dem früher definierten Sinne vor. Der Vorgang läßt sich folgendermaßen formulieren:

$$\begin{matrix} CH_3 \diagdown & & \diagup COOH \\ & C & \\ C_2H_5 \diagup & & \diagdown COO - \text{Bruzin} \end{matrix} \rightarrow CO_2 \quad \begin{matrix} CH_3 \diagdown & & \diagup H \\ & C & \\ C_2H_5 \diagup & & \diagdown COO - \text{Bruzin} \end{matrix}$$

$$\text{Hydrolyse} \rightarrow \begin{matrix} CH_3 \diagdown & & \diagup H \\ & C & \\ C_2H_5 \diagup & & \diagdown COOH \end{matrix}$$

(Aktiv.)

McKenzie[4]) zeigte, daß Benzoylameisensäure-l-menthyl-ester (I) bei sukzessiver Behandlung mit Magnesiummethyljodid, Wasser und Säure eine linksdrehende Methyl-phenyl-glykolsäure (II) neben der razemischen Säure ergibt; demgemäß wird die Bildung eines asymmetrischen Kohlenstoffatoms im Säureteil des Benzoylameisensäure-

---

1) Cohen und Whitely, Proc. **16**, 212 (1900).
2) Scholtz, Ber. d. deutsch. chem. Ges. **34**, 3015 (1901).
3) Marckwald, Ber. d. deutsch. chem. Ges. **37**, 4696 (1904).
4) McKenzie, Trans. **85**, 1249 (1904).

l-menthyl-Esters durch die Gegenwart des aktiven Menthylrestes so beeinflußt, daß es aktiv wird.

$$C_6H_5 - CO - COO \cdot C_{10}H_{19} \quad \text{(I)}$$

$$C_6H_5 - \overset{\displaystyle CH_3}{\underset{\displaystyle OH}{C}} - COOH \quad \text{(II)}$$

McKenzie[1]) zeigte ferner, daß Benzoylameisensäure-l-menthylester bei der Reduktion mit Hilfe von Aluminiumamalgam einen Mandelsäure-l-menthylester liefert $C_6H_5 \cdot CH(OH) \cdot COOC_{10}H_{19}$, der ein Gemenge von d-Mandelsäure-l-menthylester mit l-Mandelsäure-l-menthylester vorstellt. Da der letztere in der Mischung in geringer Menge überwiegt, so war die Synthese der Mandelsäure eine asymmetrische.

McKenzie[2]) hat diese Methode auch auf andere Verbindungen übertragen. Derselbe Autor[3]) verwendete eine ähnliche Reaktion bei der Reduktion des l-Menthylesters der Brenztraubensäure (I), welche zu dem Menthylester der asymmetrischen Milchsäure führte (II). Auch in diesem Falle enthielt das Endprodukt einen geringen Überschuß des linksdrehenden Isomeren.

$$CH_3 - CO - COO \cdot C_{10}H_{19}, \quad \text{(I)} \qquad CH_3 - CH \cdot (OH) - COOC_{10}H_{19} \quad \text{(II)}$$

McKenzie und Thompson[4]) esterifizierten eine Anzahl razemischer Säuren mit l-Menthol und l-Borneol und unterwarfen nachträglich den Ester der Hydrolyse mit einer ungenügenden Menge von Alkali. In einigen Fällen wurde dabei eine Spaltung der razemischen Säure erzielt.

b) Aktive Isomere, die nicht Antipoden sind.

§ 1. Theoretisches.

Bei den bisher beschriebenen, optisch aktiven Isomeren hatten wir es mit Körpern zu tun, die gleiches und entgegengesetztes Drehungsvermögen besaßen und deren Konfigurationen sich zueinander verhalten wie ein Objekt zu seinem Spiegelbild.

Die jetzt zu erörternde Klasse von Verbindungen besitzt keine dieser Eigenschaften. Betrachten wir z. B. die zwei Klassen der Threosen und Erythrosen, so finden wir folgende Konfigurationen:

---

1) McKenzie, Trans. **85**, 1249 (1904).

2) Derselbe, Trans. **89**, 365 (1906).

3) Derselbe ibid. **87**, 1373 (1905).

4) McKenzie und Thompson, Trans. **87**, 1004 (1905).

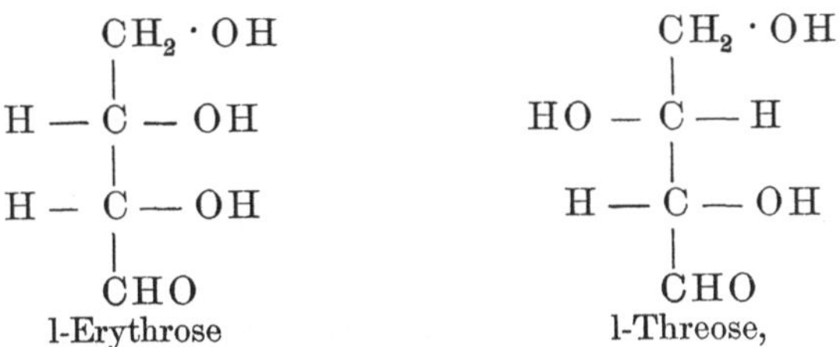

l-Erythrose l-Threose,

die keine Spiegelbilder voneinander sind. Wenn man die beiden Formeln übereinanderlegt, so findet man, daß die Gruppe — CH · (OH) — CHO in beiden gleich, der übrige Rest des Moleküls aber verschieden ist. Wenn wir annehmen, daß die Gruppe $CH_2 \cdot OH$ — CH · OH einen Drehungswert gleich „A" hat, dagegen der andere Teil des Moleküls — CH · OH — CHO den Wert „B" besitzt, so erkennen wir, daß in den beiden Verbindungen der Wert B dasselbe Vorzeichen hat, d. h. die Polarisationsebene wird in beiden Fällen nach der gleichen Seite abgelenkt; dagegen ist „A" in dem Molekül der Erythrose positiv (+), im Molekül der Threose aber negativ (—), da die Atome in entgegengesetzter Richtung um das asymmetrische Kohlenstoffatom angeordnet sind. Daher wird das Molekül der Erythrose einen Drehungswert von (+ A + B), die Threose aber (— A + B) haben und da B nicht gleich A ist, so sind die Werte weder gleich noch entgegengesetzt.

§ 2. Eigenschaften dieser Isomeren.

Die Unterschiede in den Eigenschaften, welche durch die Konfigurationsverschiedenheit zweier isomerer Körper dieser Klasse hervorgerufen werden, lassen sich am besten an der Hand eines bestimmten Beispieles zeigen und wir wollen zu diesem Zwecke den Fall der Aldohexosen wählen. Die allgemeine Formel für diese Klasse ist

$$CH_2OH \cdot CHOH \cdot CHOH \cdot CHOH \cdot CHOH \cdot CHO.$$

Wir kennen sechs verschiedene Aldosen: Glukose, Gulose, Mannose, Idose, Galaktose und Talose; die folgende Tabelle enthält einige ihrer Eigenschaften, wobei Idose und Talose weggelassen sind, da nur sehr wenig über sie bekannt ist.

	Glukose	Gulose	Mannose	Galaktose
Drehung	+ 51—56° [1])	?	+ 13—14° [2])	+ 77—85° [3])
Zucker: Schm.-P. . . .	80—86°?	sirupös	136°	168°
Oxime: Schm.-P. . . .	136—137°	?	176—184°	175—176°
Hydrazone: Schm.-P. . .	113—115°	143°	195°	158°

1) Tollens, Ber. d. deutsch. chem. Ges. **9**, 487, 1531 (1876); **17**, 2234 (1884).

2) Fischer und Hirschberger, Ber. d. deutsch. chem. Ges. **22**, 365 (1889).

3) Rindell, Scheiblers N. Z. Rbz.-Ind. **4**, 170 (1878). Meißl, Journ. f. prakt. Chem. (**2**), **22**, 97 (1880).

Ebenso sind die Löslichkeiten und Verbrennungswärmen der Isomeren verschieden.

§ 3. Gegenseitige Umwandlungen von aktiven Isomeren mit verschiedener Konfiguration.

Fischer[1]) entdeckte diese Art von Reaktionen bei den Säuren der Zuckergruppe. Wenn man diese Säuren für sich allein auf ca. 150° erhitzt, bilden sich Laktone. Wird aber diese Laktonbildung durch die Gegenwart von Pyridin oder Chinolinbasen verhindert, so findet eine Umlagerung des Wasserstoffatoms und der Hydroxylgruppe an jenem Kohlenstoffatom statt, welches gleichzeitig die Karboxylgruppe trägt. Die Reaktion ist reversibel, so daß die Umlagerung nie vollständig wird, sondern eine Mischung beider Konfigurationen resultiert. Die Umlagerung der l-Arabonsäure in l-Ribonsäure, sowie der d-Glukonsäure in l-Mannonsäure kann folgendermaßen formuliert werden:

$CH_2 \cdot OH$		$CH_2 \cdot OH$	$CH_2 \cdot OH$	$CH_2 \cdot OH$
H·C·OH		H·C·OH	HO·C·H	HO·C·H
H·C·OH	⇄	H·C·OH	HO·C·H	HO·C·H
HO·C·H		H·C·OH	H·C·OH	H·C·OH
COOH		COOH	HO·C·H	H·C·OH
			COOH	COOH
l-Arabonsäure		l-Ribonsäure	d-Glukonsäure	d-Mannonsäure

§ 4. Partielle Razemie.

Beim Studium des Chininsalzes der Methylbernsteinsäure fand Ladenburg[2]), daß eine alkoholische Lösung dieses Salzes bei 0°, 18° und 30° Kristalle abschied, die einen Schmelzpunkt von 174—175° zeigten und nach dem Zerlegen eine inaktive Säure ergaben; dagegen fand er den Schmelzpunkt des Chininsalzes der d-Säure bei 169—171° und beachtete folgende Löslichkeitsverhältnisse: Es lösten sich:

3,2	Teile des	i-Salzes	in	100	Teilen Alkohol
4,2	„ „	d-Salzes	„	100	„ „
annähernd 15	„ „	l-Salzes	„	100	„ „

Aus diesem Verhalten schloß Ladenburg, daß das inaktive Salz nicht ein Gemenge der beiden d- und l-Salze, sondern eine wirkliche Verbindung sei; da in dieser der eine Teil (die Base)

---

1) Fischer, Ber. d. deutsch. chem. Ges. **23**, 799 (1890); **24**, 2137, 3622, 4215 (1891); **27**, 3193 (1894).

2) Ladenburg, Ber. d. deutsch. chem. Ges. **31**, 524 (1898).

optisch aktiv, der andere Teil (die Säure) aber razemisch ist, nannte er die Erscheinung „partielle Razemie“. Führte er die Kristallisation bei einer Temperatur von 70^0 durch, so erhielt er ein Salz, welches nach Zerlegung eine schwach rechtsdrehende Säure lieferte; demnach scheint der Umwandlungspunkt nahe bei 70^0 C zu liegen. Einen anologen Fall fand Ladenburg beim β-Pipekolin, einer Substanz, die auch asymmetrisch ist und deren Spaltung er mit Hilfe des d-Bitartates versuchte. Nur durch Kristallisation bei niederer Temperatur wurde hier eine Spaltung erzielt, während das auf dem erwärmten Wasserbade sich abscheidende Salz wieder die inaktive Base regenerierte. Hiernach müßte sich also bei einer höheren Temperatur eine einheitliche, chemisch individualisierte Verbindung, saures d-, weinsaures β-Pipekolin gebildet haben, deren einer Bestandteil (d-Weinsäure) optisch aktiv, deren anderer (β-Pipekolin) dagegen noch razemisch ist, daher die Verbindung gleichfalls partiell razemisch erscheint. Diese Verhältnisse lassen sich besser veranschaulichen, wenn man die Komponenten des razemischen Bestandteils mit

$$\begin{array}{ccccc} & R_1 & \\ & | & \\ R_2 - & C & - R_3 \\ & | & \\ & X & \end{array} \qquad\qquad \begin{array}{ccccc} & R_1 & \\ & | & \\ R_3 - & C & - R_2 \\ & | & \\ & X & \end{array}$$

den des aktiven mit

$$\begin{array}{ccc} & Y & \\ & | & \\ R_4 - & C & - R_5 \\ & | & \\ & R_6 & \end{array}$$

bezeichnet. Die partiell razemische Verbindung würde dann durch dieses Symbol:

$$\underbrace{\begin{array}{ccc} & R_1 & \\ & | & \\ R_2 - & C & - R_3 \end{array} \qquad\qquad \begin{array}{ccc} & R_1 & \\ & | & \\ R_3 - & C & - R_2 \end{array}}_{\left(\begin{array}{ccc} & | & \\ R_4 - & C & - R_5 \\ & | & \\ & R_6 & \end{array}\right)_2}$$

darzustellen sein. Diese letztere besitzt wie alle anderen Razemkörper eine bestimmte Umwandlungstemperatur bezw. Umwandlungsintervall, bei dem sie sich in das Gemisch der gespaltenen Modifikationen — und dieses sich in sie — verwandelt. Die Umwandlung selbst erfolgt hier unter ganz denselben Bedingungen, die für razemische Verbindungen und Doppelsalze überhaupt maßgebend sind. Abgesehen von etwaiger Kristallwasserabscheidung würde sie sich durch folgende Formel ausdrücken lassen:

$$\begin{array}{c} \begin{array}{ccc} R_1 & & R_1 \\ | & & | \\ R_2 - C - R_3 & & R_3 - C - R_2 \end{array} \\ \underbrace{\qquad\qquad\qquad\qquad\qquad\qquad\qquad}\\ \left(\begin{array}{c} R_4 - C - R_5 \\ | \\ R_6 \end{array}\right)_2 \end{array} \rightleftarrows \begin{array}{c} R_1 \\ | \\ R_2 - C - R_3 \\ | \\ R_4 - C - R_5 \\ | \\ R_6 \end{array} + \begin{array}{c} R_1 \\ | \\ R_3 - C - R_2 \\ | \\ R_4 - C - R_5 \\ | \\ R_6 \end{array}$$

Daß es eine solche Vereinigung „unvollständiger Spiegelbilder“ gibt, ist von Ladenburg und seinen Schülern weiterhin in mehreren Fällen mit Sicherheit durch die Bestimmung der Löslichkeitsverhältnisse und andere Untersuchungen festgestellt worden. So wurde der bereits erwähnte Fall des pyroweinsauren Chinins von Ladenburg und Herz[1]) genauer untersucht; Ladenburg und Doctor[2]) fanden, daß das neutrale traubensaure Strychnin ein partiell razemisches Salz ist, dessen Umwandlungspunkt bei 29·5° C liegt. Ladenburg und Bobertag[3]) fanden den Umwandlungspunkt des partiell razemischen d-weinsauren-β-Pipekolin bei 39°, so daß oberhalb dieser Temperatur nur die inaktive razemische Base regeneriert wird, dagegen unter dieser Temperatur die Spaltung in die aktiven Komponenten möglich wird. Auf eine Reihe weiterer diesbezüglicher Arbeiten kann nur hingewiesen werden[4]).

Pope und Peachey[5]) haben ähnliche Resultate mit dem d-weinsauren Tetrahydropapaverin erhalten.

Andererseits fand E. Fischer[6]), daß eine Mischung von d-Glukonsäure und l-Mannonsäure, obgleich die in den beiden Konfigurationsformeln mit lateinischen Buchstaben gedruckten Teile Spiegelbilder voneinander sind, keine partiell-razemische Verbindung liefert.

$$\begin{array}{c} COOH \\ | \\ H \cdot OH \\ \mathit{OH \cdot H} \\ \mathit{H \cdot OH} \\ \mathit{H \cdot OH} \\ \mathit{CH_2 \cdot OH} \\ \text{d-Glukonsäure.} \end{array} \qquad\qquad \begin{array}{c} COOH \\ | \\ H \cdot OH \\ \mathit{H \cdot OH} \\ \mathit{HO \cdot H} \\ \mathit{HO \cdot H} \\ \mathit{CH_2 \cdot OH} \\ \text{l-Mannonsäure.} \end{array}$$

Liebermann[7]) hat einen etwas ähnlichen Fall bei den Dibromiden der Zimt- und Allo-Zimtsäure beobachtet; auch Aschan[8])

---

1) Ladenburg und Herz, Ber. d. deutsch. chem. Ges. **31**, 937 (1898).

2) Ladenburg und Doctor, Ber. d. deutsch. chem. Ges. **31**, 1969 (1898).

3) Ladenburg und Bobertag, Ber. d. deutsch. chem. Ges. **36**. 1649 (1903).

4) Ladenburg, Ber. d. deutsch. chem. Ges. **32**, 50 (1899); **36**, 1649 (1903); **40**, 2279 (1907).

5) Pope und Peachey, Zeit. krist. Min. **31**, 11 (1899).

6) E. Fischer, Ber. d. deutsch. chem. Ges. **27**, 3226 (1894).

7) Liebermann, Ber. d deutsch. chem. Ges. **27**, 2045 (1894).

8) Aschan, Ber. d. deutsch. chem. Ges. **27**, 2001 (1894).

fand, daß die entgegengesetzt drehenden Formen der Kampfer- und Iso-Kampfersäure sich nicht zu einer razemischen Verbindung vereinigen.

IV. Die Bestimmung der Konfiguration.

§ 1. Relative und absolute Bestimmung.

Im folgenden Kapitel soll nicht der Versuch gemacht werden, die Methode der Konfigurationsbestimmung bei vielen Derivaten der Kohlehydrate zu zeigen; es wird vielmehr genügen zu erklären, wie die Konfigurationen der wichtigsten Zucker ermittelt worden sind, da man aus ihnen die Konfiguration der Derivate leicht ableiten kann. Aus diesem Grunde werden auf den folgenden Seiten fast ausschließlich die Aldosen behandelt.

Wenn wir von der Konfigurationsbestimmung einer Verbindung sprechen, so soll damit nicht gesagt sein, daß wir beabsichtigen, die absolute Stellung der verschiedenen Atome eines Moleküls im Raume zu ermitteln, sondern wir wollen lediglich ihre Stellung im Verhältnis zu einer bestimmten, willkürlich gewählten Grundlage festlegen. Zum Beispiel können die beiden aktiven Weinsäuren durch folgende Formeln dargestellt werden:

```
      COOH            COOH
  HO·H              H·OH
    H·OH          HO·H
      COOH            COOH
```

Es ist unmöglich, festzustellen, welche von diesen beiden Formeln jener Weinsäure zukommt, die die Ebene des polarisierten Lichtes nach rechts dreht; das einzige was wir sagen können ist, daß, falls wir eine Formel für d-Säure wählen, die andere, als ihr Spiegelbild, die l-Verbindung vorstellen muß. Deshalb ist die Konfiguration der l-Säure bloß bestimmt in bezug auf die Grundlage, welche wir in der ersten Formel, die wir für die d-Säure wählen, festgelegt haben.

Eine solche Methode bezeichnen wir als eine „relative Konfigurationsbestimmung“. Die Arbeiten E. Fischers[1]) sollten diesbezüglich beachtet werden.

§ 2. Die Pentosen.

Wenn man die Verbindungen der allgemeinen Formel

$$CH_2OH(CH \cdot OH)_3 \cdot CHO$$

in stereochemischer Hinsicht untersucht, so findet man acht verschiedene raumisomere Formeln, nämlich die d- und l-Formen der Arabinose, Lixose, Ribose und Xylose.

---

1) E. Fischer, Ber. d. deutsch. chem. Ges. **27**, 3189 (1894).

(1)	(2)	(3)	(4)
CH_2OH	CH_2OH	CH_2OH	CH_2OH
HO·H	HO·H	H·OH	H·OH
HO·H	HO·H	HO·H	HO·H
HO·H	H·OH	H·OH	HO·H
CHO	CHO	CHO	CHO

(5)	(6)	(7)	(8)
CH_2OH	CH_2OH	CH_2OH	CH_2OH
H·OH	H·OH	HO·H	HO·H
H·OH	H·OH	H·OH	H·OH
H·OH	HO·H	HO·H	H·OH
CHO	CHO	CHO	CHO

Man erkennt sofort, daß 5, 6, 7 und 8 die Spiegelbilder von 1, 2, 3 und 4 sind. Sie können demgemäß bei den nachfolgenden Betrachtungen ausscheiden, da ihre Benennung ohne Schwierigkeit erfolgen kann, sobald die ersten vier Substanzen bestimmt sind. Aus der Tatsache, daß Arabinose und Ribose dasselbe Osazon liefern, folgt, daß der einzige Unterschied in der Konfiguration dieser beiden Zucker an dem der Aldehydgruppe benachbarten asymmetrischen Kohlenstoffatom liegen muß, da nur die Asymmetrie dieses Atoms bei der Bildung des Osazons vernichtet wird.

Arabinose und Ribose müssen demgemäß entweder (1) und (2) oder (3) und (4) sein, denn nur diese haben die mit den drei oberen Kohlenstoffatomen verbundenen Atomgruppen in jedem Paare gleich angeordnet. Arabinose ergibt nun bei der Oxydation aktive Trioxy-Glutarsäure, während Ribose und Xylose inaktive Trioxy-Glutarsäure liefern.

(1)	(2)	(3)	(4)
$CH_2·OH$	$CH_2·OH$	$CH_2·OH$	$CH_2·OH$
HO·H	HO·H	H·OH	H·OH
HO·H	HO·H	HO·H	HO·H
HO·H	H·OH	H·OH	HO·H
CHO	CHO	CHO	CHO
↓	↓	↓	↓
COOH	COOH	COOH	COOH
HO·H	HO·H	H·OH	H·OH
HO·H	HO·H	HO·H	HO·H
HO·H	H·OH	H·OH	HO·H
COOH	COOH	COOH	COOH
inaktiv	aktiv	inaktiv	aktiv

Daher entsprechen Ribose und Xylose den Formeln 1 oder 3.

Arabinose ist entweder 2 oder 4 und Lyxose ist naturgemäß diejenige von den beiden letzten Formen, welche nicht der Arabinose zukommt.

Aus der Übereinstimmung der Osazone wissen wir aber, daß, falls Arabinose (2) ist, für Ribose nur Formel (1) in Betracht kommt; ist aber Arabinose (4), dann bleibt für Ribose nur Formel (3) als zutreffend übrig.

Unterwirft man Arabinose der Kilianischen Reaktion[1]) und nachfolgenden Oxydation, so erhält man zwei „aktive" Dikarbonsäuren; die Lyxose gibt, derselben Behandlung unterworfen, eine aktive und eine inaktive Dikarbonsäure.

(2)	(4)
$CH_2 \cdot OH$	$CH_2 \cdot OH$
$HO \cdot H$	$H \cdot OH$
$HO \cdot H$	$HO \cdot H$
$H \cdot OH$	$HO \cdot H$
CHO	CHO
↙ ↘	↙ ↘

$CH_2 \cdot OH$	$CH_2 \cdot OH$	$CH_2 \cdot OH$	$CH_2 \cdot OH$
$HO \cdot H$	$HO \cdot H$	$H \cdot OH$	$H \cdot OH$
$HO \cdot H$	$HO \cdot H$	$HO \cdot H$	$HO \cdot H$
$H \cdot OH$	$H \cdot OH$	$HO \cdot H$	$HO \cdot H$
$HO \cdot H$	$H \cdot OH$	$HO \cdot H$	$H \cdot OH$
COOH	COOH	COOH	COOH
↓	↓	↓	↓
COOH	COOH	COOH	COOH
$HO \cdot H$	$HO \cdot H$	$H \cdot OH$	$H \cdot OH$
$HO \cdot H$	$HO \cdot H$	$HO \cdot H$	$HO \cdot H$
$H \cdot OH$	$H \cdot OH$	$HO \cdot H$	$HO \cdot H$
$HO \cdot H$	$H \cdot OH$	$HO \cdot H$	$H \cdot OH$
COOH	COOH	COOH	COOH
Aktiv	Aktiv	Aktiv	Inaktiv
(2)		(4)	

[1]) Kilianis Reaktion*) besteht (I) in der Anlagerung von Cyanwasserstoffsäure an die —CHO-Gruppe einer Aldose, (II) in der Hydrolyse des erhaltenen Cyanhydrins; es ist einfach die gewöhnliche Cyanhydrinreaktion angewandt auf Zucker. Fischers**) Reaktion (III), Reduktion der gewonnenen Karbonsäuren oder ihrer Laktone mit Natriumamalgam, vollendet die Umwandlung der einen Zuckerserie in die andere:

$\vert$		$\vert$		$\vert$		$\vert$
$CH \cdot OH$		$CH \cdot OH$		$CH \cdot OH$		$CH \cdot OH$
$\vert$	→	$\vert$	→	$\vert$	→	$\vert$
CHO		$CH \cdot OH$		$CH \cdot OH$		$CH \cdot OH$
		$\vert$		$\vert$		$\vert$
		CN		COOH		CHO
		(I)		(II)		(III)

Wie man aus den Formeln ersehen wird, kann man auf diese Weise eine Kette um ein Kohlenstoffatom verlängern.

*) Kiliani, Ber. d. deutsch. chem. Ges. **19**, 1914, 3033 (1886); **21**, 916 (1888).

) E. Fischer, Ber. d. deutsch. chem. Ges. **22, 2205 (1889); **23**, 2130 (1890).

Arabinose ist demnach (2) und folglich Ribose (1); und da aus den oben angeführten Gründen Lyxose (4) ist, muß Xylose (3) sein.

Die folgenden Formeln sind somit festgelegt:

```
  CH2·OH        CH2·OH        CH2·OH        CH2·OH
HO·H          HO·H           H·OH          H·OH
HO·H          HO·H          HO·H          HO·H
HO·H           H·OH          H·OH         HO·H
  CHO           CHO           CHO           CHO
  (1)           (2)           (3)           (4)

  CH2·OH        CH2·OH        CH2·OH        CH2·OH
 H·OH          H·OH         HO·H          HO·H
 H·OH          H·OH          H·OH          H·OH
 H·OH         HO·H          HO·H           H·OH
  CHO           CHO           CHO           CHO
  (5)           (6)           (7)           (8)
Ribosen      Arabinosen     Xylosen       Lyxosen
```

§ 3. Die Hexosen.

Es sind sechzehn stereochemische Formeln für Verbindungen mit der Strukturformel $CH_2OH - (CHOH)_4 - CHO$ möglich. Sie sind in der am Ende dieses Kapitels gegebenen Tabelle verzeichnet. Ebenso wie bei den Pentosen sind auch hier bestimmte Formen die Spiegelbilder der anderen und wir brauchen daher nur die ersten acht Konfigurationen zu betrachten.

Wenn Arabinose nach Kilianis und Fischers Methode behandelt wird, so erhält man ein Gemenge von Mannose und Glukose.

```
  CH2·OH               CH2·OH               CH2·OH
HO·H                 HO·H                 HO·H
HO·H      <——        HO·H      ——>        HO·H
 H·OH                 H·OH                 H·OH
HO·H                   CHO                 H·OH
  CHO                                       CHO
  (III)              Arabinose              VI
```

Glukose und Mannose müssen daher entweder III oder VI sein.

Nun hat man gefunden, daß Zuckersäure

$$COOH - CH\cdot OH - CH\cdot OH - CH\cdot OH - CH\cdot OH - COOH,$$

die durch Oxydation von Glukose entsteht, auch durch Oxydation eines anderen Zuckers, der Gulose, dargestellt werden kann.

Dies kann aber nur dann zutreffen, wenn durch Umstellung der beiden Gruppen $-CHO$ und $-CH_2\cdot OH$ in dem Molekül der Glukose ein neuer Zucker entsteht, d. h. ein Molekül mit anderer räumlicher Atomlagerung, welcher dann der Gulose entsprechen würde.

Führen wir diese Umstellung in der Formel III durch, so finden wir, daß tatsächlich ein neuer Zucker gebildet wird, was dagegen bei der symmetrischen Formel VI nicht der Fall ist.

$CH_2 \cdot OH$		CHO	$CH_2 \cdot OH$		CHO
$HO \cdot H$	Umstellung	$HO \cdot H$	$HO \cdot H$		$HO \cdot H$
$HO \cdot H$		$HO \cdot H$	$HO \cdot H$	Umstellung	$HO \cdot H$
$H \cdot OH$	→	$H \cdot OH$	$H \cdot OH$	→	$H \cdot OH$
$HO \cdot H$		$HO \cdot H$	$H \cdot OH$		$H \cdot OH$
CHO		CH_2OH	CHO		$CH_2 \cdot OH$
(III)		Neuer Zucker	(VI)		Derselbe Zucker

Daher ist Glukose (III) und Mannose (VI), und die Raumformel für Gulose muß (IV) sein:

$CH_2 \cdot OH$
$H \cdot OH$
$HO \cdot H$
$H \cdot OH$
$H \cdot OH$
CHO

Betrachten wir weiter den Fall der Idose und Gulose. Diese beiden Zucker geben dasselbe Osazon. Ferner entsteht ein Gemenge beider Zucker aus Xylose durch Kilianis und Fischers Reaktion; folglich differieren Idose und Gulose nur in der Konfiguration des der Aldehydgruppe zunächst stehenden Kohlenstoffatoms. Es wurde aber bereits gezeigt, daß Gulose der Formel (IV) entspricht, so daß der Idose nur die Formel (VIII) zukommen kann:

$CH_2 \cdot OH$	$CH_2 \cdot OH$
$H \cdot OH$	$H \cdot OH$
$HO \cdot H$	$HO \cdot H$
$H \cdot OH$	$H \cdot OH$
$H \cdot OH$	$HO \cdot H$
CHO	CHO
(IV)	VIII

Es verbleiben somit noch folgende Formeln, deren Identität nicht bestimmt ist:

$CH_2 \cdot OH$	$CH_2 \cdot OH$	$CH_2 \cdot OH$	$CH_2 \cdot OH$
$HO \cdot H$	$HO \cdot H$	$HO \cdot H$	$HO \cdot H$
$HO \cdot H$	$HO \cdot H$	$H \cdot OH$	$H \cdot OH$
$HO \cdot H$	$HO \cdot H$	$H \cdot OH$	$H \cdot OH$
$HO \cdot H$	$H \cdot OH$	$H \cdot OH$	$HO \cdot H$
CHO	CHO	CHO	CHO
(I)	(II)	(V)	(VII)

Die Galaktose gibt nun sowohl bei der Reduktion wie bei der Oxydation inaktive Produkte; es muß ihr daher entweder die Formel (I) oder (VII) zukommen; sie kann nicht mit einer der beiden anderen identisch sein.

Durch Kilianis Reaktion wird die Galaktose in zwei Heptonsäuren übergeführt, welche durch Oxydation zwei aktive Pentaoxypimelinsäuren liefern. Aber nur die Formel VII erfüllt diese Bedingungen, denn Formel (I) führt zu einer aktiven und einer inaktiven Säure:

$$\begin{array}{cc}
\begin{array}{r}
\mathrm{CH_2 \cdot OH} \\ \mathrm{HO \cdot H} \\ \mathrm{HO \cdot H} \\ \mathrm{HO \cdot H} \\ \mathrm{HO \cdot H} \\ \mathrm{CHO}
\end{array} &
\begin{array}{r}
\mathrm{CH_2 \cdot OH} \\ \mathrm{HO \cdot H} \\ \mathrm{H \cdot OH} \\ \mathrm{H \cdot OH} \\ \mathrm{HO \cdot H} \\ \mathrm{CHO}
\end{array} \\
\swarrow \quad \searrow & \swarrow \quad \searrow
\end{array}$$

$$\begin{array}{cccc}
\begin{array}{l}
\mathrm{CH_2 \cdot OH} \\ \mathrm{HO \cdot H} \\ \mathrm{HO \cdot H} \\ \mathrm{HO \cdot H} \\ \mathrm{HO \cdot H} \\ \mathrm{HO \cdot H} \\ \mathrm{COOH}
\end{array} &
\begin{array}{l}
\mathrm{CH_2 \cdot OH} \\ \mathrm{HO \cdot H} \\ \mathrm{HO \cdot H} \\ \mathrm{HO \cdot H} \\ \mathrm{HO \cdot H} \\ \mathrm{H \cdot HO} \\ \mathrm{COOH}
\end{array} &
\begin{array}{l}
\mathrm{CH_2 \cdot OH} \\ \mathrm{HO \cdot H} \\ \mathrm{H \cdot OH} \\ \mathrm{H \cdot OH} \\ \mathrm{HO \cdot H} \\ \mathrm{HO \cdot H} \\ \mathrm{COOH}
\end{array} &
\begin{array}{l}
\mathrm{CH_2 \cdot OH} \\ \mathrm{HO \cdot H} \\ \mathrm{H \cdot OH} \\ \mathrm{H \cdot OH} \\ \mathrm{HO \cdot H} \\ \mathrm{H \cdot OH} \\ \mathrm{COOH}
\end{array} \\
\downarrow & \downarrow & \downarrow & \downarrow \\
\begin{array}{l}
\mathrm{COOH} \\ \mathrm{HO \cdot H} \\ \mathrm{HO \cdot H} \\ \mathrm{HO \cdot H} \\ \mathrm{HO \cdot H} \\ \mathrm{HO \cdot H} \\ \mathrm{COOH}
\end{array} &
\begin{array}{l}
\mathrm{COOH} \\ \mathrm{HO \cdot H} \\ \mathrm{HO \cdot H} \\ \mathrm{HO \cdot H} \\ \mathrm{HO \cdot H} \\ \mathrm{H \cdot OH} \\ \mathrm{COOH}
\end{array} &
\begin{array}{l}
\mathrm{COOH} \\ \mathrm{HO \cdot H} \\ \mathrm{H \cdot OH} \\ \mathrm{H \cdot OH} \\ \mathrm{HO \cdot H} \\ \mathrm{HO \cdot H} \\ \mathrm{COOH}
\end{array} &
\begin{array}{l}
\mathrm{COOH} \\ \mathrm{HO \cdot H} \\ \mathrm{H \cdot OH} \\ \mathrm{H \cdot OH} \\ \mathrm{HO \cdot H} \\ \mathrm{H \cdot OH} \\ \mathrm{COOH}
\end{array} \\
\text{Inaktiv} & \text{Aktiv} & \text{Aktiv} & \text{Aktiv} \\
\multicolumn{2}{c}{\text{(I)}} & \multicolumn{2}{c}{\text{(VII)}}
\end{array}$$

Die Formel für die Galaktose ist daher (VII):

$$\begin{array}{r}
\mathrm{CH_2 \cdot OH} \\ \mathrm{HO \cdot H} \\ \mathrm{H \cdot OH} \\ \mathrm{H \cdot OH} \\ \mathrm{HO \cdot H} \\ \mathrm{CHO}
\end{array}$$

Da Galaktose und Talose dasselbe Osazon liefern, unterscheiden sie sich nur in der Symmetrie des der Aldehydgruppe benachbarten Kohlenstoffatoms. Talose muß daher folgende Konfigurationsformel haben (V):

$$\begin{array}{r}
\mathrm{CH_2 \cdot OH} \\ \mathrm{HO \cdot H} \\ \mathrm{H \cdot OH} \\ \mathrm{H \cdot OH} \\ \mathrm{H \cdot OH} \\ \mathrm{CHO}
\end{array}$$

Die den übrigbleibenden Formeln (I) und (II) entsprechenden Zucker sind nicht bekannt.

Aus den Resultaten anderer Reaktionen, auf die wir hier nicht näher eingehen wollen, hat E. Fischer geschlossen, daß eine nahe Verwandtschaft zwischen den Pentosekonfigurationen (1), (2), (3), (8), und den Hexoseformeln (I) bis (VIII) besteht.

Da es unmöglich ist festzustellen, welche von den zwei Glukoseformeln die wirkliche Atomanordnung in der d-Glukose wiedergibt, so bleibt uns nichts anderes übrig, als eine der beiden willkürlich der d-Glukose zuzuschreiben und somit ihre Spiegelbildform für die l-Glukose zu bestimmen. Nach Übereinkunft hat man die Formel (III) für d-Glukose, folglich Formel (XI) für l-Glukose gewählt; bei Annahme dieser Nomenklatur werden alle Hexosen von I zu VIII als d-Verbindungen und ihre Spiegelbilder von (IX) zu XVI als l-Verbindungen bezeichnet.

In gleicher Weise werden die Pentosen (1), (2), (3), (8), da sie mit den d-Hexosen verwandt sind, als d-Verbindungen bezeichnet[1]).

Somit sind die Konfigurationen aller Pentosen und Hexosen festgelegt.

§ 4. Die Heptosen.

Wenn man d-Glukose nach Kilianis Reaktion behandelt, erhält man zwei Säuren: α-Glukoheptonsäure und β-Glukoheptonsäure.

Bei der Oxydation gibt die α-Glukoheptonsäure eine aktive Säure, während die β-Säure ein inaktives Produkt liefert. Daher repräsentiert (I) die α-Glukoheptonsäure und (II) die β-Verbindung:

$$\begin{array}{c} CH_2\cdot OH \\ HO\cdot H \\ HO\cdot H \\ H\cdot HO \\ HO\cdot H \\ CHO \end{array}$$

(I) ↙ Glukose ↘ (II)

$$\begin{array}{cc} CH_2\cdot OH & CH_2\cdot OH \\ HO\cdot H & HO\cdot H \\ HO\cdot H & HO\cdot H \\ H\cdot OH & H\cdot OH \\ HO\cdot H & HO\cdot H \\ H\cdot OH & HO\cdot H \\ COOH & COOH \\ \downarrow & \\ \alpha\text{-Glukoheptonsäure} & \beta\text{-Glukoheptonsäure.} \end{array}$$

1) Vergleiche E. Fischer, Ber. d. deutsch. chem. Ges. **40**, 102 (1907).

$$\begin{array}{cc}
\downarrow & \downarrow \\
COOH & COOH \\
HO\cdot H & HO\cdot H \\
HO\cdot H & HO\cdot H \\
H\cdot OH & H\cdot OH \\
HO\cdot H & HO\cdot H \\
H\cdot OH & HO\cdot H \\
COOH & COOH \\
\text{aktiv} & \text{inaktiv.}
\end{array}$$

§ 5. Die Tetrosen.

Es sind vier Raumformeln für eine Verbindung der allgemeinen Formel

$$CH_2OH - CHOH - CHOH - CHOH - CHO$$

möglich; sie sind:

$$\begin{array}{cccc}
CH_2\cdot OH & CH_2\cdot OH & CH_2\cdot OH & CH_2\cdot OH \\
H\cdot OH & HO\cdot H & HO\cdot H & H\cdot OH \\
H\cdot OH & H\cdot OH & HO\cdot H & HO\cdot H \\
CHO & CHO & CHO & CHO \\
(a) & (b) & (c) & (d)
\end{array}$$

Davon sind (c) und (d) Spiegelbilder von (a) und (b).

Wenn man l-Xylose nach Wohls Reaktion[1]) behandelt, wird sie in l-Threose[2]) übergeführt, welche ihrerseits durch Oxydation in l-Weinsäure übergeht:

$$\begin{array}{ccccc}
CH_2\cdot OH & & & & \\
HO\cdot H & & CH_2\cdot OH & & COOH \\
H\cdot OH & \rightarrow & HO\cdot H & \rightarrow & HO\cdot H \\
HO\cdot H & & H\cdot OH & & H\cdot OH \\
CHO & & CHO & & COOH \\
\text{l-Xylose} & & \text{l-Threose} & & \text{l-Weinsäure.}
\end{array}$$

---

1) Wohls Reaktion (Ber. d. deutsch. chem. Ges. **32**, 3666, 1899) läßt sich folgendermaßen formulieren:

$$\begin{array}{ccccc}
CH_2\cdot OH & & CH_2\cdot OH & CH_2\cdot O\cdot CO\cdot CH_3 & CH_2\cdot OH \\
| & NH_2\cdot OH & | & | & | \\
(CH\cdot OH)n & \xrightarrow{\hspace{2em}} & (CHOH)n & (CH\cdot O\cdot CO\cdot CH_3)n & (CH\cdot OH)n \\
| & & | & | & | \\
CH\cdot OH & & CH\cdot OH & CH\cdot O\cdot CO\cdot CH_3 & CHO \\
| & & | & | & \\
CHO & & CH{:}NOH & CN & \\
(I) & & (II) & (III) & (IV)
\end{array}$$

Das Oxim (II) wird in gewöhnlicher Weise dargestellt; dieses wird dann mit Essigsäureanhydrid und Natriumazetat behandelt, wobei es Wasser verliert und in das Nitril (III) übergeht. Letzteres wird zunächst mit Kali verseift, dann mit Salzsäure behandelt, wobei der Reihe nach Essigsäure und Blausäure abgespalten werden und der Aldehyd (IV) gebildet wird.

2) Maquenne, Bull. Soc. chim. (**3**), **23**, 1587 (1900).

Daher haben d-Threose und d-Weinsäure folgende Konfiguration:

```
   CH₂·OH        COOH
  H·OH          H·OH
HO·H          HO·H
   CHO           COOH
```

Wohls Reaktion, auf l-Arabinose angewendet, führt zur l-Erythrose, deren Konfiguration demgemäß folgende ist:

```
   CH₂·OH
  H·OH                 CH₂·OH
  H·OH                H·OH
HO·H        →         H·OH
   CHO                 CHO
l-Arabinose          l-Erythrose.
```

Daraus folgt für d-Erythrose:

```
   CH₂·OH
HO·H
HO·H
   CHO
```

§ 6. Verbindungen, die ein asymmetrisches Kohlenstoffatom enthalten.

d-Weinsäure liefert bei der Reduktion mit Jodwasserstoffsäure d-Äpfelsäure[1]:

```
   COOH          COOH
  H·OH           CH₂
HO·H          HO·H
   COOH          COOH
d-Weinsäure   d-Äpfelsäure.
```

Daher folgt für l-Äpfelsäure:

```
   COOH
   CH₂
 H·OH
   COOH
```

[1] Schmitt, Liebigs Annal. d. Chem. u. Pharm. **114**, 106 (1860).

Konfigurationen der Hexosen.

$CH_2 \cdot OH$	$CH_2 \cdot OH$	CH_2OH	CH_2OH	CH_2OH	CH_2OH	$CH_2 \cdot OH$	$CH_2 . OH$
HO · H	HO · H	HO · H	H · OH	HO · H	HO · H	HO · H	H · OH
HO · H	HO · H	HO · H	HO · H	H · OH	HO · H	H · OH	HO · H
HO · H	HO · H	H · OH	H · OH	H · OH	H · OH	H · OH	H · OH
HO · H	H · OH	HO · H	H · OH	H · OH	H · OH	HO · H	HO · H
CHO	CHO	CHO	CHO	CHO	CHO	CHO	CHO
I	II	III	IV	V	VI	VII	VIII
Unbekannt	Unbekannt	Glukosen	Gulosen	Talosen	Mannosen	Galaktosen	Idosen
$CH_2 \cdot OH$	$CH_2 \cdot OH$	$CH_2 \cdot OH$	$CH_2 \cdot OH$	$CH_2 \cdot OH$	$CH_2 \cdot OH$	$CH_2 \cdot OH$	$CH_2 \cdot OH$
H · OH	H · OH	H · OH	HO · H	H · OH	H · OH	H · OH	HO · H
H · OH	H · OH	H · OH	H · OH	HO · H	H · OH	HO · H	H · OH
H · OH	H · OH	HO · H	HO · H	HO · H	HO · H	HO · H	HO · H
H · OH	HO · H	H · OH	HO · H	HO · H	HO · H	H · OH	H · OH
CHO	CHO	CHO	CHO	CHO	CHO	CHO	CHO
IX	X	XI	XII	XIII	XIV	XV	XVI

V. Das asymmetrische Kohlenstoffatom als ein Ringglied[1]).

Führt man ein asymmetrisches Kohlenstoffatom in einen Ring ein, so erkennt man sofort, daß die Existenz zweier Antipoden von der Stellung bestimmter Atome in bezug auf den Ring abhängen wird. Z. B. im Falle der zwei unten angeführten Verbindungen ist ersichtlich, daß das eine Isomere aus dem anderen durch Umtausch der Gruppen A und B gebildet werden kann.

```
A — C — B          B — C — A
   / \                / \
  D   F              D   F
   \ /                \ /
X — C — Y          X — C — Y
```

Hierdurch wird der Begriff der cis-trans-Isomerie bei Ringsystemen eingeführt; dieser Punkt wird in einem späteren Teil ausführlich beschrieben werden. In diesem Kapitel wird auf diese Verhältnisse nur soweit eingegangen, als sie die Erzeugung optischer Aktivität in Ringsystemen betreffen.

§ 1. Graphische Darstellung zyklischer stereoisomerer Verbindungen.

Man wird ohne weiteres erkennen, daß bei einem zyklischen Molekül, dessen Ringebene eine Symmetrieebene des Moleküls ist, weder optische Aktivität noch geometrische Isomerie erwartet werden kann.

Um eine einfache und genaue Wiedergabe der räumlichen Verhältnisse stereoisomerer ringförmiger Körper zu geben, hat Aschan[2]) folgende Methode ersonnen.

Er stellt die Ringebene durch eine gerade Linie dar, so daß in gesättigten zyklischen Verbindungen die Substituenten entweder über oder unter diese Linie zu liegen kommen.

Z. B. Mono-chlor- und cis-Dichlorpentamethylen werden folgendermaßen dargestellt:

```
     CH·Cl — CH2              CH·Cl — CH·Cl
    /         |              /         |
H2C           |          H2C           |
    \         |              \         |
     CH2 ——— CH2              CH2 ——— CH2
     Cl                       Cl   Cl
   ———————                   ——————————
```

Die Substituenten werden in der Richtung des Uhrzeigers gezählt. Eine nicht substituierte Methylengruppe wird in der Regel nicht angezeigt; liegen dagegen zwei Substituenten symmetrisch in

---

1) Kapitel I des Abschnittes B sollte im Zusammenhang damit beachtet werden.

2) Aschan, Ber. d. deutsch. chem. Ges. **35**, 3390 (1902).

bezug auf das ganze Molekül, ein dritter aber unsymmetrisch in bezug auf die ersten beiden, so muß man auch eine Methylengruppe darstellen, die man dann in Form eines vertikalen Striches einzeichnet. Um die Sachlage klarer zu gestalten, wollen wir den Fall des Menthons näher betrachten. Sein Molekül enthält zwei ungleiche Substituenten — Isopropylgruppe (X) und Methylgruppe (Y) — in symmetrischer Stellung, während ein Sauerstoffatom an ein drittes Kohlenstoffatom gebunden ist. Da das Sauerstoffatom (ZZ) durch zwei Kohlenstoffvalenzen gebunden ist, so muß es sowohl über als auch unter der Ringebene dargestellt werden, denn falls wir es durch zwei Wasserstoffe ersetzen würden, käme das eine ebenfalls über, das andere unter die Ringebene zu liegen. Die Formelbilder zeigen, daß vier Raumformeln und zwar alle aktiv, möglich sind; davon sind (I) und (III) Spiegelbilder von (II) und (IV):

$$C_3H_7 - CH\begin{matrix} \diagup CO - CH_2 \diagdown \\ \diagdown CH_2 - CH_2 \diagup \end{matrix}CHCH_3$$

Wird in den Formeln nicht dargestellt.

$$\frac{XZ\,|\,Y}{Z\,|\quad}\ \text{(I)} \qquad \frac{Y\,|\,ZX}{\quad|\,Z}\ \text{(II)} \qquad \frac{XZ\,|\quad}{Z\,|\,Y}\ \text{(III)} \qquad \frac{\quad|\,ZX}{Y\,|\,Z}\ \text{(IV).}$$

Es muß erwähnt werden, daß nur jene monozyklischen Formen identisch sind, deren Formeln entweder direkt oder durch eine Drehung um 180° in der Ebene des Papiers zur Deckung gebracht werden können.

Z. B. die Trimethylen 1—2-Dikarbonsäure existiert in Formen, welche durch die nachstehenden drei Formeln wiedergegeben sind:

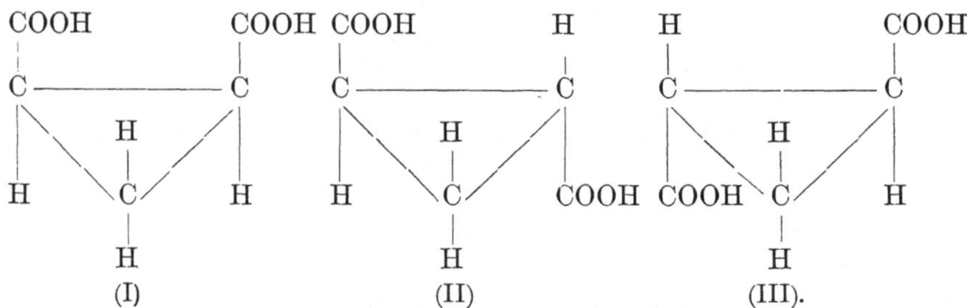

Diese werden nach Aschans System folgendermaßen dargestellt.

$$\frac{X\quad X}{\qquad}\ \text{(I)} \qquad \frac{X\qquad}{\qquad X}\ \text{(II)} \qquad \frac{\qquad X}{X\qquad}\ \text{(III).}$$

Man ersieht ohne weiteres, sowohl aus den ersten, wie aus den zweiten Formelbildern, daß (I) eine Symmetrieebene besitzt, welche senkrecht zu der Ringebene und symmetrisch zu den beiden X liegt. Formel (I) stellt somit eine nicht spaltbare, inaktive Modifikation vor. Andererseits sind (II) und (III) Spiegelbilder voneinander und repräsentieren somit die beiden aktiven Formen der Säure. Die razemische Form würde man durch Mischung äquimolekularer Mengen der Formen (II) und (III) erhalten.

§ 2. Zyklische Verbindungen mit einem oder mehreren asymmetrischen Kohlenstoffatomen im Ringe.

Zyklische Verbindungen, die ein asymmetrisches Kohlenstoffatom im Ringe enthalten, existieren in zwei isomeren aktiven Formen, die optische Antipoden sind. Sie unterscheiden sich in keiner Weise von Antipoden kettenförmiger Substanzen und brauchen daher nicht näher besprochen zu werden.

Wir wollen nun Verbindungen besprechen, die mehr als ein asymmetrisches Kohlenstoffatom im Ringe enthalten, und dabei zunächst die monozyklischen Substanzen ins Auge fassen.

Man findet im allgemeinen eine große Ähnlichkeit zwischen diesen Verbindungen und denen der aliphatischen Reihe, welche mehr als ein asymmetrisches Kohlenstoffatom enthalten.

Ebenso wie im Falle der Tetrosen existiert eine zyklische Verbindung, die zwei asymmetrische Kohlenstoffatome im Ringe enthält, in vier optisch aktiven Isomeren, von denen je zwei Antipoden sind.

Im allgemeinen ist aber der Unterschied zwischen zwei Isomeren, die nicht Spiegelbilder zueinander sind, bei kettenförmigen Verbindungen geringer wie bei ringförmigen Substanzen. Die Differenz führt man gewöhnlich auf die den aliphatischen Verbindungen zukommende freiere Drehung der Kohlenstoffsysteme zurück, wodurch die Unterschiede weniger zur Geltung kommen (wie z. B. bei der Anhydridbildung) als bei den zyklischen Isomeren, wo eine solche Freiheit nicht mehr besteht, daher eine weitgehendere Differenzierung stattfindet.

Wenn wir zwei asymmetrische Kohlenstoffatome als Ringglieder einer zyklischen Verbindung haben, können zwei Fälle eintreten; entweder sind die beiden asymmetrischen Kohlenstoffatome strukturell gleich oder sie sind verschieden. Wir kennen nur wenige Beispiele des letzten Falles, in denen es gelungen ist, alle vier optisch aktive Formen zu erhalten. Die Formeln aller isomeren Kampfersäuren können als Beispiele angeführt werden. Zur näheren Information möge man die Publikationen über d-Kamphersäure[1]), l-Kampher-

[1]) Rosegarten, Dissertatio de Camphora et partibus qui eam constituunt (1785). Malaguti, Liebig und Laurent, Liebigs Annal. d. Chem. u. Pharm. **22**, 38, 50, 135 (1837). Gerhardt und Lies-Bodart, Liebigs Annal. d. Chem. u. Pharm. **72**, 293 (1849). Moitessier, Liebigs Annal. d. Chem. u. Pharm. **120**, 252 (1861). Hlasiwetz und Grabowsky, Liebigs Annal. d. Chem. u. Pharm. **145**, 205 (1868). V. Meyer, Ber. d. deutsch. chem. Ges. **3**, 117 (1870). Wreden, Liebigs Annal. d. Chem. u. Pharm. **163**, 323 (1872). Kachler, Liebigs Annal. d. Chem. u. Pharm. **191**, 143 (1878). Montgolfier, Ann. Chim. Phys. (**5**), **14**, 5 (1878). Maissen, Gazetta **10**, 280 (1880). Schroeder,

säure[1]), d-Iso-Kamphersäure[2]) und l-Iso-Kamphersäure[3]) nachschlagen.

Wählen wir willkürlich eine Konfiguration für die d-Kampfersäure, so können wir alle vier Isomeren folgendermaßen schreiben:

```
                         H                                   H
H2C ----------- C<                   H2C ----------- C<
 |              |  COOH               |              |  COOH
 |   (CH3)2 = C                       |   (CH3)2 = C
 |              |  CH3                |              |  COOH
H2C ----------- C<                   H2C ----------- C<
                   COOH                                 CH3
     d-Kamphersäure                      l-Iso-Kamphersäure

                   COOH                                 COOH
H2C ----------- C<                   H2C ----------- C<
 |              |  H                  |              |  H
 |   (CH3) = C                        |   (CH3)2 = C
 |              |  COOH               |              |  CH3
H2C ----------- C<                   H2C ----------- C<
                   CH3                                  COOH
     l-Kamphersäure                      d-Iso-Kamphersäure.
```

Ber. d. deutsch. chem. Ges. **13**, 1072 (1880). Ballo, Ber. d. deutsch. chem. Ges. **14**, 355 (1881). Kannonikow, Journ. f. prakt. Chem. (**2**), **31**, 349 (1885). Berthelot, Bull. Soc. chim. (**2**), **45**, 70 (1886). Haller, Compt. rend. de l'Acad. d. Sciences **104**, 68 (1887). Gal und Werner, Bull. Soc. chim. (**2**), **47**, 163 (1887). Hartmann, Ber. d. deutsch. chem. Ges. **21**, 221 (1888). Manning und Edwards, Am. Chem. Journ. **10**, 233 (1888). Longuinine, Compt. rend. de l'Acad. d. Sciences **107**, 624 (1889). Ostwald, Zeitschr. f. physikal. Chem. **3**, 404 (1889). Jungfleisch, Compt. rend. de l'Acad. d. Sciences **110**, 791 (1890). Brühl, Ber. d. deutsch. chem. Ges. **24**, 3409 (1891). Friedel, Compt. rend. de l'Acad. d. Sciences **113**, 825 (1891). Gladstone, Trans. **59**, 590 (1891). Brühl und Braunschweig, Ber. d. deutsch. chem. Ges. **25**, 1802 (1892). Osann, Ber. d. deutsch. chem. Ges. **25**, 1808 (1892). Noyes, Am. Chem. Journ. **16**, 501 (1894). Aschan, Ber. d. deutsch. chem. Ges. **27**, 2001 (1894). Acta Soc. Scient. Fennicae **21** (**5**), 47 (1895). Krafft und Weinland, Ber. d. deutsch. chem. Ges. **29**, 2241 (1896). Vanino und Thiele, Ber. d. deutsch. chem. Ges. **29**, 1728 (1896). Walden, Ber. d. deutsch. chem. Ges. **29**, 1700 (1896). Étard, Compt. rend. de l'Acad. d. Sciences **130**, 570 (1900). Aschan, Liebigs Annal. d. Chem. u. Pharm. **316**, 209 (1901). Komppa, Ber. d. deutsch. chem. Ges **36**, 4332 (1903).

[1]) Chantard, Compt. rend. de l'Acad. d. Sciences **56**, 698 (1863). Louguinine, Compt. rend. de l'Acad. d. Sciences **107**, 624 (1888). Jungfleisch, Compt. rend. de l'Acad. d. Sciences **110**, 791 (1890).

[2]) Jungfleisch, Compt. rend. de l'Acad. d. Sciences **110**, 792 (1890). Aschan, Acta Soc. Scient. Fennicae **21**, (**5**), 53, 164 (1895).

[3]) Wreden, Liebigs Annal. d. Chem. u. Pharm. **163**, 328 (1872). Kachler, Liebigs Annal. d. Chem. u. Pharm. **191**, 146 (1878). Friedel, Compt. rend. de l'Acad. d. Sciences **108**, 978 (1889). Marsh, Chem. News **60**, 307 (1889). Jungfleisch, Compt. rend. de l'Acad. d. Sciences **110**, 792 (1890). Aschan, Ber. d. deutsch. chem. Ges. **27**, 2001 (1894). Mahla und Tiemann, Ber. d. deutsch. chem. Ges. **28**, 2153 (1895). Auwers und Schleicher, Liebigs Annal. d. Chem. u. Pharm. **309**, 343 (1900).

Vier weitere Beispiele mögen angeführt werden: Limonen-Nitrosochlorid[1]), Limonen-Nitrolanilid, Limonen-Nitrolpiperidid[2]) und α-Phenyl-α'-Methyl-Piperidin[3]).

Das Material, über das wir gegenwärtig verfügen, ist so beschränkt, daß es kaum wert ist, in eine Besprechung dieser Verbindung einzutreten.

Wenn die asymmetrischen Kohlenstoffatome des Ringes strukturgleich sind, haben wir die gleichen Isomeriefälle wie bei der Weinsäure: —

Die Existenz zweier aktiver Isomeren und einer inaktiven, nicht spaltbaren Form, kann man voraussagen.

Aber auch hier ist das uns verfügbare Material zu beschränkt, als daß wir weitere Folgerungen ziehen könnten; dies gilt auch für Verbindungen, die mehr als zwei asymmetrische Kohlenstoffatome im Ringe enthalten.

Im Vergleich mit der Anzahl stereoisomerer kettenförmiger Substanzen kennen wir nur sehr wenige Körper, welche ein doppeltes zyklisches System in ihrem Molekül enthalten. Die wichtigsten Substanzen dieser Klasse sind natürlich vorkommende Körper, wie z. B. die Terpene. Es erscheint nicht notwendig in ein genaueres Studium dieser Klasse einzutreten; da sich diese bizyklischen Substanzen aber in einigen charakteristischen Eigenschaften von den bisher beschriebenen unterscheiden, so müssen wir diese Differenzen hier erwähnen.

Es scheint, daß in einigen Fällen, in denen man nach der Konfigurationsformel zwei Reihen von Verbindungen erwarten könnte, nur eine der beiden tatsächlich existiert; für die anderen dürfte ein zu großer Spannungszustand herrschen, um sie stabil zu erhalten Z. B. im Falle des Kamphers; wir würden auf Grund der Raumformel vier Verbindungen desselben erwarten und zwar mit nachfolgender Konfiguration:

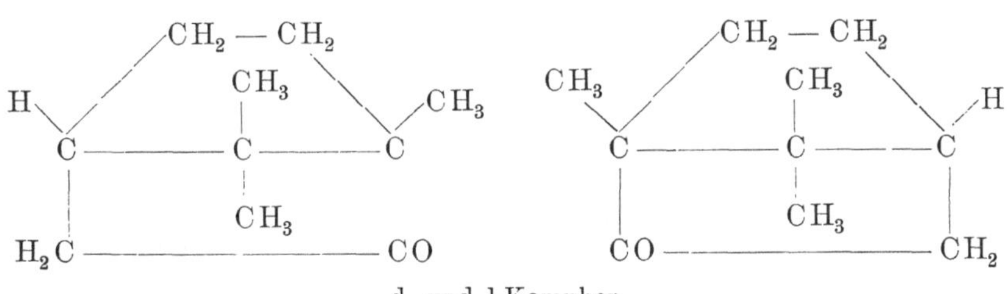

d- und l-Kampher.

1) Wallach, Liebigs Annal. d. Chem. u. Pharm. **252**, 106 (1889); **270**, 184 (1892). Ber. d. deutsch. chem. Ges. **28**, 1308, 1474 (1895). Bayer, Ber. d. deutsch. chem. Ges. **28**, 648 (1895).

2) Wallach, Liebigs Annal. d. Chem. u. Pharm. **252**, 118 (1889); **270**, 180 (1892).

3) Derselbe, Liebigs Annal. d. Chem. u. Pharm. **252**, 113, 146 (1889).

4) Scholtz und Müller, Ber. d. deutsch. chem. Ges. **33**, 2842 (1900).

$$\begin{array}{ccc}
\text{CO} \quad \begin{matrix} CH_2\text{—}CH_2 \\ CH_3 \quad\quad CH_3 \\ C\text{—}C\text{—}C \\ H \quad CH_3 \quad CH_2 \end{matrix} & \quad & \begin{matrix} CH_2\text{—}CH_2 \\ CH_3 \quad CH_3 \\ C\text{—}C\text{—}C \\ CH_2 \quad CH_3 \quad H \end{matrix} \quad \text{CO}
\end{array}$$

Unbekannt.

Es scheint wahrscheinlich, daß bei Anhäufung mehrerer Ringe in einem Molekül die Tendenz hervorgerufen wird, die Atome eines jeden Ringes mehr oder weniger in eine ebene Lage zu bringen. Gewisse bizyklische Verbindungen haben den zweiten Ring in einer Ebene senkrecht zur ersten Ringebene, andere unter verschiedenen Winkeln gelagert.

Diese Unterschiede rufen natürlich auch Differenzen in dem optischen Verhalten der betreffenden Körper hervor.

Diesbezüglich sei auf Publikationen von Piccini[1]), Aschan[2]) und Skraup[3]) hingewiesen.

§ 3. Inaktive Moleküle, welche scheinbar keine Symmetrieebene besitzen.

Um zu bestimmen, ob eine Verbindung optisch aktiv ist, genügte es bisher zu sehen, ob die Konfigurationsformel in zwei Hälften teilbar ist, von denen die eine das Spiegelbild der anderen vorstellt; war dies der Fall, dann besaß die betreffende Verbindung eine Symmetrieebene und war somit inaktiv.

Nun wollen wir aber einen davon verschiedenen Fall betrachten.

Ladenburg[4]) war der erste, welcher diese Erscheinung im Falle der cis-trans-α—γ-Diazipiperazine

$$X \cdot N \begin{matrix} \diagup CHR - CO \diagdown \\ \diagdown CO - CHR \diagup \end{matrix} N \cdot X$$

beobachte.

Ein solches Molekül besitzt keine Symmetrieebene im gewöhnlichen Sinne; es müßte demnach optisch aktiv sein. Dies ist aber nicht der Fall, denn die eine Konfiguration ist mit ihrem Spiegelbilde identisch und somit inaktiv. Die Eigentümlichkeit eines solchen Moleküls besteht nun darin, daß es durch eine Ebene in zwei gleiche Teile geteilt wird, von denen die eine Hälfte durch eine Drehung um 180^0 um die Achse dieser Ebene zum Spiegelbild der anderen Hälfte wird.

---

1) Piccini, Gazetta **30**, I, 125 (1900).
2) Aschan, Liebigs Annal. d. Chem. u. Pharm. **316**, 200 (1901).
3) Skraup, Ber. d. deutsch. chem. Ges. **36**, 141 (1903).
4) Ladenburg, Ber. d. deutsch. chem. Ges. **28**, 1995, 3104 (1895).

Groth[1]) nennt eine solche Ebene eine Ebene der „indirekten Symmetrie". Die folgende Figur zeigt, was damit gemeint ist:

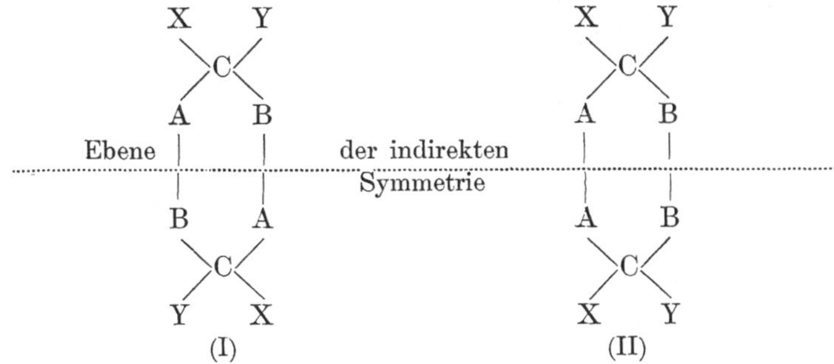

(I) (II)

Die untere Hälfte von (I) muß um einen Winkel von 180° um die Achse der indirekten Symmetrieebene (in diesem Falle die Verbindungslinie C — C) gedreht werden, um Fig. II zu bilden; in dieser ist der obere Teil des Moleküls das Spiegelbild der unteren Hälfte.

Es mögen noch folgende Beispiele dieser Art erwähnt werden: cis-trans-1,3-Dimethyl-zyklobutan-cis-trans-2, 4-dikarbonsäure (Fig. 19); die Ketoform der trans-Sukzinylobernsteinsäure (Fig. 20); die trans-3,6-Dimethyl-1,4-zyklohexadien-1,4-dikarbonsäure (Fig. 21).

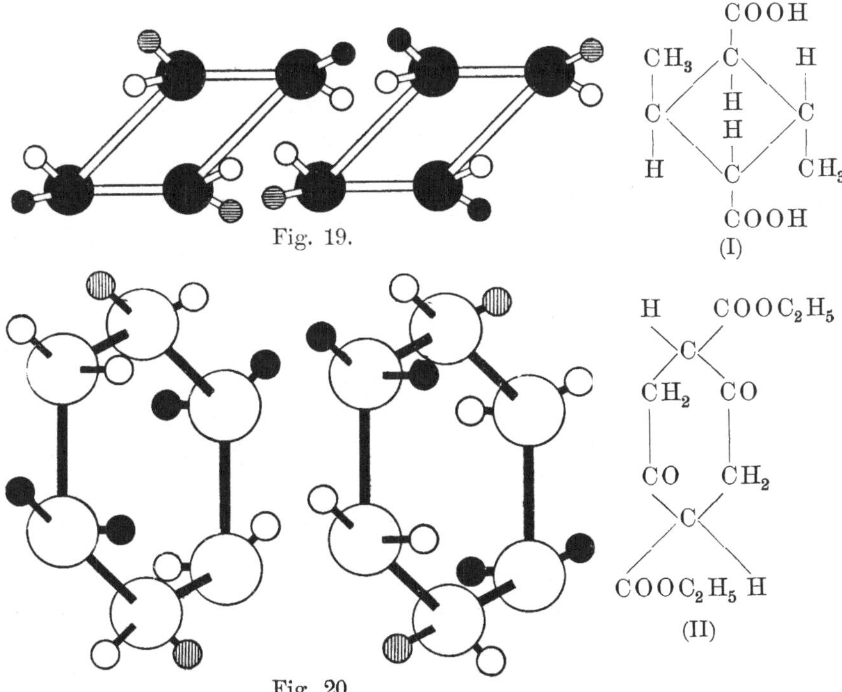

Fig. 19.

Fig. 20.

1) Groth, Ber. d. deutsch. chem. Ges. **28**, 2510 (1895).

Fig. 21.

```
           COOH
            |
            C
          /   \\
CH3—C—H        CH
      |         |
      CH     H—C—CH3
        \\    /
          C
          |
         COOH
```

(III)

Hartwall hat in seiner Dissertation[1]) „Studien über das optische Drehungsvermögen aliphatischer cis-trans-isomerer Verbindungen, nebst Betrachtungen über asymmetrischen Kohlenstoff und molekulare Asymmetrie" an Molekülen vom Allylentypus gezeigt, daß Verbindungen mit folgender allgemeiner Formel keine Ebene der indirekten Symmetrie besitzen:

$$\begin{matrix} X \\ Y \end{matrix}\!\!>C = C = C<\!\!\begin{matrix} X \\ Y \end{matrix}$$

Die untere Figur stellt einen solchen Fall graphisch dar.

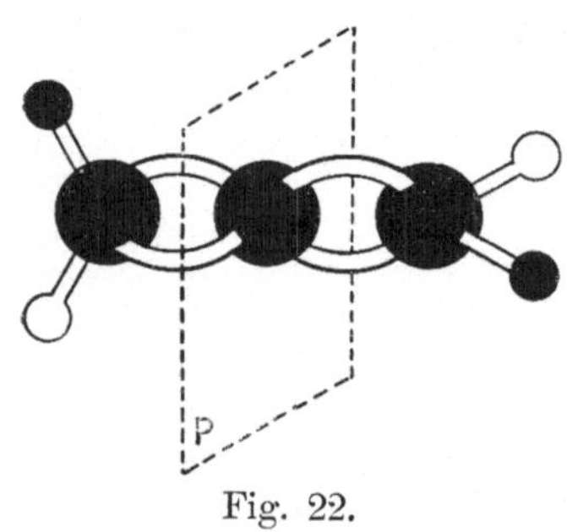

Fig. 22.

Legen wir eine Ebene „P" durch das mittlere Kohlenstoffatom und zwar senkrecht zu der Verbindungslinie der Zentren der drei Kohlenstoffatome, drehen dann die eine Hälfte des Moleküls um einen Winkel von 90° um die Achse, so wird die Ebene „P" eine Symmetrieebene des Moleküls. Dieselbe ist aber keine Ebene der indirekten Symmetrie im Sinne Groths, denn durch eine weitere Drehung um 90° (also zusammen 180°) ist sie keine Symmetrieebene mehr. Eine solche Verbindung sollte daher aktiv sein und in zwei Antipoden existieren; dies wurde auch bereits von van't Hoff in seinem Buch „Die Anordnung der Atome im Raume" angenommen.

Eine praktische Anwendung davon findet man in Verbindungen vom Typus:

```
     CH2   CH2
XHC<    >C<    >CHX
     CH2   CH2
```

und ferner:

---

1) Hartwall, Dissertation. Helsingfors 1904.

```
         CH2 — CH2   CH2 — CH2
        /         \ /         \
X · H · C          C           CHX
        \         / \         /
         CH2 — CH2   CH2 — CH2
```

H a r t w a l l definiert die Beziehungen zwischen optischer Aktivität und Molekularasymmetrie folgendermaßen:

„Eine Verbindung ist optisch aktiv, wenn ihr Molekül — durch Tetraedermodelle dargestellt — nicht in eine Form gebracht werden kann, welche (eine oder mehrere) Ebenen der einfachen oder zusammengesetzten Symmetrie besitzt.“

A s c h a n[1]) gestaltete diese Definition einfacher, indem er sagt: „Ein Molekül ist asymmetrisch und zeigt optische Aktivität, wenn es keine Ebene der einfachen oder zusammengesetzten Symmetrie besitzt.“

§ 4. Pseudo-Asymmetrie in zyklischen Verbindungen.

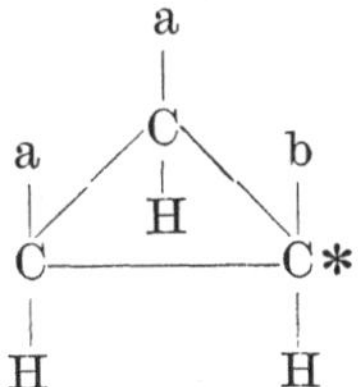

In der obenstehenden Figur erkennt man, daß zwei Kohlenstoffatome derselben wirklich asymmetrisch sind, während man bei genauerer Besichtigung findet, daß das mit einem Stern bezeichnete Atom pseudoasymmetrisch ist; man wird die Sachlage noch besser erkennen, wenn wir erörtern, was ein Beobachter, der sich bei dem pseudoasymmetrischen Kohlenstoffatome befindet, sieht, wenn er längs der Bindungsstriche einmal zu seiner Rechten und einmal zu seiner Linken schaut:

```
  a          a
  |          |
  C —      — C
  |          |
  H          H
Links —    Rechts +
```

beide sind Spiegelbilder.

Eine solche Verbindung wird daher in vier verschiedenen Formen bestehen können, und zwar in zwei aktiven und zwei inaktiven. Dieselbe Erscheinung kann man auch in anderen Ringsystemen erwarten, wie z. B.:

1) A s c h a n, Chemie der alizyklischen Verbindungen. Braunschweig 1905.

```
b    NH — C—a
 \  /     | \
  C       |  H
 /  \     |
H    NH — C—a
           \
            H
```

und desgleichen im Falle der 2,5-Dimethyl-zyklopentan-1-karbonsäure, bei welcher alle drei Isomeren durch Wislicenus[1]) isoliert wurden, obgleich die razemische Verbindung noch nicht gespalten werden konnte.

```
          b
          |
          C*
   a    / |  \    b'
   |  /   H    \  |
   C              C
   |  \   b    /  |
   H    \ |  /    H
          C
          | *
          H
```

In einer Verbindung von der in der Figur gezeichneten Art sind die mit Sternen bezeichneten Kohlenstoffatome wirklich asymmetrisch, und falls sie einander entgegengesetzt asymmetrisch sind, werden die beiden anderen Kohlenstoffatome pseudo-asymmetrisch. Es ist bemerkenswert, daß es für die Anzahl der Isomeren gleichgültig ist, ob b' strukturgleich mit b ist, oder nicht; die Anzahl der Isomeren bei einer solchen Verbindung sind vier inaktive, nicht spaltbare und vier optisch aktive Formen. Ähnliche Fälle findet man bei bizyklischen Verbindungen, doch sind die Verhältnisse hier komplizierter.

§ 5. Razemisation zyklischer isomerer Verbindungen.

Die Methoden, welche bei kettenförmigen Substanzen angegeben wurden, führen auch hier zum Ziele. Es erscheint unnötig, auf nähere Details einzugehen; einige wenige Beispiele werden genügen.

In einigen Fällen genügt schon Erwärmung, um eine aktive Substanz in eine inaktive zu verwandeln. Z. B. fand Pasteur[2]) bei seinen Untersuchungen über die Weinsäuren, daß das Zinchoninsalz der aktiven Weinsäure bei mehrstündigem Erhitzen auf 165—175° C zum großen Teil in das Salz des stereoisomeren Cinchonidins übergeht. Marsh[3]) fand, daß α'-Bromkampher bei der Destillation unter gewöhnlichem Druck sich in α-Bromkampher verwandelt.

Die Erwärmung in geschlossenen Röhren mit Wasser, Säuren oder Alkali ist genügend, um viele aktive Substanzen zu razemisieren.

---

1) Wislicenus, Ber. d. deutsch. chem. Ges. **34**, 2572 (1901).
2) Pasteur, Compt. rend. de l'Acad. d. Sciences **37**, 162 (1853).
3) Marsh, Trans. **57**, 82 (1890); **59**, 968 (1891).

Pospischill[1]) zeigte, daß cis-Pentamethylen-1,3-dikarbonsäure beim Erhitzen mit Wasser in geschlossenen Röhren bei 180⁰ C zur Hälfte in die trans-Verbindung umgewandelt wird.

v. Baeyer[2]) verwandelt die Hydromellithsäure durch dreistündiges Erhitzen mit rauchender Salzsäure bei 150⁰ in Iso-Hydromellithsäure.

Montgolfier[3]) und Haller[4]) beobachteten, daß die labile Form des Borneols durch Kochen mit Natrium in die stabile übergeht.

In manchen Fällen genügt die Wirkung der Säuren und Basen allein schon, um eine Form in die andere zu verwandeln; so können die Rechts- und Linksform des Menthons auf diese Weise razemisiert werden[5]).

Auch Autorazemisation hat man beobachtet, z. B. beim Menthon, und ebenso fand v. Baeyer[2]), daß Hydromellithsäure schon beim Stehen in Iso-Hydromellithsäure übergeht.

Eine andere Methode verdient noch erwähnt zu werden. Man kann eine trans-Dikarbonsäure in eine isomere cis-Säure überführen, indem man erstere in ein Anhydrid verwandelt und an dieses in der gewöhnlichen Weise Wasser addiert. Wenn wir als ein Beispiel die trans-Hexahydrophtalsäure (I) wählen, so verwandeln wir sie zunächst in ihr Anhydrid (II); diese Verbindung lagert sich beim Erhitzen in das isomere Anhydrid (III) um, welches durch Wasseraddition die cis-Säure (IV) liefert.

```
CH2 —— CH2\                      CH2 —— CH2\
|          H—C—COOH              |          H—C — CO
|            |                   |            |    |
|            |                   |          ------ O
|   COOH—C—H                     |       CO—C — H
CH2 —— CH2/                      CH2 —— CH2/
      (I)                              (II)

CH2 —— CH2\                      CH2 —— CH2\
|          H—C — CO              |          H—C—COOH
|            |     \             |            |
|            |      O            |            |
|            |     /             |            |
|          H—C — CO              |          H—C—COOH
CH2 —— CH2/                      CH2 —— CH2/
      (III)                            (IV)
```

Man kann sagen, daß Razemisation bei zyklischen Verbindungen in geringerem Maße eintritt, als bei Verbindungen mit offener Kette.

---

1) Pospischill, Ber. d. deutsch. chem. Ges. **31**, 1950 (1898).
2) v. Baeyer, Ber. d. deutsch. chem. Ges. **1**, 118 (1868). Liebigs Annal. d. Chem. u. Pharm., Suppl. **7**, 15, 43 (1870).
3) Montgolfier, Dissertation. Paris 1878.
4) Haller, Compt. rend. de l'Acad. d. Sciences **105**, 229 (1887).
5) Beckmann, Liebigs Annal. d. Chem. u. Pharm. **250**, 233, 358 (1889).

Bei monozyklischen Substanzen wird sie wiederum öfter beobachtet, als bei bizyklischen Körpern. Ob dieser Unterschied auf eine durch die Ringbildung hervorgerufene Erschwerung der Umlagerungsfähigkeit zurückzuführen ist, kann man gegenwärtig noch nicht feststellen. Es ist möglich, daß Untersuchungen über diesen Punkt etwas Licht in den wirklichen Mechanismus des Razemisierungsprozesses bringen würden.

VI. Zwei Ausnahmefälle optischer Aktivität.

Bei bestimmten zyklischen Verbindungen kann man eine Konfiguration aufstellen, welche mit ihrem Spiegelbild nicht zur Deckung gebracht werden kann und in der dennoch ein wahres asymmetrisches Kohlenstoffatom fehlt.

Z. B. bei einer ringförmigen Verbindung, wie sie die untere Figur darstellt, existieren zwei Isomere, von denen aber keines ein wirklich asymmetrisches Kohlenstoffatom enthält.

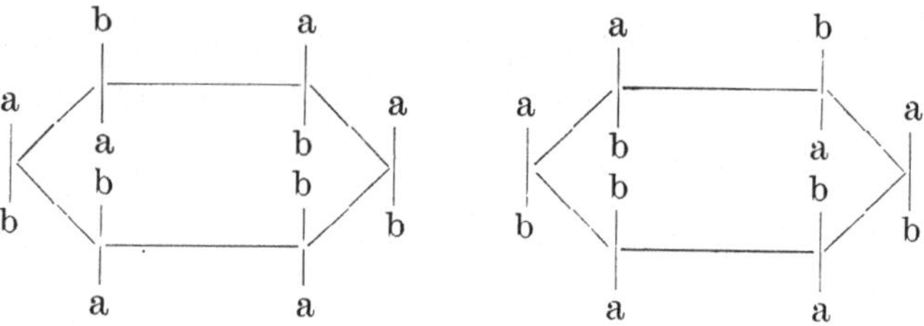

Ein derartiges Molekül besitzt keine Symmetrieebene; um diesen Fall von jenem zu unterscheiden, bei welchem die Asymmetrie durch die Anwesenheit eines asymmetrischen Kohlenstoffatoms hervorgerufen wird, bezeichnet man ihn gewöhnlich als „Molekül-Asymmetrie“. Obgleich das asymmetrische Kohlenstoffatom, im gebräuchlichen Sinne aufgefaßt, in dieser Verbindung zu fehlen scheint, ist es doch nicht der Fall; denn bei näherer Untersuchung wird man finden, daß alle sechs Kohlenstoffatome in der oben gezeichneten Figur pseudo-asymmetrisch sind. In der Praxis ist nur ein solcher aktiver Typus u. z. in der Hexamethylen-Reihe bekannt. Die Inosite[1]) sind Hexaoxyzyklohexane, welche in der Natur in Form ihrer Methylester, Quebrachit und Pinit vorkommen. Eine dritte, inaktive Form kommt ebenfalls in der Natur vor, aber zum Unterschied von den beiden anderen nicht als Ester, sondern als Alkohol.

Die Raumformeln der beiden aktiven Inosite lassen sich folgendermaßen darstellen:

---

[1]) Maquenne, Ann. Chim. Phys. (6), **22**, 264 (1890). Compt. rend. de l'Acad. d. Sciences **109**, 812 (1889).

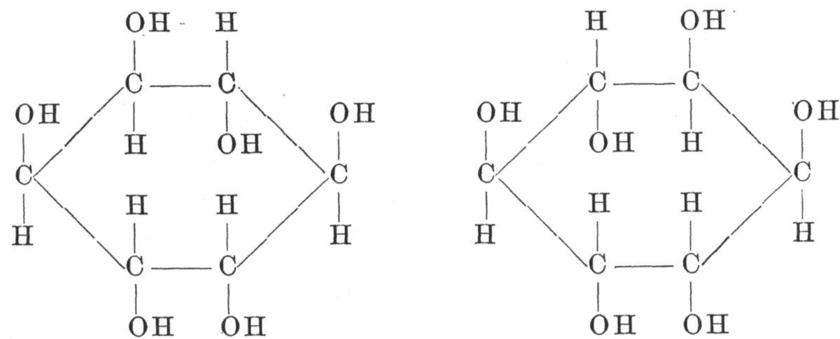

Obgleich der Fall des Inosits nicht vollkommen mit der van't Hoffschen Theorie vom asymmetrischen Kohlenstoffatom in Einklang zu bringen ist, läßt er sich doch noch ohne direkten Widerspruch mit dieser konstruieren.

Anders dagegen in dem nun folgenden Falle, in welchem keine Übereinstimmung zwischen Theorie und Praxis gefunden werden kann.

Die gewöhnliche Äpfelsäure existiert bekanntlich in zwei optisch aktiven Formen, welche folgendermaßen dargestellt werden können:

COOH	COOH
H · H	H · H
HO · H	H . OH
COOH	COOH

Eine dritte Form, die Crassulazeen-Äpfelsäure wurde in verschiedenen Pflanzen aufgefunden [1]) (Bryophyllum colynicum, Echeveria secunda glauca, Cotyledon etc.).

Ihre Kalzium-, Baryum-, Bleisalze, ihre Methylester und Amide wurden von Aberson [2]) studiert, der auch ihr Molekulargewicht und die Basizität bestimmte. Seine Resultate zeigen die Strukturidentität mit der gewöhnlichen Äpfelsäure; aber die folgende Tabelle zeigt die Unterschiede in den physikalischen und chemischen Eigenschaften der beiden Körper.

Gewöhnliche Äpfelsäure:	Crassulazeen-Äpfelsäure:
kristalisiert.	sirupös, nicht kristallisiert.
Gibt leicht ein saures Ca-Salz.	Gibt schwer ein saures Ca-Salz.
Gibt leicht ein saures NH_4-Salz.	Gibt kein saures NH_4-Salz.
Bildet bei der Veresterung leicht Fumarsäureester.	Bildet leicht Ester, aber keine Fumarsäureester.
Die meisten Salze drehen rechts.	Die meisten Salze drehen links.

1) Meyer, Landw. Vers.-Stat. 1878, 298. Schmitt, Arch. f. Pharm. (3), **24**, 535.

2) Aberson, Verh. k. Akad. Wetensch., Amsterdam 1898. Ber. d. deutsch. chem. Ges. **31**, 1432 (1898).

Gewöhnliche Äpfelsäure:	Crassulazeen-Äpfelsäure:
Bildet keine laktonartigen Anhydride.	Bildet laktonartige Anhydride wie die Milchsäure.
Bei der trockenen Destillation entstehen Fumar- und Maleinsäure.	Bildet bei der Destillation nur kleine Mengen Fumar- und Maleinsäure, etwas CO_2, CO und $CH_3 \cdot CHO$.
Das normale Ca-Salz scheidet sich beim Kochen kristallinisch ab und löst sich nicht beim Erkalten.	Das normale Ca-Salz fällt beim Kochen amorph aus und löst sich beim Erkalten.

Auf Grund dieser Resultate hat man angenommen, daß die Äpfelsäure in drei Konfigurationen existiert, wie sie in den folgenden Formeln dargestellt sind; diese Annahme erklärt allerdings noch nicht die verschiedene Wirkung der Isomeren auf das polarisierte Licht.

```
    COOH          COOH            COOH
  HO·H          HO·H            HO·H
COOH·H           H·COOH          H·H
     H             H              COOH
```

Walden[1]) berichtet, daß sich die Crassulazeenäpfelsäure und die gewöhnliche Säure nur in optischen Eigenschaften unterscheiden. Beide geben stark aktive linksdrehende Anhydride; diese Isomeriefrage ist heute noch als unentschieden anzusehen.

VII. Quantitative Beziehungen zwischen Aktivität und der Natur des asymmetrischen Kohlenstoffatoms.

§ 1. Allgemeines.

Wenn wir feststellen wollen, welche Eigenschaften des asymmetrischen Kohlenstoffatoms einen Einfluß auf das Drehungsvermögen einer Verbindung ausüben, so erscheint das Problem beinahe unlöslich, da es fast unmöglich ist, wichtigere von weniger wichtigen Details zu unterscheiden.

Die Frage befindet sich gegenwärtig noch in einem Anfangsstadium im Vergleich mit der immensen Menge von Untersuchungen, welche bisher in dieser Richtung ausgeführt worden sind. Denn es war leider bisher immer Gewohnheit, nur einzelne Eigenschaften getrennt von den übrigen zu untersuchen, und es dürften wahrscheinlich nur geringe Fortschritte erzielt werden, wenn nicht alle bekannten Faktoren in jedem Experimente in Rechnung gezogen werden. Winther[2]) hat einige Untersuchungen in diesem Sinne durchgeführt.

---

1) Walden, Ber. d. deutsch. chem. Ges. **31**, 2706 (1898).
2) Winther, Zeitschr. f. phys. Chem. **55**, 257 (1905); **56**, 703 (1906).

In diesem Kapitel sollen einige hervorspringende Punkte dieser Themas behandelt werden, und zwar die Wirkung doppelter und dreifacher Bindung, der Einfluß der Ringbildung, die Wirkung mehrerer asymmetrischer Kohlenstoffatome in einer Verbindung, das Drehungsvermögen strukturisomerer und stereoisomerer Verbindungen und die Verhältnisse bei homologen Reihen.

§ 2. Isomere Körper.

1. Strukturisomerie in Verbindungen mit offener Kette. Die in diesen Abschnitt fallenden bekannten Tatsachen beschränken sich auf einige Ester; das Material kann in drei Klassen geteilt werden[1]). In der ersten Klasse wird die Isomerie herbeigeführt durch Verschiebung des aktiven Radikals von einem Teil des Moleküls zu einem anderen, z. B. Amylessigsäure und Amylazetat. In solchen Fällen ist der Unterschied im Drehungsvermögen sehr groß:

	$[\alpha]_D$
Amylessigsäure ($C_5H_{11} \cdot CH_2 \cdot COOH$)	+ 8·53
Amylazetat ($CH_3 \cdot COO \cdot C_5H_{11}$)	+ 2·50°

In der zweiten Klasse der Isomeriefälle bleibt der aktive Alkohol derselbe, während isomere Säuren eingeführt werden, z. B. aktiver Amylester der normalen und Iso-Buttersäure. Hier ist der Unterschied im Drehungsvermögen nicht so stark ausgeprägt:

	$[\alpha]_D$
n-Buttersäure-Amylester ($CH_3 \cdot CH_2CH_2 \cdot COO \cdot C_5H_{11}$) .	+ 2·97
Iso-Buttersäure-Amylester ($(CH_3)_2CH \cdot COOC_5H_{11}$) . .	+ 2·83

In der dritten Klasse bleibt die aktive Säure die gleiche, aber die inaktiven Alkohole zeigen Isomerie; auch hier sind die Unterschiede sehr gering, z. B.:

	$[\alpha]_D$
N-Butyryläpfelsaures Methyl	— 22·44°
Iso-Butyryläpfelsaures Methyl	— 22·36°

2. Ortsisomerie bei Benzolderivaten. Diese Frage wurde von verschiedenen Forschern studiert[2]); man hat festgestellt, daß Stellungs-Isomerie einen beträchtlichen Einfluß auf das Drehungsvermögen dieser

[1]) Walden, Zeitschr. f. phys. Chem. **15**, 636 (1894).

[2]) Binz, Zeitschr. f. phys. Chem. **12**, 727 (1893). Goldschmidt und Freund, Zeitschr. f. phys. Chem. **14**, 394 (1894). Frankland und Wharton, Trans. **69**, 1309, 1583 (1896); **75**, 337 (1899). Walden, Zeitschr. f. phys. Chem. **17**, 245 (1895). Guye, Bull. Soc. chim. (**3**), **15**, 1157 (1895). Frankland und Mac Crae, Trans. **73**, 307 (1898). Tschugaeff, Ber. d. deutsch. chem. Ges. **31** 1775 (1898). Brjuchonenko, Journ. f. prakt. Chem. (**2**), **59**, 45 (1899). Frankland und Aston, Trans. **75**, 493 (1899); **79**, 511 (1901). Frankland, Wharton und Aston, Trans. **79**, 266 (1901). Cohen und Whitely, Trans. **79**, 1305 (1901). Frankland und Ormerod, Trans. **83**, 1342 (1903). Rupe, Liebigs Annal. d. Chem. u. Pharm. **327**, 157 (1903). Frankland und Slator, Trans. **83**, 1349 (1903). Frankland und Harger, Trans. **83**, 1571 (1903). Briggs und Cohen, Trans. **83**, 1213 (1903); **85**, 1262 (1904). Cohen und Raper, Trans. **85**, 1262, 1271 (1904). Urban, Arch. f. Pharm. **242**, 51 (1904). Cohen und Zortmann, Trans. **89**, 47 (1906). Cohen und Armes, Trans. **89**, 454 (1906). Frankland und Twiss, Trans. **89**, 7852 (1906). Frankland und Done, Trans. **89**, 1859 (1906).

Isomeren ausübt. Frankland und Wharton, welche die Methyl- und Äthylester der o-, m-, und p-Di-toluyl-weinsäuren studierten, fanden, daß die Para-Derivate stärker aktiv sind als die Meta- und diese wiederum mehr als die Ortho-Verbindungen. Die Carvoxime und Äpfelsäureester bilden Ausnahmen von dieser Regel, denn bei ihnen steigt das spezifische Drehungsvermögen der o-, m- und p-substituierten Körper in der Reihenfolge o >, m >, p, anstatt p >, m >, o.

Die folgende Tabelle gibt Resultate, welche von Cohen, Briggs und Raper erhalten wurden.

Methylester von	Chlorbenzoesäure	Brombenzoesäure	Nitrobenzoesäure	Benzoesäure
Temperatur	20°	20°	65°	20°
Ortho	— 195·0°	— 205·0°	— 381·2°	—
Meta	— 236·9°	— 238·7°	— 251·1°	— 236·3
Para	— 237·3°	— 238·8°	— 234·8°	—

3. Stereoisomerie. Walden[1]) und Hartwall[2]) haben eine Reihe von Untersuchungen über diesen Punkt durchgeführt und finden, daß von den Amylestern der Malein-, Chlormalein, Brommalein-, Citrakonsäure und den korrespondierenden stereoisomeren Säuren die fumaroide Form im Durchschnitt ein um 4·5° höheres Drehungsvermögen als die maleïnoide besitzt.

Bischoff, Claisen und Sinclair[3]) studierten die Eigenschaften zweier Oxymethylen-Kampher-Benzoate, die nach Aschan[4]) stereoisomer sind. Sie fanden folgende Resultate:

$$C_8H_{14}\left\langle\begin{array}{l} C = C\left\langle\begin{array}{l} O \cdot CO \cdot C_6H_5 \\ H \end{array}\right. \\ | \\ CO \end{array}\right. \qquad C_8H_{14}\left\langle\begin{array}{l} C = C\left\langle\begin{array}{l} H \\ O \cdot CO \cdot C_6H_5 \end{array}\right. \\ | \\ CO \end{array}\right.$$

$$[\alpha]_D = + 139{\cdot}02 \qquad [\alpha]_D = + 159{\cdot}29$$

Wallach[5]) hat den Einfluß der Stereoisomerie bei den Oximen studiert.

§ 3. Homologe Reihen.

Es scheint, daß in einer Reihe homologer Ester bei den niedrigeren Gliedern der Zuwachs einer CH_2-Gruppe eine bemerkenswerte Wirkung — manchmal in aufsteigender, manchmal in fallender Richtung —

1) Walden, Zeitschr. f. phys. Chemie **15**, 638 (1894); **20**, 377 (1896).
2) Dissertation, Helsingfors 1904.
3) Bischoff, Claisen und Sinclair, Liebigs Annal. d. Chem. u. Pharm. **281**, 331 (1894).
4) Aschan, Chemie der alizyklischen Verbindungen, S. 296.
5) Wallach, Liebigs Annal. d. Chem. u. Pharm. **332**, 337 (1904).

auf das molekulare Drehungsvermögen ausübt; aber die Unterschiede zwischen den Gliedern der Reihe verringern sich in dem Maße, als das Molekulargewicht steigt; in manchen Reihen kommt sogar ein Punkt, von welchem aus der Einfluß in entgegengesetzter Richtung bemerkbar wird, so daß nach einem solchen Gliede die Rotation der Homologen wieder derselben Änderung, aber im umgekehrten Sinne, unterliegt.

	$[M]_D$
Ameisensaures Amyl	$+2{\cdot}33^0$
Essigsaures Amyl	$+3{\cdot}29^0$
Propionsaures Amyl	$+3{\cdot}99^0$
N-Buttersaures Amyl	$+4{\cdot}25^0$
N-Valeriansaures Amyl	$+4{\cdot}33^0$
N-Kapronsaures Amyl	$+4{\cdot}46^0$
N-Heptylsaures Amyl	$+4{\cdot}42^0$
N-Kaprylsaures Amyl	$+4{\cdot}49^0$
N-Nonylsaures Amyl	$+4{\cdot}44^0$
Laurinsaures Amyl	$+4{\cdot}21^0$
Palmitinsaures Amyl	$+4{\cdot}17^0$

Forster[1]) studierte die Homologen des Bornylamins und fand folgende Zahlen:

	$[\alpha]_D$	$[M]_D$	$[M]_D$ in Benzol	$[M]_D$ in Alkohol
Bornylamin	—	—	+87·3	+70·7
Methylbornylamin	+96·8	+161·6	160·1	135·3
Äthylbornylamin	93·0	168·3	163·4	136·4
n-Propylbornylamin	89·0	173·5	169·8	140·4
Butylbornylamin	81·7	170·7	167·8	135·4

Ähnliche Arbeiten wurden von Frankland[2]) u. a. publiziert.

§ 4. Die Wirkungen der verschiedenen Kohlenstoffbindungen.

1. Übergang einer einfachen zu einer doppelten und einer doppelten zu einer dreifachen Bindung. Walden[3]) hat diese Frage studiert; er benutzt die aktiven Amylester einer Reihe ge-

1) Forster, Trans. **75**, 934 (1899).

2) Carnelutti und Nasini, Ber. d. deutsch. chem. Ges. **13**, 2208 (1880). Frankland und Mac Gregor, Trans. **63**, 511, 1410 (1893); **65**, 750 (1894). Frankland und Wharton, Trans. **69**, 1309 (1896). Frankland und Price, Trans. **71**, 253 (1897). Guye und Chavanne, Compt. rend. de l'Acad. d. Sciences **116**, 1454 (1893); **119**, 906 (1894); **120**, 452 (1895). Anschütz und Reitter, Zeitschr. f. phys. Chem. **16**, 493 (1895). Tschugaeff, Zeitschr. f. phys. Chem. **17**, 245 (1895). Ber. d. deutsch. chem. Ges. **31**, 360, 1775, 2451 (1898). J. Ruß, Phys. Chem. Soc. **34**, 606 (1902). MacCrae, Trans. **81**, 1223 (1902). Waßmer und Guye, Journ. Chim. Phys. **1**, 287 (1903). Minguin und Bollemont, Compt. rend. de l'Acad. d. Sciences **134**, 608 (1902); **136**, 238 (1903).

3) Walden, Zeitschr. f. phys. Chem. **20**, 569 (1896). Hilditsch, Trans. Chem. Soc. **93**, 1, 700 (1908).

sättigter und ungesättigter Säuren und findet, daß die Einführung der doppelten Bindung eine Steigerung des Drehungsvermögens herbeiführt, daß aber der dreifachen Bindung eine geringere Wirkung zukommt als der doppelten. Als Beispiel mögen die Amylester folgender drei Säuren dienen:

	$[\alpha]_D$	$[M]_D$
Hydrozimtsaures Amyl:		
$C_6H_5 \cdot CH_2 \cdot CH_2 \cdot COOC_5H_{11}$	$+2{\cdot}26^0$	$+4{\cdot}68$
Zimtsaures Amyl:		
$C_6H_5 \cdot CH = CH \cdot COO \cdot C_5H_{11}$	$+7{\cdot}51^0$	$+16{\cdot}36$
Phenylpropiolsaures Amyl:		
$C_6H_5 \cdot C \equiv C - COOC_5H_{11}$	$+5{\cdot}58^0$	$+12{\cdot}05$

Der Einfluß einer doppelten Bindung auf das Drehungsvermögen wird um so geringer, je weiter sie von dem asymmetrischen Kohlenstoffatom entfernt ist; zum Beispiel in den folgenden Fällen, in denen die Phenylgruppe den ungesättigten Teil des Moleküls enthält:

Dibenzoylweinsäure . . .	$[\alpha]_D = 116-122^0$
Diphenazetylweinsäure . .	„ $= 58^0$
Diphenpropionylweinsäure .	„ $= 38^0$

Zelinsky[1]) studierte denselben Punkt in der alizyklischen Reihe und findet, daß auch hier die doppelte Bindung eine Steigerung des Drehungsvermögens bedingt. Auch Arbeiten von Rupe[2]) und Haller[3]) in der Kamphergruppe behandeln dieses Problem.

2. Übergang von der kettenförmigen Kohlenstoffbindung zur ringförmigen. Die Ringschließung hat einen ähnlichen Einfluß auf die Rotation einer Verbindung wie die Doppelbindung: sie steigert im allgemeinen das Drehungsvermögen[4]). Dies zeigt sich am besten bei einem Vergleich der Anhydride und Laktone in bezug auf ihre Säuren:

Diazetylweinsäure	$[\alpha]_D = -23{\cdot}0^0$
Diazetylweinsäureanhydrid .	$[\alpha]_D = +62{\cdot}0$
Xylonsäure	$[\alpha]_D = -7$
Xylonsäurelakton	$[\alpha]_D = +21$

Da sowohl die Ringbildung als auch der Übergang einer gesättigten in eine ungesättigte Verbindung einen Atomverlust erfordern, können beide Erscheinungen wohl in einem Zusammenhang stehen; um so mehr, da, wie wir später sehen werden, sich Ringverbindungen in vielen Punkten ähnlich verhalten wie Verbindungen mit Doppelbindung. Ein Ausnahmefall wird von Aschan[5]) erwähnt, welcher

---

1) Zelinsky, Ber. d. deutsch. chem. Ges. **35**, 2494, 2682 (1902).
2) Rupe, Liebigs Annal. d. Chem. u. Pharm. **327**, 157 (1903).
3) Haller, Compt. rend. de l'Acad. d. Sciences **136**, 1222. Haller und Desfontaines ibid. 1613 (1903).
4) Haller und Desfontaines, Compt. rend. de l'Acad. d. Sciences **136**, 1613 (1903); **140**, 1205 (1905).
5) Aschan, Ber. d. deutsch. chem. Ges. **27**, 2011 (1894).

fand, daß Kamphersäureanhydrid ein viel niedrigeres Drehungsvermögen besitzt wie Kamphersäure. Hier erniedrigt also die Ringbildung das Drehungsvermögen.

3. Mehrere asymmetrische Kohlenstoffatome in einem Molekül. In der zweiten Auflage seines Buches „Die Lagerung der Atome im Raume"[1]) macht van't Hoff die Annahme, daß Verbindungen, welche mehrere asymmetrische Kohlenstoffatome enthalten, ein Drehungsvermögen besitzen, das gleich ist der algebraischen Summe ihrer Gruppen-Rotationen. Untersuchungen von Guye[2]) und Walden[3]) haben die Richtigkeit dieser Annahme ergeben. Sie verfuhren folgendermaßen: Isomere flüssige Amylester wurden auf drei verschiedene Arten dargestellt: (a) aus einer aktiven Säure und einem inaktiven Alkohol; (b) aus einer inaktiven Säure und einem aktiven Alkohol und (c) aus einer aktiven Säure und einem aktiven Alkohol. Man fand, daß die nach Methode (c) dargestellte Substanz ein Drehungsvermögen besaß, das gleich war der Summe der Rotationen der beiden isomeren Körper, gebildet nach Methode (a) und (b).

Die Methode wurde auch geändert; man stellte den Di-l-Amyl-Äther

$$\begin{matrix} CH_3 \\ C_2H_5 \end{matrix} \!\!>\! CH - CH_2 - O - CH_2 - CH \!<\!\! \begin{matrix} CH_3 \\ C_2H_5 \end{matrix}$$

dar und bestimmte sein Drehungsvermögen. Dann ließ man auf l-Amylbromid razemisches Natriumamylat einwirken und bestimmte die Drehung der Mischung; dieselbe war halb so groß wie jene des Äthers mit zwei aktiven Amyl-Radikalen.

Rosanoff[4]) bestreitet die Richtigkeit der van't Hoffschen Annahme und die Gültigkeit der Versuche von Guye und Walden. Nach seiner Ansicht hängt das optische Drehungsvermögen irgend eines asymmetrischen Kohlenstoffes von der Zusammensetzung, der Konstitution und der Konfiguration jeder der vier mit ihm verbundenen Gruppen ab. Auch die Arbeiten von Patterson und Taylor[5]) über Menthyl-Azetyl-Tartrat sollten diesbezüglich beachtet werden.

§ 5. Die Hypothesen von Guye und Crum Brown.

Fast gleichzeitig gelangten zwei Forscher, Guye[6]) und Crum Brown[7]) zu der Idee, die Größe und den Sinn der Drehung aus

---

1) Seite **120**.

2) Guye, Compt. rend. de l'Acad. d. Sciences **119**, 740, 953 (1894); **120**, 632 (1895); **121**, 827 (1893). Guye und Goudet **122**, 932 (1896). Guye und Gautier, Bull. Soc. chim. (**3**), **11**, 1170 (1894); **13**, 457 (1895).

3) Walden, Zeitschr. f. phys. Chem. **15**, 638 (1894); **17**, 705 (1895). Vergl. Patterson und Kaye, Trans. **89**, 1884 (1906); **91**, 705 (1907).

4) Rosanoff, Journ. Amer. Chem. Soc. **28**, 525 (1906). Vergl. Patterson und Kaye, Trans. **89**, 1884 (1906).

5) Patterson und Taylor, Trans. **87**, 33 (1905).

6) Guye, Compt. rend. de l'Acad. d. Sciences **110**, 714 (1890); **116**, 1378, 1451 (1893).

7) Crum Brown, Proc. Roy. Soc. Edin. **17**, 181 (1890).

der Beschaffenheit der aktiven Moleküle abzuleiten. Nach der Ansicht Crum Browns hängt die Drehung irgend einer Verbindung von vier Konstanten ab, welche durch die vier mit einem asymmetrischen Kohlenstoffatom verbundenen Gruppen bestimmt sind; das wirkliche Drehungsvermögen ist dann proportional den Differenzen dieser Konstanten. In dieser Fassung stimmt aber die Hypothese mit den bekannten Tatsachen nicht überein.

Guyes Ansicht ist etwas verschieden von dieser. Er nimmt an, daß das Kohlenstoffatom die Form eines regulären Tetraeders besitzt und die mit ihm verbundenen Radikale ebenfalls tetraedrisch, wenn auch nicht durchaus regulär, gruppiert sind. Er berechnet dann das sogenannte „Asymmetrieprodukt", welches gleich ist dem Produkt der sechs vom Schwerpunkt eines tetraedrischen Systems auf die sechs ursprünglichen Symmetrieebenen des regulären Tetraeders gerichteten Senkrechten. Drei Fälle können dann eintreten:

Im ersten Fall sind die Radikale genau in den Ecken eines regulären Tetraeders gelagert. Im zweiten Fall sind sie noch auf den Linien gelagert, welche das Zentrum des Kohlenstoffatoms mit den Ecken verbinden, aber ihre Entfernungen vom Mittelpunkt sind verschieden. Im dritten Fall liegen sie weder auf den Verbindungslinien, noch haben sie gleiche Entfernungen vom Zentrum.

Der erste Fall ist der einzige, der sich aus bekannten Faktoren berechnen läßt und Guye nimmt an, daß auch die in den beiden anderen Fällen wirkenden unbekannten Einflüsse zu gering sind, um wesentliche Fehler zu veranlassen. Wenn wir die Massen der vier mit dem asymmetrischen Kohlenstoffatom verbundenen Gruppen mit a, b, c und d und ihre Entfernungen vom Mittelpunkt des Kohlenstofftetraeders als gleich groß mit „l" bezeichnen, so ergibt sich der Wert „P" für das „Asymmetrieprodukt" in folgender Gleichung:

$$P = \frac{(a-b)(a-c)(a-d)(b-c)(b-d)(c-d)}{(a+b+c+d)^6} \cdot (l \cdot \sin \cdot 54^0\, 44')$$

Diese Gleichung erfüllt die zwei notwendigen Bedingungen: 1. daß, wenn zwei oder mehrere der Massen a, b, c, d gleich sind, das Produkt gleich 0 wird und somit die Asymmetrie des Moleküls verschwindet; und 2. daß das Produkt gleich groß bleiben, aber das entgegengesetzte Vorzeichen annehmen muß, wenn zwei der Werte a, b, c, d miteinander vertauscht werden; denn dieser Vorgang entspricht der Umwandlung einer Konfiguration in ihr Spiegelbild. Aus dieser Gleichung kann man zwei Forderungen ableiten:

1. Falls wir die Gruppe mit dem größten Massengewichte in einer Weise ändern, daß sie nachher immer noch die schwerste ist, so müßte der Drehungswert der Verbindung sich ändern, der Drehungssinn aber derselbe bleiben (entweder rechts- oder linksdrehend).

2. Wenn wir eine rechtsdrehende Verbindung mit der Größenordnung der Gruppengewichte zu $a >, b >, c >, d$ betrachten und darin die Gruppe a durch eine Gruppe mit einer sich graduell verringernden Masse a' ersetzen, so müßten wir folgende Verhältnisse finden:

$a' > b$ bedingt eine fortlaufende Verminderung der Rechtsdrehung, oder erst eine Zunahme und nach Überschreitung eines Maximalpunktes Abnahme derselben;
$a' = b$ Inaktivität tritt ein;
$a' < b$ eine steigende Linksdrehung bis zu einem Maximum und dann Abnahme;
$a' = c$ ein zweiter Fall von Inaktivität;
$a' < c$ ein Auftreten von Rechtsdrehung bis zu einem Maximum, dann Abnahme;
$a' = d$ ein dritter Zustand von Inaktivität;
$a' < d$ zunehmende Linksdrehung.

Untersuchungen von Walden[1]) haben eine Menge von Tatsachen ergeben, die nicht mit dieser Hypothese in Übereinstimmung gebracht werden können. Zum Beispiel hat man gefunden, daß einige Verbindungen, welche zwei oder drei Gruppen mit gleichem Gewicht enthalten, wie der Methyl-azetyl-mandelsäuremethylester:

$$\begin{array}{c} CH_3 \\ | \\ C_6H_5 - C - COOCH_3 \\ | \\ CH_3 \cdot CO \cdot O \end{array}$$

oder Phenyl-Bromessigsäure-Äthylester, dessen Phenylgruppe (77) nur in geringem Maße von dem Atomgewicht des Broms (80) differiert:

$$\begin{array}{c} Br \\ | \\ C_6H_5 - C - COO \cdot C_2H_5 \\ | \\ H \end{array}$$

optisch aktiv sind, obgleich sie nach der Hypothese inaktiv sein sollten.

Ebenso führt ein Austausch zweier Gruppengewichte, welcher nach Guye eine Änderung der Drehrichtung zur Folge haben sollte, nicht zu diesem Ziele.

Auch stimmen bei homologen Reihen die Änderungen des Drehungsvermögens, wenigstens in den meisten Fällen, nicht mit den Änderungen des Asymmetrieproduktes überein. Guye[2]) selbst gibt zu, daß seine Hypothese einer Modifikation bedarf, da viele andere Einflüsse noch in Frage kommen, die in seiner Darlegung des Problems keine Rechnung finden. Nichtsdestoweniger dürfte aber doch den Massen der vier Gruppen ein großer, wenn auch nicht überwiegender Einfluß zukommen.

Die Frage scheint aber so kompliziert, daß eine vollkommene Lösung derselben wahrscheinlich nie erfolgen wird.

---

1) Walden, Zeitschr. f. phys. Chem. **15**, 638 (1894); **17**, 245, 705 (1895).
2) Guye, Bull. Soc. chim. (**3**), **15**, 195 (1896).

VIII. Andere aktive Elemente.

Stickstoff.

§ 1. Dreiwertiger Stickstoff.

1. In Verbindungen mit offener Kette. Es scheint fast sicher, daß Verbindungen von dem Typus:

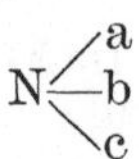

nicht in optisch aktiven Formen möglich sind, nämlich so, daß die Aktivität durch den Stickstoff hervorgerufen wird. Wahrscheinlich liegen die drei Valenzen in einer Ebene mit dem Stickstoffatom, wodurch natürlich Enantiomorphismus unmöglich erscheint.

Eine große Anzahl von Arbeiten sind in dieser Hinsicht durchgeführt worden, ohne daß sie zu einem positiven Resultat geführt haben. Krafft[1]) versuchte Äthylbenzylamin und p-Tolylhydrazin durch fraktionierte Kristallisation der neutralen Tartrate zu spalten. Behrend und König[2]) benutzten das weinsaure und mandelsaure Salz von Benzylhydroxylamin und β-Nitrobenzyl-benzylhydroxylamin. Ladenburg[3]) verwendete die d-Bitartrate von Methylanilin, Tetrahydrochinolin und Tetrahydropyridin zu demselben Zwecke. Auch Fischer[4]) gelang es nicht, Hippursäure zu spalten. Das Mißlingen dieser Versuche konnte nun bedingt sein durch eine eventuell eintretende hydrolytische Dissoziation der Salze schwacher Säuren mit schwachen Basen oder durch teilweise Razemisation.

Reychler[5]) eliminierte die erste Fehlerquelle, indem er d-Kamphersulfosäure in hydroxylfreien Lösungsmitteln für seine Versuche mit Methyl-äthyl-β-naphtylamin verwendete. Auch H. O. Jones machte ähnliche Versuche mit Methylbenzylanilin. In beiden Fällen wurde keine Spaltung erzielt.

Eine dritte, eventuell eintretende Fehlerquelle lag in der Möglichkeit einer Wiederanordnung der Stickstoffvalenzen in die ursprüngliche Form beim Übergang von drei- zu fünf Valenzen und vice versa. Alle oben angeführten Versuche, mit Ausnahme des Kraffteschen mit p-Tolylhydrazin, mußten natürlich fehlschlagen, falls ein derartiger Vorgang stattfinden würde. Aus diesem Grunde wurden von Jones und Millington[6]) eine Reihe neuer Versuche angestellt, um durch fraktionierte Kristallisation das Phenylhydrazin-d-kamphersulfonat und das Bruzinsalz der Methyl-äthylanilinsulfo-

---

1) Krafft, Ber. d. deutsch. chem. Ges. **23**, 2780 (1890).
2) Behrend und König, Liebigs Annal. d. Chem. u. Pharm. **263**, 175 (1891).
3) Ladenburg, Ber. d. deutsch. chem. Ges. **26**, 864 (1893).
4) Fischer, Ber. d. deutsch. chem. Ges. **32**, 2470 (1899).
5) Reychler, Bull. Soc. chim. (**3**), **27**, 979 (1902).
6) Jones und Millington, Proc. Camb. Phil. Soc. 1904, XII, 489.

säure zu spalten; aber auch hier konnte keine Aktivität erzielt werden.

Kipping und Salway[1]) suchten der Frage von einem anderen Standpunkt aus näher zu kommen; es ist bekannt, daß ein razemisches Säurechlorid mit einem razemischen primären Amin unter Bildung substituierter Amide reagiert; dabei entstehen vier Isomere in je zwei enantiomorphen Paaren, die durch fraktionierte Kristallisation getrennt werden können.

Diese Methode wurde nun angewandt, um aktive dreiwertige Stickstoffverbindungen darzustellen, ohne aber zu dem gewünschten Erfolge zu führen.

2. In zyklischen Verbindungen. Bei Verbindungen, in denen das Stickstoffatom ein Ringglied ist, könnte man erwarten, daß es sich infolge etwa vorhandener Spannungsverhältnisse etwas verschieden verhalten würde, wie in Verbindungen mit offener Kette. Die Tatsachen, die uns in dieser Hinsicht zur Verfügung stehen, scheinen diese Ansicht zu stützen.

Ladenburg[2]) erhielt durch Spaltung seines auf synthetischem Wege dargestellten inaktiven Coniins oder α-Propylpiperidins mit d-Weinsäure eine rechtsdrehende Base, die in allen Eigenschaften, bis auf ihr optisches Drehungsvermögen mit dem natürlich vorkommenden d-Coniin übereinstimmte. Ihr Drehungswert wurde von Ladenburg zu $[\alpha]_D = + 18{\cdot}3^0$ gefunden, während der optische Drehungswert des natürlichen d-Coniins von den verschiedensten Forschern[3]) stets niedriger, nämlich zu $[\alpha]_D = + 15{\cdot}7^0$ gefunden wurde. Ladenburg schließt daraus, daß das natürliche Coniin von der synthetischen Base verschieden ist und nennt letztere Isoconiin. Er erklärt diese Differenz im optischen Drehungsvermögen durch die Annahme einer verschiedenen Raumanordnung des Wasserstoffatoms am Stickstoff in den beiden Basen, so daß in einem Falle Wasserstoffatom und Propylgruppe auf einer Seite, im anderen Falle auf entgegengesetzten Seiten der Ringebene gelagert sind.

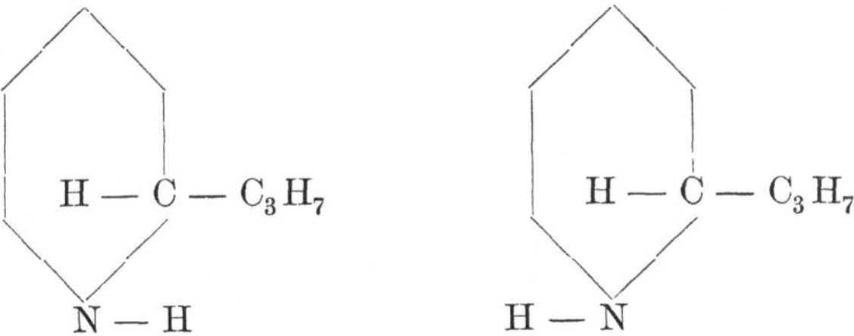

Ladenburg[4]) fand auch einen gleichen Fall beim Stilbazolin und Iso-Stilbazolin.

---

1) Kipping und Salway, Trans. **85**, 438 (1904).
2) Ladenburg, Ber. d. deutsch. chem. Ges. **39**, 2486 (1906).
3) Wolffenstein, Ber. d. deutsch. chem. Ges. **27**, 2615 (1894); **29**, 1956 (1896). Scholtz. Ber. d. deutsch. chem. Ges. **38**, 595 (1906).
4) Ladenburg, Ber. d. deutsch. chem. Ges. **36**, 3694 (1903).

Die Isomerie von Tropin und Isotropin hat man auf ähnliche Unterschiede in den Raumformeln zurückgeführt wie aus folgenden Formeln ersichtlich ist:

```
CH2 ——— CH ——— CH2          CH2 ——— CH ——— CH2
|       | CH3  | OH         |       |      | OH
|       |/     |/           |       |      |/
|       N      C            |       N      C
|       |     /|            |      /|     /|
|       |    H |            |  CH3  |    H |
CH2 ——— CH ——— CH2          CH2 ——— CH ——— CH2
```

eine andere Erklärung für diese Isomerie ist in Anhang A gegeben.

§ 2. Fünfwertiger Stickstoff.

1. Verbindungen vom Typus: abcdN · X. Bevor Verbindungen dieser Klasse wirklich in aktiver Form isoliert werden konnten, wurden eine Reihe erfolgloser Versuche von den verschiedensten Forschern durchgeführt.

Le Bel[1]) ließ gewöhnliche Schimmelpilze auf verdünnte Lösungen von Methyl-äthyl-propyl-isobutylammoniumchlorid und salzsaures Methyl-äthylpropylamin einwirken und beobachtete im ersteren Falle eine geringe optische Aktivität. Das aktive Chlorid wurde isoliert und durch Anwendung der Gold- und Platinsalze analysiert. Das Azetat, das aus dem Chlorid mit Hilfe von Silberazetat erhalten worden war, erwies sich als optisch aktiv. Andererseits erhielt man aus dem Quecksilber- und Platinsalz nach dem Fällen mit Schwefelwasserstoff ein inaktives Produkt; dieselbe Änderung wurde auch beim Goldsalz beobachtet, bei welchem aber das Resultat nicht so deutlich war. Diese Wirkung ist wahrscheinlich auf den Einfluß der freiwerdenden Salzsäure zurückzuführen.

Marckwald und Droste-Huelshoff[2]) wiederholten den Le Belschen Versuch, gelangten aber zu keinem aktiven Material. Le Bel[3]) gab dann noch weitere Mitteilungen über diesen Punkt. Er fand, daß das Methyl-äthyl-propyl-isobutyl-ammoniumsalz in zwei Formen existiert, deren Eigenschaften in folgender Weise differieren: Die α-Salze sind leichter löslich als die β-Salze. Das α-Chlorid wird leichter durch Fermente angegriffen wie das β-Salz; nach der Spaltung mit Hilfe der Fermente bildet die α-Verbindung die linksdrehende aktive Form, während das β-Chlorid die rechtsdrehende Komponente liefert. Durch Einwirkung von Salzsäure auf eine Mischung des aktiven α- und β-Chlorids wird das α-Chlorid razemisiert, während das β-Salz seine Rechtsdrehung beibehält.

---

1) Le Bel, Compt. rend. de l'Acad. d. Sciences **112**, 724 (1891).

2) Marckwald und Droste-Huelshoff, Ber. d. deutsch. chem. Ges. **32**, 560, 3508 (1899).

3) Le Bel, Compt. rend. de l'Acad. d. Sciences **129**, 548 (1904).

Weitere Unterschiede wurden gefunden in der Menge, in welcher sich die beiden inaktiven Salze bilden, je nach der Reihenfolge, in der die Gruppen zuerst in das Molekül eingeführt werden. Le Bel berichtete weiter, daß es ihm auch gelungen sei, Iso-butyl-propyl-amyl- und Äthyl-propyl-amylammoniumsalze zu spalten.

Pope und Peachey[1]) gelang es, mit Hilfe von d-Kamphersulfosäure das α-Phenyl-benzyl-allyl-methylammoniumjodid zu spalten. Die Salze wurden in hydroxylfreien Lösungsmitteln dargestellt und zwar in Essigester oder Azeton.

Pope und Harvey[2]) untersuchten die so dargestellten Verbindungen und fanden, daß das d-Kamphersulfonat der d-Base in verdünnter, wässeriger Lösung ein molekulares Drehungsvermögen von $[M]_D = +218^0$ besitzt und das entsprechende l-l-Salz $[M]_D = -211^0$ zeigt; die Jodide zeigten ein molekulares Drehungsvermögen von annähernd $\pm 200^0$ in einer Chloroformlösung; die Drehung der Jodide verschwindet vollkommen, wenn man ohne Chloroformlösung erwärmt oder einige Tage stehen läßt: Die resultierende Verbindung ist α-Benzyl-phenyl-allyl-methylammoniumjodid und nicht die isomere β-Verbindung. Die Aktivität des Salzes verschwindet nicht beim Umkristallisieren aus Alkohol.

Man hat ferner gefunden, daß die optisch aktiven Ammoniumsalze sich von den optisch aktiven Kohlenstoffverbindungen insofern unterscheiden, als sie in Lösungsmitteln optisch aktive Ionen bilden, deren freie Affinitäten dem asymmetrischen Stickstoff zugehörig sind; dennoch tritt keine Razemisation ein.

Jones[3]) spaltete in ähnlicher Weise Phenyl-benzyl-äthyl-methyl-ammoniumjodid; die entsprechenden d-d- und l-l-kamphersulfosauren Salze hatten ein molekulares Drehungsvermögen von $[M]_D = \pm 71^0$.

Thomas und Jones[4]) haben den Einfluß der Konstitution auf die Drehung der Stickstoffverbindungen studiert und zwar bei Verbindungen vom Typus des d-Phenyl-benzyl-methyl-äthyl-ammonium-d-kamphersulfonats und d-Phenyl-methyl-äthyl-allyl-ammonium-d-bromkamphersulfonats. Man fand, daß im allgemeinen höhere Homologe dieser Substanz Unterschiede im Drehungsvermögen gegenüber den niedrigeren Gliedern der Reihe zeigen. Ein Maximum wurde bei den Normal- und Iso-Propyl-derivaten erreicht.

Wedekind und Fröhlich[5]) beobachteten, daß sich l-Methyl-, isobutyl-phenyl-benzyl-ammoniumjodid beim Stehen in Chloroformlösung von selbst razemisiert. Wedekind[6]) hat die Reaktionsgeschwindigkeit dieser Autorazemisation in einigen Fällen gemessen.

---

1) Pope und Peachy, Trans. **75**, 1127 (1899).
2) Pope und Harvey, Trans. **79**, 828 (1901).
3) Jones, Trans. **83**, 1418 (1903); **85**, 223 (1904).
4) Thomas und Jones, Trans. **89**, 280 (1906).
5) Wedekind und Fröhlich, Ber. d. deutsch. chem. Ges. **38**, 3933 (1905).
6) Wedekind, Zeitschr. f. Elektrochem. **12**, 330 (1906). Vgl. Halben, ibid. **13**, 57 (1907) und Wedekind, Erwiderung, ibid. **13**, 58 (1907).

2. Zyklische Ammoniumverbindungen. Noch bis vor kurzem war das Problem, einwertige asymmetrische Ammoniumverbindungen zu spalten, bei denen zwei Valenzen des Stickstoffs an einer Ringebene beteiligt sind, ungelöst. In jüngster Zeit berichteten E. Wedekind und O. Wedekind[1]) über die Aktivierung einer derartigen zyklischen, asymmetrischen Ammoniumverbindung, nämlich der Methyl-allyl-tetrahydrochinolinbase.

Sie führten die Spaltung mit Hilfe des d-Bromkamphersulfonats in einem Gemisch mehrerer Lösungsmittel durch, wobei sie eine schwer lösliche Fraktion mit einer Molekulardrehung von $[M]_D = +194{\cdot}7^0$ und eine leichter lösliche mit einer Drehung $[M]_D = +380{\cdot}7^0$ erhielten; daraus ergab sich unter Berücksichtigung der Molekulardrehung des α-Bromkamphersulfosäureions ($+275^0$) für das aktive Kation:

CH_2

CH_2

CH_2

N

CH_3 C_3H_5

eine Molekulardrehung von $-80{\cdot}3^0$ resp. von $105{\cdot}7^0$. Die Trennung war demnach keine ganz vollständige. Das aus dem schwerer löslichen α-Bromkamphersulfonat in der üblichen Weise gewonnene Jodid zeigte in methylalkoholischer Lösung die Drehung $[\alpha]_D = -20{\cdot}6^0$ bezw. $[M]_D = -64{\cdot}89^0$. Dabei wurde eine bisher noch nicht beobachtete Autorazemisation in „Methylalkohol“ konstatiert, deren Geschwindigkeit erheblich größer war als in allen bisher studierten Fällen. Da Ammoniumsalze in alkoholischer Lösung nur in geringer Menge in Tertiärbase und Halogenalkyl zerfallen, so muß der spontane Drehungsverlust in diesem Falle auf einen echten Razemisationsvorgang beruhen. Demnach scheinen die großen Schwierigkeiten bei der Aktivierung von zyklischen Ammoniumsalzen mit dieser großen Tendenz zur Selbstrazemisation zusammen zu hängen. Eine Reihe weiterer Versuche, das Methyl-benzyl-tetrahydro-chinolinium in ähnlicher Weise zu spalten, verlief völlig ergebnislos.

3. Verbindungen vom Typus $a_2bc\,N \cdot X$. — Le Bel[2]), Jones[3]), Kipping und Barrowcliff[4]) haben versucht, Verbindungen dieser Klasse zu spalten, ohne einen Erfolg zu erzielen.

---

1) E. Wedekind und O. Wedekind, Ber. d. deutsch. chem. Ges. **40**, 4450 (1907).

2) Le Bel, Compt. rend. de l'Acad. d. Sciences **112**, 724 (1891).

3) Jones, Trans. **83**, 1406 (1903).

4) Kipping und Barrowcliff, Trans. **83**, 1141 (1903).

§ 3. Theoretische Ansichten über die Konfiguration von Stickstoffverbindungen.

Nachdem wir alle Fälle betrachtet haben, in denen Isomerie bei Stickstoffverbindungen beobachtet worden ist, müssen wir nun die Theorien besprechen, welche gelegentlich über die Konfiguration jener Moleküle aufgestellt wurden, die ihre optische Aktivität der Anwesenheit eines asymmetrischen Stickstoffatoms verdanken.

Da es unmöglich ist fünf Punkte symmetrisch auf der Oberfläche einer Kugel anzuordnen, ausgenommen in gleichen Entfernungen auf einem größten Kugelkreis, muß man im Falle eines fünfwertigen Stickstoffatoms eine Unterscheidung zwischen den Valenzen treffen, da diese nicht alle gleichwertig sind. Man versuchte zunächst das Problem durch die Annahme zu lösen, daß die Valenzen eines fünfwertigen Stickstoffatoms gegen die Ecken einer Doppelpyramide gerichtet sind, in deren Zentrum das Stickstoffatom selbst liegt.

Derartige Annahmen wurden zu verschiedenen Zeiten von Willgeroth[1]), Burch und Marsh[2]), Behrend[3]), Béhal[4]) und van't Hoff[5]) gemacht. Es genügt, wenn wir eine Übersicht der letztgenannten Theorie geben.

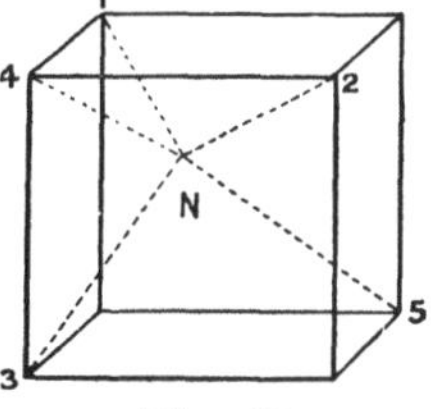

Fig. 23.

Van't Hoff nimmt an, daß das Stickstoffatom im Mittelpunkte eines Würfels liegt und seine Valenzen nach den fünf Ecken desselben richtet. Aus der nebenan gezeichneten Figur, in der die Valenzen durch gestrichelte Linien dargestellt sind, ersieht man, daß die nach 1, 2 und 3 gerichteten Valenzen gleichwertig sind; dagegen die nach 4 und 5 gerichteten sowohl untereinander, wie von den übrigen, verschieden sind. Dieser Unterschied ist gemacht in bezug auf die Tatsache, daß das Ammoniak wohl fähig ist Chlorwasser zu addieren, dagegen nicht imstande ist, zwei Wasserstoffatome oder aber zwei Chloratome aufzunehmen. Daraus folgt aber, daß eine der beiden Valenzen 4 und 5 verwendet wird, um das negative Radikal der Ammoniumsalze zu binden.

Wenn wir annehmen, daß diese spezielle Valenz die gegen 5 gerichtete ist, so finden wir für die Verbindung $(A_3 \equiv N \cdot B)X$ zwei mögliche Konfigurationen, die wir folgendermaßen herstellen können:

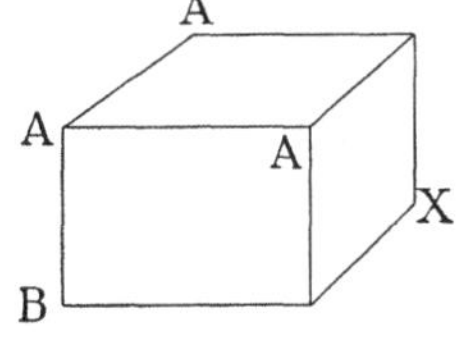

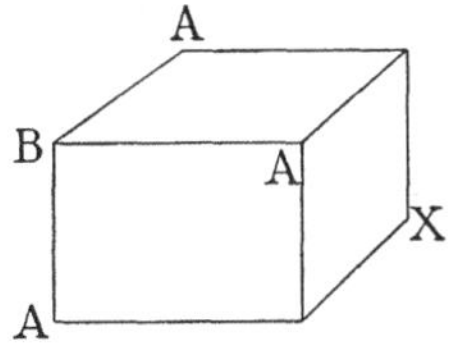

1) Willgeroth, Journ. f. prakt. Chem. (**2**), **37**, 450 (1888); **41**, 291 (1890).
2) Burch und Marsh, Trans. **55**, 656 (1889).
3) Behrend, Ber. d. deutsch. chem. Ges. **23**, 454 (1890).
4) Béhal, Conférences de la chimie IV, 60—63 (1896).
5) Van't Hoff, Ansichten über die organische Chemie, S. 79.

Führen wir an Stelle eines „A" ein neues Radikal „C" in diese Ammoniumverbindung ein, so erhalten wir das Molekül:

$$\left(\begin{matrix}A_2\\B\\C\end{matrix}\!\!\gg N\right)X,$$

von welchem vier Konfigurationen möglich sind, von denen drei in folgenden Figuren dargestellt sind.

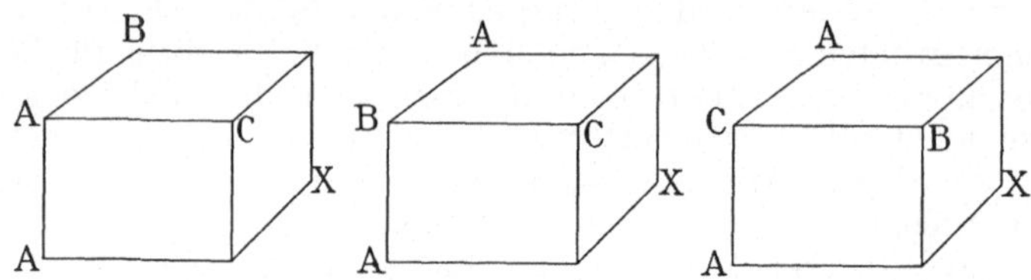

Die erste dieser drei Konfigurationen enthält keine Symmetrieebene und kann mit ihrem Spiegelbild nicht zur Deckung gebracht werden; Verbindungen dieser Art sollten daher in optisch aktiven Formen auftreten können, doch sind derartige Isomere bis heute noch nicht gefunden worden.

Wenn eine weitere „A"-Gruppe durch ein neues Radikal ersetzt wird, so erhält man vier Konfigurationen, von denen keine mit ihrem Spiegelbilde zur Deckung gebracht werden kann.

Wir wissen aber aus den bereits mitgeteilten Tatsachen, daß Verbindungen von dem Typus a b c d N · X bis heute nur in einem einzelnen Paar von Isomeren bekannt sind.

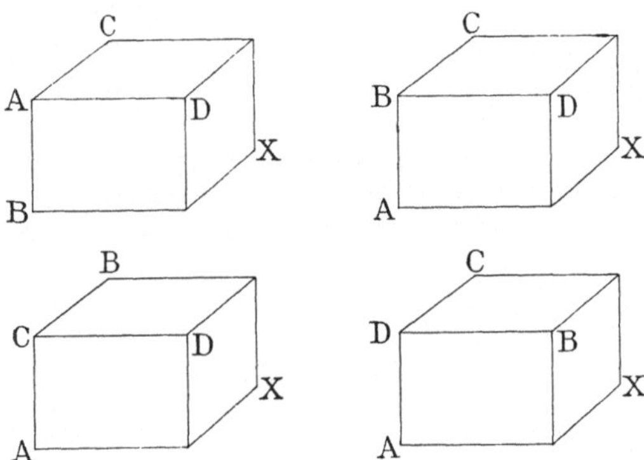

Die van't Hoffsche Hypothese kann somit nicht mit den gegenwärtig bekannten Tatsachen in Übereinstimmung gebracht werden.

Es gibt noch drei weitere Theorien, auf die wir näher eingehen müssen.

Die erste wurde von Bischoff[1]) aufgestellt, welcher annimmt, daß das Ammoniumchlorid durch eine Pyramide dargestellt werden kann.

Wenn wir nun im Falle einer substituierten Ammoniumverbindung die Anzahl der möglichen Isomeren berechnen wollen, so brauchen wir nur die an der Basis der Pyramide angeordneten Radikale zu berücksichtigen, da ja das saure Radikal immer an der Spitze der Pyramide fixiert bleibt, gleichgültig, in welcher Weise sich die anderen Gruppen verteilen. Die Frage wird dadurch vereinfacht und wir brauchen nur die Verhältnisse zu beachten, welche eintreten, wenn vier Radikale in einer Ebene liegen. Es wird keine Isomerie auftreten bei einer Verbindung von der Formel $(N \cdot A_3 B) X$; Verbindungen der Formel $(N \cdot A_2 B_2) X$ und $(N \cdot A_2 B C) X$ können dagegen in zwei Konfigurationen existieren, von denen jene, welche eine Symmetrieebene besitzen, mit ihren Spiegelbildern identisch sind.

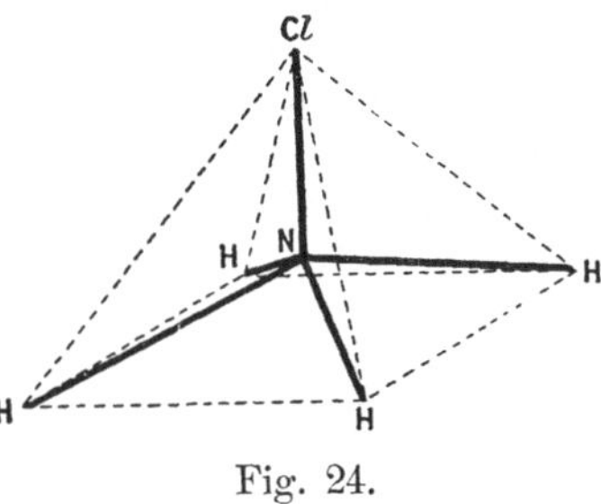

Fig. 24.

Die Figuren zeigen die Anordnung der Radikale um die Basis der Pyramide in diesen Fällen:

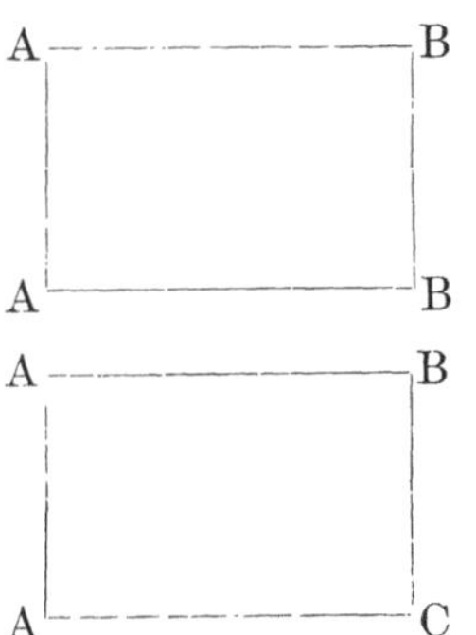

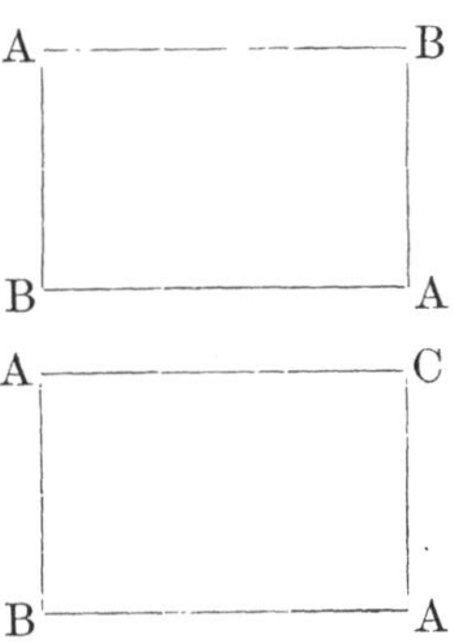

Derartige Isomere sind bisher nicht aufgefunden worden.

In Fällen, wo das Stickstoffatom in einer Verbindung mit fünf verschiedenen Radikalen verbunden ist, sind drei Isomere möglich, von denen jedes in aktiven Formen existieren kann.

[1]) Bischoff, Ber. d. deutsch. chem. Ges. **23**, 1970 (1890); siehe ebenso Reychler, Bull. Soc. chim. (**3**), **27**, 974 (1902).

Werner hat seine Theorie der „Haupt"- und „Nebenvalenzen" auf diese Frage angewendet. In Übereinstimmung mit seinen Ansichten über die Affinitätswirkung der Atome nimmt er an, daß eine Verbindung von HX mit Nabc durch die Anziehung von Wasserstoff und Stickstoff erfolgt und zwar durch gegenseitige Betätigung je einer Nebenvalenz.

Nach der Vereinigung beider bleibt in der Gruppe Nabc · H noch genügend freie Affinität übrig um das Halogenatom X anzuziehen und zu binden.

Falls „X" durch die Gesamtgruppe NabcH und nicht durch das Stickstoffatom allein gebunden wird, spielt es für die stereochemischen Verhältnisse der Verbindung, vom Standpunkte der Valenzen aus betrachtet keine Rolle; wenn wir aber annehmen, daß der Säurerest in bezug auf seine Affinitätsabsättigung einem der mit dem Stickstoffatom verbundenem Radikale angehört, so können, wenn wir wieder dieselben Verbindungen in Betracht ziehen, wie im letzten Falle, folgende Raumanordnungen möglich sein:

$$\text{I. } (A_3N\ldots\ldots B)X; \quad \text{II. } \left(\begin{matrix}A_2\\ B\end{matrix}\!>\!N\ldots A\right)X; \quad \text{III. } \left(\begin{matrix}A_2\\ B\end{matrix}\!>\!N\ldots B\right)X;$$

$$\text{IV. } \left(\begin{matrix}A_2\\ B\end{matrix}\!>\!N\ldots C\right)X; \quad \text{V. } \left(\begin{matrix}B\\ A\\ C\end{matrix}\!>\!N\ldots A\right)X; \quad \text{VI. } \left(\begin{matrix}A\\ B\\ C\end{matrix}\!>\!N\ldots D\right)X;$$

$$\text{VII. } \left(\begin{matrix}A\\ B\\ D\end{matrix}\!>\!N\ldots C\right)X; \quad \text{VIII. } \left(\begin{matrix}A\\ C\\ D\end{matrix}\!>\!N\ldots B\right)X; \quad \text{IX. } \left(\begin{matrix}B\\ C\\ D\end{matrix}\!>\!N\ldots A\right)X.$$

Wir haben hier dieselbe Anzahl von Isomeren, wie wir sie beim van't Hoffschen Modell erhalten. Falls wir aber eine besondere Stellung der Gruppe X vernachlässigen und annehmen, daß dieselbe an die Gesamtgruppe Nabcd gebunden ist, so brauchen wir nur die Raumverhältnisse der Gruppe Nabcd zu betrachten; dieser Fall gleicht dann völlig jenem eines asymmetrischen Kohlenstoffatoms. Die Resultate stimmen dann auch mit den experimentellen Tatsachen überein.

Die letzte Raumformel, welche wir beschreiben wollen, wurde von H. O. Jones[1]) aufgestellt. Sie scheint die einzige zu sein, die mit den bekannten Tatsachen übereinstimmt.

Jones bestreitet die Richtigkeit der bei der van't Hoffschen Formel gemachten Annahme, daß die beiden „abnormen" Valenzen untereinander verschieden sind; er zeigt, daß, im Falle eine der beiden Valenzen dem Alkylradikal oder der Säuregruppe vorausbestimmt wäre, nur eine der beiden optisch aktiven Formen gebildet werden könnte, während doch in der Tat beide d- und l-Verbindungen in gleicher Menge entstehen.

---

1) Jones, Trans. **83**, 1403 (1903); **87**, 1721 (1905).

Es wurde bereits darauf hingewiesen, daß wir Grund zu der Annahme haben, in einer Verbindung Nabc liegen die drei Gruppen a, b und c in einer Ebene mit dem Stickstoffatome.

Wenn sich nun eine dreiwertige Verbindung mit zwei neuen Radikalen verbindet, so daß das Stickstoffatom in den fünfwertigen Zustand übergeht, wird das Gleichgewicht gestört und eine neue Gleichgewichtslage muß Platz greifen, welche durch die gegenseitige Anziehung der betreffenden Atome bestimmt wird. Demnach wird eine definitive Raumanordnung der Atome stattfinden und die fünfte Gruppe, welche im Gegensatz zu den vier elektropositiven Gruppen elektronegativ ist, wird immer annähernd dieselbe Beziehung zu jeder der anderen vier Gruppen einnehmen.

Es wird somit eine Änderung der Valenzlagen eintreten, ähnlich derjenigen, welche beim Übergang des vierwertigen Schwefels und Selens[1]) zum sechswertigen auftritt.

Das folgende Schema gibt eine Darstellung des angenommenen Vorganges:

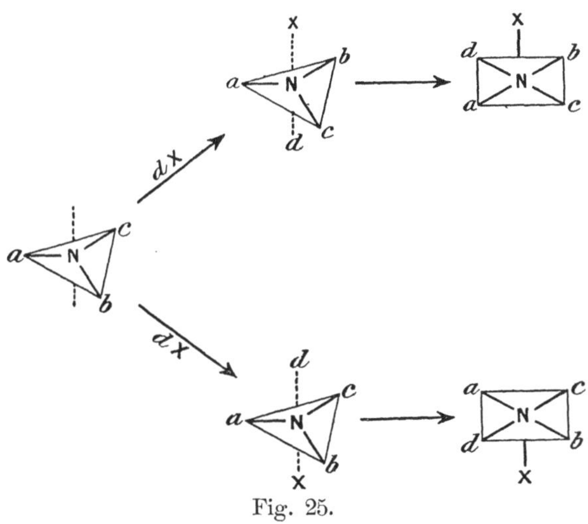

Fig. 25.

Die zwei auf diese Weise dargestellten Verbindungen sind Spiegelbilder voneinander. Es muß erwähnt werden, daß die Reihenfolge der drei, in der dreiwertigen Stickstoffverbindung bereits vorhandenen Gruppen die Neuanordnung der Valenzen nicht beeinträchtigt, wenn angenommen wird, daß sich die Gruppe d immer derartig zwischen zwei der bereits vorhandenen Radikale einordnet, daß die stabilste Konfiguration unter allen Umständen gebildet wird. Daraus ersieht man, daß die Bildung der Verbindung Nabcd · X aus Nabc und dX, oder aus Nabd und cX, oder aber in einem der anderen zwei möglichen Wege immer zu demselben Endprodukt führen wird.

[1]) Pope und Neville, Trans. **81**, 1560 (1902).

Diese Theorie erklärt alle bekannten Tatsachen und kommt wahrscheinlich der Wahrheit am nächsten.

Schwefel.

Eine Reihe fruchtloser Versuche, ausgeführt von den verschiedensten Forschern, wie Aschan[1]), Vanzetti[2]), Strömholm[3]), Pope und Peachey[4]), wurden erst angesellt, ehe es gelang, optisch aktive Schwefelverbindungen darzustellen. Smiles[5]) erhielt aus ω-Bromazetophenon und Methyl-äthylsulfid folgendes Sulfiniumbromid:

$$\begin{array}{c} C_2H_5 \diagdown \quad \diagup CH_2 - CO - C_6H_5 \\ S \\ CH_3 \diagup \quad \diagdown Br \end{array}$$

aus welchem er das Bromkamphersulfonat darstellte. Dieses konnte er in zwei isomere Salze trennen:

(I) farblose Nadeln Schmp.: 194—195° $[\alpha]_D = + 49{,}7°$,
(II) feine Nädelchen „ 183—184° $[\alpha]_D = + 57{,}2°$,

aus denen er kristallisierte, goldgelbe Pikrate darstellte:

l-Pikrat Schmp.: 125° $[\alpha]_D = - 9{,}2°$,
d-Pikrat „ 123,4° $[\alpha]_D = + 8{,}1°$.

Pope und Neville[6]) fanden etwas höhere Werte für dieselbe Verbindung.

Pope und Peachey[7]) erhielten aktive Salze von Methyl-äthylthetin mit Hilfe von Kamphersulfosäure und Bromkamphersulfosäure.

$$\begin{array}{c} C_2H_5 \\ | \\ CH_3 - S - SO_3 \cdot OC_{10}H_{15} \\ | \\ CH_2 \cdot COOH \\ \text{(I)} \end{array} \qquad \begin{array}{c} C_2H_5 \\ | \\ CH_3 - S - SO_3 \cdot O \cdot C_{10}H_{14} \cdot Br \\ | \\ CH_2 \cdot COOH \\ \text{(II)} \end{array}$$

Das zuerst erhaltene Salz vom Schmp. 115—117° ging nach 40—50 maligen Umkristallisieren aus einem Äther-Alkoholgemisch in eine zweite Modifikation vom Schmp. 118—120° über.

Die Drehungswerte der beiden Salze sind:

	(I)	(II)
$[\alpha]_D$	+ 18,6°	+ 62,7°
$[M]_D$	+ 68,0°	+ 290,5°

Aus beiden Salzen erhält man nach Behandlung mit Salzsäure auf Zusatz von Platinchlorid, Platindoppelsalze (Schmp. 177—180°) mit folgenden Drehungswerten:

1) Aschan, Ber. d. deutsch. chem. Ges. **32**, 993 (1899).
2) Vanzetti, Gazzetta, **30**, I, 175 (1900).
3) Strömholm, Ber. d. deutsch. chem. Ges. **33**, 823 (1900).
4) Pope und Peachey, Proc. **16**, 12 (1900).
5) Smiles, Trans. **77**, 1174 (1900).
6) Pope und Neville, Trans. **81**, 1097 (1902).
7) Pope und Peachey, Trans. **77**, 1072 (1900).

$$\begin{array}{c} C_2H_5 \diagdown \diagup CH_2 \cdot COOH \\ S \cdot PtCl_4 \\ Cl \diagup \diagdown CH_3 \end{array} \qquad [\alpha]_D = + 4{,}5^0 \quad [M]_D = + 30{,}2^0.$$

Die Aktivität des Platinsalzes kann in diesem Falle nur durch das asymmetrische Schwefelatom bedingt sein.

Smiles[1]) stellte den Methyl-äthyl-thetinbromid-l-menthylester aus l-Menthyl-bromazetat und Methyl-äthylsulfid dar,

$$\begin{array}{c} CH_3 \\ \diagdown \\ S \\ \diagup \\ C_2H_5 \end{array} + \begin{array}{c} Br \\ \diagup \\ CH_2 \\ \diagdown \\ COOC_{10}H_{19} \end{array} = \begin{array}{c} CH_3 \;\; Br \\ \diagdown \diagup \\ S \\ \diagup \diagdown \\ C_2H_5 \;\; CH_2 \cdot COOC_{10}H_{19} \end{array}$$

der nach der Hydrolyse mit feuchtem Silberoxyd oder Salzsäure folgende Verbindung liefert:

$$\begin{array}{c} O \\ CH_3 \diagdown \;\; \diagup \diagdown \\ \rangle S \qquad CO \\ C_2H_5 \diagup \;\; \diagdown \diagup \\ CH_2 \end{array}$$

(inaktiv).

Er fand, (a) daß das Produkt bei der Verseifung mit feuchtem Silberoxyd oder kalter, konzentrierter Salzsäure ein inaktives Methyl-äthyl-thetin liefert; (b) daß das molekulare Drehungsvermögen dieses Produktes ungefähr in der Mitte zwischen den entsprechenden Dimethyl und Diäthylderivaten liegt; (c) daß das Platinsalz vom dl-Methyl-äthyl-thetin-l-menthylesterbromid, dargestellt aus l-Menthol und dem Säurebromid des dl-Methyl-äthyl-thetins, dasselbe Drehungsvermögen besitzt, wie das aus dem Produkt der asymmetrischen Synthese gebildete Platinsalz.

Daraus ergibt sich, daß die beiden isomeren d- und l-Methyl-äthyl-thetin-l-menthylesterbromide in gleichen Mengen bei der Einwirkung von Methyl-äthylsulfid auf l-Menthylbromazetat gebildet werden.

Selen.

Pope und Neville[2]) stellten eine aktive Selenverbindung folgendermaßen dar:

Durch Einwirkung von Methylphenylselenid auf Bromessigsäure erhielten sie Methylphenylselenetinbromid:

$$\begin{array}{c} Br \\ CH_3 \diagdown \quad \diagup \\ \rangle Se \\ C_6H_5 \diagup \quad \diagdown \\ CH_2 \cdot COOH \end{array}$$

---

1) Smiles, Trans. **87**, 450 (1905).
2) Pope und Neville, Trans. **81**, 1552 (1902).

welches mit d-bromkamphersulfosaurem Silber behandelt ein Gemisch von:

a) d-Methylphenylselenetin-d-Bromkamphersulfonat (Nadeln vom Schmp. 168°; $[\alpha]_D = + 61,26^0$ in Wasser) und b) l-Methylphenylselentin-d-Bromkamphersulfonat (kleine weiße Blättchen Schmp. 151° $[\alpha]_D = + 38,81^0$ in wässeriger Lösung) ergibt.

Das zweite Salz ist in Alkohol viel leichter löslich wie das erste. Die molekularen Drehungen der beiden Salze sind:

(a) $[M]_D = + 330,8^0$
(b) $[M]_D = + 209,6^0$.

Beide isomeren d-bromkamphersulfosauren Salze geben mit Quecksilberjodid dasselbe inaktive Doppelsalz: somit tritt Razemisation ein.

Zinn.

Pope und Peachey[1]) stellten im Jahre 1900 eine Zinnverbindung dar, welche vier verschiedene Gruppen direkt mit dem Zinnatom verbunden enthält, somit ein asymmetrisches Molekül besitzt. Diese Substanz, das Methyläthylpropylzinnjodid, stellten sie nach folgender Versuchsreihe dar:

$$2\,Sn(CH_3)_3J + Zn(C_2H_5)_2 = 2\,Sn(CH_3)_3C_2H_5 + ZnJ_2$$
$$Sn(CH_3)_3 \cdot C_2H_5 + J_2 = Sn(CH_3)_2C_2H_5 \cdot J + CH_3 \cdot J$$
$$2\,Sn(CH_3)_2 \cdot C_2H_5 \cdot J + Zn(C_3H_7)_2 = 2\,Sn(CH_3)_2 \cdot C_2H_5 \cdot C_3H_7 + ZnJ_2$$
$$Sn(CH_3)_2 \cdot C_2H_5 \cdot C_3H_7 + J_2 = Sn(CH_3)(C_2H_5)(C_3H_7)J + CH_3 \cdot J$$

Das Endprodukt, razemisches Methyläthyl-n-propylzinnjodid ist ein gelbes, in Wasser fast unlösliches Öl, das bei 270° siedet. Wenn man es mit einer äquimolekularen Menge von d-kamphersulfosaurem Silber behandelt, so erhält man ein Salz, das in glänzenden Blättchen vom Schmp. 125—126° kristallisiert.

Das molekulare Drehungsvermögen des Salzes ist $[M]_D = + 9,5^0$, so daß das molekulare Drehungsvermögen des Radikals — $Sn(CH_3)(C_2H_5)(C_3H_7)$ ungefähr + 45° beträgt.

Diese Verbindung entsprach somit der rechtsdrehenden Komponente; wurde die Mutterlauge verdampft, so erhielt man aber dasselbe Salz und es gelang auf keine Weise die l-Verbindung zu gewinnen.

Ferner wurde das d-bromkamphersulfosaure Salz dargestellt und das molekulare Drehungsvermögen des oben genannten Radikals zu + 48° bestimmt.

Auch das d-Methyl-äthyl-n-propylzinnjodid wurde als gelbes Öl gewonnen und seine Molekularrotation zu + 23° bestimmt. Diese Substanz zeigte gleichfalls ähnliche Razemisationserscheinungen.

---

[1]) Pope und Peachey, Proc. **16**, 42, 116 (1900).

Theoretische Ansichten über die Konfiguration von Schwefel, Selen und Zinnverbindungen.

Pope und Neville[1]) nehmen an, daß in optisch aktiven Verbindungen vierwertiger Elemente die Radikale in gleicher Weise wie beim asymmetrischen Kohlenstoffatom angeordnet sind, d. h. tetraedrisch um das Zentralatom. Sie erklären die Razemisationserscheinungen durch die Annahme, daß eine intermediäre Verbindung beim Übergang des vierwertigen Elementes in das sechswertige gebildet wird.

Werner[2]) nimmt an, daß die Zinnverbindungen den Kohlenstoffderivaten gleichen, dagegen die Schwefel- und Selenderivate mehr dem Ammoniumtypus entsprechen. Er schreibt deshalb die Formeln der zwei Serien verschieden.

$$\left[\begin{matrix} R \diagdown & \\ & S \ldots Z \\ Y \diagup & \end{matrix}\right] X \qquad \left[\begin{matrix} R \diagdown & \\ & Se \ldots Z \\ Y \diagup & \end{matrix}\right] X \qquad \begin{matrix} R \diagdown & & \diagup Z \\ & Sn & \\ Y \diagup & & \diagdown X \end{matrix}$$

Im letzten Falle ist das System dasselbe wie bei den Kohlenstoffverbindungen; in den beiden anderen wird dagegen angenommen, daß die tetraedrische Anordnung durch die in der Klammer gezeichneten Atome herbeigeführt wird:

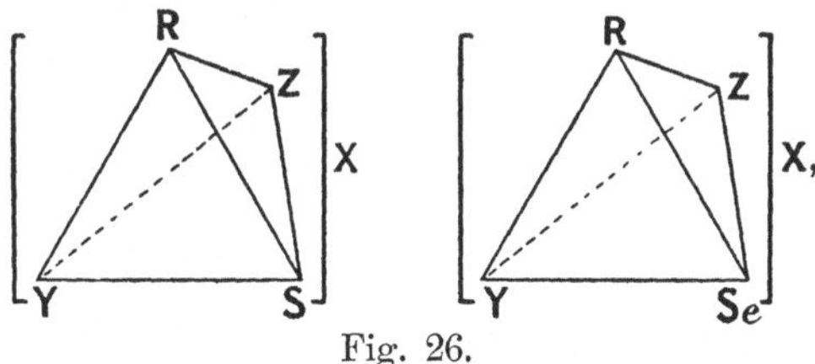

Fig. 26.

Silizium.

Kipping[3]) stellte d-l-Benzyl-äthyl-propylsilikol dar:

$$\begin{matrix} C_2H_5 \diagdown & & \diagup C_3H_7 \\ & Si & \\ C_6H_5 \cdot CH_2 \diagup & & \diagdown OH \end{matrix}$$

und spaltete die Sulfoverbindung in optisch aktive Komponenten.

Jod.

Kipping und Peters[4]) versuchten Jodverbindungen vom Typus J · a b c zu spalten. Die Resultate waren negativ.

1) Pope und Neville, Trans. **81**, 1552 (1902).
2) Werner, Lehrbuch der Stereochemie, S. 316.
3) Kipping, Trans. **91**, 209 (1907).
4) Kipping und Peters, Proc. **16**, 62 (1900). Peters, Trans. **81**, 1350 (1902).

Arsen.

Versuche Michaelis[1]), Arsenverbindungen vom Typus As · a b c d X zu spalten, waren gleichfalls vergebens.

Phospsor.

Wie R. M. Caven[2]) zeigte, sind die drei Chloratome im Moleküle des Phosphoroxychlorid gleichwertig:

$$\begin{matrix} Cl\diagdown \\ Cl—P=O \\ Cl\diagup \end{matrix}$$

Es ist somit wahrscheinlich, daß sie in einer Ebene liegen. Wenn dies der Fall ist, so erscheint das Molekül:

$$\begin{matrix} R_1\diagdown \\ R_2—P=O \\ R_3\diagup \end{matrix}$$

asymmetrisch, gleichgültig, ob das Phosphoratom in derselben Ebene mit den Radikalen R_1, R_2, R_3 liegt, oder nicht. Versuche, derartige optische aktive Substanzen darzustellen, waren erfolglos. Wahrscheinlich infolge der nachteiligen Wirkung dieser Phosphorverbindungen auf Fermente gelang es auch Michaelis[3]) nicht, Substanzen vom Typus P · abcdX zu spalten.

IX. Optisches Drehungsvermögen.

§ 1. Veränderliche spezifische Drehung gelöster Substanzen.

1. Die Wirkung der Konzentrationsänderung auf das optische Drehungsvermögen. Bei der Untersuchung wässeriger Lösungen von Weinsäure fand Biot[4]) 1838, daß die spezifische Rotation dieser Substanz mit zunehmender Verdünnung der Lösung steigt. Diese Erscheinung tritt nicht bei allen optisch aktiven Substanzen ein; alkoholische Lösungen von Coniin und Kampher verringern z. B. ihr Drehungsvermögen bei weiterer Verdünnung. Diese Erscheinung muß einer Veränderung der aktiven Substanz durch Einwirkung des inaktiven Lösungsmittels zugeschrieben werden.

Dieser Umstand würde weniger wichtig sein, wenn wir die Drehungen aller Substanzen im flüssigen Zustande bestimmen könnten; da dies aber in vielen Fällen unmöglich ist, so ergibt sich die Notwendigkeit, die wahre spezifische Drehung einer gelösten Substanz auf andere Weise zu bestimmen.

---

1) Michaelis, Liebigs Annal. d. Chem. u. Pharm. **321**, 159 (1902).
2) Caven, Trans. **81**, 1362 (1902).
3) Michaelis, Liebigs Annal. d. Chem. u. Pharm. **315**, 58 (1901).
4) Biot, Mem. de l'Acad. **15**, 93 (1838). Ann. Chim. Phys. (**3**), **10**, 385 (1843).

Wenn eine Substanz in einer reinen homogenen Flüssigkeit gelöst ist, können wir die Wirkung der verschiedenen Konzentrationen am besten graphisch darstellen und zwar folgendermaßen:

Wir tragen in einem Koordinatensysteme die Prozentmengen an inaktivem Lösungsmittel q als Abszissen und die entsprechenden Werte für die spezifische Drehung (α) als Ordinaten auf. Ist die Verbindungslinie aller Ordinatenendpunkte eine gerade Linie, so erhalten wir für (α) folgenden Wert:

$$[\alpha] = A + Bq \quad \ldots\ldots\ldots\ldots \quad (D)$$

worin A und B Konstanten und aus den Versuchen zu berechnen sind. Die Zu- und Abnahme der Rotation ist somit in diesem Falle proportional der Prozentmenge an inaktivem Lösungsmittel = q.

Ist die Verbindungslinie keine Gerade, sondern eine Kurve — gewöhnlich ein Teil einer Parabel oder Hyperbel —, so erhalten wir folgenden Ausdruck für die Abhängigkeit der spezifischen Drehung von q:

$$[\alpha] = A + Bq + Cq^2; \text{ oder } [\alpha] = A + \frac{Bq}{C + q} \quad \ldots\ldots \quad (E)$$

In dieser Formel drückt A die spezifische Drehung der reinen Substanz aus und die Werte für B (Formel D) oder B und C (Formel E) stellen die Zu- oder Abnahme dar, welche A durch die Einwirkung von 1%igen inaktiven Lösungsmitteln erleidet[1]). Ist also z. B. q = 0, so hat man die spezifische Drehung der reinen Substanz und $[\alpha] = A$; wird dagegen in den Gleichungen D oder E q = 100 gesetzt, so resultiert für $[\alpha]$ ein Wert, welcher als die spezifische Drehung des aktiven Körpers bei unendlich großer Verdünnung angesehen werden kann; man darf somit annehmen, daß in diesem Falle alle aktive Substanz verschwunden ist, wodurch natürlich das inaktive Lösungsmittel allein besteht, die Drehung somit Null wird.

---

[1]) Landolt gibt noch folgenden Beweis:

Aus Gleichung (C) auf Seite 15 und (D) haben wir:

$$\frac{100 \cdot \alpha}{l \cdot p \cdot d} = [\alpha] = A + Bq.$$

Nun ist p = 100 — q.

Daher in obige Gleichung eingesetzt:

$$\frac{100 \cdot \alpha}{l \cdot d \cdot (100 - q)} = A + Bq \text{ und so folgt:}$$

$$\alpha = l \cdot d \left\{ A + \left(B - \frac{A}{100}\right) q - \frac{B}{100} q^2 \right\}.$$

Wird in dieser Gleichung q = 100 gesetzt, so wird $\alpha = 0$, d. h. das Drehungsvermögen ist verschwunden. Ist dagegen q = 0, so bleibt $\alpha = l \cdot d \cdot A$, nämlich der Drehungswinkel, welchen eine 1 dm lange Schicht der reinen Substanz von der Dichtigkeit d bewirkt. (Siehe Formel A auf Seite 15.)

Hieraus folgt $\frac{\alpha}{l \cdot d} = A$ und da zugleich $\frac{\alpha}{l \cdot d} = [\alpha]$ ist, so hat man $[\alpha] = A$, somit die spezifische Rotation der aktiven Substanz ohne Gegenwart des Lösungsmittels.

Setzen wir q = 1, so sind B oder B und C von der Drehungsänderung abhängig, welche durch Zugabe von 1%igen inaktiven Lösungsmitteln hervorgerufen wird.

Auch andere Modifikationen dieser Formeln werden manchmal benutzt und sei diesbezüglich auf Landolts Buch „Das optische Drehungsvermögen" hingewiesen. Aus den oben gegebenen Ausführungen wird man ersehen, daß man zur Bestimmung der wahren spezifischen Drehung einer festen, aktiven Substanz drei Beobachtungen bei verschiedenen Konzentrationen durchführen muß. Aus diesen wird man dann feststellen können, ob das Verhältnis der spezifischen Drehung und der entsprechenden Konzentrationen durch eine gerade Linie dargestellt werden kann oder nicht; im bejahenden Falle kann man ohne weiteres durch Extrapolation das wahre spezifische Drehungsvermögen erhalten.

Ist die Linie aber eine Kurve, so werden viele Beobachtungen und zwar hauptsächlich bei stärkeren Konzentrationen durchzuführen sein, um durch Extrapolation dem wirklichen spezifischen Drehungswerte möglichst nahe zu kommen.

2. Abhängigkeit der spezifischen Drehung von der Natur des Lösungsmittels. Die Natur des verwendeten Lösungsmittels scheint einen beträchtlichen Einfluß auf die spezifische Drehung auszuüben. Während z. B. d-Weinsäure in wässeriger Lösung rechtsdrehend ist, wird sie linksdrehend, wenn man sie in einem Gemisch von Äther und Azeton löst. Bei den meisten Substanzen ist der Einfluß nicht so stark sichtbar, sondern hier erhöht oder erniedrigt sich das Drehungsvermögen je nach der Wahl des Lösungsmittels.

So zeigt z. B. n-Propyl-diazetyltartrat folgende spezifische Drehungen in verschiedenen Lösungsmitteln[1]):

Der reine Ester zeigt das Drehungsvermögen $[\alpha]_D = +13{\cdot}3^0$

Lösungsmittel	$[\alpha]_D$
Schwefelkohlenstoff	+ 36·7
Azeton	+ 10·4
Äthylalkohol	+ 9·6
Äthylidenchlorid	+ 6·4
Tetrachlorkohlenstoff	+ 3·8
Benzol	+ 1·2

Die meisten Arbeiten auf diesem Gebiete sind von Frankland und Pickard[2]), Patterson[3]), Purdie und Barbour[4]) ausgeführt worden.

[1]) Freundler, Compt. rend. de l'Acad. d. Sciences **117**, 556 (1893). Ann. Chim. Phys. (7), **4**, 244 (1895).

[2]) Frankland und Pickard, Trans. **69**, 123 (1896).

[3]) Patterson, Trans. **79**, 167, 477 (1901); **81**, 1097, 1134 (1902); **85**, 1116, 1153 (1904). Patterson und Taylor, Trans. **87**, 122, 313. Patterson und McMillan, Trans. **91**, 504 (1907). Patterson und Thomson, Ber. d. deutsch. chem. Ges. **40**, 1243 (1907).

[4]) Purdie und Barbour, Trans. **79**, 957 (1901).

3. Abhängigkeit der spezifischen Drehung von der Temperatur[1]. Eine Temperatursteigerung bringt eine Änderung in der spezifischen Drehung hervor, die aber bei jeder Substanz verschieden ist; die Rotation mancher Körper steigt, die anderer wiederum fällt[2], so daß keine bestimmte Regel aufgestellt werden kann.

4. Einige Ursachen der Veränderlichkeit des Drehungsvermögens. a) Elektrolytische Dissoziation. — Die ersten Experimente, welche etwas Licht in diese Erscheinung brachten, wurden von Landolt[3] im Verlaufe seiner Untersuchungen über weinsaure Salze durchgeführt. Er beobachtete, daß die Molekularrotationen der Salze nahezu gleich waren und somit die Metallatome nur einen geringen Einfluß ausüben, welcher in keinem Verhältnis zu dem Atomgewicht steht. Ähnliche Resultate erhielt man bei verdünnten Lösungen aktiver Alkaloide in inaktiven Säuren.

Ferner hat man beobachtet, daß Salze der Äpfelsäure und Kamphersäure, die in konzentrierten Lösungen sehr verschiedene Drehungen zeigen, in ihrem molekularen Drehungsvermögen um so übereinstimmender werden, je mehr die Verdünnung zunimmt[4]. Die freie Äpfelsäure besitzt ein anderes Drehungsvermögen wie ihre Salze.

Hädrich[5] war der erste, welcher eine befriedigende Erklärung dieses Phänomens gab, indem er annahm, daß die Salze als Elektrolyte bei genügender Verdünnung größtenteils in ihre Ionen dissoziiert sind. Er formuliert seine Anschauung folgendermaßen: „Das Drehungsvermögen, nicht allein von Salzen, sondern überhaupt von Elektrolyten, ist in annähernd vollständig dissoziierten Lösungen unabhängig von dem inaktiven Ion.“ Der scheinbare Unterschied zwischen der Äpfelsäure und ihren Salzen ergibt sich aus der Tatsache, daß Apfelsäure ein schlechter Elektrolyt ist. Andererseits lassen die Resultate Rimbachs[6] und Shinns[7] darauf schließen, daß die Drehung der Elektrolyte von dem Grade ihrer Ionisation unabhängig ist.

b) Bildung oder Zerfall von Molekül-Aggregaten in Lösungen. Löst man Essigsäure in Äther, so erhält man das normale Molekulargewicht der Säure, also übereinstimmend mit $C_2H_4O_2$; löst man sie in Benzol, so erhält man ein Molekulargewicht, welches einem Molekül-Aggregat entspricht, das aus zwei Molekülen der

---

1) Guye und Aston, Compt. rend. de l'Acad. d. Sciences **124**, 194 (1897).

2) Guye und Amaral, Compt. rend. de l'Acad. d. Sciences **120**, 1345 (1895). Guye und Aston, Compt. rend. de l'Acad. d. Sciences **124**, 194 (1897). Frankland und McGregor, Trans. **65**, 760 (1894); **69**, 104 (1896). Frankland und Wharton, Trans. **69**, 1309 (1896). Walden, Ber. d. deutsch. chem. Ges. **36**, 781 (1903). Guye und Waßmer, Journ. chim. phys. **1**, 257 (1903). Patterson, Trans. **85**, 765 (1904). Großmann und Pätter, Ber. d. deutsch. chem. Ges. **37**, 84, 1260 (1903).

3) Landolt, Ber. d. deutsch. chem. Ges. **6**, 1077 (1873).

4) Schneider, Liebigs Annal. d. Chem. u. Pharm. **207**, 257 (1881).

5) Hädrich, Zeitschr. f. physikal. Chem. **12**, 476 (1893).

6) Rimbach, Zeitschr. f. physikal. Chem. **28**, 251 (1899).

7) Shinn, Zeitschr. f. physikal. Chem. **11**, 201 (1907).

Säure besteht $(C_2H_4O_2)_2$. Man hat daraus geschlossen, daß die in manchen Fällen beobachtete anomale Rotation auf die Gegenwart derartiger Molekül-Aggregate zurückzuführen sei. Um diese Frage näher zu bestimmen, wurden von verschiedenen Forschern[1]) diesbezügliche Untersuchungen durchgeführt, welche ergaben, daß in manchen Fällen ein tatsächlicher Zusammenhang zwischen Aggregatbildung und abnormer Rotation besteht, während wiederum in anderen keine derartigen Beziehungen gefunden wurden.

c) Bildung von mehrfach polymerisierten Molekülen in der Lösung (Kristallmoleküle). Nur wenige Verbindungen sind bekannt, welche die Eigenschaft besitzen, die Polarisationsebene sowohl im festen, als auch im gelösten Zustande zu drehen und in diesen Fällen wurde beobachtet, daß die Rotation im festen Zustande verschieden ist von der in der Lösung gefundenen. Diesen Unterschied führt man auf die Tatsache zurück, daß die Drehung einer Lösung allein durch die intramolekulare Anordnung der Atome hervorgerufen wird, die Rotation im kristallisierten Zustande aber weiter durch die Form der Kristalle modifiziert erscheint. Denselben Grund hat man angegeben, um einige abnorme Drehungen bei gelösten Körpern zu erklären.

Man nimmt an, daß in einer konzentrierten Lösung eine entsprechende Zahl von Molekülen zu einem asymmetrischen Molekül-Aggregat zusammentreten und als solches eine Wirkung auf die Polarisationsebene ausüben können, ebenso wie z. B. die Kristallform des kristallisierten Strychninsulfats die Drehung der asymmetrischen Einzelmoleküle beeinflußt.

Zum besseren Verständnis sollen zwei Beispiele dienen:

Äpfelsäure zeigt in konzentrierter Lösung Rechtsdrehung; bei zunehmender Verdünnung geht diese durch einen Inaktivitätspunkt allmählich in Linksdrehung über[2]). Ein ähnlicher Vorgang wird auch durch Erniedrigung der Temperatur hervorgerufen[3]). Bei d-Weinsäure ist der Vorgang umgekehrt; die Rotation geht bei zunehmender Verdünnung von links in rechts über[4]).

Diese Erscheinung kann nicht durch eventuelle elektrolytische Dissoziation erklärt werden, da Äpfelsäure und Weinsäure schlechte Elektrolyte sind und ihre Dissoziation sich erst in verdünnten Lösungen bemerkbar macht, bei welcher aber eine sichere Messung des Drehungswinkels nicht mehr möglich ist.

Ebensowenig kann man eine einfache Polymerisation als Ursache annehmen, da die Molekulargewichtsbestimmungen unter diesen Verhältnissen ein normales Molekulargewicht ergeben. Auch kann

---

1) Freundler, Ann. Chim. Phys. (7), **4**, 256 (1895). Pescetta, Gazetta **25**, II, 418 (1895). Walden, Zeitschr. f. physikal. Chem. **17**, 705 (1895). Frankland und Pickard, Trans. **69**, 123 (1896).

2) Schneider, Liebigs Annal. d. Chem. u. Pharm. **207**, 257 (1881).

3) Thomsen, Ber. d. deutsch. chem. Ges. **15**, 441 (1882).

4) Arndtsen, Ann. Chim. Phys. (3), **54**, 403 (1858). Ann. d. Physik **105**, 312 (1858).

man, wie später gezeigt werden wird, keine Hydratbildung in der Lösung annehmen [1]).

Die folgende Erklärung scheint die wahrscheinlichste zu sein: Man nimmt an, daß die Einzelmoleküle der d-Weinsäure rechts drehen, sich aber bei zunehmender Konzentration der Lösung immer mehr zu asymmetrischen linksaktiven Aggregaten aneinanderlagern. Somit müßte die d-Weinsäure im festen, kristalliserten Zustande linksdrehen, was auch gefunden wurde [2]). Später zeigte Walden, daß ähnliche Verhältnisse auch für die Äpfelsäure gelten [3]).

Diese Erklärung würde es auch verständlich machen, warum einige Körper in verschiedenen Löungsmiteln auch andere Drehungsänderungen zeigen, denn die einen Lösungsmittel begünstigen die Bildung derartiger Kristallmoleküle, andere wieder nicht. Es muß aber betont werden, daß diese Frage noch nicht endgültig in diesem Sinne als gelöst gelten kann; eingehendere Besprechungen findet man in Publikationen von Walden [4]); gleichzeitig sei eine diesbezügliche Kritik Pattersons [5]) erwähnt.

d) Verbindung des aktiven Körpers mit dem Lösungsmittel. Man hat versucht, die Veränderlichkeit der spezifischen Drehung, die durch zunehmende Verdünnung hervorgerufen wird, durch die Bildung immer wasserreicherer Hydrate zu erklären. Diese Annahme ist sehr unwahrscheinlich, da das Verhältnis der wasserhaltigen zu den wasserfreien Molekülen für alle Konzentrationen, mit Ausnahme sehr verdünnter Lösungen, das nämliche ist [6]). Obgleich die allgemeine Bildung von Hydraten als unwahrscheinlich gelten kann, unterliegt es doch keinem Zweifel, daß in bestimmten Fällen Verbindungen gebildet werden, welche einen Einfluß auf die Drehung der aktiven Substanz ausüben. Derartige Beobachtungen wurden gemacht bei: Nikotin [7]), Äpfelsäure [8]), Rhamnosehydrat [9]); ferner bei Propyltartrat [10]) in Benzol und bei einigen Alkaloiden [11]) in Alkohol und Benzol.

e) Hydrolyse. Noch sind keine bestimmten Resultate über diesen Punkt bekannt; doch unterliegt es wohl kaum einem Zweifel, daß die Hydrolyse bei der Drehungsänderung gewisser Salze, schwacher Basen und Säuren eine Rolle spielt.

---

[1]) Nasini und Gennari, Zeitschr. f. phys. Chem. **19**, 113 (1896).
[2]) Biot, Ann. Chim. Phys. (**3**), **28**, 351 (1850).
[3]) Walden, Ber. d. deutsch. chem. Ges. **32**, 2849 (1899); **40**, 2463 (1907).
[4]) Walden, Ber. d. deutsch. chem. Ges. **38**, 345 (1905); **40**, 2463 (1907).
[5]) Patterson, Ber. d. deutsch. chem. Ges. **38**, 4090 (1905); **40**, 1243 (1907).
[6]) Nernst, Zeitschr. f. phys. Chem. **11**, 345 (1893). Vgl. auch Patterson, Ber. d. deutsch. chem. Ges. **41**, 113 (1908).
[7]) Landolt, Liebigs Annal. d. Chem. u. Pharm. **189**, 311 (1877).
[8]) Schneider, Liebigs Annal. d. Chem. u. Pharm. **207**, 257 (1881).
[9]) Raymann und Kruis, Bull. Soc. chim. (**2**), **48**, 632 (1887). Raymann, Ber. d. deutsch. chem. Ges. **21**, 2050 (1888). Jacobi, Liebigs Annal. d. Chem. u. Pharm. **272**, 178 (1893). Pařizek und Šule, Ber. d. deutsch. chem. Ges. **26**, 1411 (1893).
[10]) Freundler, Bull. Soc. chim. (**3**), **9**, 683 (1893).
[11]) Wyrouboff, Ann. Chim. Phys. (**7**), **1** (1894).

f) Kleine Änderungen im atomistischen Gleichgewicht der Moleküle. Wenn der Einfluß eines Lösungsmittels auf das optische Drehungsvermögen nicht auf Hydratbildung oder eine andere der voran beschriebenen Ursachen zurückgeführt werden kann, so ist dennoch eine Erklärung möglich, wenn wir annehmen, daß die Moleküle des Lösungsmittels und der aktiven Körper sich zu einem gewissen Betrage beeinflussen.

Man kann sich leicht vorstellen, daß die Gegenwart fremder Moleküle in unmittelbarer Nähe der aktiven eine gewisse Modifikation der räumlichen Atomanordnung der letzteren hervorrufen kann, ohne dadurch die intramolekulare Stabilität der Moleküle zu stören und ihren Untergang herbeizuführen. Durch eine derartige intramolekulare Änderung der Moleküle würde natürlich auch eine andere Wirkung auf die Polarisationsebene hervorgerufen werden, als bei normalem Zustande; je größer nun die Anzahl der inaktiven Moleküle ist, um so stärker wird ihr Einfluß werden und so dürfte wahrscheinlich bei zunehmender Verdünnung eine korrespondierende Wirkung auf die spezifische Drehung zur Geltung kommen.

§ 2. Spezifische Drehung zusammengesetzter Systeme.

1. Lösung eines aktiven Körpers in zwei inaktiven Flüssigkeiten. Falls man die Änderung der spezifischen Drehung im ersten Lösungsmittel durch die Gleichung

$$[\alpha]_1 = a + b_1 q + c_1 q^2$$

und die des zweiten Lösungsmittels durch:

$$[\alpha]_2 = a + b_2 q + c_2 q^2$$

ausdrückt, worin a ungefähr in beiden Ausdrücken gleich ist, dann wird die Wirkung einer Mischung beider, falls keine Volumänderung beim Mischen eintritt, gleich sein:

$$[\alpha] = a + (b_1 \cdot p_1 + b_2 p_2) q + (c_1 p_1 + c_2 p_2) q^2,$$

worin ein Gewichtsteil der Mischung „p_1" Teile der einen und „p_2" Teile der anderen Komponente und ferner 100 Gew.-Teile der Lösung der aktiven Substanz q Teile inaktives Flüssigkeitsgemisch enthalten.

In Fällen, wo die Substanzen sich unter Kontraktion mischen, muß eine Korrektur angebracht werden.

2. Mischungen von zwei flüssigen aktiven Substanzen. Falls wir annehmen, daß zwei aktive Substanzen in ihrer Mischung sich nicht gegenseitig in ihrem Drehungsvermögen beeinflussen, so wird man als spezifische Drehung der Mischung $[\alpha]_m$ erhalten:

$$[\alpha]_m = \frac{p_1 [\alpha_1] + p_2 [\alpha]_2}{p_1 + p_2}$$

wenn das Gemisch aus:

p_1-Gewichtsteilen des einen Körpers mit der spezifischen Drehung $[\alpha]_1$,

und p_2-Gewichtsteilen des anderen Körpers mit der spezifischen Drehung $[\alpha]_2$ besteht.

3. Lösung von zwei aktiven Körpern in einer inaktiven Flüssigkeit. Die Mischung soll enthalten:

A_1 Gewichtsprozente der ersten aktiven Substanz
A_2 „ „ zweiten „ „
und F „ des inaktiven Lösungsmittels.

Die Änderung, die das Lösungsmittel auf die spezifische Drehung des ersten aktiven Körpers ausübt, sei gleich:

$$[\alpha]_1 = a_1 + b_1 p + c_1 p^2 \qquad \text{(I)}$$

diejenige auf die zweite aktive Verbindung sei gleich

$$[\alpha]_2 = a_2 + b_2 p + c_2 p^2 \qquad \text{(II)}$$

Wenn p den Prozentgehalt jeder einzelnen Lösung an aktiver Substanz bezeichnet, so erhalten wir, falls wir in Gleichung I

für p den Wert $\frac{100 \cdot A_1}{A_1 + F}$ — in Gleichung II

für p_2 den Wert $\frac{100 \cdot A_2}{A_2 + F}$ setzen,

aus den so gewonnenen Werten für $[\alpha]_1$ und $[\alpha]_2$ die spezifische Rotation der Mischung =

$$[\alpha]_m = \frac{A_1 [\alpha]_1 + A_2 [\alpha]_2}{A_1 + A_2}.$$

4. Zusatz inaktiver Körper zu der Lösung einer aktiven Substanz. Wird eine inaktive Substanz zu der Lösung eines aktiven Körpers zugefügt, so wird eine Änderung der spezifischen Drehung eintreten, hervorgerufen durch eine Änderung des chemischen Gleichgewichtes, des Dissoziationsgrades oder durch Bildung neuer Verbindungen. So z. B. bedingt die Zugabe schwacher Basen oder Säuren häufig eine bedeutende Steigerung der spezifischen Rotation. Biot fand 1837, daß die Zugabe von Borsäure zu einer wässerigen Lösung von Weinsäure eine bedeutende Steigerung der Aktivität der letzteren hervorruft und desgleichen beobachtete Vignon[1]), daß die Auflösung von Borax in einer Lösung von Mannit die Drehung desselben erhöht; auch Fischer[2]) fand später eine ähnliche Wirkung bei den von ihm entdeckten Pentiten und Hexiten. Diese Wirkung ist oft sehr nützlich, um geringe Drehungen besser sichtbar zu machen. Salze der Molybdänsäure, Wolframsäure und Arsensäure wirken in ähnlicher Weise.

Aus den Beobachtungen von Magnanini[3]) scheint hervorzugehen, daß z. B. Mannit und Borax sich zu einer wirklichen Verbindung vereinigen. Es ist bemerkenswert, daß diese Erscheinung nur bei Poly-oxyverbindungen, wie Poly-alkoholen und Oxysäuren

---

1) Vignon, Compt. rend. de l'Acad. d. Sciences **77**, 1191 (1873). Ann. Chim. Phys. (**5**) **2**, 440 (1873).

2) Fischer, Ber. d. deutsch. chem. Ges. **23**, 385 (1890).

3) Magnanini, Gazetta **20**, 428 (1890); **21**, 134 (1891). Zeitschr. f. physik. Chem. **6**, 58 (1890).

beobachtet wurde; es scheint demnach nicht unmöglich, daß zyklische Verbindungen gebildet werden. Ferner hat man gefunden, daß Borax, welcher an sich alkalische Reaktion zeigt, einer Zuckerlösung einen stark sauren Charakter verleiht. Auf Grund dieses Verhaltens nimmt van't Hoff[1]) die Bildung von ringförmigen Komplexen nach folgendem Schema als immerhin möglich an:

$$\begin{array}{l} =C-O\diagdown \\ \quad\,|\qquad\quad >B-O-H \\ =C-O\diagup \end{array}$$

Weber und Mc Pherson[2]) fanden, daß das Drehungsvermögen bestimmter Substanzen durch die Gegenwart großer Mengen von Salzsäure, Soda und Essigsäure beeinflußt wird. Außerdem sei auf eine Reihe weiterer Arbeiten anderer Forscher auf diesem Gebiete hingewiesen[3]). Aus Untersuchungen aller Elemente, deren Verbindungen die Fähigkeit besitzen, das Drehungsvermögen zu erhöhen:

II.	III.	IV.	V.	VI.
Be	B	Ti	As	Mo
		Zr	Sb	W
				U

schließt Walden[4]), daß die größte Wirkung durch die Elemente der sechsten Gruppe des periodischen Systems hervorgerufen wird; während ihre Oxyde keinen stark ausgeprägten basischen oder sauren Charakter zeigen, besitzen sie die Fähigkeit, hochmolekulare Komplexe zu liefern.

§ 3. Mutarotation[5]).

1. Mutarotation der Zuckerarten. Man hat gefunden, daß Lösungen bestimmter optisch aktiver Substanzen beim längeren Stehen ihr Drehungsvermögen bis zu einem gewissen Grade verändern. Diese Erscheinung wird „Mutarotation" genannt.

---

1) Van't Hoff, „Die Anordnung der Atome im Raume" S. 151.

2) Weber und Mc Pherson, Journ. Amer. Chem. Soc. **17**, 312, 320 (1895).

3) Gernez, Compt. rend. de l'Acad. d. Sciences **106**, 1527 (1888); **108**, 942; **109**, 151 (1889); **110**, 529; **111**, 792 (1890); **112**, 226 (1891). Long, Amer. Journ. Sci. (3), **40**, 275 (1890). Pribram, Zeitschr. f. analyt. Chem. **30**, 313 (1891). Haller, Compt. rend. de l'Acad. d. Sciences **112**, 144 (1891). Farnsteiner, Ber. d. deutsch. chem. Ges. **23**, 3570 (1890). Bremer, Rec. trav. chim. **6**, 255 (1887). Pottevin, Journ. Physique (3), **8**, 373 (1899). Walden, Ber. d. deutsch. chem. Ges. **30**, 2889, (1897). Großmann und Pöttler, Ber. d. deutsch. chem. Ges. **38**, 3874 (1905). Henderson, Orde und Whitehead, Trans. **75**, 542 (1899). Henderson und Prentice, Trans. **83**, 259 (1903). Milroy, Zeitschr. f. physikal. Chem. **50**, 443 (1905). Großmann, Zeitschr. Ver. deutsch. Zuckerind. **1905**, 650. Rosenheim und Itzig, Ber. d. deutsch. chem. Ges. **33**, 707 (1900). Itzig, Ber. d. deutsch. chem. Ges. **34**, 2391 (1901). Großmann und Pötter, Zeitschr. f. physik. Chem. **56**, 577 (1906).

4) Walden, Ber. d. deutsch. chem. Ges. **38**, 345 (1905).

5) Diese Erscheinung hat verschiedene Namen erhalten wie: Birotation, Multirotation, Tautorotation usw.; die Bezeichnung Mutarotation scheint die befriedigendste zu sein.

Die Geschwindigkeit der Drehungsänderung wurde von Urech[1]) gemessen, welcher speziell beim Traubenzucker und Milchzucker fand, daß sie nach der Formel für monomolekulare Reaktionen verläuft:

$$\frac{dx}{dt} = k(a - x)$$

Weitere mannigfaltige Versuche von Urech, Levy[2]) und Trey[3]) hatten den Zweck, den Einfluß zugesetzter Körper auf die Umwandlungsgeschwindigkeit festzustellen; die erhaltenen Resultate zeigten, daß die Wirkung einer Säure proportional ihrer Affinitätskonstante ist und daß Basen eine enorme Beschleunigung der Umwandlungsgeschwindigkeit hervorrufen, während Salze, mit Ausnahme von Chlornatrium, nur eine beschleunigende Wirkung bedingen, besonders jene mit alkalischer Reaktion. Für das verschiedene Verhalten des Kochsalzes fehlt jede Erklärung. Alkohole, Phenol, Naphtalin, Diphenylamin, Succinamid, Azeton verringern die Umwandlungsgeschwindigkeit[4]).

Man hat drei Erklärungen für diese Erscheinung zu geben versucht.

Landolt und andere[5]) haben angenommen, daß sich Kristallmoleküle von aktivem Bau bilden, die dann allmählich in Moleküle von niedriger Drehung zerfallen.

Erdmann[6]) und Béchamp[7]) basieren ihre Anschauung auf der Annahme, daß der Drehungsrückgang durch Aufnahme oder Abspaltung von Wasser bedingt wird, wofür auch einige Tatsachen sprechen. Andererseits führt Trey[8]) folgende Punkte dagegen an: Erstens nimmt die Umwandlungsgeschwindigkeit bei Zusatz von mehr und mehr Wasser zu einer alkoholischen Lösung einer aktiven Substanz auch immer mehr zu; zweitens tritt Mutarotation auch in rein methyl- und äthylalkoholischer Lösung ein; drittens wirkt die Gegenwart anderer Substanzen in einer Lösung auf das Drehungsvermögen ein und endlich zeigt Glukosehydrat, ob in wässeriger oder alkoholischer Lösung, ebenso wie sein Anhydrid, die Erscheinung der Mutarotation, welche demnach nicht durch eine Umwandlung des einen in das andere hervorgebracht werden kann.

---

1) Urech, Ber. d. deutsch. chem. Ges. **15**, 2132 (1882); **16**, 2270 (1883); **17**, 1545 (1884); **18**, 3059 (1885).

2) Levy, Zeitschr. f. physikal. Chem. **17**, 301 (1895).

3) Trey, Zeitschr. f. physikal. Chem. **18**, 205 (1895); **22**, 439 (1897); **46**, 620 (1903).

4) Dubrunfaut, Compt. rend. de l'Acad. d. Sciences **42**, 228 (1856). Levy, Zeitschr. f. physikal. Chem. **17**, 301 (1895). Trey, Zeitschr. f. physikal. Chem. **22**, 450 (1897).

5) Landolt, das optische Drehungsvermögen organischer Substanzen, S. 58. Přibram, Monatsh. **9**, 401 (1888). Hammerschmidt, Zeitschr. Ver. deutsch. Zuckerind. **40**, 939 (1890). Wyrouboff, Compt. rend. de l'Acad. d. Sciences **115**, 832 (1893).

6) Erdmann, Jahresberichte **1855** (672).

7) Béchamp, Compt. rend. de l'Acad. d. Sciences **40**, 436 (1855); **42**, 640, 896 (1856).

8) Trey, Zeitschr. f. physikal. Chem. **18**, 193 (1895).

Die dritte Erklärung scheint am besten zu befriedigen. Sie nimmt an, daß die mutarotierenden Zuckerarten in verschiedenen isomeren Modifikationen existieren, welche sich in wässeriger Lösung ineinander umwandeln. Diese Annahme wurde von Erdmann[1]), Dubrunfaut[2]) und Béchamp[3]) gemacht. Sie wird gestützt durch die Arbeiten von Tanret[4]), welcher fand, daß l-Arabinose in zwei, d-Glukose sogar in drei Modifikationen existiert. Tanret[5]) hat aber weiterhin seine frühere Ansicht, daß drei Formen existieren, aufgegeben. Bei Betrachtungen über die Konstitution dieser Verbindungen weist van't Hoff in der zweiten Auflage seines Buches „Die Lagerung der Atome im Raume" auf die Analogie zwischen den Zuckern und den laktonbildenden Säuren hin. Aus dieser Betrachtung würde sich z. B. bei der Xylose, welche in zwei Modifikationen bekannt ist, für die höher drehende Form die Annahme einer zyklischen Verbindung von der Strukturformel

$$CH_2 \cdot OH - CH - CH(OH)_2 - CH \cdot OH$$
$$\llcorner\text{———}\ O\ \text{———}\lrcorner$$

ergeben; der zweiten Verbindung käme dann die gewöhnliche Struktur zu:

$$CH_2OH - (CH \cdot OH)_3 - CHO.$$

Auf diesbezügliche neuere Arbeiten von Behrend und Roth[6]), Heikel[7]), Jungius[8]) und Lowry[9]) sei hingewiesen.

Osaka[10]) betrachtet die d-Glukose als eine schwache Säure; die Geschwindigkeit ihrer Drehungsabnahme ist ungefähr proportional der Konzentration der Hydroxylionen.

2. Oxysäuren und ihre Laktone[11]). Wenn die wässerige Lösung einer Oxysäure längere Zeit bei gewöhnlicher Temperatur stehen bleibt, erhöht sich ihr Drehungsvermögen allmählich, und umgekehrt verringert sich dasselbe bei einer wässerigen Lösung des entsprechenden Laktons. Die Ursache der Erscheinung liegt darin, daß sowohl die Säure wie ihr Lakton in wässeriger Lösung eine gegenseitige Umwandlung erleiden, welche allmählich bis zu einem bestimmten Gleichgewichtszustand führt. Die Umwandlung der Säure

---

1) Erdmann, Jahresberichte **1885**, 672; **1856**, 639; Ber. d. deutsch. chem. Ges. **13**, 2180 (1880).

2) Dubrunfaut, Compt. rend. de l'Acad. d. Sciences **42**, 739 (1856).

3) Béchamp, Compt. rend. de l'Acad. d. Sciences **42**, 896 (1856). Bull. soc. chim. (**3**) **15**, 195 (1896).

4) Tanret, Compt. rend. de l'Acad. d. Sciences **120**, 1060 (1895). Bull. soc. chim. (**3**) **15**, 195, 349 (1896).

5) Tanret, Bull. soc. chim. (**3**), **33**, 35 (1905). Zeitschr. f. physikal. Chem. **53**, 692 (1905).

6) Behrend und Roth, Liebigs Annal. d. Chem. u. Pharm. **331**, 359 (1904).

7) Heikel, Liebigs Annal. d. Chem. u. Pharm. **338**, 71 (1904).

8) Jungius, Zeitschr. f. physikal. Chem. **52**, 97 (1905).

9) Lowry, Trans. **83**, 1314 (1903); **85**, 1551 (1904).

10) Osaka, Zeitschr. f. physikal. Chem. **35**, 661 (1900). Vgl. Cohen ibid. **37**, 69 (1901).

11) Hudson, Zeitschr. f. physikal. Chem. **44**, 487 (1903).

in ihr Lakton kann durch Zugabe von Säuren beschleunigt werden; und zwar ist der Effekt der Säure proportional ihrer Affinitätskonstante. Basen beschleunigen ebenfalls die Reaktion und auch hier ist die Wirkung proportional der Intensität ihres basischen Charakters.

3. Ester von β-Keton- und β-Aldehydsäuren. Lapworth und Hann[1]) haben in einer diesen Punkt betreffenden Arbeit gezeigt, daß Tautomerie in dem Falle die Ursache der Mutarotation ist.

$$\text{(I)}\quad CH_3-CO-\underset{\substack{|\\ C_6H_5-N_2}}{CH}-COOC_2H_5 \qquad \text{(II)}\quad CH_3-\underset{\substack{|\\ HO}}{C}=\underset{\substack{|\\ N_2\cdot C_6H_5}}{C}-COOC_2H_5$$

$$\text{(III)}\quad CH_3-CO-\underset{\substack{|\\ N_2-C_6H_5}}{CBr}-COOC_2H_5$$

Zum Beispiel Phenyl-azo-azetessigester (I) und (II) zeigt Mutarotation; ersetzt man das α-Wasserstoffatom durch Brom (III), so wird keine Mutarotation mehr beobachtet.

---

1) Lapworth und Hann, Trans. **81**, 1491 (1902).

B. Stereoisomerie ohne optische Aktivität.

I. Cis-trans-Isomerie in zyklischen Verbindungen.

§ 1. Allgemeine Theorie über die Konfiguration gesättigter zyklischer Verbindungen.

Bereits in einem vorhergehenden Kapitel wurde erwähnt, daß in zyklischen Verbindungen, welche mehr als ein asymmetrisches Kohlenstoffatom enthalten, die Unterschiede der beiden isomeren Formen bedeutend größere sind als bei Verbindungen mit offener Kette. Die Ursache dieser Erscheinung wurde in der Ringbildung angenommen, welche die Schwingungen der Atome einer ringförmigen Verbindung in weit stärkerem Maße begrenzt, als es bei Verbindungen mit offener Kette der Fall ist. Die Unterschiede beider Verbindungsklassen werden in diesem Kapitel in einigen Fällen mit noch größerer Deutlichkeit gezeigt werden.

Man hat gefunden, daß zwei isomere, strukturidentische Verbindungen existieren können, von denen die eine Verbindung bestimmte intramolekulare Reaktionen eingehen kann, welche bei der anderen nicht eintreten. Diesen Unterschied kann man erklären, wenn man annimmt, daß im ersten Fall die reagierenden Atome nahe aneinander gelagert sind, während sie im letzten Falle räumlich soweit auseinander liegen, daß sie sich gegenseitig nicht mehr chemisch beeinflussen können.

In Verbindungen mit offener Kette treten solche Erscheinungen nur vereinzelt auf, während sie in der zyklischen Reihe allgemein sind.

Man ersieht demnach, daß die Ringbildung eine beträchtliche Änderung gewisser Eigenschaften der Substanzen hervorrufen kann.

Falls wir von denselben Grundsätzen ausgehen wie bei der Konfigurationsbestimmung des Moleküls MR_4, kommen wir zu dem Schluß, daß die Zentren der Kohlenstoffatome einer karbozyklischen Verbindung in einer Ebene liegen müssen, da diese Anordnung die geringste Abweichung von der normalen Gleichgewichtslage der Atome besitzt.

Der Fall wird nicht beeinträchtigt, wenn ein anderes Atom an Stelle eines Kohlenstoffatoms in den Ring eingeführt wird, wie z. B. beim Äthylenoxyd:

$$\begin{array}{l} CH_2\diagdown \\ \mid \qquad \rangle O \\ CH_2\diagup \end{array}$$

Wenn wir nun das Trimethylen betrachten, so ist wohl als sicher anzunehmen, daß die verschiedenen Atome zu drei Partien in drei parallelen Ebenen gelagert sind; die Zentren der Kohlenstoffatome liegen in einer Ebene, während sich auf jeder Seite derselben in einer parallelen Ebene je drei Wasserstoffatome befinden.

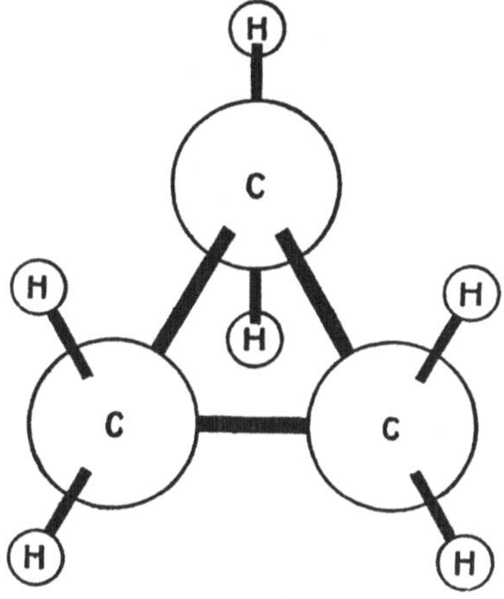

Fig. 27.

Es würde ungeschickt sein, in allen Fällen Tetraeder oder Kugeln als Symbole für das Kohlenstoffatom anzuwenden; im folgenden werden Formeln benützt, welche dieselbe Idee ausdrücken:

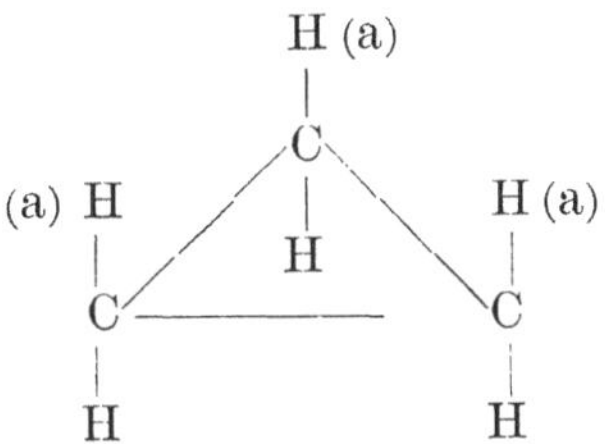

Die mit (a) bezeichneten Wasserstoffatome liegen über der Ringebene, während die anderen drei unterhalb derselben angeordnet sind. Wenn wir nun die Substitutionsfrage erörtern, finden wir sogleich einen großen Unterschied zwischen kettenförmigen Verbindungen und ringförmigen Substanzen.

Betrachten wir z. B. das α-β-Dichlorpropan, so können wir dasselbe entweder nach Formel (I) oder (II) schreiben:

```
      H   Cl  H                 H   Cl  Cl
      |   |   |                 |   |   |
  H — C — C — C — H         H — C — C — C — H
      |   |   |                 |   |   |
      H   H   Cl                H   H   H
         (I)                       (II)
```

In diesem Falle besteht kein Unterschied zwichen beiden Substanzen, denn durch eine einfache Drehung des rechts stehenden Kohlenstoffatoms kann man (I) in (II) oder (II) in (I) verwandeln.

Betrachten wir nun eine zyklische Verbindung, so ändert sich der Fall vollkommen: Hier kann eine derartige Drehung um eine verbindende Achse nicht erfolgen, ohne das Gleichgewicht des Ringes zu zerstören. Da angenommen wird, daß sich die Atome eines zyklischen Moleküls in der stabilsten Lage befinden, müßte schon ein heftiger Eingriff erfolgen, der, einige extreme Fälle ausgenommen, sicherlich die Aufspaltung des Moleküls zur Folge haben würde.

In einer zyklischen Verbindung können wir daher zwei strukturidentische Substitutionsprodukte erwarten, die sich in der räumlichen Anordnung ihrer Atome im Molekül unterscheiden.

Allerdings trifft dies nicht in allen Fällen zu, denn die beiden unten angeführten Verbindungen sind identisch, obgleich sie auf den ersten Blick verschieden erscheinen, denn wir brauchen nur das Modell so zu drehen, daß die obere Seite nach unten kommt, um zu finden, daß beide gleich sind.

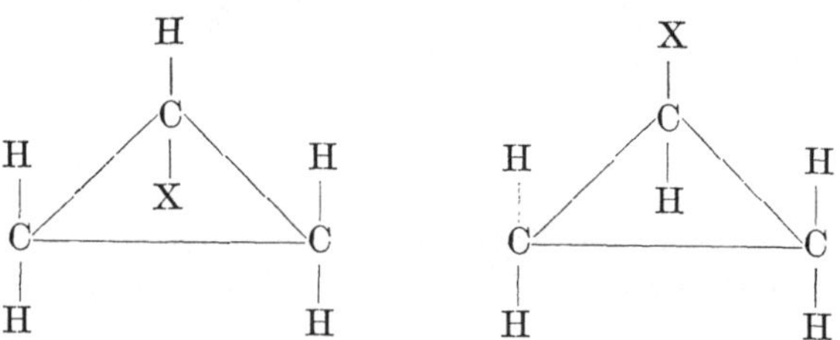

Das erste Beispiel der räumlichen Isomerie erscheint erst bei disubstituierten Verbindungen.

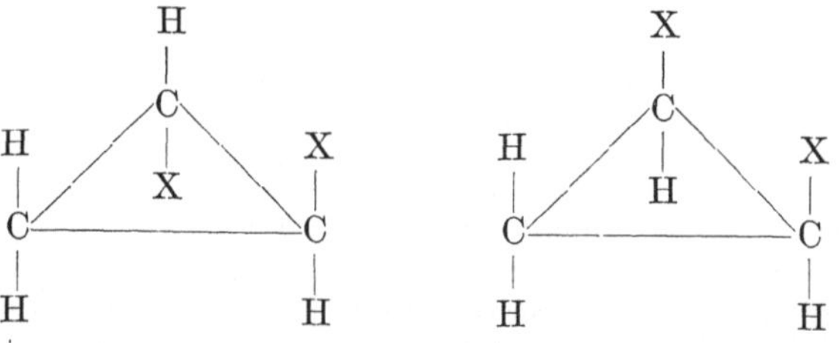

Diese beiden Figuren können durch keine Drehung miteinander zur Deckung gebracht werden, denn im ersten Falle liegen die zwei Gruppen in zwei verschiedenen, im zweiten dagegen in ein und derselben Ebene. Teilweise ungesättigte Verbindungen können dieselben Isomerie-Erscheinungen zeigen.

Um die isomeren Formen voneinander zu unterscheiden, benützt man folgende Nomenklatur: Liegen zwei Substituenten in derselben Ebene, so sagt man, sie befinden sich in „cis-Stellung" zueinander; befinden sich beide Substituenten in verschiedenen Ebenen, so sagt man, sie stehen in „trans-Stellung" zueinander.

Es erscheint passend, an dieser Stelle auch die Konfigurationen bizyklischer Verbindungen zu besprechen.

Es gibt drei Hauptklassen:

1. Beide Systeme haben ein Atom gemeinsam.

In diesem Falle liegen die zwei Ringe im rechten Winkel zueinander.

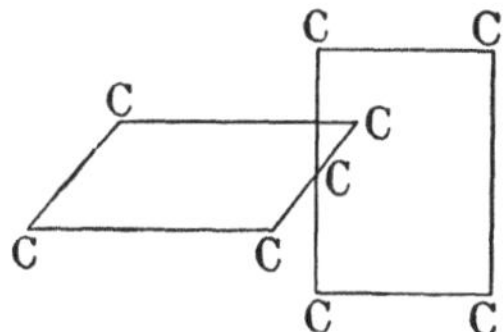

2. Beide Systeme haben zwei Atome gemeinsam.

Hier sind zwei Fälle möglich:

Beide Ringebenen können unter einem Winkel aufeinander treffen oder sich kreuzen.

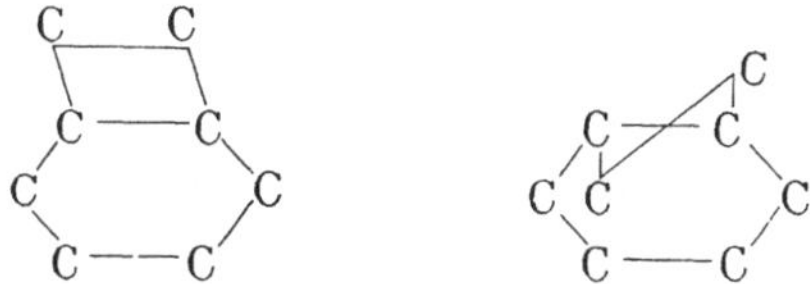

3. Beide Systeme haben mehr als zwei Atome gemeinsam.

Hier sind wieder zwei Möglichkeiten gegeben, genau wie im letzten Falle:

Der zweite Ring kann an zwei Affinitäten gebunden sein, welche auf derselben, oder aber auf der entgegengesetzten Seite der ersten Ringebene liegen.

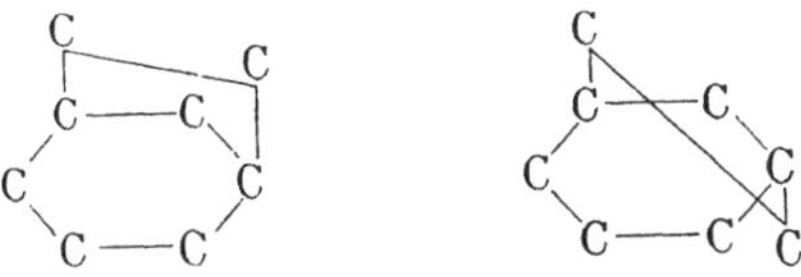

Es ist ersichtlich, daß der Fall mit gekreuzten Ringebenen nur unter sehr außergewöhnlichen Umständen eintreten wird, da diese Formation die Atome sehr weit von ihrer stabilen Lage entfernt.

§ 2. Konfigurationsverschiedenheit hervorgerufen durch Substitution.

Der Fall, in welchem Substitution bei einer gesättigten zyklischen Verbindung die Bildung eines asymmetrischen Kohlenstoffatoms hervorruft, wurde bereits mitgeteilt; im vorliegenden Abschnitt wird eine andere Art von Asymmetrie behandelt.

Falls wir in eine Ringverbindung vom Typus des Tetramethylens einen einzelnen Substituenten einführen, wird keine wirkliche Asymmetrie erzeugt; führen wir nun in dieses Mono-Substitutionsprodukt einen zweiten Substituenten ein, so kann Asymmetrie entstehen. Die Einführung dieses zweiten Substituenten kann aber in zwei Wegen erfolgen: nämlich entweder unter Bildung einer symmetrischen oder aber unsymmetrischen Verbindung. Da diese Fälle sich in beträchtlicher Weise voneinander unterscheiden, so erscheint es zweckmäßig, dieselben der Reihe nach hier zu besprechen. Wir betrachten zunächst den Fall der symmetrischen Substitution.

a) Symmetrische Substitution. Nehmen wir eine zyklische Verbindung vom Typus des Tetramethylens und führen einen einzelnen Substituenten ein, so wird das Molekül unsymmetrisch (I); um die Symmetrie wieder herzustellen, müssen wir einen zweiten Substituenten in der Weise einführen, daß die Verbindungslinie der Substituenten eine Symmetrielinie des Moleküls wird (II).

```
    /CH2\             /CH2\
 CH2     CHR       CHR     CHR
    \CH2/             \CH2/
     (I)               (II)
```

Hier ist keine Möglichkeit zur Bildung eines strukturell-asymmetrischen Kohlenstoffatoms gegeben; es gibt aber, wie wir bereits früher gesehen haben, noch eine andere Art von Isomerie, welche hier auftritt. Das beste Beispiel dafür bietet die Hexahydroterephtalsäure, welche von v. Baeyer[1]) eingehender behandelt wurde und aus dessen Publikation wir folgendes entnehmen:

```
              H               H
              |               |
 COOH       /C2 - - - - - - -3C\        COOH
 |         /  |               |  \       |
 |        /   H               H   \      |
 C1                                    4C
 |        \   H               H   /      |
 |         \  |               |  /       |
 H          \C6--------------5C/         H
              |               |
              H               H
                     (I)
```

[1]) v. Baeyer, Liebigs Annal. d. Chem. u. Pharm. **245**, 128 (1888).

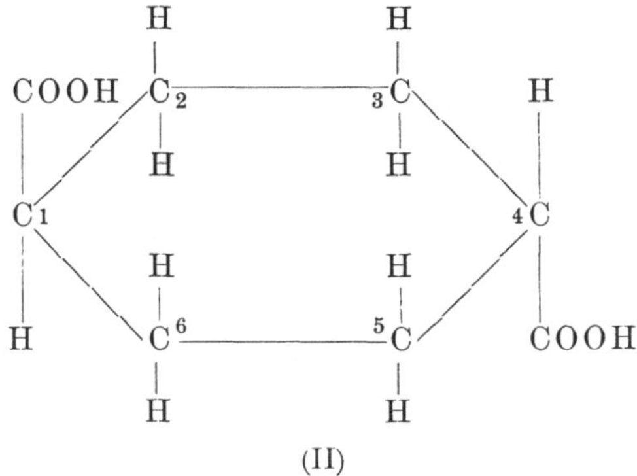

(II)

„Man denke sich den Körper des Beobachters in der Kontur des Ringes (Formel I) liegend, die Füße bei (1), den Kopf bei (2) und das Gesicht dem Mittelpunkt des Ringes abgewendet. Schwimmt derselbe nun in dieser Stellung in der Kontur weiter, bis sein Kopf bei (4) angelangt ist, so erblickt er das Karboxyl oben und zur linken Hand, das H (4) dagegen zur rechten. Verläßt der Beobachter dagegen das Kohlenstoffatom (1) in der umgekehrten Richtung, aber in derselben Stellung — die Füße bei (1), den Kopf bei (6), das Gesicht dem Mittelpunkt des Ringes abgewendet —, so erblickt er, bei (4) angelangt, das Karboxyl rechts und H (4) links, also umgekehrt. Die zwei Affinitäten des Kohlenstoffatoms (1), welche zur Bildung des Ringes dienen, sind daher nicht gleich gebunden, folglich ist das Kohlenstoffatom (1) asymmetrisch. Dasselbe Verhältnis findet statt, wenn man von dem Kohlenstoffatom (4) nach links und nach rechts zu dem Kohlenstoffatom (1) geht, folglich enthält die Formel (I) zwei asymmetrische Kohlenstoffatome (1) und (4). Dasselbe gilt für die Formel II.“

Dies ist zweifellos ein spezieller Fall von Pseudo-Asymmetrie; aber hier ist die Asymmetrie der beiden Kohlenstoffatome wechselseitig voneinander abhängig, die eine ist durch die andere bedingt, denn ersetzt man an einem der beiden asymmetrischen Kohlenstoffatome die Karboxylgruppe durch Wasserstoff, so verschwindet auch die Asymmetrie des anderen. v. Baeyer bezeichnet daher diese Art von Asymmetrie als „relative Asymmetrie“.

Die Zahl der relativ-asymmetrischen Kohlenstoffatome in einer zyklischen Verbindung kann durch weitere symmetrische Einführung von Substituenten erhöht werden.

Zum Beispiel enthält Formel (I) drei und Formel (II) vier „relativ-asymmetrische“ Kohlenstoffatome:

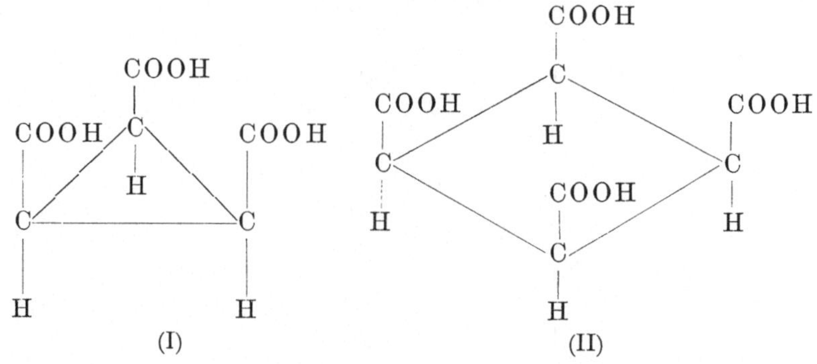

Da jedes Paar relativ-asymmetrischer Kohlenstoffatome Anlaß zur Bildung zweier Isomeren gibt, ist die Anzahl der Isomeren in einem beliebigen Falle gleich der n^{ten} Potenz von 2, worin n die ganze Zahl ist, welche man erhält, wenn die Zahl der relativ asymmetrischen Kohlenstoffatome halbiert wird.

Zum Beispiel bei einer Verbindung, welche vier relativ asymmetrische Kohlenstoffatome enthält, ergibt sich die Zahl der Isomeren zu:

$$\frac{4}{2} = 2; \text{ daher } 2^2 = 4.$$

Bei 7 relativ asymmetrischen Kohlenstoffatomen:

$$\frac{7}{2} = 3\,{}^1/_2; \text{ daher } 2^3 = 8.$$

Die folgende Tabelle gibt die Anzahl der Isomeren für Verbindungen an, welche relativ asymmetrische Kohlenstoffatome in der Zahl von 1—8 enthalten.

Relativ asymmetrische Kohlenstoffatome:	Zahl der möglichen Isomeren:
2	2
3	2
4	4
5	4
6	8
7	8
8	16

Zu einer einfachen Darstellung dieser Isomeren kann man sich der bereits beschriebenen von Aschan ersonnenen Methode bedienen [1]).

b) Unsymmetrische Substitution. In seinen Hauptzügen unterscheidet sich der Fall „unsymmetrischer Substitution“ nicht von jenem der symmetrischen Substitution.

---

1) Siehe S. 69.

$$\begin{array}{ccc} CH_2 - CHR & \qquad & CH_2 - CH \cdot R \\ | \qquad\; | & & | \qquad\; | \\ CH_2 - CHR & & R \cdot CH - CH_2 \\ \text{(I)} & & \text{(II)} \end{array}$$

Die Verbindung (I) existiert ebenso wie die symmetrisch substituierte Verbindung (II) in zwei Formen:

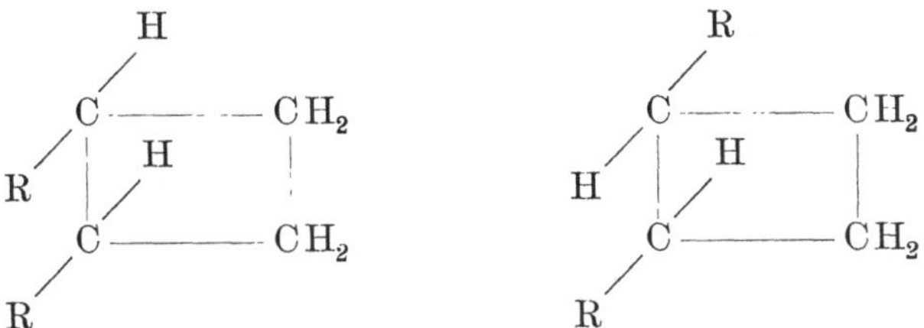

Der Fall ist aber etwas komplizierter als der vorangegangene, denn in dieser Verbindung sind die zwei Kohlenstoffatome strukturasymmetrisch und nicht pseudo-asymmetrisch.

Dies kann man ohne weiteres ersehen, wenn man im obigen Falle die Gruppe $- CH_2 - CH_2 -$ durch das Radikal X ersetzt.

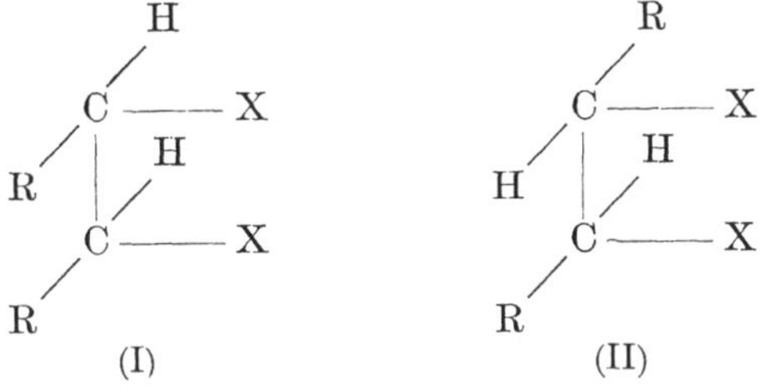

(I) (II)

Die beiden letzten Formeln zeigen Ähnlichkeit mit der Weinsäure; die Formel (I) entspricht der Meso-Form, die Formel (II) einer der beiden aktiven isomeren Formen.

Sind aber die beiden Radikale R verschieden, so können auch zwei aktive cis-Formen neben den beiden aktiven trans-Formen existieren. Die Anzahl der möglichen Isomeren berechnet man in diesem Falle nach der gewöhnlichen Methode in analoger Weise wie für Verbindungen mit wahren asymmetrischen Kohlenstoffatomen.

§ 3. Die Konfigurationsbestimmung der cis-trans-Isomeren.

Wenn in einem Molekül zwei Radikale aufeinander einwirken können, so ist es klar, daß die Leichtigkeit, mit welcher die intramolekulare Reaktion stattfinden kann, von der wirklichen räumlichen Entfernung der betreffenden Radikale abhängen wird; denn zwei Atome, die näher aneinander liegen, werden leichter in ihre gegenseitige Wirkungssphäre gelangen, als zwei weiter entfernt liegende.

Betrachten wir nun eine zyklische Verbindung, welche in cis-trans-isomeren Formen auftreten kann, so ist ersichtlich, daß eine intramolekulare Reaktion viel leichter eintreten wird, wenn die reagierenden Gruppen in cis-Stellung zueinander stehen, als wenn sie sich in trans-Stellung befinden; ja in einigen Fällen kann sogar eine Reaktion in der cis-Verbindung mit Leichtigkeit eintreten, die in der isomeren trans-Form unmöglich ist.

Z. B. Kamphersäure existiert in zwei Formen; die der Formel (I) entsprechende ergibt ein Anhydrid, die andere (II) ergibt dasselbe Anhydrid, aber nur mit viel größerer Schwierigkeit[1].

```
           H                              COOH
          /                              /
         C ———————— CH2                 C ———————— CH2
        /|           |                 /|           |
  COOH   |           |               H  |           |
       C(CH3)2       |                C(CH3)2       |
         |  H        |                  |  H        |
         | /         |                  | /         |
         C ———————— CH2                 C ———————— CH2
        /                              /
  COOH                             COOH
          (I)                             (II)
```

Daß diese Erscheinung gewissermaßen durch eine den zyklschen Verbindungen zukommende Steifheit oder geringere Bewegungsfreiheit bedingt wird, kann man ersehen, wenn man diesen Fall mit der Diphenyl-Bernsteinsäure vergleicht, wo das Radikal $—CH_2—CH_2—$ durch zwei Phenylgruppen ersetzt ist, und wo man gefunden hat, daß die zwei isomeren Anhydride derselben leicht ineinander verwandelt werden können[2].

```
           H                            COOH
          /                            /
         C      C6H5                  C ——— C6H5
        /:                           /:
  COOH   :  H                      H  :  H
         : /                          : /
         C ——— C6H5                   C ——— C6H5
        /                            /
  COOH                           COOH
```

Bei zyklischen Verbindungen ist eine Umwandlung eines Anhydrides in das andere nur auf sehr wenige Fälle beschränkt: z. B. die Hexahydro-Phtalsäureanhydride[3] und die Anhydride der zwei stereoisomeren Pentamethylen-1—2-Dikarbonsäuren[4].

Es erscheint unnötig, viele Details über den Gebrauch dieser Methode zur Konfigurationsbestimmung zu geben; ein Beispiel wird

---

[1] Aschan, Ber. d. deutsch. chem. Ges. **27**, 2001 (1894).

[2] Tillmann, Liebigs Annal. d. Chem. u. Pharm. **258**, 90 (1890). Anschütz und Bendix, Liebigs Annal. d. Chem. u. Pharm. **259**, 61 (1890).

[3] Werner und Conrad, Ber. d. deutsch. chem. Ges. **32**, 3046 (1899).

[4] Perkin, Trans. **65**, 582 (1894).

genügen. Man hat gefunden, daß zwei stereoisomere Hexahydro-Terephtalsäuren existieren, von denen die eine leicht ein Anhydrid gibt, während die andere überhaupt keines bildet. Man führt dies auf die Tatsache zurück, daß im einen Falle die beiden Karboxylgruppen auf derselben Seite des Ringes liegen, im anderen auf verschiedenen Seiten, also in trans-Stellung zueinander.

```
COOH              COOH        COOH              H
|  /CH2 —— CH2\   |           |  /CH2 —— CH2\   |
C               C             C               C
|  \CH2 —— CH2/   |           |  \CH2 —— CH2/   |
H                 H           H                 COOH
```

Gibt ein Anhydrid. Gibt kein Anhydrid.

Die Unmöglichkeit der Bildung eines Anhydrids im Falle der trans-Säure ist demnach sehr bemerkenswert; denn es ist keine ungewöhnliche Erscheinung, daß Ringbildung zwischen Para-Substituenten eintritt, so z. B. im Falle der Umwandlung von cis-Terpin in Zineol[1]).

```
H             /CH3          H             /CH3
 \           /               \           /
  C ———————— C—CH3            C ———————— C—CH3
 / \          \OH            / \         |
CH2 CH2                     CH2 CH2      |
|    |                      |    |       |
CH2 CH2                     CH2 CH2      |
  \ /                         \ /        |
   C ———————— OH               C ——————— O
  /                           /
CH3                         CH3
```

cis-Terpin. Zineol.

Es wurde bereits erwähnt, daß cis-trans-Isomere, welche zwei strukturgleiche wahre asymmetrische Kohlenstoffatome enthalten, sich durch ihre verschiedene Wirkung auf die Polarisationsebene unterscheiden; denn die trans-Form entspricht einer razemischen Verbindung, während die cis-Form einer nicht spaltbaren, inaktiven, intramolekular kompensierten Form entspricht.

Dies wurde z. B. von Werner und Conrad[2]) für die Hexahydro-Phtalsäure gezeigt. Sie konnten wohl die trans-Verbindung spalten, erhielten aber bei der cis-Verbindung keine aktiven Komponenten:

[1]) v. Baeyer, Ber. d. deutsch. chem. Ges. **26**, 2866 (1893).

[2]) Werner und Conrad, Ber. d. deutsch. chem. Ges. **32**, 3046 (1899).

```
    COOH   COOH                    COOH    H
     |      |                       |      |
    ,C------C,                     ,C------C,
   /  |     | \                   /  |     | \
CH2   H     H  CH2             CH2   H   COOH  CH2
   \           /                  \            /
    CH2------CH2                   C----------C
                                   H2         H2

    COOH        COOH               COOH        H
     |           |                  |          |
X — C ---------- C — X         X — C --------- C — X
     |           |                  |          |
     H           H                  H         COOH
```

cis-Verbindung entsprechend der Meso-Form. trans-Verbindung entsprechend der aktiven Form.

Die auf diesem Wege erhaltenen Resultate stimmen also mit jenen aus der Anhydridbildung geschlossenen überein; die höher schmelzende Substanz wurde nach beiden Methoden als die trans-Form bestimmt.

Falls keine intramolekulare Ringbildung in zwei Isomeren stattfinden kann, ist es schwierig die Konfiguration mit Sicherheit zu bestimmen; man kann aber eine wahrscheinliche Vermutung aussprechen auf Grund der verschiedenen Schmelzpunkte der zwei isomeren Verbindungen. Es ist allgemein gefunden worden, daß die trans-Verbindungen einen höheren Schmelzpunkt besitzen, wie die cis-Verbindungen und demgemäß kann man in Fällen, wo die Konfiguration zweifelhaft ist, zu diesem Mittel greifen. Zu viel Vertrauen darf man allerdings dieser Methode nicht entgegenbringen, da auch Fälle bekannt sind, in denen die cis-Verbindung den höheren Schmelzpunkt besitzt.

In wenigen isolierten Fällen ist es möglich, zwei neue stereoisomere Substanzen aus stereoisomeren Verbindungen darzustellen, deren Konfiguration bereits bestimmt ist. In diesen Fällen kann man auf die Konfiguration der neuen Verbindungen schließen, wenn man annimmt, daß kein Konfigurationswechsel im Verlaufe ihrer Bildung stattfindet. Z. B. haben wir bereits erwähnt, daß Zineol (II) aus cis-Terpin (I) erhalten werden kann, welches eine ähnliche Konfiguration besitzt. Wird nun Zineol mit Bromwasserstoffsäure behandelt, und zwar unter Bedingungen, welche eine Umwandlung nicht leicht zulassen, so verwandelt es sich in ein Bromhydrin, dessen Konfiguration in (III) wiedergegeben ist; das Bromhydrin verwandelt sich fast momentan in ein Dihydrobromid (IV), welchem also die cis-Konfiguration zukommen muß. Wir haben in diesem Falle aus der Konfiguration des Ausgangsproduktes auf diejenige des Endproduktes schließen können.

```
 CH3                                     CH3
   \                                        \
    C ——————————— O                          C ——————————— OH
   / \            |                         / \
H2C   CH2         |       verdünnte     H2C   CH2
 |     |          |         Säure        |     |
H2C   CH2         |       <———————      H2C   CH2        OH
   \ /            |                         \ /           |
    C ——————————— C(CH3)2                    C ——————————— C(CH3)2
   /                                        /
  H                                        H
  | HBr     (II)                                    (I)
  ↓
 CH3                                     CH3
   \                                        \
    C ——————————— OH                         C ——————————— Br
   / \                                      / \
H2C   CH2                               H2C   CH2
 |     |                  HBr            |     |
H2C   CH2         Br     ———————>       H2C   CH2        Br
   \ /            |                         \ /           |
    C ——————————— C(CH3)2                    C ——————————— C(CH3)2
   /                                        /
  H                                        H
            (III)                                   (IV)
```

Wird eine symmetrische Verbindung in eine weniger symmetrische verwandelt, so steigt die Zahl der möglichen cis-trans-Isomeren; aus den Beziehungen der ursprünglichen Verbindungen zu ihren Reaktionsprodukten ist es möglich, einen Einblick in die Konfiguration der ursprünglichen symmetrischen Substanzen zu erhalten.

Wislicenus[1]) hat auf diese Weise die Konfigurationen der zwei stereoisomeren 2,5-Dimethyl-zyklopentan-dikarbonsäuren bestimmt.

Die beiden synthetisch dargestellten Isomeren hatten folgende Konfigurationen:

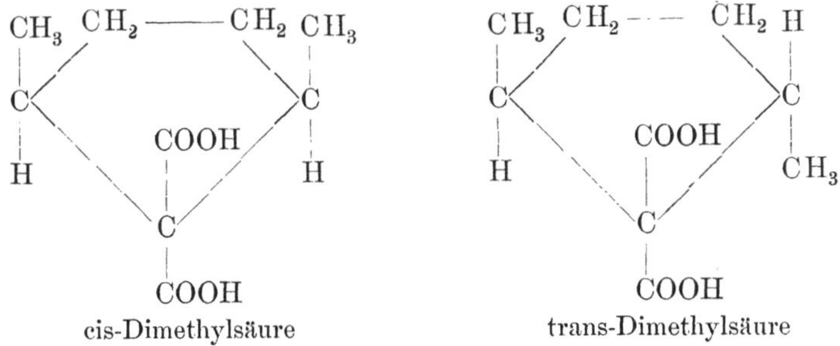

cis-Dimethylsäure trans-Dimethylsäure

[1]) Wislicenus, Ber. d. deutsch. chem. Ges. **34**, 2565 (1901).

Wenn nun eine Karboxylgruppe in jeder Säure abgespalten wird, können im ganzen drei mögliche neue zyklische Mono-Karbonsäuren entstehen:

```
CH3 CH2——————CH2 CH3        CH3 CH2——————CH2 CH3
 |  /          \  |          |  /          \  |
 C<            >C            C<            >C
 |  \  COOH   /   |          |  \    H    /   |
 H   \   |   /    H          H   \   |   /    H
      \  |  /                     \  |  /
        C                           C
        |                           |
        H                          COOH
       (I)                         (II)

           CH3 CH2——————CH2 CH3
            |  /          \  |
            C<            >C
            |  \  COOH   /   |
            H   \   |   /   CH3
                 \  |  /
                   C
                   |
                   H
                 (III)
```

Eine nähere Untersuchung lehrt, daß die Säuren (I) und (II) Derivate der cis-Dimethylmonokarbonsäure sind, während (III) nur aus der trans-Form gebildet werden kann.

Wislicenus zeigte, daß die Tatsachen mit der Theorie übereinstimmen; denn eine der Dikarbonsäuren (Schmp. $192—194^0$) gibt beim Erhitzen eine Mischung von zwei Säuren (Schmp. $75—77^0$ und $26—30^0$ C). Sie ist demnach die cis-Dimethylsäure.

Die andere Dikarbonsäure (Schmp. $204—205^0$) ergibt beim Erhitzen nur eine Säure (Schmp. $49{,}5^0$ C). Sie entspricht somit der trans-Dimethyldikarbonsäure.

Ein ähnlicher Versuch, die Konfiguration des Trithioaldehyds[1]) zu bestimmen, war erfolglos, wahrscheinlich infolge der ungünstigen chemischen Natur der bei der Reaktion beteiligten Gruppen.

§ 4. Die Eigenschaften der cis-trans-Stereoisomeren.

1. Physikalische Eigenschaften. Obgleich die Mehrzahl der trans-Isomeren den höheren Schmelzpunkt von beiden isomeren Formen besitzt, gibt es doch eine Reihe Ausnahmen von dieser Regel, welche Beachtung verdienen.

Die folgende Tabelle dürfte diese Verhältnisse in genügender Weise klarlegen.

---

1) Baumann, Ber. d. deutsch. chem. Ges. **24**, 1425 (1891).

Name	cis-	trans-
Trimethylen-1, 2-dikarbonsäure	139° C	175° C
Trimethylen-1, 2, 3-trikarbonsäure	150–153°	220°
Trimethylen-1, 1, 2-3-tetrakarbonsäure	95–100°	191–192°
Tetramethylen-1, 3-dikarbonsäure	135–136°	170–171°
Pentamethylen-1, 2-dikarbonsäure	140°	159–160°
*Pentamethylen-1, 3-dikarbonsäure	120°–121°	87–88°
Hexahydrophtalsäure	192°	215°
*Hexahydro-iso-phtalsäure	161–163°	118–120°
Hexahydro-terephtalsäure	161–162°	300°
*Kampfersäure	187°	171°–172°

Eine genaue Durchsicht der Tabelle lehrt, daß jene trans-Formen (in der Tabelle mit einem Stern bezeichnet), welche einen niedrigeren Schmelzpunkt als ihre isomeren cis-Formen zeigen, die Karboxylgruppen in 1,3-Stellung zueinander haben.

Bei einem Vergleich der Schmelzpunkte kettenförmiger Dikarbonsäuren finden wir, daß alle Säuren, welche eine ungerade Zahl von Kohlenstoffatomen enthalten, einen niedrigeren Schmelzpunkt zeigen, wie jene, die ein Kohlenstoffatom mehr oder weniger besitzen.

		Schmelzpunkt
$(COOH)_2$	Oxalsäure . .	189° C
$CH_2(COOH)_2$	Malonsäure . .	132° „
$(CH_2COOH)_2$	Bernsteinsäure .	185° „
$CH_2(CH_2 \cdot COOH)_2$ . . .	Glutarsäure . .	97° „
$(CH_2 \cdot CH_2 \cdot COOH)_2$ . .	Adipinsäure .	148° „
$CH_2(CH_2 \cdot CH_2 \cdot COOH)_2$.	Pimelinsäure .	106° „
$(CH_2 \cdot CH_2 \cdot CH_2 \cdot COOH)_2$	Korksäure . .	140° „

Es wird später gezeigt werden, daß einige Dikarbonsäuren mit offener Kette wahrscheinlich in trans-Formen*) existieren, so daß hier ein Zusammenhang zwischen den in beiden Tabellen gegebenen Fällen zu bestehen scheint.

Diese Idee wurde von Werner[1]) ausgesprochen. Seine Auffassung ist aber nicht sehr überzeugend, denn dasselbe abwechselnde Steigen und Fallen der Schmelzpunkte zeigen auch die einbasischen Fettsäuren, bei denen keine räumlichen Verhältnisse zur Erklärung in Anspruch genommen werden können.

Mit sehr geringen Ausnahmen haben die Isomeren mit dem höheren Schmelpunkt die geringere Löslichkeit von beiden.

Δ^4-Tetrahydrophtalsäure

Schmp. 215°–218°; in 690 Teilen H_2O löslich bei 6° C,
„ 174°; „ 108 „ „ „ „ 6° „

*) Siehe II. Teil, IV. Kapitel.

[1]) Werner, Lehrbuch der Stereochemie, S. 173.

$\Delta^{3,5}$-Dihydrophtalsäure

Schmp. 210°; in 610 Teilen H_2O löslich bei 10° C,
„ 173°—175°; „ 93 „ „ „ „ 10° „

Das spezifische Gewicht und die Kristallform erscheinen ebenfalls bei beiden Isomeren verschieden.

Wie man erwarten konnte, zeigen die cis-Verbindungen eine höhere Affinitätskonstante als die trans-Isomeren[1]). Sie sind demnach stärkere Säuren.

Eine Ausnahme bildet die 1—2-Hexahydrophtalsäure, bei welcher die trans-Form die größere Affinitätskonstante zeigt:

cis-Form 0,0044 trans-Form 0,0062.

Stohmann und Kleber[2]) haben gefunden, daß die Verbrennungswärmen der cis- und trans-Hexahydrophtalsäuren nur in geringem Maße voneinander differieren.

cis-Säure 928,6 Cal. trans-Säure 929,5 Cal.

2. Chemische Eigenschaften. Die Unterschiede im chemischen Verhalten zweier Isomeren treten besonders bei intramolekularen Reaktionen, wie Anhydrid- und Laktonbildung, hervor. Dieselben wurden bereits beschrieben.

Einen ähnlichen Unterschied hat man bei der Veresterung der Hydromellith- und Iso-Hydromellithsäure gefunden:

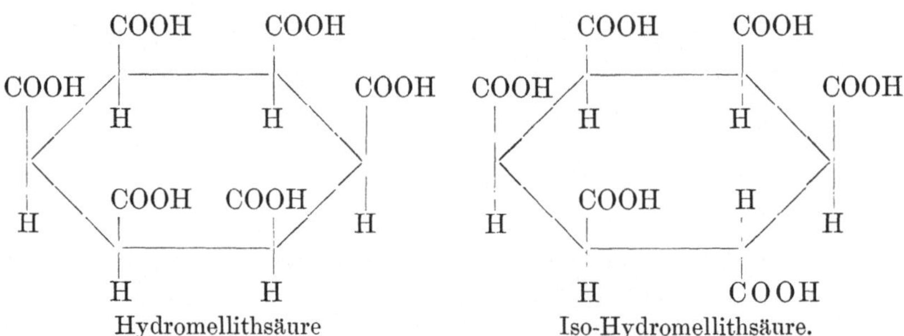

Hydromellithsäure Iso-Hydromellithsäure.

Die normale Säure, welche alle Karboxylgruppen auf einer Seite der Ringebene gruppiert enthält, bildet keinen Ester unter Bedingungen, welche bei der Iso-Säure, die eine Karboxylgruppe auf der anderen Seite des Ringes besitzt, leicht zur Esterbildung führen. Unterschiede wurden weiter gefunden in der Fähigkeit der beiden Isomeren, Additionsprodukte mit Lösungsmitteln zu bilden.

§ 5. Gegenseitige Umwandlung der cis-trans-Isomeren.

Einige Isomere werden schon beim einfachen Erhitzen in die andere Form umgelagert, z. B. Zyklopentan-1,3-Dikarbonsäure[3]).

---

1) Bone und Sprankling, Trans. **83**, 1378 (1903).
2) Stohmann und Kleber, Journ. f. prakt. Chem. (**2**), **45**, 489 (1892).
3) Pospischill, Ber. d. deutsch. chem. Ges. **31**, 1952 (1898).

Hin und wieder bildet sich bei Substitutionsreaktionen in zyklischen Verbindungen als Endprodukt eine Mischung der beiden Isomeren, so daß ein Teil der ursprünglichen Form in den stereoisomeren Typus umgewandelt worden ist; z. B. findet die Einwirkung von Anilin auf Limonen α-Nitrosochlorid nach folgender Gleichung statt[1]):

```
                                                N·OH
                                                 ‖
                                        CH3      C —— CH2       H
                                           \   /          \    /
       N·OH                                  C               C
        ‖                                  /   \            /  \
CH3     C —— CH2       H         C6H5·NH        CH2—CH2          C3H5
   \  /          \    /             ↗
    C              C     + C6H5·NH2
   /  \           /  \              ↘
Cl     CH2—CH2        C3H5       C6H5·NH          CH2—CH2       H
                                          \    /          \    /
                                            C               C
                                          /   \            /  \
                                       CH3     C —— CH2        C3H5
                                               ‖
                                              N·OH
```

Ähnliche Umwandlungserscheinungen sind bei der Bromierung der trans-Hexahydroterephtalsäure beobachtet worden, wo als Endprodukt eine Mischung der cis- und trans-Formen der Dibromhexahydroterephtalsäure entsteht[2]).

Der umgekehrte Prozeß, die Reduktion der cis- oder trans-Dibromverbindung, bildet eine Mischung der cis- und trans-Hexahydroterephtalsäure[3]).

Basen und Säuren besitzen in einigen Fällen die Fähigkeit eine isomere Verbindung in die andere umzuwandeln. Durch Schmelzen mit Kalihydrat wird β-Truxillsäure in die δ-Form verwandelt[4]); l-Ecgonin gibt beim Kochen mit Kali d-Ecgonin[5]).

Beim Erhitzen mit Mineralsäuren werden die cis-Formen folgender Säuren in die trans-Formen verwandelt: die Tetramethylendikarbonsäure[6]), Pentamethylen-1,2-dikarbonsäure[7]) und Hexahydromellithsäure[8]).

In einigen Fällen findet eine Umwandlung statt in Gegenwart von Azetylchlorid oder Halogen; z. B. α-Trithio-azetaldehyd wird durch eine Spur Jod in die β-Form umgelagert[9]).

1) Wallach, Liebigs Annal. d. Chem. u. Pharm. **252**, 113 (1889).
2) v. Baeyer, Liebigs Annal. d. Chem. u. Pharm. **245**, 103 (1888).
3) v. Baeyer, Liebigs Annal. d. Chem. u. Pharm. **245**, 103 (1888).
4) Liebermann, Ber. d. deutsch. chem. Ges. **22**, 2250 (1889).
5) Einhorn und Macquardt, Ber. d. deutsch. chem. Ges. **23**, 469, 979 (1890).
6) Perkin, Trans. **65**, 585 (1894).
7) Perkin, Trans. **65**, 585 (1894).
8) v. Baeyer, Ber. d. deutsch. chem. Ges. **1**, 118 (1868).
9) Baumann und Fromm, Ber. d. deutsch. chem. Ges. **24**, 1457 (1891).

Einige Isomere können in die andere Form umgewandelt werden, durch Bildung einer intermediären Verbindung als Zwischenstufe in dem Prozeß; z. B. eine trans-Dikarbonsäure kann in ein cis-Anhydrid verwandelt werden, das seinerseits die cis-Säure ergibt. Der Einfluß wässeriger Lösungen von Säuren bei hohen Temperaturen und in geschlossenen Röhren ist genügend studiert worden, um einen Schluß auf die Wirkung derselben gegenüber verschiedenen zyklischen Dikarbonsäuren zuzulassen. Man fand dabei, daß die stereoisomeren 1,2-Dikarbonsäuren eine verschiedene Stabilität besitzen; die weniger beständige cis-Form verwandelt sich in die trans-Form. Die stereoisomeren 1,3-Dikarbonsäuren zeigen beim Erhitzen mit Säuren in geschlossenen Röhren eine fast gleiche Beständigkeit.

Die Hexahydroterephtalsäure gleicht in ihrem Verhalten den 1,2-Säuren.

Durch Kombination der hier beschriebenen Methoden ist es möglich, von einer Form in die isomere und von dieser wieder in die ursprüngliche zurückzukehren.

Die Hexahydrophtalsäure bildet ein gutes Beispiel für einen solchen Kreisprozeß.

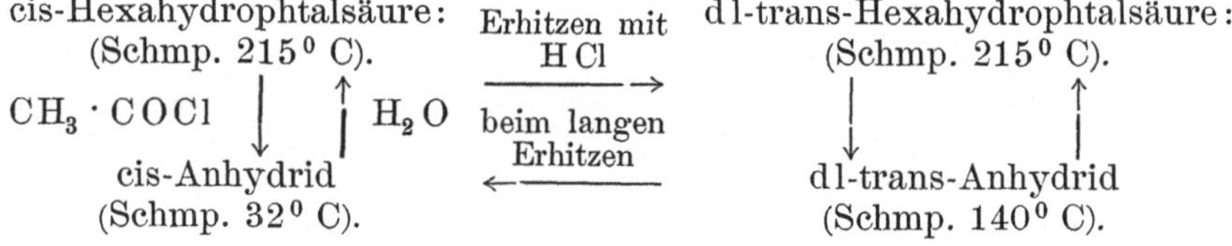

II. Geometrische Isomerie in der Äthylen-Reihe[1]).

§ 1. Geschichtliches.

Bei einigen organischen Derivaten der Äthylenreihe wurden Isomeriefälle beobachtet, welche weder durch Strukturunterschiede noch durch Anwesenheit asymmetrischer Kohlenstoffatome eine Erklärung finden konnten.

Van't Hoff und Le Bel kamen beide zu dem Schluß, daß die Ursache dieser Isomerie in der räumlichen Anordnung der Atome liegen müsse und mit Ausnahme weniger Fälle lassen sich alle bisher bekannten Tatsachen nach der von beiden Forschen gegebenen Theorie erklären.

Im Jahre 1881 machte van't Hoff in seinen „Ansichten über die organische Chemie“ darauf aufmerksam, daß die Bildung der

---

[1]) Obgleich einige Autoren die Bezeichnung „geometrische Isomerie“ für irgend eine Form von Stereoisomerie benutzt haben, scheint es vorteilhaft, diese Bezeichnung nur für jene Art von Stereoisomerie zu verwenden, bei welcher die beteiligten Atome in einer Ebene liegen. Die beste Empfehlung für diese Anwendung liegt in der Leichtigkeit, mit welcher Isomere des Äthylentypus von den aktiven Isomeren unterschieden werden können.

Anhydride zweibasischer Säuren, wie Phtalsäure und Maleinsäure, wahrscheinlich durch die räumliche Nähe der beiden, an der Reaktion beteiligten Karboxylgruppen bedingt sei.

Ein Jahr später kam Le Bel[1]) beim Studium der Oxydation der Fumar- und Maleinsäure zu demselben Schluß und zeigte gleichzeitig die verschiedene räumliche Stellung der beiden Karboxylgruppen in diesen Säuren.

Bis zum Jahre 1887 war das Thema bereits soweit fortgeschritten, daß Wislicenus[2]) in seiner Schrift „Über die räumliche Anordnung der Atome in organischen Verbindungen" eine Theorie über diese Art der Isomerie entwickeln und eine Hypothese über die Ursache der Umwandlung der einen Isomeren in die anderen aufstellen konnte. Die Resultate aller seit dieser Zeit durchgeführten Arbeiten wollen wir nun näher betrachten.

§ 2. Der allgemeine Charakter der Äthylen-Isomeren.

Damit geometrische Isomerie in einer Verbindung auftreten kann, müssen folgende Bedingungen erfüllt sein: erstens muß das Molekül eine Doppelbindung zwischen zwei seiner Kohlenstoffatome enthalten und zweitens dürfen die zwei einwertigen, an jedes Kohlenstoffatom gebundenen Radikale nicht gleich sein.

Die folgende Formel erfüllt diese zwei Bedingungen, wo a verschieden ist von b und c von d:

$$\begin{matrix} a \\ b \end{matrix}\!\!>C=C<\!\!\begin{matrix} c \\ d \end{matrix}$$

Die Gegenwart einer doppelten Bindung hat sich als notwendig erwiesen und zwar aus der Tatsache, daß zwei stereoisomere Substanzen nach der Reduktion dasselbe Endprodukt liefern; z. B. Maleinsäure und Fumarsäure geben dieselbe Bernsteinsäure. Daß auch die zweite Bedingung notwendig ist, ergibt sich aus der Tatsache, daß Verbindungen vom Typus:

$$\begin{matrix} a \\ b \end{matrix}\!\!>C=C<\!\!\begin{matrix} c \\ c \end{matrix}$$

nicht in zwei stereoisomeren Formen auftreten.

Aus der Tatsache, daß eine Verbindung $CR_1R_2R_3R_4$ (worin $R_1R_2R_3R_4$ untereinander verschieden sind) optische Aktivität zeigen kann, hat man einige Zeit lang angenommen, daß auch bei einem Molekül vom Typus:

$$\begin{matrix} a \\ b \end{matrix}\!\!>C=C<\!\!\begin{matrix} c \\ d \end{matrix}$$

---

1) Le Bel, Bull. Soc. chim. (**2**), **37**, 300 (1882).

2) Wislicenus, Abhandlungen der kgl. sächsischen Gesellschaft **14**, Nr. 1 (1887).

optische Aktivität erwartet werden kann, da ja auch hier Asymmetrie auftritt, allerdings in einer verschiedenen Art.

Um diese Idee zu prüfen, führte Le Bel[1]) eine Reihe von Untersuchungen aus, in denen er sich bemühte, aktive Formen von Allylalkohol, α-Krotonsäure, Fumarsäure, Maleinsäure, Zitrakonsäure und Mesakonsäure zu isolieren. Ähnliche Versuche wurden auch von Anschütz[2]) und Walden[3]) angestellt. Alle waren erfolglos und so nimmt man heute allgemein an, daß optische Aktivität bei der Äthylen-Isomerie nicht auftritt, es sei denn, daß die fragliche Substanz ein asymmetrisches Kohlenstoffatom der gewöhnlichen Art enthält.

Zum Unterschied von optischen Antipoden zeigen geometrische Isomere keine enantiomorphe Kristallformen; andererseits zeigen optische Antipoden nicht im entferntesten solche Unterschiede im chemischen und physikalischen Verhalten, wie zwei geometrische Isomere. Die physiologischen Wirkungen zweier geometrischer Isomere sind ebenfalls in einigen Fällen ganz verschieden.

Eine Verbindung mit einer doppelten Bindung bildet, falls die früheren Bedingungen zutreffen, im allgemeinen zwei Isomere; Ausnahmen davon werden später mitgeteilt werden. Wenn zwei oder mehrere Doppelbindungen im Molekül enthalten sind, so steigt dementsprechend die Zahl der möglichen Isomeren; z. B. zwei doppelte Bindungen würden vier Isomere hervorrufen, falls die Struktur der Verbindung günstig wäre.

Wir müssen nunmehr die Konfiguration der Moleküle betrachten, die zwei Kohlenstoffatome direkt miteinander verbunden haben.

In Übereinstimmung mit unserer gegenwärtigen Nomenklatur können wir drei Arten von Kohlenstoffbindungen unterscheiden: die einfache (oder Äthan-) Bindung; die doppelte (oder Äthylen-) Bindung und die dreifache (oder Azetylen-) Bindung.

Sie werden gewöhnlich folgendermaßen geschrieben:

$$\equiv C \cdot C \equiv; \quad > C : C <; \quad - C \equiv C -.$$

Wir wollen sie in dieser Reihenfolge besprechen.

1. Die einfache Bindung. Wenn wir der Einfachheit wegen die Form eines Kohlenstoffatoms als ein reguläres Tetraeder annehmen, so ergibt sich eine Vereinigung zweier Atome durch eine einfache Bindung aus der Darstellung in Fig. 28.

Betrachten wir nun eine Verbindung vom Typus des Äthylendichlorides $CH_2Cl - CH_2Cl$, so sehen wir, daß das Molekül des letzteren in der tetraedrischen Formel in drei verschiedenen Arten ausgedrückt werden kann.

---

[1]) Le Bel, Soc. chim. **7**, 613 (1892); **11**, 292 (1894). Compt. rend. de l'Acad. d. Sciences **114**, 304 (1892).

[2]) Anschütz, Liebigs Annal. d. Chem. u. Pharm. **239**, 164 (1887).

[3]) Das Resultat der Waldenschen Arbeit findet sich in einem Brief an van't Hoff, erwähnt von Werner, Lehrbuch der Sterochemie, S. 787.

In Fig. 29 verharren die oberen Tetraeder in allen drei Fällen in der gleichen Stellung, während die Reihenfolge der an den unteren Tetraedern verteilten Atome, gegenüber denen der oberen, in jedem Falle wechselt.

Man könnte somit erwarten, daß drei isomere Dichloräthylene, entsprechend den drei verschiedenen Formeln, existieren. In Wirklichkeit hat man aber eine derartige Isomerie nie beobachtet; man kennt nur eine Verbindung der Formel $CH_2Cl - CH_2Cl$.

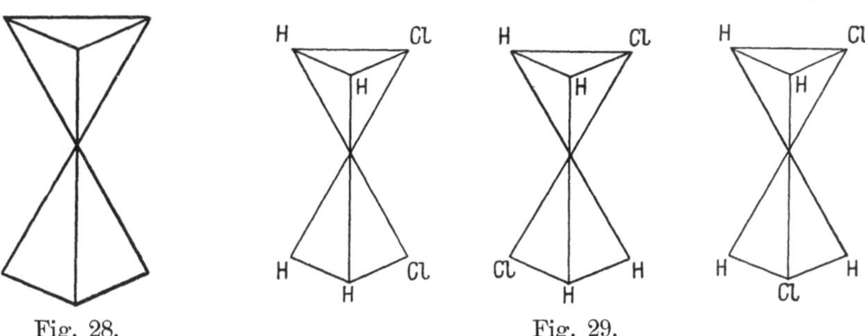

Fig. 28. Fig. 29.

Man hat demgemäß die Tetraederformel modifiziert und angenommen, daß bei Verbindung zweier Kohlenstoffatome durch eine einfache Bindung eine freie Rotation um die sie verbindende Achse stattfindet. Bei Annahme dieser Hypothese bilden die drei in Fig. 29 dargestellten Formeln nur einzelne Phasen einer intramolekularen Bewegung und somit keine wirklich stabilen Stellungen der beiden Tetraeder.

Diese freie Rotation braucht aber nicht in allen Fällen eine kontinuierliche Bewegung zu sein; denn man kann annehmen, daß die Atome irgend einer Verbindung einen bestimmten Einfluß aufeinander ausüben, auch wenn sie nicht direkt vereinigt sind, wodurch eine bevorzugte Anordnung der Atome eintreten würde, die stabiler ist wie alle anderen.

Auch in diesem Falle wird freie Rotation vorausgesetzt, wenn auch keine dauernde; es wird weiter angenommen, daß die Atome, mögen sie in einer noch so beliebigen Weise angeordnet sein, sich von selbst in die stabilste Lage bringen und daß nunmehr irgend eine intramolekulare Bewegung in die Form einer reinen Oszillation der Atome um die stabilen Gleichgewichtslagen übergeht.

Die letzte Hypothese ist die befriedigendere von beiden, da sie bestimmte bekannte Tatsachen über die kristallographischen Beziehungen zwischen einigen gesättigten und ungesättigten Verbindungen erklärt.

2. Die doppelte Bindung. Wir haben bereits berichtet, daß geometrische Isomerie nur bei Verbindungen mit folgender Gruppierung zu erwarten ist:

$$\begin{array}{ccc} a & & c \\ & \rangle C = C \langle & \\ b & & d \end{array}$$

wo a verschieden ist von b und c von d und daß, wenn diese Forderungen erfüllt sind, eine Isomerie auftritt, wenn auch die Verbindungen untereinander vollkommen strukturidentisch sind.

Die allgemein angenommene Erklärung dieser Erscheinung basiert auf der Annahme, daß durch die Vereinigung zweier Kohlenstoffatome mittelst Doppelbindung keine Möglichkeit einer unbeschränkten freien Rotation um eine gemeinsame Achse mehr besteht, sondern an Stelle derselben zwei stabile Konfigurationen auftreten, in denen die Atome zur Ruhelage gekommen sind.

In der Tat glaubt man, daß die Äthylen-Isomerie den extremsten Fall der cis-trans-Isomerie bei ringförmigen Verbindungen vorstellt, nur daß der Ring hier von zwei Kohlenstoffatomen statt einer höheren Zahl gebildet wird.

Es sind verschiedene Erklärungen für die Stabilität der Atomanordnung in den zwei geometrisch Isomeren gegeben worden, die wir nun näher besprechen wollen.

Die Tetraeder-Hypothese: Nach dieser Hypothese würde Äthylen durch Fig. 30 dargestellt sein; falls wir nun ein symmetrisches Disubstitutionsprodukt, z. B. Äthylendikarbonsäure

$$COOH \cdot CH = CH \cdot COOH$$

betrachten, so finden wir, daß die Karboxylgruppen und Wasserstoffatome in zwei verschiedenen Wegen in den Ecken der Tetraeder angeordnet werden können. Die so dargestellten zwei Systeme gleichen optischen Isomeren insofern, als sie nicht miteinander zur Deckung gebracht werden können; unterscheiden sich aber wiederum von aktiven Antipoden, da die eine Form nicht das Spiegelbild der anderen ist.

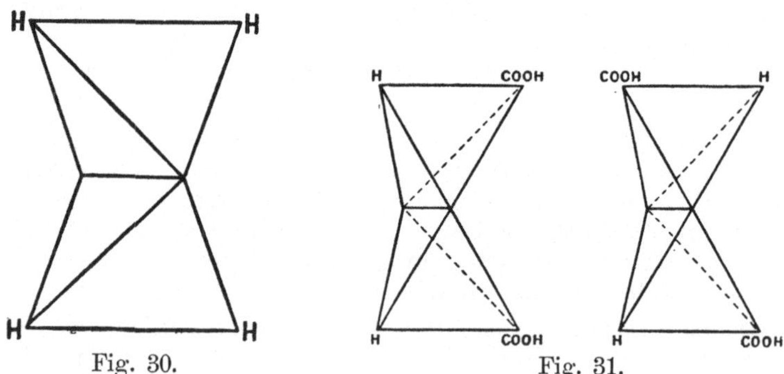

Fig. 30. Fig. 31.

Der schwache Punkt dieser Erklärung liegt in der Tatsache, daß eine direkte Umwandlung der einen Verbindung in die andere nicht ohne Aufhebung der doppelten Bindung erfolgen kann, was später noch eingehender behandelt wird.

Werners Erklärung: Es muß zunächst klargestellt sein, daß Werner in seiner Erklärung[1]) nichts weiter beabsichtigt, als eine symbolische Darstellung der betreffenden Aufgabe zu geben. Er betrachtet das Kohlenstoffatom in der Form einer Kugel, und seine Affinität als eine gleichmäßig von dem Zentrum nach der Oberfläche wirkende Kraft.

In dem System

$$\begin{matrix} a & & & & b \\ & \diagdown & & \diagup & \\ & & C = C & & \\ & \diagup & & \diagdown & \\ a' & & & & b' \end{matrix}$$

werden die Atome a, a′, b, b′, die über die Oberflächen a und a′, b und b′ verteilten Affinitäten für sich in Anspruch nehmen (Fig. 32).

Diejenige Affinität, welche dann in beiden Kohlenstoffatomen noch verbleibt, wird zur Bildung der sogenannten doppelten Bindung

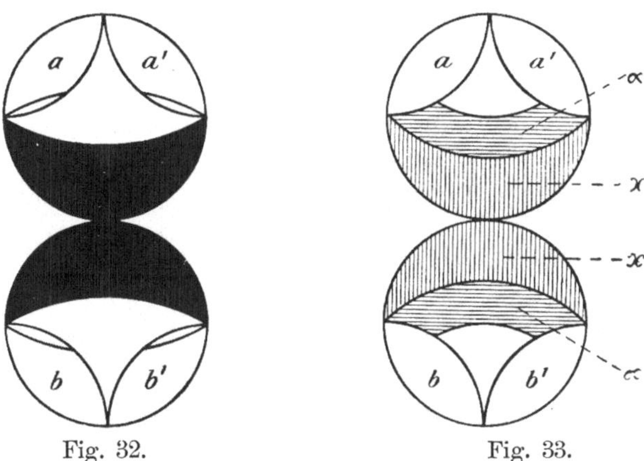

Fig. 32. Fig. 33.

verwendet und wie aus dem schattigen Teil der Fig. 32 ersichtlich ist, verteilt sich diese Affinität sehr charakteristisch über beide Kugeloberflächen.

Die Affinitätsteile beider Atome, welche nicht in den Anziehungssphären der Atome a, a′, b, b′ (in der Zeichnung 33 mit x bezeichnet) liegen, können einander absättigen ohne im geringsten die freie Rotation der Kohlenstoffatome umeinander zu hindern, da die Affinitäten gleichmäßig um die verbindende Achse verteilt sind.

Andererseits können die in Fig. 33 mit α bezeichneten, unregelmäßig geformten Teile ihre volle Anziehung aufeinander nur dann ausüben, wenn sich die beiden Atome in derselben Stellung befinden, wie in der Fig. 33, oder ein Kohlenstoffatom aus dieser Lage um 180^0 gedreht wird.

Demnach bieten die in der Fig. 33 gezeichneten Stellungen den Atomen die stabilste Lage. Die Umwandlung der Isomeren ineinander

[1]) Werner, Beiträge zur Theorie der Affinität und Valenz, S. 16, siehe auch sein „Lehrbuch der Stereochemie“, S. 15, 185.

bietet nach dieser Theorie keine Schwierigkeit, denn α ist nur ein kleiner Teil der gesamten Affinität des Kohlenstoffatoms und es ist als wahrscheinlich anzunehmen, daß Erwärmung oder andere Mittel eine Schwächung der Anziehungskraft eventuell in dem Maße herbeiführen können, daß eine Umlagerung der labilen Form in die stabile stattfinden kann.

3. Die dreifache Bindung. Bis heute ist noch kein Fall entdeckt worden, in welchem Stereoisomerie durch die Anwesenheit einer dreifachen Bindung hervorgerufen worden wäre. Es scheint, daß, sowohl vom theoretischen wie vom praktischen Standpunkt aus, keine solche Isomerie zu erwarten ist.

§ 3. Nomenklatur.

Wir kennen gegenwärtig drei Arten von Bezeichnungen für geometrische Isomere, welche allgemein angewendet werden und da eine jede gewisse Vorteile in bestimmten Fällen bietet, sollen alle drei auf den folgenden Seiten zur Anwendung gelangen.

Die erste rührt von v. Baeyer[1]) her. Er schlägt vor, in allen Fällen den griechischen Buchstaben Gamma Γ als Zeichen der Isomerie anzuwenden und durch Indizes anzugeben, ob die gleichen Gruppen in einer Verbindung auf derselben oder entgegengesetzten Seite des Moleküls liegen, z. B.:

```
COOH — C — H          COOH — C — H
       ||                    ||
COOH — C — H             H — C — COOH
```

Maleinsäure $\Gamma^{\text{cis-cis}}$ Fumarsäure $\Gamma^{\text{cis-trans}}$.

Im neueren Gebrauch wurde das Zeichen $\Gamma^{\text{cis-cis}}$ vereinfacht zu cis-, und $\Gamma^{\text{cis-trans}}$ in cis-trans oder noch einfacher in trans verwandelt.

Aus der Tatsache, daß der Isomeriefall — Maleinsäure — Fumarsäure — allgemein bekannt ist, hat man eine neue Nomenklatur in Vorschlag gebracht.

Säuren, welche dieselbe Konfiguration wie Maleinsäure zeigen, bezeichnet man als maleinoide, jene, welche der Fumarsäure entsprechen, als fumaroide Form[2]).

Nach der dritten Nomenklatur bezeichnet man die cis-cis-Verbindung als „plansymmetrische", da ihr Molekül eine Symmetrieebene besitzt und die cis-trans-Form als „axial-symmetrisch", da sie keine Symmetrieebene, wohl aber eine Symmetrieachse resp. Symmetriezentrum besitzt.

---

1) v. Baeyer, Liebigs Annal. d. Chem. u. Pharm. **245**, 103 (1888).

2) Bei Durchsicht der Arbeiten von Michael muß man berücksichtigen, daß er die Bezeichnung „maleinoid" für die Verbindung mit dem niedrigerem Schmelzpunkt und „fumaroid" für die isomere höher schmelzende Substanz benutzt, so daß damit nicht gesagt ist, daß die Konfiguration der Substanzen auch mit der Malein- und Fumarsäure übereinstimmen.

Eine vierte Nomenklatur soll hier noch erwähnt werden, obzwar sie nicht in allgemeinen Gebrauch übergegangen ist.

Nach ihr bezeichnet man die weniger stabile Form durch die Vorsilbe „allo".

§ 4. Konfigurationsbestimmung.

Infolge der strukturellen und konstitutionellen Unterschiede zwischen Verbindungen, welche als geometrische Isomere eingeteilt werden müssen, war es bisher unmöglich eine Methode zur Konfigurationsbestimmung zu finden, welche auf alle Fälle angewendet werden könnte. Selbst die gegenwärtig zu unserer Verfügung stehenden Methoden können uns nur sagen, welche der beiden Konfigurationen für eine gegebene Substanz wahrscheinlicher ist.

Bei der Konstitutionsbestimmung einer Substanz wird immer angenommen, daß, falls die Substanz eine Änderung erleidet, nur die dabei direkt beteiligten Atome diesem Wechsel unterliegen und die übrigen Teile des Moleküls unverändert bleiben. Dieselbe Annahme macht man im Falle der Konfigurationsbestimmung, nur nimmt man hier weiter an, daß die miteinander reagierenden Atome oder Atomgruppen sich in angrenzender Stellung im Raume befinden. Keine dieser Annahmen kann gegenwärtig bewiesen werden, und somit ist keine Sicherheit gegeben, ob die mit Hilfe unserer Methoden erhaltenen Resultate auch durchaus richtig sind.

Man kann die Konfiguration der Äthylen-Isomeren ableiten:

1. aus ihren Beziehungen zu ringförmigen Verbindungen;
2. aus ihren Beziehungen zu Azetylen-Derivaten;
3. aus ihren Beziehungen zu Äthan-Verbindungen und
4. aus den Beziehungen der beiden Äthylen-Isomeren untereinander.

1. Konfigurationsbestimmung auf Grund von Beziehungen der Äthylen-Stereoisomeren zu zyklischen Verbindungen. Diese Methode basiert entweder auf intramolekularer Bildung eines Ringes, oder auf dem Abbau einer ringförmigen Verbindung in ein Äthylenderivat.

Beispiele der ersten Art findet man in der Bildung von Anhydriden aus ungesättigten zweibasischen Säuren, wie z. B. Maleinsäure. Bei der maleinoiden Verbindung, in welcher beide Karboxylgruppen auf derselben Seite des Moleküls liegen, bildet sich das Anhydrid leicht, während die fumaroide Form in dieser Hinsicht größere Schwierigkeiten zeigt. Ein davon nur wenig verschiedenes Beispiel bietet die Laktonbildung aus ungesättigten Oxy-Säuren. In diesem Falle wird angenommen, daß das Molekül Wasser um so leichter abgeben wird, je näher die Karboxylgruppe und Hydroxylgruppe räumlich in dem Molekül angeordnet sind. Das beste derartige Beispiel liefern die ortho-Cumarsäuren; beide werden aus Cumarin erhalten, die eine schon beim einfachen Behandeln mit Alkalien, die andere erst nach langem Kochen in alkalischer Lösung.

Die erste Säure bildet spontan Cumarin, die andere selbst beim Erhitzen nicht[1]). Die folgenden Formeln stellen den Vorgang graphisch dar:

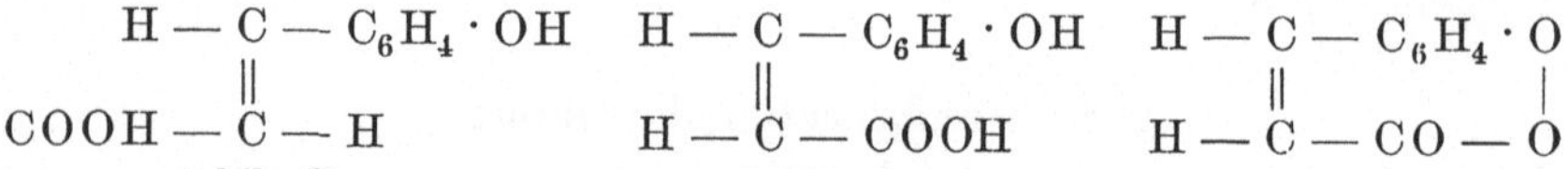

$$\begin{array}{ccc} \text{H}-\text{C}-\text{C}_6\text{H}_4\cdot\text{OH} & \text{H}-\text{C}-\text{C}_6\text{H}_4\cdot\text{OH} & \text{H}-\text{C}-\text{C}_6\text{H}_4\cdot\text{O} \\ \| & \| & \|\qquad\quad | \\ \text{COOH}-\text{C}-\text{H} & \text{H}-\text{C}-\text{COOH} & \text{H}-\text{C}-\text{CO}-\text{O} \\ \text{stabile Säure} & \text{labile Säure} & \text{Cumarin.} \end{array}$$

Beim Abbau einer zyklischen Verbindung zu einem Äthylenderivat nimmt man an, daß die maleinoiden Formen als Endprodukte der Reaktion entstehen. Wenn Benzol mit chlorsaurem Kali und Schwefelsäure behandelt wird, bildet sich Trichlorphenomalsäure, welche durch Barytwasser in Chloroform und Maleinsäure zerfällt[2]).

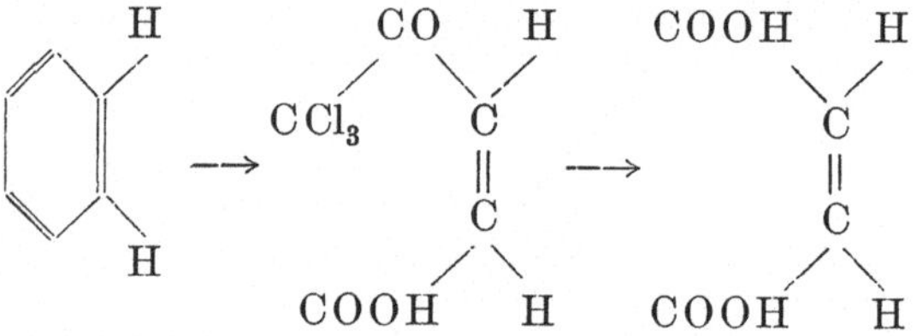

$$C_6H_6 \longrightarrow \begin{array}{c} \text{CCl}_3\text{CO} \quad \text{H} \\ \diagdown\;\diagup \\ \text{C} \\ \| \\ \text{C} \\ \diagup\;\diagdown \\ \text{COOH} \quad \text{H} \end{array} \longrightarrow \begin{array}{c} \text{COOH} \quad \text{H} \\ \diagdown\;\diagup \\ \text{C} \\ \| \\ \text{C} \\ \diagup\;\diagdown \\ \text{COOH} \quad \text{H} \end{array}$$

Ähnliche Fälle bilden die Oxydation von Tetrabromthiophen zu Dibrommaleinsäure und von Tribromthiotolen zu Bromzitrakonsäure.

Diese Methode der Konfigurationsbestimmung ist außerordentlich unzuverlässig, da infolge der Heftigkeit der angewendeten Reaktionen leicht eine Umlagerung der zuerst gebildeten Form eintreten kann.

2. Konfigurationsbestimmung auf Grund von Beziehungen zwischen Äthylenverbindungen und solchen der Azetylenreihe. Hier können wir entweder die Darstellung von Äthylenverbindungen aus Azetylenderivaten oder den umgekehrten Prozeß verwenden.

Die erste von Wislicenus[3]) herrührende Methode beruht auf der Annahme, daß bei der Umwandlung einer Azetylenverbindung in ein Äthylenderivat die addierten Atome die cis-Stellung zueinander in der neuen Verbindung einnehmen werden.

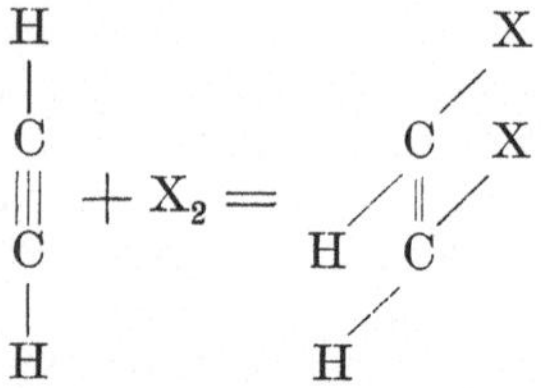

$$\begin{array}{c} \text{H} \\ | \\ \text{C} \\ \||| \\ \text{C} \\ | \\ \text{H} \end{array} + X_2 = \begin{array}{c} \text{H}-\text{C}-\text{X} \\ \| \\ \text{H}-\text{C}-\text{X} \end{array}$$

---

[1]) Fittig, Liebigs Annal. d. Chem. u. Pharm. **226**, 331 (1884). Wislicenus, Räumliche Anordnung, S. 49.

[2]) Kekulé, Liebigs Annal. d. Chem. u. Pharm. **223**, 170 (1884).

[3]) Wislicenus, Räumliche Anordnung, S. **13**.

Man kann diese Methode einer Konfigurationsbestimmung nicht als eine durchaus zuverlässige bezeichnen, denn es gibt Fälle (siehe später), in denen die Addition nicht in dieser Weise vor sich geht, sondern die Atome die trans-Stellung zueinander einnehmen.

Ferner ist bekannt, daß Spuren von Halogen die Fähigkeit besitzen, eine Umwandlung der labilen in die stabile Form herbeizuführen[1]), so daß die vielleicht zunächst gebildete cis-Verbindung sofort in die trans-Form umgelagert werden kann.

Diese Methode kann daher höchstens dazu dienen, die auf andere Weise erhaltenen Resultate zu unterstützen.

Bei der Darstellung von Azetylenen aus Äthylenen behufs Konfigurationsbestimmung der Äthylenderivate macht man die Annahme, daß bei der Verwandlung eines Äthylenderivates, — a, X·C = C·b·Y, in eine Azetylenverbindung durch Abspaltung der Gruppen X und Y, der Vorgang um so leichter vor sich gehen wird, je näher die Gruppen X und Y in dem Molekül beisammen liegen, z. B. wird die Abspaltung der Gruppen X Y in folgender Figur viel leichter in (a) als in (b) erfolgen.

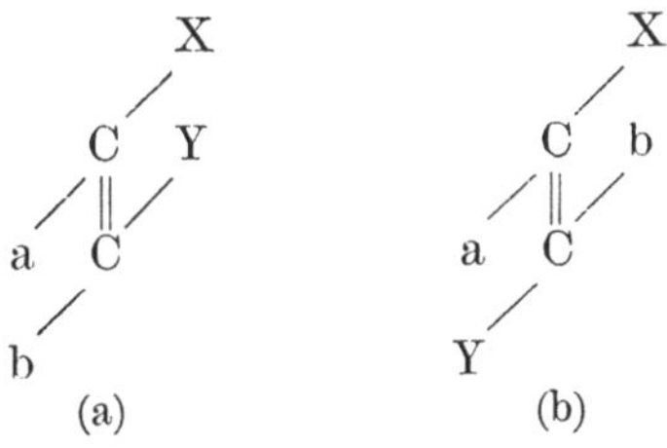

(a) (b)

Aber ebenso wie bei den vorhergehenden Methoden, darf man dieser Beweisführung nicht zu viel Vertrauen entgegenbringen.

3. Konfigurationsbestimmung auf Grund von Beziehungen der Äthan- zu Äthylenverbindungen. a) Durch Umwandlung der Äthylene in symmetrische Äthane mit zwei asymmetrischen Kohlenstoffatomen. Wenn die zwei stereoisomeren Säuren, Malein- und Fumarsäure, oxydiert werden, so ergeben sie zwei verschiedene Weinsäuren:

aus Maleinsäure gewinnt man Mesoweinsäure, welche nicht in zwei optische Antipoden getrennt werden kann;

aus Fumarsäure erhält man die razemische Säure — Traubensäure —, die nach den gebräuchlichen Methoden gespalten werden kann.

Den Grund für dieses verschiedene Verhalten ersieht man aus folgenden Figuren:

$$\begin{array}{c} \mathrm{COOH-C-H} \\ \| \\ \mathrm{COOH-C-H} \end{array} + \begin{array}{c} \mathrm{OH} \\ \\ \mathrm{OH} \end{array} = \begin{array}{c} \mathrm{OH} \\ | \\ \mathrm{COOH-C-H} \\ | \\ \mathrm{COOH-C-H} \\ | \\ \mathrm{OH} \end{array}$$

Maleinsäure Mesoweinsäure.

[1]) Siehe § 6 über Umwandlung S. 150.

```
                                       OH
                                       |
    H — C — COOH          OH      H — C — COOH
        ||           +        =       |
    H — C — COOH          OH      H — C — COOH
                                       |
                                       OH

                                          OH
                                          |
COOH — C — H              OH      COOH — C — H
       ||            +        =           |
   H — C — COOH           OH          H — C — COOH
                                          |
                                          OH
   Fumarsäure                        d-Weinsäure.

                                          OH
                                          |
   H — C — COOH           OH          H — C — COOH
       ||            +        =           |
COOH — C — H              OH      COOH — C — H
                                          |
                                          OH
                                     l-Weinsäure.
```

Aus einer beträchtlichen Anzahl analoger Fälle hat man geschlossen, daß im allgemeinen symmetrische Äthylenderivate der cis-Form, durch Addition zweier gleicher Atome oder Gruppen in intramolekular kompensierte Formen, also nicht spaltbare oder meso-Formen übergeführt werden, während die trans-Formen die razemischen spaltbaren Verbindungen ergeben.

```
   a   a                X a X a              a   a
  /   /                 |/  |/              /   /
 C = C    + X2  =       C — C      oder    C — C
/   /                  /   /              /|  /|
b   b                 b   b              b X b X

   a   b                X a X b              a   b
  /   /                 |/  |/              /   /
 C = C    + X2  =       C — C      oder    C — C
/   /                  /   /              /|  /|
b   a                 b   a              b X a X
```

Diese Methode kann ebenfalls nicht als ganz zuverlässig gelten, da angenommen wird, daß die Addition immer in der oben bezeichneten Weise eintritt, was aber, wie Michael[1]) gezeigt hat, nicht immer der Fall ist; die Atome können auch nach folgendem Schema addiert werden:

---

[1]) Siehe das Ende dieses Abschnittes S. 146.

$$\begin{array}{ccc} \mathrm{a} & & \mathrm{a} \\ & \diagup & \diagup \\ & \mathrm{C} = \mathrm{C} & \\ \diagup & \diagup & \\ \mathrm{b} & \mathrm{b} & \end{array} + X_2 = \begin{array}{cccc} \mathrm{X}\ \mathrm{a} & & \mathrm{a} & \\ \mid\diagup & & \diagup & \\ \mathrm{C} & — & \mathrm{C} & \\ \diagup & & \diagup\mid & \\ \mathrm{b} & & \mathrm{b}\ \mathrm{X} & \end{array} \text{ oder } \begin{array}{ccc} \mathrm{a} & \mathrm{X} & \mathrm{a} \\ \diagup & \mid & \diagup \\ \mathrm{C} & — & \mathrm{C} \\ \diagup & \mid & \diagup \\ \mathrm{b} & \mathrm{X} & \mathrm{b} \end{array}$$

Speziell bei Halogenadditionen darf man den erhaltenen Resultaten nicht zu sehr trauen, da verschiedene Mängel vorauszusehen sind. Zuerst kann freies Halogen eine Umwandlung des einen Isomeren in das andere hervorrufen, bevor noch eine Additionsverbindung gebildet wurde; zweitens könnte, selbst wenn eine normale Addition eingetreten wäre, doch eine Art unstabiles Produkt entstanden sein, welches sich dann durch intramolekulare Umlagerung, gleich einer Autorazemisation, in das stabile Isomere verwandelt.

b) Durch Umwandlung von Äthanverbindungen in Äthylenderivate. Diese Methode ist an und für sich von geringerer Wichtigkeit und wird hier nur erwähnt, um die in dem nächsten Abschnitt mitgeteilten Beziehungen verständlicher zu machen. Die Grundlage derselben ist fast die gleiche wie bei der Umwandlung der Äthylenderivate in Azetylenverbindungen.

Auch hier wird angenommen, daß eine gesättigte Verbindung leichter in ein ungesättigtes Derivat übergehen wird, wenn die austretenden Atome in dem Molekül näher beisammen liegen; so z. B. könnte man erwarten, daß bei einer Verbindung mit zwei gleichen asymmetrischen Kohlenstoffatomen

$$R - CHX - CHX - R$$

bei Abspaltung von X_2 die meso-Form zu der maleinoiden und die razemische Form zu der fumaroiden Verbindung führen würde.

$$\begin{array}{cc} \mathrm{X}\ \mathrm{H} & \mathrm{X}\ \mathrm{H} \\ \mid\diagup & \mid\diagup \\ \mathrm{C} & — \mathrm{C} \\ \diagup & \diagup \\ \mathrm{R} & \mathrm{R} \end{array} \xrightarrow{-X_2} \begin{array}{cc} \mathrm{H} & \mathrm{H} \\ \diagup & \diagup \\ \mathrm{C} & = \mathrm{C} \\ \diagup & \diagup \\ \mathrm{R} & \mathrm{R} \end{array}$$

Mesoform Maleinoide Form

$$\begin{array}{cc} \mathrm{X}\ \mathrm{H} & \mathrm{X}\ \mathrm{R} \\ \mid\diagup & \mid\diagup \\ \mathrm{C} & — \mathrm{C} \\ \diagup & \diagup \\ \mathrm{R} & \mathrm{H} \end{array} \xrightarrow{-X_2} \begin{array}{cc} \mathrm{H} & \mathrm{R} \\ \diagup & \diagup \\ \mathrm{C} & = \mathrm{C} \\ \diagup & \diagup \\ \mathrm{R} & \mathrm{H} \end{array}$$

Aktive Form Fumaroide Form

Ferner wurde angenommen, daß ein gleiches Resultat auch erfolgen müßte, wenn man aus einer Verbindung, welche zwei ungleiche asymmetrische Kohlenstoffatome enthält, z. B. $R - CHX - CHXR'$, in analoger Weise zwei Atome oder Gruppen austreten läßt.

```
   X  H X  H                  H    H
   | /  | /                  /    /
   C —— C      — X₂        C ══ C
  /    /       ——→         /    /
 R    R₁                  R    R₁
   Mesoform              Maleinoide Form

   X  H X  R'                 H    R'
   | /  | /                  /    /
   C —— C      — X₂        C ══ C
  /    /       ——→         /    /
 R    H                   R    H
```

Diese Erwartungen wurden indes nicht vollkommen erfüllt; denn sowohl die Arbeiten von Michael und Schultheß[1]) über dibromsubstituierte ungesättigte Säuren, als auch jene Liebermanns[2]) über Dibromzimtsäure und Dibrom-allozimtsäure haben gezeigt, daß, obgleich beide Isomeren wirklich gebildet werden, die Ausbeute an der einen, verglichen mit jener an der anderen, äußerst gering ist; ein Resultat, welches mit dem aus rein theoretischen Betrachtungen abgeleiteten nicht übereinstimmt.

4. Konfigurationsbestimmung auf Grund von Beziehungen zwischen Äthylenverbindungen. Einige Äthylen-Stereoisomeren besitzen die Fähigkeit, verschiedene Radikale an die doppelte Bindung anzulagern; wenn die so gebildeten Additionsprodukte wieder in Äthylenderivate zurückgebildet werden, findet man, daß der neue Körper eine verschiedene stereoisomere Konfiguration besitzt, wie die ursprüngliche Substanz. Falls man ermittelt hat, daß die Konfiguration der intermediären Verbindung dieses Resultat hervorruft, kann man bestimmte Schlüsse auf die Konfiguration der beiden Isomeren ziehen. Z. B. Maleinsäure addiert Brom und liefert Iso-Dibrombernsteinsäure, welche bei Abspaltung von Bromwasserstoff Bromfumarsäure bildet; andererseits lagert Fumarsäure Brom an unter Bildung von Dibrombernsteinsäure, welche durch Abspaltung von Bromwasserstoff in Brommaleinsäure verwandelt wird.

Diese Konfigurationsänderung wird durch die Annahme erklärt, daß nach stattgefundener Addition eine teilweise Umdrehung der Kohlenstoffe in dem Äthanderivat notwendig ist, um die Gruppen in ihre stabilste Lage zu bringen. Diese Änderungen sind auf der folgenden Seite dargestellt. Andere Beispiele derselben Art werden später gegeben werden[3]).

5. Einflüsse, welche die Konfigurationsbestimmung erschweren. Verschiedene dieser Einflüsse wurden bereits in den vorhergehenden Abschnitten erwähnt. Eine der wichtigsten darunter ist die sichtbar abnorme Anlagerung der Halogene an Azetylene unter Bildung trans-

---

[1]) Michael und Schultheß, Journ. f. prakt. Chem. (**2**), **43**, 390 (1891).
[2]) Liebermann, Ber. d. deutsch. chem. Ges. **24**, 1109 (1891).
[3]) Siehe § 7 über Erklärungen der Umwandlung S. 154.

```
                                      Br                              Br
                                      |                               |
COOH — C — H        Br       COOH — C — H   Rotation   COOH — C — H              =   COOH — C — H          Br
       ‖        +   |    =           |      ————————→          |                            ‖          +   |
COOH — C — H        Br       COOH — C — H                Br — C — COOH                 Br — C — COOH        H
                                      |                               |
                                      Br                              H

  Maleinsäure                          Iso-dibrombernsteinsäure                          Bromfumarsäure
                             weniger begünstigte              begünstigtere
                                   Form                           Form
```

```
                                      Br                              Br
                                      |                               |
COOH — C — H        Br       COOH — C — H              COOH — C — H         =   COOH — C — H          Br
       ‖        +   |    =           |      ————————→          |                           ‖          +   |
   H — C — COOH     Br          H — C — COOH           COOH — C — Br              COOH — C — Br         H
                                      |                               |
                                      Br                              H

  Fumarsäure                              Dibrombernsteinsäure                           Brommaleinsäure
                             weniger begünstigte              begünstigtere
                                   Form                           Form
```

substituierter Äthylene und der umgekehrte Vorgang: die Abspaltung von Atomen, welche in trans-Stellung zueinander stehen.

Unsere Kenntnisse über diesen Wissenszweig beruhen fast vollständig auf Arbeiten Michaels[1]).

Wislicenus[2]) hat angenommen, daß eine derartige abnorme Reaktion hervorgerufen wird durch eine intramolekulare Umlagerung, welche stattfindet, nachdem die Additionsreaktion vollendet ist.

Er führt die Bildung der Bromfumarsäure aus Azetylendikarbonsäure und Bromwasserstoff als Stütze seiner Ansicht an. Nach seiner Meinung werden zwei intermediäre Produkte gebildet; zunächst Monobrommaleinsäure und dann Dibrombernsteinsäure, welche beim Abspalten von Bromwasserstoff in Bromfumarsäure umgewandelt wird.

$$\begin{array}{c} \text{COOH–C–Br} \\ \| \\ \text{COOH–C–H} \end{array} \xrightarrow{\text{HBr}} \begin{array}{c} \text{COOH–C–Br}_2 \\ | \\ \text{COOH–C–H}_2 \end{array} \xrightarrow[\text{spaltung von BrH}]{\text{Rotation und Ab-}} \begin{array}{c} \text{COOH–C–Br} \\ \| \\ \text{H–C–COOH} \end{array}$$

In Übereinstimmung mit dieser Hypothese könnten sowohl Brommaleinsäure als auch Bromfumarsäure durch Addition von Brom und Abspaltung von Bromwasserstoff in Dibromfumarsäure übergeführt werden.

$$\begin{array}{c} \text{COOH–C–Br} \\ \| \\ \text{COOH–C–H} \\ \\ \text{COOH–C–Br} \\ \| \\ \text{H–C–COOH} \end{array} \begin{array}{c} \xrightarrow{\text{Br}_2} \\ \\ \xrightarrow[\text{Br}_2]{} \end{array} \begin{array}{c} \text{COOH–C–Br}_2 \\ | \\ \text{Br·H–C–COOH} \end{array} \xrightarrow{-\text{HBr}} \begin{array}{c} \text{COOH–C–Br} \\ \| \\ \text{Br–C–COOH} \end{array}$$

Die Dibromfumarsäure sollte auf Grund derselben Theorie noch auf eine andere Weise entstehen:

Azetylendikarbonsäure gibt durch Addition von Brom an die dreifache Bindung in der gewöhnlichen Weise die Dibrommaleinsäure, welche dann folgender Änderung unterliegt:

$$\begin{array}{ccc} \begin{array}{c} \text{COOH–C : Br}_2 \\ | \\ \text{COOH–C : Br}_2 \end{array} & \xrightarrow{-\text{Br}_2} & \begin{array}{c} \text{Br–C–COOH} \\ \| \\ \text{COOH–C–Br} \end{array} \\ \uparrow{\scriptstyle +\text{Br}_2} & & \uparrow{\scriptstyle -\text{HBr}} \\ \begin{array}{c} \text{COOH–C–Br} \\ \| \\ \text{COOH–C–Br} \end{array} & \xrightarrow{+\text{HBr}} & \begin{array}{c} \text{COOH–CHBr} \\ | \\ \text{COOH–CBr}_2 \end{array} \end{array}$$

Die Annahme, daß Brommaleinsäure auf diese Weise in Bromfumarsäure umgewandelt werden kann, wurde von Michael[3]) als unberech-

---

[1]) Michael, Journ. f. prakt. Chem. (**2**), **46**, 210, 402 (1892); **51**, 517 (1896); **52**, 289 (1895).

[2]) Wislicenus, Räumliche Anordnung S. 33.

[3]) Michael, Journ. f. prakt. Chem. (**2**), **46**, 210 (1892).

tigt erwiesen; er zeigte, daß dieselbe selbst bei tagelangem Stehen mit 10% Bromwasserstoffsäure keine Änderung erleidet. Zweitens liefert Azetylendikarbonsäure beim Behandeln mit Bromwasserstoffsäure nicht Brommaleinsäure, sondern nur Bromfumarsäure. Endlich liefert Tribrombernsteinsäure beim Abspalten von Bromwasserstoff eine Mischung, welche wohl Dibrommaleinsäure, aber keine Dibromfumarsäure enthält; außerdem bedarf es zur Abspaltung von Bromwasserstoff der Gegenwart von wässerigen Alkalien, die Reaktion geht somit nicht unter den Bedingungen vor sich wie bei der Addition von Brom an Azetylendikarbonsäure.

Die Theorie von Wislicenus ist hierdurch widerlegt und die Annahme einer direkten Addition in der trans-Stellung erscheint somit berechtigt.

Beispiele dieser Art genügen aber noch nicht, die ganze Stereochemie der Äthylenreihe umzustürzen. Die wirkliche Lösung dieses Problems wird man wahrscheinlich finden, wenn man die Einflüsse kennen lernen wird, welche diese scheinbar abnormen Fälle beherrschen.

Viele möglichen Faktoren kann man als Ursachen annehmen, wie die gegenseitige Beeinflussung der verschiedenen Atome im Molekül, die Wirkung physikalischer Mittel, wie Wärme oder Licht, das Auftreten sekundärer Reaktionen oder intramolekularer Änderungen gleichzeitig mit dem Additionsvorgange, und ebenso chemische Einflüsse, wie die Natur des Lösungsmittels.

Ein sehr gutes Beispiel für die Wirkung solcher scheinbar geringer Einflüsse bilden die Untersuchungen von Wislicenus[1]) über die Angelika- und Tiglinsäure.

Bei dem Versuche, die Dibromide dieser Säuren darzustellen, fand er, daß eine quantitative Ausbeute erzielt wird, wenn man einen großen Überschuß von Brom bei niedriger Temperatur und vollkommener Dunkelheit auf die Säure einwirken läßt; unter anderen Bedingungen wurden Mischungen der beiden isomeren Bromide gebildet.

§ 5. Eigenschaften der Äthylen-Stereoisomeren.

1. Physikalische Eigenschaften. Im Jahre 1882 berichtete Carnelley[2]), daß von zwei Isomeren jener Verbindung, welche eine mehr symmetrische und kompaktere Struktur zeigt, auch der höhere Schmelzpunkt zukommt; Franchimont[3]) brachte Beweise, welche zugunsten dieser Ansicht sprachen. Michael[4]) kam bei seinen Arbeiten über die ungesättigten Säuren zu dem Resultate, daß von zwei Isomeren die maleinoide Form den niedrigeren Schmelzpunkt, die größere Löslichkeit und Flüchtigkeit zeige.

Werner[5]) sprach die Ansicht aus, daß diese Unterschiede in den Schmelzpunkten nur Beispiele einer allgemeinen Regel seien:

1) Wislicenus, Liebigs Annal. d. Chem. u. Pharm. **250**, 224 (1889).
2) Carnelley, Phil. Mag. (**5**), **13**, 116 (1882).
3) Franchimont, Rec. trav. chim. **16**, 142 (1897).
4) Michael, Journ. f. prakt. Chem. (**2**), 52, 345 (1895).
5) Werner, Lehrbuch der Stereochemie.

er bezeichnet als Beispiele die Phtalsäure und Terephtalsäure, indem er die o-Säure mit Maleinsäure, die p-Verbindung mit Fumarsäure vergleicht.

COOH — C — H ‖ COOH — C — H
Schmp. 130° C

COOH — C — H ‖ H — C — COOH
sublimiert unzersetzt

CH
COOH — C / \ CH
COOH — C \ / CH
CH
Schmp. 213° C

CH
COOHC / \ C — H
HC \ / C + COOH
CH
sublimiert unzersetzt.

Diese Idee kann auf einem rein zufälligen Zusammentreffen basieren, aber die Tatsache, daß para-Benzolderivate die höheren Schmelzpunkte haben, als die entsprechenden ortho-Verbindungen, scheint doch auf eine allgemeinere Regel, wie sie Werner vorausdeutet, hinzuweisen. Eine derartige Regel könnte, falls sie formuliert würde, für die Konfigurationsbestimmung mancher Isomeren große Dienste leisten.

Über die Beziehungen, welche zwischen den Siedepunkten der Isomeren bestehen, kann ebenfalls nichts bestimmtes gesagt werden, da das zur Verfügung stehende experimentelle Material noch zu gering ist; die Anzeichen scheinen aber zu Resultaten zu führen, welche denen bei den Schmelzpunkten der cis-trans-Isomeren angeführten eng verwandt sind.

Schmelzpunkte und Löslichkeiten der Isomeren scheinen in irgend einem Zusammenhange zu stehen; denn man findet, daß die Verbindung mit dem höheren Schmelzpunkt immer die weniger lösliche ist. Der Parallelismus mit den o- und p-Derivaten des Benzols zeigt sich auch hier wieder. Siehe auch die Arbeiten von Vaubel[1]); nur wenige Beispiele seien hier angegeben:

Malenoide Form		Annähernde Löslichkeit	Fumaroide Form		Annähernde Löslichkeit
Name	Schm.		Name	Schm.	
Maleinsäure[2]). . . .	130°	1 : 2 H_2O	Fumarsäure . . .	—	1 : 150 H_2O
α-Chlorzimtsäure[3]) .	111°	1 : 312 H_2O	α-Chlorzimtsäure	137°	1 : 4230 H_2O
β-Chlorzimtsäure[3]) .	133°	1 : 2789 H_2O	β-Chlorzimtsäure	158·5°	1 : 5396 H_2O
Zitrakonsäure[4]). . .	91°	1 : 0·42 H_2O	Mesakonsäure . .	202°	1 : 38 H_2O

[1]) Vaubel, Journ. f. prakt. Chem. (2), **51**, 444 (1895); **59**, 30 (1899).

[2]) Lassaigne, Ann. Chim. Phys. (2), **11**, 93 (1819); Carius, Liebigs Annal. d. Chem. u. Pharm. **142**, 153 (1867).

[3]) Michael und Tendleton, Journ. f. prakt. Chem. **40**, 66 (1889).

[4]) Baup, Liebigs Annal. d. Chem. u. Pharm. **81**, 97 (1852).

Über die spezifischen Gewichte der beiden Isomeren ist sehr wenig bekannt; aus den bisher erhaltenen Resultaten scheint aber hervorzugehen, daß die Verbindung mit dem höheren Schmelzpunkte oder Siedepunkte gewöhnlich das höhere spezifische Gewicht hat[1]); z. B. Maleinsäure d = 1·590 und Fumarsäure d = 1·625. Traube[2]) findet, daß der cis-Form ein geringeres Molekularvolumen zukommt, wie der trans-Verbindung.

Im allgemeinen sind beide Isomeren farblos; falls aber eine Verbindung eine gelbliche Farbe zeigt, so ist es gewöhnlich die mit dem niedrigeren Schmelzpunkte.

Einen kurzen Überblick über die Unterschiede der elektrischen Leitfähigkeit beider Isomeren findet man in „Lehfeldts Elektrochemie I. Teil". Es braucht bloß erwähnt zu werden, daß von einbasischen stereoisomeren Säuren jene mit dem niedrigeren Schmelzpunkte gewöhnlich die stärkere ist, während bei zweibasischen die cis-Form stärker ist als die trans-Form.

Name der stärkeren Säure	Schm.-P.	K.	Name der schwächeren Säure	Schm.-P.	K.
Isokrotonsäure	15·5	0·0036	Krotonsäure	72°	0·0020
Angelikasäure	45	0·0050	Tiglinsäure	64·5	0.0009
Maleinsäure	130°	1·17	Fumarsäure	—	0·093
Zitrakonsäure	91°	0·340	Mesakonsäure . . .	202	0·079

Gleichzeitig sei aufmerksam gemacht auf Arbeiten von Wegscheider[3]), Ostwald[4]) und Walden[5]).

Soweit experimentelles Material vorliegt, kann man sagen, daß die Verbindung mit dem höheren Schmelzpunkte, gewöhnlich die trans-Form, die geringere Verbrennungswärme zeigt, z. B. [6])

Maleinsäure . .	326·900 Kal.	Fumarsäure . . .	319·278 Kal.
Zitrakonsäure . .	483·522 Kal.	Mesakonsäure . .	479·060 Kal.

Weitere Beispiele findet man in Publikationen Stohmanns[7]).

Die Lösungs- und Neutralisationswärmen wurden von Gal und Werner[8]) bei Fumar-, Malein-, Mesakon- und Zitrakonsäure gemessen.

---

1) Tanatar und Tchelebijeff, Journ. d. Russ. Phys. Chem. Soc. **22**, 549 (1890).

2) Traube, Liebigs Annal. d. Chem. u. Pharm. **290**, 43 (1896).

3) Wegscheider, Monatsh. **23**, 599 (1902).

4) Ostwald, Zeitschr. f. physikal. Chem. **3**, 380 (1889).

5) Walden, Zeitschr. f. physikal. Chem. **8**, 495 (1891).

6) Louguinine, Ann. Chim. Phys. (**6**), **23**, 186 (1891). Stohmann, Zeitschr. f. pysikal. Chem. **10**, 416 (1892).

7) Stohmann, Ber. d. deutsch. chem. Ges. **28**, 134 (1895). Zeitschr. f. physikal. Chem. **10**, 416 (1892).

8) Gal und Werner, Bull. Soc. chim. **47**, 158 (1887).

Name	Lösungswärme	Neutralisationswärme
Fumarsäure	— 5·901 Kal.	26·597
Maleinsäure	— 4·438 „	26·620
Mesakonsäure	— 5·493 „	27·267
Zitrakonsäure	— 2·793 „	27·023

Sir W. H. Perkin[1]) findet einen Unterschied in der magnetischen Rotation zweier stereoisomerer Verbindungen.

Sehr wenig wurde über Absorptions-Spektra der Äthylen-Stereoisomeren gearbeitet[2]). Stewart[3]) fand, daß in einigen Fällen die fumaroide Form eine größere allgemeine Absorption zeigt, wie die maleinoide Verbindung.

2. Chemisches Verhalten. Eine gewisse Anzahl von Unterschieden im chemischen Verhalten zweier Stereoisomeren haben wir bereits in dem Abschnitt über Konfigurationsbestimmung mitgeteilt, so daß wir dieselben hier nicht zu wiederholen brauchen.

Weitere Unterschiede zeigen sich zwischen cis-trans-Formen ungesättigter Säuren in dem Kristallwassergehalte einiger ihrer Salze. Z. B. das Baryumsalz der Maleinsäure kristallisiert mit einem Molekül Kristallwasser, dasjenige der Fumarsäure mit drei Molekülen. Die Kalzium- und Baryumsalze der Isokrotonsäure kristallisieren jedes mit drei Molekülen Kristallwasser, jene der Krotonsäure enthalten kein Kristallwasser.

§ 6. Umwandlungen der geometrischen Stereoisomeren.

Bei Betrachtung der beiden Stereoisomeren (1) und (2):

$$\begin{array}{ccc} a-C-b & \quad & a-C-b \\ \| & & \| \\ c-C-d & & d-C-c \\ (1) & & (2) \end{array}$$

sieht man, daß die relative Stabilität der beiden Verbindungen auf der relativen Größe der gegenseitigen Anziehungskraft der Gruppen a, b, c und d beruht.

Das heißt, falls die Anziehungskräfte von a für c und b für d zusammengenommen größer sind, wie die vereinigten Anziehungskräfte von a für d und b für c, wird die Konfiguration (I) die stabilere sein, da in ihr die Kräfte wirksamer zur Geltung kommen. Ebenso sicher ist es, daß (2), falls seine Stabilität in irgend einer Weise gestört wird, nicht in seine ursprüngliche Form zurückkehren,

1) Perkin sen., Zeitschr. f. phys. Chem. **21**, 641 (1896).

2) Magini, Atti R. Accad. Lincei **12**, II, 87, 260, 356 (1903). Journ. Chim. phys. **2**, 410 (1904).

3) Stewart, Trans. **91**, 199 (1907).

sondern wahrscheinlicher in den stabileren Gleichgewichtszustand der Konfiguration (1) übergehen wird. Ferner muß die weniger stabile Form einen größeren Energieinhalt besitzen als die stabilere, ein Schluß, welcher bestätigt wird durch einen Vergleich der Verbrennungswärmen, z. B. von Maleinsäure und Fumarsäure.

Eine Störung der Stabilität der labilen Form kann auf verschiedene Weise erfolgen, aber fast alle Fälle können eingeteilt werden in zwei Gruppen: Störung durch physikalische Einflüsse oder Störung durch chemische Einflüsse.

Der Wechsel von der weniger stabilen zur stabileren Form wird als Umwandlung des einen Isomeren in das andere bezeichnet, und im Gegensatz zu dem gewöhnlichen Verlauf chemischer Reaktionen erscheint dieser Vorgang im allgemeinen nicht als umkehrbar; sobald die labile Form in die stabilere umgewandelt worden ist, verbleibt letztere ohne Änderung bestehen.

Diese Erscheinungen haben wir nun näher zu beschreiben und zwar wollen wir sie einteilen in folgende Gruppen:

1. Umwandlung durch physikalische Einflüsse.
2. Umwandlung durch chemische Einflüsse.
3. Umwandlung durch intermediär gebildete Äthan-Verbindungen.

1. Umwandlung durch physikalische Einflüsse. Fast alle labilen Isomeren können durch eine bestimmte Steigerung der Temperatur, die natürlich bei jeder Substanz verschieden ist, in die stabilere Form umgewandelt werden. Wenn Maleinsäure einige Grade über ihren Schmelzpunkt erhitzt wird, scheiden sich Kristalle von Fumarsäure in der Flüssigkeit aus[1]).

Die ölige Form des Chlorstilbens wird durch Destillation in die feste isomere Verbindung übergeführt[2]). In Fällen, wo die Stabilität der zwei Isomeren nahezu gleich ist, entsteht beim Erhitzen ein Gemisch der beiden Isomeren als Endprodukt. Da dieser Endpunkt viel schneller von der labilen Verbindung als von der isomeren stabilen erreicht wird, benutzt man die Erscheinung zur Feststellung der relativen Stabilität der zwei Verbindungen.

So konnte man z. B. aus der Geschwindigkeit, mit welcher der Gleichgewichtszustand, von jeder isomeren Form aus, erreicht wurde, die relative Stabilität der α- und β-Krotonsäure bestimmen. In manchen Fällen kann die maleinoide aus der fumaroiden Form erhalten werden; z. B. gibt Phenoxyfumarsäure bei der Destillation[3]) im Vakuum Phenoxymaleinsäure. In einigen Fällen genügt schon eine mehr oder minder lange Aussetzung gegen Sonnenlicht, um eine Umwandlung der Isomeren hervorzurufen; hin und wieder sind die Wirkungen des Lichtes denen der Wärme entgegengesetzt: z. B. er-

---

1) Pelouze, Liebigs Annal. d. Chem. u. Pharm. **11**, 266 (1834). Skraup, Monatsh. **12**, 117 (1891). Tanatar, Liebigs Annal. d. Chem. u. Pharm. **273**, 32 (1893).

2) Sudborough, Ber. d. deutsch. chem. Ges. **25**, 2237 (1892).

3) Ruhemann und Stapleton, Trans., **77**, 1184 (1900).

hitzt man die α-Form des Benzyl-β-amido-krotonesters (Schmp. 79 bis 80° C), so verwandelt sie sich in die β-Form (Schmp. 21° C), aus der sie wieder durch Einwirkung des Lichtes zurückgebildet werden kann[1]).

Auf Arbeiten von Ciamician und Silber[2]) und Paal und Schulze[3]) sei an dieser Stelle hingewiesen.

Man hat beobachtet, daß Lösungen mancher Verbindungen beim Verdunsten Kristalle der anderen Form ausscheiden; Beispiele dieser Art hat man gefunden bei der Darstellung von β-Methylzimtsäure, die durch Umkristallisation der α-Form[4]) entsteht, ferner bei der Bildung des β-Dibenzylketon-benzyliden-p-toluidins durch Kristallisation der α-Form aus Benzol, welches eine Spur Phenylhydrazin enthält[5]).

Spontane Umwandlungen wurden nur in einer sehr begrenzten Anzahl von Fällen beobachtet.

2. Umwandlung durch chemische Einflüsse. Wenn Maleinsäure im geschlossenen Rohr mit Wasser auf ungefähr 130° erhitzt wird, so bildet sich Fumarsäure[6]). Dabei ist es allerdings nicht sicher, ob die Umwandlung durch den Einfluß des Wassers hervorgebracht wird, da vielleicht die Steigerung der Temperatur allein schon genügt.

Die Halogenwasserstoffsäuren scheinen die besten Mittel für die Umwandlung zu sein; in den meisten Fällen genügt schon ein längeres Stehen der ungesättigten Verbindung mit der Säure. Sonnenlicht und Wärme beschleunigen den Vorgang. Bei der Umwandlung der höheren Homologen der Akrylsäure hat sich salpetrige Säure als ein wertvolles Reagens erwiesen. In wenigen Fällen wurde auch Salpetersäure verwendet. Schwefelsäure scheint die Umwandlung eher zu verzögern, als zu beschleunigen[7]).

Von den Halogenen sind Chlor und Brom als die stärksten Mittel für die Umwandlung bekannt; eine Spur des letzteren genügt manchmal schon, um eine Umlagerung herbeizuführen; Jod ist nicht so sehr wirksam. Auch in diesen Fällen wird die Umwandlung durch Sonnenlicht beschleunigt.

Basen können nur in wenigen Fällen Verwendung finden und da Erwärmung notwendig ist, so erscheint es fraglich, ob die Änderung durch die Wirkung der Basen hervorgerufen wurde. Wahrscheinlich verhindert die Gegenwart der Basen nur die Anhydridbildung.

Einige Fälle sind auch bekannt, in denen eine Umwandlung schon durch Verseifung hervorgerufen wurde.

---

1) Möhlau, Ber. d. deutsch. chem. Ges. **27**, 3376 (1894).

2) Ciamician und Silber, Ber. d. deutsch. chem. Ges. **36**, 4266 (1903).

3) Paal und Schulze, Ber. d. deutsch. chem. Ges. **35**, 168 (1902).

4) Daïn, Journ. d. Russ. Phys. Chem. Soc., **29**, 32 (1897).

5) Francis, Trans., **81**, 441 (1902).

6) Semenoff, Bull. Soc. chim. **46**, 816 (1886) Skraup, Monatsh. **12**, 107 (1891). Tanatar, Liebigs Annal. d. Chem. u. Pharm. **273**, 32 (1893).

7) Skraup, Monatsh. **12**, 107 (1891).

Während Maleinsäure beim Kochen mit Kalilauge nicht in Fumarsäure übergeht, verwandelt sich ihr Methylderivat, die Zitrakonsäure, unter den gleichen Verhältnissen in die isomere Mesakonsäure. Die Reaktion ist reversibel, denn ein Gleichgewichtszustand tritt ein, sobald 70% Mesakonsäure und 30% Zitrakonsäure anwesend sind[1]). Maleinsäureamid verwandelt sich in Maleinsäure beim Kochen mit wässeriger Pottaschelösung; mit alkoholischer Pottaschelösung bildet sich Fumarsäure[2]).

In einigen Fällen können auch katalytische Prozesse für die Umwandlung einer Verbindung in die isomere Form verwendet werden. Schwefelwasserstoff wirkt bei gewöhnlicher Temperatur auf eine Lösung von Maleinsäure nicht ein; falls aber bestimmte Salze der Maleinsäure, wie z. B. das Kupfersalz, mit Schwefelwasserstoff zerlegt werden, wird eine beträchtliche Menge Fumarsäure gebildet. Maleinsaures Silber gibt beim Behandeln mit Schwefelwasserstoff gleichfalls Fumarsäure, obgleich es beim Zerlegen mit Salzsäure nur Maleinsäure bildet. Wird eine Lösung von Maleinsäure mit Schwefelwasserstoff und Schwefeldioxyd gesättigt und dann erwärmt, bis eine Reaktion zwischen beiden Gasen eintritt, so bildet sich ebenfalls Fumarsäure, obgleich kein derartiges Resultat erzielt wird, wenn Maleinsäure in Wasser gelöst wird, welches entweder eine Mischung von Schwefeldioxyd und Schwefelwasserstoff oder aber das Endprodukt der Reaktion dieser beiden Gase enthält[3]).

Noch einige andere Beispiele von Umwandlungen mittelst chemischer Stoffe mögen erwähnt werden. Wenn eine konzentrierte Lösung von Maleinsäure mit einer ebensolchen von Rhodankalium gemischt wird, bildet sich Fumarsäure. Dabei entwickelt sich eine geringe Menge Schwefelwasserstoff aus der Mischung[4]). Maleinsäure wird durch die Gase, welche bei Einwirkung von Salpetersäure auf arsenige Säuren entstehen, in Fumarsäure verwandelt[5]). Schwefeldioxyd wirkt unter bestimmten Bedingungen in gleicher Weise[6]).

3. Umwandlung durch intermediär gebildete Äthanverbindungen. Dieser Fall wurde bereits erwähnt. Die Methode basiert auf der Addition bestimmter Radikale an die doppelte Bindung und nachherigen Abspaltung anderer Radikale, wodurch eine Änderung sowohl der Konfiguration als auch Konstitution herbeigeführt wird. Im allgemeinen kann man die Reaktion folgendermaßen schreiben:

---

[1]) Delisle, Liebigs Annal. d. Chem. u. Pharm. **269**, 95 (1892). Michael, Journ. f. prakt. Chem. (**2**), **46**, 209 (1892).

[2]) Anschütz, Liebigs Annal. d Chem. u. Pharm. **273**, 32 (1893).

[3]) Skraup, Monatsh. **12**, 107 (1891).

[4]) Michael, Journ. f. prakt. Chem. (**2**), **52**, 324 (1895).

[5]) Schmidt, Ber. d. deutsch. chem. Ges. **33**, 3241 (1900).

[6]) Franz, Monatsh. **15**, 209 (1894).

$$\begin{array}{c} a-C-b \\ \| \\ a-C-b \end{array} + \begin{array}{c} d \\ | \\ d \end{array} = \begin{array}{c} d \\ | \\ a-C-b \\ | \\ a-C-b \\ | \\ d \end{array} \rightarrow \begin{array}{c} d \\ | \\ a-C-b \\ | \\ d-C-a \\ | \\ b \end{array} -bd= \begin{array}{c} a-C-b \\ \| \\ d-C-a \end{array}$$

Auf diese Weise kann Maleinsäure durch intermediäre Bildung von Dibrombernsteinsäure in Bromfumarsäure und Fumarsäure in Brommaleinsäure übergeführt werden.

§ 7. Erklärungen für die Umwandlung von Äthylen-Isomeren.

1. Wislicenus-Erklärung. a) Umlagerung durch physikalische Einflüsse. Wislicenus hat folgende Erklärung für die Umwandlung mittelst Wärme gegeben:

> „Die genannten Vorgänge sind auf innermolekulare Umsetzungen durch die alle Bindungsenergien vermindernde Wärmewirkung zurückzuführen, sei es, daß dabei ein Platzwechsel der betreffenden an $\overset{C}{\underset{C}{\|}}$ gebundenen Radikale direkt und im Sinne der Bildung beständigerer Verbindungen stattfindet, oder daß sich zeitweise die zweifache Bindung beider Kohlenstoffatome soweit lockert, daß unter der Wirkung energischerer Affinitäten eine Drehung der Systeme, darauf der Übertritt des dieselbe nicht verlassenden Radikales an die naszierende Valenz desselben Kohlenstoffatoms und zuletzt die Wiederherstellung der doppelten Bindung erfolgt [1]."

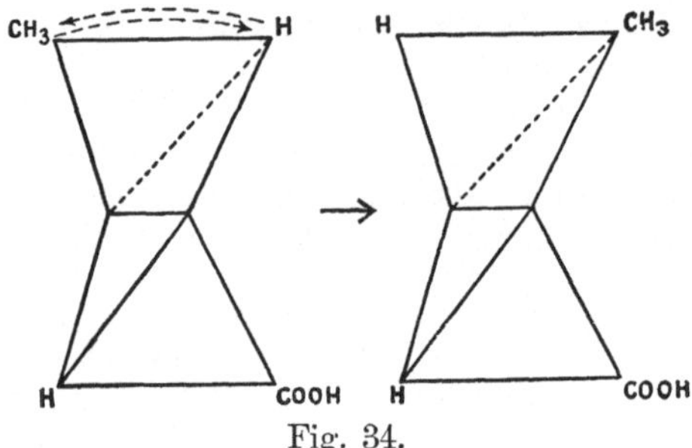

Fig. 34.

Fig. 35 zeigt den Prozeß der Umwandlung von Isokrotonsäure in Krotonsäure nach der Hypothese von Wislicenus.

---

[1]) Wislicenus, Räumliche Anordnung, S. 55.

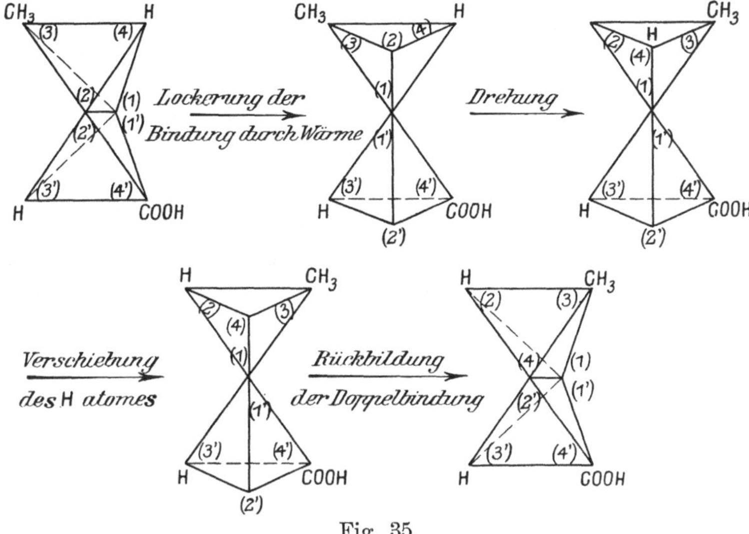

Fig. 35.

b) Umlagerung durch chemische Einflüsse. Wislicenus erklärt dieselben durch die Annahme einer Addition unter Bildung von Äthanverbindungen und einer nachfolgenden Abspaltung der addierten Radikale, nachdem eine richtende Drehung das System in eine stabile Lage gebracht hat. Z. B. im Falle der Umlagerung von Malein- in Fumarsäure nimmt er folgende Änderungen an:

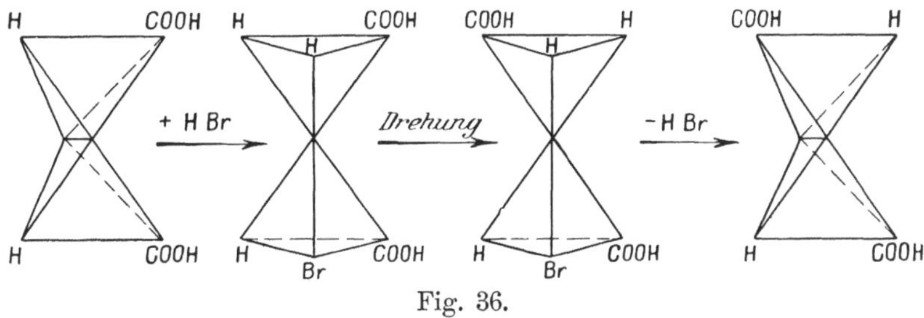

Fig. 36.

Diese Erklärung hat sich als vollkommen unzulänglich erwiesen. Es ist nicht notwendig, weiter darauf einzugehen; es genügt, den Fall der Dibenzoyl-Maleinsäure[1]) zu betrachten:

$$\begin{array}{c} C_6H_5 - CO - C - COOH \\ \| \\ C_6H_5 - CO - C - COOH \end{array}$$

Hier ist die Möglichkeit zum Austausch der Wasserstoffatome, wie er im obigen Falle angenommen wurde, ausgeschlossen und ohne eine derartige Annahme ist die Erklärung hinfällig. Aber selbst

[1]) Paal und Schulze, Ber. d. deutsch. chem. Ges. **33**, 3785 (1900).

wenn dieser Einwand nicht bestände, müßte auf Grund der Arbeiten von Anschütz, Fittig, Skraup und Michael die Hypothese fallen, da sie zeigten, daß die von Wislicenus bei der Umlagerung angenommenen intermediären Verbindungen als solche existieren, vollkommen stabil sind und nicht in ungesättigte Verbindungen unter den gleichen Bedingungen übergehen.

c) Umwandlung durch intermediäre Bildung von Äthanverbindungen. Wislicenus nimmt zur Erklärung dieser Erscheinung eine Addition von zwei Bromatomen in cis-Stellung und darauffolgende Abspaltung von Bromwasserstoff ebenfalls in cis-Stellung an. Die folgenden Tatsachen werden zeigen, daß diese Annahme unbegründet ist.

Lossen und Riebensahm[1]) fanden, daß die aus Maleinsäure erhaltene iso-Dibrom-bernsteinsäure beim Behandeln mit Wasser 80 % des Reaktionsproduktes an Traubensäure und 20 % an Mesoweinsäure liefert. Dies ist aber das gerade Gegenteil von dem Resultat, das man erwarten sollte, falls iso-Dibrombernsteinsäure ein cis-Additionsprodukt der Maleinsäure wäre.

Andererseits liefert Fumarsäure mit Brom eine Dibrombernsteinsäure, welche nach dem Behandeln mit Wasser ungefähr 80 % Mesoweinsäure und nur 20 % razemische Säure ergibt. Man ersieht somit, daß die Oxydation und die Addition von Brom zu verschiedenen Typen von Verbindungen führt.

Maleinsäure: Oxydation:

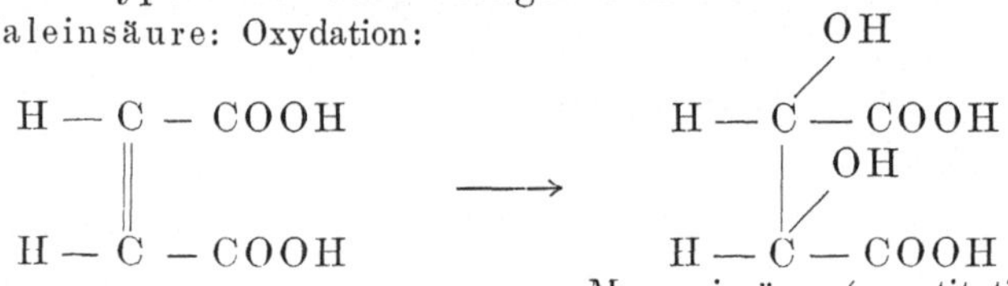

$$\begin{array}{c} H - C - COOH \\ \| \\ H - C - COOH \end{array} \longrightarrow \begin{array}{c} OH \\ / \\ H - C - COOH \\ |\quad OH \\ |/ \\ H - C - COOH \end{array}$$

Mesoweinsäure (quantitativ).

Bromaddition:

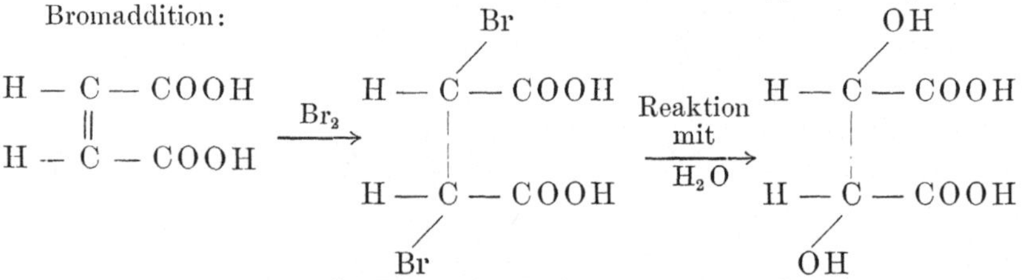

$$\begin{array}{c} H - C - COOH \\ \| \\ H - C - COOH \end{array} \xrightarrow{Br_2} \begin{array}{c} Br \\ / \\ H - C - COOH \\ | \\ H - C - COOH \\ / \\ Br \end{array} \xrightarrow[H_2O]{\text{Reaktion mit}} \begin{array}{c} OH \\ / \\ H - C - COOH \\ | \\ H - C - COOH \\ / \\ OH \end{array}$$

iso-Dibrombernsteinsäure — Traubensäure (80 %)

Fumarsäure: Oxydation:

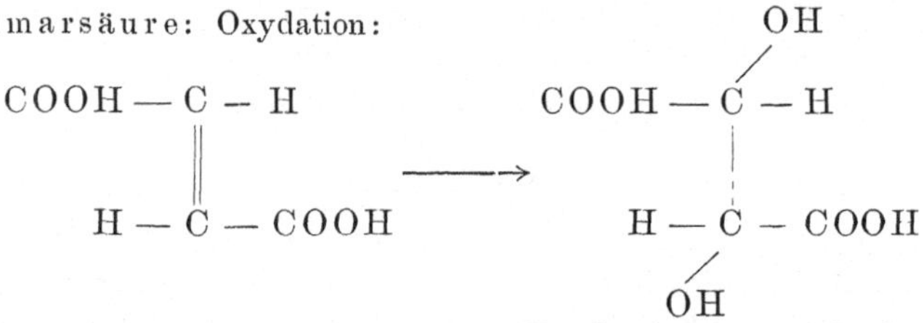

$$\begin{array}{c} COOH - C - H \\ \| \\ H - C - COOH \end{array} \longrightarrow \begin{array}{c} OH \\ / \\ COOH - C - H \\ | \\ H - C - COOH \\ / \\ OH \end{array}$$

Traubensäure (quantitativ)

---

[1]) Lossen und Riebensahm, Liebigs Annal. d. Chem. u. Pharm. **292**, 295 (1897).

Bromaddition:

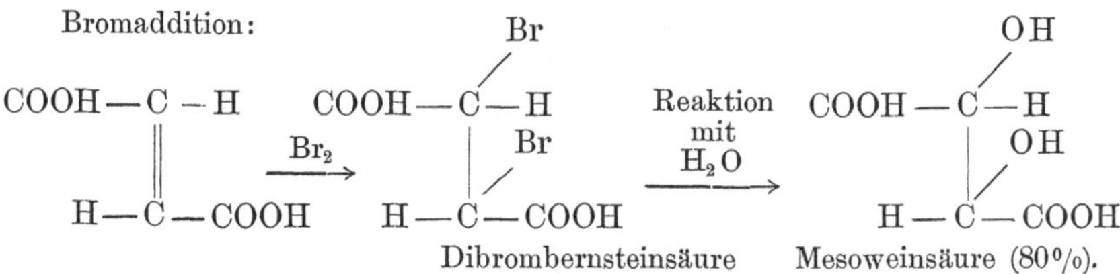

Aus diesen Angaben ist ersichtlich, daß Maleinsäure bei der Oxydation cis-Additionsprodukte und bei der Halogenanlagerung trans-Derivate liefert. Andererseits liefert Fumarsäure bei der Oxydation trans-Additionsprodukte und lagert Halogen in der cis-Stellung an.

2. Liebermanns Erklärung[1]). Um die durch Einwirkung von Wärme oder Licht erfolgende Umlagerung der iso-Zimtsäure in Zimtsäure zu erklären, nimmt Liebermann folgende Reaktionsfolge an:

$$\begin{array}{ccccccc}
 & & \mathrm{H} & & \mathrm{H} & & \\
 & & | & & | & & \\
\mathrm{C_6H_5-C-H} & & \mathrm{C_6H_5-C-H} & & \mathrm{C_6H_5-C-H} & & \mathrm{C_6H_5-C-H} \\
\| & \rightarrow & | & \rightarrow & | & \rightarrow & \| \\
\mathrm{COOH-C-H} & & \mathrm{CO-C-H} & & \mathrm{H-C-CO} & & \mathrm{H-C-COOH} \\
 & & \diagdown\ \diagup & & \diagdown\ \diagup & & \\
 & & \mathrm{O} & & \mathrm{O} & &
\end{array}$$

Die mit Hilfe von Jod erfolgende Umlagerung der allo-Furfurylakrylsäure würde sich folgendermaßen gestalten[2]):

$$\begin{array}{ccccccc}
 & & \mathrm{J} & & \mathrm{J} & & \\
 & & | & & | & & \\
\mathrm{C_4H_3O-C-H} & \xrightarrow[-\mathrm{HJ}]{\mathrm{J_2}} & \mathrm{C_4H_3O-C-H} & \xrightarrow{\text{Umlagerung}} & \mathrm{C_4H_3O-C-H} & & \\
\| & & | & & | & \longrightarrow & \\
\mathrm{CO-C-H} & & \mathrm{CO-C-H} & & \mathrm{H-C-CO} & & \\
| & & \diagdown\ \diagup & & \diagdown\ \diagup & & \\
\mathrm{OH} & & \mathrm{O} & & \mathrm{O} & &
\end{array}$$

$$\begin{array}{ccccc}
 & & \mathrm{H} & & \\
 & & | & & \\
 & & \mathrm{C_4H_3O-C-H} & & \mathrm{C_4H_3O-C-H} \\
\xrightarrow[-\mathrm{J_2}]{+\mathrm{HJ}} & & | & \longrightarrow & \| \\
 & & \mathrm{H-C-CO} & & \mathrm{H-C-COOH} \\
 & & \diagdown\ \diagup & & \\
 & & \mathrm{O} & &
\end{array}$$

Eine davon verschiedene Erklärung kann auf Grund der Tautomerieerscheinungen gegeben werden, wobei die instabile Enolform (gebildet durch eine Wanderung des Äthylwasserstoffs zu dem Karbonyl der Karboxylgruppe) als intermediäres Zwischenprodukt angenommen wird:

---

[1]) Liebermann, Ber. d. deutsch. chem. Ges. **23**, 2513 (1890).
[2]) Liebermann, Ber. d. deutsch. chem. Ges. **28**, 1444 (1895).

$$\begin{array}{l} O\diagdown \\ \quad\ \ C - C - H \\ OH\diagup \quad\ \ \| \\ COOH - C - H \end{array} \longrightarrow \begin{array}{l} OH\diagdown \\ \qquad C = C \\ OH\diagup \quad\ \| \\ COOH - C - H \end{array} \longrightarrow \begin{array}{l} H - C - COOH \\ \qquad \| \\ COOH - C - H \end{array}$$

3. Skraups Erklärung. Skraup[1]) fand in seinen Untersuchungen über die Umwandlung ungesättigter Säuren, daß die von Wislicenus angenommene Bildung intermediärer Verbindungen tatsächlich stattfindet; allerdings können sie nicht die Zwischenprodukte der Umwandlungsreaktion sein, weil sie unter diesen Bedingungen beständig sind. Da sie aber, wenn auch in sehr geringer Menge, immer gebildet werden, so nimmt Skraup einen Zusammenhang zwischen ihrer Bildung und der freiwillig stattfindenden Umlagerung an, und zwar in Form einer katalytischen Wirkung der einen Reaktion auf die andere, oder mit seinem eigenen Vergleich: die Additionsreaktion erzeuge in dem Äther bestimmte Wellen, welche auf die andere Reaktion einwirken, etwa in derselben Weise wie Tonwellen auf eine gleichgestimmte Saite, also im Sinne von Resonanzerscheinungen.

Er konnte zeigen, daß diese katalytische Wirkung sowohl bei endothermischen als auch exothermischen Reaktionen gefunden wird; er zeigte ferner, daß die Einwirkung von Schwefelwasserstoff auf die maleinsauren Salze der Schwermetalle genügend ist, um die Maleinsäure in Fumarsäure überzuführen, und daß die dabei umgewandelte Menge Maleinsäure je nach dem verwendeten Metall verschieden ist. Z. B.:

Salz	% gebildeter Fumarsäure
Kupfer	13·7
Blei	16·2
Nickel	1·9
Kadmium	19·8
Zink	1·8

4. Werners Erklärung. Diese Hypothese basiert auf den Anschauungen Werners über die doppelte Bindung, bei welchen er annimmt, daß ein sehr geringer Teil der totalen, die doppelte Bindung bedingenden Affinität verwendet wird, um die freie Rotation der Kohlenstoffatome um ihre gemeinsame Achse zu verhindern. Er glaubt, daß Temperatursteigerung oder andere Einflüsse genügen, um dieses geringe Hindernis zu überwinden, wodurch den Atomen eine Selbstanordnung in die stabilste Lage ermöglicht wird.

5. Stewarts Erklärung[2]). In dieser Erklärung wird die Bildung und Wiederzerstörung von Tetramethylenverbindungen durch intramolekulare Zusammenstöße angenommen.

---

1) Skraup, Monatsh. **12**, 146 (1891).
2) Stewart, Proc. **21**, 73 (1905).

Im Falle der Umwandlung von Malein- in Fumarsäure durch Erwärmung würde sich eine Tetramethylen-1-, 2-, 3-, 4-Tetrakarbonsäure bilden, in welcher wahrscheinlich die an die Kohlenstoffe 1, 2 gebundenen Karboxylgruppen auf einer Ringseite, die beiden anderen an 3 und 4 gebundenen auf der entgegengesetzten Seite gelagert sind. Ein solcher Tetramethylenring kann in zwei Wegen aufgespalten werden, entweder durch Sprengung der Ringbindungen zwischen den Kohlenstoffatomen 1 und 2, 3 und 4 oder jener zwischen 1 zu 4 und 1 zu 3.

Im ersten Falle wird Fumarsäure gebildet, im letzteren wird Maleinsäure regeneriert. Wenn aber Fumarsänre gebildet ist, so wird sie infolge ihres höheren Schmelzpunktes sofort einer weiteren Wirkung entzogen, während Maleinsäure weiterhin derselben Reihe von Änderungen unterliegen kann.

```
     COOH             H          COOH      H
    /                /           /        /
   C                C          C1-------C4
  / ||             / ||       /  |  COOH/ |
 H  ||        COOH   ||      H   |     /  |
    ||               ||          |        |
    ||  COOH         ||  H       |  COOH  |   H
    || /             || /        | /      |  /
    C                C          2C--------C3
   /                /           /        /
  H            COOH            H    COOH
```

Maleinsäure

Tetramethylen-1-, 2-, 3-, 4-Tetrakarbonsäure

```
      COOH        H
     /           /
    C==========C
   /           /
  H      HOOC

      COOH        H
     /           /
    C==========C
   /           /
  H      COOH
```

Fumarsäure

Ferner wird angenommen, daß auch beim Destillieren von Fumarsäure in Gegenwart von Phosphorpentoxyd eine Tetramethylenverbindung vom gleichen Typus gebildet wird, aber in diesem Falle wird Wasserabspaltung zwischen je zwei Karboxylgruppen, die an die Kohlenstoffatome 1 und 2 sowie 3 und 4 gebunden sind, angenommen; diese Karboxylgruppen befinden sich somit paarweise in cis-Stellung zueinander. Infolge der beiden gebildeten Anhydridketten kann sich jetzt der Tetramethylenring nicht mehr in zweierlei Richtungen spalten, sondern nur in der unten dargestellten Weise; eine derartige Aufspaltung führt aber zur Bildung des Maleinsäureanhydrids:

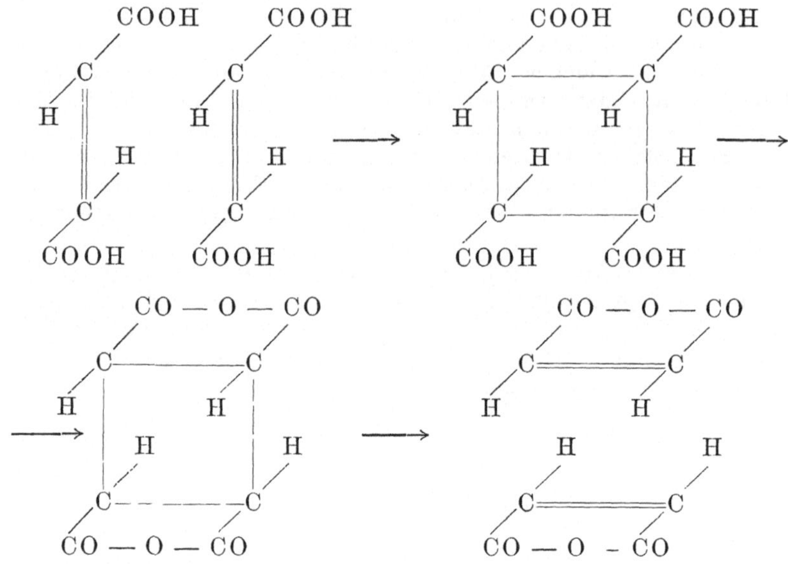

Die Bildung von Fumarylchlorid aus Maleinsäureanhydrid mit Hilfe von Phosphorpentachlorid, und die Wiedergewinnung des Anhydrids aus Fumarylchlorid mit fumarsaurem Silber, kann ebenfalls durch diese Hypothese erklärt werden, so daß die vollständige Reihe der Umwandlungen in folgendem Schema zum Ausdruck gelangt:

↗ Fumarsäure ↘
Maleinsäure ← Maleinsäureanhydrid
Fumarylchlorid ↗↙

Daß eine Bildung derartiger intermediärer Verbindungen möglich ist, ergibt sich aus der Tatsache, daß in einigen Fällen Äthylenverbindungen in solche Polymerisationsprodukte übergehen: z. B. Zimtsäure bildet Truxillsäure[1]), Stilben gibt Distilben[2]), Zyklopentadien bildet eine bimolekulare Verbindung[3]) und Zynnamylidinmalonsäure gibt Diphenyl-tetramethylen-bismethylen-malonsäure[4]), und alle zerfallen beim Destillieren wieder in zwei Moleküle der ursprünglichen Verbindung.

Dagegen wurde der Einwand gemacht, daß, falls Tetramethylenringe in der Tat gebildet werden sollten, sie zu stabil sein dürften, um freiwillig wieder zu zerfallen. Demgegenüber kann man die Annahme machen, daß eine wirkliche Ringbildung gar nicht stattfindet,

1) Riiber, Ber. d. deutsch. chem. Ges. **35**, 2908 (1902). Ciamician und Silber, Ber. d. deutsch. chem. Ges. **35**, 4129 (1902).
2) Ciamician und Silber, Ber. d. deutsch. chem. Ges. **35**, 4129 (1902).
3) Kraemer und Spilken, Ber. d. deutsch. chem. Ges. **29**, 558 (1896).
4) Riiber, Ber. d. deutsch. chem. Ges. **35**, 2908 (1902).

sondern nur ein Zusammenprallen zweier Moleküle in diesem Sinne erfolgt, was eine Störung des intramolekularen Gleichgewichtes zur Folge haben würde; bei der nachfolgenden Trennung würden die Moleküle nicht mehr in der ursprünglichen, sondern in einer neuangeordneten stabileren Form auseinandergehen.

§ 8. Pfeiffers Theorie.

In Anbetracht der vollkommen unzulänglichen Art, mit welcher die van't Hoff-Le Belsche Hypothese die durch die Arbeiten von Michael aufgeworfenen Fragen beantwortet, wurde von Pfeiffer eine neue Theorie aufgestellt, welche diese Schwierigkeiten zu überwinden sucht.

In erster Linie vernachlässigt Pfeiffer überhaupt die Frage, in welcher Richtung die Valenzen im Raume wirken, und gibt somit die van't Hoff-Le Belsche Theorie völlig auf.

Er nimmt an, daß in einer Verbindung vom Typus $a_3C—Ca_3$ die Gruppen a in den Ecken eines Oktaeders angeordnet sind, in dessen Zentrum sich der Komplex C : C befindet, über dessen Charakter weiter keine Annahmen gemacht werden.

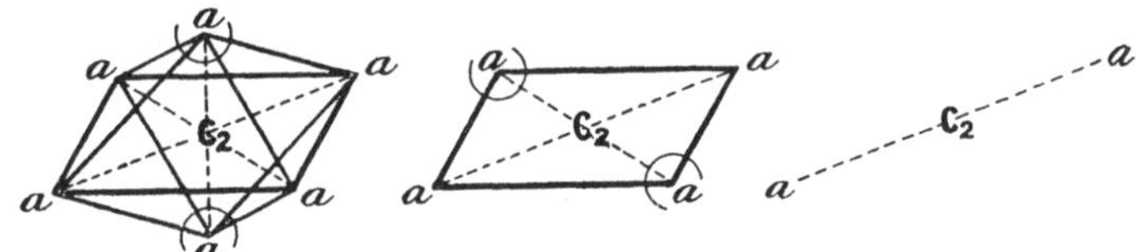

Fig. 37.

Um nun von der Äthanreihe in jene der Olefine überzugehen, müssen zwei a-Gruppen aus dem Molekül austreten. Damit die Neuanordnung möglichst symmetrisch erscheint, werden die mit einem Kreisbogen bezeichneten Atome herausgenommen, wodurch eine ebene Figur resultiert. Die Umwandlung dieser Olefinverbindung in ein Acetylenderivat wird in ähnlicher Weise herbeigeführt, und um hier die symmetrischste Anordnung zu treffen, müssen die in der ebenen Figur mit einem Kreisbogen bezeichneten Gruppen entfernt werden. Man wird später erkennen, daß eine gewisse Ähnlichkeit zwischen diesen Raumformeln und jenen von Werner für die Kobalt- und Platinverbindungen angenommenen besteht, die in einem späteren Teile dieses Buches mitgeteilt werden[1]. Falls wir nun den umgekehrten Prozeß, d. h. also die Addition betrachten, so finden wir, daß die neuen Atome in trans-Stellung zueinander angelagert werden müssen. Z. B. die Addition von Brom an Acetylendikarbonsäure kann man folgendermaßen ausdrücken:

[1]) Siehe Kapitel V dieses Teiles.

$$\begin{array}{c} COOH \\ | \\ C \\ ||| \\ C \\ | \\ COOH \end{array} + Br_2 = \begin{array}{c} Br \quad COOH \\ \diagdown \diagup \\ C \\ || \\ C \\ \diagup \diagdown \\ COOH \quad Br \end{array}$$

Die Anlagerung von Brom an Malein- und Fumarsäure findet auf Grund dieser Theorie ebenfalls in trans-Stellung statt, was auch mit den experimentellen Tatsachen übereinstimmt:

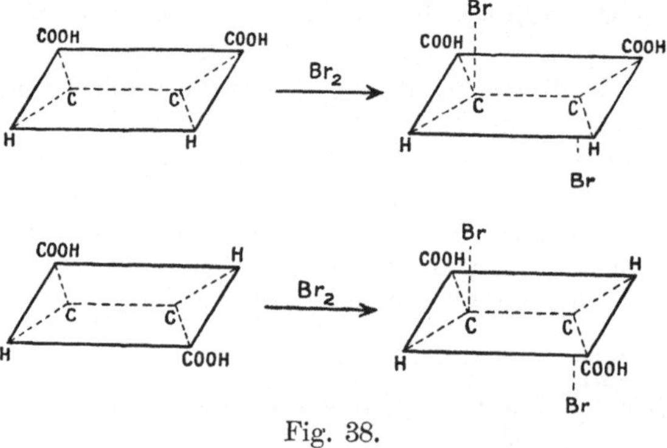

Fig. 38.

Diese Theorie trägt somit hauptsächlich der Halogenaddition bei ungesättigten Verbindungen Rechnung. Die Frage der Oxydation dieser Verbindungen läßt sich aber damit nicht so leicht erklären, da sie in cis-Stellung verläuft.

Pfeiffer nimmt daher an, daß in diesem Falle zuerst ein Oxyd erzeugt wird, und zwar unter Brückenbildung, und eine darauffolgende Wasseraddition die Entstehung der Hydroxyverbindung veranlaßt, wie aus folgendem Schema ersichtlich ist:

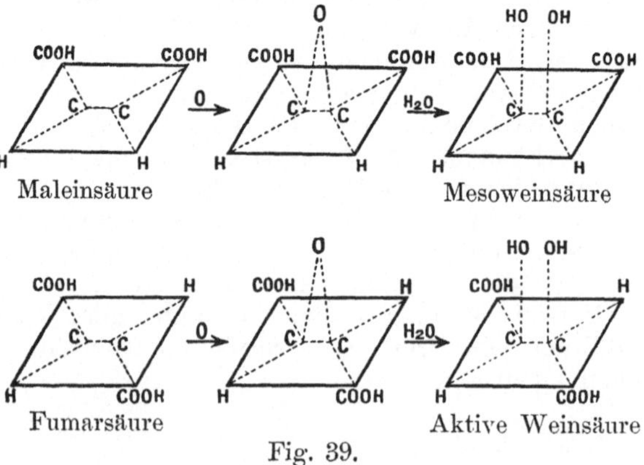

Fig. 39.

Diese Erklärung ist ebensogut wie die van't Hoff-Le Belsche Theorie, aber auch nicht besser.

Eine vollkommene Erklärung dieses Phänomens muß jedenfalls noch gefunden werden und dürfte sich aller Wahrscheinlichkeit nach aus einer Verschmelzung der van't Hoff-Le Belschen und Pfeifferschen Theorie ergeben.

Bruni[1]) zeigte, daß die von Pfeiffer abgeleiteten Schlüsse mit den von ihm und seinen Mitarbeitern beim Studium fester Lösungen erhaltenen Resultaten in Übereinstimmung stehen.

Er gibt folgende Tabelle. Die Zahlen in den Klammern bedeuten die Schmelzpunkte der Substanzen:

Gesättigte Verbindungen	Verbindungen, welche keine feste Lösungen mit gesättigten Verbindungen geben	Verbindungen, welche feste Lösungen mit gesättigten Verbindungen bilden	
	Äthylen-Verbindungen	Äthylenverbindungen	Acetylenverbindungen
Dimethylbernsteinsäure (19° C)	Dimethylmaleinsäure (flüss.)	Dimethylfumarsäure (120°)	Dimethylacetylendikarbonsäure
Buttersäure (4° C)	Isokrotonsäure (flüssig)	Krotonsäure (72°)	—
Phenylpropionsäure (48° C)	Allozimtsäure (69°)	Zimtsäure (133°)	Phenylpropiolsäure
Dibenzyl (52° C)	Isostilben flüssig	Stilben (124°)	Tolan
Dimethyldibenzyl (82° C)	—	p p-Dimethyl-Stilben (177°)	—

Aus diesen Resultaten zieht Bruni den Schluß, daß alle Verbindungen in der dritten Kolumne die fumaroide Konfiguration besitzen, was mit den aus anderen physikalischen und chemischen Eigenschaften bekannten Tatsachen übereinstimmt und daß die Verbindungen der zweiten Kolumne maleinoiden Charakter zeigen. Die festen Lösungen der Acetylensäuren und gesättigten Verbindungen reihen sich bei den fumaroiden Formen ein und es ist somit wahrscheinlich, daß sie analoge Konfiguration besitzen.

§ 9. Verbindungen mit zwei Doppelbindungen.

Bei einer Verbindung mit zwei Doppelbindungen können folgende Isomere existieren:

ab·C:CR·CR':Cab, ab·C:CR·CR':Cbc, ab·C:CR·CR':C·cd.

Es dürfte genügen, wenn als Beispiel eine Verbindung in ihrer räumlichen Anordnung betrachtet wird, da die anderen leicht nach demselben Prinzip dargestellt werden können:

```
R·C ——— C·R'    R·C ——— C·R'    R·C ——— C·R'    R·C ——— C·R'
 ||       ||      ||       ||      ||       ||      ||       ||
b·C·a   a·C·b   a·C·b   b·C·a   a·C·b   a·C·b   b·C·a   b·C·a
```

[1]) Bruni, Atti R. Accad. Lincei, (5), **13**, I, 626 (1904).

§ 10. Einige unerklärte Isomeriefälle in der Äthylenreihe.

Der fast allgemein angeführte Fall betrifft die drei verschiedenen Arten der Zimtsäure. In Übereinstimmung mit den allgemein angenommenen Ideen über diese Isomerien sollte die Zimtsäure in zwei stereoisomeren Formen existieren; in der Tat ist sie aber in drei verschiedenen Arten bekannt. Diese drei Säuren unterscheiden sich scharf voneinander, sowohl in ihrem eigenen physikalischen Verhalten als auch in dem ihrer Salze. Die Allo-Zimtsäure ist stabiler, als es sonst bei labilen Formen der Fall ist; sie kann wiederholt geschmolzen werden, ohne daß ein größerer Teil in die gewöhnliche Säure umgewandelt wird. Die gewöhnliche Zimtsäure verhält sich in ihren physikalischen Eigenschaften ganz wie die fumaroide Form der allo-Zimtsäure; in ihren chemischen Eigenschaften verhalten sie sich dagegen gerade umgekehrt. Danach scheint die allo-Zimtsäure die fumaroide Form zu sein[1]). Eine weitere Eigentümlichkeit dieser Säuren ist, daß alle ihre Dibromide dasselbe Bromstyrol liefern.

Erlenmeyer jun.[2]) nimmt folgende Formeln zur Erklärung der drei isomeren Säuren an:

$$\begin{array}{c} C_6H_5 - C - H \\ \| \\ COOH - C - H \end{array} \qquad \begin{array}{c} C_6H_5 - C - H \\ \| \\ H - C - COOH \end{array}$$

$$\begin{array}{c} C_6H_5 - \overset{/}{C} - H \\ | \\ COOH - \underset{/}{C} - H \end{array} \qquad \begin{array}{c} C_6H_5 - C - H \\ /|\,/ \\ COOH - C - H \end{array}$$

Die Formeln mit den freien Valenzen sollen die iso-Zimtsäure darstellen.

Eine andere Ausnahme der allgemeinen Isomerieverhältnisse bieten die zwei von Claisen[3]) entdeckten Dibenzoylacetone. Er verwirft die durch folgende zwei Formeln ausgedrückte Erklärung der Isomerie als unzulänglich:

$$\begin{array}{c} C_6H_5 - C - OH \\ \| \\ CH_3 - CO - C - CO - C_6H_5 \end{array} \qquad \begin{array}{c} C_6H_5 - C - OH \\ \| \\ C_6H_5 - CO - C - CO - CH_3 \end{array}$$

und nimmt folgende Formelbilder als richtig an, in denen die Unterschiede im chemischen Verhalten durch die verschiedenen Stellungen der Hydroxyl- und Karboxylgruppe zum Ausdruck gelangen.

$$\begin{array}{ll} C_6H_5 \cdot C = & C \cdot CO \cdot C_6H_5 \\ \quad | & \quad | \\ \quad OH & C - CH_3 \\ & \, /\!\!/ \\ & O \end{array} \qquad \begin{array}{ll} C_6H_5 \cdot C = & C \cdot CO \cdot C_6H_5 \\ \quad | & \quad | \\ \quad OH & C = O \\ & / \\ & CH_3 \end{array}$$

---

[1]) Michael, Ber. d. deutsch. chem. Ges. **34**, 3640 (1901).

[2]) Erlenmeyer jun., Liebigs Annal. d. Chem. u. Pharm. **287**, 1 (1895). Ber. d. deutsch. chem. Ges. **36**, 2340 (1903).

[3]) Claisen, Liebigs Annal. d. Chem. u. Pharm. **277**, 191 (1893).

III. Geometrische Isomerie in Kohlenstoff-Stickstoff-Verbindungen.

§ 1. Geschichtliches.

Im Jahre 1883 entdeckten Victor Meyer und Goldschmidt[1]) ein Benzildioxim und etwas später in demselben Jahr stellte Goldschmidt[2]) ein zweites Benzildioxim dar. Die Existenz dieses zweiten isomeren Oxims konnte durch keine der bestehenden Theorien erklärt werden, so daß V. Meyer und Auwers[3]) zur Klarlegung der Verhältnisse die Eigenschaften der zwei Verbindungen näher untersuchten. Sie fanden dabei, daß nicht nur zwei, sondern sogar drei Isomere in Wirklichkeit existieren, die alle dieselbe Strukturformel besitzen:

$$\begin{array}{l} C_6H_5 - C : N \cdot OH \\ \qquad\quad\;\; | \\ C_6H_5 - C : N \cdot OH \end{array}$$

Um diese Verhältnisse zu erklären, nahmen sie an, daß die freie Drehung zweier einfach gebundener Kohlenstoffatome um ihre gemeinsame Achse in bestimmten Fällen aufgehoben sein kann und daß speziell im Falle der Benzildioxime drei stabile Stellungen existieren, in welchen die Atomgruppen festgelegt sind. Wenn wir zur Erleichterung des Verständnisses die Gruppe $= N \cdot OH$ durch die zwei Buchstaben n — n darstellen, so zeigen uns die folgenden Formeln die drei stabilen Positionen:

$$\begin{array}{ccc}
\begin{array}{c} \diagup\, n \\ n - C - C_6H_5 \\ | \\ n - C - C_6H_5 \\ \diagdown\, n \end{array}
&
\begin{array}{c} n\, \diagdown \\ C_6H_5 - C - n \\ | \\ n - C - C_6H_5 \\ \diagdown\, n \end{array}
&
\begin{array}{c} C_6H_5 \\ | \\ n - C - n \\ \smile \\ | \\ n - C - C_6H_5 \\ \diagdown\, n \end{array}
\end{array}$$

Zu diesen Formeln mußten sie aber noch eine weitere vierte addieren[4]):

$$\begin{array}{c} C_6H_5 \\ | \\ n - C - n \\ \smile \\ | \\ n - C - n \\ \smile \\ | \\ C_6H_5 \end{array}$$

---

1) V. Meyer und Goldschmidt, Ber. d. deutsch. chem. Ges. **16**, 1616 (1883).

2) Goldschmidt, ibid. **16**, 2176 (1883).

3) V. Meyer und Auwers, ibid. **21**, 784, 815, 3510 (1880); **22**, 537, 564, 705, 1985, 1996 (1889).

4) V. Meyer und Auwers, Ber. d. deutsch. chem. Ges. **23**, 594 (1890).

Für das Benzilmonoxim wurden vier ähnliche Formeln vorgeschlagen.

Wenn diese Vorstellung richtig ist, so muß auch das Benzilmonoxim, ja das Benzil selbst, in vier strukturgleichen Isomeren existieren; bis jetzt sind aber von dem Benzilmonoxim nur zwei, von dem Benzil selbst überhaupt keine strukturidentischen isomeren Verbindungen bekannt.

Die Untersuchungen Beckmanns[1]) lenkten nun die Aufmerksamkeit auf die Isomerie der Benzaldoxime.

Goldschmidt[2]) zeigte, daß die zwei von Beckmann entdeckten isomeren Benzaldoxime nicht, wie man angenommen hatte, strukturisomer, sondern strukturgleich sind und fügte hinzu: „Vielleicht liegt tatsächlich eine Art von stereochemischer Isomerie vor, welche jedoch durch die bereits bekannt gewordenen Hypothesen ihre Deutung nicht findet."

Die Arbeit Goldschmidts zeigte die Unhaltbarkeit der Meyer-Auwersschen Hypothese, da sie die bekannten Tatsachen nicht erklären konnte.

Die Schwierigkeit, zu erklären, warum die Isomerie bei den Derivaten der Karbonylverbindungen auftritt und nicht bei den Grundkörpern selbst, wurde erst im Jahre 1890 überwunden, als Hantzsch und Werner[3]) ihre Abhandlung „Über räumliche Anordnung der Atome in stickstoffhaltigen Molekülen" publizierten, in welcher sie alle diese Isomerieerscheinungen auf eine gemeinsame Ursache zurückführten und die Lehre von der geometrischen Isomerie der Kohlenstoff- Stickstoff- Verbindungen begründeten.

§ 2. Allgemeiner Charakter der stereoisomeren Kohlenstoff-Stickstoff-Verbindungen.

1. Notwendige strukturelle Bedingungen. Man hat gefunden, daß in allen Fällen, in welchen Stereoisomerie bei Kohlenstoff-Stickstoff-Verbindungen beobachtet worden ist, eine doppelte Bindung zwischen Kohlenstoff- und Stickstoffatom auftritt; ferner, daß nach Entfernung der doppelten Bindung durch Reduktion, die Verbindung ihre Fähigkeit, in zwei Formen aufzutreten, verliert. So kennen wir z. B. zwei Benzaldoxime und nur ein Benzyl-hydroxylamin:

$$\begin{array}{c} C_6H_5 - C - H \\ \| \\ N - OH \end{array} \qquad \qquad \begin{array}{c} C_6H_5 - CH_2 \\ | \\ NH \cdot OH \end{array}$$

Existiert in zwei isomeren Formen. Existiert nur in einer Form.

---

1) Beckmann, Ber. d. deutsch. chem. Ges. **20**, 2766 (1887); **22**, 429, 1531 (1889).

2) Goldschmidt, ibid. **22**, 3112 (1889).

3) Hantzsch und Werner, Ber. d. deutsch chem. Ges. **23**, 11 (1890).

Die doppelte Bindung allein genügt aber noch nicht, um Isomerie zu ermöglichen, denn Benzophenonoxim existiert nur in einer Form. Man hat ermittelt, daß diese Isomerie nur dann auftritt, wenn das mit dem Stickstoffatom doppelt gebundene Kohlenstoffatom an zwei verschiedene Radikale gekettet ist:

$$\begin{array}{c} C_6H_5 - \underset{\displaystyle \overset{\|}{N \cdot OH}}{C} - C_6H_5 \end{array} \qquad \begin{array}{c} C_6H_5 - \underset{\displaystyle \overset{\|}{N \cdot OH}}{C} - C_6H_4 \cdot CH_3 \end{array}$$

Nur in einer Form bekannt. — In zwei Formen bekannt.

Wir können somit die strukturellen Bedingungen, welche für das Erscheinen von Stereoisomerie in diesen Verbindungen notwendig sind, in einer allgemeinen Formel ausdrücken:

$$R - \underset{\displaystyle \overset{\|}{\underset{\displaystyle \overset{|}{a}}{N}}}{C} - R_1$$

2. Die Anzahl der gefundenen Isomeren. Wenn eine Verbindung nur eine Doppelbindung zwischen einem Kohlenstoff- und einem Stickstoffatom enthält, so ist zwei die höchste Zahl der gefundenen Isomeren. Enthält ein Molekül mehr als eine solche doppelte Bindung, so steigt die Anzahl der Isomeren. So kennen wir von dem Benzaldoxim (I) zwei Isomere; Benzildioxim (II), welches zwei Doppelbindungen enthält, gibt drei Isomere, und Kampferchinon eine sehr komplizierte, trizyklische Verbindung gibt nicht weniger als vier isomere Dioxime (III).

$$C_6H_5 \cdot CH = N \cdot OH$$
(I)

$$\begin{array}{l} C_6H_5 - C = N \cdot OH \\ \qquad\quad | \\ C_6H_5 - C = N \cdot OH \end{array}$$
(II)

$$\begin{array}{ccccc} & & CH_3 & & \\ & & | & & \\ & \diagup & C & \diagdown & \\ CH_2 & & | & & C = N \cdot OH \\ | & & CH_3 - C - CH_3 & & | \\ CH_2 & & | & & C = N \cdot OH \\ & \diagdown & CH & \diagup & \end{array}$$
(III)

3. Strukturidentität der Isomeren. Die erschöpfenden Untersuchungen von Victor Meyer und Auwers, welche der letztere in seiner Abhandlung „Die Entwickelung der Stereochemie" zusammenfassend beschrieben hat, zeigten zweifellos, daß die hier beobachtete Isomerie keinesfalls auf eine Strukturverschiedenheit der zwei Isomeren zurückgeführt werden kann. Es würde zu viel Raum in Anspruch nehmen, wollte man auch nur einen Überblick über alle diese Untersuchungen geben und es dürfte genügen, wenn wir ein oder zwei Beispiele zur Erklärung der Beweisführung angeben.

Das Benzaldoxim ist in zwei Formen bekannt; beide werden leicht durch Säuren in Hydroxylamin und den ursprünglichen Aldehyd gespalten.

Wenn wir die Frage des Benzolkernes unberücksichtigt lassen, so haben wir drei mögliche Formen, welche in bezug auf die Struktur des übrigen Molekülteiles differieren könnten:

$$C_6H_5 - CH:N \cdot OH \qquad C_6H_5 - \overset{\overbrace{\quad O \quad}}{CH - NH} \qquad C_6H_5 - CH_2 - N:O$$

(I) (II) (III)

Die Formel (III) steht in Widerspruch mit den Haupteigenschaften der Verbindungen, die beide farblos sind, während eine Verbindung von diesem Typus wahrscheinlich, ebenso wie eine Nitrosoverbindung, blau gefärbt sein würde.

Ferner lösen sich beide Substanzen leicht in Alkali und können unverändert zurückgewonnen werden. Es würde daher eine Strukturisomerie am besten durch die ersten beiden Formeln ausgedrückt werden. Eine derartige Erklärung würde aber nicht mit der Tatsache übereinstimmen, daß Derivate der einen Form sich mit Leichtigkeit in solche der anderen Form überführen lassen. Z. B. das Acetylderivat der einen Form des Benzaldoxims geht fast momentan durch Einwirkung etwas feuchter Salzsäure in die isomere Form über. Diese Änderung geht viel leichter vor sich, als es sonst bei Strukturänderungen der Fall ist; der Fall erinnert eher an eine Umlagerung eines Äthylenisomeren in das andere. Einen noch überzeugenderen Beweis findet man in der Tatsache, daß bestimmte Alkylderivate der Aldoxime nicht nur in zwei isomeren Formen, entsprechend der Formel $R \cdot CH:N \cdot OR'$ existieren, sondern auch noch in strukturverschiedenen Formen bekannt sind:

$$\underset{\underbrace{\quad O \quad}}{R \cdot CH - N} - R'$$

Wenn der Unterschied der beiden Oxime nur ein struktureller wäre, könnte dagegen nur je ein Alkylderivat, entsprechend jedem einzelnen Oxim, existieren. Claus[1]) hat die Ansicht ausgesprochen, daß die Isomerie der in zwei Formen auftretenden aromatischen Ketoxime durch eine Änderung des Benzolkernes bedingt sei; das eine Isomere könnte man durch folgende Formel darstellen:

[1]) Claus, Journ. f. prakt. Chem. (2), **45**, 389 (1892); **54**, 391 (1896).

```
             CH
            /|\         OH
           / | \        |
         CH  |  CH  --  N
         | \ |  |       |
         | / |  |       |
         CH  |  C  ==== C — C6H5
           \ | /
            \|/
             CH
```

Eine solche Formel steht aber im Widerspruch mit dem ganzen Charakter dieser Substanzen.

§ 3. Hypothese über die Konfiguration der Moleküle isomerer Kohlenstoff-Stickstoff-Verbindungen.

Nachdem die Ursache der in diesen Verbindungen beobachteten Isomerie nicht auf einer Strukturverschiedenheit derselben beruhen konnte, mußte man eine stereochemische Verschiedenheit als einzige Erklärung annehmen. Bereits im historischen Teil wurde ein kurzer Überblick über einen diesbezüglichen Erklärungsversuch gegeben; andere, ähnlicher Art, wurden zu verschiedenen Zeiten gegeben [1]). Die wahrscheinlichste Theorie wurde von Hantzsch und Werner [2]) aufgestellt, und da sie fast alle bekannten Tatsachen erklärt, wird sie auch gegenwärtig allgemein angenommen.

Ebenso wie van't Hoff annahm, daß die vier Kohlenstoffvalenzen eine tetraedrische Lage im Raume einnehmen, stellten Hantzsch und Werner die Hypothese auf, daß die drei Valenzen des Stickstoffs nicht in einer Ebene liegen können. Statt dessen nehmen sie an, daß in bestimmten Verbindungen die dritte Valenz außerhalb der Ebene liegt, welche die ersten zwei Valenzen enthält; sie sprechen ihre Ansicht folgendermaßen aus:

„Die drei Valenzen des Stickstoffatoms kommen bei gewissen Verbindungen in den Ecken eines (jedenfalls nicht regulären) Tetraeders zur Wirkung, in dessen vierter Ecke sich das Stickstoffatom selbst befindet.“

Auf Grund dieser Hypothese kann man leicht zwischen der Isomerie der Äthylen-Reihe und der bei den Oximen und ähnlichen Verbindungen beobachteten Isomerie einen Parallelismus finden.

In dem einen Fall haben wir die Struktur (I) und in dem anderen (II):

$$\begin{array}{ccc} A - C - B & \qquad & A - C - B \\ \| & & \| \\ Y - C - Z & & N - Z \\ \text{(I)} & & \text{(II)} \end{array}$$

1) Wilgerodt, Journ. f. prakt. Chem. (2) **37**, 449 (1888). Burch und Marsh, Trans. **55**, 656 (1889).

2) Hantzsch und Werner, Ber. d. deutsch. chem. Ges. **23**, 11 (1890).

und da die Äthylenverbindungen in zwei isomeren Formen auftreten können, entsprechend den nachstehenden Formeln:

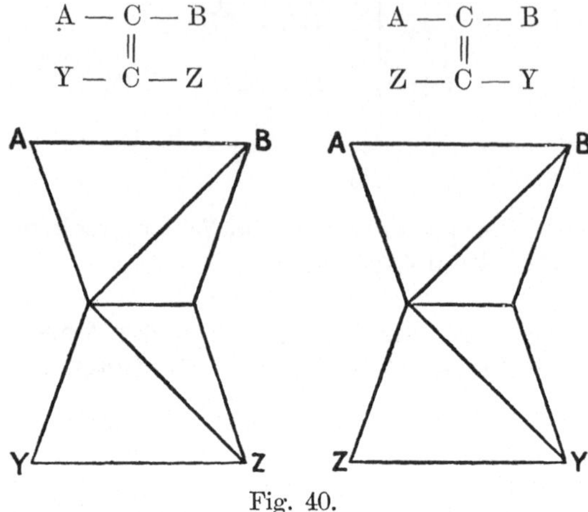

Fig. 40.

so konnte man erwarten, daß die Stickstoffverbindungen ebenfalls in zwei Formen auftreten können:

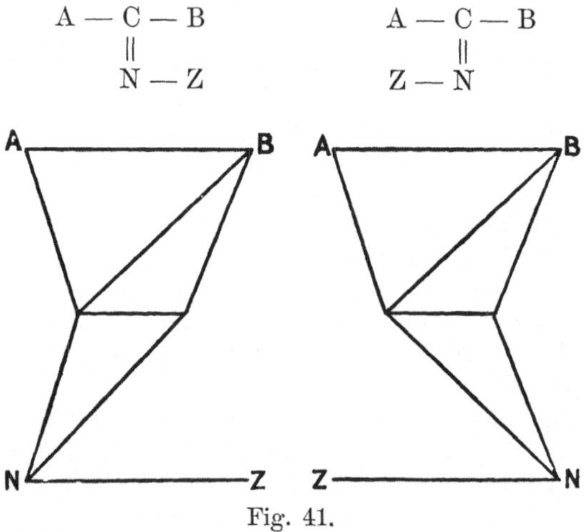

Fig. 41.

In früheren Jahren neigte man häufig zu der Annahme, daß die von uns verwendeten Symbole auch tatsächlich den wirklichen Zustand der Dinge in einem Molekül repräsentieren, und diese buchstäbliche Übertragung der Symbole, ohne Berücksichtigung ihrer folgerichtigen Beschränkung, bedingte eine immerhin beträchtliche Verwirrung dieses Gegenstandes. Es kann nicht stark genug betont werden, daß die Gruppierung, welche H a n t z s c h und W e r n e r für die Stickstoffvalenzen annehmen, nur als das Ergebnis der innerhalb des Moleküls wirkenden Kräfte betrachtet werden kann; man darf nicht annehmen, daß gerichtete Valenzen, an sich, Ursache der Isomerie sind.

Die wirkliche Ursache der räumlichen Lage der an das Stickstoffatom einfach gebundenen Gruppe muß man in den Anziehungskräften suchen, welche die anderen Gruppen des Moleküls auf sie ausüben.

Eine etwas rohe Darstellung der Sachlage kann man geben, indem man annimmt, daß die Anziehung hervorgerufen wird durch statische Elektrizität; in diesem Falle gibt die nachfolgende Figur den Zustand, beziehungsweise den Vorgang, wieder.

Die Holundermarkkugel Z wird ein viel größeres Bestreben zeigen, sich B zu nähern, als A und wenn die in diesem System wirkenden Kräfte sich ausgeglichen haben, wird es in der durch die punktierten Linien gezeichneten Stellung verharren:

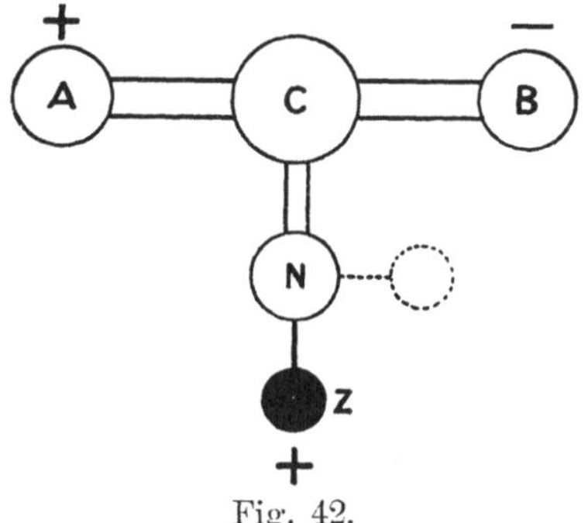

Fig. 42.

Falls daher ein Molekül nachfolgende Formel besitzt:

$$\begin{array}{c} X - C - Y \\ \| \\ N \\ | \\ Z \end{array}$$

in welcher Z symmetrisch in bezug auf X und Y liegt, werden bestimmte Kräfte in Aktion treten, und zwar zwischen X und Z einerseits und Y und Z anderseits; wenn nun die Kräfte ungleich sind, so kann man erwarten, daß Z seine zentrale Lage aufgeben und sich bestreben wird, entweder X oder Y zu nähern. Sollte die Anziehung von X jene von Y stark überwiegen, so ist es sehr unwahrscheinlich, daß Z eine stabile Stellung in der Nähe von Y einnehmen wird; in einem solchen Falle wird die Verbindung wahrscheinlich nicht in isomeren Formen auftreten und in der existierenden Form würde Z eine unsymmetrische Lage einnehmen.

Es ist leicht zu erkennen, daß Z in bestimmten Fällen eine immerhin stabile räumliche Stellung, sowohl in der Nähe von X als auch von Y einnehmen kann. In diesem Falle würden zwei Isomere existieren, wobei eines derselben mit Leichtigkeit in das andere übergeführt werden könnte, falls ihre Stabilität verschieden ist.

Man kann, wie wir bereits erwähnt haben, die mögliche Anzahl von Isomeren für einen gegebenen Fall ableiten.

Z. B. bei einer Verbindung, welche eine Doppelbindung zwischen einem Kohlenstoff- und Stickstoffatom enthält, sollten zwei Isomere existieren:

```
A — C — B          A — C — B
    ‖                  ‖
    N — Z          Z — N
```

Im Falle, daß zwei Doppelbindungen existieren, ist die Sache noch mehr kompliziert, denn hier sind drei Isomere möglich, wenn die Verbindung symmetrisch konstituiert ist:

```
A — C ———— C — A        A — C ———— C
    ‖      ‖                ‖      ‖
Z — N      N — Z        Z — N  Z — N

          A — C ———— C — A
              ‖      ‖
              N — Z Z — N
```

Ist die Verbindung unsymmetrisch gebaut, so ist noch ein anderes Isomeres möglich, also im ganzen vier:

```
A — C ———— C — B        A — C ———— C — B
    ‖      ‖                ‖      ‖
Z — N      N — Z        Z — N  Z — N

A — C ———— C — B        A — C ———— C — B
    ‖      ‖                ‖      ‖
    N — Z  N — Z            N — Z Z — N
```

§ 4. Einteilung und Nomenklatur der stereoisomeren Kohlenstoff-Stickstoff-Verbindungen.

Es gibt sechs Klassen derartiger isomerer Verbindungen, welche durch die Hantzsch-Wernersche Hypothese erklärt werden können:

1. Aldoxime;
2. Ketoxime (einschließlich Dioxime);
3. Hydrazone (einschließlich Osazone);
4. Anilide;
5. Semikarbazone, Thiosemikarbazone und Thiosemikarbazide;
6. Chlorimide und andere Verbindungen.

Die wichtigsten von allen sind die Oxime und Hydrazone.

Den einfachsten Fall bieten die Aldoxime, bei denen folgende Nomenklatur angewendet wird: Liegt die Hydroxylgruppe auf derselben Seite des Moleküls wie das Wasserstoffatom des Aldehyds, so nennt man die Verbindung ein „Synaldoxim"; liegen beide auf entgegengesetzten Seiten des Moleküls, so wird die Verbindung als „Antialdoxim" bezeichnet.

Z. B. im Falle des Benzaldoxims haben wir folgende zwei Formen:

$$\begin{array}{c} C_6H_5 - C - H \\ \| \\ N - OH \end{array} \qquad \begin{array}{c} C_6H_5 - C - H \\ \| \\ HO - N \end{array}$$

Benzsynaldoxim Benzantialdoxim

Bei den Ketoximen hat man eine ähnliche Bezeichnung angenommen; zum besseren Verständnis wollen wir ein praktisches Beispiel benutzen.

Phenyl-tolyl-ketoxim kommt in zwei Formen vor, welche voneinander unterschieden werden, durch die Vorsilbe „syn" und „anti", genau wie im vorangehenden Falle. Liegt die Hydroxylgruppe auf derselben Seite des Moleküls wie das Phenylradikal, so wird die Substanz „syn-Phenyl-tolyl-ketoxim" genannt; liegen Phenyl- und Hydroxylgruppe auf entgegengesetzten Seiten des Moleküls, so wird die Verbindung als „anti-Phenyl-tolyl-ketoxim bezeichnet.

$$\begin{array}{c} C_6H_5 - C - C_6H_4 \cdot CH_3 \\ \| \\ HO - N \end{array} \qquad \begin{array}{c} C_6H_5 - C - C_6H_4 \cdot CH_3 \\ \| \\ N - OH \end{array}$$

syn-Phenyl-tolyl-ketoxim anti-Phenyl-tolyl-ketoxim

Wenn dagegen zwei Oximgruppen in derselben Verbindung vorhanden sind, z. B. im Falle des Benzildioxims, so wird eine andere Nomenklatur angewandt. Die Vorsilbe syn- wird benutzt, wenn sich die beiden Hydroxylgruppen in der Nähe befinden; die Vorsilbe anti-, wenn sie am weitesten voneinander entfernt liegen, und die Mittelstellung zwischen beiden wird amphi-Form genannt.

$$\begin{array}{cc} C_6H_5 - C \text{———} & C - C_6H_5 \\ \| & \| \\ N - OH & HO - N \end{array} \qquad \begin{array}{cc} C_6H_5 - C \text{———} & C - C_6H_5 \\ \| & \| \\ HO \cdot N & N \cdot OH \end{array}$$

Benzil-syn-dioxim Benzil-anti-dioxim

$$\begin{array}{cc} C_6H_5 - C \text{———} & C - C_6H_5 \\ \| & \| \\ N \cdot OH & N \cdot OH \end{array}$$

Benzil-amphi-dioxim.

§ 5. Konfigurationsbestimmung der Kohlenstoff-Stickstoff-Stereoisomeren.

Im Falle der Äthylen-Stereoisomeren hatten wir angenommen, daß intramolekulare Reaktionen um so leichter eintreten werden, je näher die reagierenden Atome in dem Molekül zueinander liegen. Die zur Konfigurationsbestimmung der Kohlenstoff-Stickstoffverbindungen angewandte Methode basiert auf derselben Annahme. Ein kurzer Überblick über diese Methode soll im folgenden gegeben werden.

1. Aldoxime. Eine der Haupteigenschaften der Aldoxime ist die Leichtigkeit, mit welcher sie unter Wasserabspaltung in Nitrile übergehen:

$$R \cdot CH : N \cdot OH = R \cdot CN + H_2O$$

Nun können die Aldoxime nach Formel (I) oder (II) zusammengesetzt sein:

$$\begin{array}{ccc} R - C - H & \qquad & R - C - H \\ \| & & \| \\ HO - N & & N - OH \\ (I) & & (II) \end{array}$$

Man erkennt sofort, daß in der Verbindung (I) das Wasserstoffatom und die Hydroxylgruppe räumlich viel weiter entfernt liegen wie in dem Falle (II) und somit können wir schließen, daß die Wasserabspaltung im ersten Falle viel schwieriger vor sich gehen wird wie im zweiten, wo die beiden Bestandteile viel näher beisammen liegen.

Der Fall erinnert sehr an die Anhydridbildung bei der Malein- und Fumarsäure. Wenn daher die Theorie von Hantzsch und Werner richtig ist, so müßte man einen Unterschied in der Leichtigkeit, mit welcher das Wasser aus beiden isomeren Verbindungen abgespalten werden kann, erwarten, und in der Tat, derartige Differenzen hat man gefunden.

Um diese Unterschiede festzustellen, verwendet man in der Regel die Acetate der Oxime und nicht die Oxime selbst. Wenn die Acetate beider Oxime mit Sodalösung erwärmt werden, so zerfällt das eine sofort in das Nitril und Essigsäure, während das andere unverändert bleibt. Salzsäure wirkt in ähnlicher Weise, ruft aber gleichzeitig eine Umwandlung hervor [1]).

Aus diesem Verhalten kann man folgern, daß in den Oximen, welche das Nitril ergeben, das Wasserstoffatom und ihre Hydroxylgruppe näher beisammen liegen als in den unzersetzten Oximen. Wir müssen daher die ersteren als die „syn"-, die letzteren als die „anti"-Form betrachten [2]).

Anstatt der Acetate kann man auch die Karbanilidoderivate der Aldoxime benutzen, um ihre Konfiguration festzustellen, da sich die Karbanilidoverbindungen der einen Form oft schon beim einfachen Stehen freiwillig in die Nitrile zerlegen, während die anderen beträchtliche Zeit ohne Änderung aufbewahrt werden können. Dieselben

---

1) Minunni und Vassallo, Gazetta, **26**, I, 456 (1896).

2) Die praktischen Details der Methode sind folgende: Das Aldoxim, dessen Konfiguration bestimmt werden soll, wird mit Essigsäureanhydrid schwach erwärmt bis es sich löst; nachher wird gekühlt, wobei die Lösung gewöhnlich klar bleibt; sollte sich aber ein Öl abscheiden (was auf Nitrilbildung, also auf vorhandenes Synaldoxim hindeutet), so filtriert man es ab. Nun setzt man zu der Lösung feste Soda, wodurch ein Öl abgeschieden wird. Liegt ein anti-Derivat vor, so ist das Öl die Acetylverbindung des Oxims; im Falle des syn-Derivates ist es das Nitril. Setzt man nun Natronlauge zu, so löst sich das Acetylderivat, während das Nitril unverändert bleibt.

Unterschiede in der Beständigkeit dieser Verbindungen zeigen sich beim Erhitzen; die eine Substanz zersetzt sich unter Nitrilbildung beim Erwärmen auf den Schmelzpunkt, während der andere Körper über seinen Schmelzpunkt erwärmt werden muß, ehe er sich zersetzt. Die leichter zersetzlichen sind daher wahrscheinlich die syn-Verbindungen.

$$\begin{array}{c} R-C-H \\ \| \\ N-OH \end{array} + O:C:N\cdot C_6H_5 \rightarrow \begin{array}{c} R-C-H \\ \| \\ N-O-CO\cdot NH\cdot C_6H_5 \end{array} \rightarrow$$

(unbeständig) „syn"-Form

$$\rightarrow \begin{array}{c} R-C \\ ||| \\ N \end{array} + \begin{array}{c} H \\ | \\ O\cdot CONH\cdot C_6H_5 \end{array}$$

$$\begin{array}{c} R-C-H \\ \| \\ HO-N \end{array} + O:C:N\cdot C_6H_5 \rightarrow \begin{array}{c} R-C-H \\ \| \\ C_6H_5\cdot NH\cdot CO\cdot ON \end{array}$$

(beständig) „anti"-Form

Da die aliphatischen Oxime sehr leicht Wasser abspalten und in Nitrile übergehen, kann man schließen, daß sie zu den syn-Verbindungen gehören.

Nur ein oder zwei Beispiele sind bekannt, z. B. Acetaldoxim und Önanthaldoxim[1]), bei denen zwei Formen isoliert wurden, obgleich es auch in diesen Fällen noch nicht als ganz sicher gilt, daß die beiden Verbindungen Stereoisomere sind.

Die Oxime des Furfurols und Thiophenaldehyds sind in beiden Konfigurationen isoliert worden; die „syn-Verbindungen bilden sich in neutraler Lösung, die anti-Verbindungen, wenn man alkalische Lösungen verwendet.

Bei direkter Einwirkung von Hydroxylamin auf aromatische Aldehyde scheinen Antialdoxime zu entstehen, welche allgemein durch Überführung in die Hydrochloride und darauffolgende Zerlegung derselben mit Soda in die syn-Form umgewandelt werden können. In Fällen, wo diese Methode der Umlagerung versagt, erhält man die syn-Form durch Einwirkung von Natriumäthylat auf die Bisnitrosylverbindungen.

Zimtaldehyd bildet eine Ausnahme von dieser Regel, denn hier ist der größere Teil des durch direkte Oximierung erhaltenen Produktes die syn-Form[2]), während die anti-Form nur in geringer Menge gebildet wird[3]).

Die Aldoxime der Fettreihe existieren in der Regel nur in einer Form.

Sie sind wahrscheinlich syn-Verbindungen und nicht Substanzen, in denen die Hydroxylgruppe symmetrisch in bezug auf das Wasser-

[1]) Dollfuß, Ber. d. deutsch. chem. Ges. **25**, 1916 (1892). Goldschmidt und Zanoli, ibid. **25**, 2596 (1892).

[2]) Dollfuß, Ber. d. deutsch. chem. Ges. **25**, 1919 (1892).

[3]) Bamberger und Goldschmidt, ibid. **27**, 3428 (1894).

stoffatom und die Alkylgruppe liegt, d. h., um es graphisch auszudrücken, sie existieren als (I) und nicht als (II):

```
R — C — H            R — C — H
    ‖                    ‖
    N — OH               N
                         |
                         OH
   (I)                  (II)
```

Das fettaromatische Aldoxim, Phenylacetaldoxim, scheint eine gleiche Konfiguration zu besitzen. Es existiert nur in einer Form, aber sein Acetat hat man in zwei Formen gefunden[1]). Es ist wahrscheinlich, daß die orthosubstituierten aromatischen Oxime, welche nur in einer Form existieren, die anti-Konfiguration vorstellen. Dies hat man gezeigt bei o-Tolylaldoxim[2]), o-Anisaldoxim[3]) und o-Hydroxybenzaldoxim[4]). Zu den anti-Formen gehören ebenso die meta- und para-Hydroxybenzaldoxime.

2. Ketoxime. Behandelt man ein Ketoxim mit bestimmten Reagenzien (Schwefelsäure, Salzsäure, Acetylchlorid, Essigsäureanhydrid, Phosphorpentachlorid), so unterliegt es einer intramolekularen Änderung, die man Beckmannsche Umlagerung nennt. Dieselbe erfolgt in zwei Stadien, u. z. so, daß zunächst ein Austausch der Hydroxylgruppe mit einem der an das Ketonkohlenstoffatom gebundenen Radikale erfolgt:

```
X                  X
 \                  \
  >C : N · OH  ——→   >C : N · Y
 /                  /
Y                 OH
```

Diese intermediäre Verbindung lagert sich nun ihrerseits in ein Säureamid um:

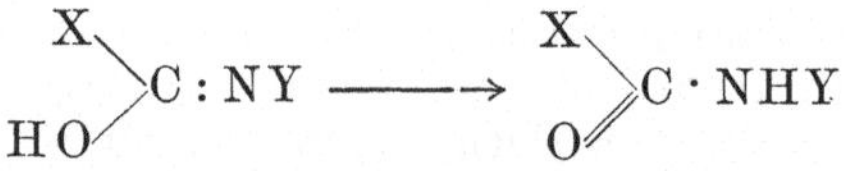

```
 X                X
  \                \
   >C : NY  ——→     >C · NHY
  /                //
HO                O
```

Wenn wir jetzt den Fall zweier stereoisomerer Ketoxime betrachten, so finden wir, daß jeder Körper ein verschiedenes Produkt liefern wird, da in dem einen Falle die eine Gruppe näher dem Hydroxyl liegt, im anderen aber das zweite Radikal mit der Hydroxylgruppe auf einer Seite des Moleküls sich befindet:

```
X — C — Y            X — C — OH           X — C : O
    ‖   ↓↑    ——→        ‖         ——→        ‖
    N — OH               N — Y                NH · Y
```

1) Dollfuß, Ber. d. deutsch. chem. Ges. **25**, 1910 (1892).
2) Dollfuß, Ber. d. deutsch. chem. Ges. **25**, 1921 (1892).
3) Dollfuß, Ber. d. deutsch. chem. Ges. **25**, 1933 (1892).
4) Lach, ibid. **16**, 1780 (1883). Beckmann, ibid. **23**, 3320 (1890). Dollfuß, ibid. **25**, 1925 (1892).

$$\begin{array}{ccc} \begin{array}{l} X - C - Y \\ \uparrow\!\downarrow \quad \| \\ HO - N \end{array} & \longrightarrow \begin{array}{l} HO - C - Y \\ \qquad \;\; \| \\ X - N \end{array} & \longrightarrow \begin{array}{l} O : C - Y \\ \qquad \| \\ X \cdot N \cdot H \end{array} \end{array}$$

Daher wird in dem einen Falle das Amid der Säure $X \cdot COOH$ entstehen, während im zweiten Beispiele das Amid von $Y \cdot COOH$ gebildet wird. Daraus kann man schließen, daß das Radikal, welches den Säureteil des Endproduktes liefert, in anti-Stellung zu dem Hydroxyl in den ursprünglichen Verbindungen gestanden haben muß.

Ein konkretes Beispiel mag dies näher erläutern. Man kennt zwei stereoisomere p-Methoxybenzophenonoxime. Das eine gibt bei der Beckmannschen Umlagerung das Anilid der Anissäure, das andere Isomere Benzoesäureanisid.

Vom stereochemischen Standpunkt aus lassen sich die Resultate folgermaßen erklären:

$$\begin{array}{l} C_6H_5 - C - C_6H_4 - OCH_3 \\ \;\uparrow\!\downarrow \qquad \| \\ HO - N \end{array} \longrightarrow \begin{array}{l} HO - C - C_6H_4 - OCH_3 \\ \qquad\quad \| \\ C_6H_5 - N \end{array} \longrightarrow$$

Syn-phenyl-anisylketoxim

$$\longrightarrow \begin{array}{l} O : C - C_6H_4 - O \cdot CH_4 \\ \qquad | \\ C_6H_5 \cdot N \cdot H \end{array}$$

Anissäureanilid

$$\begin{array}{l} C_6H_5 - C - C_6H_4 - OCH_3 \\ \qquad\quad \| \quad \uparrow\!\downarrow \\ \qquad\quad N - OH \end{array} \longrightarrow \begin{array}{l} C_6H_5 - C - OH \\ \qquad\quad \| \\ \qquad\quad N - C_6H_4 \cdot OCH_3 \end{array} \longrightarrow$$

Syn-anisylphenylketoxim

$$\longrightarrow \begin{array}{l} C_6H_5 - C = O \\ \qquad\quad | \\ \qquad\quad NH - C_6H_4 - OCH_3 \end{array}$$

Benzoesäureanisid.

Man hat beobachtet, daß einige Reagenzien, welche die Beckmannsche Umlagerung hervorrufen, auch imstande sind, die Isomeren selbst unter denselben Bedingungen ineinander zu verwandeln. Solche Substanzen, wie konzentrierte Schwefelsäure, Acetylchlorid, oder eine Mischung von Essigsäure, Essigsäureanhydrid und Salzsäure, können daher nicht für Konfigurationsbestimmungen verwendet werden, denn ihre Anwendung würde ein neues Element von Unsicherheit in das Problem bringen.

Die beste Methode ist, die ätherische Lösung der Oxime mit Phosphorpentachlorid zu behandeln, wobei man die Temperatur möglichst unter -20^0 C hält[1]).

Die Oxime der gesättigten aliphatischen Ketone sind bis heute nur in einer Form beobachtet worden. Werden diese Oxime der Beckmannschen Umlagerung unterworfen, so wird eine Mischung

1) Hantzsch, Ber. d. deutsch. chem. Ges. **24**, 22 (1891).

der beiden möglichen Produkte erzeugt, und es ist noch nicht entschieden worden, ob dieses Resultat bedingt wird durch eine bereits vorhandene Mischung der isomeren Oxime in der ursprünglichen Verbindung, oder durch eine teilweise Umlagerung im Verlaufe des Prozesses. Es ist immerhin möglich, daß die Hydroxylgruppe in diesen Fällen nicht in der Nähe eines der beiden Radikale gelagert ist, sondern eine Mittelstellung zwischen beiden einnimmt, wie die unten gezeichnete Formel anzeigt:

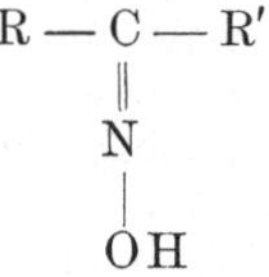

In diesem Falle wäre kein Grund anzugeben, warum nicht die Hälfte der Substanz bei der Beckmannschen Umlagerung auf die eine Seite des Moleküls, die andere dagegen auf die entgegengesetzte Seite des Moleküls reagieren sollte. Dadurch würde eine Mischung der Isomeren im Reaktionsprodukt resultieren.

Einige Fälle von Stereoisomerie wurden auch unter den ungesättigten Ketonen der aliphatischen Reihe beobachtet[1]), so daß es scheint, daß die Einführung einer doppelten Bindung zwischen zwei Kohlenstoffatome die Entstehung der Isomerie begünstigt. Dies ist wahrscheinlich auf die Änderung des chemischen Charakters zurückzuführen, der eintritt, wenn ein gesättigtes Radikal in ein ungesättigtes übergeführt wird. Dem Oxim des alizyklischen Hexahydropropiophenons $C_6H_{11} - CO - C_2H_5$ scheint folgende Formel zuzukommen:

$$\begin{array}{c} C_6H_{11} - C - C_2H_5 \\ \| \\ HO - N \end{array}$$

Wenn ein aromatischer Ring in das Keton eingeführt wird, so scheint die Möglichkeit für Stereoisomerie gesteigert, denn verschiedene Oxime der fettaromatischen Ketone sind in zwei Formen erhalten worden: z. B. Benzilmonoxim[2]), Hexahydrobenzophenonoxim[3]), Benzoinoxim[4]) und ω-Bromacetophenonoxim[5]).

Wenn in einem Keton beide mit der Karbonylgruppe verbundenen Radikale aromatisch sind, so kann man fast mit Sicherheit Stereoisomerie erwarten, falls die Struktur der Verbindung dafür günstig ist. Die weitaus größte Zahl der bekannten Fälle von Stereoisomerie in der Oximreihe fallen unter diese Klasse.

---

1) Harries und Jablonski, Ber. d. deutsch. chem. Ges. **31**, 1371 (1898). Knoevenagel und Goldschmidt, ibid. 2465. Harries, ibid. **32**, 1320 (1899).

2) V. Meyer und Auwers, ibid. **22**, 540 (1889). Beckmann und Koester, Liebigs Annal. d. Chem. u. Pharm. **274**, 6 (1893).

3) Scharvin, Ber. d. deutsch. chem. Ges. **30**, 2862 (1897).

4) Werner, ibid. **23**, 2333 (1890).

5) Korten und Scholl, ibid. **34**, 1902 (1901).

Einige wenige Oxime von Ketonsäuren sind ebenfalls in zwei isomeren Formen isoliert worden und es ist interessant, zu zeigen, wie die Konfiguration dieser Oximidosäuren bestimmt worden ist.

Wenn das Acetat der β-Phenyloximidoessigsäure mit Natriumkarbonat behandelt wird, gibt es quantitativ Benzonitril und gleicht somit in seinem Verhalten einem Synaldoxim. Das Acetylderivat der isomeren α-Verbindung dagegen regeneriert bei gleicher Behandlung die ursprüngliche Oximidosäure.

Die Konfigurationen der beiden Isomeren sind daher wahrscheinlich die folgenden:

$$\begin{array}{ccc} C_6H_5 - C - COOH & \qquad & C_6H_5 - C - COOH \\ \Vert & & \Vert \\ N - OH & & HO - N \end{array}$$

β-Verbindung $\qquad$ α-Verbindung.

Es kann als allgemeine Regel gelten, daß Oximidosäuren, welche die Karboxyl- und Hydroxylgruppe in syn-Stellung zueinander haben, das Kohlendioxyd der Karboxylgruppe weniger leicht abspalten, als die isomere Reihe.

Daraus hat man geschlossen, daß die durch Einwirkung von salpetriger Säure auf Succinylobernsteinsäureäthylester entstehende Säure folgende Konfiguration besitzt:

$$\begin{array}{c} C_2H_5O \cdot CO - C - CH_2 - COOH \\ \Vert \\ HO - N \end{array}$$

Das zweite Isomere wurde dargestellt durch Einwirkung von Hydroxylamin auf Oxalessigester, so daß man ihm folgende Konfiguration zuschreibt:

$$\begin{array}{c} C_2H_5O \cdot CO - C - CH_2 - COOH \\ \Vert \\ N - OH \end{array}$$

Einen bestätigenden Beweis fand man in der Tatsache, daß das Oxim des Acetessigesters, dem folgende Konfiguration zukommt:

$$\begin{array}{c} CH_3 - C - CH_2 - COOC_2H_5 \\ \Vert \\ N - OH \end{array}$$

mit Eisenchlorid eine violette Färbung gibt, was auch bei der zweiten isomeren Form der Oximidobernsteinsäure zutrifft. Die erste Verbindung gibt keine violette, sondern eine gelbe Färbung.

Die Konfiguration des Oxims vom Acetessigester hat man abgeleitet aus der Leichtigkeit, mit welcher dasselbe Oxazolonderivate liefert:

$$\begin{array}{c} CH_3 - C - CH_2 - COOC_2H_5 \\ \Vert \\ N - OH \end{array} \longrightarrow \begin{array}{c} CH_3 - C - CH_2 - CO \\ \Vert \qquad\qquad | \\ N \text{———} O \end{array}$$

Dagegen ist nichts definitives über die Konfiguration jener Chinonmonoxime bekannt, welche in isomeren Formen isoliert wurden.

Lossen[1]) fand bei seinen Untersuchungen über die Benzhydroximsäuren eine Reihe von Isomeren, welche sich in ihrem Verhalten unterscheiden; diese Differenzen konnten aber nicht durch Strukturverschiedenheit erklärt werden. Es scheint sehr wahrscheinlich, daß hier gleichfalls eine sterische Isomerie vorliegt und daß die beiden Verbindungen Raumisomere von folgender Konfiguration sind:

$$\begin{array}{ccc} R-C-OX & \quad & R-C-OX \\ \| & & \| \\ HO-N & & N-OH \end{array}$$

in welchen X entweder einen Säure- oder einen Alkylrest darstellt. Fälle, in denen Beweise zugunsten dieser Ansicht durchgeführt wurden, bilden die Methyl- und Äthylbenzhydroximsäuren. Unterwirft man die niedriger schmelzenden Isomeren der Beckmannschen Reaktion, so tritt die gewöhnliche Umlagerung ein und es entstehen Arylurethane, während die höher schmelzenden Phosphorsäureester der Ausgangsprodukte liefern. Dieses Verhalten kann man folgendermaßen erklären:

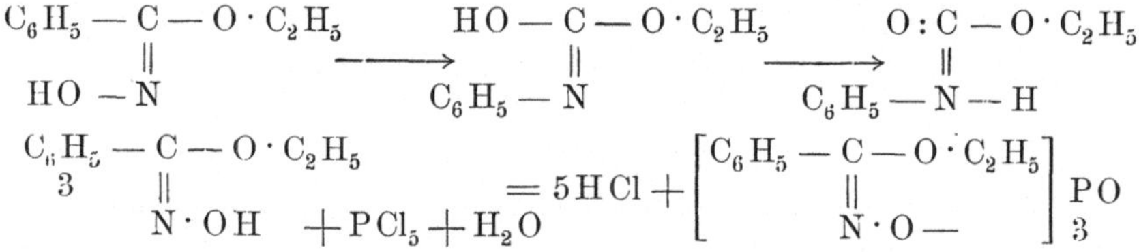

$$\begin{array}{ccccc} C_6H_5-C-O\cdot C_2H_5 & & HO-C-O\cdot C_2H_5 & & O:C-O\cdot C_2H_5 \\ \| & \longrightarrow & \| & \longrightarrow & \| \\ HO-N & & C_6H_5-N & & C_6H_5-N-H \end{array}$$

$$3\begin{array}{c} C_6H_5-C-O\cdot C_2H_5 \\ \| \\ N\cdot OH \end{array} + PCl_5 + H_2O = 5HCl + \left[\begin{array}{c} C_6H_5-C-O\cdot C_2H_5 \\ \| \\ N\cdot O- \end{array}\right]_3 PO$$

Daraus kann man folgern, daß die niedriger schmelzenden Formen zu der Synreihe gehören, während die anderen Antiformen vorstellen.

$$\begin{array}{ccc} C_6H_5-C-O-R & \quad & C_6H_5-C-O-R \\ \| & & \| \\ HO-N & & N-OH \\ (I) & & (II) \end{array}$$

Es ist leicht zu erkennen, warum im Falle (II) die Beckmannsche Umlagerung nicht erfolgt, da durch Austausch einer Hydroxylgruppe gegen eine Äthoxylgruppe kein eigentlicher Unterschied in dem Charakter der Radikale hervorgerufen wird:

$$\begin{array}{ccc} C_6H_5-C-OR & & C_6H_5-C-OH \\ \| & \longrightarrow & \| \\ N-OH & & N-OR \end{array}$$

Wir müssen nun die Klasse der Dioxime betrachten. Nur wenige Dioxime aliphatischer Ketone sind bekannt, denen auch keine größere Bedeutung zukommt.

[1]) Lossen, Liebigs Annal. d. Chem. u. Pharm. **281**, 169 (1894).

Es sind auch nicht viel Dioxime fettaromatischer Ketone in stereoisomeren Formen isoliert worden.

Die folgende Tafel gibt eine Übersicht, wie die Konfigurationsbestimmmung derselben durchgeführt wird:

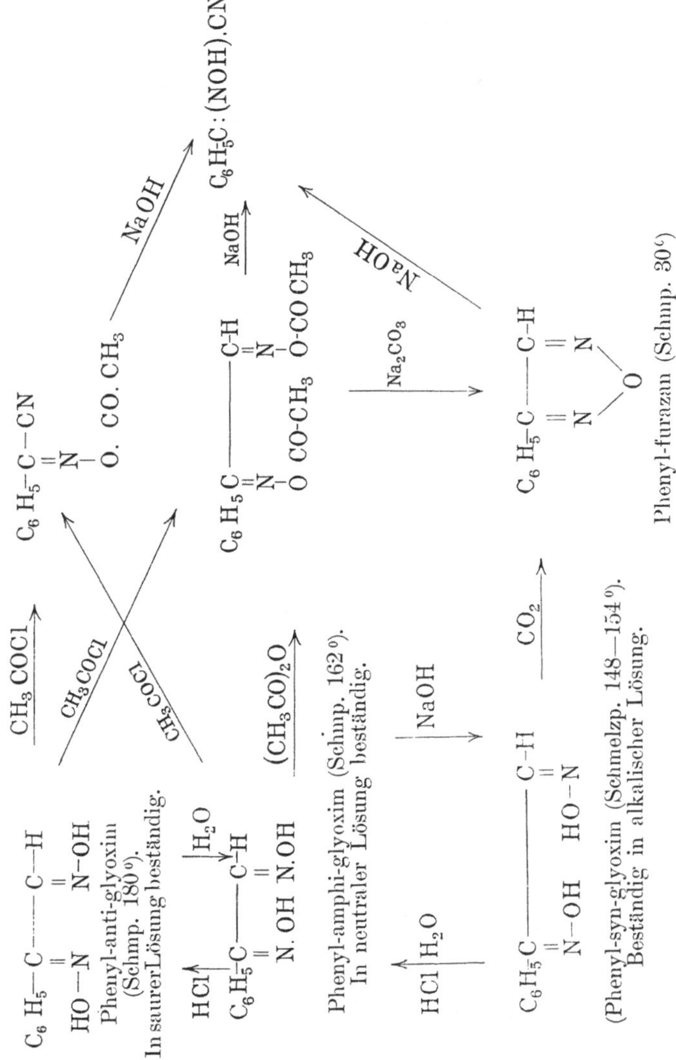

Unter den Dioximen der aromatischen Ketone sind die Dioxime des Benzils, die in drei isomeren Formen als syn-, amphi- und anti-Verbindungen existieren, die wichtigsten.

Die Konfiguration dieser Isomeren hat man abgeleitet aus ihrer größeren oder geringeren Neigung zur Bildung von Diphenylfurazan.

Wird der Säureäther des einen Isomeren (γ-Isomeren) hydrolysiert, so entsteht nicht das Dioxim, sondern das Anhydrid oder Furazanderivat; dies deutet darauf hin, daß die zwei Hydroxylgruppen in dieser Verbindung in unmittelbarer Nähe zueinander stehen und somit kann man schließen, daß sie die Synform des Diketoxims ist.

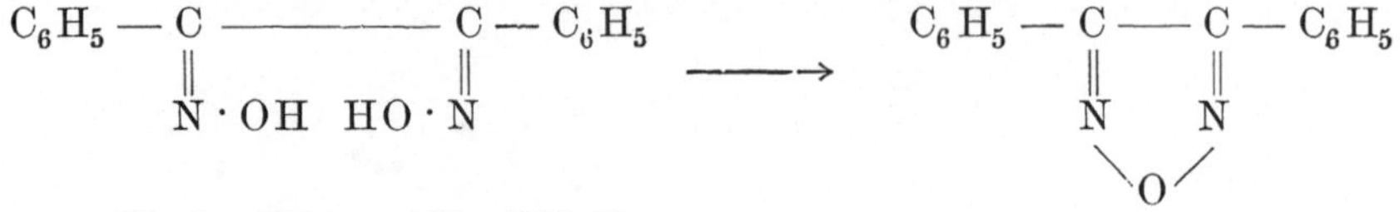

$$\begin{array}{ccc} C_6H_5 - C \text{———} C - C_6H_5 & & C_6H_5 - C \text{——} C - C_6H_5 \\ \| \qquad\qquad \| & \longrightarrow & \| \qquad \| \\ N \cdot OH \quad HO \cdot N & & N \qquad N \\ & & \diagdown O \diagup \end{array}$$

γ-Dioxim (Schmp. 164—166° C)

Die isomere β-Verbindung scheint die stabilste von allen zu sein, da sie immer bei energischer Oximidation entsteht; sie ist daher wahrscheinlich die Antiform, welche die geringste Gelegenheit zur Anhydridbildung bietet:

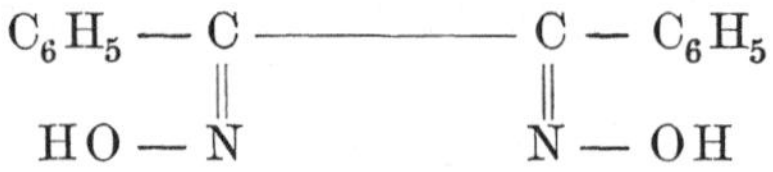

$$\begin{array}{c} C_6H_5 - C \text{———} C - C_6H_5 \\ \| \qquad\qquad \| \\ HO - N \qquad\quad N - OH \end{array}$$

Schmp. 206—207° C.

Das α-Isomere, dessen Stabilität zwischen den beiden anderen zu liegen scheint, ist wahrscheinlich die amphi-Form:

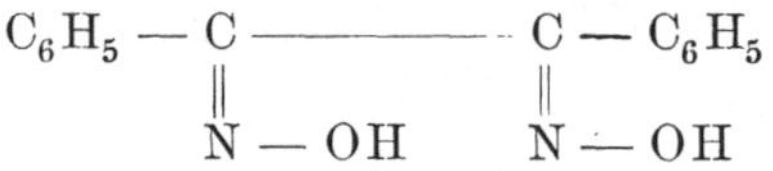

$$\begin{array}{c} C_6H_5 - C \text{———} C - C_6H_5 \\ \| \qquad\qquad \| \\ N - OH \quad N - OH \end{array}$$

Schmp. 237° C.

Weitere Konfigurationsbeweise für diese Substanzen wurden mit Hilfe der Beckmannschen Umlagerung durchgeführt, die aber merkwürdigerweise nicht zu den oben gewonnenen Resultaten führten[1]).

β-Benzildioxim gibt Oxanilid:

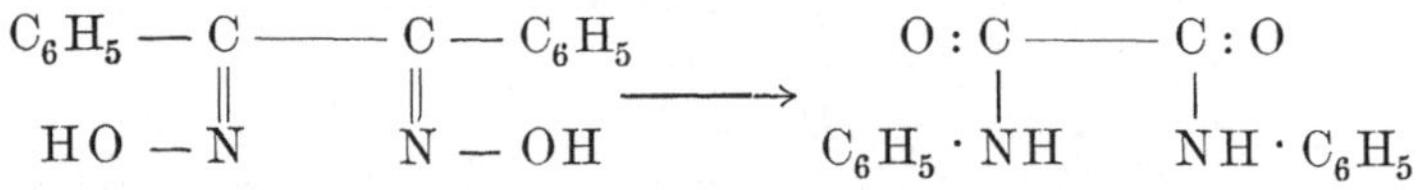

$$\begin{array}{ccc} C_6H_5 - C \text{——} C - C_6H_5 & & O : C \text{——} C : O \\ \| \qquad\quad \| & \longrightarrow & | \qquad\qquad | \\ HO - N \qquad N - OH & & C_6H_5 \cdot NH \qquad NH \cdot C_6H_5 \end{array}$$

α-Benzildioxim gibt Dibenzenylazoxim:

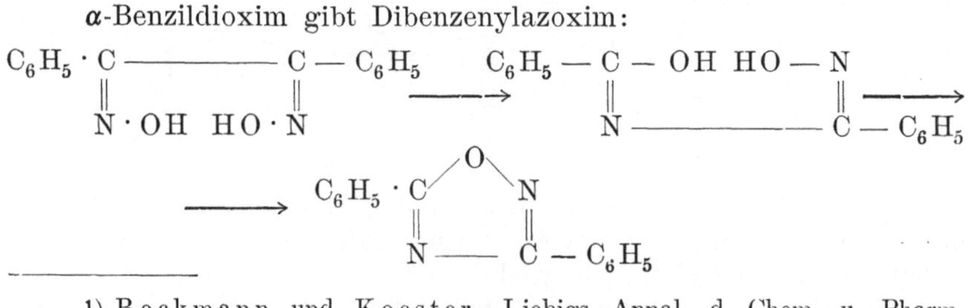

$$\begin{array}{ccc} C_6H_5 \cdot C \text{———} C - C_6H_5 & & C_6H_5 - C - OH \quad HO - N \\ \| \qquad\qquad \| & \longrightarrow & \| \qquad\qquad\qquad \| \quad \longrightarrow \\ N \cdot OH \quad HO \cdot N & & N \text{————} C - C_6H_5 \end{array}$$

$$\longrightarrow \begin{array}{c} \quad O \\ C_6H_5 \cdot C \diagup \quad \diagdown N \\ \| \qquad\quad \| \\ N \text{——} C - C_6H_5 \end{array}$$

1) Beckmann und Koester, Liebigs Annal. d. Chem. u. Pharm. **274**, 15 (1893).

γ-Benzildioxim gibt Benzoylphenylharnstoff:

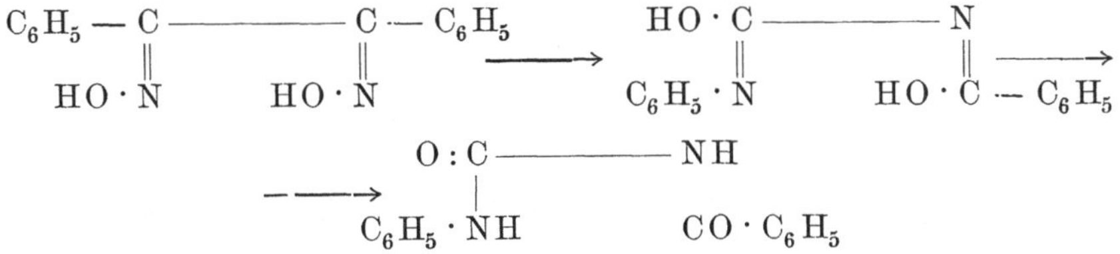

$$\begin{array}{ccc} C_6H_5 - C & \text{———} & C - C_6H_5 \\ \| & & \| \\ HO \cdot N & & HO \cdot N \end{array} \longrightarrow \begin{array}{ccc} HO \cdot C & \text{———} & N \\ \| & & \| \\ C_6H_5 \cdot N & & HO \cdot C - C_6H_5 \end{array} \longrightarrow$$

$$\longrightarrow \begin{array}{ccc} O : C & \text{———} & NH \\ | & & \\ C_6H_5 \cdot NH & & CO \cdot C_6H_5 \end{array}$$

Aus diesen Resultaten ergeben sich folgende Konfigurationen:

$$\begin{array}{ccc} C_6H_5 - C & \text{———} & C - C_6H_5 \\ \| & & \| \\ HO - N & & N - OH \end{array} \qquad \begin{array}{ccc} C_6H_5 - C & \text{———} & C - C_6H_5 \\ \| & & \| \\ HO \cdot N & & HO \cdot N \end{array}$$

(β) (γ)

$$\begin{array}{ccc} C_6H_5 - C & \text{———} & C - C_6H_5 \\ \| & & \| \\ N - OH & & HO - N \end{array}$$

(α)

Diese Konfigurationen stimmen mit den früher betrachteten nur in bezug auf das β-Isomere überein.

Eine größere Beweiskraft scheint jedoch der zweiten Ableitung zuzukommen. Denn wenn wir die beiden Synthesen des γ-Isomeren — einmal aus dem γ-Monoxim, das andere Mal aus β-Benzoinoxim, deren Konfiguration mit Hilfe der Beckmannschen Umlagerung bestimmt worden sind — betrachten, so ergibt sich folgendes:

$$\begin{array}{c} C_6H_5 - C - CO - C_6H_5 \\ \| \\ HO - N \end{array} \searrow \qquad \swarrow \begin{array}{c} C_6H_5 - C - CHOH - C_6H_5 \\ \| \\ HO - N \end{array}$$

γ-Benzilmonoxim β-Benzoinoxim

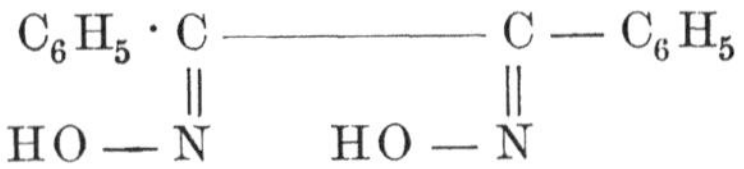

$$\begin{array}{ccc} C_6H_5 \cdot C & \text{———} & C - C_6H_5 \\ \| & & \| \\ HO - N & & HO - N \end{array}$$

γ-Dioxim

Diese Formel ist die allein mögliche, wenn sich eine der Hydroxylgruppen in Synstellung zu einer Phenylgruppe befindet; die andere noch mögliche Formel, welche diese Forderung erfüllen würde, ist ja definitiv dem β-Isomeren zuerteilt worden:

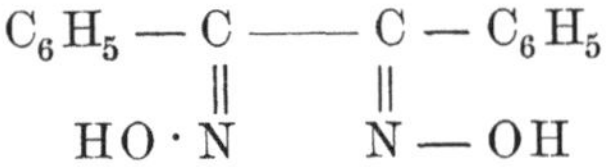

$$\begin{array}{ccc} C_6H_5 - C & \text{——} & C - C_6H_5 \\ \| & & \| \\ HO \cdot N & & N - OH \end{array}$$

Folgende Tafel gibt eine Übersicht über die verschiedenen Reaktionen und Umwandlungen der Dioxime:

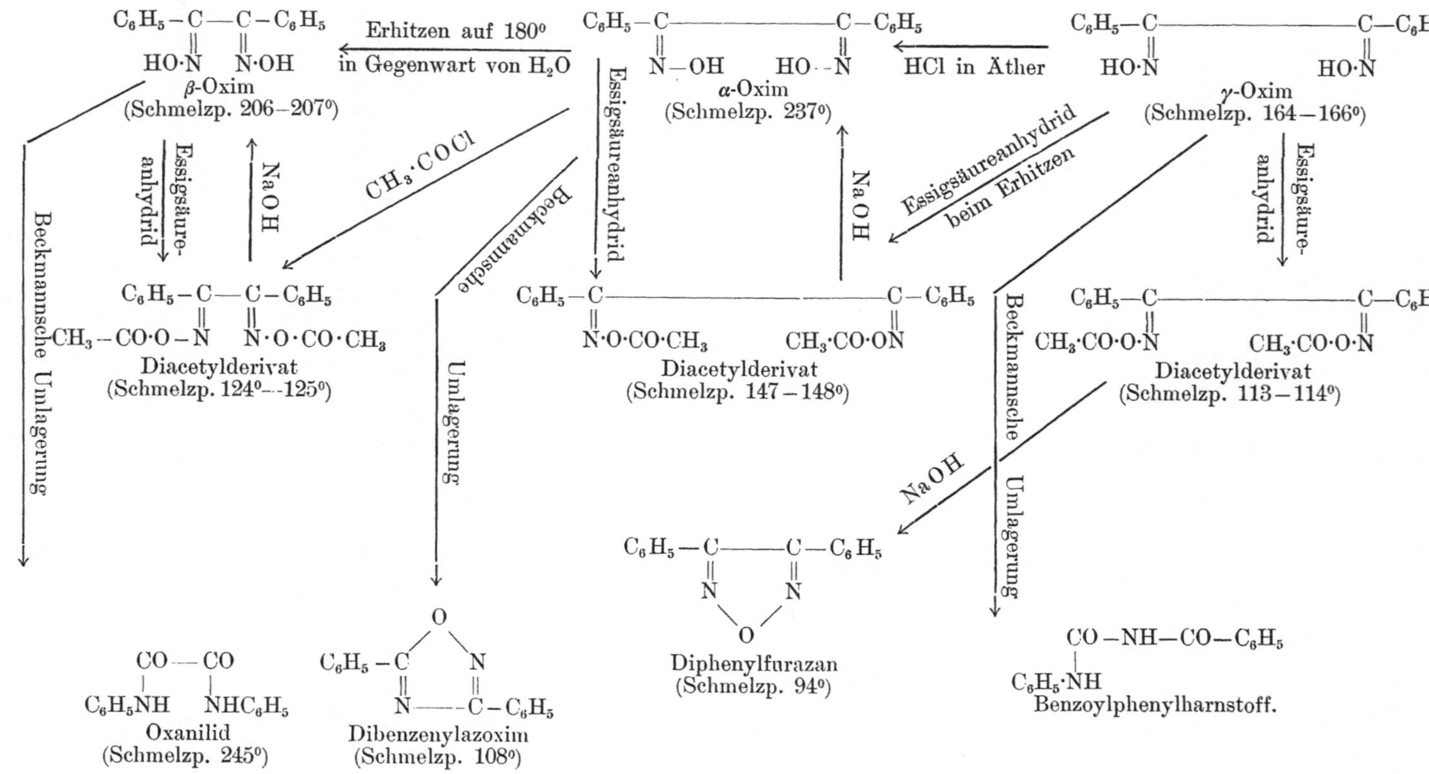
β-Oxim
(Schmelzp. 206–207°)
Erhitzen auf 180°
in Gegenwart von H_2O
α-Oxim
(Schmelzp. 237°)
HCl in Äther
γ-Oxim
(Schmelzp. 164—166°)
Essigsäure-
anhydrid
NaOH
$CH_3 \cdot COCl$
Beckmannsche
Essigsäureanhydrid
Essigsäureanhydrid
beim Erhitzen
Diacetylderivat
(Schmelzp. 124°—125°)
Diacetylderivat
(Schmelzp. 147—148°)
Diacetylderivat
(Schmelzp. 113—114°)
Beckmannsche Umlagerung
Umlagerung
Beckmannsche
Umlagerung
Diphenylfurazan
(Schmelzp. 94°)
Oxanilid
(Schmelzp. 245°)
Dibenzenylazoxim
(Schmelzp. 108°)
Benzoylphenylharnstoff.

Bei den anderen Dioximen der aromatischen Ketone sind keine definitiven Konfigurationsbestimmungen durchgeführt worden, obgleich verschiedene Versuche gemacht worden sind, in Analogie mit den Benzildioximen, ihre Konfigurationsformeln abzuleiten.

Die Dioxime des Kampferchinons mögen hier erwähnt werden, da sämtliche vier möglichen Formen aufgefunden worden sind, die ersten drei durch Manasse[1]) und das vierte durch Angelico[2]). Forster[3]) studierte die vier Isomeren näher und fand folgende Werte:

	Schm.-P.	$[\alpha]_D$ in Alkohol	$[\alpha]_D$ in 2% NaOH	1 gr gelöst in
α-Dioxim	201°	— 66·6°	— 98·3	40·0 ccm absol. Alkohol
β- „	248°		— 24·1	59·0 ccm „
γ- „	135°	+ 22·4°	+ 12·6	1·0 ccm „
ϑ- „	199°	+ 75·4°	+ 83·6	12·4 ccm „

3. Hydrazone[4]). Obgleich es in der Tat als sicher gelten kann, daß einige Isomeriefälle in der Hydrazonreihe auf räumliche Unterschiede der beiden Isomeren zurückzuführen sind, so besitzen wir dennoch keine sichere Methode, um die Konfiguration dieser isomeren Verbindungen abzuleiten. Die bei den Oximen angewandte Methode kann bei den Hydrazonen nicht benutzt werden.

In ein oder zwei Fällen hat man Versuche angestellt, die Konfiguration bestimmter Derivate festzustellen, und es erscheint immerhin interessant, dieselben hier zu beschreiben. In Analogie mit anderen Fällen schließt man, daß das Benzilosazon mit dem höheren Schmelzpunkt (β - Schmp. 225° C) die Antiform ist:

$$\begin{array}{ccccc} & C_6H_5 - C & - & C - C_6H_5 & \\ & \| & & \| & \\ C_6H_5 - NH - N & & & N - NH - C_6H_5 & \end{array}$$

1) Manasse, Ber. d. deutsch. chem. Ges. **26**, 243 (1893).

2) Angelico, Atti R. Accad. Lincei, (**5**), **9**, II., 47 (1900).

3) Forster, Trans. **83**, 514 (1903).

4) Hinweise seien gegeben auf Arbeiten über Phenylhydrazone des Acetaldehyds (Fischer, Ber. d. deutsch. chem. Ges. **29**, 793 (1896); Anisyl-phenylketon (Hantzsch und Kraft, ibid. **24**, 3526 (1891). Auwers und V. Meyer, ibid. **24**, 4226 (1891). Claus, Journ. f. prakt. Chem. (**2**), **45**, 377 (1892); **47**, 267 (1893). Hantzsch, Ber. d. deutsch. chem. Ges. **25**, 1699 (1892); Benzoin (Pickel, Liebigs Annal. d. Chem. u. Pharm. **232**, 229 (1886). Vogtherr, Ber. d. deutsch. chem. Ces. **25**, 637 (1892). Smith und Ransom, Am. Chem. J. **16**, 108 (1894). Salizylaldehyd (Biltz, Ber. d. deutsch. chem. Ges. **27**, 2288 (1896). Benzaldehyd (Thiele und Pickard, ibid. **31**, 1249 (1898). Osazone des Benzils (Ingle und Mann, Trans. **67**, 606 (1895). Minunni und Rapp, Gazetta **26**, (I), 444 (1896). Biltz, Liebigs Annal. d. Chem. u. Pharm. **305**, 165 (1899). Biltz und Amme, ibid. **321**, I (1902). Salizylaldehyd (Biltz, ibid. **305**, 179 (1899). Anisaldehyd (Biltz, ibid. **308**, 7 (1899). Diese Liste dient nur zur Orientierung und ist nicht als komplett zu betrachten.

während das niedriger schmelzende Isomere (α, Schmp. 208° C) die Synform vorstellt:

$$\begin{array}{lcr} C_6H_5 - C & \text{———————————} & C - C_6H_5 \\ \| & & \| \\ N - NH \cdot C_6H_5 & & C_6H_5 \cdot NH - N \end{array}$$

Wenn nun das α-Isomere des Benzaldehyd-phenylhydrazons vorsichtig oxydiert wird, so ergibt es syn-Benzilosazon, während β-Benzaldehyd-phenylhydrazon die Antiform liefert. Daraus hat man geschlossen, daß die Formeln für die beiden Isomeren folgende sein müssen:

$$\begin{array}{lcr} C_6H_5 \cdot C \text{ ———— } & \boxed{H \quad H} & \text{ ———— } C \cdot C_6H_5 \\ \| & & \| \\ N - NH - C_6H_5 & & C_6H_5 - NH - N \end{array}$$

(α)

$$\begin{array}{lcr} C_6H_5 - C \text{ ———— } & \boxed{H \quad H} & \text{ ———— } C - C_6H_5 \\ \| & & \| \\ C_6H_5 \cdot NH - N & & N - NH - C_6H_5 \end{array}$$

(β)

Es scheint ganz und gar zweifelhaft, daß die Konfiguration der Hydrazone durch die uns gegenwärtig zur Verfügung stehenden rohen Methoden bestimmt werden kann.

Crocker[1]) hat zwei Formen von Pikrylpikriminothiokarbonsäuremethylester isoliert, welche folgende Konfiguration zu haben scheinen:

$$\begin{array}{ll} CH_3 - O - C \quad S - C_6H_2(NO_2)_3 & \qquad CH_3 - O - C - S - C_6H_2(NO_2)_3 \\ \qquad\quad \| & \qquad\qquad\qquad\quad \| \\ \qquad\quad N - C_6H_2(NO_2)_3 & \qquad (NO_2)_3C_6H_2 - N \end{array}$$

4. Anilide. Die Frage über die Existenz stereoisomerer Anilide scheint noch unentschieden. Einerseits verneint Simon[2]) die Existenz dieser Isomeren, andererseits berichten Miller und Plöchl[3]), daß sie Derivate vom Typus:

$$\begin{array}{c} R - C - R_1 \\ \| \\ N - R_2 \end{array}$$

erhalten haben.

Eibner und Peltzer[4]) isolierten zwei Isomere, welche in Übereinstimmung mit Miller und Plöchls Ansicht folgende Konfiguration haben würden:

---

1) Crocker, Trans. **81**, 436 (1902).

2) Simon, Compt. rend. de l'Acad. d. Sciences **118**, 1345 (1894). Bull. Soc. Chim. (**3**), **13**, 334, 374 (1895). Am. Chim. Phys. (**7**), **9**, 433 (1896).

3) Miller und Plöchl, Ber. d. deutsch. chem. Ges. **27**, 1296 (1894).

4) Eibner und Peltzer, ibid. **33**, 3461 (1900).

$$\begin{array}{ccc} CH_3 - CH & \text{———} & C - CH_3 \\ | & & | \\ C_6H_5 - NH & & C_6H_5N \end{array} \qquad \begin{array}{ccc} CH_3 - CH & - & C - CH_3 \\ | & & \| \\ C_6H_5 - NH & & N - C_6H_5 \end{array}$$

Eibner[1]) dagegen zieht es vor, diesen Fall als Äthylenisomerie zu betrachten und nimmt folgende Konstitution und Konfiguration als wahrscheinlich an:

$$\begin{array}{ccc} CH_3 - CH & \text{———} & CH \\ | & & \| \\ C_6H_5 - NH & & H - C - NH \cdot C_6H_5 \end{array} \qquad \begin{array}{ccc} CH_3 - CH & \text{—————} & CH \\ | & & \| \\ C_6H_5 - NH & & C_6H_5 \cdot NH - C - H \end{array}$$

Hantzsch und Hornbostel[2]) fanden bestimmte Isomere, die sich als stereoisomer erwiesen; später isolierten Hantzsch und Schwab[3]) zwei isomere Formen des Benzylidin-p-toluidins, denen sie folgende stereoisomere Konfigurationen zuschreiben:

$$\begin{array}{l} C_6H_5 - C - H \\ \quad\quad\;\; \| \\ \quad\quad\;\; N - C_6H_4 \cdot CH_3 \end{array} \qquad \begin{array}{r} C_6H_5 - C - H \\ \| \quad\quad\; \\ CH_3 \cdot C_6H_4 - N \quad\quad\; \end{array}$$

Diese Isomerie-Frage muß noch als unentschieden gelten.

5. Semikarbazone, Thiosemikarbazone und Thiosemikarbazide. Im Jahre 1895 entdeckte Wallach[4]) bestimmte Semikarbazone in der Terpenreihe, deren Eigenschaften auf Stereoisomerie hinwiesen.

Im folgenden Jahre brachte Freund[5]) den Beweis für die Existenz stereoisomerer Thiosemikarbazone durch die Tatsache, daß bei Wasserentziehung aus bestimmten Gliedern dieser Reihen zwei isomere Substanzen gebildet werden. Dieses Verhalten könnte bei Annahme folgender Raumformeln erklärt werden:

$$\begin{array}{l} \quad\quad\quad\quad\; N - NH - CO - R \\ \quad\quad\quad\quad\; \| \\ R - NH - C - SH \end{array} \xrightarrow{-H_2O} \begin{array}{ccc} & N - N & \\ & \| \quad\; \| & \\ R - NH - C & & C - R \\ & \diagdown \; \diagup & \\ & S & \end{array}$$

$$\begin{array}{l} \quad\quad\; N - NH - CO - R \\ \quad\quad\; \| \\ HS - C - NH - R \end{array} \xrightarrow{-H_2O} \begin{array}{ccc} & N - N & \\ & \| \quad\; \| & \\ HS - C & & C - R \\ & \diagdown \; \diagup & \\ & N & \\ & | & \\ & R & \end{array}$$

---

1) Eibner, Liebigs Annal. d. Chem. u. Pharm. **318**, 58 (1901).
2) Hantzsch und Hornbostel, Ber. d. deutsch. chem. Ges. **30**, 3003 (1897).
3) Hantzsch und Schwab ibid. **34**, 822 (1901).
4) Wallach, Ber. d. deutsch. chem. Ges. **28**, 1955 (1896).
5) Freund, Ber. d. deutsch. chem. Ges. **29**, 2483 (1896).

Knoevenagel und Goldsmith[1]) fanden, daß die Semikarbazone des Phenylmethylcyklohexenons in zwei stereoisomeren Formen existieren, von denen jede folgende Struktur besitzt:

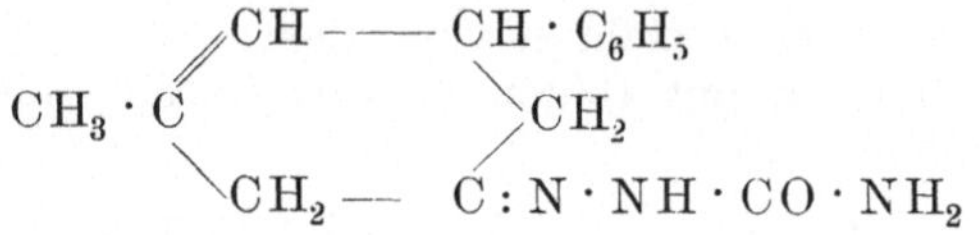

```
         //CH —— CH · C6H5
CH3 · C           \
        \          >CH2
                  /
          \CH2 —  C : N · NH · CO · NH2
```

Posner[2]) hat zwei stereoisomere Monosemikarbazone des Benzils entdeckt.

Die Thiosemikarbazide sind fast durchwegs von Marckwald[3]) studiert worden. Er fand im Phosgen ein sehr gutes Reagens, um die Verschiedenheit der Isomeren festzustellen, selbst wenn sie nur in geringen Quantitäten vorliegen. Im Falle der labilen anti-Form (I) erzeugt die Reaktion eine ammoniakalische Lösung, welche mit Salzsäure einen voluminösen Niederschlag von Imidobiazolonylmerkaptan liefert. Die syn-Form dagegen liefert ein Thiobiazolonderivat.

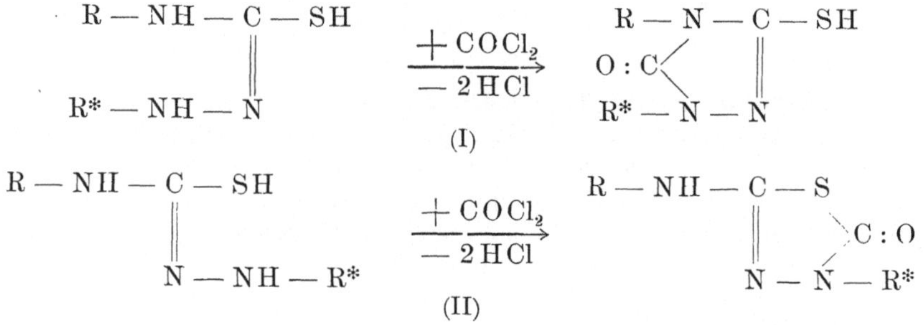

```
R — NH — C — SH                       R — N — C — SH
         ‖          + COCl2                /     ‖
         ‖         ————————→     O : C<      ‖
         ‖          — 2 HCl               \     ‖
R* — NH — N                          R* — N — N
                       (I)

R — NH — C — SH                       R — NH — C — S
         ‖          + COCl2                   ‖     \
         ‖         ————————→                  ‖      >C : O
         ‖          — 2 HCl                   ‖     /
         N — NH — R*                          N — N — R*
                       (II)
```

Diese Verhältnisse sind zutreffend, wenn R eine Phenylgruppe repräsentiert.

Ist die mit einem Stern bezeichnete R-Gruppe ein Acetylradikal, so existiert das Thiosemikarbazid nur in einer Form und im Verlaufe der Reaktion werden Produkte gebildet, welche eine Umwandlung der syn- in die anti-Form anzeigen. Verbindungen, welche in der mit einem Stern bezeichneten Stellung eine Alkylgruppe besitzen, scheinen nur in der anti-Form zu existieren.

Die Untersuchung einer großen Zahl derartiger Fälle ermöglichte es Marckwald, folgende allgemein zutreffende Regel aufzustellen.

I. Phenylhydrazin reagiert mit Allylthiocyanat unter Bildung eines Thiosemikarbazids der anti-Form, welches beim Erwärmen oder durch Einwirkung einer Spur Salzsäure auf die alkoholische Lösung in die syn-Form übergeht.

---

[1]) Knoevenagel und Goldsmith, Ber. d. deutsch. chem. Ges. **31**, 2474 (1898).

[2]) Posner, ibid. **34**, 3979 (1901).

[3]) Marckwald, ibid. **32**, 1081 (1899); vergleiche **25**, 3098 (1892).

II. Dasselbe trifft zu, wenn ein para-Substituent im Phenylhydrazin vorhanden ist.

III. Befindet sich ein Substituent im Hydrazin in o- oder m-Stellung, so wird nur ein stabiles Thiosemikarbazid und zwar das der syn-Form gebildet.

IV. Die Natur und die Stellung der Substituenten im Allylthiocyanat haben keinen Einfluß auf die Reaktion.

V. Die labilen Verbindungen der anti-Form haben einen niedrigeren Schmelzpunkt als die stabilen syn-Formen.

VI. Sekundäre Hydrazine bilden keine stereoisomere Verbindungen.

Busch und Holzmann[1]) bestreiten die Richtigkeit der Marckwaldschen Ansicht und führen die Isomerie auf eine Wanderung des Phenylisocyanatkernes zurück.

6. Chlorimide etc. Stieglitz[2]) stellte im Jahre 1896 einen Chlorimidobenzoesäureester dar, dem er die anti-Form zuspricht, wenngleich es ihm nicht gelungen war, zwei Formen des Esters zu isolieren:

$$\begin{array}{c} C_6H_5 - C - O \cdot C_2H_5 \\ \| \\ N \cdot Cl \end{array}$$

anti-Form

Stieglitz und Earle[3]) erhielten dagegen zwei stereoisomere Verbindungen nach folgender Reaktionsfolge. Durch Behandlung von m-Nitrobenzamid mit Natriumhypochlorit erhielten sie m-Nitrobenzoylchloramid, $NO_2 \cdot C_6H_4 \cdot CO \cdot NHCl$, welches bei der Einwirkung von Diazomethan die α-Modifikation des Methylchlorimido-m-nitrobenzoats ergibt, $NO_2 \cdot C_6H_4 \cdot C(OCH_3) : N \cdot Cl$. Diese Modifikation kristallisiert in langen Prismen oder rechtwinkligen Platten vom Schmp. 86,5—87,5° C. Wenn diese α-Verbindung mit Salzsäure behandelt wird, so liefert sie ein Hydrochlorid; dieses zu einem großen Überschuß von Natriumhypochloritlösung von 30° zugefügt, bildet eine Mischung der α- und β-Formen der Chlorimide, aus der die β-Form durch wiederholte Kristallisation aus einer Mischung von Petroläther und Chloroform isoliert werden kann. Die β-Modifikation kristallisiert in dünnen rhomboedrischen Blättchen vom Schmp. 81—82° C. Mit Salzsäure erhält man das Hydrochlorid des Methylchlorimido-m-nitrobenzoats.

Die zwei Isomeren haben dasselbe Molekulargewicht; sie sind stabil bei 80° C, aber nur wenige Minuten bei 140°. Ihre Konfiguration kann man folgendermaßen darstellen:

$$\begin{array}{r} NO_2 - C_6H_4 - C - O \cdot CH_3 \\ \| \\ Cl - N \end{array} \qquad \begin{array}{l} NO_2 - C_6H_4 - C - OCH_3 \\ \| \\ N - Cl \end{array}$$

1) Busch und Holzmann, Ber. d. deutsch. chem. Ges. **34**, 320 (1901).
2) Stieglitz, Journ. f. Amer. Chem. **18**, 751 (1896).
3) Stieglitz und Earle, ibid. **30**, 399 (1903).

Eine Umwandlung des einen Isomeren in das andere konnte nicht erzielt werden. Falls Stereoisomerie nicht vorliegen sollte, bliebe als einziger Ausweg die Annahme, daß die eine Form aus der anderen durch die Beckmannsche Umlagerung gebildet wird. Dies erscheint aber unwahrscheinlich, da Stieglitz und Earle keine derartige Umlagerung bei beiden Isomeren finden konnten. Die stereochemische Erklärung scheint somit die einzige zu sein, welche die Tatsachen erklärt. Dies ist ein sehr wichtiger Fall, wenn man ihn vom Standpunkt der Hantzsch-Wernerschen Hypothese aus betrachtet, da die Möglichkeit einer Tautomerie auf ein Minimum reduziert erscheint; denn hier kann man keine verschiedenen Strukturformeln konstruieren, wie im Falle der Oximisomerie, wo man die Unterschiede auch auf Strukturdifferenzen zurückführen konnte.

Hantzsch[1]) hat versucht, allerdings ohne Erfolg, stereoisomere Urethane vom Typus:

$$\begin{matrix} a \\ b \end{matrix} > C = N \cdot COO\,C_2H_5$$

zu isolieren.

Walther[2]) glaubt, daß von den vier bekannten Methenylphenyl-p-tolylamidinen zwei Formen stereoisomer sind, und zwar nach folgendem Schema:

$$\begin{matrix} C_6H_5NH - C - H \\ \| \\ N - C_6H_4 \cdot CH_3 \end{matrix} \qquad \begin{matrix} C_6H_5 \cdot NH - C - H \\ \| \\ CH_3 \cdot C_6H_4 - N \end{matrix}$$

Cohen[3]) hat die Hantzsch-Wernersche Theorie auf die Säureamide angewendet und kommt zu folgenden Schlüssen:

Amide, welche in Prismen kristallisieren und Silbersalze liefern, gehören zu der anti-Reihe; jene, welche in Blättchen kristallisieren und keine Silbersalze liefern, gehören zu den syn-Formen. Alle Verbindungen, welche sich vom Ammoniak oder aliphatischen Aminen ableiten, sind anti-Isomere, während die aus aromatischen Aminen gewonnenen syn-Verbindungen vorstellen.

Cordier[4]) findet, daß Guanidinpikrat in zwei Formen existiert, von denen die eine stabil, die andere labil ist.

Die Isomeren unterscheiden sich in Löslichkeit und Kristallform, scheinen aber in den anderen Eigenschaften identisch zu sein. Die Lösungen beider sind in bezug auf polarisiertes Licht inaktiv. Der Autor nimmt an, daß die Isomerie von folgender Art ist.

---

1) Hantzsch, Ber. d. deutsch. chem. Ges. **25**, 2025 (1892).

2) Walther, Journ. f. prakt. Chem. (**2**), **55**, 41, 552 (1897).

3) Cohen, Chem. News **70**, 100 (1894).

4) Cordier, Verhandlg. der Ges. deutscher Naturforscher und Ärzte 1904, II, 105.

$$\begin{array}{ll} NH_2 \cdot \underset{\underset{\displaystyle N-H}{\|}}{C} \cdot NH_2 \cdot OH \cdot C_6H_2(NO_2)_3 & \qquad NH_2 \cdot \underset{\underset{\displaystyle H-N}{\|}}{C} \cdot NH_2 \cdot OH \cdot C_6H_2(NO_2)_3 \end{array}$$

Stabile Form (Blättchen). Labile Form (Nadeln).

§ 6. Methoden zur Darstellung stereoisomerer Kohlenstoff-Stickstoff-Verbindungen.

1. Aldoxime. Obgleich eine große Anzahl stereoisomerer Oxime bekannt ist, hat man nur in sehr wenigen Fällen gefunden, daß eine Mischung beider Isomeren im Verlaufe ihrer synthetischen Darstellung entsteht, wie z. B. beim Propionaldoxim, Furfuraldoxim, Thiophenaldoxim und Zimtaldoxim.

In einigen Fällen kann man die relativen Mengen der beiden entstandenen Isomeren durch Variation der Versuchsbedingungen kontrollieren. Im Falle des Furfuraldoxims fand man z. B., daß, bei Durchführung der Synthese in alkalischer Lösung, der größte Teil des Reaktionsproduktes aus der anti-Form besteht; arbeitet man dagegen in neutraler Lösung, so überwiegt die syn-Form. Beim Acetaldoxim kann die Umlagerung der einen Form in die andere durch Erhitzen vollzogen werden. Die allgemeinste Methode, beide Isomere zu erhalten, besteht in der Umwandlung der einen Form in die andere. Die dazu gebräuchlichen Methoden werden in einem besonderen Teil beschrieben werden (siehe § 8).

Eine weitere Methode besteht in der Depolymerisation von Bisnitrosylverbindungen, die man durch Oxydation der entsprechenden Mono-hydroxylamine erhält:

$$\begin{matrix} R-CH_2-NH-OH \\ R-CH_2-NH-OH \end{matrix} + 2\,O = 2\,H_2O + (R \cdot CH_2 \cdot NO)_2$$

Durch Einwirkung von Natriumäthylat gehen sie in eine Mischung der (syn- und anti-Formen) stereoisomeren Aldoxime über:

$$(R \cdot CH_2 \cdot NO)_2 = R \cdot CH : NOH\,(\text{syn-}) + R \cdot CH : NOH\,(\text{anti-}).$$

Comstock[1]) hat gefunden, daß Aldoxime sich mit Kupferchlorür und Kupferbromür zu Additionsverbindungen vereinigen lassen, welche bei ihrer Zerlegung die syn-Formen der Oxime liefern. Sie bieten daher ein Mittel zur Darstellung von syn-Aldoximen.

2. Ketoxime. Wenn Ketone in alkalischer Lösung oximiert werden, so wird eine Mischung der zwei Stereoisomeren erzeugt. Sie können aus ihrer Lösung in Eisessig oder Alkohol durch sukzessiven Zusatz von Wasser fraktioniert ausgefällt und somit getrennt werden. Unter diesen Umständen fällt das hochschmelzende Isomere zuerst aus.

Stereoisomere Oximidosäuren und Alkylhydroximsäuren werden als Mischungen beider Konfigurationen erhalten und können durch fraktionierte Kristallisation getrennt werden.

---

[1]) Comstock, Amer. Chem. Journ. **19**, 485 (1897).

3. Hydrazone etc. In vielen Fällen entsteht bei der Einwirkung von Phenylhydrazin auf geeignete Ketone eine Mischung der stereoisomeren Hydrazone, welche durch ihre verschiedene Löslichkeit getrennt werden können. Dasselbe ist der Fall bei der Einwirkung von Phenylhydrazin auf Ketochloride vom Typus X — C · Cl_2 — Y[1]).

In einigen Fällen ist es auch gelungen, die eine Form aus der anderen, isomeren zu erhalten; das Nähere wird in § 8 mitgeteilt werden. Über die Semikarbazone und andere derartige Verbindungen ist diesbezüglich noch zu wenig bekannt, um allgemeinere Regeln zu geben.

§ 7. Eigenschaften der Kohlenstoff-Stickstoff-Stereoisomeren.

1. Physikalische Eigenschaften. Die Schmelzpunkte der beiden Isomeren sind ebenso wie die der Äthylen-Stereoisomeren verschieden. Im allgemeinen kann man sagen, die syn-Oxime haben einen höheren Schmelzpunkt als die anti-Formen, obgleich dies nicht immer zutrifft.

Sehr wenig zuverläßliches Material steht uns in bezug auf die relative Löslichkeit der zwei stereoisomeren Formen zur Verfügung. Aus den Arbeiten von Beckmann, Goldschmidt[2]) u. a. scheint es wahrscheinlich, daß die höher schmelzende Form (syn-Form) eine geringere Löslichkeit als die anti-Form besitzt. Dieselben Verhältnisse scheinen auch bei den Hydrazonen zuzutreffen.

Ebensowenig ist über die Kristallform bekannt. Es ist wahrscheinlich, daß beide Isomeren verschiedene Kristallformen besitzen[3]).

Nach Hartley und Dobbie[4]) sind die Absorptions-Spektra der Benzsynaldoxime und Benzantialdoxime identisch. Man hat gefunden, daß die Affinitätskonstanten der beiden stereoisomeren Oximidosäuren beträchtlich differieren, was an die Unterschiede der isomeren Säuren in der Äthylenreihe erinnert. Man hat ferner gefunden, daß die Substitution einen beträchtlichen Einfluß auf die Leitfähigkeit ausübt; es scheint demnach, daß dies durch die Krümmung der Kohlenstoffkette bedingt wird, welche es ermöglicht, daß sich die in anti-Stellung befindlichen Hydroxyl- und Karboxylgruppen einander besser nähern können in den α- und γ-Ketoximsäuren, als in den entsprechenden β-Verbindungen.

2. Chemische Eigenschaften. a) Bidung von Additionsverbindungen mit Lösungsmitteln. Einen Unterschied zwischen beiden Isomeren hat man in ihrem Gehalte an Kristallalkohol und Kristallbenzol gefunden. Z. B. γ-Benzilmonoxim kristallisiert mit

---

1) Hantzsch und Kraft, Ber. d. deutsch. chem. Ges. **24**, 3511 (1891). Hantzsch und Overton, ibid. **26**, 9 und 18 (1893).

2) Beckmann, Ber. d. deutsch. chem. Ges. **23**, 1686 (1890). Goldschmidt, ibid. **23**, 2170 (1890). Goldschmidt und Kjellin, ibid. **24**, 2550 (1891). Behrend und König, Liebigs Annal. **263**, 349 (1891).

3) Goldschmidt, Ber. d. deutsch. chem. Ges. **23**, 2173 (1890).

4) Hartley und Dobbie, Trans. **77**, 509 (1900).

einem halben Molekül Benzol; die β- und γ-Dioxime kristallisieren mit 1 Molekül Kristallalkohol; α-Benzilmonoxim und α-Benzildioxim geben keine Additionsprodukte:

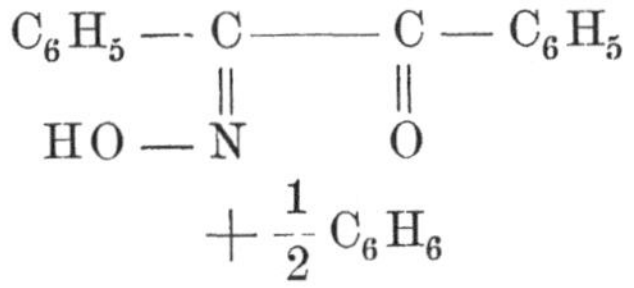

$$\begin{array}{ccc} C_6H_5 - C & \text{———} & C - C_6H_5 \\ \| & & \| \\ HO - N & & O \end{array} + \frac{1}{2} C_6H_6$$

γ-Benzilmonoxim

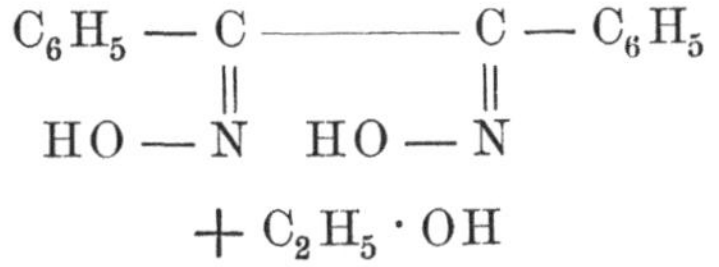

$$\begin{array}{ccc} C_6H_5 - C & \text{———} & C - C_6H_5 \\ \| & & \| \\ HO - N & & HO - N \end{array} + C_2H_5 \cdot OH$$

γ-Benzildioxim

$$\begin{array}{ccc} C_6H_5 - C & \text{———} & C - C_6H_5 \\ \| & & \| \\ HO - N & & N - OH \end{array} + C_2H_5 \cdot OH$$

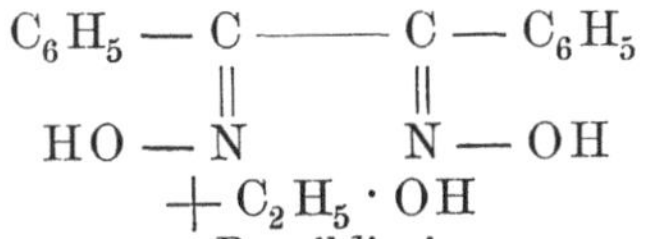

β-Benzildioxim

Keine Additionsverbindungen werden gebildet von:

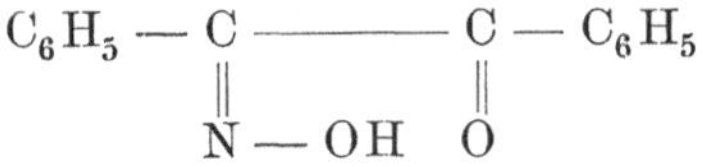

$$\begin{array}{ccc} C_6H_5 - C & \text{———} & C - C_6H_5 \\ \| & & \| \\ N - OH & & O \end{array}$$

α-Benzilmonoxim

$$\begin{array}{ccc} C_6H_5 - C & \text{———} & C - C_6H_5 \\ \| & & \| \\ N - OH & & HO - N \end{array}$$

α-Benzildioxim

Es scheint somit, daß die Additionsfähigkeit mit der syn-Stellung der Phenyl- und Hydroxylgruppe in den Benziloximen in Beziehung steht.

b) Karbanilidobildung. Ein ähnliches Beispiel für das verschiedene Verhalten der Isomeren zeigt sich bei der Einwirkung von Isocyanaten auf die syn- und anti-Form der Aldoxime. In diesem Falle geben die syn-Verbindungen oft Additionsprodukte, während nur vereinzelte derartige Fälle bei den anti-Formen beobachtet worden sind[1]. Bei den Ketoximen hat man dagegen keine Differenzen gefunden.

c) Alkylierung der Oxime. Man hat konstatiert, daß bei der Behandlung einer alkoholischen Lösung eines Oxyms mit Natriumäthylat und Alkyljodid, je nachdem man syn- oder anti-Formen als Ausgangsprodukte verwendet, verschiedene Reaktionsprodukte entstehen. Das folgende Schema zeigt die Resultate, die man allgemein beobachtet hat:

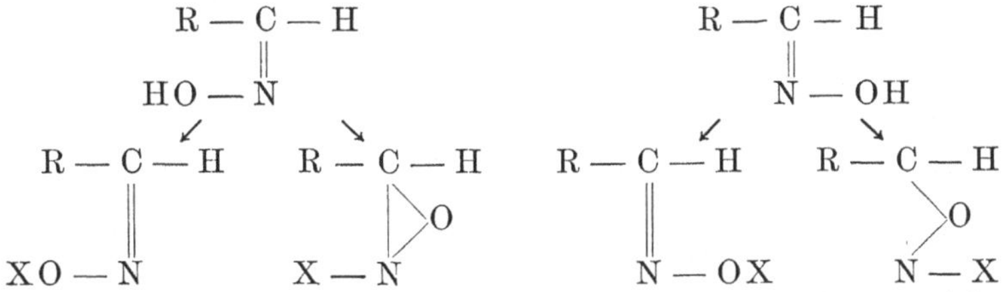

$$\begin{array}{c} R - C - H \\ \| \\ HO - N \end{array} \qquad \begin{array}{c} R - C - H \\ \| \\ N - OH \end{array}$$

$$\begin{array}{c} R - C - H \\ \| \\ XO - N \end{array} \quad \begin{array}{c} R - C - H \\ | \diagdown \\ | \;\; O \\ | \diagup \\ X - N \end{array} \quad \begin{array}{c} R - C - H \\ \| \\ N - OX \end{array} \quad \begin{array}{c} R - C - H \\ \diagdown \\ O \\ \diagup \\ N - X \end{array}$$

Hauptprodukt Nebenprodukt Nebenprodukt Hauptprodukt

[1] Goldschmidt und Rietschoten, Ber. der deutsch. chem. Ges. **26**, 2098 (1893).

d) Spaltung der Aldoxime und α-Oximidokarbonsäuren in Nitrile. Diese Reaktion wurde bereits bei den Aldoximen beschrieben. Bei den α-Oximidosäuren ist der Zerfall in Nitrile ein vollkommen analoger. Die dazu in Anwendung kommenden Reagenzien sind Essigsäureanhydrid und Alkalikarbonate.

Die Reaktion verläuft folgendermaßen:

$$\begin{array}{l} C_6H_5 - C - COOH \\ \qquad\quad \| \\ \qquad\quad N - O \cdot CO - CH_3 \end{array} = \begin{array}{l} C_6H_5 - C \\ \qquad\quad ||| \\ \qquad\quad N \end{array} + \begin{array}{l} CO_2 \\ \\ HO \cdot CO - CH_3 \end{array}$$

e) Beckmannsche Umlagerung. Der verschiedene Verlauf dieser Reaktion bei stereoisomeren Formen wurde bereits eingehend besprochen. Es muß erwähnt werden, daß die Beckmannsche Methode bei der Konfigurationsbestimmung der Oxime durchaus nicht den Anspruch auf vollkommen sichere Resultate erheben kann, wenngleich sie noch immer als die sicherste gelten darf.

§ 8. Gegenseitige Umwandlung stereoisomerer Kohlenstoff-Stickstoffverbindungen.

1. Allgemeines. Bei den stereoisomeren Äthylenverbindungen haben wir gezeigt, daß die relative Stabilität der zwei Isomeren auf der Stärke der gegenseitigen Anziehungskräfte beruht, welche die verschiedenen Gruppen eines Moleküls aufeinander ausüben.

Dasselbe trifft nun auch bei den Isomeren zu, welche eine doppelte Bindung zwischen Kohlenstoffatom und Stickstoffatom besitzen.

Z. B. wird in dem unten gegebenen Falle das Isomere (I) stabiler als (II) sein, wenn die Anziehung der Gruppe Z für X größer ist als für Y.

$$\begin{array}{ccc} X - C - Y \\ \| \\ Z - N \\ \text{(I)} \end{array} \qquad\qquad \begin{array}{ccc} X - C - Y \\ \| \\ N - Z \\ \text{(II)} \end{array}$$

Es mag nun vorkommen, daß die Anziehung von Z für Y unter den gewöhnlichen Bedingungen genügend groß ist, um beide Gruppen in benachbarter Stellung zu erhalten, dagegen nicht groß genug, um die einmal durch äußere Einflüsse auseinandergebrachten Gruppen wieder zu nähern. In diesem Falle würde (II) die labile Form vorstellen, welche fähig ist, sich in die stabilere Form umzuwandeln, sobald irgend eine Störung in dem intramolekularen System eintritt. Derartige Störungen können nun auf mancherlei Weise hervorgerufen werden, sowohl durch physikalische als chemische Einflüsse.

Bamberger und Schmidt[1]) haben diesbezügliche eingehendere Studien bei Verbindungen vom Typus

$$\begin{matrix} X \\ Y \end{matrix}\!\!>\!C = N \cdot NH \cdot Z$$

durchgeführt.

2. Umwandlung durch physikalische Einflüsse. In vielen Fällen wird schon durch einfaches Erwärmen die labile Form in die stabile umgewandelt. Die syn-Form des Phenyl-xylyl-oxims:

$$\begin{array}{c} C_6H_5 - C - C_6H_3(CH_3)_2 \\ \| \\ HO - N \end{array}$$

erzeugt auf diese Weise die anti-Form[2]). Wird die eine Form des Chlor-phenyl-hydrazons vom Acetessigester (Schmp. 62—63⁰) geschmolzen und dann langsam gekühlt, so verwandelt sie sich in die isomere Form (Schmp. 80—83⁰ C)[3]).

Das Hydrazon des Anilido-pyruvyl-pyruvinsäureesters:

$$\begin{array}{l} \qquad\quad C_6H_5 - N = C - CH_3 \\ \qquad\qquad\qquad\qquad\; | \\ C_6H_5 \cdot NH - N = C - CH_2 - CO - COOC_2H_5 \end{array}$$

gibt beim Erhitzen auf 200⁰ C eine zweite isomere Form[4]). Benzilmonoxim kann durch achtstündiges Erwärmen mit Alkohol im geschlossenen Rohr auf 100⁰ in das andere Isomere umgewandelt werden[5]). Wenn Benzoinoxim[6]) vom Schmp. 99⁰ C mit Alkohol auf 180⁰ C erhitzt wird, steigt sein Schmp. auf 151⁰ C und wenn p-Brombenzophenonoxim in alkoholischer Lösung erwärmt wird, so erhöht sich sein Schmp. von 107—111⁰ C auf 165—166⁰ C[7]).

Paraäthylbenzophenonoxim bedarf nur einer Erwärmung, um in die isomere Form überzugehen[8]).

p-Jod- und m-Brombenzophenon bedürfen einer zwölf- resp. zwanzigstündigen Erhitzung auf ungefähr 150⁰ C bevor die Umwandlung erfolgt[9]).

Ciamician und Silber[10]) haben gezeigt, daß die o- und p-Nitrobenzantialdoxime in Benzollösung durch Einwirkung von Licht in die syn-Verbindungen umgewandelt werden.

1) Bamberger und Schmidt, Ber. d. deutsch. chem. Ges. **34**, 2003 (1901).
2) Bartolotti und Linari, Gazetta **32**, II, 271 (1902).
3) Kjellin, Ber. d. deutsch. chem. Ges. **30**, 1966 (1897).
4) Simon, Compt. rend. de l'Acad. d. Sciences **135**, 630 (1903).
5) Auwers, Entwickelung der Stereochemie, p. 61.
6) Werner, Ber. d. deutsch. chem. Ges. **23**, 2355 (1890).
7) Schaefer, Liebigs Annal. d. Chem. u. Pharm. **264**, 164 (1891).
8) Smith, Ber. d. deutsch. chem. Ges. **24**, 4032 (1891).
9) Hoffmann, Liebigs Annal. d. Chem. u. Pharm. **264**, 166 (1891). Kottenhahn, ibid. **264**, 170 (1891).
10) Ciamician und Silber, Ber. d. deutsch. chem. Ges. **36**, 4268 (1903).

Die Wirkung des Lösungsmittels ist in einigen Fällen sehr bemerkenswert. Das bei 235° schmelzende Papaveraldoxim kann durch mehrmaliges Umkristallisieren in die bei 254° C schmelzende Form umgelagert werden[1]). Wiederholtes Umkristallisieren aus Alkohol verwandelt das Phenylhydrazon des Acetessigesters vom Schmp. 62 bis 63° C in die isomere Form vom Schmp. 80—83° C[2]).

Eine Änderung des Schmelzpunktes in umgekehrter Richtung erhält man, wenn das Phenylhydrazon des Nitrovalerianaldehyds mit Ligroin gekocht wird; denn hier wird das bei 93° C schmelzende Isomere in das bei 52° C schmelzende verwandelt.

Das leicht lösliche o-Chlortoluchinonoxim (Schmp. 165° C) verwandelt sich beim Stehen seiner Toluol- oder Alkohollösung in die schwerer lösliche Form vom Schmp. 170° C[3]). Das Oxim der Phenylglyoxylsäure erhöht seinen Schmp. von 127° C auf 145° C durch einfaches Stehen in wässeriger oder saurer Lösung[4]).

Einige Stereoisomere verwandeln sich bei längerem Stehen ganz von selbst in die isomeren Formen. Dies hat man z. B. im Falle des p-Methoxybenzophenonoxims[5]) beobachtet, wo die höher schmelzende Substanz in die niedriger schmelzende übergeht.

3. Umwandlung durch chemische Einflüsse. Die anti-Form des Benzaldoxims wird durch Einwirkung von konzentrierter Schwefelsäure in das Benzsynaldoxim übergeführt; dagegen kann beim Behandeln mit verdünnter Säure der umgekehrte Vorgang, nämlich die Verwandlung der syn-Form in die anti-Form, durchgeführt werden.

Dies trifft jedoch nur für die Aldoxime zu, nicht aber für ihre Derivate.

Chlorwasserstoffgas verwandelt α-Benzilmonoxim in das γ-Isomere[6]); Benzoinoxim vom Schmp. 99° C in das Isomere vom Schmp. 151° C; Papaveraldoxim vom Schmp. 235° C in das vom Schmp. 254° C und erhöht den Schmp. des Phenylglyoxylsäureoxims von 127° C auf 145° C[7]). Es hat ferner dieselbe Wirkung in der Hydrazonreihe, da es das niedriger schmelzende Hydrazon des Brenztraubensäureesters in die andere, isomere Form verwandelt[8]). Die Umwandlungsgeschwindigkeiten verschiedener Oxime bei ihrer Umwandlung mittelst Salzsäure wurden von H. Ley[9]) bestimmt.

In einigen Fällen genügten geringe Mengen Brom, um ein festes syn-Aldoximacetat in das anti-Acetat umzulagern.

Viele Fälle sind bekannt, in denen Basen eine Umwandlung der einen Form in die isomere herbeiführen.

---

1) Hirsch, Monatsh. **16**, 830 (1895).
2) Kjellin, Ber. d. deutsch. chem. Ges. **30**, 1966 (1897).
3) Kehrmann und Tichvinsky, Liebigs Annal. d. Chem. u. Pharm. **303**, 15 (1898).
4) Hantzsch, Ber. d. deutsch. chem. Ges. **24**, 41 (1891).
5) Hantzsch, Ber. d. deutsch. chem. Ges. **24**, 53 (1891).
6) Auwers, Entwickelung der Stereochemie.
7) Hantzsch, Ber. d. deutsch. chem. Ges. **24**, 41 (1891).
8) Simon, Compt. rend. de l'Acad. d. Sciences **131**, 682 (1901).
9) Ley, Zeitschr. f. physikal. Chem. **18**, 388 (1895).

Einige wenige Beispiele seien angeführt. Wird Methylphenylzyklohexenonoxim in warmer Natronlauge gelöst, die Lösung dann neutralisiert und das erhaltene Produkt sublimiert, so erhält man das andere Isomere; der Schmp. ist von 151° C auf 115° C gefallen. Wird Benzoinoxim mit einer verdünnten Lösung von wässerig-alkoholischem Alkali gekocht, so ändert es sich in umgekehrter Weise: die bei 99° C schmelzende Verbindung wird in das Isomere vom höheren Schmp. 151° C verwandelt. Andererseits erhält man aus p-Äthylbenzophenonoxim vom Schmp. 142° C beim Erhitzen mit Natronlauge und Hydroxylamin auf 120° C, das bei 108° C schmelzende isomere Oxim.

Bei den Hydrazonen scheint einfaches Erhitzen mit einem Überschuß von Phenylhydrazin zu genügen, um eine Umwandlung des einen Isomeren in das andere durchzuführen; Benzilsynosazon ergibt die anti-Form [1]).

Piperylphenylosazon [2]) kann von der syn- in die anti-Konfiguration umgewandelt werden.

Wenn das bei 66—69° schmelzende Acetaldehydphenylhydrazon mit Natronlauge behandelt wird, so geht es in das bei 98—101° C schmelzende isomere Hydrazon über.

Bisher haben wir noch nicht die Wirkung betrachtet, welche eine Änderung der chemischen Konstitution in bezug auf die Konfiguration hervorruft.

Wir müssen nun eine Umwandlungsmethode beschreiben, in welcher dieser Einfluß zur Geltung kommt. Aus dem, was wir bereits früher in bezug auf die gegenseitige Anziehung der verschiedenen Gruppen eines Moleküls gesagt haben und aus der Wirkung, welche dieselbe auf die Konfiguration ausübt, erscheint es fast als sicher, daß ein Prozeß, wie die Acetylierung, zu einer Umwandlung der einen Form in die isomere verwendet werden kann.

Das folgende Schema stellt die Verhältnisse graphisch dar:

```
      stabil                                       labil
  Y —— C —— Z        Änderung der          Y —— C —— Z
  +    ‖            ——————————————→         −    ‖
  XO — N              Konstitution          XO — N

  ↑ Änderung in der Konfiguration           Änderung in der Konfiguration ↓

  Y —— C —— Z        Änderung der          Y —— C —— Z
       ‖    +       ←——————————————              ‖    −
       N — OX         Konstitution               N — OX
      labil                                      stabil
```

1) Ingle und Mann, Trans. **67**, 606 (1895). Minunni und Rapp, Gazzetta, **26**, I, 444 (1896).

2) Biltz und Wienands, Liebigs Annal. d. Chem. u. Pharm. **308**, 9 (1899).

$\overset{+}{X}$ wird dabei als elektro-positive Gruppe oder Atom, gleich Natrium, angenommen; während $\overset{-}{X}$ eine elektro-negative Gruppe, wie Acetyl oder Benzoyl vorstellt. Es ist ersichtlich, daß bei Ersatz von $\overset{+}{X}$ durch $\overset{-}{X}$ die Stabilität der zwei Isomeren umgekehrt werden kann; so daß das in alkalischer Lösung stabilere Isomere, nach durchgeführter Acetylierung, also nach Ersatz des Natriumatoms durch die Acetylgruppe, in das labilere Isomere übergeht. Der umgekehrte Vorgang würde durch die Hydrolyse des Acetylderivates zu dem einfachen Oxim hervorgerufen werden.

Das Oxim der Phenylglyoxylsäure, welches bei 145° C schmilzt, kann nach dieser Methode mit Hilfe von Acetylchlorid in das bei 127° C schmelzende Isomere übergeführt werden[1]); ebenso kann Oximidobernsteinsäure vom Schmp. 125° C mit Hilfe von Acetylchlorid oder Essigsäureanhydrid in die bei 88° C schmelzende isomere Form verwandelt werden[2]). Wenn ein stereoisomeres Chinonoxim acetyliert oder benzoyliert wird, so erhält man eine Mischung von zwei stereoisomeren Benzoylderivaten[3]). Dasselbe trifft bei den Phenylhydrazonen zu[4]).

In vielen Fällen hat man gefunden, daß Essigsäureanhydrid und Acetylchlorid eine verschiedene Wirkung auf dasselbe Stereoisomere ausüben können, indem das Anhydrid einfach acetylierend wirkt, während das Chlorid gleichzeitig die Konfiguration verändert und das Acetylderivat bildet. Es scheint sehr wahrscheinlich, daß dieser Unterschied auf die in dem einen Falle auftretende freie Salzsäure zurückzuführen ist, welche ihrerseits die Umwandlung hervorruft.

Zwei Umwandlungsmittel mögen noch erwähnt werden, deren Anwendung auf Ausnahmefälle beschränkt ist.

Man hat gefunden, daß p-Tolylphenylketoxim beim Behandeln mit Phosphorpentachlorid bei niedriger Temperatur zu ein Drittel aus der anti- in die syn-Phenylform umgewandelt werden kann. Ein weiteres sehr eigentümliches Beispiel einer Umwandlung wurde von Busch[5]) beobachtet, welcher fand, daß die Hydrazone der Dithiokarbonsäureester:

$$\begin{array}{l} X - S - C - S - Y \\ \qquad\quad\;\; \| \\ \qquad\quad\;\; N - NH - C_6H_5 \end{array}$$

durch einfaches Kochen ihrer alkoholischen Lösungen mit Tierkohle ineinander verwandelt werden können, während alle gewöhnlichen Umwandlungsmethoden versagten.

---

1) Hantzch, Ber. d. deutsch. chem. Ges. **24**, 41 (1891).
2) Cramer, ibid. **24**, 1204 (1891).
3) Kehrmann, Liebigs Annal. d. Chem. u. Pharm. **279**, 29 (1894). Kehrmann und Rüst, ibid, **303**, 24 (1898).
4) Thiele und Pickard, Ber. d. deutsch. chem. Ges. **31**, 1249 (1898). Biltz und Amme, Liebigs Annal. d. Chem. u. Pharm. **321**, 1 u. 7 (1902).
5) Busch, Ber. d. deutsch. chem. Ges. **34**, 1121 (1901).

4. Umwandlung durch intermediäre Verbindungen. Es scheint, daß bei der Umwandlung stereoisomerer Aldoxime hauptsächlich zwei Einflüsse in Betracht kommen, welche in entgegengesetzter Richtung wirken können: einerseits die relative Stabilität der Oxime selbst, andererseits die relative Stabilität der Additionsprodukte, welche die Oxime mit den benutzten Umwandlungsmitteln bilden können. Werden zwei stereoisomere Oxime mit einer Halogenwasserstoffsäure behandelt, so entstehen zwei stereoisomere Salze[1]), von denen jedes bei der Hydrolyse das ursprüngliche Oxim regenerieren wird; da aber diese Salze nicht dieselbe relative Stabilität besitzen, wie die Oxime, so ist es möglich, bei Anwendung beider Verbindungsreihen, durch einen zyklischen Umwandlungsprozeß von einem Isomeren in das andere überzugehen, wie es in folgendem Schema dargestellt ist:

$$\begin{array}{ccc}
\text{stabil} & & \text{labil} \\
C_6H_5 - C - H & & C_6H_5 - C - H \\
\Vert & \xrightarrow{+\,HCl} & \Vert \\
HO - N & & HO - N(HCl) \\
\uparrow \text{Erwärmung} & & \downarrow \text{Erwärmung} \\
C_6H_5 - C - H & & C_6H_5 - C - H \\
\Vert & \xleftarrow{-\,HCl} & \Vert \\
N - OH & & (HCl)\cdot N - OH \\
\text{labil} & & \text{stabil}
\end{array}$$

Die von Comstock[2]) untersuchten Additionsverbindungen mit Kupferchlorür und -bromür scheinen einen extremen Fall dieser Art zu bilden: das anti-Additionsprodukt ist so unbeständig, daß es sofort in die syn-Form übergeht.

§ 9. Erklärungsversuche für die Umwandlung der Stereoisomeren.

Man hat dieser Frage hier weniger Aufmerksamkeit gewidmet, als dem analogen Falle der Umwandlung von Äthylen-Stereoisomeren; es erscheint daher kaum nötig, ausführlicher darauf einzugehen.

Die von Wislicenus in bezug auf die Äthylenisomeren gegebene Idee kann fast ohne jede Modifikation auf den Fall der Oxime angewendet werden, aber man kann nicht sagen, daß das Problem der Umwandlung stereoisomerer Oxime mit ihrer Hilfe aufgeklärt wird.

Wenn man annimmt, daß die stereoisomeren Salze der Aldoxime die von Wislicenus angenommenen intermediären Produkte vorstellen, so erscheinen beide Fälle fast parallel; denn die Umwandlung der einen Form in die andere würde dann folgendermaßen verlaufen:

---

1) Luxmoore, Trans. **69**, 181 (1896).
2) Comstock, Amer. Chem. J. **19**, 485 (1897).

```
                      H               H                H
                      |               |                |
R—C—H              R—C—H          R—C—H            R—C
  ||       +HX        |      ;        |      —HX       ||
  N—OH    ———→       N—OH       HO—N—X     ———→    HO—N
                      |
                      X
```

Im Falle der Ketoxime würde eine Atom-Wanderung notwendig sein, in ähnlicher Weise, wie sie von Wislicenus bei den Stereoisomeren der Äthylenreihe angenommen wird.

Wendet man die Liebermannsche Theorie auf diesen Fall an, so erhält man folgendes Schema:

```
                       H               H
R — C — R'             |               |             R — C — R'
    ||      → R — C — R' → R — C — R' →                  ||
    N — OH             |               |            HO — N
                      N : O          O : N
```

Die Skraupsche Theorie läßt sich ebensogut auf den Fall der Oxime, als auf den der ungesättigten Säuren anwenden; im gegenwärtigen Falle kann man annehmen, daß das notwendige Additionsprodukt in geringer Menge durch das Umwandlungsmittel, falls es eine Säure ist, gebildet wird.

Die Wernersche Theorie erscheint infolge ihrer großen Anpaßbarkeit als die befriedigendste von allen; andererseits muß darauf hingewiesen werden, daß auch sie keine volle Erklärung gibt.

Nach der Stewartschen Hypothese würden die intermediären Phasen folgendermaßen vor sich gehen:

```
                                      R'                   R'
     R'                              /                    /
    /                               C———————N            C═══════N
   C              N                /      / |           /       /
  /||  OH        /||   R   →   R  | HO      |         R    HO
 R ||/       HO  ||/              | OH      |  R           OH      R
   N             C                |/        | /           /       /
                /                 N———————C              N═══════C
              R'                         /                      /
                                       R'                     R'
```

§ 10. Der Einfluß der Konstitution auf die Konfiguration stereoisomerer Oxime.

1. Die Stabilitätsverhältnisse der Isomeren. Es ist bereits wiederholt auf den vorangehenden Seiten betont worden, daß die Konfiguration der Oxime aus ihrem Verhalten bei der Durchführung gewisser Reaktionen abgeleitet werden kann. Man hat den dabei erhaltenen Resultaten im allgemeinen so viel Vertrauen entgegengebracht, daß Hantzsch[1]) eine Liste von Radikalen zusammengestellt hat, welche die Reihenfolge der Affinitätswirkung der Oximradikale für die Hydroxylgruppe zum Ausdruck bringt.

Die ersten Glieder der Reihe haben die größte Anziehung für die Hydroxylgruppe, so daß in einem Oxim:

$$\begin{array}{c} R - C - R' \\ \| \\ N \\ | \\ OH \end{array}$$

in welchem R sich näher dem Kopfe der Liste befindet als R', die Hydroxylgruppe in syn-Stellung zu R liegen wird.

1. $CH_2 \cdot COOH$. 2. $CH_2 \cdot CH_2 \cdot COOH$. 3. $COOH$.
4. C_6H_5. 5. C_6H_4X (m oder p). 6. $C_6H_5 \cdot CO$.
7. C_6H_4X(o). 8. C_4H_3S, C_4H_3O. 9. C_nH_{2n+1}. 10. CH_3.

Die folgenden Beispiele werden die Verständnisse klar legen:

Oxim der Benzoylessigsäure.

$$\begin{array}{c} C_6H_5 - C - CH_2 \cdot COOH \\ \| \\ N - OH \end{array} \qquad \begin{array}{c} C_6H_5 - C - CH_2 \cdot COOH \\ \| \\ HO - N \end{array}$$

sehr stabil nur in dieser Form bekannt. sehr unbeständig, nie isoliert.

Oxim der Phenyl-glyoxylsäure.

$$\begin{array}{c} C_6H_5 - C - COOH \\ \| \\ N - OH \end{array} \qquad \begin{array}{c} C_6H_5 - C - COOH \\ \| \\ HO - N \end{array}$$

stabil labil.

Oxim eines substituierten Benzophenons.

$$\begin{array}{c} C_6H_5 - C - C_6H_4X \\ \| \\ N - OH \end{array} \qquad \begin{array}{c} C_6H_5 - C - C_6H_4 \cdot X \\ \| \\ HO - N \end{array}$$

beständig beständig.

Die Wirkung der im Benzolringe stehenden Substituenten ist normal. Smith fand, daß o-Substituenten, welche der Hydroxylgruppe näher liegen als m- oder p-Substituenten, auch einen größeren Einfluß ausüben.

[1]) Hantzsch, Ber. d. deutsch. chem. Ges. **25**, 2164 (1892).
[2]) Smith, Ber. d. deutsch. chem. Ges. **24**, 4057 (1891).

Oxim des Acetophenons.

$$\begin{array}{cc} C_6H_5-\underset{\underset{\displaystyle N-OH}{\|}}{C}-CH_3 & \qquad C_6H_5-\underset{\underset{\displaystyle HO-N}{\|}}{C}-CH_3 \end{array}$$

sehr unbeständig, nie isoliert — sehr beständig, nur in dieser Form bekannt.

Es ist selbstverständlich, daß andere Atome die relative Beständigkeit der zwei Konfigurationen beeinflussen können; dadurch ist auch eine Erklärung für gewisse, in den vorangehenden Paragraphen erwähnte Tatsachen gegeben. So wurde z. B. erwähnt, daß das Oxim der Phenylglyoxylsäure in alkalischer Lösung nur in einer Form existiert, die sich aber in die andere umwandelt, falls man die Lösung mit Salzsäure ansäuert. Dieser Vorgang wird verständlich, wenn man annimmt, daß die Anziehung des Natriumatoms für die Karboxylgruppe geringer ist, wie die des Wasserstoffatoms, so daß nach Ersatz des Hydroxylwasserstoffs durch Natrium die innere Stabilität der Verbindung verändert wird.

$$C_6H_5-\underset{\underset{\displaystyle N-OH}{\|}}{C}-COOH \quad \underset{\xleftarrow{HCl}}{\xrightarrow{NaOH}} \quad C_6H_5-\underset{\underset{\displaystyle NaO-N}{\|}}{C}-COOH$$

2. Faktoren, welche den Verlauf bestimmter Reaktionen beeinflussen. In den vorhergehenden Paragraphen ist bereits gezeigt worden, daß die relative Beständigkeit der beiden Stereoisomeren durch den chemischen Charakter der mit dem doppelt gebundenen Kohlenstoffatom verknüpften Gruppen beeinflußt werden kann. Aber dieser Einfluß ist ein noch viel weitgehender; er macht sich nicht nur in der Beständigkeit der zwei Formen geltend, sondern berührt auch die intramolekularen Reaktionen, welche von den räumlichen Entfernungen der reagierenden Atome abhängen.

In einem Molekül vom Typus X — C(NOH) — Y nimmt die Hydroxylgruppe eine räumliche Stellung ein, die von den relativen Anziehungskräften, welche die Radikale X und Y auf sie ausüben, abhängen wird.

Wenn die Anziehung von X vergleichsweise stark ist, aber doch noch zu schwach, um eine Änderung in der Konfiguration herbeizuführen, so kann man das Resultat graphisch vielleicht folgendermaßen darstellen:

$$X-\underset{\underset{\displaystyle N\diagdown OH}{\|}}{C}-Y$$

Ist dagegen die Anziehung von Y sehr stark im Vergleich mit jener von X, so wird die Konfiguration mehr folgendem Schema entsprechen:

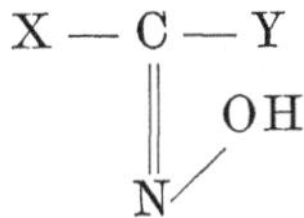

Wenn nun Y ein Wasserstoffatom ist (z. B. bei einem syn-Aldoxim), so ergibt sich von selbst, daß eine intramolekulare Wasserabspaltung leichter eintreten wird, wenn die Atome nach dem letzten Schema gruppiert sind. Das Radikal X übt dabei einen bedeutenden Einfluß aus, wenn es auch nicht direkt bei der Reaktion beteiligt ist.

Einen Einblick in die Größe dieses Einflusses erhält man, wenn man die Eigenschaften einiger Aldoxime, in welchen die Gruppe R variiert, vergleicht.

$CH_3 - C - H$ $\Vert$ $N - OH$ Acetaldoxim	Das Acetat kann nicht isoliert werden; Essigsäureanhydrid spaltet Wasser schon bei gewöhnlicher Temperatur ab.
$C_6H_5 - CH = CH \cdot C - H$ $\Vert$ $N - OH$ Zimtsynaldoxim	Das Acetat kann isoliert werden; aber es zerfällt von selbst schon bei gewöhnlicher Temperatur in das Nitril.
$C_4H_3S - C - H$ $\Vert$ $N - OH$ Thiophenaldoxim	Das Acetat kann isoliert werden; zersetzt sich aber beim Stehen in das Nitril.
$C_6H_5 - C - H$ $\Vert$ $N - OH$ Benzaldoxim	Das Acetat kann erhalten werden; zerfällt aber beim Behandeln mit Natriumkarbonatlösung in das Nitril.
$COOH - CH_2 - C - H$ $\Vert$ $N - OH$ Aldoximessigsäure	Das Acetat ist so beständig, daß es weder mit Soda noch mit Natronlauge das Nitril bildet, sondern einfach wieder zur Aldoximessigsäure verseift wird.

Nach der oben gemachten Darlegung kann man sich die Konfigurationen dieser Verbindungen graphisch folgendermaßen vorstellen:

$CH_3 - C - H$ $\Vert$ OH N/ $C_6H_5 - CH : CH - C - H$ $\Vert$ OH N/ $C_4H_3S - C - H$ $\Vert$ OH N/

$C_6H_5 - C - H$ $\Vert$ $N - OH$ $COOH - CH_2 - C - H$ $\Vert$ N\ OH

Dieselben Verhältnisse scheinen auch bei folgender Reaktion zuzutreffen:

$$\begin{array}{l} R - C - COOH \\ \quad \| \\ \quad N - OH \end{array} = \begin{array}{l} R - C \\ \quad \vdots \\ \quad N \end{array} + \begin{array}{l} CO_2 \\ \\ H_2O \end{array}$$

wie man aus nachfolgender Zusammenstellung ersehen kann:

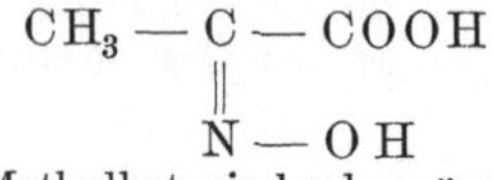

$CH_3 - C(=N-OH) - COOH$ Methylketoximkarbonsäure	Zerfällt mit Essigsäureanhydrid, ohne ein isolierbares Acetat zu liefern.
$C_4H_3S - C(=N-OH) - COOH$ Thiënylglyoxylsäure	Gibt ein isolierbares Acetat, das aber sehr unbeständig ist.
$C_6H_5 - C(=N-OH) - COOH$ Phenylketoximkarbonsäure	Zerfällt zum Teil mit Essigsäureanhydrid und gibt ein ziemlich beständiges Acetat, das sich aber mit Sodalösung in das Nitril verwandelt.
$COOH \cdot CH_2 - C(=N-OH) - COOH$ Eberts Oximidobernsteinsäure	Wird durch Essigsäureanhydrid nicht zerlegt.
$H - C(=N-OH) - COOH$ Aldoximkarbonsäure	Das Acetat läßt sich durch Soda nicht zerlegen.

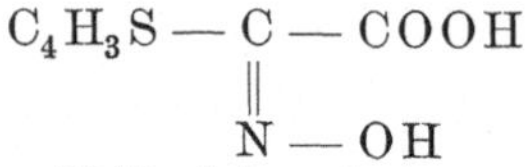

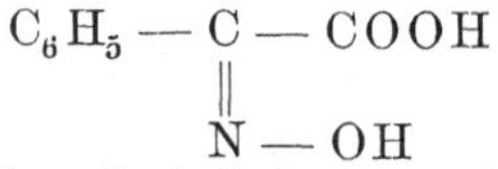

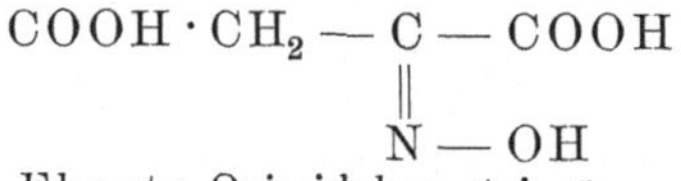

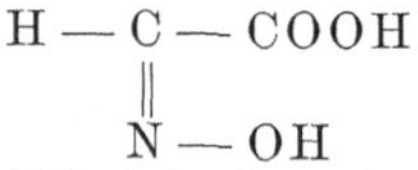

Gleiche Schlüsse kann man aus den bei der Oxazolonbildung beobachteten Erscheinungen ziehen.

Oxazolone werden aus β-Ketoximsynkarbonsäuren durch intramolekulare Wasserabspaltung gebildet:

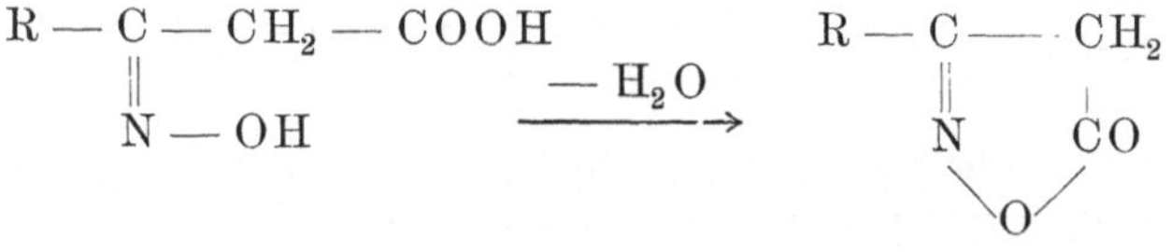

$$\begin{array}{l} R - C - CH_2 - COOH \\ \quad \| \\ \quad N - OH \end{array} \xrightarrow{-H_2O} \begin{array}{l} R - C - CH_2 \\ \quad \| \qquad | \\ \quad N \quad\; CO \\ \quad\; \diagdown \; \diagup \\ \qquad O \end{array}$$

Nun haben wir aber bereits früher erwähnt, daß das Radikal $- CH_2 \cdot COOH$ eine sehr große Anziehungskraft auf die Hydroxylgruppe der Oxime ausübt und wir können somit schließen, daß R ein Radikal mit sehr starker Anziehungskraft sein muß, wenn es die intramolekulare Ringbildung verhindern soll. Ein solches Radikal kennen wir aber nur in der Karboxylgruppe.

Man hat festgestellt, daß die Ringbildung bei der Oximidobernsteinsäure bei weitem nicht so leicht eintritt wie bei Verbindungen, in denen R ein aromatisches oder aliphatisches Radikal vorstellt.

Wir können daher diese Verhältnisse graphisch wieder folgendermaßen ausdrücken:

$$\begin{array}{ll} CH_3 - \underset{\underset{N \diagup OH}{\|}}{C} - CH_2 - COOH & \qquad COOH - \underset{\underset{N \diagdown OH}{\|}}{C} - CH_2 - COOH \end{array}$$

Ein analoges Beispiel über den Einfluß der Konstitution bestimmter Oxime auf ihre Konfiguration und intramolekulare Reaktionen findet man in der Bildung von Oxazolen nach folgender Gleichung:

$$R - \underset{\underset{N - OH}{\|}}{C} - CH_2 - CO - X \xrightarrow{-H_2O} \begin{array}{l} R - C - CH : C - X \\ \quad\;\; \| \qquad\quad\;\; | \\ \quad\;\; N \text{———} O \end{array}$$

Ist R ein aliphatisches oder aromatisches Radikal, so tritt Ringbildung spontan ein. Falls R eine freie Karboxylgruppe repräsentiert, so ist die Verbindung beständig.

Ist aber R ein Wasserstoffatom, so zeigen derartige Verbindungen keine Neigung zum Ringschluß, sondern zerfallen vielmehr nach folgender Gleichung:

$$H - \underset{\underset{HO - N}{\|}}{C} - CH_2 - CO - X = H_2O + \underset{\underset{N}{\|\|}}{C} - CH_2 - CO - X$$

Werden aber Verbindungen von dieser Konfiguration zunächst der Wirkung umlagernd wirkender Stoffe unterworfen, so bilden sie Oxazole.

Dieselben Verhältnisse findet man auch bei Ketoximsäuren, welche der nachstehenden allgemeinen Formel entsprechen:

$$C_6H_4 \begin{cases} C(R) : NOH \\ COOH \end{cases}$$

Ist R in dieser Formel eine Methyl- oder Phenylgruppe, so erfolgt die Ringbildung spontan; ist aber R ein Wasserstoffatom, so existiert die Verbindung in freiem Zustande.

Eine Eigentümlichkeit in den Beziehungen der Affinitätskonstanten bei α-Ketoximkarbonsäuren soll hier noch erwähnt werden [1]). Man hat gefunden, daß in einer homologen Reihe von Säuren mit folgender allgemeiner Formel:

---

1) Hantzsch und Mioloti, Zeitschr. f. physikal. Chem. **10**, I (1892).

$$C_n H_{2n+1} - C(NOH) - COOH$$

die Dissoziationskonstante nicht in dem Maße kontinuierlich geringer wird, als „n" abnimmt, sondern daß sie periodisch fällt und steigt und zwar so, daß die Unterschiede der beiden Zahlen immer geringer werden, je weiter wir in der Serie aufsteigen. In allen diesen Verbindungen sind Hydroxyl- und Karboxylgruppe in syn-Stellung zueinander, so daß die Anziehung der Karboxylgruppe zu dem Hydroxyl größer ist als jede andere durch irgend ein Alkyl ausgeübte Wirkung. Aber der Einfluß der Alkylgruppen ist von dem erwarteten durchaus verschieden, wie man aus den unten gezeichneten Figuren ohne weiteres ersehen kann. Bei der ersten Säure haben wir einfach ein Wasserstoffatom und daher ist die Leitfähigkeit groß. Ersetzen wir das Wasserstoffatom durch eine Methylgruppe, so sinkt die Leitfähigkeit beträchtlich. Nun sollte man erwarten, daß bei Einführung einer Äthylgruppe an Stelle der Methylgruppe die Leitfähigkeit weiter abnehmen würde; in der Tat steigt sie aber. Wenn wir nun ein weiteres Methyl einführen — durch Austausch des Äthylradikals gegen eine Propylgruppe —, so finden wir wieder eine Abweichung von der Regel, denn die Leitfähigkeit fällt. Somit fällt wohl im ganzen bei jeder weiteren Substitution die Affinitätskonstante, aber sie fällt durch eine Reihe von Oszillationen um den Durchschnittsfall[1]). Man kann dieser Erscheinung durch folgende Formeln Ausdruck geben:

H — C — COOH ‖ ⁄OH N⁄	CH_3 — C — COOH ‖ N ╲OH
K = 0,0995	K = 0,0514
$CH_3 \cdot CH_2$ — C — COOH ‖ ⁄OH N⁄	$CH_3 \cdot CH_2 \cdot CH_2$ — C — COOH ‖ N — OH
K = 0,0830	K = 0,0685

§ 11. Einige unaufgeklärte Isomeriefälle bei Kohlenstoff-Stickstoff-Verbindungen.

Lossen[2]), Werner[3]) und Subak[4]) haben gefunden, daß Methylbenzhydroximsäure

$$\begin{array}{c} C_6H_5 - C - O - CH_3 \\ \| \\ N - OH \end{array}$$

[1]) Vergleiche den etwas analogen Fall bei den Schmelzpunkten zyklischer Dikarbonsäuren S. 129. Es muß aber darauf hingewiesen werden, daß die von Hantzsch gegebene Schlußfolgerung nicht die allein mögliche ist; denn wenn die Leitfähigkeit der Oximido-propionsäure anormal wäre, so bilden die anderen drei Fälle einfach eine fallende Reihe, ohne ein besonderes Interesse zu bieten.

[2]) Lossen, Liebigs Annal. d. Chem. u. Pharm. **281**, 199 (1894); **282**, 226 (1894).

[3]) Werner, ibid. **29**, 1150 (1894)

[4]) Subak, ibid. **29**, 1153 (1896).

in drei verschiedenen Modifikationen existiert, obgleich der Theorie nach nur zwei bestehen könnten. Die syn-Form hat den Schmelzpunkt 44° C, während die anti-Form bei 64° C schmilzt. Das dritte Isomere, welches leicht aus der anti-Form erhalten werden kann, zeigt den Schmelzpunkt 101° C. Beide, sowohl die bei 64° C als auch die bei 101° schmelzende Substanz geben dasselbe Benzoylderivat; die bei 101° C schmelzende Modifikation zeigt ein einfaches Molekulargewicht. Werner schreibt die Existenz des dritten Isomeren einer physikalischen Isomerie zu.

Ein weiterer Fall, wenn auch nicht ganz von derselben Art, wurde von Werner und Kuntz[1]) beobachtet. Sie fanden, daß das 3-Phenanthrylamin in zwei Formen existiert, von denen das eine bei 143° C schmilzt, während das andere, aus dem Acetylderivat des ersteren erhalten, bei 87,5° C schmilzt. Bei der Acetylisierung ergeben beide Verbindungen dasselbe

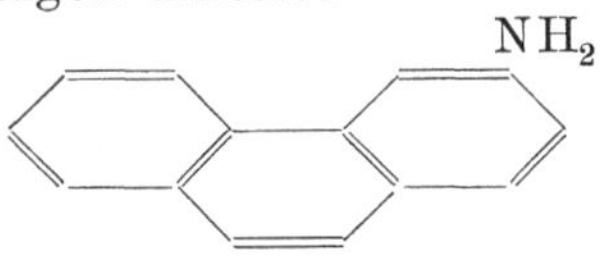

NH_2

Derivat. Jede Substanz gibt eine Reihe von kristallisierten Salzen, welche bei ihrer Zerlegung das Isomere regenerieren, aus welchem sie gebildet wurden.

IV. Stereoisomerie bei Stickstoffverbindungen.

§ 1. Geschichtliches.

Bis zu dem Jahre 1898 sind in der Geschichte der Diazoverbindungen keinerlei Tatsachen von stereochemischem Interesse bekannt gewesen. Erst in dem erwähnten Jahre fand Schraube[2]), daß das normale Diazobenzolkalium $C_6H_5N_2OK$ beim Behandeln mit Alkali in eine neue isomere Verbindung, das Iso-Diazobenzolkalium, umgewandelt wird. Dieses zeigte sich von der ursprünglichen Substanz verschieden, da es sich nicht mehr mit β-Naphtol zu Azofarbstoffen kuppeln ließ. Kurze Zeit darauf entdeckte Bamberger[3]) das β-Isodiazonaphtalinkalium; dagegen gelang es ihm nicht, die normale Verbindung zu isolieren.

Die Konstitution dieser Verbindungen wurde in folgender Weise bestimmt. Man hatte beobachtet, daß die Isodiazokaliumsalze beim Behandeln mit Methyljodid Nitrosamine liefern: so z. B. bildet das Isodiazobenzolkalium, $C_6H_5N_2 \cdot OK$, Methylphenylnitrosamin, $C_6H_5N(CH_3) \cdot NO$. Auf Grund dieser Reaktion kamen Bamberger und andere zu dem Schluß, daß das Isodiazosalz die Formel $C_6H_5 \cdot NK \cdot NO$ besitzt. Hantzsch[4]) trat dieser Hypothese mit einer

1) Werner und Kuntz, Ber. d. deutsch. chem. Ges. **34**, 2325 (1901).
2) Schraube, Ber. d. deutsch. chem. Ges. **27**, 514 (1894).
3) Bamberger, ibid. **27**, 679 (1894).
4) Hantzsch, Ber. d. deutsch. chem. Ges. **27**, 1701 (1894).

Reihe von Einwendungen entgegen und stellte die Ansicht auf, daß diese zwei Diazosalze strukturidentische, aber stereoisomere Verbindungen sind. Die Bildung der Nitrosamine führte er auf eine Tautomerieerscheinung zurück; die eine tautomere Form ist $C_6H_5N = N \cdot OK$, die andere $C_6H_5 \cdot NK \cdot NO$.

Der Fall hat eine gewisse Ähnlichkeit mit dem der Oximderivate. Spätere Arbeiten haben die Wahrscheinlichkeit der Hantzschschen Ansicht gezeigt, denn eine ganze Reihe anderer isomerer Verbindungen ist entdeckt worden, bei welchen die Nitrosaminform kaum existenzfähig sein könnte; z. B. das Diazosulfonat $R \cdot N = N \cdot SO_3K$ und das Diazocyanid $R \cdot N = N \cdot CN$.

§ 2. Die Strukturidentität der isomeren Diazoverbindungen[1].

Es erscheint unnötig, eine eingehendere Besprechung der Gründe zu geben, welche das Aufgeben der Formeln[2])

```
Ar — N — N : O      Ar — N — N — X      Ar — N : N — X
     |                    \   /               ||
     X                      O                 O
```

veranlaßten, da sie nicht innerhalb der für ein stereochemisches Buch gezogenen Grenzen fallen.

Es gibt aber noch eine weitere Formel, auf welche wir näher eingehen müssen, da es vom stereochemischen Standpunkt aus betrachtet wesentlich erscheint, ihre Beziehungen zu der von Hantzsch angenommenen Formel klar zu legen.

Blomstrand, Erlenmeyer sen. und Strecker nahmen für die Diazoverbindungen folgende Formel an:

```
Ar — N — X
     |||
     N
```

welche infolge ihrer Ähnlichkeit mit einer Ammoniumsalzformel Diazoniumformel genannt wurde.

Diese Formel kam eine Zeitlang außer Gebrauch, wurde aber wieder eingeführt und als Ausdruck für die zweite isomere Diazoverbindung angewendet.

```
Ar — N — X              Ar — N : N — X
     |||
     N
Normale Form            Iso-Form.
```

Hantzsch untersuchte diese Verhältnisse näher und fand, daß die sauren Salze der Diazobenzole in ihren Eigenschaften sehr nahe den Ammoniumsalzen stehen; aus dieser großen Ähnlichkeit folgerte

1) Siehe Hantzch, „Die Diazoverbindungen".
2) Ar bedeutet ein aromatisches Radikal in dieser Formel.

er weiter, daß die Diazoniumformeln nicht die normalen Diazoverbindungen darstellen können; denn wir kennen keine Ammoniumverbindungen vom Typus $R_4N - OX$ oder $R_4N \cdot SO_3 \cdot X$, und die Ammoniumcyanide $R_4N \cdot CN$ haben vollkommen andere Eigenschaften als die indifferenten normalen Diazocyanide. Hantzsch betrachtet daher die Diazoniumsalze als eine Klasse für sich und unterscheidet sie somit von den stereoisomeren Diazoverbindungen, denen er die allgemeine Formel $Ar - N = N - X$ zuschreibt. Da diese Verhältnisse stereochemisch von Bedeutung sind, wollen wir näher darauf eingehen.

Zunächst muß gezeigt werden, daß die normalen Diazotate nicht durch die Diazoniumformel ausgedrückt werden können. Falls dies der Fall wäre, käme ihnen folgende Struktur zu:

$$\begin{array}{c} Ar - N - OX \\ \quad \equiv \quad \\ N \end{array}$$

worin X ein Metallatom bedeutet. Die Diazohydrate sind aber stark basische Verbindungen und es ist ganz und gar unwahrscheinlich, daß solche Substanzen in wässeriger Lösung mit Alkalien stabile Salze liefern könnten.

Es hat sich aber gezeigt, daß die Diazotate wirkliche Salze sind, welche sich von einem Hydrat $ArN_2 \cdot OH$ ableiten, dessen saure Eigenschaften, wenngleich nur in geringem Grade auftretend, unzweifelhaft feststehen. Die nächststehendste Analogie dazu dürften die schwach sauren Eigenschaften der Oxime bilden.

Man hat angenommen, daß das Diazoniumradikal jenen Metallen gleicht, deren Hydroxyde als Basen oder Säuren reagieren können.

Die Diazoniumgruppe unterscheidet sich aber von diesen säuren- und basenbildenden Elektrolyten, denn wenn sie saure Eigenschaften aufweist, so sind dieselben viel stärker als jene von Zinn, Blei, Aluminium oder Zink; in ihren basischen Eigenschaften übertrifft sie aber ebenfalls diese Elemente.

Das stark positive Diazoniumion

$$\begin{array}{c} Ar - N^{\cdot} \\ \equiv \\ N \end{array}$$

kann sicher nicht durch eine einfache Addition von Sauerstoff stark negativ werden:

$$\begin{array}{c} Ar - N - O' \\ \equiv \\ N \end{array}$$

Die Diazoniumformel ist daher unbrauchbar für Diazotate.

Wir müssen nun weiter zeigen, daß die normalen Diazosulfonate weder als Diazoniumsulfonate noch als Diazoniumsulfite betrachtet werden können:

$$\begin{array}{c} Ar - N - SO_3 \cdot X \\ \quad\;\;\, ||| \\ \quad\;\;\, N \end{array} \qquad\qquad \begin{array}{c} Ar - N - O \cdot SO_2 \cdot X \\ ||| \\ N \end{array}$$

In Analogie mit den Ammoniumsalzen kann man unmöglich annehmen, daß das Diazonium Sulfonate bilden könnte. Die Sulfonatformel kann daher ohne weiteres wegfallen und es kommt lediglich noch die Sulfitformel in Betracht. Aber auch diese muß als unhaltbar bezeichnet werden, da ein Diazoniumsulfit in wässeriger Lösung drei Ionen bilden würde

$$\begin{array}{c} Ar - N^{\cdot} \\ \quad\;\; ||| \\ \quad\;\; N \end{array}, \; K^{\cdot}, \text{ und } SO_3'',$$

während die Sulfonate nur zwei Ionen $Ar - N_2 - SO_3'$ und $K^{\cdot}$ bilden. Ferner geben die Sulfonate weder Reaktionen auf Diazoniumsalze noch Sulfite, solange ihre Ionen intakt sind, z. B. in alkalischer Lösung, wo noch keine Umlagerung eingetreten ist.

Außerdem sollten alle Diazoniumsalze mit farblosen Anionen farblos sein, da ja das Diazoniumion selbst farblos ist; die labilen Diazosulfonate sind aber gefärbt.

Endlich kann man noch zeigen, daß die normalen Diazocyanide nicht die Diazoniumformel

$$\begin{array}{c} Ar - N - CN \\ ||| \\ N \end{array}$$

besitzen können.

Ein echtes Diazoniumcyanid müßte in seinen Eigenschaften dem Ammonium- oder Kaliumcyanid gleichen. Die wasserfreien normalen Diazocyanide unterscheiden sich aber von den gewöhnlichen Cyaniden in den meisten Eigenschaften. So sind sie nur wenig löslich in Wasser, dagegen löslich in den meisten organischen Flüssigkeiten, in denen die Alkalicyanide unlöslich sind. Ferner sind sie im Gegensatz zu den Alkalicyaniden stark gefärbt. Und endlich sind sie in Gegenwart von Säuren so stabil, daß viele derselben unter den gewöhnlichen Bedingungen keine Cyanwasserstoffsäure entwickeln. Man sieht demnach, daß diese zwei Körperklassen viel zu stark differieren, um ähnlicher Natur zu sein; vielmehr kann man annehmen, daß die Diazocyanide nicht Salze, sondern indifferente organische Substanzen sind. Einen endgültigen Beweis für die Hantzschsche Ansicht bildete die Entdeckung, daß das Anisyldiazocyanid, $CH_3O \cdot C_6H_4 \cdot N_2 \cdot CN$, in allen drei Formen — sowohl als isomere syn- und anti-Cyanide, wie auch als Diazoniumcyanid — existiert.

Nachdem wir nun gezeigt haben, daß die Isomerie der Diazoverbindungen nicht durch die Annahme von Diazonium- und anderer Formeln erklärt werden kann, müssen wir nachweisen, daß diese Verbindungen stereoisomer sind; zu diesem Zwecke müssen wir feststellen, daß die Strukturformeln beider Formen identisch sind.

Folgende kurze Zusammenstellung ihrer Eigenschaften wird einige Beweise zugunsten dieser Ansicht bringen.

Die normalen und die iso-Diazotate sind farblose Salze, welche beide in wässeriger Lösung das isomere Anion $Ar - N_2 \cdot O'$ geben. Keines derselben depolarisiert eine Wasserstoffelektrode.

Die normalen und iso-Diazosulfonate sind gefärbte Salze, welche beide in wässeriger Lösung zwei Ionen bilden, und deren isomere Anionen gefärbt sind.

Die normalen und iso-Diazocyanide sind gefärbte indifferente Substanzen, welche sich unverändert lösen, einen niedrigen Schmelzpunkt besitzen und nach jeder Richtung hin sich wie echte organische Substanzen verhalten. Alle Änderungen, welche in dem Diazokomplex vor sich gehen, verlaufen in der normalen und iso-Diazoreihe in gleicher Weise. Beide, normale und iso-Diazotate, werden leicht zu Hydrazinen reduziert. Benzoylchlorid verwandelt beide in benzoylierte Nitrosoanilide und durch Oxydation ergeben beide nitraminsaure Salze vom Typus $Ar \cdot N_2O \cdot OX$. Dasselbe trifft auch bei den isomeren Diazosulfonaten zu. Ferner werden beide isomere Reihen der Diazocyanide unter denselben Bedingungen in Diazoamide, Diazoimidoäther verwandelt usw. Man hat ferner gefunden, daß die Verbindungen beider Reihen, ohne sich vorher zu isomerisieren, mit Benzolsulfinsäure Additionsprodukte vom Typus des Hydrazobenzols bilden:

$$Ar - N:N - CN + C_6H_5 \cdot SO_2 \cdot H = \begin{matrix} Ar \\ H \end{matrix}\!\!>\!N - N\!<\!\!\begin{matrix} CN \\ SO_2 \cdot C_6H_5. \end{matrix}$$

Viele andere Ähnlichkeiten im chemischen Verhalten könnten noch angeführt werden, doch dürfte das bereits Gesagte genügen, um zu zeigen, daß die beiden isomeren Reihen höchstwahrscheinlich strukturell gleich sind. Da nun die Isomerie bei den Diazotaten, bei den Diazocyaniden und den Diazosulfonaten auftritt, muß man sicherlich den Ursprung der Isomerie in Komplex $Ar - N_2 -$ suchen und nicht in dem an diesen Rest gebundenen Radikale.

Wenn wir nun die möglichen Gruppierungen der Atome in dem Radikal $Ar - N_2 -$ betrachten, so ist ersichtlich, daß wir nur folgende drei in Rechnung zu ziehen brauchen:

$$1.\ Ar - N = N - X \qquad 2.\ \begin{matrix} Ar - N - X \\ \equiv \\ N \end{matrix} \qquad 3.\ Ar - N \equiv N - X$$

Da das Verhalten der Isodiazoverbindungen für die Formel 1 spricht, brauchen wir nur die beiden übrigen für die normalen Diazoverbindungen in Betracht ziehen. Wir haben aber bereits gezeigt, daß diese nicht die Struktur 2 besitzen können, und Formel 3 leidet fast unter genau denselben Nachteilen wie 2. Es gibt somit keinen anderen Ausweg, als die Annahme, daß auch die normalen Diazoverbindungen in ihrem Verhalten durch die Formel 1 ausgedrückt werden. Wenn aber beide Verbindungsreihen strukturidentisch sind, so muß ihre Isomerie stereochemischer Natur sein.

§ 3. Theoretisches.

In Übereinstimmung mit der Theorie von Hantzsch können Verbindungen vom Typus Ar · N_2 · X in zwei stereoisomeren Formen existieren, die sich folgendermaßen darstellen lassen:

```
Ar — N                        Ar — N
     ‖                             ‖
 X — N                             N — X
Labile syn-Diazoverbindung    Stabile anti-Diazoverbindung
```

in der X sein kann: — CN, — SO_3Me, oder — O · Me.

Diese Isomerieerklärung bildet also bloß eine konsequente Weiterentwickelung der Hantzsch-Wernerschen Theorie der Oxime, ebenso wie die letztere ein Fortschreiten auf den von van't Hoff und Le Bel gelegten Grundlinien bedeutete.

Zum Vergleich mögen die drei Fälle hier zusammengestellt werden:

I. In Kohlenstoffverbindungen:

```
 R — C — H          R — C — H
     ‖                  ‖
R' — C — H          H — C — R'
  cis-Form           trans-Form
```

II. In Kohlenstoff-Stickstoffverbindungen:

```
 R — C — H          R — C — H
     ‖                  ‖
R' — N                  N — R'
  syn-Form           anti-Form
```

III. In Stickstoffverbindungen:

```
 R — N              R — N
     ‖                  ‖
R' — N                  N — R'
  syn-Form           anti-Form
```

Die syn-Verbindungen entsprechen den normalen Diazoverbindungen, während die anti-Formen die als Isodiazoverbindungen bezeichneten Substanzen repräsentieren.

Zur besseren Darstellung der Verhältnisse wollen wir uns ebenso wie bei den Kohlenstoffatomen der Tetraedermodelle bedienen.

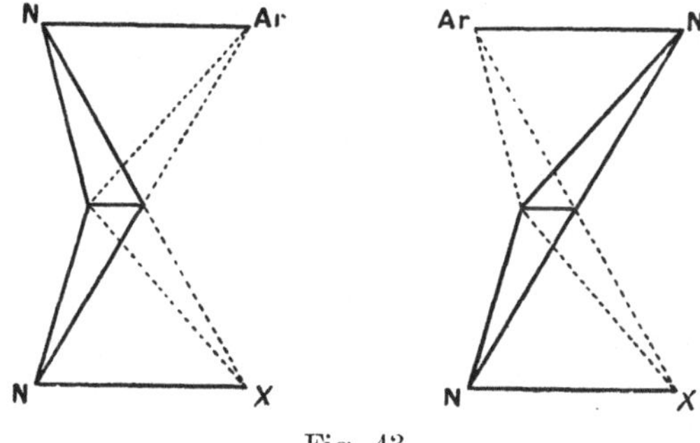

Fig. 43.

§ 4. Bildungsweisen der isomeren Diazoverbindungen.

Die syn-Diazoverbindungen entstehen durch Einwirkung von Alkalihydraten, Silberoxyd, Kaliumsulfid oder Kaliumcyanid auf Diazoniumsalze. Über den Mechanismus der Reaktion kann nichs Bestimmtes gesagt werden.

Der Vorgang verläuft jedenfalls nach folgender Gleichung:

$$\begin{array}{c} Ar - N - X \\ ||| \\ N \end{array} + KOH = \begin{array}{r} Ar - N \\ \| \\ HO - N \end{array} + KX.$$

Syn-Verbindungen können auch noch durch andere Reaktionen erhalten werden, z. B. erhält man aus Hydrazinderivaten durch Oxydation mit Quecksilberoxyd eine Diazoverbindung

$$Ar - NH - NH - R + O = Ar - N : N - R + H_2O$$

und zwar wird zunächst die syn-Verbindung gebildet. Bei der gewöhnlichen Diazotierung aromatischer Amine sind die zuerst gebildeten Substanzen die syn-Formen.

Die trans-Formen werden aus den cis-Formen durch intramolekulare Umlagerung erhalten. Die dabei in Anwendung kommenden Methoden werden in dem Abschnitt über die Umwandlung der Isomeren beschrieben.

§ 5. Die Konfigurationsbestimmung der stereoisomeren Diazoverbindungen.

Es gibt drei Methoden, durch welche die Konfiguration einer gegebenen Diazoverbindung bestimmt werden kann: Durch Unterschiede in der chemischen Wirksamkeit zweier Isomeren; durch intramolekulare Zersetzung; durch intramolekulare Ringbildung. Wir werden dieselben der Reihe nach besprechen.

Im Falle der Äthylen-Stereoisomeren haben wir gezeigt, daß die labilere Form einen größeren Energieinhalt besitzt, wie die stabile Form.

Wenn man nun in Übereinstimmung damit annimmt, daß dieses Verhalten auch bei den Diazoverbindungen zutrifft, so könnte man auch hier Unterschiede in der chemischen Wirkung zwischen den zwei Isomeren erwarten; man könnte folgern, daß die Verbindungen mit den weniger symmetrischen syn-Formeln in eine Reihe mit den labilen Stereoisomeren vom Äthylentypus fallen würden, welche ebenfalls eine unsymmetrische Konfiguration besitzen. Diese Ansicht kann nun durch eine beträchtliche Zahl von Beweisen gestützt werden.

Z. B. sind die syn-Verbindungen explosibler als die isomeren anti-Verbindungen; sie werden leichter reduziert und oxydiert und lassen sich leichter in Nitrosoamide überführen. Den auffallendsten und schlagendsten Beweis für die Differenz im chemischen Verhalten findet man in der Reaktion zwischen einer Diazoverbindung und β-Naphtol; denn in diesem Falle tritt der Unterschied in der Kuppelungsfähigkeit der zwei isomeren Reihen stark hervor. Die syn-Verbindungen kuppeln sofort in großer Menge, während die Ausbeute bei den anti-Formen nur gering ist. Weitere Unterschiede wurden auch in dem Kristallwassergehalt der beiden Verbindungen gefunden; die syn-Verbindung kristallisiert in einigen Fällen mit einem Molekül Kristallwasser, während die anti-Form wasserfrei ist.

Die physikalischen Eigenschaften der Isomeren differieren beträchtlich. Die unbeständigere Form hat eine größere Löslichkeit und einen niedrigeren Schmelzpunkt als die stabile, eine Differenz, welche sehr an den gleichen Fall der Äthylenisomeren erinnert.

Es ist bereits mehrfach darauf hingewiesen worden, daß eine intramolekulare Reaktion leichter stattfinden wird, wenn die daran beteiligten Gruppen räumlich näher gelegen sind. Man hat nun beobachtet, daß sich die Derivate der unbeständigen Diazoreihe viel leichter zersetzen, als die entsprechenden stabilen Isomeren. Daraus hat man geschlossen, daß die bei der Zersetzung beteiligten Gruppen in den syn-Verbindungen viel näher beisammen liegen, als in den anti-Formen [1]).

Z. B. die normalen (syn)-Diazoverbindungen zersetzen sich direkt im Sinne folgender Gleichung:

$$\begin{array}{c} Ar - N \\ \| \\ X - N \end{array} \longrightarrow \begin{array}{c} Ar \\ | \\ X \end{array} + \begin{array}{c} N \\ \| \\ N \end{array}$$

Ferner zerfallen die syn-Diazotate der Sulfanilsäure fast quantitativ bei gewöhnlicher Temperatur in phenolsulfonsaures Kalium und Stickstoff:

$$\begin{array}{r} SO_3K \cdot C_6H_4 \cdot N \\ \| \\ HO - N \end{array} \longrightarrow \begin{array}{c} SO_3K \cdot C_6H_4 \\ | \\ HO \end{array} + \begin{array}{c} N \\ \| \\ N \end{array}$$

1) Angeli, Gazetta, **24**, II, 369 (1894).

Syn-Diazocyanide zerfallen in Gegenwart von Kupferstaub in Stickstoff und Nitrile:

$$\begin{array}{l} C_6H_5 - N \\ \qquad\quad \| \\ CN \cdot N \end{array} \longrightarrow \begin{array}{c} C_6H_5 \\ | \\ CN \end{array} + \begin{array}{c} N \\ ||| \\ N \end{array}$$

Der Vorgang erscheint somit analog dem der Zersetzung der syn-Oxime in Nitrile und Wasser:

$$\begin{array}{r} H - C - C_6H_5 \\ \| \qquad\quad \\ HO - N \qquad\quad \end{array} \longrightarrow \begin{array}{c} H \\ | \\ HO \end{array} + \begin{array}{l} C - C_6H_5 \\ ||| \\ N \end{array}$$

Andererseits geben die anti-Diazoverbindungen diese Reaktionen entweder überhaupt nicht, oder im besten Falle nur sehr langsam.

Die dritte Methode der Konfigurationsbestimmung, die intramolekulare Ringbildung, beruht auf denselben Prinzipien.

In der Anhydridbildung der Malein- und Fumarsäure kennen wir bereits ein Beispiel einer Differenz zweier Isomeren in bezug auf Ringbildung innerhalb eines Moleküls.

Intramolekulare Ringbildung ist eine allgemeine Reaktion innerhalb der Diazoverbindungen und es scheint, daß die syn-Verbindungen den Ring leichter bilden.

Zwei Beispiele für die intramolekulare Bildung cyklischer Verbindungen seien hier gegeben. Das Hydrat des syn-o-Diazothiophenols spaltet spontan Wasser ab und verwandelt sich in Benzothiodiazol:

$$C_6H_4\begin{array}{l} \diagup SH \\ \\ \diagdown N : N - OH \end{array} \longrightarrow C_6H_4\begin{array}{l} \diagup S \diagdown \\ \qquad\quad N \\ \diagdown N \diagup\!\!\diagup \end{array}$$

Ein ähnlicher Wasseraustritt findet bei den ortho-methylierten Diazohydraten statt, wodurch sie in Indazole übergehen:

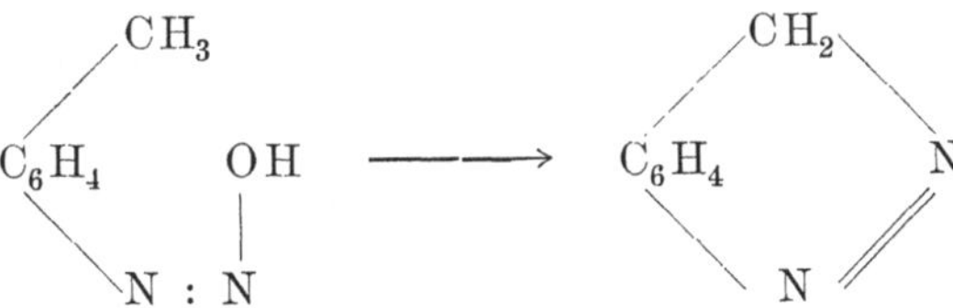

§ 6. Umwandlung der isomeren Diazoverbindungen ineinander und in Nitrosamine.

1. Umwandlung der syn- in die anti-Verbindungen. Eine direkte Umlagerung der syn-Isomeren in die entsprechenden anti-Verbindungen kann leicht hervorgerufen werden. Bei den Diazohydraten kann sie durch einfaches Lösen in wässerigem Alkali herbeigeführt werden; ebenso können die syn-Diazosulfonate nach derselben Methode in die anti-Konfigurationen verwandelt werden, während die Diazocyanide einer alkoholischen Lösung bedürfen.

In einigen Fällen schlägt die Methode aber fehl; dann muß man durch Anlagerung von Benzolsulfinsäure die Additionsverbindung bilden und durch Wiederabspaltung der Sulfinsäure die anti-Verbindung darstellen:

$$\begin{matrix} Ar - N \\ \| \\ X - N \end{matrix} + C_6H_5 \cdot SO_2H \longrightarrow \begin{matrix} Ar - N - H \\ | \\ X - N - C_6H_5 \cdot SO_2 \end{matrix} \xrightarrow[KOH]{HCl\ oder}$$

$$\longrightarrow \begin{matrix} Ar - N \\ \| \\ N - X \end{matrix} + C_6H_5 \cdot SO_2 \cdot H$$

Eine direkte Umwandlung von Verbindungen der anti-Reihe in solche der syn-Reihe ist gegenwärtig noch unbekannt. Dagegen wird eine indirekte Methode manchmal benutzt. Wird ein anti-Diazotat mit einem Säurechlorid behandelt, so entsteht ein acyl-Nitrosamin[1]), welches mit Kali die syn-Form bildet.

$$\underset{\text{anti-Diazotat}}{\begin{matrix} Ar - N \\ \| \\ N - OK \end{matrix}} \xrightarrow{CH_3 \cdot COCl} \underset{\text{acyl-Nitrosamin}}{\begin{matrix} Ar - N - CO \cdot CH_3 \\ | \\ N:O \end{matrix}} \xrightarrow{KOH} \underset{\text{syn-Diazotat}}{\begin{matrix} Ar - N \\ \| \\ KO - N \end{matrix}}$$

Da die anti-Verbindungen durch Salzsäure in die isomeren Diazoniumkörper umgelagert werden und die Diazoniumderivate ihrerseits in die syn-Verbindungen mit Hilfe von Natriumhydrat übergeführt werden können, läßt sich eine komplette Serie von Umwandlungen durchführen, die in folgendem Schema zum Ausdruck gelangt:

$$\begin{matrix} & \begin{matrix} Ar - N - Cl \\ ⫶ \\ N \end{matrix} & \\ \swarrow^{NaOH} & & \nwarrow^{HCl} \\ \begin{matrix} Ar - N \\ \| \\ NaO - N \end{matrix} & \xrightarrow{\text{Direkte Umlagerung}} & \begin{matrix} Ar - N \\ \| \\ N - ONa \end{matrix} \end{matrix}$$

2. Umwandlung der syn-Diazo- in Diazoniumverbindungen und umgekehrt. Diese Umwandlung tritt nicht immer vollkommen ein, sondern führt zu Mischungen, in denen sich die zwei Isomeren im Gleichgewicht befinden. Die Umwandlung der Diazonium- in Diazoverbindungen wird hervorgerufen durch Einwirkung von Alkali, Kaliumcyanid oder Kaliumsulfit auf Diazoniumsalze, während der umgekehrte Vorgang in Gegenwart von Säuren stattfindet.

---

1) von Pechmann, Ber. d. deutsch. chem. Ges. **27**, 656. Bamberger, ibid. 915 (1894).

3. Umwandlung der anti-Diazoverbindungen in Nitrosamine. Die syn-Diazoverbindungen zeigen eine bemerkenswerte Ähnlichkeit mit den Diazoniumsalzen, während die anti-Diazoverbindungen mehr den primären Nitrosaminen gleichen. Dies ist speziell bei den anti-Diazohydraten der Fall.

Diese Verbindungen werden durch Einwirkung von Säuren auf ihre Salze erhalten. Im Momente ihrer Bildung sind sie schwache Säuren; aber sie verlieren diese Eigenschaft bald, da sie infolge ihrer großen Unbeständigkeit in die isomeren Nitrosamine übergehen.

$$\begin{matrix} R - N \\ \| \\ N - OH \end{matrix} \quad \longrightarrow \quad \begin{matrix} R - N \cdot H \\ | \\ N : O \end{matrix}$$

Sowohl die Nitrosamine, als auch die anti-Diazoverbindungen können leicht in die entsprechenden Diazoniumsalze übergeführt werden und zwar durch Behandlung ihrer wässerigen Lösungen mit Säuren.

§ 7. Einfluß der Konstitution auf die Konfiguration stereoisomerer Diazoverbindungen.

Hantzsch gab folgende Verallgemeinerung der Frage:

1. In den gegenseitigen Beziehungen der Diazonium- und Diazoverbindungen läßt sich feststellen, daß bei einer Erhöhung des positiven Charakters des Benzolkernes durch Einführung von Alkylradikalen der Diazoniumtypus stabiler wird; das Gegenteil ist der Fall, wenn der Benzolkern negativeren Charakter annimmt, z. B. bei Substitution der Wasserstoffatome durch Halogenatome.

Z. B. Trimethyldiazobenzolbromid $(CH_3)_3 \cdot C_6H_2 \cdot N = N \cdot Br$ ist sehr wenig explosiv und nur sehr gering gefärbt, während Tribromdiazobenzolbromid $Br_3 \cdot C_6H_2 \cdot N = N \cdot Br$ äußerst explosiv und intensiv gefärbt ist.

2. Ein Einfluß der Benzol-Substituenten auf die Beziehungen zwischen syn- und anti-Verbindungen kann ebenfalls verfolgt werden, wenn er auch nicht so stark hervortritt, wie in dem früheren Falle. Am deutlichsten zeigt sich der Einfluß bei der Umwandlung der Isomeren. Im Falle der Diazotate scheinen die Methylsubstituenten die Umwandlung zu erschweren, während Halogenatome dieselbe erleichtern. So erfolgt z. B. die Umwandlung des Trimethylbenzol-syn-Diazotats $(CH_3)_3 \cdot C_6H_2N : N \cdot OX$ sehr schwer; Benzol-syn-Diazotat $C_6H_5 \cdot N : N \cdot OX$ läßt sich leichter umwandeln, schon bei einer Temperatur über 100^0 C, während das p-Bromderivat $Br \cdot C_6H_4N : N \cdot OX$ beim einfachen Kochen mit Alkohol umgewandelt wird.

Bei den Diazosulfonaten sind die Verhältnisse umgekehrt, denn hier hindert Halogen die Umwandlung, während Alkylgruppen dieselbe erleichtern. Dasselbe trifft auch für die Diazocyanide zu. In allen drei Fällen erleichtert die Nitrogruppe die Umlagerung.

3. Die Gegenwart von Halogenatomen im Benzolring scheint auch die Bildung der Nitrosamine aus den anti-Diazohydraten zu begünstigen.

§ 8. Diazoverbindungen, welche keine Stereoisomerie zeigen.

Bei weitem die größte Anzahl der Substanzen in der Klasse der Diazoverbindungen ist bisher nur in einer Form erhalten worden und zwar ist diese in den meisten Fällen die anti-Konfiguration. Es ist sehr wahrscheinlich, daß in diesen Verbindungen die syn-Form sehr labil ist, und daher schon in die anti-Form übergeht, bevor es möglich ist, sie selbst zu isolieren. Beispiele dieser Art sind Tribrom-benzol-diazotate, alle Nitrobenzol-Diazotate, alle Diazo-phenol-sulfonate und alle Diazo-cyanide. Andererseits sind auch einige Fälle bekannt, bei denen die allein bestehende Form der syn-Reihe angehört, z. B. Naphtalindiazosulfonat, $C_{10}H_7 \cdot N : N \cdot SO_3X$, und Pseudokumol-diazocyanid $(CH_3)_3 \cdot C_6H_2 \cdot N : N \cdot CN$ existieren nur in einer Form und zeigen alle Eigenschaften der syn-Verbindungen.

§ 9. Konfiguration nicht aromatischer Diazoverbindungen.

Nach der Ansicht von Hantzsch dürften die Azo-, beziehungsweise Diazoverbindungen mit offener Kette, wie Azodikarbonsäureester $C_2H_5OOC - N : N - COOC_2H_5$ und Kaliumazomethansulfonat $CH_3 - N = N - SO_3K$ wegen ihrer Beständigkeit wohl als anti-Körper angesehen werden.

Ringförmige Diazoverbindungen der Fettreihe, wie Diazomethan

$$CH_2\!\left\langle\begin{matrix} N \\ \| \\ N \end{matrix}\right. \quad \text{oder Diazoessigester} \quad \left.\begin{matrix} N \\ \| \\ N \end{matrix}\right\rangle CH \cdot COO \cdot C_2H_5$$

müssen auf Grund ihrer Bildungsweisen als innere Anhydride von syn-Diazohydraten betrachtet werden.

$$\begin{matrix} N \cdot CH_2 - COOC_2H_5 \\ \| \\ N \cdot OH \end{matrix} \longrightarrow \left.\begin{matrix} N \\ \| \\ N \end{matrix}\right\rangle CH \cdot COOC_2H_5$$

Hantzsch[1]) glaubt, daß möglicherweise auch das Nitramid und die untersalpetrige Säure strukturidentisch sind und, wenigstens in Form ihrer Salze, Isomerie im Sinne von syn- und anti-Körpern zeigen. Er formuliert sie folgendermaßen:

$$\begin{matrix} HO - N \\ \| \\ HO - N \end{matrix} \qquad\qquad \begin{matrix} HO - N \\ \| \\ N \cdot OH \end{matrix}$$

syn-Diazohydrat (Nitramid) — anti-Diazohydrat (untersalpetrige Säure)

[1]) Hantzsch, Liebigs Annal. d. Chem. u. Pharm. **292**, 340 (1896).

§ 10. Andere Fälle von Stereoisomerie in dreiwertigen Stickstoffverbindungen.

Wir müssen nun die Tatsachen besprechen, welche zugunsten einer Stereoisomerie bei Verbindungen vom Typus N · a b c sprechen.

Miller und Plöchl[1]) erhielten durch Einwirkung von asymmetrischem Xylidin auf saure Aldehyde in alkoholischer Lösung eine Mischung von zwei isomeren Substanzen, welche folgende Reaktionen gemeinsam zeigten:

Beide enthielten die Aldehydgruppe; beide ergaben dasselbe Benzoylderivat und beide kondensierten sich mit m-Xylidin zu demselben Produkt, dessen Formel folgendermaßen angenommen wurde.

$$\begin{array}{l} (CH_3)_2 \cdot C_6H_3 \cdot NH \cdot CH \cdot CH_3 \\ \qquad\qquad\qquad\qquad\qquad | \\ (CH_3)_2 \cdot C_6H_3 \cdot N : CH - CH_2 \end{array}$$

Man fand weiter, daß sie nur in Löslichkeit und Schmelzpunkt differieren und leicht ineinander übergeführt werden können. Diese Tatsachen führten zur Annahme folgender Formel:

$$\begin{array}{l} (CH_3)_2 \cdot C_6H_3 \cdot NH \cdot CH - CH_3 \\ \qquad\qquad\qquad\qquad | \\ \qquad\qquad\qquad\quad CH_2 \\ \qquad\qquad\qquad\qquad | \\ \qquad\qquad\qquad\quad CHO \end{array}$$

Miller und Plöchl nehmen zur Erklärung dieses Isomeriefalles an, daß die drei Valenzen des Stickstoffatoms so im Raume angeordnet sind, daß die Verbindung Nabc in zwei Formen existieren kann, welche durch folgende Formeln dargestellt werden können:

$$\begin{array}{ccc} \begin{array}{l} a \\ | \diagup b \\ N - c \end{array} & \qquad & \begin{array}{l} a \\ | \diagup c \\ N - b \end{array} \end{array}$$

Willgerodt[2]) fand, daß bei der Einwirkung von Dinitrochlorbenzol auf Phenylhydrazin eine Mischung zweier Produkte resultiert, von denen das eine, ein amorphes Pulver, leicht in das andere, eine kristallisierte Substanz, übergeführt werden kann. Eine gleiche Isomerie konnte beobachtet werden, wenn an Stelle von Phenylhydrazin α- oder β-Naphtylhydrazin verwendet wurde.

Die dafür gegebene Erklärung basiert auf der Idee, daß die Stickstoffvalenzen im Raume in gleicher Weise angeordnet sind, wie oben angegeben ist, so daß die zwei isomeren Formen durch folgende Formeln wiedergegeben werden können:

---

[1]) Miller und Plöchl, Ber. d. deutsch. chem. Ges. **25**, 2025 (1892); **27**, 1281 (1894); **29**, 1462 (1896).

[2]) Willgerodt, Journ. f. prakt. Chem. (**2**), **37**, 449 (1888). Willgerodt und Schultz, ibid. **43**, 177 (1891).

$$\begin{array}{ccccc} & H & & H & \\ & | & & | & \\ R - & N & - & N & - R' \end{array} \qquad \begin{array}{ccccc} & H & & & \\ & | & & & \\ R - & N & - & N & - R' \\ & & & | & \\ & & & H & \end{array}$$

Dies bedeutet aber, daß die Rotation der zwei Stickstoffatome um ihre gemeinsame Achse in diesem Falle verhindert ist, eine Ansicht, die nicht im Einklang steht mit unseren gegenwärtigen Kenntnissen über das Verhalten zweier Atome, welche durch eine einfache Bindung verknüpft sind.

Young und Annable[1]) erhielten durch Einwirkung von Benzoylchlorid auf Phenylsemikarbazid zwei isomere Produkte von derselben allgemeinen Formel; sie führen diese Isomerie auf stereochemische Unterschiede zurück, die sie in folgenden Formeln zum Ausdruck bringen:

$$\begin{array}{l} NH - CO - NH_2 \\ | \\ N - CO - C_6H_5 \\ | \\ C_6H_5 \end{array} \qquad \begin{array}{l} CO - C_6H_5 \\ | \\ N - NH - CO - NH_2 \\ | \\ C_6H_5 \end{array}$$

Gleichzeitig sei auch auf diesbezügliche Arbeiten von Widmann[2]), Michaelis und Schmidt[3]) hingewiesen.

Ganz kürzlich beobachteten Willstätter und Benz[4]) einen Isomeriefall in der Azo-Reihe. Sie fanden, daß das bei der Oxydation von p-Azophenol entstehende Chinon-azin bei nachfolgender Reduktion ein neues Azophenol liefert.

Sie nehmen an, daß beide Körper stereoisomer sind und folgende Konfigurationen besitzen:

$$\begin{array}{r} HO\cdot C_6H_4 - N \\ \| \\ N - C_6H_4\cdot OH \end{array} \qquad \begin{array}{l} N - C_6H_4\cdot OH \\ \| \\ N - C_6H_4\cdot OH \end{array}$$

Ein definitiver Beweis liegt aber noch nicht vor.

Wir müssen nun zu jenen Verbindungen übergehen, in welchen das Stickstoffatom als Ringglied fungiert, so daß zwei seiner Valenzen in einer Ebene gehalten werden. Dieser Fall gleicht sehr dem der Oxime und scheint somit eher Gelegenheit zu einer Stereoisomerie zu bieten, als der eben besprochene.

Ladenburg[5]) fand, daß sein synthetisch, durch Spaltung des inaktiven α-Propylpiperidins mit d-Weinsäure, dargestelltes

---

1) Young und Annable, Trans. **71**, 204 (1897).
2) Widmann, Ber. d. deutsch. chem. Ges. **26**, 948 (1893).
3) Michaelis und Schmidt, ibid. **20**, 1713 (1887).
4) Willstätter und Benz, Ber. d. deutsch. chem. Ges. **39**, 3492 (1906).
5) Ladenburg, Ber. d. deutsch. chem. Ges. **39**, 2486 (1906); **40**, 3734 (1907).

d-Coniin, genannt Isoconiin, ein erheblich höheres Drehungsvermögen $[\alpha]_D{}^{18.5} = + 17.85^0$ besitzt, als das reinste natürliche, aus dem Schierling gewonnene d-Coniin $[\alpha]_D{}^{20} = 15.6^0$. Da alle übrigen Eigenschaften übereinstimmen nimmt er an, daß hier eine Stereoisomerie vorliegt, welche bedingt wird durch die räumliche Lagerung der Stickstoffvalenzen, von denen zwei in einer Ebene — der Ringebene — liegen, die dritte aber außerhalb derselben gelagert ist. Die Isomerie erscheint somit als eine Art cis-trans-Isomerie im Sinne folgender Formeln:

```
       C3H7    H                          C3H7    H
        |      |                           |      |
H      C------C       H                    C------C       H
|    /  |      |  \    |                 /  |      |  \    |
N       H      H       C           N       H      H       C
   \    H      H     / |           |  \    H      H     / |
        |      |       H           H       |      |       H
       C------C                            C------C
        |      |                           |      |
        H      H                           H      H
```

In der ersten Figur liegt das an den Stickstoff gebundene Wasserstoffatom auf derselben Seite der Ringebene wie die Propylgruppe, in der zweiten sind beide auf verschiedenen Seiten gelagert. Durch Erhitzen des Isoconiins für sich allein auf 300^0, oder mit Kali bei 240—248^0 durch 8 Stunden, ließ sich das Isoconiin in das niedriger drehende Coniin umlagern.

Ein gleicher Isomeriefall wurde von Ladenburg[1]) beim α-Stilbazolin beobachtet:

```
            CH2
          /     \
       CH2       CH2
        |         |
       CH2    H — C — CH2 — CH2 — C6H5
          \     /
           N — H
```

Diese Substanz gab beim Erhitzen auf 300^0 im geschlossenen Rohr eine isomere Verbindung, das Isostilbazolin, mit verschiedenem Drehungsvermögen. Auch die Löslichkeit der beiden Isomeren ist verschieden. Dieselbe Erklärung hat man auch für die Isomerie des Tropins und ψ-Tropins herangezogen; man nimmt an, daß Methylgruppe und Hydroxyl in dem einen Falle auf einer Seite des Moleküls, im anderen dagegen auf verschiedenen Seiten liegen:

---

1) Ladenburg, Ber. d. deutsch chem. Ges. **36**, 3694 (1903).

```
CH2 ------ CH ------ CH2        CH2 ------ CH ------ CH2
 |  H      |          |          |  H      |  CH3     |
 | /       |          |          | /       | /        |
 C         N          |          C         N          |
/|        /|          |         /|         |          |
OH |   CH3 |          |        OH |        |          |
CH2 ------ CH ------ CH2        CH2 ------ CH ------ CH2
```

Groschuff[1]) erklärt das Auftreten der Phenyl-isocyanate des α-Vinyldiacetonalkanins in zwei Formen in gleicher Weise:

```
OH                               CO·NH·C6H5
 |   CH2 ------ C(CH3)2           |
 |  /                  \          |
*C<                     >N--------
 |  \                  /
 |   CH2 ------ *CH(CH3)
 H

OH
 |   CH2 ------ C(CH3)2
 |  /                  \
*C<                     >N
 |  \                  /  |
 |   CH2 ------ *C(CH3)   |
 H                        CO·NH·C6H5
```

Man könnte allerdings annehmen, daß diese Isomerie durch die Anwesenheit zweier asymmetrischer Kohlenstoffatome (die mit einem Stern bezeichneten) bedingt wird; da aber dieselbe Isomerie bei dem Triaceton-alkamin auftritt

```
OH
 |   CH2 ------ C(CH3)2
 |  /                  \
 C<                     >N·CO·NH·C6H5,
 |  \                  /
 |   CH2 ------ C(CH3)2
 H
```

in dessen Formel kein asymmetrisches Kohlenstoffatom enthalten ist, so scheint die cis-trans-Isomerie doch die einzig zutreffende zu sein.

§ 11. Stereoisomerie in inaktiven Verbindungen mit fünfwertigem Stickstoff.

In der Reihe der Salze mit fünfwertigem Stickstoff sind einige Fälle bekannt, wo inaktive isomere Salze in verschiedener Kristallform existieren.

Le Bel[2]) entdeckte verschiedene derartige Fälle, führte aber kürzlich die Differenzen lediglich auf Dimorphismus und nicht auf Stereoisomerie zurück.

---

1) Groschuff, Ber. d. deutsch. chem. Ges. **34**, 2974 (1904).

2) Le Bel, Journ. f. phys. Chim. **2**, 340 (1904).

Schryver[1]) erhielt zwei Platinsalze vom Methyl-diäthyl-iso-amyl-ammoniumchlorid, welche sich in ihrer Kristallform unterscheiden.

Evans[2]) erhielt durch Einwirkung von Propyljodid auf Äthylpiperidin, oder von Äthyljodid auf Propyl-piperidin eine Mischung von hemiedrischen Kristallen des monosymmetrischen Systems. Keine von beiden Formen war optisch aktiv.

Wedekind beschrieb verschiedene Fälle, in denen er inaktive stereoisomere Substanzen annahm; durch weitere Untersuchungen[3]) erwiesen sich die letzteren entweder als strukturisomere oder überhaupt nicht isomere Verbindungen.

Aschan[4]) stellte zwei Derivate aus Äthylendipiperidin und Methyljodid dar, welche dimorph zu sein schienen. Spätere Arbeiten führten zu dem Resultat, daß beide Substanzen identisch waren. Die diesbezüglichen Befunde sind demnach meist negativ und es erscheint nicht unrichtig, wenn man auch die anderen beobachteten Fälle eher auf Dimorphismus als auf Stereoisomerie zurückführt.

V. Stereoisomerie bei Kobaltverbindungen.

§ 1. Allgemeines.

In den noch verbleibenden Kapiteln dieses Teiles soll die Wernersche[5]) Theorie kurz behandelt werden.

Um die Entstehung von Molekülverbindungen aus einfachen Salzen zu erklären, stellte Werner die Hypothese auf, daß zwei Arten von Valenzen sich bei Bildung derartiger Verbindungen, wie z. B. Doppelsalze, betätigen.

Valenzen, welche zum Aufbau der einfachen Salze verwendet werden, nennt er Hauptvalenzen, während jene, welche erst bei Bildung der Doppelsalze in Wirksamkeit treten, Nebenvalenzen genannt werden.

Haupt- und Nebenvalenzen sind aber im wesentlichen in ihren Affinitätswirkungen gleich, sie unterscheiden sich lediglich durch ihre Größenordnung, etwa wie ein Meter von einem seiner Teile.

§ 2. Nomenklatur.

Werner[6]) hat folgende Nomenklatur für stereoisomere Kobaltsalze vorgeschlagen. Der Name irgend einer gegebenen Verbindung

1) Schryver, Proc. **7**, 39 (1891).

2) Evans, Trans. **71**, 522 (1897).

3) Jones, ibid. **87**, 1721 (1905).

4) Aschan, Ber. d. deutsch. chem. Ges. **32**, 988 (1899).

5) Werner, Liebigs Annal. d. Chem. u. Pharm. **322**, 261 (1902). Eine historische Übersicht über diese Arbeiten wurde von Werner in Ber. d. deutsch. chem. Ges. **40**, 15 (1907) gegeben. Alle diesbezüglichen Arbeiten sind darin angeführt; siehe auch Liebigs Annal. d. Chem. u. Pharm. **351**, 65 (1907). Ber. d. deutsch chem. Ges. **40**, 262, 272, 468, 765, 789, 2225 (1907).

6) Werner, Zeitschr. f. anorg. Chem. **14**, 21 (1897).

wird gebildet aus den Namen der Atome und der Atomgruppen, aus welchen das Molekül zusammengesetzt ist.

Alle Atome oder Radikale, welche direkt mit dem Metallatom unter Bildung eines Komplexradikals vereinigt sind, endigen dann mit ihren Namen auf o und werden vor den Namen des Metalls gesetzt. Das saure Radikal wird in diesem Falle zuerst genannt, dann der Name der Gruppe, welche das NH_3-Radikal in der Verbindung ersetzt und endlich, kurz vor dem Namen des Metalls, kommt die Anzahl der Ammoniakmoleküle in der Verbindung. Diese differieren in ihren Eigenschaften von den gewöhnlichen Ammoniakmolekülen und werden daher zur Unterscheidung „Ammin" genannt. Etwaige, in dem Salz vorhandene Wassermoleküle werden mit „Aquo" bezeichnet. Alle Atome o der Atomgruppen, welche nicht direkt mit dem das Metallatom enthaltenden Komplexradikal vereinigt sind, werden hinter dem Namen des Metalles genannt.

§ 3. Struktur der Molekülverbindungen des Kobalts.

Einige Metalle haben die Fähigkeit, sich mit mehreren Molekülen Ammoniak zu einem komplexen Radikal zu vereinigen, welches dann als ein selbständiges Ion auftreten kann; die höchste Zahl der an ein Metallatom sich anlagernden Ammoniakgruppen ist sechs. Bei Kobaltverbindungen, bei denen das Metallatom sowohl zweiwertig als auch dreiwertig auftreten kann, kennt man demgemäß zwei Klassen von Ammoniakderivaten. Die Verbindungen, welche sich vom zweiwertigen Zustande des Elementes ableiten, kommen beim Studium struktureller Fragen weniger in Betracht, da sie nur geringe Beständigkeit zeigen; wichtiger sind die Verbindungen, welche sich vom dreiwertigen Kobalt ableiten.

Es gibt vier Verbindungen, welche sich durch Vereinigung von Ammoniak mit der Verbindung CoX_3 bilden und in welch letzterer X ein saures Radikal bedeutet; wir können die Formeln dieser Substanzen folgendermaßen schreiben:

$$CoX_3 + 3NH_3; \quad CoX_3 + 4NH_3; \quad CoX_3 + 5NH_3; \quad CoX_3 + 6NH_3.$$

Diese Formeln geben aber die hervorspringendsten Unterschiede dieser Verbindungen nicht wieder, welche dann erscheinen, wenn die Substanzen ionisiert sind. Man hat gefunden, daß in einigen Gliedern dieser Reihe die sauren Radikale X ihre sauren Eigenschaften verlieren, da sie in wässerigen Lösungen nicht mehr von dem Hauptkomplex des Moleküls als Ionen abgespalten werden können. Um dieses Verhalten auszudrücken, müssen neue Formeln aufgestellt werden.

Falls man die negativen Radikale X, welche die Ionenreaktion nicht mehr zeigen, mit dem Metallatom und dem Ammoniak in eine Klammer setzt, um anzuzeigen, daß sie nicht mehr ionisierbar sind, dagegen außerhalb der Klammer die sauren Radikale, welche noch Ionen bilden, so erhalten wir folgende Formeln:

$$\left[\begin{matrix} X_3 \\ Co \\ (NH_3)_3 \end{matrix}\right] \quad \left[\begin{matrix} X_2 \\ Co \\ (NH_3)_4 \end{matrix}\right]X \quad \left[\begin{matrix} X \\ Co \\ (NH_3)_5 \end{matrix}\right]X_2 \quad \left[\begin{matrix} Co \\ (NH_3)_6 \end{matrix}\right]X_3$$

Der ersten Gruppe entspricht z. B. das Trinitritotriamminkobalt, dessen Eigenschaften in folgender Formel Ausdruck finden:

$$\left[\begin{matrix} (NO_2)_3 \\ Co \\ (NH_3)_3 \end{matrix}\right]$$

denn es enthält trotz seiner drei Nitrogruppen keinen eigentlichen Säurerest, da es in wässeriger Lösung nicht leitet, daher keine Ionen bildet. Dieses Verhalten kann nur durch die Annahme erklärt werden, daß alle Säurereste in direkter Bindung mit dem Kobaltatom stehen, wie es folgende Formel ausdrückt:

$$(NH_3)_3Co\begin{matrix} \diagup NO_2 \\ -NO_2 \\ \diagdown NO_2 \end{matrix}$$

denn wenn sie mit einem Ammoniakradikal verbunden wären, müßten sie sich verhalten wie im Ammoniumnitrit, d. h. sie müßten dissoziieren.

Nunmehr müssen wir die Frage über die Bindung der Ammoniakmoleküle behandeln. Man hat gefunden, daß ein NH_3 durch eine Nitritgruppe ersetzt werden kann und daß in der dadurch resultierenden Verbindung alle vier Nitritgruppen dieselben Eigenschaften haben wie in der Trinitrito-Verbindung. Die Formel für die Tetranitrito-Substanz kann folgendermaßen geschrieben werden:

$$\left[Co\begin{matrix} \diagup (NO_2)_4 \\ \\ \diagdown (NH_3)_2 \end{matrix}\right]R$$

Dies beweist, daß eine der drei Ammoniakgruppen in direkter Bindung mit dem Kobaltatom steht, und es erscheint fast sicher, daß die beiden anderen in gleicher Weise gebunden sind; denn ohne eine solche Annahme ist es schwierig, das chemische Verhalten dieser Verbindung zu erklären, welches auf eine vollständige Trennung der Ammoniakgruppen von dem Säurereste hindeutet.

Die Formel für das Tetranitritodiammin-kobalt kann daher folgendermaßen geschrieben werden:

$$\begin{matrix} NH_3 & & \diagup NO_2 \\ & Co & \begin{matrix} \diagup NO_2 \\ \diagdown NO_2 \end{matrix} \\ NH_3 & & \diagdown NO_2 \end{matrix}$$

Durch Einwirkung von Ammoniak auf Triammin-kobaltsalze erhält man eine Reihe von Substanzen, in denen Ammoniak sukzessiv die saure Radikale ersetzt und so ionisierbare Verbindungen erzeugt:

$$\left[(NH_3)_3\,Co\begin{array}{l}NO_2\\NO_2\\NO_2\end{array}\right] + NH_3 = \left[(NH_3)_3\,Co\begin{array}{l}NO_2\\NO_2\\NH_3\end{array}\right]NO_2$$

$$\left[(NH_3)_3\,Co\begin{array}{l}NO_2\\NO_2\\NH_3\end{array}\right]NO_2 + NH_3 = \left[(NH_3)_3\cdot Co\begin{array}{l}NO_2\\NH_3\\NH_3\end{array}\right]\begin{array}{l}NO_2\\NO_2\end{array}$$

$$\left[(NH_3)_3\cdot Co\begin{array}{l}NO_2\\NH_3\\NH_3\end{array}\right]\begin{array}{l}NO_2\\NO_2\end{array} + NH_3 = \left[(NH_3)_3\,Co\begin{array}{l}NH_3\\NH_3\\NH_3\end{array}\right]\begin{array}{l}NO_2\\NO_2\\NO_2\end{array}$$

Vom stereochemischen Standpunkte aus interessiert uns hauptsächlich die Strukturformel der Diacido-tetrammin-kobaltiake, welche folgende ist:

$$\begin{array}{l}X\\X\end{array}\!\!>\!Co\!<\!\begin{array}{l}NH_3\\NH_3\\NH_3\\NH_3\end{array}$$

§ 4. Über die Raumformeln der Molekülverbindungen.

Die Strukturformel der Hexamminkobaltsalze ist folgende:

$$\left[\begin{array}{l}H_3N\\H_3N\\H_3N\end{array}\!>\!Co\!<\!\begin{array}{l}NH_3\\NH_3\\NH_3\end{array}\right]X_3.$$

Versuchen wir eine derartige Strukturformel in eine Raumformel umzuwandeln, so erscheint es zunächst notwendig, daß alle sechs Ammoniakradikale symmetrisch um das Kobaltatom angeordnet sein müssen; denn wären sie nicht symmetrisch gelagert, würden ihre Eigenschaften wahrscheinlich differieren. Sechs Punkte können nun im Raume am besten in den Ecken eines regulären Oktaeders symmetrisch angeordnet werden:

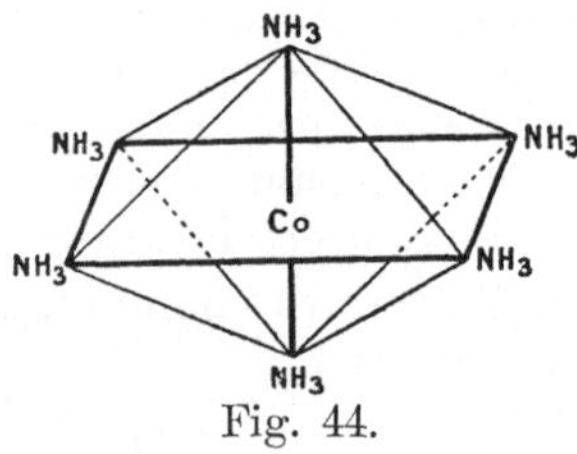

Fig. 44.

Mit der Stellung der X-Radikale in bezug auf den ganzen Komplex brauchen wir uns nicht zu befassen, da es infolge ihrer leichten Dissoziationsfähigkeit fast unmöglich ist, die wirkliche räumliche Lage derselben zu bestimmen.

Übertragen wir nun die oben gegebene Raumformel auf Verbindungen, welche fünf Ammoniakgruppen enthalten, so erhalten wir folgendes Symbol, in welchem das nicht ionisierbare Radikal X direkt an das zentrale Kobaltatom gebunden erscheint:

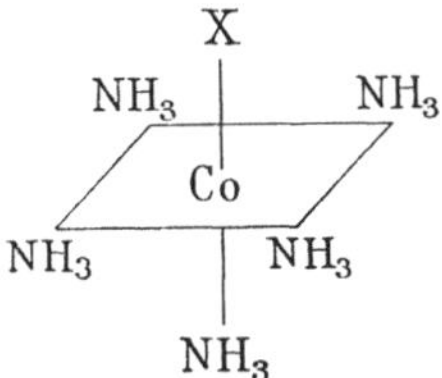

Die Diacido-tetramminkobaltsalze bilden den ersten Fall einer möglichen Isomerie:

$$\left[\begin{matrix} X_2 \\ Co \\ (NH_3)_4 \end{matrix}\right] X$$

Hier muß ein zweites saures Radikal in direkte Bindung mit dem Kobaltatom treten und zwar kann dies in zweierlei Weise geschehen: zwei Radikale können entweder an den Enden derselben Kante, wie in der ersten Figur, oder an den Enden einer Diagonale, wie in der zweiten Figur, gelagert sein:

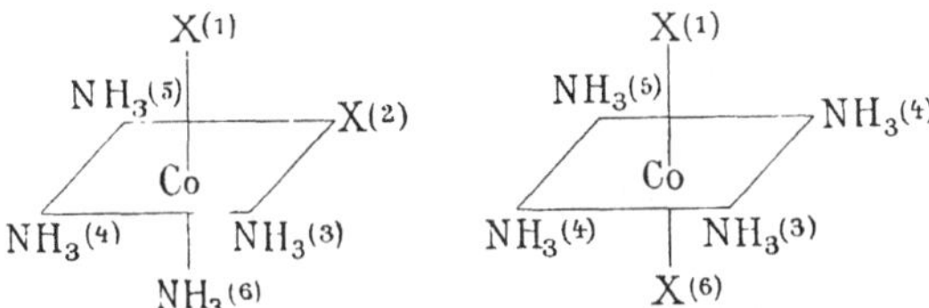

Verbindungen dieser Art können daher in zwei isomeren Formen auftreten, die sich aber in ihren chemischen Eigenschaften nur wenig unterscheiden werden, denn letztere hängen ja zum größten Teil von den ionisierbaren Radikalen ab, welche für die Isomerie nicht in Frage kommen.

Eine Reihe solcher Derivate soll nun beschrieben werden und zwar solche, welche Ammoniakgruppen enthalten und andere, in denen Ammoniak durch Aminoverbindungen ersetzt ist.

Verbindungen vom Typus $(X_2 Co\, en_2)X$, welche sich vom Äthylendiamin ableiten, sind ziemlich eingehend studiert worden. Das en_2 bedeutet darin zwei Moleküle Äthylendiamin $NH_2 \cdot CH_2 \cdot CH_2 \cdot NH_2$ und ist gleichwertig mit vier Molekülen Ammoniak.

§ 5. Die verschiedenen Arten stereoisomerer Kobaltverbindungen.

1. Di-nitrito-tetramminkobaltsalze: $\left[Co \begin{matrix} (NO_2)_2 \\ (NH_3)_4 \end{matrix}\right]X$

Flavo-salze entdeckt von Jörgensen[1]).
Croceo-salze entdeckt von Gibbs[2]).

2. Di-sulfito-tetramminkobaltsalze: $\left[Co \begin{matrix} (CO_3)_2 \\ (NH_3)_4 \end{matrix}\right]R$

Man beachte die entsprechenden Arbeiten von Hofmann und Reinsch[3]), Werner und Grüger[4]), Hofmann und Jenny[5]).

3. Di-chloro-diäthylendiaminkobaltsalze: $(Cl_2Co \cdot en_2)X$

Violeo-salze, Praseo-salze } entdeckt von Jörgensen[6]).

4. Di-bromo-diäthylendiaminkobaltsäure: $(Br_2 \cdot Co \cdot en_2)X$

Violeo-salze entdeckt von Werner[7]).
Praseo-salze entdeckt von Jörgensen[8]).

5. Chloro-nitrito-diäthylendiaminkobaltsalze: $(Cl \cdot NO_2 \cdot Co \cdot en_2)$.

Entdeckt von Werner und Gerb[9]).

6. Di-nitrito-diäthylendiaminkobaltsalze: $[(NO_2)_2Co \cdot en_2]X$

Entdeckt von Werner und Humphrey[10]).

7. Di-thiocyanato-diäthylendiaminkobaltsalze: $\left[Co \begin{matrix} (SCN)_2 \\ en_2 \end{matrix}\right]X$

Entdeckt von Werner und Bräunlich[11]).

§ 6. Darstellung stereoisomerer Kobaltverbindungen.

1. Di-nitrito-tetramminsalze vom Typus: $\left[Co \begin{matrix} (NO_2)_2 \\ (NH_3)_4 \end{matrix}\right]X$

Die eine Reihe der Isomeren — die Croceo-salze — werden aus nitrithaltigen, ammoniakalischen Lösungen von Kobaltsalzen durch

1) Jörgensen, Zeitschr. f. anorgan. Chem. **5**, 147 (1894); **19**, 145 (1899).
2) Gibbs, Proc. Amer. Acad. Arts and Science **10**.
3) Hoffmann und Reinsch, Zeitschr. f. anorgan. Chem. **16**, 389 (1898).
4) Werner und Grüger, ibid. **16**, 398 (1898).
5) Hofmann und Jenny, Ber. d. deutsch. chem. Ges. **34**, 3857 (1901).
6) Jörgensen, Journ. f. prakt. Chem. (**2**), **41**, 448 (1890).
7) Werner, Lehrbuch der Stereochemie, p. 326.
8) Jörgensen, Journ. f. prakt. Chem. (**2**), **41**, 440 (1890).
9) Werner und Gerb, Ber. d. deutsch. chem. Ges. **34**, 1739 (1901).
10) Werner und Humphrey, ibid. **34**, 1719 (1901).
11) Werner und Bräunlich, Zeitschr. f. anorgan. Chem. **22**, 91 (1900).

Oxydation mit Luft erhalten. Salze derselben Reihe können auch durch Einwirkung von salpetriger Säure auf Nitritopentaminsalze erhalten werden:

$$\left[\mathrm{Co}\begin{array}{l}(\mathrm{NO_2})\\ \\ (\mathrm{NH_3})_5\end{array}\right](\mathrm{NO_2})_2 + \mathrm{HNO_2} = \mathrm{N_2} + 2\,\mathrm{H_2O} + \left[\mathrm{Co}\begin{array}{l}(\mathrm{NO_2})_2\\ \\ (\mathrm{NH_3})_4\end{array}\right]\mathrm{NO_2}.$$

Die anderen Isomeren — die Flavo-salze — werden durch Einwirkung von salpetriger Säure resp. Nitrit auf Chlor-aquo- oder Di-aquotetramminsalze gebildet:

$$\left[\mathrm{Co}\begin{array}{l}\mathrm{Cl}\\ \mathrm{OH_2}\\ (\mathrm{NH_3})_4\end{array}\right]\mathrm{X_2} + 3\,\mathrm{NaNO_2} = 2\,\mathrm{NaX} \begin{array}{l}+\,\mathrm{H_2O}\\ +\,\mathrm{NaCl}\end{array} + \left[\mathrm{Co}\begin{array}{l}(\mathrm{NO_2})_2\\ \\ (\mathrm{NH_3})_4\end{array}\right]\mathrm{NO_2}$$

$$\left[\mathrm{Co}\begin{array}{l}\mathrm{OH_2}\\ \mathrm{OH_2}\\ (\mathrm{NH_3})_4\end{array}\right]\mathrm{X_3} + 3\,\mathrm{NaNO_2} = 3\,\mathrm{NaX} + 2\,\mathrm{H_2O} + \left[\mathrm{Co}\begin{array}{l}(\mathrm{NO_2})_2\\ \\ (\mathrm{NH_3})_4\end{array}\right]\mathrm{NO_2}$$

Eine Mischung der zwei Isomeren erhält man bei Einwirkung von Natriumnitrit auf das grüne (Praseo-) Dichlorotetramminsalz:

$$\left[\mathrm{Co}\begin{array}{l}\mathrm{Cl_2}\\ \\ (\mathrm{NH_3})_4\end{array}\right]\mathrm{Cl} + 3\,\mathrm{NaNO_2} = 3\,\mathrm{NaCl} + \left[\mathrm{Co}\begin{array}{l}(\mathrm{NO_2})_2\\ \\ (\mathrm{NH_3})_4\end{array}\right]\mathrm{NO_2}$$

2. Di-sulfito-tetramminsalze vom Typus: $\left[\mathrm{Co}\begin{array}{l}(\mathrm{SO_3})_2\\ \\ (\mathrm{NH_3})_4\end{array}\right]\mathrm{R}$

Die Ammonium- und Natriumsalze der einen Reihe werden gebildet durch Einwirkung von Natriumsulfit auf eine oxydierte ammoniakalische Lösung von Kobaltchlorid. Beide isomeren Ammoniumsalze werden nebeneinander gebildet, wenn man eine oxydierte Lösung von Kobaltacetat mit schwefliger Säure sättigt und den Niederschlag abfiltriert. Sie können durch fraktionierte Kristallisation voneinander getrennt werden.

3. Di-chloro-di-äthylendiaminsalze vom Typus: $\left[\mathrm{Co}\begin{array}{l}\mathrm{Cl_2}\\ \\ \mathrm{en_2}\end{array}\right]\mathrm{X}$

Die Praseosalze können folgendermaßen gebildet werden: die mit der berechneten Menge Äthylendiamin versetzte Lösung von Kobaltchlorid wird durch einen hindurchgehenden Luftstrom oxydiert, mit einem Überschuß von Salzsäure versetzt und eingedampft. Die Violeosalze werden durch Eindampfen „neutraler" Lösungen der Praseosalze erhalten.

4. Di-bromo-di-äthylendiaminsalze vom Typus: $\left[\mathrm{Co}\begin{array}{l}\mathrm{Br_2}\\ \\ \mathrm{en_2}\end{array}\right]\mathrm{X}$

Sie werden durch ähnliche Reaktionen erhalten wie die Dichlorverbindungen.

5. Chloro-nitrito-di-äthylendiaminsalze vom Typus:

$$\left[Co \begin{matrix} Cl \\ NO_2 \\ en_2 \end{matrix}\right] X$$

Die 1,2-Salze (entsprechend der Flavo-Reihe) werden gebildet, wenn neutrale Lösungen der grünen Dichloro-di-äthylendiaminsalze mit Natriumnitrit versetzt werden; und ferner wenn grünes Dichlordiäthylendiamin-kobaltnitrit mit Wasser befeuchtet wird:

$$\left[Co \begin{matrix} Cl_2 \\ \\ en_2 \end{matrix}\right] Cl + 2\,NaNO_2 = 2\,NaCl + \left[Co \begin{matrix} Cl \\ NO_2 \\ en_2 \end{matrix}\right] NO_2$$

grünes Dichloro-di-äthylendiaminchlorid. — 1,2-Chloro-nitrito-nitrit.

$$\left[Co \begin{matrix} Cl_2 \\ \\ en_2 \end{matrix}\right] NO_2 \xrightarrow{H_2O} \left[Co \begin{matrix} Cl \\ NO_2 \\ en_2 \end{matrix}\right] Cl$$

grünes Dichloro-nitrit. — 1,2-Chloro-nitrito-chlorid.

Die 1,6-Salze (entsprechend der Croceo-Reihe) werden aus den 1,6-Nitraten durch doppelte Umsetzung erhalten. Das Nitrat selbst entsteht, wenn eine wässerige Lösung des 1,2-Chloronitritonitrats eingedampft wird, oder bei der Einwirkung von Salzsäure auf Croceodiäthylendiaminsalze:

$$\left[Co \begin{matrix} (NO_2)_2 \\ \\ en_2 \end{matrix}\right] NO_3 + HCl = HNO_2 + \left[Co \begin{matrix} Cl \\ NO_2 \\ en_2 \end{matrix}\right] NO_3$$

6. Di-nitrito-di-äthylendiaminsalze vom Typus: $\left[Co \begin{matrix} (NO_2)_2 \\ \\ en_2 \end{matrix}\right] X$

Eine Mischung der beiden isomeren Nitrite erhält man durch Einwirkung von Äthylendiamin auf Hexanitrito-kalium-kobaltit:

$$[Co(NO_2)_6]K_3 + 2\,C_2H_4(NH_2)_2 = 3\,KNO_2 + \left[Co \begin{matrix} (NO_2)_2 \\ \\ en_2 \end{matrix}\right] NO_2$$

Eine fast quantitative Ausbeute an Flavo-dinitrito-di-äthylendiaminsalz erhält man bei der Einwirkung von Silbernitrit auf 1,2-Dichloro-diäthylendiamin-kobaltchlorid (Violeo-Salz). Verwendet man an Stelle der 1,2-Verbindung das 1,6-Isomere, so erhält man eine 60 %ige Ausbeute an Croceosalz. Die Einwirkung von Silbernitrit oder Natriumnitrit auf 1,2-Chloronitritosalze veranlaßt die Entstehung von Flavosalzen, während die Croceosalze nach derselben Reaktion aus den 1,6-Chloro-nitritosalzen gebildet werden.

7. Di-thiocyanato-di-äthylendiamin-kobaltsalze vom Typus:

$$\left[\mathrm{Co}\begin{array}{l}(\mathrm{SCN})_2\\ \mathrm{en}_2\end{array}\right]\mathrm{X}$$

Eine Mischung beider Isomeren erhält man durch Einwirkung von Rhodankalium auf 1,6 - Dichloro-di-äthylendiamin-kobaltchlorid. Durch Änderung der Reaktionsbedingungen kann das eine oder das andere Isomere in größerer Ausbeute erhalten werden.

§ 7. Über die Eigenschaften der stereoisomeren Kobaltsalze.

1. Physikalische Eigenschaften: Die Isomeren unterscheiden sich voneinander in vielen physikalischen Eigenschaften. Folgende Tabelle gibt eine Übersicht über die Farben gewisser Reihen, aus der man die Unterschiede deutlich ersieht:

	Flavo-, 1,2- oder Violeosalze	Croceo-, 1,6- oder Praseosalze
$\left[\mathrm{Co}\begin{array}{l}(\mathrm{NO_2})_2\\ (\mathrm{NH_3})_4\end{array}\right]\mathrm{NO_2}$	dunkel-gelbbraun	hell-gelbbraun
$\left[\mathrm{Co}\begin{array}{l}(\mathrm{SO_3})_2\\ (\mathrm{NH_3})_4\end{array}\right]\mathrm{R}$	braun	rötlich-gelb
$\left[\mathrm{Co}\begin{array}{l}\mathrm{Cl_2}\\ \mathrm{en_2}\end{array}\right]\mathrm{X}$	violett	grün
$\left[\mathrm{Co}\begin{array}{l}\mathrm{Cl}\\ \mathrm{NO_2}\\ \mathrm{en_2}\end{array}\right]\mathrm{X}$	scharlachrot	orange
$\left[\mathrm{Co}\begin{array}{l}(\mathrm{NO_2})_2\\ \mathrm{en_2}\end{array}\right]\mathrm{X}$	braun	gelb

In ihrer Kristallform und Löslichkeit unterscheiden sich die Isomeren ebenfalls voneinander.

2. Chemische Eigenschaften. Bei den meisten Reaktionen sind natürlich die beiden Ionen beteiligt, in welche die Substanz in einer Lösung dissoziiert ist. Da nun bei den Kobaltaminsalzen die Ionen beider Isomeren dieselben Eigenschaften haben, so kann man auch kaum eine große Verschiedenheit im chemischen Verhalten der isomeren Verbindungen bei gewöhnlichen Reaktionen erwarten. Erst bei Reaktionen, in denen die Gruppen innerhalb des Komplexradikals beteiligt sind, werden Unterschiede zwischen beiden Isomeren auftreten können. Einige derartige Reaktionen mögen nun besprochen werden.

Die Wirkung konzentrierter Salzsäure auf die zwei Arten des Dinitrito-tetrammin-kobaltsalzes ist verschieden; das Croceosalz liefert ein Chloro-nitrito-derivat, während das Flavosalz eine Chloro-aquo-tetramminverbindung liefert:

$$\left[Co\begin{matrix}(NO_2)_2\\ \\ (NH_3)_4\end{matrix}\right]Cl + HCl = HNO_2 + \left[Co\begin{matrix}Cl\\ NO_2\\ (NH_3)_4\end{matrix}\right]Cl$$

Croceosalz Chloronitrito-tetramminsalz

$$\left[Co\begin{matrix}(NO_2)_2\\ \\ (NH_3)_4\end{matrix}\right]Cl + 2HCl + H_2O = 2HNO_2 + \left[Co\begin{matrix}Cl\\ OH_2\\ (NH_3)_4\end{matrix}\right]Cl_2$$

Flavosalz Chloro-aquo-tetramminsalz

Natriumnitrit wirkt verschieden auf die zwei Reihen der Chloro-nitrito-äthylendiaminsalze ein; aus den 1,2-Salzen werden Flavosalze, aus den 1,6-Salzen Croceoverbindungen gebildet:

$$\left[Co\begin{matrix}Cl\\ NO_2\\ en_2\end{matrix}\right]X + 2NaNO_2 = NaX + NaCl + \left[Co\begin{matrix}(NO_2)_2\\ \\ en_2\end{matrix}\right]NO_2$$

Es ist wahrscheinlich, daß die zwei isomeren Reihen der Dithiocyanato-di-äthylendiaminsalze nicht nur in ihrer Konfiguration verschieden sind, sondern auch strukturisomer auftreten können: Im einen Falle ist die Sulfocyangruppe durch das Stickstoffatom an das Kobalt gebunden, während im anderen Falle das Schwefelatom die Verbindung beider herbeiführt. Dieser Unterschied macht sich bemerkbar bei der Oxydation dieser Verbindungen. Im einen Falle lassen die Sulfocyangruppen bei der Oxydation den Stickstoff in Form von Ammoniak in direkter Bindung mit dem Kobalt zurück, im anderen Falle wird die Sulfocyangruppe vollkommen abgespalten. Die Strukturdifferenzen lassen sich durch folgende Formeln wiedergeben:

$$\left[Co\begin{matrix}NCS\,(1)\\ NCS\,(2)\\ en_2\end{matrix}\right]X \qquad \left[Co\begin{matrix}SCN\,(1)\\ SCN\,(6)\\ en_2\end{matrix}\right]X$$

Diese Salze zeigen auch Unterschiede gegenüber Säuren, indem die 1,6-Salze viel leichter angegriffen werden wie die 1,2-Verbindungen.

§ 8. Umwandlung stereoisomerer Kobaltverbindungen.

Sowohl direkte als auch indirekte Umwandlungen konnten bei diesen Stereoisomeren beobachtet werden. Unsere diesbezüglichen Informationen sind aber noch recht knapp, so daß es genügen dürfte, diese Frage in ein oder zwei Beispielen zu erläutern, ohne auf weitere Details einzugehen.

Man hat beobachtet, daß die Praseosalze der Dichloro-diäthylendiamine in saurer Lösung beständig, dagegen in neutraler unbeständig sind; das Umgekehrte gilt für die Violeosalze[1]). Um also Praseosalze in ihre stereoisomeren Formen umzuwandeln, braucht man nur neutrale Lösungen der ersteren herzustellen und zu verdampfen, wodurch Kristalle der Violeosalze gebildet werden. In gleicher Weise können die Violeosalze in die entsprechenden Praseosalze durch Ansäuern ihrer Lösungen mit Mineralsäuren übergeführt werden.

Die 1,6-Salze der Dinitrito-di-äthylendiaminreihe werden durch Verdampfen ihrer Lösungen in die 1,2-Salze umgewandelt.

Eine indirekte Umwandlung durch intermediäre Verbindungen hat man bei den Dinitrito-tetramminsalzen beobachtet. Die Flavosalze gehen bei nicht zu heftiger Einwirkung von Salpetersäure und Natriumnitrit in die Croceo-Isomeren über, wobei als intermediäres Produkt ein Nitrito-nitrato-tetramminsalz gebildet wird:

$$\underset{\text{Flavosalz}}{\left[\begin{matrix} & (NO_2)_2 \\ Co & \\ & (NH_3)_4 \end{matrix}\right]NO_3} + HNO_3 = HNO_2 + \underset{\text{Nitrito-nitrato-tetramminsalz}}{\left[\begin{matrix} & NO_2 \\ Co & NO_3 \\ & (NH_3)_4 \end{matrix}\right]NO_3}$$

$$\underset{\text{Nitrito-nitratosalz}}{\left[\begin{matrix} & NO_2 \\ Co & NO_3 \\ & (NH_3)_4 \end{matrix}\right]NO_3} + 2\,NaNO_2 = 2\,NaNO_3 + \underset{\text{Croceosalz}}{\left[\begin{matrix} & (NO_2)_2 \\ Co & \\ & (NH_3)_4 \end{matrix}\right]NO_2}$$

§ 9. Konfigurationsbestimmung stereoisomerer Kobaltverbindungen.

1. Allgemeines. Wenn die zwei isomeren Formen des Radikals:

$$\left[\begin{matrix} & X_2 \\ Co & \\ & (NH_3)_4 \end{matrix}\right]$$

graphisch dargestellt werden, so ersieht man, daß sie bis zu einem gewissen Grade den zwei isomeren Säuren, Malein- und Fumarsäure, gleichen:

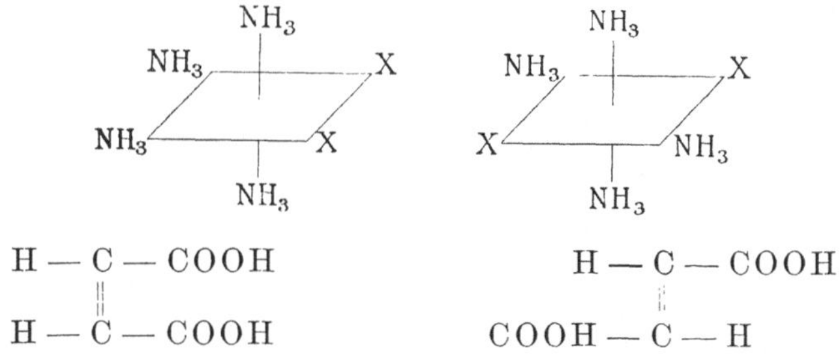

[1]) Dies erinnert an den analogen Fall hinsichtlich der Beständigkeit der Oxime in saurer und alkalischer Lösung, der auf Seite 198 behandelt worden ist.

Wir wollen in gleicher Weise den Fall, wo die zwei X-Radikale an derselben Kante des Oktaeders liegen, als cis-Position, den anderen Fall, in welchem sie diagonal gegenüberstehen, als trans-Stellung bezeichnen. Das Problem einer Konfigurationsbestimmung besteht nun darin, festzustellen, welche Lage die X-Radikale in einer gegebenen Verbindung einnehmen.

Gegenwärtig ist es aber noch unmöglich, die wirkliche Raumstellung dieser Radikale mit Sicherheit zu bestimmen; das einzige, was wir tun können, ist, ähnlich wie bei den Konfigurationsbestimmungen der Zucker, eine Verwandtschaft gewisser Verbindungen untereinander festzustellen und so zu zeigen, daß sie wahrscheinlich in ihrer Konfiguration einem gleichen Typus angehören. Diese Methode der „relativen Konfigurationsbestimmung" zu beschreiben, soll Aufgabe des nächsten Abschnittes sein.

2. Relative Konfigurationsbestimmung. Werner wählt als Ausgangspunkt die Dichloro-äthylendiamin-kobaltsalze und bezeichnet willkürlich die violett gefärbten als 1,2-Salze und die grün gefärbten als 1,6-Salze. Die Zahlen sollen die Stellung der Gruppen in der unten gezeichneten Figur andeuten:

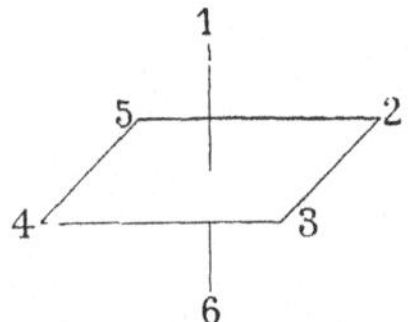

Die 1,2-Verbindungen sind demnach die cis-, die 1,6-Verbindungen die trans-Derivate. Die 1,6-Dichlorosalze, sowohl die mit Ammoniak als auch die mit Äthylendiamin, stehen in genetischer Beziehung zu den Croceo-dinitrito-salzen, da Werner annimmt, daß die Croceosalze gleichfalls 1,6-Verbindungen sind, während sich die Flavo-Verbindungen von den 1,2-Derivaten ableiten.

Rote Chloro-nitrito-di-äthylendiaminsalze geben beim Behandeln mit Natriumnitrit Flavo-salze; sie sind demnach 1,2-Verbindungen, während die orangegefärbten Isomeren, welche Croceo-salze bilden, als 1,6-Derivate bezeichnet werden müssen.

Bei Einwirkung von Rhodankalium auf 1,2-Dichloro-di-äthylendiamin-kobaltsalzen bildet sich eine Reihe leicht löslicher Disulfocyanato-di-äthylendiamin-kobaltsalze; dagegen ergeben die 1,6-Salze, in gleicher Weise behandelt, schwerer lösliche Verbindungen, deren Ausbeute durch Anwendung konzentrierterer Rhodankaliumlösungen noch erhöht werden kann.

Da nun in der konzentrierten Lösung die Umwandlung der 1,6- in die 1,2-Isomeren geringer ist als in verdünnten Lösungen, so kann man schließen, daß sich die schwerer löslichen Verbindungen direkt aus der 1,6-Reihe bilden, während die leichter löslichen Substanzen zu der 1,2-Gruppe gehören.

Aus einem Vergleich der Eigenschaften der isomeren disulfito-tetrammin-kobaltsauren Ammonium- und Natriumsalze mit den 1,2- und 1,6-Dinitrito-salzen hat man gefolgert, daß die braunen Salze der 1,2-Reihe, die rötlich-gelben dagegen der 1,6-Reihe angehören.

3. Absolute Konfigurationsbestimmung. Werners Gründe für die Annahme, die Violeosalze seien 1,2-Verbindungen, und die Praseosalze 1,6-Verbindungen, sind folgende:

1. Bei den geometrischen Isomeren hat man gefunden, daß die cis-Verbindungen weniger stabil sind als die trans-Isomeren. In analoger Weise müßten die Violeosalze als die weniger stabilen der cis-Reihe angehören.

2. Intramolekulare Ringbildung wird leicht hervorgerufen, wenn die reagierenden Gruppen in cis-Stellung zueinander stehen.

Es ist nun wahrscheinlich, daß in den Karbonato-tetrammin-salzen

$$\left[Co \begin{matrix} CO_3 \\ (NH_3)_4 \end{matrix} \right] X$$

die zwei Sauerstoffatome an das Kobalt in cis-Stellung gebunden sind (I), und nicht in trans-Stellung (II):

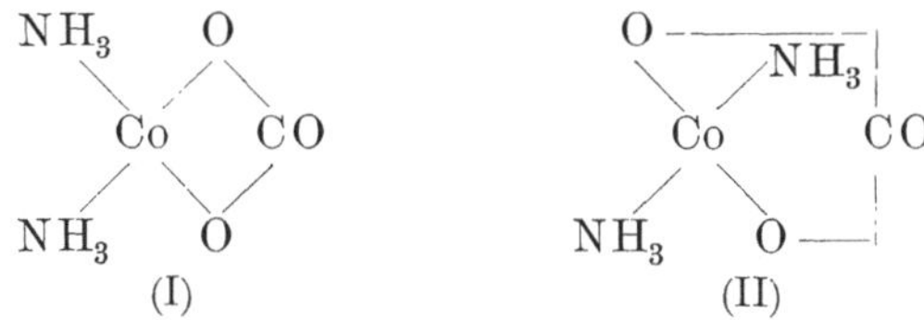

(I) (II)

Wenn aber die Karbonatosalze zu der cis-Reihe gehören, müssen die Violeosalze demselben Typus angehören, da die Karbonatosalze durch salpetrige Säure in die Violeosalze verwandelt werden können.

3. In der Praseo-Reihe können die zwei Acidoreste ganz unabhängig voneinander reagieren, was bei den Violeosalzen nicht immer der Fall ist. Es ist daher wahrscheinlich, daß in den Violeosalzen die Acidoreste näher beieinander liegen, als bei den Praseosalzen. Die Violeosalze würden daher den cis-Verbindungen entsprechen.

VI. Stereoisomerie bei Platinverbindungen.

Im vorangehenden Kapitel wurde erwähnt, daß nur eine Klasse der Kobaltaminderivate, nämlich die Tetramminverbindungen in stereoisomeren Formen auftreten können. Die Platinverbindungen zeigen dagegen in zwei Reihen bestimmte stereoisomere Typen: diese zwei Klassen sind (A) Derivate des zweiwertigen und (B) solche des vierwertigen Platins. Beide sollen der Reihe nach besprochen werden.

A. Isomere Derivate des zweiwertigen Platins.

§ 1. Ableitung der Strukturformeln.

Es gibt drei Hauptklassen von Ammoniakadditionsprodukten zweiwertiger Platinsalze, welche sich durch folgende allgemeine Formeln ausdrücken lassen:

$$\left[Pt(NH_3)_4\right]X_2 \qquad \left[Pt\begin{matrix}X\\ \\(NH_3)_3\end{matrix}\right]X \qquad \left[Pt\begin{matrix}X_2\\ \\(NH_3)_2\end{matrix}\right]$$

Wenn wir in diesen Formeln das X durch Chlor ersetzen, so erhalten wir eine Reihe von Verbindungen, deren Glieder alle bekannt sind:

$$\underset{(I)}{\left[Pt(NH_3)_4\right]Cl_2} \qquad \underset{(II)}{\left[Pt\begin{matrix}Cl\\ \\(NH_3)_3\end{matrix}\right]Cl} \qquad \underset{(III)}{\left[Pt\begin{matrix}Cl_2\\ \\(NH_3)_2\end{matrix}\right]}$$

Nun hat man gefunden, daß die Verbindung (III) in wässeriger Lösung nicht dissoziiert, also keine Ionen bildet; die Verbindung (II) zerfällt unter denselben Bedingungen in zwei, und Verbindung (I) in drei Ionen.

Dieses Verhalten kommt auch in den oben gezeichneten Formeln zum Ausdruck; denn wenn wir annehmen, daß die in der rechteckigen Klammer befindlichen Atome zu einem undissoziierbaren Komplexradikal verbunden sind, während die außerhalb der Klammer befindlichen leicht als Ionen abgespalten werden können, so erhalten wir in jedem Falle die entsprechende Zahl der gefundenen Ionen.

Dieses Verhalten kann auch noch durch nachfolgende Formeln zum Ausdruck gebracht werden:

$$\left[\begin{matrix}NH_3 & & NH_3\\ & Pt & \\ NH_3 & & NH_3\end{matrix}\right]Cl_2 \qquad \left[\begin{matrix}NH_3 & & Cl\\ & Pt & \\ NH_3 & & NH_3\end{matrix}\right]Cl \qquad \left[\begin{matrix}NH_3 & & Cl\\ & Pt & \\ NH_3 & & Cl\end{matrix}\right]$$

Man ersieht, daß in allen diesen Fällen vier Atome oder Radikale um ein Centralatom gruppiert sind und man könnte somit auf den ersten Blick diese Verhältnisse in eine Parallele mit dem asymmetrischen Kohlenstoffatom bringen. Bei näherer Untersuchung schwindet aber diese Ähnlichkeit.

§ 2. Die Raumformeln zweiwertiger stereoisomerer Platinverbindungen.

Man hat gefunden, daß Verbindungen vom Typus:

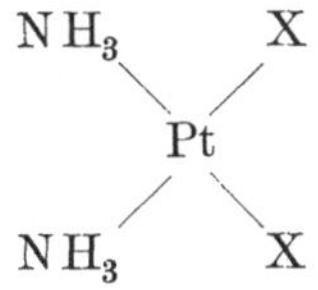

in zwei stereoisomeren Formen existieren. Da in solchen Verbindungen je zwei Radikale gleichwertig sind, so ersieht man ohne weiteres, daß die Asymmetrie des Moleküls nicht dieselbe sein kann wie bei aktiven Kohlenstoffverbindungen, denn letztere bedürfen der Gegenwart vier verschiedener Radikale. Aus diesem Grunde müssen wir die tetraedrische Anordnung der Radikale ausschließen und die einzig übrig bleibende Annahme machen, daß die vier Radikale in einer Ebene liegen. Ordnen wir nun die vier Radikale in dieser Weise an, so erhalten wir folgende Formeln als Ausdruck für die stereoisomeren Verbindungen:

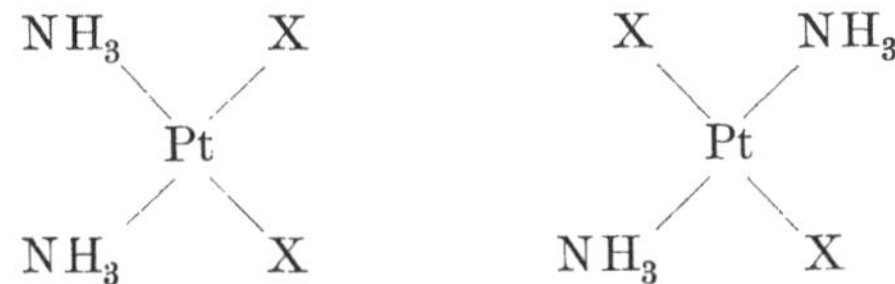

Wir kennen gegenwärtig eine ganze Reihe synthetisch dargestellter Platinverbindungen, welche in diesem Sinne stereoisomer sind und in denen die X-Radikale beträchtlich variieren. Einer der interessantesten Fälle ist jener, in welchem X eine Aminoverbindung vorstellt; denn obgleich die vier Radikale einen ähnlichen chemischen Charakter besitzen, so genügt doch schon die Verschiedenheit zwischen dem NH_3 und der Aminogruppe um die Isomerie zu erzeugen.

§ 3. Die Nomenklatur zweiwertiger stereoisomerer Platinverbindungen.

Wenn man die Raumformeln der Platinstereoisomeren mit solchen geometrisch isomerer Verbindungen vergleicht, findet man sofort eine Ähnlichkeit zwischen beiden Isomerien:

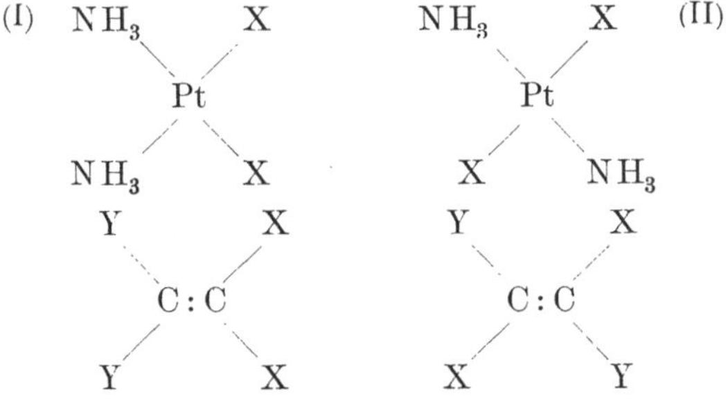

Die erste Verbindung entspricht demnach einer cis-Form, die zweite einer trans-Form. Es ist aber Gewohnheit, eine andere Nomenklatur für diese Isomeriereihen zu benutzen; man nennt Verbindungen, welche der Formel (I) entsprechen, Platosemidiamminsalze und bezeichnet Substanzen, welche der Formel (II) entsprechen, als Platosamminsalze.

§ 4. Die verschiedenen Arten stereoisomerer Verbindungen des zweiwertigen Platins.

Es erscheint unnötig, alle stereoisomeren Verbindungen des zweiwertigen Platins detailiert zu behandeln; es dürfte genügen, wenn die Methode ihrer Darstellung und die Eigenschaften der wichtigeren Verbindungen zur Besprechung gelangen.

Folgende Liste umfaßt die Verbindungen, welche in folgenden Abschnitten behandelt werden.

1. Platosemidiammin- und Platosamminsalze:

Dichloro-diammin-platin[1]: $Pt\begin{matrix} Cl_2 \\ (NH_3)_2 \end{matrix}$

Disulfito-diammin-platin[2]: $Pt\begin{matrix} (SO_3R)_2 \\ (NH_3)_2 \end{matrix}$

Dichloro-dipyridin-platin[3]: $Pt\begin{matrix} (C_5H_5N)_2 \\ Cl_2 \end{matrix}$

Triäthyl-phosphin-verbindung[4]: $Pt\begin{matrix} [P(C_2H_5)_3]_2 \\ Cl_2 \end{matrix}$

Äthyl-sulfid-verbindung[5]: $Pt\begin{matrix} [S(C_2H_5)_2]_2 \\ Cl_2 \end{matrix}$

Äthyl-selenid-verbindung[6]: $Pt\begin{matrix} [Se(C_2H_5)_2]_2 \\ Cl_2 \end{matrix}$

---

[1]) Peyrone, Liebigs Annal. d. Chem. und Pharm. **51**, 1 (1844); **55**, 205 (1845); **61**, 178 (1847).

[2]) Cleve, Kon. Vet. Akad. Handl. **10**, No. 9, pp. 29, 52 (1872).

[3]) Jörgensen, Journ. f. prakt. Chem. **33**, 504 (1886). Hedin, Om pyridinens platinabasers, S. 8 (1887). Journ. f. anorgan. Chem. **3**, 314 (1893).

[4]) Cahours, Gal. Zeitschr. 1870, 350, 437.

[5]) Blomstrand, Journ. f. prakt. Chem. (**2**), **38**, 352, 358, 497 (1888). Klason, Ber. der deutsch. chem. Ges. **28**, 1493 (1895).

[6]) Petrén, Om Platinaäthylselenföreningar, Lund, 1898.

2. Tetrammin-platin-verbindungen:

Dipyridin-di-ammin-platochlorid [1]: $\left[Pt \begin{matrix} (C_5H_5N)_2 \\ (NH_3)_2 \end{matrix}\right] Cl_2$

Dipyridin-di-äthylamin-platochlorid [2]) $\left[Pt \begin{matrix} (C_5H_5N)_2 \\ (C_2H_5 \cdot NH_2)_2 \end{matrix}\right] Cl_2$

Dimethylamin-di-ammin-platochlorid [3]: $\left[Pt \begin{matrix} (NH_3)_2 \\ (CH_3 \cdot NH_2) \end{matrix}\right] Cl_2$

§ 5. Darstellung stereoisomerer zweiwertiger Platinverbindungen:

1. Dichloro-di-ammin-platin: $Pt \begin{matrix} Cl_2 \\ (NH_3)_2 \end{matrix}$

Das Platosemidiamminchlorid (cis-Form) erhält man durch Einwirkung von Ammoniak auf Platinchlorürsalze:

$$K_2PtCl_4 + 2NH_3 = Pt \begin{matrix} Cl_2 \\ (NH_3)_2 \end{matrix} + 2KCl$$

Das Platosamminchlorid (trans-Form) wird erhalten, entweder durch Erhitzen von Tetramminplatochlorid auf 250°, oder durch Eindampfen desselben mit konzentrierter Salzsäure:

$$Pt(NH_3)_4Cl_2 = Pt \begin{matrix} (NH_3)_2 \\ Cl_2 \end{matrix} + 2NH_3$$

Die anderen Derivate, wie Bromo-, Jodo-, Nitrato- oder Nitritoverbindungen werden aus dem Chlorid durch doppelte Umsetzung erhalten.

2. Disulfito-diammin-platin: $Pt \begin{matrix} (SO_3H)_2 \\ (NH_3)_2 \end{matrix}$

Als Ausgangsprodukt benutzt man die cis- oder trans-Form des Chlorides, je nachdem welches Isomere man gewinnen will.

3. Dichloro-dipyridin-platin: $Pt \begin{matrix} Py_2 \\ Cl_2 \end{matrix}$

Die cis-Verbindung wird durch Einwirkung von Pyridin auf eine wässerige Lösung von Kaliumchloroplatinit gewonnen:

---

1) Jörgensen, Journ. f. prakt. Chem. **33**, 510 (1886).
2) Jörgensen, ibid. 530.
3) Jörgensen, ibid. **35**, 532 (1886).

$$\begin{matrix} Cl & & ClK \\ & Pt & \\ Cl & & ClK \end{matrix} + 2\,Py = \begin{matrix} Cl & & Py \\ & Pt & \\ Cl & & Py \end{matrix} + 2\,KCl$$

Die trans-Verbindung wird gebildet, wenn $(PtPy_4)Cl_2$ mit einem Überschuß von Salzsäure erhitzt wird.

$$\left[\begin{matrix} Py & & Py \\ & Pt & \\ Py & & Py \end{matrix}\right] Cl_2 + 2\,HCl = \left[\begin{matrix} Py & & Cl \\ & Pt & \\ Cl & & Py \end{matrix}\right] + 2\,Py \cdot HCl$$

4. Triäthyl-phosphin-platochlorid: $Pt\begin{matrix}[P(C_2H_5)_3]_2 \\ Cl_2\end{matrix}$

Die cis-Verbindung wird erhalten beim Kochen von Triäthylphosphin mit Platinchloridlösung; die trans-Form wird erhalten beim Erhitzen des cis-Chlorids mit Alkohol auf 100°; ebenso aus dem Tetra-phosphin-platochlorid durch Abspaltung von zwei Phosphinmolekülen.

5. Äthyl-selenid-verbindung: $Pt\begin{matrix}[Se(C_2H_5)_2] \\ Cl_2\end{matrix}$

Das α-Chlorid wird gebildet durch Einwirkung von Äthylselenid auf Kaliumchloroplatinit; das β-Isomere wird dargestellt durch Kochen der α-Verbindung mit Wasser und Äthylselenid.

6. Dipyridin-diammin-chlorid: $\left[Pt\begin{matrix}Py \\ (NH_3)_2\end{matrix}\right]Cl_2$

Die cis-Verbindung wird erhalten durch Lösen von cis-Dichlordiammin-platin in Pyridin oder von cis-Dichlor-pyridin-platin in Ammoniak.

Die trans-Form wird in gleicher Weise gewonnen, nur benutzt man die trans-Verbindungen als Ausgangspunkte.

7. Dipyridin-di-äthylamin-platochlorid: $\left[Pt\begin{matrix}Py_2 \\ C_2H_5 \cdot NH_2)_2\end{matrix}\right]Cl$

Die cis-Verbindung erhält man durch Auflösung von cis-Dichloro-dipyridin-platin in einer wässerigen Lösung von Äthylamin oder von cis-Dichloro-di-äthylamin-platin in Pyridin.

Die trans-Form wird in gleicher Weise aus der trans-Verbindung erhalten.

8. Di-methylamin-diammin-platochlorid: $\left[Pt\begin{matrix}(NH_3)_2\\(CH_3NH_2)_2\end{matrix}\right]Cl_2$

Die cis-Verbindung erhält man durch Auflösung von cis-Dichloro-diammin-platin in wässerigem Methylamin: die trans-Form wieder in gleicher Weise aus der trans-Verbindung.

§ 6. Eigenschaften stereoisomerer zweiwertiger Platinverbindnngen.

Man kann allgemein sagen, daß sich die Isomeren in Farbe, Löslichkeit, Schmelzpunkt und ebenso in der Kristallform unterscheiden.

Auch im chemischen Verhalten zeigen die beiden Isomeriereihen beträchtliche Differenzen, wie folgende Beispiele zeigen: die beiden isomeren Disulfito-diammin-platinverbindungen verhalten sich verschieden in der Salzbildung: die trans-Verbindung bildet normale Salze vom Typus:

$$Pt\begin{matrix}(NH_3)_2\\(SO_3R)_2\end{matrix}$$

während andererseits die cis-Isomeren Doppelsalze von folgendem Typus bilden:

$$Pt\begin{matrix}(NH_3)_2\\(SO_3Ag)_2\end{matrix} + Ag_2SO_3;\quad Pt\begin{matrix}(NH_3)_2\\(SO_3NH_4)_2\end{matrix} + (NH_4)_2SO_3$$

Die Einwirkung von Ammoniak auf die beiden isomeren Formen von Dichloro-dipyridin-platin ist verschieden; sie führt zu zwei isomeren Verbindungen von der Formel:

$$\left[Pt\begin{matrix}(NH_3)_2\\Py_2\end{matrix}\right]Cl_2$$

Ein weiterer Unterschied beider Isomeren liegt in der Tatsache, daß die cis-Form wasserfreie Kristalle bildet, die trans-Form aber mit zwei Molekülen Wasser kristallisiert.

Behandelt man die Äthyl-selenid-verbindung:

$$Pt\begin{matrix}[Se(C_2H_5)_2]\\Cl_2\end{matrix}$$

mit Silbernitrat, so findet man, daß bei der cis-Verbindung das eine Chloratom leichter reagiert wie das andere, was bei der trans-Verbindung nicht der Fall ist.

Die Einwirkung von Salzsäure auf die cis- und trans-Isomeren des Dipyridin-diamminchlorids ergibt verschiedene Resultate. Aus der cis-Form wird eine Verbindung von der Formel:

$$Pt \begin{matrix} \diagup Cl_2 \\ -NH_3 \\ \diagdown Py \end{matrix}$$

gebildet, während aus der trans-Form eine Mischung zweier Substanzen entsteht:

$$Pt \begin{matrix} Cl_2 \\ (NH_3)_2 \end{matrix} \qquad Pt \begin{matrix} Cl_2 \\ Py_2 \end{matrix}$$

§ 7. Konfigurationsbestimmung.

Die Konfiguration der Platosammin- und Platosemidiamminsalze wurde von Werner in folgender Weise bestimmt.

Der Komplex:

$$Pt \begin{matrix} Cl_2 \\ R_2 \end{matrix}$$

(in welchem R, NH_3, Pyridin etc. bedeutet) kann sich mit zwei weiteren Molekeln R zu einem neuen Komplex $(PtR_4)Cl_2$ vereinigen, der dann wieder durch Abspaltung von R_2 in ein Komplex der ursprünglichen Art zurückverwandelt werden kann.

Falls sich nun die beiden zweiten R-Radikale von den ersten beiden unterscheiden (wenn z. B. die ursprüngliche Substanz:

$$Pt \begin{matrix} Cl_2 \\ (NH_3)_2 \end{matrix}$$

ist und der neue Komplex durch Anlagerung zweier Moleküle Pyridin gebildet wird), so werden beide isomere Salze, Platosammin und Platosemidiammin verschiedene Verbindungen liefern.

Wenn wir also Platosemidiamminchlorid mit Pyridin behandeln, so werden wir folgende Verbindung erhalten:

$$\left[Pt \begin{matrix} (NH_3)_2 \\ Py_2 \end{matrix} \right] Cl_2$$

die identisch ist mit jener, die man durch Einwirkung von Ammoniak auf Platosemidipyridinchlorid erhält. Sie wird als α-Verbindung bezeichnet:

$$\left.\begin{matrix} \underset{\text{Platosemidiammin-derivat}}{Pt \begin{matrix} Cl_2 \\ (NH_3)_2 \end{matrix} + 2Py = \left[Pt \begin{matrix} (NH_3)_2 \\ Py_2 \end{matrix} \right] Cl_2} \\ Pt \begin{matrix} Cl_2 \\ Py_2 \end{matrix} + 2NH_3 = \left[Pt \begin{matrix} (NH_3)_2 \\ Py_2 \end{matrix} \right] Cl_2 \end{matrix} \right\} \text{identisch und als } \alpha\text{-Verbindung bezeichnet.}$$

Wenn wir nun die Platosaminsalze in gleicher Weise behandeln, so erhalten wir auch zwei Verbindungen, die identisch sind, sich aber von der als α-Verbindung bezeichneten unterscheiden. Sie wird als β- bezeichnet.

$$\left.\begin{array}{l} \mathrm{Pt}\begin{matrix}(NH_3)_2\\ \\ Cl_2\end{matrix} + 2\,\mathrm{Py} = \left[\mathrm{Pt}\begin{matrix}(NH_3)_2\\ \\ Py_2\end{matrix}\right]\mathrm{Cl_2} \\ \text{Platosamminderivat} \\ \mathrm{Pt}\begin{matrix}Py_2\\ \\ Cl_2\end{matrix} + 2\,\mathrm{NH_3} = \left[\mathrm{Pt}\begin{matrix}(NH_3)_2\\ \\ Py_2\end{matrix}\right]\mathrm{Cl_2} \end{array}\right\} \begin{array}{c}\text{identisch und}\\ \text{als } \beta\text{-Verbindung}\\ \text{bezeichnet.}\end{array}$$

Beide isomere Derivate, α und β, unterscheiden sich voneinander in mancher Hinsicht, gleichen sich aber insofern, als sie nach Abspaltung von zwei basischen Radikalen gleichartige Endprodukte liefern, nämlich Platosamminderivate, und zwar spalten die α Verbindungen ein Molekül Ammoniak und ein Molekül Pyridin ab. Dagegen ist die Reaktion bei der β-Verbindung verschieden; denn in einem Falle spaltet ein Molekül derselben zwei Ammoniakradikale ab, im andern verliert es zwei Pyridingruppen.

$$(\alpha)\ \left[\mathrm{Pt}\begin{matrix}Py_2\\ \\ (NH_3)_2\end{matrix}\right]\mathrm{Cl_2} \longrightarrow \mathrm{Py} + \mathrm{NH_3} + \mathrm{Pt}\begin{matrix}Py\\ NH_3\\ Cl_2\end{matrix}$$

$$(\beta)\ \left[\mathrm{Pt}\begin{matrix}Py_2\\ \\ (NH_3)_2\end{matrix}\right]\mathrm{Cl_2} \begin{array}{l}\nearrow\ 2\,\mathrm{NH_3} + \mathrm{Pt}\begin{matrix}Py_2\\ \\ Cl_2\end{matrix}\\ \searrow\ 2\,\mathrm{Py} + \mathrm{Pt}\begin{matrix}(NH_3)_2\\ \\ Cl_2\end{matrix}\end{array}$$

Der Verlauf dieser zwei Reaktionen kann nur bei Annahme folgender Formeln für beide Verbindungsreihen erklärt werden:

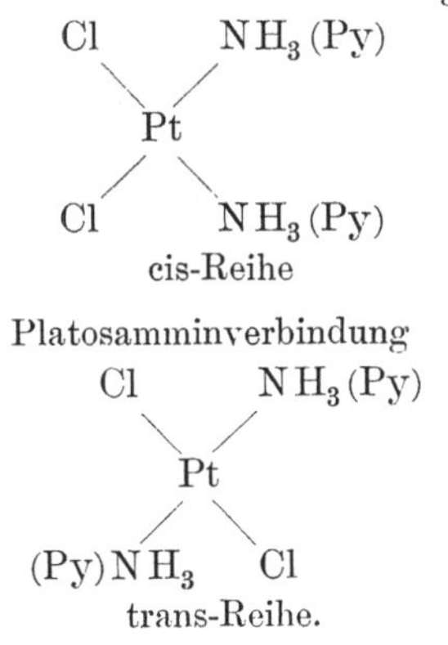

Die Additionsreaktionen werden bei Annahme dieser Formeln folgendermaßen verlaufen:

$$\begin{array}{ccc} Cl & & NH_3 \\ & Pt & \\ Cl & & NH_3 \end{array} + 2\,Py = \left[\begin{array}{ccc} Py & & NH_3 \\ & Pt & \\ Py & & NH_3 \end{array}\right] Cl_2$$

$$\begin{array}{ccc} Cl & & Py \\ & Pt & \\ Cl & & Py \end{array} + 2\,NH_3 = \left[\begin{array}{ccc} NH_3 & & Py \\ & Pt & \\ NH_3 & & Py \end{array}\right] Cl_2$$

identische α-Verbindung $\left[Pt \begin{array}{c} (NH_3)_2 \\ Py_2 \end{array}\right] Cl_2$

$$\begin{array}{ccc} Cl & & NH_3 \\ & Pt & \\ NH_3 & & Cl \end{array} + 2\,Py = \left[\begin{array}{ccc} Py & & NH_3 \\ & Pt & \\ NH_3 & & Py \end{array}\right] Cl_2$$

$$\begin{array}{ccc} Cl & & Py \\ & Pt & \\ Py & & Cl \end{array} + 2\,NH_3 = \left[\begin{array}{ccc} NH_3 & & Py \\ & Pt & \\ Py & & NH_3 \end{array}\right] Cl_2$$

identische β-Verbindung $\left[Pt \begin{array}{c} (NH_3)_2 \\ Py_2 \end{array}\right] Cl_2$

Wenn wir nun den Zerfall der zwei Isomeren in einfache Platosamminderivate betrachten, so ergeben sich folgende Gleichungen:

für die α-Verbindung:

$$\left[\begin{array}{ccc} NH_3 & & Py \\ & Pt & \\ NH_3 & & Py \end{array}\right] Cl_2 = \begin{array}{c} NH_3 \\ Py \end{array} + \begin{array}{ccc} NH_3 & & Cl \\ & Pt & \\ Cl & & Py \end{array}$$

für die β-Verbindung:

$$\left[\begin{array}{ccc} Py & & NH_3 \\ & Pt & \\ NH_3 & & Py \end{array}\right] Cl_2 = \begin{array}{c} Py \\ Py \end{array} + \begin{array}{ccc} Cl & & NH_3 \\ & Pt & \\ NH_3 & & Cl \end{array}$$

$$\left[\begin{array}{ccc} Py & & NH_3 \\ & Pt & \\ NH_3 & & Py \end{array}\right] Cl_2 = \begin{array}{c} NH_3 \\ NH_3 \end{array} + \begin{array}{ccc} Py & & Cl \\ & Pt & \\ Cl & & Py \end{array}$$

Man könnte diesen Ausführungen gegenüber den Einwand erheben, daß die Platosammine vielleicht in Wirklichkeit cis-Derivate sind und nicht trans-Verbindungen. Dieser Einwurf kann nun leicht widerlegt werden; denn wenn wir annehmen, daß die Platosamminverbindungen cis-Konfiguration besitzen:

dann würde die Addition von Ammoniak an (II) oder von Pyridin an (I) folgendes cis-Derivat liefern:

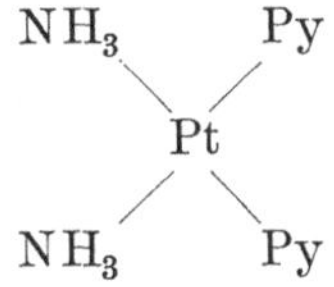

Ein solche Verbindung könnte nun in ein Platosamminderivat (angenommen es sei eine cis-Form) in drei Wegen übergehen:

1. Durch Abspaltung von zwei Molekülen Ammoniak.
2. Durch Abspaltung von zwei Molekülen Pyridin.
3. Durch Abspaltung von einem Molekül Ammoniak und einem Molekül Pyridin.

Somit würde eine Mischung folgender drei Verbindungen gebildet werden:

1. $Pt\begin{matrix}Py_2\\X_2\end{matrix}$ 2. $Pt\begin{matrix}(NH_3)_2\\X_2\end{matrix}$ 3. $Pt\begin{matrix}Py\\NH_3\\X_2\end{matrix}$

Ein solcher Fall ist aber bis jetzt noch nicht beobachtet worden.

§ 8. Vergleich stereoisomerer Äthylen- und zweiwertiger Platinverbindungen.

Es wurde bereits darauf hingewiesen, daß die Raumformeln für Äthylenderivate den für isomere Platinverbindungen angenommenen ähnlich sind; auch die Eigenschaften der Isomeren beider Reihen gleichen einander. So z. B. ist sowohl bei den Platinisomeren als auch bei den Äthylenverbindungen die cis-Form die weniger stabile von beiden und kann durch verschiedene Mittel in die stabilere trans-Verbindung übergeführt werden. Es ist daher bemerkenswert, daß die cis-Verbindungen gewöhnlich durch weniger heftige Reaktionen gebildet werden als die trans-Formen. Auch hier haben, ebenso wie in der Äthylenreihe, die cis-Verbindungen einen niedrigeren Schmelzpunkt als die trans-Derivate; auch die größere Löslichkeit der cis-Verbindung erinnert an dieselbe Erscheinung in der Äthylenreihe.

Es wurde bereits erwähnt, daß in jenen Fällen, wo Äthylenverbindungen gefärbt sind, die cis-Form eine intensivere Färbung zeigt; dasselbe trifft auch in der Platinreihe zu.

B. Isomere Derivate des vierwertigen Platins.

§ 1. Struktur- und Raumformeln.

Die Metallammoniakverbindungen des vierwertigen Platins erinnern sehr an jene des Kobalts, insofern, als auch sie sich von einem Komplexradikal $Pt(NH_3)_6$ ableiten, wie die Kobaltverbindungen von einem Radikal: $Co(NH_3)_6$. Die Verbindung mit der größten Anzahl von Ammoniakmolekülen ist $[Pt(NH_3)_6]X_4$. Man hat gefunden, daß nach Austritt irgend eines dieser Ammoniakmoleküle an seine Stelle ein X-Radikal tritt, welches dann einen Teil des Zentralkomplexes bildet und so seine Fähigkeit, in Lösungen Ionen zu bilden, verliert. Der Fall gleicht also vollkommen dem der Kobaltsalzreihe.

So erhalten wir z. B. beim Austritt zweier Ammoniakmoleküle aus dem Kern eine Verbindung von der Formel $[Pt(NH_3)_4]X_2$; wenn vier Moleküle Ammoniak austreten, erhalten wir die Verbindung:

$$\left[Pt\begin{matrix} X_4 \\ (NH_3)_2 \end{matrix}\right]$$

welche in Lösungen nicht mehr in Ionen zerfällt.

Man nimmt für die Platinderivate dieselbe Raumformel an, wie für die entsprechenden Kobaltverbindungen, d. h. die sechs Gruppen befinden sich in den Ecken eines regulären Oktaeders, in dessen Zentrum das Platinatom liegt.

§ 2. Isomeriefälle.

Da in dieser Hinsicht noch wenig Material vorliegt, scheint es am besten zu sein, einen kurzen Überblick über die Eigenschaften und die Darstellung der bekannteren Isomeren zu geben:

$$Pt\begin{matrix} Cl_2 \\ (NH_3)_2 \end{matrix} \quad \text{und} \quad Pt\begin{matrix} Br_4 \\ (NH_3)_2 \end{matrix}$$

Die erste Form, aus einer Platosemidiamminverbindung dargestellt, wird als Platinisemidiamminderivat bezeichnet, während die andere Platiniamminverbindung genannt wird. Platinisemidiamminchlorid wird durch Einwirkung von Chlor auf cis-Dichlorodiamminplatin erhalten; das zweite Isomere wird durch Addition von Chlor an trans-Dichlorodiamminplatin erhalten. Beide Isomeren unterscheiden sich in ihrer Farbe, denn das von der cis-Form gewonnene Derivat ist orange, das andere gelb gefärbt. Sie unterscheiden sich ferner in der Leitfähigkeit und Kristallform. Platinisemidiamminbromid wird durch Einwirkung von Brom auf Platosemidiamminbromid gebildet und das Isomere auf gleiche Weise aus dem Platosamminbromid. Beide Bromide unterscheiden sich in Farbe und Kristallform.

§ 3. Konfigurationsbestimmung.

Die Raumformeln der beiden Isomeren können abgeleitet werden auf Grund ihrer Bildungsweise; die nachfolgenden Figuren erläutern den Vorgang.

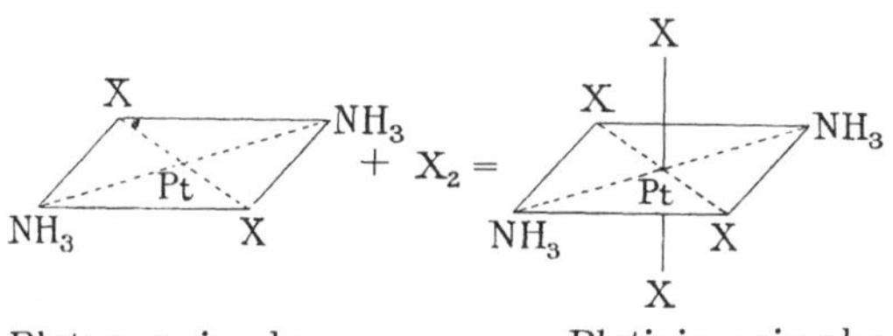

Platosamminsalze Platiniamminsalze

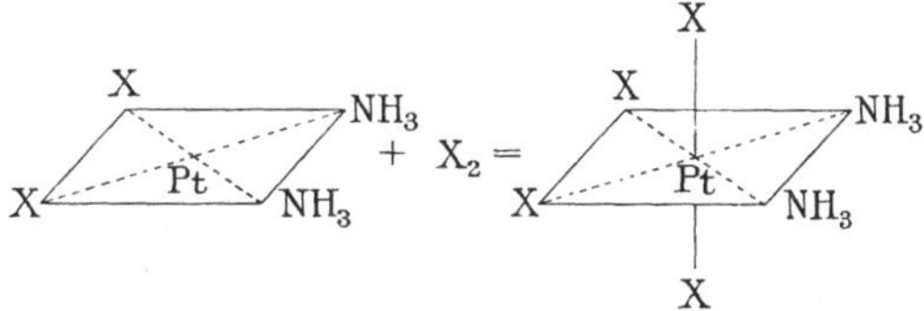

Platosemidiamminsalze Platinisemidiamminsalze.

VII. Stereoisomerie in Chromverbindungen.

§ 1. Struktur stereoisomerer Chromverbindungen.

P. Pfeiffer[1]) hat die Wernerschen Ideen auf den Fall gewisser isomerer Chromverbindungen übertragen. Die in Frage kommenden Körper sind einfache Additionsprodukte von Äthylendiamin und Salzen des dreiwertigen Chroms; sie entsprechen der empirischen Formel ($CrX_3 + 2\,en$), worin „en“ als Symbol für Äthylendiamin benutzt wird.

Da in diesen Verbindungen nur eines der X-Radikale Ionencharakter besitzt, können wir auch hier dieselben Folgerungen ableiten, wie Werner im Falle der Kobaltverbindungen.

Nehmen wir das Wernersche System an, so können wir die Formel dieser Verbindungen folgendermaßen schreiben:

$$\left[Cr\begin{matrix} en_2 \\ \\ X_2 \end{matrix}\right]X$$

1) Pfeiffer, Ber. der deutsch. chem. Ges. **37**, 4255 (1904). Pfeiffer und Trieschmann, Liebigs Annal. d. Chem. u. Pharm. **342**, 283, 305 (1905).

welche anzeigt, daß bei eintretender Ionisation zwei Ionen entstehen, nämlich X und das Komplexradikal innerhalb der Klammer.

Ferner ersieht man, daß die drei X-Radikale nicht gleichwertig sind, da zwei derselben in direkter Bindung mit dem Chrom stehen, während das dritte in irgend einer Weise mit dem ganzen innerhalb der Klammer befindlichen Komplex in Bindung steht.

Pfeiffer hat gefunden, daß Salze dieser Art in zwei isomeren Formen existieren können; die Disulfocyanato-, Dichloro- und Dibromoisomeren wurden näher untersucht. Er erhitzte Triäthylendiaminchromsulfocyanat $[Cr\,en_3](SCN)_3$ und fand, daß auf diese Weise ein Molekül Äthylendiamin abgespalten und ein Salz der Formel:

$$\left[Cr\begin{matrix}en_2\\ \\(SCN)_2\end{matrix}\right]SCN$$

gebildet wird. Aus diesem Salze erhielt er durch doppelte Umsetzung eine ganze Reihe von Substanzen vom Typus:

$$\left[Cr\begin{matrix}en_2\\ \\(SCN)_2\end{matrix}\right]X$$

die er als α-Salze bezeichnet.

Pfeiffer konnte ebenso α-Dithiocyanato-thiocyanate durch Einwirkung von Äthylendiamin auf Kalium-chromthiocyanat gewinnen. In diesem Falle bildet sich aber ein zweiter Körper im Verlaufe der Reaktion, denn neben den langen, flachen, orangeroten Nadeln des α-Salzes bilden sich schmale, glitzernde, orangegefärbte Blättchen des β-Salzes.

Dieses β-Salz kann auch noch nach einer anderen Methode erhalten werden, nämlich durch Einwirkung von Kaliumsulfocyanat auf Brom-aquo-diäthylendiamin-chrombromid:

$$\left[Cr\begin{matrix}en_2\\(OH_2)\\Br\end{matrix}\right]Br_2$$

Auf diese Weise dargestellt, erhält man es frei von α-Salz. Pfeiffer konnte zeigen, daß die zwei Verbindungen wirkliche Isomere sind und nicht etwa isomorphe Substanzen; er stellte zu diesem Zwecke einige Derivate beider Verbindungsreihen dar und konstatierte, daß die Derivate der α-Reihe vollkommen verschieden waren von den entsprechenden Substanzen der β-Reihe, während die Verbindungen beider verschiedenen Salzreihen beim Behandeln mit Rhodankalium die ursprüngliche Verbindung jeder Reihe, also α-Sulfocyanat einerseits und β-Sulfocyanat andererseits, ergaben. Den β-Salzen kommt demgemäß folgende Struktur zu:

$$\left[Cr\begin{matrix}en_2\\ \\(SCN)_2\end{matrix}\right]X$$

in welcher der Komplex innerhalb der rechteckigen Kammer bei irgend einer doppelten Umsetzung unverändert bleibt. Diese Tatsache schließt aber noch nicht die Möglichkeit einer Strukturisomerie aus, denn die eine Reihe von Salzen könnte sich von den wahren Sulfocyanaten ableiten, die andere dagegen von den Isosulfocyanaten:

$$\left[Cr \begin{matrix} en_2 \\ SCN \\ SCN \end{matrix}\right] X \qquad \left[Cr \begin{matrix} en_2 \\ N:CS \\ N:CS \end{matrix}\right] X$$

(I) (II)

Wenn dies aber der Fall wäre, so müßte man ein verschiedenes Verhalten der beiden Salzreihen bei der Oxydation erwarten, in gleicher Weise, wie es Werner und Bräunlich bei den entsprechenden Kobaltverbindungen gefunden haben. Pfeiffer konnte aber bei den analogen Versuchen mit oxydierenden Agenzien keine Anzeichen gewinnen, welche auf Strukturdifferenzen zwischen den Isomeren deuten würden. Die Isomerie muß daher stereo-chemischer Natur sein.

Die letzte Ansicht wird noch verstärkt durch die Tatsache, daß die direkt mit dem Chromatom verbundenen Sulfocyangruppen durch andere Gruppen ersetzt werden können, ohne daß die Isomerie in den Derivaten verschwindet, z. B. das Additionsprodukt von zwei Molekülen Äthylendiamin an Chromchlorid existiert in zwei isomeren Formen:

$$\left[Cr \begin{matrix} en_2 \\ \\ Cl_2 \end{matrix}\right] X$$

Dieses Salz wird erhalten, wenn man in Wasser suspendiertes α-Sulfocyanato-sulfocyanat mit Chlor behandelt, wobei ein grünes Salz entsteht.

Seine Konstitution kann folgendermaßen abgeleitet werden: In der wässerigen Lösung des Salzes können weder Chromionen, noch Äthylendiamin nachgewiesen werden; sie müssen daher zusammen ein Komplexion bilden. Ferner tritt bei der doppelten Umsetzung nur ein Chlor in Reaktion; die anderen beiden sind daher mit dem Chrom direkt gebunden, so daß dem Salz die in der obigen Formel angegebene Konstitution zukommen muß.

Pfeiffer hat Salze dargestellt, in denen die Gruppe X durch Chlor, Brom, Jod, Salpetersäure, Sulfocyanat und Dithionat-Radikale ersetzt ist. Alle diese Salze waren von grüner Farbe und sie mögen daher als grüne Dichlorosalze bezeichnet werden.

Wenn das β-Sulfocyanato-sulfocyanat oxydiert wird, so entsteht an Stelle der grünen, aus dem α-Salz gewonnnenen Verbindung, eine violette Substanz, deren Zusammensetzung und Konstitution — nach den bereits erwähnten Methoden bestimmt — mit denen der grünen α-Verbindung identisch sind. Aus diesem neuen Chlorid ist es möglich, eine zweite Reihe von Salzen der allgemeinen Formel:

$$\left[Cr \begin{matrix} en_2 \\ \\ Cl_2 \end{matrix}\right] X$$

zu bilden, die alle violett gefärbt sind. Ohne auf weitere Details einzugehen, können wir im allgemeinen folgendes sagen: Pfeiffer hat gezeigt, daß die Additionsprodukte von zwei Molekülen Äthylendiamin und Salzen CrX_3 des dreiwertigen Chroms in zwei strukturgleichen isomeren Formen existieren. Nach ihrer Darstellungsmethode können wir diese Substanzen folgendermaßen einteilen:

α-Disulfocyanato-Salze.	β-Disulfocyanato-Salze.
Grüne Dichlorosalze.	Violette Dichlorosalze.

§ 2. Raumformeln stereoisomerer Chromverbindungen.

Da das Chromatom die Fähigkeit besitzt, sich mit sechs anderen Atomen zu vereinigen, so liegt offenbar ein ganz analoger Fall vor wie beim Kobalt, und wir können die von Werner für die Raumformel der Kobaltammoniake angeführten Gründe auch hier anwenden.

Ohne diese Gründe zu wiederholen, wollen wir die bisher erhaltenen Resultate anführen: Die Verbindungen vom Typus $[Cr\,a_4\,x_2]X$[1]) existieren in zwei isomeren Formen, die hervorgerufen werden durch eine verschiedene räumliche Anordnung ihrer Atome; wenn wir die sechs Gruppen $a_4\,x_2$ in den Ecken eines Oktaeders anordnen, so erhalten wir zwei mögliche Konfigurationen und zwar nur zwei.

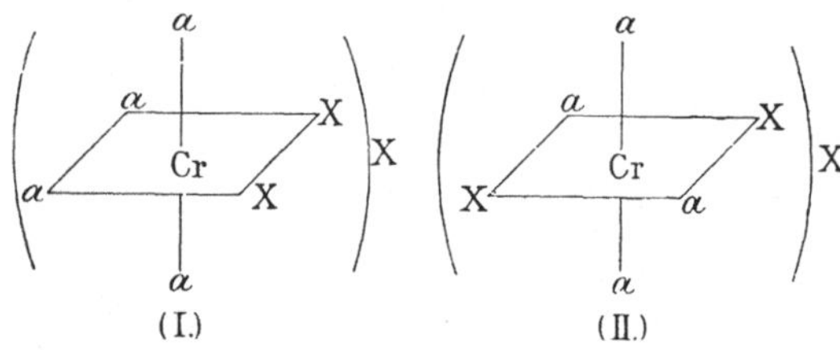

Wir erhalten also ebenso wie bei den Kobaltverbindungen zwei Reihen von Verbindungen, von denen die eine entsprechend der Formel (I) die cis-Form, die andere die trans-Form (II) darstellt.

§ 3. Darstellung stereoisomerer Chromverbindungen.

Es dürfte vorteilhafter sein, die Darstellungsmethoden der beiden isomeren Reihen getrennt zu behandeln.

Wir wollen zunächst diejenigen der cis-Verbindungen besprechen.

Die Verbindung, aus welcher die meisten direkt oder indirekt abgeleitet werden können, ist das Bromo-aquo-di-äthylendiaminchrombromid, das in folgender Weise gebildet werden kann.

[1]) Diese Formel korrespondiert mit der Formel $[C_2\,en_2\,X_2]$, da ein Molekül Äthylendiamin zwei Moleküle Ammoniak ersetzen kann.

Chromchlorid wird in Pyridin gelöst, Wasser hinzugefügt und der Niederschlag in der eben erforderlichen Menge Salzsäure gelöst; die Lösung wird filtriert und mit Pyridin gefällt; das auf diese Weise erhaltene Chlorid wird mit einer Lösung von Äthylendiamin auf dem Wasserbade bis zur sirupösen Konsistenz eingedampft. Dann fügt man tropfenweise rauchende Bromwasserstoffsäure zu, bis kein Gas mehr entweicht. Nach einigen Tagen scheiden sich aus der Lösung kleine kompakte, rote Kristalle des verlangten Bromides aus.

$$\left[Cr \begin{matrix} en_2 \\ (OH)_2 \\ Br \end{matrix}\right] Br_2$$

Aus dieser Substanz kann man das cis-Disulfocyanato-di-äthylendiamin-chromsulfocyanat:

$$\left[Cr \begin{matrix} en_2 \\ (SCN)_2 \end{matrix}\right] SCN$$

durch doppelte Umsetzung mit Rhodankalium erhalten. Aus diesem Sulfocyanat können wir das Chlorid beim Erwärmen mit Salzsäure bilden.

$$\left[Cr \begin{matrix} en_2 \\ (SCN)_2 \end{matrix}\right] Cl$$

Die letzte Verbindung dieser Reihe, deren Darstellung wir noch besprechen wollen, ist das Disulfocyanato-di-äthylendiamin-chromnitrat, welches gebildet wird, wenn man das feste Sulfocyanatsalz mit einer Salpetersäure behandelt, die mit der dreifachen Menge Wasser verdünnt ist.

$$\left[Cr \begin{matrix} en_2 \\ [SCN]_2 \end{matrix}\right] NO_3$$

Die cis-Dichloro-di-äthylendiamin-chromsalze der Formel:

$$\left[Cr \begin{matrix} en_2 \\ Cl_2 \end{matrix}\right] X$$

werden gleich den Disulfocyanato-Salzen aus Pyridinderivaten erhalten.

Die Darstellungsmethode ist dieselbe wie bei Bromo-aquo-di-äthylendiamin-chrombromid, nur daß an Stelle von Salzsäure, Bromwasserstoffsäure benützt wird. Das auf diese Weise erhaltene Salz ist cis-Dichloro-di-äthylendiamin-chromchlorid:

$$\left[Cr \begin{matrix} en_2 \\ Cl_2 \end{matrix}\right] Cl$$

Aus diesem Chlorid können verschiedene Salze erhalten werden, z. B. das Nitrat:

$$\left[Cr\begin{matrix}en_2\\ \\ Cl_2\end{matrix}\right]NO_3$$

durch Einwirkung von konzentrierter Salpetersäure; das cis-Dichlorosulfocyanat:

$$\left[Cr\begin{matrix}en_2\\ \\ Cl_2\end{matrix}\right]SCN$$

durch doppelte Umsetzung.

Wir müssen nun zu den Salzen der trans-Reihe übergehen. Trans-di-sulfocyanato-chromsulfocyanat wird durch Erhitzen von Triäthylendiamin-chrom-sulfocyanat $[Cr\ en_3](SCN)_3$ erhalten, aus welchem wir weiterhin durch sukzessive Einwirkung von Chlor und Salzsäure das Dichloro-di-äthylendiamin-chromchlorid erhalten können. Aus dem Dichloro-chlorid kann das Dichloro-sulfocyanat durch doppelte Umsetzung mit Rhodankalium erhalten werden.

Ebenso wie die korrespondierende cis-Verbindung durch Einwirkung von konzentrierter Salpetersäure auf das cis-Dichloro-chlorid erhalten werden kann, so kann man das trans-Isomere vom Typus:

$$\left[Cr\begin{matrix}en_2\\ \\ Cl_2\end{matrix}\right]NO_3$$

durch Einwirkung von konzentrierter Salpetersäure auf:

$$\left[Cr\begin{matrix}en_2\\ \\ Cl_2\end{matrix}\right]Cl$$

darstellen.

Wenn eine Lösung von cis-Dichloro-di-äthylendiamin-chromchlorid mit einer konzentrierten Lösung von Kaliumoxalat erwärmt wird, so scheidet sich beim Erkalten eine karmingefärbte kristallisierende Substanz aus. Die Analyse derselben ergibt die empirische Formel $Cr_2\ en_3\ (C_2O_4)_3$.

Auf Grund der Darstellung ist es wahrscheinlich, daß dem Salz folgende Konstitution zukommt:

$$\left[Cr\begin{matrix}en_2\\ \\ C_2O_4\end{matrix}\right]\quad\left[Cr\begin{matrix}en\\ C_2O_4\\ C_2O_4\end{matrix}\right]$$

Diese Wahrscheinlichkeit wird fast zur Sicherheit durch den Nachweis, daß konzentrierte Säuren die positive Gruppe:

$$\left[Cr\begin{matrix}en_2\\ \\ C_2O_4\end{matrix}\right]$$

von dem Molekül abspalten können und es in Form von Salzen vom Typus:

$$\left[Cr\begin{matrix}en_2\\C_2O_4\end{matrix}\right]X$$

isolieren lassen.

Erhitzen wir dagegen trans-Dichloro-di-äthylendiamin auf dieselbe Weise, so scheiden sich violett-rote Kristalle aus der kalten Lösung aus. Dieselben enthalten im Gegensatz zu der cis-Verbindung Chlor.

§ 4. Eigenschaften stereoisomerer Chromverbindungen.

Nur insofern, als sich die Eigenschaften der beiden Isomeren unterscheiden, sollen dieselben hier besprochen werden. Die Hauptunterschiede zwischen den zwei Di-sulfo-cyanato-di-äthylendiamin-chrom-sulfocyanaten:

$$\left[Cr\begin{matrix}en_2\\(SCN)_2\end{matrix}\right]SCN$$

sind Farbe und Kristallform; die cis-Verbindungen erscheinen in Form von schmalen, rötlich-orangegefärbten Blättchen, welche aus feinen Nadeln gebildet werden, während die trans-Isomeren in langen, schimmernden, gelb-roten Nadeln auftreten.

Das Chlorid:

$$\left[Cr\begin{matrix}en_2\\(SCN)_2\end{matrix}\right]Cl$$

bildet glitzernde, rubinrote Nadeln in der cis-Form, dagegen orangerote rhombische Kristalle in der trans-Form. Ein weiterer Unterschied besteht in der Stabilität der Isomeren in wässeriger Lösung: Die cis-Form zersetzt sich schneller als die trans-Form, obgleich die diesbezüglichen Daten nicht sehr genau sind.

Bei dem Nitrat:

$$\left[Cr\begin{matrix}en_2\\(SCN)_2\end{matrix}\right]NO_3$$

kristallisiert die cis-Form wasserfrei, während die trans-Form ein Molekül Kristallwasser enthält.

Ein ähnlicher Unterschied wurde beim Di-chloro-di-äthylen-diamin-chromchlorid:

$$\left[Cr\begin{matrix}en_2\\Cl_2\end{matrix}\right]Cl$$

gefunden, wo die cis-Form mit einem Molekül Kristallwasser kristallisiert, während die trans-Form ein saures Salz ist und neben zwei Molekülen Wasser ein Molekül Chlorwasserstoff enthält. Beim Erwärmen auf 100° verlieren beide Salze ihr Kristallwasser, wobei die cis-Verbindung ihre Farbe unverändert beibehält, während das trans-Chlorid, das gleichzeitig sein Chlorwasserstoffmolekül abspaltet, in ein grünes, neutrales Chlorid übergeht.

Auch das Dichloro-nitrat:

$$\left[\mathrm{Cr}\begin{matrix}\mathrm{en_2}\\ \\ \mathrm{Cl_2}\end{matrix}\right]\mathrm{NO_3}$$

zeigt zwischen beiden isomeren Formen Farbenunterschiede. Die cis-Verbindung bildet violett-rote, nadelförmige Blättchen, die trans-Verbindung dagegen grau-grüne Nadeln, welche beim Erwärmen rein grün werden, beim Erkalten aber wieder einen grauen Stich annehmen. Die trans-Form ist in Wasser weniger löslich als die cis-Form.

§ 5. Umlagerung stereoisomerer Chromverbindungen.

Die Isomeren der Chromreihe sind im Vergleich zu jenen der Kobaltverbindungen durch eine viel größere Beständigkeit ausgezeichnet. So kann man z. B. Lösungen der grünen oder violetten Salze in Salzsäure bis zur Trockne eindampfen, ohne eine Konfigurationsänderung herbeizuführen, während bei den Kobaltsalzen diese Methode benutzt wird, um ein Isomeres in das andere umzuwandeln; dennoch ist es möglich, viele Chromverbindungen einer Art in ihre Stereoisomeren überzuführen.

Die Umwandlung eines grünen Salzes in ein violettes kann folgendermaßen durchgeführt werden. Eine wässerige Lösung des grünen Salzes wird einen oder zwei Tage stehen gelassen, wobei es seine Farbe in rot ändert; beim Verdampfen der Lösung mit Salzsäure kann man einen beträchtlichen Anteil als violettes Salz isolieren.

Der umgekehrte Wechsel eines violetten Salzes in ein grünes kann durch rasches Verdampfen einer wässerigen Lösung in Gegenwart von Salzsäure und Merkurichlorid durchgeführt werden; wenn man nun den Rückstand mit Wasser extrahiert, so erhält man beim Verdampfen ein grünes Kristallpulver, ein Doppelsalz, das aus Quecksilberchlorid und dem grünen Chlorid zusammengesetzt ist.

Eine Umwandlung eines grünen Dichloro-Salzes in ein violettes kann auf folgendem Wege geschehen. Grünes Dichloro-diäthylendiamin-chlorid gibt beim Erwärmen mit Äthylendiamin ein braungelbes Chlorid, welches beim Erhitzen auf 150° ein Molekül Äthylendiamin verliert und in das violette Dichloro-chlorid übergeht:

$$\left[\mathrm{Cr}\begin{matrix}\mathrm{en_2}\\ \\ \mathrm{Cl_2}\end{matrix}\right]\mathrm{Cl}\xrightarrow{\mathrm{en}}\left[\mathrm{Cr\ en_3}\right]\mathrm{Cl_3}\xrightarrow{150^0}\left[\mathrm{Cr}\begin{matrix}\mathrm{en_2}\\ \\ \mathrm{Cl_2}\end{matrix}\right]\mathrm{Cl}$$

Grünes Dichlorochlorid. Braun-gelbes Chlorid. Violettes Dichloro-chlorid.

Pfeiffer gibt in der folgenden Tabelle eine Übersicht über die erhaltenen Umwandlungen:

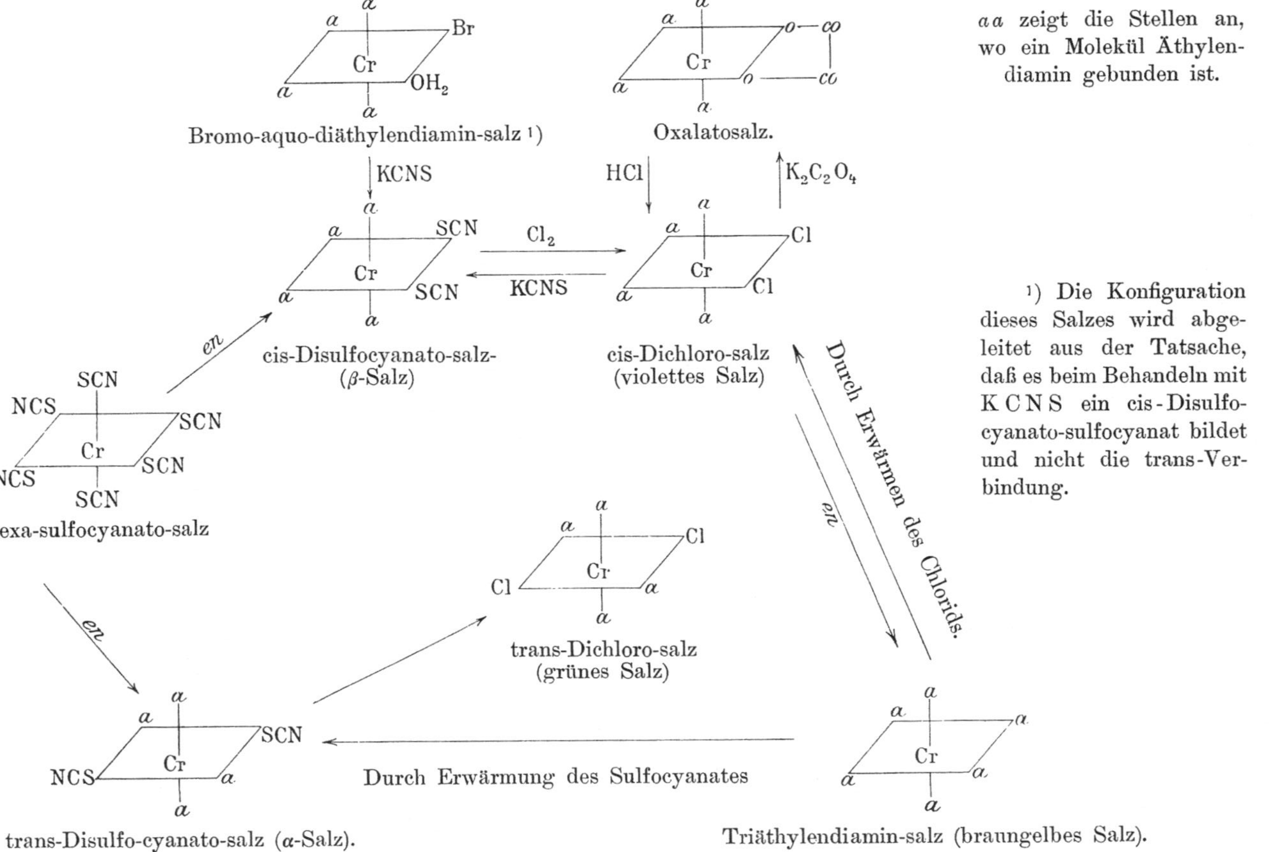

aa zeigt die Stellen an, wo ein Molekül Äthylendiamin gebunden ist.

[1]) Die Konfiguration dieses Salzes wird abgeleitet aus der Tatsache, daß es beim Behandeln mit KCNS ein cis-Disulfocyanato-sulfocyanat bildet und nicht die trans-Verbindung.

§ 6. Konfigurationsbestimmung.

Pfeiffer verwendet dieselbe Methode zur Konfigurationsbestimmung wie Werner im Falle der Kobaltamminkonfiguration, nämlich die Stabilitätsverhältnisse gewisser Ringverbindungen in der Salzreihe. Er wählte für seine Experimente die Oxalato-di-äthylendiamin-chromsalze:

$$\left[\mathrm{Cr}\begin{matrix}\mathrm{en_2}\\ \\ \mathrm{C_2O_4}\end{matrix}\right]\mathrm{X}$$

Die beständige Konfiguration des Komplexradikals innerhalb der Klammer muß folgende sein:

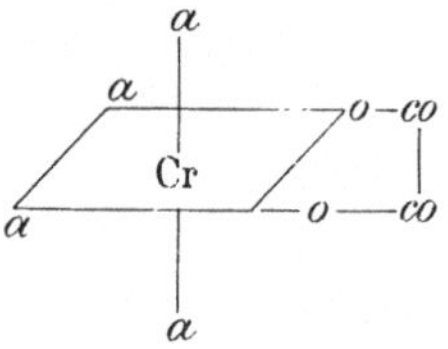

$$\begin{matrix} & a & & \\ a & | & & O-CO \\ & \mathrm{Cr} & & | \\ a & | & & O-CO \\ & a & & \end{matrix}$$

Die Äthylendiamin-radikale sind in dieser Formel durch die Buchstaben „aa" repräsentiert, nicht durch „en".

Wir können die Formel noch einfacher in folgender Weise schreiben:

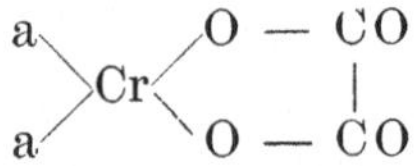

$$\begin{matrix} a\diagdown & & \diagup O - CO \\ & \mathrm{Cr} & \quad\; | \\ a\diagup & & \diagdown O - CO \end{matrix}$$

in welcher angenommen ist, daß noch eine „a"-Gruppe über, und eine andere unter der Ringebene liegt. Diese beiden Gruppen sind zwecks größerer Klarheit in der Figur ausgelassen.

Falls die Lage der Oxalatogruppe in der Tat so richtig ist (und die Wahrscheinlichkeit spricht sehr dafür), so sollten wir nach Ersatz der Oxalato-gruppe durch zwei Chloratome unzweifelhaft zu einer cis-Dichloro-verbindung gelangen. Wir müßten ferner viel leichter von dieser Dichloro-verbindung zurück in das Oxalato-salz gelangen, als von der entsprechenden isomeren Dichloro-verbindung.

Die Experimente ergaben, daß beim Erwärmen des Oxalatosalzes mit konzentrierter Salzsäure selbst schon bei einer Temperatur von 40^0 C ein violettes Salz entsteht, welches nach doppelter Umsetzung mit Kaliumjodid ein kristallisiertes Jodid von der Formel:

$$\left[\mathrm{Cr}\begin{matrix}\mathrm{en_2}\\ \\ \mathrm{Cl_2}\end{matrix}\right]\mathrm{J}$$

liefert, welches sich identisch erwies mit dem Jodid der violetten Salzreihe. Da man gefunden hat, daß unter den gleichen Bedingungen keine Änderung des grünen Jodids in das violette stattfindet, scheint es sicher, daß die violetten Salze von gleicher Konfiguration sind wie die Oxalato-Salze.

Andererseits kann der umgekehrte Übergang des violetten Chlorids in das Oxalatosalz leicht durch Erwärmen seiner Lösung mit Kaliumoxalat hervorgerufen werden, und zwar entsteht auf diese Weise ein Komplexsalz mit folgender Konstitution:

$$\left[Cr\begin{matrix}en_2\\ \\ C_2O_4\end{matrix}\right]\left[Cr\begin{matrix}en\\ \\ (C_2O_4)_2\end{matrix}\right]$$

Wenn man aber diese Reaktion mit dem grünen Salze durchführt, so erhält man ein Komplexsalz, welches die Gruppe:

$$\left[Cr\begin{matrix}en_2\\ \\ C_2O_4\end{matrix}\right]$$

nicht enthält, sondern an seiner statt das unveränderte Radikal besitzt:

$$\left[Cr\begin{matrix}en_2\\ \\ Cl_2\end{matrix}\right]$$

Die ganze Frage basiert somit auf der Stellung der Oxalatogruppe in den Oxalato-di-äthylen-diaminsalzen; obgleich nun kein Beweis für die wirkliche Lage derselben möglich ist, so scheinen doch alle Erscheinungen mit größter Wahrscheinlichkeit die Ansichten Pfeiffers zu unterstützen.

Zweiter Teil.

Stereochemische Probleme ohne Stereoisomerie.

I. Über sterische Hinderungen[1]).

§ 1. Theoretisches.

Hofmann[2]) fand im Jahre 1872, daß bestimmten aromatischen tertiären Aminen die Fähigkeit abgeht, sich mit Alkyljodiden zu quaternären Ammoniumsalzen zu vereinigen. Seit dieser Zeit sind viele analoge Fälle von verschiedenen Forschern gefunden und auch eine Erklärung für diese eigenartige Erscheinung gegeben worden. Man macht die Annahme, daß in irgend einem Molekül jedes Atom um eine Gleichgewichtslage, also um ein bestimmtes Zentrum, Schwingungen ausführt, und daß die Amplitude dieser Vibrationen, im Vergleich mit der Größe des Moleküls selbst, nicht zu vernachlässigen ist. Es ist ersichtlich, daß nach dieser Annahme jedes Atom für seine Bewegung einen größeren Raum in Anspruch nehmen wird, als sein eigenes Volumen beträgt. Wenn wir nun annehmen, daß die Schwingungsbahnen zweier Atome sich kreuzen, daß also z. B. ein Atom in die Vibrationssphäre eines anderen Atoms einbricht, so wird ein Zusammenstoß beider erfolgen und es ist möglich, daß das eine oder das andere zurückgedrängt wird. Man kann vielleicht ein Gleichnis geben, wenn man annimmt, eine Person versucht in einen vollgedrängten Raum zu dringen.

Wir wollen nun die Anwendung dieser Idee auf Fragen chemischer Reaktionen besprechen. Wenn zwei Verbindungen miteinander reagieren, so sind im allgemeinen zwei Gruppen daran beteiligt; so z. B. im Falle der Oximbildung sind die beiden Gruppen das $\dot{C}:O$-Radikal und die NH_2-Gruppe. Beide werden offenbar erst dann miteinander reagieren, wenn sie in den gegenseitigen Bereich ihrer Anziehungen gelangen. Gelänge es uns diesen Vorgang zu verhindern, so wären wir auch imstande, den Fortgang der Reaktion zu erschweren oder zu hindern. Dies könnten wir aber erreichen, wenn wir die Karbonylgruppe mit einer solchen Masse von Atomen umgeben, daß die Hydroxylaminmoleküle keinen Zugang zur reagierenden Gruppe mehr finden können, was wir wiederum erzielen, wenn wir die der Karbonylgruppe benachbarten Gruppen durch größere Radikale ersetzen, wo-

[1]) Dieses Kapitel gibt einen vollkommenen Überblick über die wichtigsten Untersuchungen auf diesem Gebiete der Stereochemie. Die Leser, welche sich nicht eingehender mit den einzelnen Kapiteln befassen wollen, können § 2 bis § 8 übergehen; denn § 1 und § 9 geben eine kurze Übersicht über die allgemeineren Prinzipien dieses Wissenszweiges.

[2]) Hofmann, Ber. d. deutsch. chem. Ges. **5**, 704 (1872).

durch wir eine bedeutende Raumerfüllung um das Karbonyl herbeiführen. Wenn wir also z. B. alle Wasserstoffatome des Acetons durch Methylgruppen ersetzen, so müßte die Oximbildung beträchtlich schwerer stattfinden. Man hat nun tatsächlich diese Beobachtung gemacht und den Namen „Sterische Hinderung" für die Erscheinung eingeführt.

Bischoff[1]) hat eine heute allgemein als „Dynamische Hypothese" bekannte Theorie aufgestellt, mit Hilfe deren er imstande war, verschiedene Eigentümlichkeiten bei Verkettungsreaktionen oder intramolekularen Änderungen zu erklären. Die dynamische Theorie basiert auf der Annahme, daß die Atome irgend eines Moleküls solche Stellungen einzunehmen trachten, in denen sie den weitesten Spielraum für ihre Schwingungen besitzen; daß also bei einer Reaktion, wo sich zwei Endprodukte bilden können, dasjenige in größerer Menge entstehen wird, in welchem die Atome das geringste Hindernis bei ihren intramolekularen Bewegungen finden.

Bischoff nimmt an, daß die Kohlenstoffkette in ihrem Verlauf mehr oder weniger cyklische Gestalt besitzt und schließt daraus, daß die Anhäufung von Substituenten in der 1,5- oder 1,6-Stellung — in bezug auf die bei der Reaktion beteiligten Gruppen — einen hindernden Einfluß auf letztere ausüben wird. Er nennt daher die Stellungen 1,5 und 1,6[2]) „kritische Positionen".

Zum besseren Verständnis kann als Beispiel die Reaktion zwischen Dinitro-stilbenbromid und Natrium-malonsäureester dienen. Man sollte erwarten, daß die Reaktion nach Gleichung (I) verlaufen würde, während sie in der Tat nach Gleichung (II) vor sich geht. Man erkennt aber, daß in dem nicht entstehenden Endprodukte der Gleichung (I) vier Gruppen in 1,6-Stellung zueinander stehen, was bei dem tatsächlich entstehenden Produkte (II) nicht der Fall ist.

$$\begin{array}{c} \mathrm{H} \\ | \\ C_6H_4\cdot NO_2 - \mathrm{C} - \mathrm{Br} \\ | \\ C_6H_4\cdot NO_2 - \mathrm{C} - \mathrm{Br} \\ | \\ \mathrm{H} \end{array} + \begin{array}{c} COO\cdot C_2H_5 \\ | \\ \mathrm{Na} - \mathrm{CH} - COO\cdot C_2H_5 \\ \\ \mathrm{Na} - \mathrm{CH} - COO\cdot C_2H_5 \\ | \\ COO\cdot C_2H_5 \end{array} =$$

$$\begin{array}{c} \mathrm{H}\quad \overset{(1)}{COO}\cdot C_2H_5 \\ |^{(3)}\quad |^{(2)}\qquad ^{(1)} \\ C_6H_4\cdot NO_2 - \mathrm{C} - \mathrm{CH} - COO\cdot C_2H_5 \\ |^{(4)}\quad ^{(5)}\qquad ^{(6)} \\ C_6H_4\cdot NO_2 - \mathrm{C} - \mathrm{CH} - COO\cdot C_2H_5 \\ |\qquad | \\ \mathrm{H}\quad \underset{(6)}{COO}\cdot C_2H_5 \end{array} + 2\,NaBr$$

(I)

---

[1]) Bischoff, Ber. d. deutsch. chem. Ges. **24**, 1087 (1891).

[2]) Bischoff adoptiert dabei die Idee, daß die Stellungen 1,5 oder 1,6 in einer Kohlenstoffkette räumlich näher liegen als 1,3 oder 1,4. Siehe die folgenden Kapitel II und IV.

$$\begin{array}{c}
\mathrm{H} \\
| \\
C_6H_4 \cdot NO_2 - \mathrm{C} \\
\| \\
C_6H_4 \cdot NO_2 - \mathrm{C} \\
| \\
\mathrm{H}
\end{array}
\quad + \quad
\begin{array}{l}
{}_{(1)}\ COO \cdot C_2H_5 \\
\quad | \qquad {}^{(1)} \\
{}_{(2)}\ CH \cdot COO \cdot C_2H_5 \\
\quad | \\
{}_{(3)}\ CH \cdot COO \cdot C_2H_5 \\
\quad | \qquad {}^{(4)} \\
{}_{(4)}\ COO \cdot C_2H_5
\end{array}$$

(II)

Es ist kaum nötig, noch weitere derartige Beispiele hier anzuführen, da viele derselben in späteren Kapiteln eingehender behandelt werden.

Die Frage der sterischen Hinderung ist auch noch von einem anderen Gesichtspunkt aus behandelt worden. Durchgeführte Messungen über die Additionsgeschwindigkeit von Natriumbisulfit an verschiedene ketonartige Verbindungen zeigten, daß tautomere Verbindungen, wie Acetessigester, eine größere Reaktionsgeschwindigkeit besitzen als gewöhnliche Ketone, wie etwa Aceton [1]), was zur Aufstellung einer neuen Hypothese [2]) führte.

Betrachten wir eine gewöhnliche Lösung von Acetessigester, so können wir annehmen, daß sich darin folgende zwei Formen im Gleichgewicht befinden werden:

$$CH_3 \cdot CO \cdot CH_2 \cdot COOC_2H_5 \quad \text{(I)} \qquad\qquad \begin{array}{c} CH_3 - C : CH - COOC_2H_5 \\ | \\ OH \end{array} \quad \text{(II)}$$

Wenn nun ein Molekül der Enolform (II) in die Form (I) übergeht, so resultiert die Bildung einer Karbonylgruppe aus einer Hydroxylgruppe. In Analogie mit dem Verhalten der Atome „in statu nascendi“ müssen wir nun annehmen, daß diese naszierende Karbonylgruppe durch eine viel größere Reaktionsfähigkeit ausgezeichnet ist als ein gewöhnliches, nicht naszierendes Karbonylradikal, ebenso wie sich naszierender Wasserstoff von dem gewöhnlichen durch seine außerordentliche chemische Wirksamkeit auszeichnet. Stewart und Baly nehmen an, daß die Reaktionsfähigkeit einer Karbonylgruppe nicht der Gruppe an sich zukommt, sondern auf dem naszierenden Zustande des betreffenden Radikals beruht; dieser naszierende Zustand wird beeinflußt durch die Wirkung der benachbarten Gruppen auf das Karbonylradikal. Daraus folgt, daß ein ähnlicher Vibrationsprozeß, wie er bei dem Acetessigester vor sich geht, auch bei dem Acetonmolekül vorhanden sein muß, was Stewart und Baly mit Hilfe spektroskopischer Nachweise bestätigt fanden. Sie zeigten ferner, daß die Reaktionsfähigkeit einer Karbonylgruppe in irgend einer

---

1) Stewart, Trans. **87**, 185 (1905). Proc. **21**, 78 (1905).

2) Stewart und Baly, Trans. **89**, 489 (1906).

Verbindung proportional der Persistenz[1]) eines bestimmten Bandes im Absorptionsspektrum der Substanz ist, so daß die relative Reaktionsfähigkeit zweier Ketonkörper annähernd vorausgesagt werden kann, ohne daß wirkliche Messungen notwendig sind. Tautomere Substanzen befinden sich demnach in einem kontinuierlichen Zustande der Oszillation zwischen den beiden Formen, und die Persistenz des Absorptionsbandes ist ein Maß für die relative Anzahl der Moleküle, welche sich im oszillierenden Zustande befinden.

Im Verlaufe ihrer Untersuchungen fanden Stewart und Baly, daß, im Gegensatz zu der Theorie der sterischen Hinderung, die Reaktionsfähigkeit der Karbonylgruppe im Brenztraubensäureester unerwartet groß ist.

Die spektroskopischen Befunde geben Grund zu der Annahme, daß auch in dieser Verbindung die Reaktionsfähigkeit auf der Bildung einer naszierenden Karbonylgruppe beruht, welche aber in einer verschiedenen Art wie die frühere gebildet wird, insofern, als sie durch einen einfachen desmotropischen Übergang von (I) in (II) entsteht:

$$\begin{array}{ccc} CH_3 \cdot C = C - O \cdot C_2H_5 & \qquad & CH_3 \cdot C - C - O \cdot C_2H_5 \\ \;\;\;\;\;\; | \quad\; | & & \;\;\;\;\;\; \| \quad\; \| \\ \;\;\;\;\;\; O - O & & \;\;\;\;\;\; O \quad\; O \\ (I) & & (II) \end{array}$$

Stewart und Baly haben daher die Hypothese von der sterischen Hinderung, insofern sie Reaktionen wie diejenigen einer Karbonylgruppe betrifft, verworfen und führen die hindernde Wirkung der Substituenten auf den hemmenden Einfluß derselben gegenüber der Bildung einer naszierenden Karbonylgruppe zurück. So ist ersichtlich, daß nach Ersatz der sechs Wasserstoffe des Acetons durch sechs Methylgruppen keine Tautomerieerscheinungen mehr auftreten können, daher die Karbonylgruppe praktisch unwirksam wird. Dieselbe Theorie wurde auch auf den Fall der Chinonoxime[2]) angewendet, der seinerzeit als klassisches Beispiel für sterische Hinderung galt. Spektroskopische Befunde haben endgültig gezeigt, daß auch hier viel wichtigere Faktoren als die sterische Hinderung einen Einfluß ausüben.

Wenn auch in diesen zwei Fällen andere Faktoren als die der sterischen Hinderung die Hauptrolle spielen, so sind doch viele andere bekannt, welche bisher nur durch die Hypothese von der sterischen Hinderung erklärt werden konnten. In dem weiteren Verlaufe dieses Kapitels werden daher verschiedene derartige Probleme behandelt und Erklärungsn auf Grund rein sterischer Betrachtungen gegeben, ohne daß dabei allzu viel Gewicht auf die begleitenden chemischen Fragen gelegt wird.

---

[1]) Die relative Persistenz eines Absorptionsbandes, oder mit anderen Worten das Maß der Konzentrationsänderungen, durch welche das Absorptionsband bestehen bleibt, ehe es verschwindet, ist eine sehr charakteristische Funktion eines Bandes und man kann häufig aus ihr wichtige Schlüsse über die Struktur einer Substanz, resp. deren Moleküle ableiten.

[2]) Stewart und Baly, Trans. **89**, 618 (1906).

§ 2. Veresterung.

1. Aliphatische Säuren. Es ist lange bekannt, daß die Geschwindigkeit, mit welcher ein Ester gebildet wird, von der Konstitution der verwendeten Säure und des Alkohols abhängig ist. Diese Frage wurde sehr eingehend von Menschutkin[1]) studiert, der fand, daß sich die Geschwindigkeit der Esterbildung verringert, wenn der Alkohol in seiner Struktur komplizierter wird. Methylalkohol reagiert am besten; dann kommen der Reihe nach die höheren primären, sekundären und tertiären Alkohole, so daß es scheint, als ob die Anhäufung der Radikale um die Hydroxylgruppe des Alkohols einen hindernden Einfluß auf die Reaktion ausübt. Bisher hat man gewöhnlich angenommen, daß eine Hinderung gewissermaßen durch die schützende Wirkung bedingt wird, welche die um das Hydroxyl angehäuften Radikale auf dasselbe, gegenüber dem Säureradikal, ausüben, wie wir es ja auch im vorangehenden Abschnitt beschrieben haben. Es gibt aber noch eine andere Erklärung für diese Erscheinung. Wenn wir die dynamische Hypothese von Bischoff auf den gegenwärtigen Fall anwenden, und die Veresterung der Essigsäure mit den verschiedenen Alkoholen als Beispiel wählen, so würden wir zu Verbindungen folgender Art kommen:

$$\overset{(1)}{CH_3} - \overset{(2)}{CO} - \overset{(3)}{O} - \overset{(4)}{CH_3} \qquad \overset{(1)}{CH_3} - \overset{(2)}{CO} - \overset{(3)}{O} - \overset{(4)}{CH_2} - \overset{(5)}{CH_3}$$

$$\overset{(1)}{CH_3} - \overset{(2)}{CO} - \overset{(3)}{O} - \overset{(4)}{CH}(\overset{(5)}{CH_3}) - \overset{(5)}{CH_3} \qquad \text{(I)}$$

$$\overset{(1)}{CH_3} - \overset{(2)}{CO} - \overset{(3)}{O} - \overset{(4)}{C} \begin{cases} CH_3 \; (5) \\ CH_3 \; (5) \\ CH_5 \; (5) \end{cases} \qquad \text{(II)}$$

Bei näherer Besichtigung dieser Formeln merkt man, daß im Falle (I) keine Atome in der kritischen 1,5-Stellung zueinander stehen, im Falle (II) aber zwei Atomgruppen derartig gelagert sind, nämlich die beiden Methylgruppen an den Enden der Kette; im Falle (III) sind zwei Methylgruppen in der 1,5-Stellung zu dem Methyl des Säureradikals, während im Falle (III) gar drei Methylgruppen in der 1,5-Positition zu dem Methyl des Säurerestes stehen. Somit ist auf Grund der dynamischen Theorie eine steigende Hinderung beim Übergang von niederen zu höheren Alkoholen zu erwarten. Dieselbe Hinderung wird beobachtet, wenn eine Reihe homologer Säuren mit demselben Alkohol esterifiziert wird; so hat man gefunden, daß bei den substituierten Essigsäuren der Reaktionsumsatz in folgendem Sinne abnimmt[2]):

---

[1]) Ann. Chim. Phys. (**5**), **20**, 229 (1880); **23**, 14 (1881); **30**, 81 (1883). Journ. Russ. Phys. Chem. Soc. **9**, 316, 346 (1877); **10**, 278 (1878); **11**, 24, 345 (1779); **12**, 82 (1880); **13**, 564 (1881); **16**, 356 (1884). Ber. d. deutsch. chem. Ges. **13**, 1812 (1880); **30**, 2783 (1897). Liebigs Annal. d. Chem. u. Pharm. **195**, 334 (1879); **197**, 193 (1879); Trans. **89**, 1532 (1906).

[2]) Diese Zahlen geben die Anfangsgeschwindigkeit, oder die Prozente Säure an (Anfangswert = 100 %), welche in den Ester umgewandelt werden, wenn äquimolekulare Mengen Säure und Isobutylalkohol auf 155° durch eine Stunde erhitzt werden.

44,4 %	41,2 %	29,0 %	8,3 %
COOH	COOH	COOH	COOH
|	|	|	|
CH_3	CH_2	CH	$CH_3 - C - CH_3$
	|	/\	|
	CH_3	CH_3 CH_3	CH_3

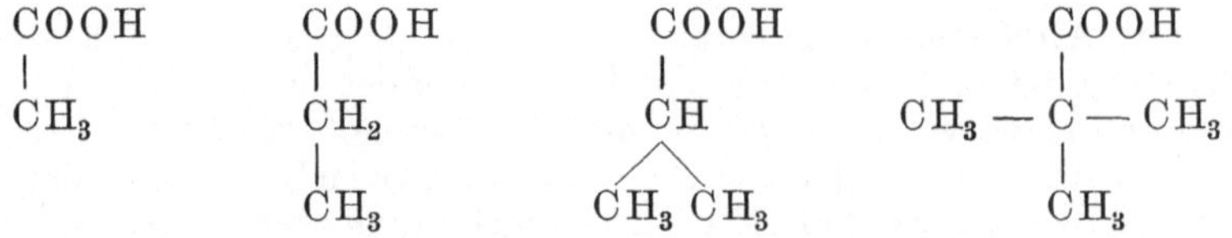

In diesem Falle kann somit jede der beiden Erklärungen mit gleichem Rechte herangezogen werden.

Heyl und Victor Meyer[1]) machten eine Reihe ähnlicher Experimente, die aber in einem späteren Abschnitt besprochen werden, da sie zum Vergleich aromatischer Säuren durchgeführt wurden.

Petersen[2]) studierte die Bildung der Methylester verschiedener Säuren und fand, daß die Veresterungsgeschwindigkeit der Isobuttersäure nur dreiviertel so groß ist wie die der normalen Buttersäure.

Sudborough und Lloyd[3]) stellten eine Reihe Versuche über die Veresterungsgeschwindigkeit verschiedener aliphatischer Säuren an. Ihre Methode war folgende: 100 ccm einer $\frac{n}{5}$-Lösung der Säure wurden mit 100 ccm einer $\frac{n}{20}$-Salzsäure in äthylalkoholischer Lösung gemischt; das Gemisch ließ man genau bei 14,5° eine bestimmte Zeit stehen. Hierauf wurde die Menge der noch vorhandenen Säure durch Titration mit einer $\frac{n}{20}$-Natronlauge festgestellt. Bei Anwendung verschiedener Zeiten erhielt man folgende Gleichung:

$$K = \frac{1}{t} \cdot \log \cdot \frac{a}{a - x}$$

in welcher a die Anfangskonzentration der Säure bedeutet.

Sudborough und Lloyd schlagen vor, den Buchstaben *E* für die Esterifizierungskonstante einer organischen Säure zu setzen, wenn normale Salzsäure in äthylalkoholischer Lösung verwendet wird.

Da die Konstante mit der Temperatur sowie dem verwendeten Alkohol variiert, so schlagen sie weiter vor, Bezeichnungen wie $E^{10^0}_{CH_3 \cdot OH}$ und $E^{15^0}_{C_2H_5 \cdot OH}$ für die Esterifizierungskonstante bei verschiedenen Alkoholen und verschiedenen Temperaturen zu benützen.

Aus den von Sudborough und Lloyd erhaltenen Resultaten scheint hervorzugehen, daß die Veresterungsgeschwindigkeit und die Stärke der angewandten Säure in keinem Zusammenhange stehen, wie folgende Tabelle zeigt.

1) Heyl und V. Meyer, Ber. d. deutsch. chem. Ges. **28**, 188, 2776 (1895).

2) Petersen, Zeitschr. f. physikal. Chem. **16**, 385 (1895).

3) Sudborough und Lloyd, Trans. **75**, 467 (1899).

Säure	Formel	$E\,{}^{14,5^0}_{C_2H_5 \cdot OH}$	K[1])
Essigsäure	$CH_3 \cdot COOH$	3·661	0·00180
Propionsäure	$CH_3 \cdot CH_2 \cdot COOH$	3·049	0·00134
Isobuttersäure	$(CH_3)_2 : CH \cdot COOH$	1·0196	0·00144

Diese Resultate differieren mit den von Lichty[2]) gefundenen, der die autokatalytische Methode benützte und bei seinen Untersuchungen fand, daß die gebildete Estermenge proportional ist der Stärke der angewandten Säure. Es scheint daraus hervorzugehen, daß in dem einen Falle der bestimmende Faktor die „Stärke" der Säure ist, während bei Anwesenheit von Salzsäure der Hauptfaktor in der „Konstitution" der Säure liegt. In einer Reihe substituierter Essigsäuren vom Typus:

$$CH_2X \cdot COOH \qquad CHX_2 \cdot COOH \qquad CX_3 \cdot COOH$$

scheint die monosubstituierte Säure leichter esterifiziert zu werden als die di- und diese ihrerseits leichter als die tri-substituierte Verbindung.

Dies trifft aber nur dann zu, wenn die X-Radikale in jedem Falle gleich sind; denn man hat gefunden, daß z. B. Trimethylessigsäure viel leichter verestert wird als Dichloressigsäure. Die folgende Tabelle gibt eine Übersicht über diese Verhältnisse:

Säure		$E\,{}^{14,5^0}_{C_2H_5 \cdot OH}$
Essigssäure	$CH_3 \cdot COOH$	3·661
Propionsäure	$CH_3 \cdot CH_2 \cdot COOH$	3·049
Isobuttersäure	$(CH_3)_2 \cdot CH \cdot COOH$	1·0196
Trimethylessigsäure	$(CH_3)_3 \cdot C \cdot COOH$	0·0909
Chloressigsäure	$Cl \cdot CH_2 \cdot COOH$	2·432
Dichloressigsäure	$Cl_2 \cdot CH \cdot COOH$	0·0640
Trichloressigsäure	$Cl_3 . C \cdot COOH$	0·0372
Phenylessigsäure	$C_6H_5 \cdot CH_2 . COOH$	2·068
Dyphenylessigsäure	$(C_6H_5)_2 \cdot CH \cdot COOH$	0·05586

Wir müssen nun die Frage der ungesättigten Säuren der aliphatischen Reihe untersuchen. Sudborough und Lloyd[3]) studierten ungefähr dreißig Derivate der Akrylsäure auf ihr diesbezügliches Verhalten, so daß man aus ihren Resultaten bestimmte Schlüsse ziehen kann.

1) Ostwald, Zeitschr. f. physikal. Chem. **3**, 176 (1889).

2) Lichty, Journ. f. Amer. Chem. **17**, 27 (1895); **18**, 590 (1896).

3) Sudborough und Lloyd, Trans. **73**, 81 (1898).

Disubstituierte Akrylsäuren (I), in denen ein Substituent in der α-Stellung und der andere in trans-Position zu dem Karboxyl steht, werden durch einstündiges Kochen mit einer 3 %igen Lösung von Chlorwasserstoff verestert:

$$\begin{array}{rcl} Y - & C & - H \\ & \| & \\ X - & C & - COOH \end{array}$$

(I)

Versetzt man den Substituenten Y in cis-Stellung wie in (II), so läßt sich die Säure nur schwer verestern:

$$\begin{array}{rcl} H - & C & - Y \\ & \| & \\ X - & C & - COOH \end{array}$$

(II)

Das gleiche Verhalten wird beobachtet, wenn an Stelle des Wasserstoffatoms in (I) ein dritter Substituent eingeführt wird, denn Verbindungen vom Typus (III) lassen sich ebenfalls nur schwer verestern:

$$\begin{array}{rcl} Y - & C & - Z \\ & \| & \\ X - & C & - COOH \end{array}$$

(III)

Dieser hindernde Einfluß der zwei Gruppen in β-Stellung wird aber nur beobachtet, wenn gleichzeitig ein Substituent in α-Stellung gegenwärtig ist; denn Verbindungen vom Typus (IV) werden leicht verestert:

$$\begin{array}{rcl} Y - & C & - Z \\ & \| & \\ H - & C & - COOH \end{array}$$

(IV)

Es scheint, daß das Gewicht oder Volumen der in α- und cis-Stellung befindlichen Radikale bei substituierten Säuren einen beträchtlichen Einfluß auf die Mengen der entstehenden Ester ausübt. Dies zeigt sich z. B. deutlich bei den halogenierten Zimtsäuren in nachfolgender Tabelle:

Zimtsäure	Schmelzpunkt	% des gebildeten Esters
Dichlor-	120°	30·90 und 30·34
Dibrom-	139°	7·92 und 8·19
Dibrom-	100°	13·38 und 13·13
Dijod-	170°	2·10 und 1·96

Sudborough und Roberts[1]) führten noch weitere Untersuchungen in derselben Säurereihe durch und konnten ihre früheren Arbeiten bestätigen. Sie studierten die Beziehungen zwischen den Esterifizierungskonstanten ungesättigter und den entsprechenden gesättigter Säuren, wobei sie fanden, daß die letzteren viel leichter verestert werden als die ungesättigten Verbindungen:

Ungesättigte Säuren	*E*	Gesättigte Säuren	*E*
Krotonsäure	1·28	Buttersäure	41·63
Zimtsäure	0·937	Hydrozimtsäure . . .	43·20
Fumarsäure-mono-äthylester	1.79	Bernsteinsäure-mono-äthylester	17·25
Maleinsäure-mono-äthylester	0·859		

Dieses Verhalten macht es wahrscheinlich, daß die Atome in den ungesättigten Verbindungen näher beisammen liegen als in den gesättigten; allerdings liegt kein definitiver Beweis vor.

Wir müssen nunmehr die Reihe der aliphatischen Dikarbonsäuren näher betrachten. Anschütz[2]) zeigte, daß die Veresterungsgeschwindigkeit bei der Esterifizierung einer Dikarbonsäure mit Alkohol und Chlorwasserstoff durch die Gegenwart von Substituenten beeinflußt wird; und zwar ist es wahrscheinlich, daß eine Karboxylgruppe, welche mit einem tertiären Kohlenstoffatom verbunden ist, leichter verestert wird als eine solche, die an ein quaternäres Kohlenstoffatom gebunden ist; d. h. in der folgenden Verbindung wird das mit einem Stern markierte Karboxyl vor der anderen Karboxylgruppe verestert werden:

$$\begin{array}{ccccccc} & & CH_3 & & CH_3 & & \\ & & | & & | & & * \\ CH_3 & - & C & - & CH & - & COOH \\ & & | & & & & \\ & & COOH & & & & \end{array}$$

Blaise[3]) untersuchte einen etwas ähnlichen Fall bei der Dimethylbernsteinsäure und zeigte, daß in dieser Verbindung das mit einem Stern bezeichnete Karboxyl leichter verestert wird als das andere:

$$\begin{array}{ccccccc} & & CH_3 & & & & \\ & & | & & & & * \\ CH_3 & - & C & - & CH_2 & - & COOH \\ & & | & & & & \\ & & COOH & & & & \end{array} \qquad \begin{array}{ccccc} CH_3 & - & CH & - & COOH \\ & & | & & \\ CH_3 & - & CH & - & COOH \end{array}$$

(I) (II)

[1]) Sudborough u. Roberts, Trans. **87**, 1840 (1905).
[2]) Anschütz, Ber. d. deutsch. chem. Ges. **30**, 2652 (1897).
[3]) Blaise, Compt. rend. de l'Acad. d. Sciences **126**, 753 (1898); **128**, 676 (1898).

Er zeigte weiter, daß bei der Veresterung der symmetrisch substituierten Bernsteinsäure (II) das Verhältnis des sauren zu dem neutralen Ester geringer ist, als bei der unsymmetrischen Säure (I), d. h. mit anderen Worten, er erhielt das gleiche Resultat wie früher. Auch die substituierten Glutarsäuren gaben gleiche Resultate.

Piutti[1]) zeigte, daß bei der Veresterung der Asparaginsäure der β-Ester $COOH - CH(NH_2) \cdot CH_2 \cdot COOR$ entsteht.

Daraus kann man schließen, daß die Amidogruppe in der α-Stellung irgend einen Einfluß auf den Veresterungsprozeß ausübt.

2. Alicyklische Säuren. Von diesen Substanzen brauchen wir nur die Hydromellith-, die Kampher- und die Oxykampher-karbonsäure zu erwähnen.

Haller[2]) zeigte, daß bei der Veresterung der Homokamphersäure mit Chlorwasserstoff und Alkohol der neutrale Ester nur in geringer Menge entsteht, dagegen als Hauptprodukt der saure Ester mit nachfolgender Formel gebildet wird:

```
          CH2 — COOC2H5
          |
          CH
         /  \
      CH2    \
      |       C(CH3)2
      CH2    /
         \  /
          C
         / \
      CH3   COOH
```

Haller[3]) und ebenso Brühl und Braunschweig[4]) haben gezeigt, daß dasselbe Verhalten auch bei der Kamphersäure selbst zutrifft, denn, der gleichen Behandlung unterworfen, liefert sie den sauren Ester von der Formel:

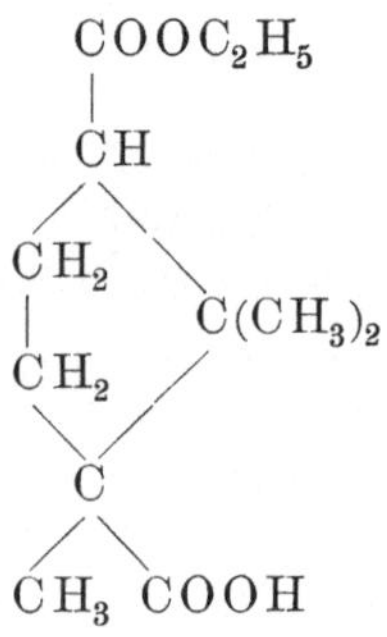

---

1) Piutti, Gazetta **17**, 126, 457 (1887).

2) Haller, Compt. rend. de l'Acad. d. Sciences **109**, 68, 112 (1889).

3) Haller, Compt. rend. de l'Acad. d. Sciences **114**, 1516 (1892).

4) Brühl und Braunschweig, Ber. d. deutsch. chem. Ges. **25**, 1796 (1892).

Der isomere Ester, in dem also das Äthyl an die andere Karboxylgruppe gebunden ist, wird erhalten, indem man zunächst den Diäthylester der Säure darstellt und diesen dann einer partiellen Hydrolyse unterwirft; auf diese Weise hat man gefunden, daß die Gruppe, welche sich am leichtesten verestern läßt, auch am leichtesten hydrolysiert wird.

Der Fall der Hydromellithsäure

```
COOH — CH — CH — COOH
      /         \
COOH·CH          CH·COOH
      \         /
COOH — CH — CH — COOH
```

ist ebenfalls bemerkenswert, denn obgleich diese sechs Karboxylgruppen im Molekül enthält, wird keine derselben nach der gewöhnlichen Methode mit Salzsäure und Alkohol verestert. In der isomeren Iso-hydromellithsäure kann dagegen eine Karboxylgruppe auf diese Weise verestert werden. Dieses Verhalten wird aber nicht hervorgerufen durch die Anwesenheit der Karboxylgruppen an den benachbarten Kohlenstoffatomen, denn die in dieser Hinsicht analogen Säuren, Trikarballylsäure (I), Zitronensäure (II) und Akonitsäure (III) lassen sich unter genau den Bedingungen verestern, unter denen die Hydromellithsäure unverändert bleibt:

```
CH2 — COOH          CH2 — COOH        CH — COOH
|                   |                 ||
CH — COOH      HO — C — COOH          C — COOH
|                   |                 |
CH2 — COOH          CH2 — COOH        CH2 — COOH
Trikarballylsäure   Zitronensäure     Akonitsäure
(I)                 (II)              (III)
```

Die Erklärung kann demnach nicht auf chemischen Gründen beruhen und es scheint am besten, die von van Loon[1]) gegebene Ansicht anzunehmen, welche sagt, daß die beiden Hydromellithsäuren sich durch eine verschiedene Raumanordnung ihrer Karboxylgruppen unterscheiden, und zwar kommt der Hydromellithsäure die Formel (I), dagegen der Iso-hydromellithsäure die Konfiguration (II) zu:

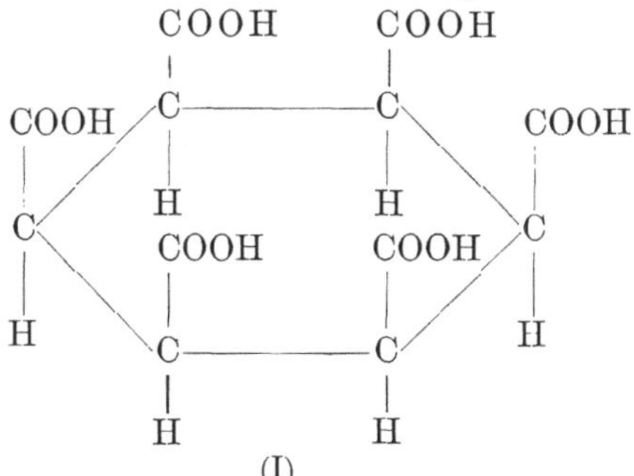

(I)

[1]) Van Loon, Ber. d. deutsch. chem. Ges. **28**, 1272 (1895).

```
                 COOH       COOH
                  |          |
        H        /C----------C\         COOH
        |       /              \          |
        C<     COOH        COOH  \>C
        |  \    |            |   /   |
(a)   COOH  \ C------------C/       H
                |            |
                H            H
```

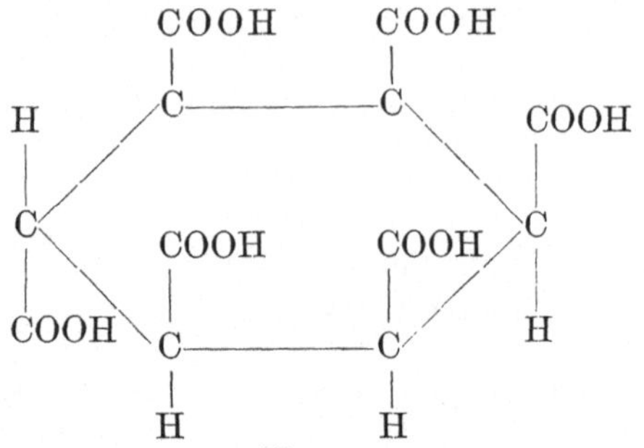

(II)

Im ersten Fall (I) ist den Alkoholmolekülen sehr wenig Gelegenheit geboten sich einem Karboxyl zu nähern, da die Schwingungen der beiden benachbarten Karboxylgruppen sie daran hindern werden; im zweiten Falle (II) dagegen ist eine Karboxylgruppe im Gegensatz zu den übrigen allein auf einer Ringseite gelagert, daher dem hindernden Einfluß entzogen und somit fähig sich zu verestern.

3. Aromatische Säuren. In dieser Verbindungsreihe wurde der Einfluß der räumlichen Lagerung der Gruppen auf den Verlauf der Veresterung viel eingehender studiert, als in dem analogen Falle der aliphatischen Reihe, und man kann sagen, daß das Verhalten der substituierten Benzoesäuren einen zweifellosen Beweis für die Richtigkeit der Hypothese von der sterischen Hinderung liefert. Einer der hervorragendsten Forscher auf diesem Gebiete war Victor Meyer[1]), der dieses Phänomen als erster in der Reihe der substituierten Benzoesäuren beobachtete.

Er zeigte, daß in einer substituierten Benzoesäure, in der die Karboxylgruppe zwischen zwei ortho-Substituenten gelagert ist:

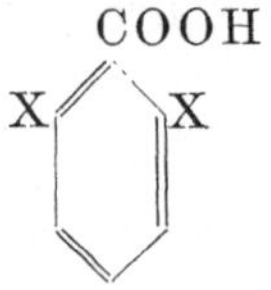

```
   COOH
 X/\X
 |  ||
  \/
```

die Veresterungsgeschwindigkeit unter bestimmten Bedingungen ganz beträchtlich vermindert wird.

Wenn z. B. Benzoesäure oder irgend ein Homologes derselben, in welchem aber die Substituenten nicht nach obigem Schema angeordnet sind, in Methylalkohol gelöst, mit Wasser gekühlt, mit Salzsäuregas gesättigt und durch zwölf Stunden bei derselben Temperatur stehen gelassen wird, so bilden sich ca. 90 % des Esters.

---

[1]) V. Meyer, Ber. d. deutsch. chem. Ges. **27**, 510 (1894); **28**, 182, 1254, 1798, 2773, 3197 (1895); **29**, 831, 1399, 1401 (1896). Zeitschr. f. physikal. Chem. **24**, 219 (1897). Viktor Meyer und Sudborough, Ber. d. deutsch. chem. Ges. **27**, 1580, 3146 (1894). Van Loon und Victor Meyer, ibid. **29**, 839 (1896). V. Meyer und Wöhler, ibid. **29**, 2569 (1896). V. Meyer und Molz. ibid. **30**, 1277 (1898).

Dasselbe Resultat wird erhalten, wenn man die Säure durch drei Stunden am Rückflußkühler mit einer dreiprozentigen Lösung von Chlorwasserstoffgas in Methylalkohol kocht. Wenn man nun andererseits das gleiche Experiment mit einer di-ortho-substituierten Benzoesäure, wie z. B.:

COOH — CH_3 / CH_3 COOH — Br / Br   COOH — NO_2 / NO_2

durchführt, so wird die betreffende Säure nur im geringen Maße verestert. Selbst wenn nur ein ortho-Substituent anwesend ist, macht sich der hindernde Einfluß schon bemerkbar. Aus diesen und vielen ähnlichen Fällen hat Viktor Meyer eine Folgerung abgeleitet, die heute allgemein als „Veresterungs-Regel“ bekannt ist und folgendermaßen ausgedrückt werden kann: „Wenn in irgendeiner substituierten Benzoesäure die zwei in ortho-Stellung zur Karboxylgruppe befindlichen Wasserstoffatome, durch Atome, oder Radikale wie Chlor, Brom, Methyl oder Karboxyl ersetzt werden, so wird eine Säure gebildet, die sich nur mit großer Schwierigkeit mittelst Chlorwasserstoff und Alkohol verestern läßt“.

Wir wollen nunmehr das von verschiedenen Forschern gesammelte diesbezügliche Material näher besprechen und zwar soll dasselbe zur Erleichterung der Übersicht in drei Abteilungen getrennt behandelt werden; nämlich zunächst die einbasischen, dann die zwei- und endlich die mehrbasischen Säuren.

Die erste Reihe von Säuren, mit denen wir uns beschäftigen müssen, sind die mono-Methyl-benzoesäuren. Victor Meyer und Kellas[1]) stellten sehr eingehende Untersuchungen über die Veresterungsgeschwindigkeiten dieser Säuren an und benutzten dazu folgende Methode.

Ein halbes Gramm der Säure wurde in 50 g frisch destilliertem Methylalkohol, der 2 % Chlorwasserstoff enthielt, gelöst; die Mischung wurde nun durch zwei Stunden in einem Thermostaten einer bestimmten Temperatur ausgesetzt und dann die gebildete Estermenge bestimmt. Die nachfolgende Tabelle gibt die dabei erhaltenen Resultate wieder:

Säure	Temperatur 0°	17°	31°	40°	51°
Benzoesäure	8·4	21.8	37·0	59·3	82·5
o-Toluylsäure	7·8	11.2	18·1	27·1	48·3
m-Toluylsäure	8·7	20·0	42·2	59·4	77·1
p-Toluylsäure	8·9	18·4	39·1	55·3	75·6

1) V. Meyer und Kellas, Zeitschr f. physikal. Chem. **24**, 219 (1897).

Analoge Resultate wurden auch von Goldschmidt[1]) und Petersen[2]) erhalten. Im Falle der aliphatischen Säuren konnte gezeigt werden, daß die Esterifizierungskonstanten auch keine annähernde Beziehungen zu den Dissoziationskonstanten der angewandten Säuren aufweisen; das gleiche Verhalten zeigen auch die Säuren der aromatischen Reihe, wie man durch Vergleich der Dissoziationskonstanten dieser vier Säuren mit den oben gegebenen Werten ersieht:

Benzoesäure	0·00600 k
o-Toluylsäure	0·01200 „
m-Toluylsäure	0·00514 „
p-Toluylsäure	0·00515 „

Der Einfluß der ortho-ständigen Methylgruppe ist stark hervorstechend im Vergleich zu der Wirkung derselben Gruppe sowohl in der meta- als auch in der para-Stellung.

Wir wollen nunmehr diese Resultate mit einigen weiteren vergleichen, bei denen andere Substituenten an Stelle von Methylgruppen verwendet wurden; denn auf diese Weise dürfte es möglich sein, einen Einblick in die Ursachen der sterischen Hinderung zu erhalten. Die folgende Tabelle ist den Arbeiten Victor Meyers und Kellas entnommen:

Säure	0°	17°	31°	40°	51°	35°
o-Chlorbenzoesäure	4·8	11·4	20.8	30·2	50·9	
m-Chlorbenzoesäure	10·7	16·1	31·5	48·6	72·0	
p-Chlorbenzoesäure	8·3	14·0	27·8	44·8	70·5	
o-Brombenzoesäure	3·2	8·4	14·6	22·9	43·4	
m-Brombenzoesäure	8·8	15·3	27·6	44·2	66·6	
p-Brombenzoesäure	7·4	13·8	23·6	41·4	61·0	
o-Jodbenzoesäure	—	6.9	9·7	14·6	20·5	
m-Jodbenzoesäure	—	14·5	26·2	39·7	57·6	
p-Jodbenzoesäure	—	13·5	23·3	36·4	52·9	
o-Nitrobenzoesäure	2·5	4·0	5·6	7·0	8·6	
m-Nitrobenzoesäure	9·9	13·3	25·2	37.6	57·1	
p-Nitrobenzoesäure	9·1	13·3	25·2	37·0	57·1	
o-Oxybenzoesäure						15·27
m-Oxybenzoesäure						55·97
p-Oxybenzoesäure						51·33

Wenn wir obige Werte näher betrachten, können wir folgende Schlußfolgerung ziehen: Bei den ortho-Substituenten steigert sich die Wirkung in der Reihenfolge: Chlor- oder Methyl-, Brom-, Jod- und Nitrogruppe.

Wenn wir nun die Wirkung der räumlichen Einflüsse ersehen wollen, so müssen wir natürlich die ortho-substituierten Verbindungen

1) Goldschmidt, Ber. d. deutsch. chem. Ges. **28**, 3218 (1895).
2) Petersen, Zeitschr. f. physikal. Chem. **16**, 385 (1895).

zur Prüfung heranziehen, denn man muß annehmen, daß in ihnen die Gruppen dem Karboxyl näher liegen, als in den m- oder para-Verbindungen. Ferner ist bei Annahme der sterischen Anschauung zu beachten, daß das Gewicht der Substituenten die Reaktion beeinflussen wird; denn wir haben ja in dem einleitenden Abschnitt gezeigt, daß keine Esterbildung stattfinden wird, wenn die Alkoholmoleküle zurückgedrängt werden, bevor sie Zeit hatten mit dem Karboxylradikal zu reagieren; wenn nun die Massen, und somit auch die Trägheit der dem Karboxyl benachbarten Gruppen groß sind, so wird auch die Abstoßung der Alkoholmoleküle eine stärkere sein, als in dem Falle, wo die Radikale weniger schwer sind, also leichter beiseite gedrängt werden können. Zur Prüfung dieser Frage brauchen wir nur die Beziehungen zwischen den Atomgewichten der in ortho-Stellung befindlichen Atome und ihre Wirkung auf die Veresterung festzustellen.

Wenn wir die Substituenten in derselben Reihenfolge schreiben wie in der Tabelle und darunter das entsprechende relative Gewicht der substituierenden Gruppe[1]), so erhalten wir folgende Verhältnisse:

CH_3	Cl	Br	J	NO_2
15	35·5	80	127	46.

Daraus ergibt sich, daß nur ein einziges Resultat mit der sterischen Ansicht nicht im Einklang steht, nämlich das bei der Nitrobenzoesäure erhaltene.

Nun haben Baly und Collie[2]) gezeigt, daß die Einführung einer Nitrogruppe in den Ring eine vollkommene Änderung der Vibrationsverhältnisse im Benzolmolekül hervorruft; wenn wir daher die bei den Halogenderivaten erhaltenen Resultate durch andere Beweise stützen können, brauchen wir wenig Wert auf das anomale Verhalten der Nitroverbindung zu legen. Wir müssen nun zeigen, wie diese neuen Beweise erhalten wurden. Der stärkste Einwand gegen die Ansicht der sterischen Hinderung, den man hier machen kann, liegt in der Tatsache, daß man auch rein chemische Einflüsse, hervorgerufen durch die Gegenwart der Halogenatome in ortho-Stellung zu der Karboxylgruppe, als Ursachen der Reaktionsbeeinflussung annehmen kann. Wenn wir nun zeigen können, daß eine stark elektronegative Gruppe von geringem Atomgewicht eine schwächer wirkende Hinderung ausübt, als eine schwach elektro-negative Gruppe von schwerem Gewicht, so erhalten wir einen fast sicheren Beweis, daß die sterischen Faktoren in dieser Frage die rein chemischen Einflüsse überwiegen. Dieses Problem wurde von Loon und Viktor Meyer[3]) in folgender Weise bearbeitet. Es war bekannt, daß die ortho-substituierten Säuren in starkem Maße in ihrer Veresterungs-

1) Diese etwas rohe Methode soll natürlich nur zur besseren Darlegung der Verhältnisse dienen; denn die Atomvolumina spielen ebenfalls eine Rolle in diesem Problem.

2) Baly und Collie, Trans. **87**, 1332 (1905).

3) van Loon und V. Meyer, Ber. d. deutsch. chem. Ges. **29**, 839 (1896).

geschwindigkeit differieren; denn wenn ein Strom von Chlorwasserstoffgas in eine kochende alkoholische Lösung von Dimethyl-benzoesäure vom angegebenen Typus eingeleitet wird, so wird sie in einer kurzen Zeit fast vollständig verestert, wohingegen eine Dinitro-, Dibrom- oder Dichlorsäure unter den gleichen Verhältnissen kaum esterifiziert wird. Fluor, das stärker elektro-negativ ist als Chlor und andererseits ein geringeres Atomgewicht besitzt, wurde als Substituent in der Versuchssubstanz benutzt. Man stellte fest, daß die Di-ortho-nitro-fluor-benzoesäure (I) sich in ihrem Verhalten mehr der Di-ortho-methyl-nitro-benzoesäure (II) nähert, als der Di-ortho-brom-nitro- oder Di-ortho-jod-nitro-benzoesäure (III) und (IV):

COOH, NO_2, F (I)

COOH, NO_2, CH_3 (II)

COOH, NO_2, Br (III)

COOH, NO_2, J (IV)

Daraus ergibt sich die wahrscheinliche Folgerung, daß in diesem Falle der räumliche Einfluß den chemischen überwiegt. Denn wäre dies nicht der Fall, so müßte man erwarten, daß sich die Fluorverbindung innerhalb der Brom- und Jodverbindungen einordnen würde, denen sie ja in chemischer Hinsicht sehr verwandt ist.

Auf eine nähere Beschreibung aller beobachteten Fälle einzugehen, erscheint unnötig, da vielen derselben keine weitere theoretische Bedeutung zukommt. Ein Hinweis auf Arbeiten von Beilstein und Kuhlberg[1]), Salkowsky[2]), Kretzer[3]), Graebe und Gourevitz[4]), Jakobson[5]) und Cohen[6]) dürfte genügen.

Wir müssen nunmehr die bisher noch unerwähnten substituierenden Gruppen in Betracht ziehen. Da ist zunächst der Einfluß der Hydroxylgruppen zu besprechen:

---

1) Beilstein und Kuhlberg, Liebigs Annal. d. Chem. u. Pharm. **152**, 237 (1869).

2) Salkowsky, ibid. **163**, 32 (1872).

3) Kretzer, Ber. d. deutsch. chem. Ges. **30**, 1946 (1897).

4) Graebe und Gourevitz, ibid. **33**, 2025 (1900).

5) Jakobson, ibid. **22**, 1221 (1889).

6) Cohen, Trans. **89**, 1482 (1906).

COOH / CH_3 / OH / C_3H_7 (I) COOH / C_6H_5 / OH (II) COOH / CH_3 / CH_3 / CH_3 (III)

Die Thymotinsäure (I) und ortho-Phenylsalizylsäure (II) sind von V. Meyer und Sudborough[1]) studiert worden, die folgende Resultate fanden; gleichzeitig damit seien die bei der Mesitylensäure (III) unter denselben Bedingungen (Erhitzen auf dem Wasserbad durch fünf Stunden) gefundenen Werte zum Vergleich angegeben:

Säure	
Thymotinsäure (I)	23·3
o-Phenylsalizylsäure (II)	76·5
Mesitylensäure (III)	64·5

Man erkennt daraus, daß die Hydroxylgruppe keinen allzugroßen hindernden Einfluß ausübt, obgleich derselbe doch noch viel stärker ist als der des Methyls; denn Säuren vom Typus:

R / R / COOH / R

(worin R = Cl, Br oder NO_2 ist) geben unter den gleichen Bedingungen überhaupt keinen Ester.

Der Einfluß der Amidogruppe scheint sehr stark zu sein, denn Kahn[2]) fand, daß 2-Nitro-6-amidobenzoesäure:

NH_2 / COOH / NO_2

in einer Chlorwasserstoff enthaltenden alkoholischen Lösung nicht verestert werden kann.

Der zweite Benzolring in Naphtalinderivaten scheint in manchen Säuren gleichfalls einen hindernden Einfluß bei der Veresterung auszuüben.

---

[1]) V. Meyer und Sudborough, Ber. d. deutsch. chem. Ges. **27**, 1580 (1894). V. Meyer, ibid. **28**, 182, 1262 (1895).

[2]) Kahn, Ber. d. deutsch. chem. Ges. **35**, 3864 (1902).

COOH HO (I) — COOH HO (II) — HO COOH (III)

Z. B. finden V. Meyer und Sudborough[1]) folgende Prozentmengen der in acht Stunden gebildeten Methylester von Salizylsäure (I), β-Oxy-α-Naphtoesäure (II) und β-Oxy-β-Naphtoesäure (III):

	Temperatur 0°	20°	40°	60°
Salizylsäure (I)	9—10	33—34	81—82	98
β-Oxy-α-Naphtoesäure (II) . . .	0	3	26	63·5
β-Oxy-β-Naphtoesäure (III) . . .	90%	bei gewöhnlicher Temperatur		

In den folgenden Fällen[2]) bilden (1), (2) und (3) überhaupt keinen Ester, während die isomeren Säuren (1 A), (2 A) und (3 A) unter denselben Bedingungen 90% ergeben:

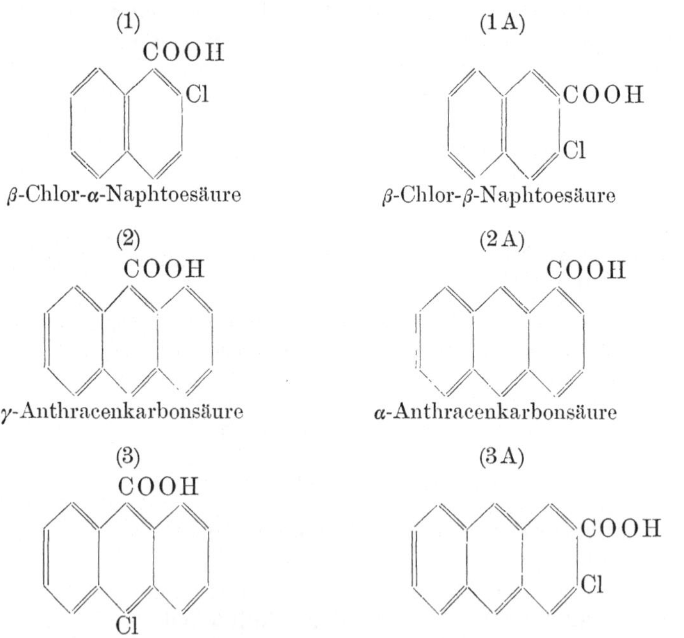

(1) β-Chlor-α-Naphtoesäure — (1 A) β-Chlor-β-Naphtoesäure

(2) γ-Anthracenkarbonsäure — (2 A) α-Anthracenkarbonsäure

(3) γ-γ-Chlor-Anthracenkarbonsäure — (3 A) β-β-Chlor-Anthracenkarbonsäure.

[1]) V. Meyer und Sudborough, Ber. d. deutsch. chem. Ges. **27**, 1580 (1894). V. Meyer, ibid. **28**, 182 (1895).
[2]) V. Meyer, ibid. **28**, 182 (1895).

Indem wir die Übersicht der aromatischen mono-Karbonsäuren hiermit abschließen, wollen wir uns nunmehr mit einigen von Victor Meyer gegebenen Ansichten vertraut machen[1]). Er sagt, falls Verbindungen mit offenen Ketten in ihrer Atomanordnung cyklischen Verbindungen gleichen, müßten sich Säuren vom Typus:

$$\begin{array}{l} CR_2 \\ \quad \searrow\!\!\!\!\!\!\!\searrow C - COOH \\ \quad \nearrow \\ CR_3 \end{array}$$

nur unter beträchtlichen Schwierigkeiten verestern lassen, da sie in ihrer Struktur di-ortho-substituierten aromatischen Säuren ähnlich sind. Heyl und Victor Meyer[2]) untersuchten die vier folgenden Säuren auf ihr diesbezügliches Verhalten und fanden bei keiner irgend eine bemerkbare Hinderung.

$$\begin{array}{c} COOH \\ | \\ C \\ /\!\!/ \quad \backslash \\ COOH - CH \quad CH_2 \cdot COOH \end{array}$$

Akonitsäure

$$\begin{array}{c} COOH \\ | \\ CH \\ / \quad \backslash \\ COOH - CH_2 \quad CH_2 \cdot COOH \end{array}$$

Trikarballylsäure

$$\begin{array}{c} COOH \\ | \\ CH \\ / \quad \backslash \\ C_6H_5 \quad C_6H_5 \end{array}$$

Diphenyl-essigsäure

$$\begin{array}{c} COOH \\ | \\ C - OH \\ / \quad \backslash \\ C_6H_5 \quad C_6H_5 \end{array}$$

Benzilsäure.

Triphenyl-essigsäure lieferte dagegen nur 20% Ester unter Bedingungen, welche bei den anderen Säuren zu quantitativen Ausbeuten führten:

$$\begin{array}{l} C_6H_5 \searrow \\ C_6H_5 - C - COOH \\ C_6H_5 \nearrow \end{array}$$

Es scheint demnach, daß die Konfigurationen aliphatischer und aromatischer Substanzen nicht gleich sind; allerdings zu viel Gewicht kann man einem derartig unvollkommenen Beweis nicht beilegen. Durch Vergleich kann man ersehen, daß nicht eine der obigen Formeln (möglicherweise mit Ausnahme der Triphenyl-essigsäure) dem wahren aromatischen Typus:

---

1) V. Meyer, Ber. d. deutsch. chem. Ges. **28**, 188 (1895).

2) Heyl und V. Meyer, Ber. d. deutsch. chem. Ges. **28**, 2776 (1895).

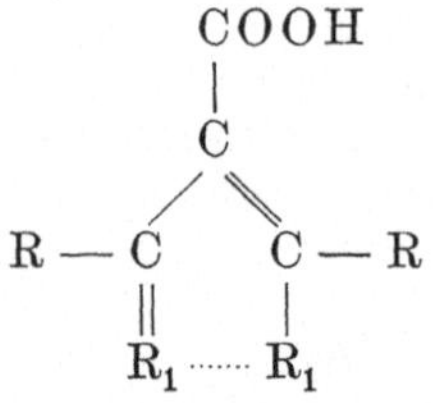

```
          COOH
           |
           C
          / \\
   R — C     C — R
       ||    |
       R1 ... R1
```

entspricht, in welchem keine Wasserstoffatome an die drei Kohlenstoffatome des Ringes gebunden sind.

Wenn wir nun zu der Reihe aromatischer Dikarbonsäuren übergehen, so finden wir auch hier ähnliche Einflüsse die Veresterung beherrschen. Zunächst wollen wir jene Säuren besprechen, welche ihre Karboxylgruppen nicht in ortho-Stellung zueinander besitzen.

Viktor Meyer[1]) und Rupp[2]) haben gezeigt, daß folgende Säuren beim Erhitzen mit 3 % alkoholischer Salzsäure keine Ester liefern:

Tetrachlor-terephtalsäure
Tetrabrom-terephtalsäure
Tetrajod-terephtalsäure
Tetrachlor-isophtalsäure
Tetrabrom-isophtalsäure
Tetrajod-isophtalsäure

d. h. mit anderen Worten, daß Säuren vom Typus (I) oder Typus (II) in ihrem Verhalten mit der Veresterungsregel von V. Meyer im Einklang stehen:

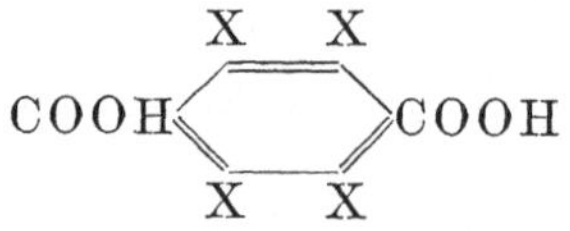

```
       X   X                     X   COOH
COOH<       >COOH          COOH<       >X
       X   X                     X   X
        (I)                        (II)
```

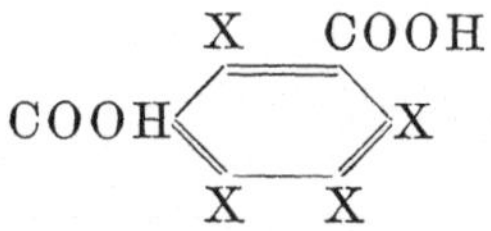

Enthält eine Dikarbonsäure, die eine Karboxylgruppe zwischen zwei Substituenten, die andere aber frei von ortho-Substituenten, so wird letztere verestert unter Bildung eines sauren Esters; z. B. beobachteten Jannasch und Weiler[3]) das folgende Verhalten der drei Säuren:

```
            COOH                     COOH
CH3<              >          CH3<            >CH3
       CH3  COOH                     COOH
```

Geben neutrale Ester.

---

[1]) V. Meyer, Ber. d. deutsch. chem. Ges. **28**, 3197 (1895).
[2]) Rupp, ibid. **29**, 1625 (1896).
[3]) Jannasch und Weiler, Ber. d. deutsch. chem. Ges. **28**, 531 (1895).

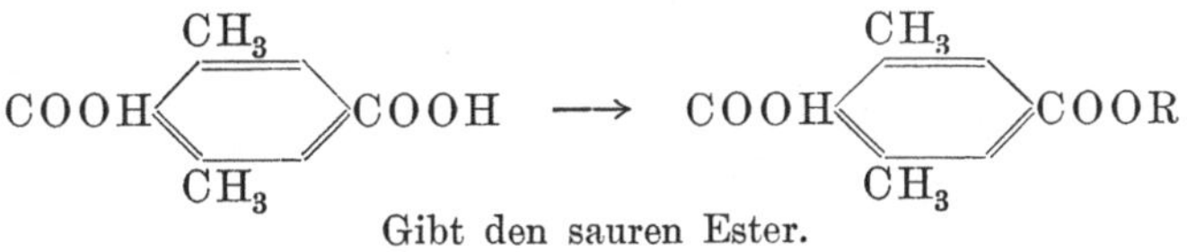

CH_3 CH_3

COOH⟨ ⟩COOH ⟶ COOH⟨ ⟩COOR

CH_3 CH_3

Gibt den sauren Ester.

Gleiche Resultate wurden beobachtet bei Nitro-terephtalsäure[1]), Brom-terephtalsäure und Oxy-terephtalsäure[2]), denn in diesen Fällen wird die mit einem Stern versehene Karboxylgruppe vor der anderen verestert:

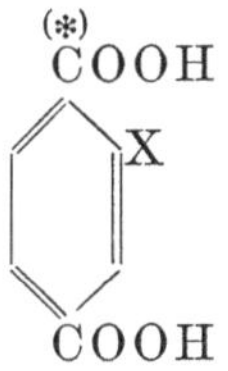

(*)
COOH

X

COOH

Liegen die beiden Karboxylgruppen in ortho-Stellung zueinander, so werden die Resultate komplizierter; auch schwindet die Sicherheit derselben, vom stereochemischen Gesichtspunkte aus betrachtet.

Wir begnügen uns mit einer Übersicht der wichtigeren Fälle und beginnen mit der Hemipinsäure (I), welche von Wegscheider untersucht worden ist[3]). Er fand, daß sich zunächst der saure Ester bildet (II), welcher bei längerer Behandlung in den neutralen Ester (III) übergeht:

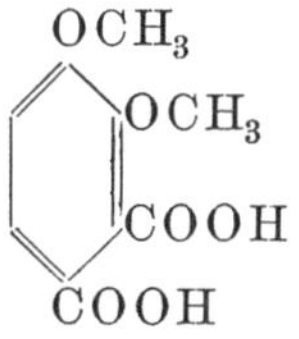

OCH_3	OCH_3	OCH_3
OCH_3	OCH_3	OCH_3
COOH	COOH	COOR
COOH	COOR	COOR
Hemipinsäure (I)	Saurer Ester (II)	Neutraler Ester (III)

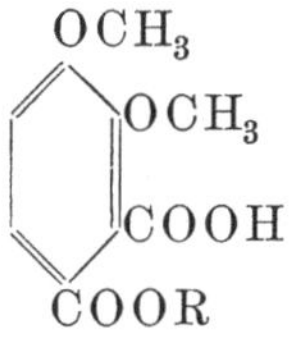

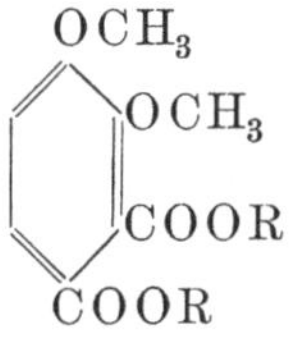

Daraus kann man schließen, daß die V. Meyersche Esterifizierungsregel auch bei den Phtalsäuren zutrifft; denn in diesem Falle wird die Karboxylgruppe, welche nur einen ortho-Substituenten besitzt, vor der zweiten, die zwischen zwei Substituenten liegt, verestert. Betrachten wir aber den Fall der 3-Nitrophtalsäure, so finden wir, daß das Gesetz nur unter bestimmten Bedingungen zutrifft; denn McKenzie[4]) zeigte, daß beim Verestern dieser Säure mit Amylalkohol der Ester (I) gebildet wird, daß dagegen bei Verwendung des Anhydrids, an Stelle der Säure, der in größerer Menge entstehende Ester Formel (2) besitzt:

---

1) Wegscheider, Monatsh. **21**, 621, 1900; **23**, 405 (1902).
2) Wegscheider und Bittner, ibid. **21**, 638 (1900).
3) Wegscheider, Ber. d. deutsch chem. Ges. **16**, 137 (1895).
4) McKenzie, Trans. **79**, 1135 (1901).

NO_2 / COOH / $COOC_5H_{11}$ (I) — NO_2 / $COOC_5H_{11}$ / COOH (II)

3-Nitro-phtalsäure-amylester

Graebe[1]) fand, daß die 3,6-Dichlorphtalsäure (A) beim zwölfstündigen Stehen mit alkoholischer Salzsäure einen sauren Ester (B) bildet, welcher beim weiteren Stehen, oder beim Erhitzen nicht in den neutralen Ester übergeführt werden konnte. Dies scheint darauf hinzudeuten, daß eine veresterte Karboxylgruppe einen stärker hindernden Einfluß ausübt, als eine einfache Karboxylgruppe:

Cl / COOH / COOH / Cl ⟶ Cl / COOR / COOH / Cl

3,6-Dichlor-phtalsäure (A) — Saurer Ester (B)

Die Tetra-halogen-phtalsäuren[2]) zeigen ein gleiches Verhalten.

Nachdem wir nun die Mono- und Dikarbonsäuren der aromatischen Reihe besprochen haben, müssen wir noch einige Details über die mehrbasischen Säuren erwähnen.

Es wurde bereits im Falle der ortho-Phtalsäure gezeigt, daß der hemmende Einfluß der Karboxylgruppe nicht groß ist und somit kann man auch in dieser Reihe einige Ausnahmen von der Veresterungsregel erwarten.

Folgende Trikarbonsäuren wurden untersucht: Trimesinsäure (I) liefert einen neutralen Ester[3]); Hemimellithsäure (II) gibt unter den gewöhnlichen Bedingungen[4]) einen Di-ester und nur eine Spur des neutralen Esters beim Erhitzen[5]). Dies ist somit ein weiteres Beispiel für die Hinderung, welche alkylierte Karboxylgruppen bei der Veresterung ortho-ständiger Karboxylgruppen ausüben. In diesem Falle ist der Einfluß so groß, daß man annehmen könnte, der ortho-Substituent sei Brom, anstatt einer Estergruppe, also ein ganz verschiedenes Verhalten gegenüber einer nicht veresterten Karboxylgruppe:

---

1) Graebe, Ber. d. deutsch. chem. Ges. **33**, 2019 (1900).

2) Graebe, Liebigs Annal. d. Chem. u. Pharm. **238**, 327 (1887). V. Meyer, Ber. d. deutsch. chem. Ges. **28**, 182 (1895).

3) Fittig und Furtenbach, Liebigs Annal. d. Chem. u. Pharm. **147**, 309 (1868). V. Meyer und Sudborough, Ber. d. deutsch. chem. Ges. **27**, 1590 (1894); **29**, 840 (1896).

4) Graebe und Leonhardt, Liebigs Annal. d. Chem. u. Pharm. **290**, 217 (1896). V. Meyer und Sudborough, Ber. d. deutsch. chem. Ges. **27**, 1590 (1894); **29**, 840 (1896).

5) V. Meyer, Ber. d. deutsch. chem. Ges. **29**, 1401 (1896).

COOH

COOH COOH

(I)

Trimesinsäure

COOH

COOH COOH

(II)

Hemimellithsäure

Betrachtet man nun die Tetrakarbonsäuren, so ergeben sich, vom sterischen Standpunkt aus, noch verwickeltere Resultate.

Pyromellithsäure[1]) (1) gibt selbst in der Kälte 90% Ester; die isomere Prehnitsäure[2]) gibt unter denselben Bedingungen einen sauren Di-ester (3), welcher aber bei weiterer Esterifizierung in kochendem Alkohol den neutralen Ester (4) liefert. In diesem Falle unterscheiden sich somit die Resultate vollkommen von den bei den Tri-karbonsäuren gefundenen:

(1)

COOH COOH

COOH COOH

Pyromellithsäure

(2)

COOH

COOH

COOH

COOH

Prehnitsäure

(3)

COOR

COOH

COOH

COOR

Prehnitsäure-di-ester

⟶

(4)

COOR

COOR

COOR

COOR

Prehnitsäure-tetra-ester

Die Dinitro-pyromellithsäure[3]) ist äußerst schwer zu verestern, denn selbst nach zwei tagelangem Kochen mit Alkohol und einem Tropfen Schwefelsäure wird nur eine geringe Menge Ester gebildet.

Dieses Verhalten steht somit wieder in direktem Gegensatz zu den in dem letzten Paragraphen angeführten Tatsachen.

NO_2

COOH COOH

COOH COOH

NO_2

Dinitro-pyromellithsäure

1) V. Meyer und Sudborough, Ber. d. deutsch. chem. Ges. **29**, 840 (1896).

2) V. Meyer und Sudborough, ibid. **27**, 1590 (1894).

3) Nef, Liebigs Annal. d. Chem. u. Pharm. **237**, 22 (1887).

Mellithsäure[1]) selbst wird überhaupt nicht verestert.

```
            COOH
      COOH/\COOH
          |  ||
      COOH\//COOH
            COOH
```

Mellithsäure

4. Theorie und Anwendung der Veresterungsregel. Auf den vorangehenden Seiten haben wir einen Überblick über die in den letzten zehn Jahren gewonnenen experimentellen Resultate gegeben; im folgenden wollen wir die aus diesem ausgedehnten Material erhaltenen Folgerungen näher besprechen.

Zunächst wollen wir die aliphatischen Substanzen außer unserer Betrachtung lassen, da sie von einem anderen Gesichtspunkt aus in dem Kapitel über Kettenbildung näher besprochen werden; in dieser Hinsicht sind viel ausgedehntere experimentelle Arbeiten durchgeführt worden, aus denen definitivere Folgerungen gezogen werden können, wie aus dem weit beschränkteren Material, das wir in diesem Abschnitt zusammengestellt haben. Wir wollen daher nur die aromatischen Säuren und ihre Ester besprechen. Die Frage, welche wir zunächst ins Auge fassen, ist die nach der relativen Wirkung, welche ein und derselbe Substituent hervorruft, wenn er in die drei in bezug auf das Karboxylradikal möglichen Stellungen, o-, m, -p, eingeführt wird. Bei näherer Untersuchung der Tabelle auf Seite 274 kann man ersehen, daß die ortho-Substituenten bei weitem den größten Einfluß auf den Verlauf des Veresterungsprozesses ausüben, also ein Ergebnis, das man nach der sterischen Hypothese erwarten konnte. Andererseits scheinen meta-Substituenten eine geringere Wirkung auszuüben, als gleiche Radikale in der para-Stellung. Aus diesen beiden Typen können wir somit nur wenige Auskünfte erhalten, die zur Enthüllung stereochemischer Begriffe von Nutzen sein könnten. Die bekannten nahen Beziehungen zwischen den para-Stellungen im Benzolringe scheinen darauf hinzudeuten, daß der Unterschied des Einflusses der Substituenten in para- und meta-Stellung eher durch eine rein chemische, als stereochemische Ursache bedingt ist. Wenn stereochemische Theorien, überhaupt eingeführt werden sollten, so scheint es wahrscheinlich, daß die von Baly, Edwards und Stewart[2]) ausgesprochenen Ansichten über die Vibrationsverhältnisse des Benzolringes einen Anhaltspunkt geben, in welcher Richtung man dieser Frage näher treten könnte. Es scheint aber, daß kein Grund für die Annahme einer stereochemischen Erklärung vorliegt.

Wir müssen nun den Fall der ortho-Substituenten betrachten, um, wenn möglich, zu zeigen, daß der räumliche Faktor in diesem Problem wirklich der überwiegende ist. Wir haben bereits in dem

---

[1]) Wöhler und Schwarz, Liebigs Annal. d. Chem. u. Pharm. **66**, 49.
[2]) Siehe Kapitel V dieses Teiles.

Beispiele der Nitro-fluor-benzoesäure gezeigt, daß der stereochemische Einfluß größer sein kann als der rein chemische; um aber einen endgültigen Beweis zu liefern, müssen wir zeigen können, daß die Karboxylgruppe, sobald sie der Wirkungssphäre der hindernden Substituenten entzogen wird, ihre ursprüngliche Fähigkeit zur Esterbildung wieder erlangt. Ein solches Resultat wird erreicht, wenn wir eine Methylengruppe zwischen den Ring und das Karboxylradikal einschieben, so daß nun die Karboxylgruppe über den Bereich des hindernden Substituenten hinausragt. Man sollte daher erwarten, daß die neue Verbindung viel leichter und größere Mengen Ester bilden würde wie die ursprüngliche. Dieses Verhalten wurde auch tatsächlich beobachtet, wie man aus folgenden Angaben ersehen kann:

CH_3 (oben), CH_3 (links), $COOH$ (rechts), CH_3 (unten) am Benzolring	CH_3 (oben), CH_3 (links), $CH_2 — COOH$ (rechts), CH_3 (unten) am Benzolring
Mesitylameisensäure gibt keinen Ester	Mesitylessigsäure gibt 96% Ester
Br (oben), Br (links), $COOH$ (rechts), Br (unten) am Benzolring	Br (oben), Br (links), $CH_2 \cdot COOH$ (rechts), Br (unten) am Benzolring
Tribrombenzoesäure gibt keinen Ester	Tribromphenylessigsäure gibt 98,8% Ester

Diese Beispiele sind nicht die einzigen, sondern eine Reihe weiterer, gleicher Fälle ist bekannt; allerdings scheint auch dies kein strenger Beweis für die Richtigkeit der Theorie zu sein, denn es ist ganz gut denkbar, daß der Unterschied der Veresterungsgeschwindigkeiten durch die Strukturänderung hervorgerufen wird und nicht durch die Änderung in der räumlichen Beziehung der Atome. Die Frage muß daher nach dem gegenwärtigen Stande unserer Kenntnisse noch als unentschieden gelten.

Eine weitere Methode, ausgehend von derselben Idee, ist folgende:

Wenn wir in die Karboxylgruppe ein schweres Atom einführen könnten, dessen Masse genügend groß ist, um im Verlaufe der Vibrationen bei dem Zusammenstoß mit den ortho-Substituenten letztere zurückzudrängen und so einen Weg für den Eintritt der Alkylradikale zu schaffen, so dürften wir eine große Steigerung der Veresterungsgeschwindigkeit erwarten. Ein solches Atom ist leicht gefunden; denn das Silberatom hat ein viel größeres Atomgewicht, als die gewöhnlichen substituierenden Atome und hat ferner die Eigenschaft, leicht mit Alkyljodiden zu reagieren.

Wenn wir daher an Stelle der gewöhnlichen Veresterung zwischen Säure und Alkohol die Reaktion zwischen einem Silbersalz und einem Alkyljodid einführen, müßten wir eine deutliche Steigerung der gebildeten Estermenge erwarten. Dies ist in der Tat der Fall, denn viele Säuren, welche auf andere Weise überhaupt nicht verestert werden können, lassen sich nach dieser Methode in ihre Ester verwandeln. Aber auch dies ist kein strenger Beweis, wie wir aus der nun folgenden Besprechung des Reaktionsmechanismus bei der Esterifizierung mit Hilfe von Salzsäure ersehen werden. Vier Haupthypothesen sind für diesen Mechanismus gegeben worden.

Zunächst einmal kann man den Esterifizierungsprozeß als eine gewöhnliche Ionenreaktion auffassen, von der man annehmen kann, daß sie nach folgender Gleichung verläuft:

$$R-CO\overset{|}{O}+\dot{H}+HO\cdot R_1 = R\cdot COOR_1+H_2O$$

Wenn dies tatsächlich der Fall wäre, so würde eine Säure mit größerer Affinitätskonstante schneller und leichter reagieren als eine entsprechende schwächere Säure, was aber, wie wir schon gezeigt haben, nie beobachtet worden ist. Andererseits ist die Reaktion zwischen einem Alkyljodid und dem Silbersalz einer Säure bestimmt eine gewöhnliche Ionenreaktion und dennoch wird sie nicht durch räumliche Verhältnisse beeinflußt. Es ist üblich, beide Reaktionen zu unterscheiden, indem man annimmt, daß die Silbersalzreaktion augenblicklich erfolgt, während die Esterifizierung mit Chlorwasserstoffsäure ein relativ langsamer Prozeß ist. Wenn diese beiden Reaktionen vom gleichen Typus wären, sollten sie auch beide zu gleichen Endprodukten führen, falls man in beiden Fällen den gleichen Alkohol und dieselbe Säure verwendet; daß dies nicht der Fall ist, kann man aus dem Beispiel folgender Dikarbonsäuren ersehen. — Man hat gefunden, daß nach der Silbersalzmethode bei Anwendung des sauren Salzes das Karboxyl (α), das die größere Affinitätskonstante zeigt, verestert wird, daß dagegen bei Anwendung von Alkohol und Salzsäure das schwächere (β) Radikal angegriffen wird.

$O\cdot CH_3$ / $O\cdot CH_3$ / COOH (α) / COOH (β)

Hemipinsäure

NO_2 / COOH (α) / COOH (β)

3-Nitrophtalsäure

COOH (α) / Br / COOH (β)

Bromterephtalsäure

COOH (α) / OH / COOH (β)

Oxyterephtalsäure

Wir können daher mit Recht schließen, daß der Esterifizierungsprozeß keine Ionenreaktion ist; obgleich es ganz gut möglich ist, daß bestimmte Ionenarten einen Einfluß auf den Prozeß ausüben können.

Eine zweite Ansicht betrachtet den Mechanismus der Esterbildung als eine reversible Reaktion vom Typus:

$$X \cdot COOH + Y \cdot OH \rightleftarrows X \cdot COOY + H_2O.$$

Hierbei wird angenommen, daß in Fällen, wo nur geringe Estermengen gebildet werden, durch die Gegenwart des gebildeten Wassers die Hydrolyse des Esters mit der gleichen Geschwindigkeit erfolgt, wie die Bildung desselben.

Goldschmidt[1]) prüfte diese Annahme in folgender Weise: Symmetrische Trinitrobenzoesäure wird nur sehr schwer mit Hilfe von Alkohol und Salzsäure verestert; demnach könnte man erwarten, daß die Hydrolyse des Esters unter den gleichen Bedingungen sehr leicht erfolgen würde. Goldschmidt stellte den Äthylester mit Hilfe des Silbersalzes dar, löste ihn in alkoholischer Salzsäure, der eine geringe Menge Wasser zugefügt war, und setzte die Mischung in einem Thermostaten einer Temperatur von 25^0 durch vier Wochen hindurch aus. Nach Ablauf dieser Zeit war der Alkohol verdunstet und die zurückgebliebenen Kristalle erwiesen sich bei näherer Untersuchung als solche des reinen ursprünglichen Esters. Somit war keine beträchtliche Hydrolyse eingetreten. Daraus folgt, daß diese Erklärung der Hinderung, also mit Annahme einer ebenso raschen Hydrolyse als Bildung des Esters, nicht aufrecht erhalten werden kann.

Eine dritte Ansicht über die Esterifizierung nimmt an, daß zunächst ein Anhydrid gebildet wird, welches dann durch den Alkohol im Sinne folgender Gleichung angegriffen wird:

$$\begin{array}{l} X \cdot COOH \\ \\ X \cdot COOH \end{array} \xrightarrow{-H_2O} \begin{array}{l} X \cdot CO \\ \quad\;\; \searrow \\ \quad\;\;\; O + C_2H_5 \cdot OH \\ \quad\;\; \nearrow \\ X \cdot CO \end{array} \qquad \begin{array}{l} X \cdot COO \cdot C_2H_5 \\ \\ X \cdot COOH \end{array}$$

In der Reihe der einbasischen Säuren muß dieser Prozeß zwischen zwei Molekülen der Säure stattfinden, und er würde der sterischen Hinderung unterworfen sein, wenn eine Anhäufung von Substituenten in der an das Karboxylradikal gebundenen Alkylgruppe vorliegt. In diesem Falle stimmt die Theorie mit den Tatsachen überein. Nehmen wir nun eine einbasische aromatische Säure, so würde die Anhydridbildung in gleicher Weise durch einen zum Karboxyl in ortho-Stellung befindlichen Substituenten beeinflußt werden; die Einführung einer zweiten Karboxylgruppe in die ortho-Stellung sollte dagegen die Anhydridbildung erleichtern, wenn wir bedenken, mit welcher Leichtigkeit Phtalsäure ein Anhydrid bildet. Wir wissen bereits, daß dies nicht der Fall ist, daß im Gegenteil die Karboxylgruppe in ortho-Stellung gewöhnlich die Esterbildung erschwert. Diesem Einwand kann man allerdings entgehen, wenn

[1]) Goldschmidt, Ber. d. deutsch. chem. Ges. **28**, 3218 (1895).

man annimmt, daß das Anhydrid, einmal gebildet, von dem Angriff durch den ortho-Substituenten geschützt wird; dadurch kommt man aber wieder zur Einführung sterischer Betrachtungen. Kein endgültiger Schluß kann daher gezogen werden, bevor nicht mehr Material in dieser Hinsicht gesammelt worden ist. Kahn[1]) hat die Verhältnisse bei der 3-Nitrophtalsäure studiert; doch kann man aus diesen Versuchen kaum viel Folgerungen ableiten, da die Verbindung eine Ausnahmesubstanz zu sein scheint. Eine weitere Erklärung, die befriedigendste von allen, basiert auf der Annahme, daß der Prozeß der Esterifizierung in zwei Phasen verläuft, wobei zunächst ein unbeständiges intermediäres Produkt gebildet wird, das sich in der zweiten Phase zerlegt:

$$\text{I. Stadium:}\quad R-C\begin{matrix}\diagup OH\\ = O\end{matrix} + C_2H_5\cdot OH = R\cdot C\begin{matrix}\diagup OH\\ -OH\\ \diagdown O\cdot C_2H_5\end{matrix}$$

$$\text{II. Stadium:}\quad R\cdot C\begin{matrix}\diagup OH\\ -OH\\ \diagdown O\cdot C_2H_5\end{matrix} = R\cdot C\begin{matrix}=O\\ \diagdown O\cdot C_2H_5\end{matrix} + H_2O$$

Man sieht, daß die intermediäre Verbindung ein großes Radikal enthält:

$$-C\begin{matrix}\diagup OH\\ -OH\\ \diagdown O\cdot C_2H_5\end{matrix}$$

und daß sie sich nur dann bilden kann, wenn genügend freier Raum im Molekül vorhanden ist, um den Eintritt des Alkoholmoleküls zu gestatten. Wenn wir den freien Raum durch Einführung von Substituenten verringern, so verringern wir dadurch auch die Möglichkeit zur Bildung der intermediären Verbindung und somit indirekt die Möglichkeit der Esterbildung. Diese Hypothese wurde zu verschiedenen Zeiten von Henry[2]), Wegscheider[3]) und Angeli[4]) aufgestellt. Sie erhielt bis zu einem gewissen Grade experimentelle Bestätigung durch die Arbeiten von H. v. Pechmann[5]), welcher fand, daß Benzoesäureester beim Behandeln mit Natriummethylat ein festes Produkt liefert (I), während Mesitylenkarbonsäuremethylester unangegriffen bleibt (II).

Die Unterschiede zwischen beiden Verbindungen kann man der Tatsache zuschreiben, daß in (II) der zur Bildung des Additionsproduktes nötige Raum durch die zwei Methylgruppen in Anspruch genommen wird:

---

1) Kahn, Ber. d. deutsch. chem. Ges. **35**, 3431 (1902).

2) Henry, Ber. d. deutsch. chem. Ges. **10**, 2041 (1877).

3) Wegscheider, Monatsh. **16**, 137 (1895).

4) Angeli, Atti. R. Accad. Lincei (**5**), I, 84 (1896).

5) v. Pechmann, Ber. d. deutsch. chem. Ges. **31**, 503 (1898).

$$C_6H_5-C\genfrac{}{}{0pt}{}{\diagup O\cdot C_2H_5}{:O}\xrightarrow[\text{(I)}]{CH_3\cdot ONa} C_6H_5-C\begin{cases}O\cdot C_2H_5\\O\cdot CH_3\\O\cdot Na\end{cases}$$

$$(CH_3)_3C_6H_2-C\genfrac{}{}{0pt}{}{\diagup O\cdot CH_3}{:O}\xrightarrow[\text{(II)}]{CH_3\cdot ONa}\text{keine Reaktion.}$$

Selbst wenn wir die sterische Ansicht unberücksichtigt lassen, erscheint diese Hypothese immer noch als die beste. Z. B. kann man die Veresterungserscheinungen auch mit Annahme einer naszierenden Karbonylgruppe erklären, indem man die Bildung desselben Additionsproduktes annimmt:

$$R-C\begin{cases}OH\\OH\\O\cdot C_2H_5\end{cases}$$

räumliche Einflüsse aber unberücksichtigt läßt und folgendem Gedanken Rechnung trägt: Die Menge des gebildeten Esters beruht auf der Menge der intermediär gebildeten Verbindung und die Menge der letzteren auf der Reaktionsfähigkeit des Karbonyls in der Karboxylgruppe, denn an ihr findet ja die Addition statt. Die Einflüsse, welche die Esterbildung berühren, sind demgemäß jene, welche die Wirksamkeit des Karbonyls beeinträchtigen, und Stewart und Baly[1]) haben gezeigt, daß die Annahme, sterische Einflüsse haben einen großen Effekt auf diesen Prozeß, unnötig ist.

Am Schlusse dieses Abschnittes wollen wir noch einige Beispiele geben, um zu zeigen, in welcher Weise die Veresterungsregel auf praktische Probleme angewendet werden kann.

Eine wichtige Anwendung findet dieselbe bei der Konstitutionsbestimmung von Säuren, deren Konstitution auf andere Weise nicht sicher festgestellt werden kann. Wir haben bereits früher darauf hingewiesen, daß die zwei Karboxylgruppen in einer unsymmetrisch substituierten Bernsteinsäure eine verschiedene Fähigkeit zur Esterbildung zeigen; die tertiäre Karboxylgruppe wird viel schwieriger verestert als die primäre.

Blaise[2]) hat nun eine Methode angegeben, mit deren Hilfe man feststellen kann, ob eine Bernsteinsäure symmetrisch oder unsymmetrisch substituiert ist, weil im ersteren Falle das Verhältnis:

$$\frac{\text{Menge des gebildeten sauren Esters}}{\text{Menge des gebildeten neutralen Esters}}$$

1) Stewart und Baly, Trans. **89**, 489 (1905).

2) Blaise, Compt. rend. de l'Acad. d. Sciences **126**, 753 (1898).

kleiner, im Falle der unsymmetrisch substituierten Säure aber größer als eins erscheint.

Racine[1]) stellte eine Bromtoluylsäure dar, der er folgende Formel beilegte:

COOH
Br CH_3

Victor Meyer[2]) konnte aus dem Verhalten dieser Säure bei der Veresterung die Formel

COOH
CH_3
Br

ableiten, die sich nachher als richtig erwies.

Zincke und Francke[3]) fanden, daß eine bestimmte Aceto-brom-isophtalsäure eine fast quantitative Ausbeute an Ester lieferte und schlossen daher aus dem Esterifizierungsgesetz auf folgende Formel:

H COOH
Br H
$CH_3 \cdot CO$ COOH

Matthews[4]) stellte eine neue Trichlorbenzoesäure dar; da zurzeit nur zwei Trichlorbenzoesäuren unbestimmt waren, denen die Formeln (I) und (II) zukamen:

COOH
Cl
Cl Cl
(I)

COOH
Cl Cl
Cl
(II)

die neue Säure sich aber leicht verestern ließ, so folgerte Matthews, daß ihr nur die Formel (I) zukommen kann.

Victor Meyer hat auch die Veresterungsregel verwendet, um unrichtige Angaben zu berichtigen. So z. B. berichtete Claus[5]), daß 2-, 3-, 5-, 6-Tetramethylbenzoesäure:

---

1) Racine, Liebigs Annal. d. Chem. u. Pharm. **239**, 75 (1885).
2) V. Meyer, Ber. d. deutsch. chem. Ges. **28**, 187 (1895).
3) Zincke und Francke, Liebigs Annal. d. Chem. u. Pharm. **293**, 123 (1896).
4) Matthews, Proc. **16**, 187 (1900).
5) Claus, Ber. d. deutsch. chem. Ges. **20**, 3101 (1887).

CH_3 CH_3

COOH

CH_3 CH_3

leicht verestert wird, während Victor Meyer[1]) zeigte, daß sich nur 1 % des Esters nach der gewöhnlichen Methode bildet. Daraus folgerte er, daß Claus wahrscheinlich nicht Durolkarbonsäure, sondern eine noch unbekannte isomere Säure vor sich gehabt hat.

Eine weitere Anwendung findet das Veresterungsgesetz bei der Trennung zweier isomerer Substanzen voneinander. Martz[2]) fand, daß beim Nitrieren von ortho-Nitrobenzoesäure alle drei möglichen Dinitrobenzoesäuren gebildet werden und daß die Diorthodinitrobenzoesäure

NO_2

COOH

NO_2

von den beiden anderen getrennt werden kann, da sie sich viel schwerer verestern läßt als die zwei anderen isomeren Säuren. Es ist allerdings nicht immer richtig, den Resultaten derartiger Konstitutionsbestimmungen zu viel Vertrauen zu schenken, wenn nicht noch andere Beweise dafür sprechen; denn Wegscheider[3]) hat beobachtet, daß Papaverinsäure:

OCH_3 N

CH_3O CO

COOH COOH

Papaverinsäure

eine beträchtliche Ausbeute an Neutralester liefert, was nicht der Fall sein dürfte, falls die Esterregel streng zutreffen würde.

Es soll ferner darauf hingewiesen werden, daß die von Marckwald und Mc Kenzie[4]) zur Spaltung von razemischen Verbindungen benutzte Veresterungsmethode auf einer Modifikation des Veresterungsgesetzes beruht.

§ 3. Hydrolyse.

Der Verseifungsprozeß oder Hydrolyse läßt sich allgemein durch folgende Gleichung ausdrücken:

$$R \cdot CO \cdot X + H_2O = R \cdot CO \cdot OH + X \cdot H$$

1) V. Meyer, Ber. d. deutsch. chem. Ges. **29**, 831 (1896).
2) Siehe V. Meyer und Sudborough, ibid. **27**, 3147 (1894).
3) Wegscheider, Monatsh. **23**, 369 (1902).
4) Marckwald und Mc Kenzie, Ber. d. deutsch. chem. Ges. **34**, 469 (1901).

Den folgenden Tatsachen nach zu schließen, scheint auch dieser Prozeß in zwei Stadien zu verlaufen; das eine in der Addition, das andere in einer Zersetzung und zwar im folgenden Sinne:

$$\text{Stadium I.}\quad R\cdot CO\cdot X + H_2O = R\cdot C\begin{cases}OH\\X\\OH\end{cases}$$

$$\text{Stadium II.}\quad R\cdot C\begin{cases}OH\\X\\OH\end{cases} = R\cdot CO\cdot OH + XH$$

Es ist einleuchtend, daß die Bildung der großen Gruppe in der intermediären Verbindung nur dann vor sich gehen kann, wenn ein bestimmter Betrag freien Raumes um das Karboxyl herum vorhanden ist, und daß in Fällen, wo ein solcher Raum fehlt, die Hydrolyse nicht möglich ist. Nun hat man beobachtet, daß in gewissen Fällen keine Hydrolyse stattfindet und daß sie in anderen wieder nur bis zu einem gewissen Grade vor sich geht; in allen diesen Fällen lassen die Zahl und die Stellung der Atomgruppen in der Nachbarschaft der Karboxylgruppe darauf schließen, daß in solchen Verbindungen ein Mangel an freiem Raum um das Karboxyl die Ursache der Hinderung ist.

Im Jahre 1885 untersuchte Reicher[1]) die Verseifungsgeschwindigkeiten gewisser Ester und konnte zeigen, daß dieselbe teilweise von der Natur der Säure, teilweise von der Natur des Alkoholradikals abhängig ist. Zum Beispiel erhielt er bei den Acetaten verschiedener Alkohole folgende Verseifungskonstanten:

		Verseifungskonstante
$CH_3\cdot OH$	Methylalkohol .	3·493
$CH_3\cdot CH_2\cdot OH$	Äthylalkohol . .	2·307
$CH_3\cdot CH_2\cdot CH_2\cdot OH$ . . .	Propylalkohol . .	1·920
$(CH_3)_2\cdot CH\cdot CH_2\cdot OH$ . .	Isobutylalkohol .	1·618
$(CH_3)_2CH\cdot CH_2\cdot CH_2\cdot OH$.	Iso-amylalkohol .	1·645

Der größere Unterschied bei Isobutyl- und Isoamylalkohol, gegenüber den ersten drei Werten, läßt darauf schließen, daß die Anhäufung der Substituenten in der Nähe der Hydroxylgruppe einen hindernden Einfluß auf die Reaktion ausübt. Derselbe Einfluß ist auch bei den Säuren bemerkbar, wie man aus den Verseifungskonstanten der Äthylester folgender Säuren entnehmen kann:

		Verseifungskonstante	Affinitätskonstante
$CH_3\cdot COOH$	Essigsäure . .	3·204	0·0018
$CH_3\cdot CH_2\cdot COOH$ . .	Propionsäure .	2·816	0·0013
$CH_3\cdot CH_2\cdot CH_2\cdot COOH$	Buttersäure . .	1·702	0·0015
$(CH_3)_2\cdot CH\cdot COOH$ . .	Isobuttersäure .	1·731	0·0014
$(CH_3)_2\cdot CH\cdot CH_2\cdot COOH$	Isovaleriansäure	0·641	0·0017

[1]) Reicher, Liebigs Annal. d. Chem. u. Pharm. **228**, 257 (1885); **232**, 103 (1886); **238**, 276 (1887).

Beim Vergleich der Verseifungskonstanten und Affinitätskonstanten der verschiedenen Säuren kann man ersehen, daß die Affinitätskonstanten nicht den überwiegenden Faktor in dieser Reaktion spielen.

Hjelt[1]) zeigte, daß im Falle der Alkylmalonsäuren die Äthyl-, Propyl-, Isobutyl- und Allylderivate fast so leicht verseift werden können wie Malonsäure selbst, während Isopropyl- und Benzilmalonsäureester viel schwieriger angegriffen werden, daß dagegen die Reaktion sehr langsam bei den dialkylierten Estern vor sich geht. Diallylmalonsäure hat eine neunmal so große Affinitätskonstante als Malonsäure und doch wird ihr Ester etwa fünfmal langsamer verseift. Hjelt[2]) adoptierte die dynamische Hypothese Bischoffs zur Erklärung seiner Versuche. In einigen weiteren Untersuchungen über dreibasische Säuren fand er, daß die Gruppe

$$\begin{array}{c} \mathrm{C} \\ | \\ \mathrm{C} - \mathrm{C} - \mathrm{COOC_2H_5} \\ | \\ \mathrm{C} \end{array}$$

ähnliche Wirkungen hervorruft, wie sie in der Malonsäurereihe gefunden worden sind.

Sudborough und Feilmann[3]) führten eine Reihe von Untersuchungen über die Hydrolyse von Estern durch und kamen zu dem Schluß, daß vorwiegend zwei Faktoren bei der Reaktion maßgebend sind: 1. die Konfiguration der Säure, oder mit anderen Worten die Gegenwart von Substituenten in der Nähe der Karboxylgruppe und 2. die Stärke der Säure, bestimmt durch ihre Affinitätskonstante. In den meisten Fällen ist der erste Faktor der bei weitem vorherrschendere und verschleiert bis zu einem gewissen Grade den Einfluß des zweiten; wenn aber die Stärke einer Säure durch die chemische Wirkung der Substituenten sehr gesteigert wird, so scheint der zweite Faktor bedeutender zu werden und den Einfluß der Konfiguration zu verdecken.

Bischoff und Hedenström[4]) studierten die Hydrolyse der Aryl- und Benzylester zweibasischer Säuren. Ihre Folgerungen stimmen im allgemeinen mit den oben gegebenen überein, wenngleich viele Unregelmäßigkeiten im Verlaufe der Arbeit gefunden wurden.

In dem Abschnitt über die Veresterung haben wir gezeigt, daß bei der Esterifizierung der Kamphersäure mit Alkohol und Salzsäure die sekundäre Karboxylgruppe vor der tertiären verestert wird (I). Ein gleiches Resultat findet man bei der Verseifung des Esters, denn

---

[1]) Hjelt, Ber. d. deutsch. chem. Ges. **29**, 110 (1896).

[2]) Hjelt, ibid. **29**, 1867 (1896).

[3]) Sudborough und Feilmann, Proc. **13**, 241 (1897).

[4]) Bischoff und von Hedenström, Ber. d. deutsch. chem. Ges. **35**, 4094 (1902).

in diesem Falle läßt sich das tertiäre Karboxyl viel schwieriger von seiner Äthylgruppe befreien (II). Ähnliche Resultate hat man mit Homokamphersäure gefunden.

```
 CH — COOH                CH — COOC2H5              CH-COOC2H5
 /\                       /\                        /\
CH2 \                    CH2 \                     CH2 \
|    C(CH3)2     →       |    C(CH3)2      →       |    C(CH3)2
CH2 /                    CH2 /                     CH2 /
 \/                       \/                        \/
 C                        C                         C
 /\                       /\                        /\
CH3 COOH                 CH3 COOH                  CH3 COOC2H5
                            (I)

 CH — COOC2H5             CH — COOH                 CH — COOH
 /\                       /\                        /\
CH2 \                    CH2 \                     CH2 \
|    C(CH3)2     →       |    C(CH3)2      →       |    C(CH3)2
CH2 /                    CH2 /                     CH2 /
 \/                       \/                        \/
 C                        C                         C
 /\                       /\                        /\
CH3 COOC2H5              CH3 COOC2H5               CH3 COOH
                            (II)
```

Anschütz[1]) beobachtete einen ähnlichen Fall bei ungesättigten Säuren, denn Mesakonsäure ergibt bei der Veresterung den Ester (I), während bei partieller Hydrolyse des Diesters der isomere Monoester (II) entsteht:

```
CH3 · C — COOH          CH3 · C — COOR
      ||                      ||
  H · C — COOR            H · C — COOH
     (I)                     (II)
```

Im Falle der Hydrolyse aromatischer Ester findet man die vollständigsten Daten in Arbeiten von Victor Meyer und Kellas[2]) aus denen die wichtigsten Angaben in der nachfolgenden Tabelle wiedergegeben sind.

---

[1]) Anschütz, Ber. d. deutsch. chem. Ges. **30**, 2652 (1897).

[2]) V. Meyer und Kellas, Ber. d. deutsch. chem. Ges. **28**, 1258 (1895). Zeitschr. f. physikal. Chem. **24**, 243 (1897).

	I	II	III	IV	V
Benzoesäure	74·2	22·35	13·95	17·47	—
o-Toluylsäure	13·82	1·98	—	2·44	5·74
m-Toluylsäure	—	—	—	—	6·46
p-Toluylsäure	—	8·28	—	—	6·22
o-Chlorbenzoesäure	88·39	—	15·70	13·69	—
m-Chlorbenzoesäure	—	—	27·56	—	—
p-Chlorbenzoesäure	—	25·84	16·56	—	—
o-Brombenzoesäure	—	—	—	10·58	—
m-Brombenzoesäure	—	—	24·45	—	—
p-Brombenzoesäure	—	26·14	16·80	—	—
o-Jodbenzoesäure	64·24	—	—	7·23	—
m-Jodbenzoesäure	—	—	—	—	—
p-Jodbenzoesäure	—	26·37	—	—	—
o-Nitrobenzoesäure	96·62	44·43	—	29·9	—
m-Nitrobenzoesäure	94·84	85·17	—	—	—
p-Nitrobenzoesäure	94·45	90·97	—	—	—

Die vertikal untereinander stehenden Zahlen geben die Menge des verseiften Esters in Prozenten an und sind unter denselben Bedingungen erhalten worden, daher vergleichbar. Aus dieser Tabelle ersieht man, daß eine meta- oder paraständige Methylgruppe die Reaktion verlangsamt, während Chlor, Brom, Jod und die Nitrogruppe dieselbe beschleunigen. Die Methylgruppe wirkt in ortho-Stellung stärker hemmend als in m- oder p-Stellung, was zu erwarten war, wenn der Einfluß im stereochemischen Sinne erfolgt. In der Naphtalinreihe kann das Kohlenstoffatom des zweiten Benzolringes bei einer α-Karbonsäure die Rolle eines ortho-Substituenten spielen, wie aus folgenden von Victor Meyer[1]) erhaltenen Resultaten hervorgeht.

$COOC_2H_5$, Cl (I) $COOCH_3$, OH (II)

OH, $COOCH_3$ (III) Cl, $COOC_2H_5$ (IV)

Unter gleichen Bedingungen ergaben Verbindung (I) und (II) nur geringe Säuremengen, während (III) zu 30% und (IV) gar bis zu einem Betrage von 71% verseift wurde.

1) V. Meyer, Ber. d. deutsch. chem. Ges. **28**, 1262 (1895).

Ebenso kann eine zweite Karboxylgruppe einen hindernden Einfluß auf die Hydrolyse eines Esters ausüben. Die folgenden Formeln[1]) zeigen die bei der Verseifung einer einzelnen Karboxylgruppe in einer Dikarbonsäure erhaltenen Resultate, wobei das mit einem Stern versehene Karboxyl zuerst verseift wird.

$\overset{*}{C}OOC_2H_5$ / NO_2 / $COOC_2H_5$

$\overset{*}{C}OOC_2H_5$ / Br / $COOC_2H_5$

$\overset{*}{C}OOC_2H_5$ / $COOC_2H_5$ / NO_2

$\overset{*}{C}OOC_2H_5$ / $COOC_2H_5$ / OH

$\overset{*}{C}OOC_2H_5$ / $COOC_2H_5$ / NO_2

$\overset{*}{C}OOC_2H_5$ / $COOC_2H_5$ / OCH_3 / OCH_3

$\overset{*}{C}OOC_2H_5$ / $COOC_2H_5$ / $\underset{*}{C}OOC_2H_5$

C. A. Bischoff und A. von Hedenström[2]) haben erschöpfende Untersuchungen über Verseifungsgeschwindigkeiten bei den Acyl- und Benzylestern zweibasischer Säuren durchgeführt. Die Zusammenstellung ihrer Resultate kann hier nicht wiedergegeben werden, sollte aber in der Orginalarbeit beachtet werden.

Säurechloride verwandeln sich beim Behandeln mit Wasser in die entsprechenden Säuren und Salzsäure:

$$R \cdot CO \cdot Cl + H_2O = R \cdot COOH + HCl$$

Bei gewissen aromatischen Säuren wird aber diese Reaktion durch die Gegenwart von ortho-Substituenten gehemmt oder gar verhindert. Die erste diesbezügliche Beobachtung rührt von Victor Meyer[3]) her, der fand, daß 2-, 4-, 6-Trinitrobenzoylchlorid selbst nach einstündigem Kochen mit Wasser kaum verändert wird; das

---

1) Wegscheider und Andere, Monatsh. **16**, 75 (1895); **21**, 787 (1900); **23**, 359, 393 (1902). McKenzie, Trans. **79**, 1135 (1901). Graebe und Leonhardt, Liebigs Annal. d. Chem. u. Pharm. **290**, 225 (1896).

2) Bischoff und von Hedenström, Ber. d. deutsch. chem. Ges. **35**, 4094 (1902).

3) V. Meyer, ibid. **27**, 3153 (1894).

Chlorid der 2,- 4,- 6-Trichlorbenzoesäure ist noch beständiger. Sudborough[1]) untersuchte diese Frage eingehend unter Benutzung folgender Verbindungen: o-, m-, p-Brombenzoylchlorid, 2,4-, 3,5- und 2,6-Dibrombenzoylchlorid; 3,4,5- und 2,4,6-Tribrombenzoylchlorid; 2, 3, 4, 6-Tetrabrombenzoylchlorid.

Seine Experimente zeigten: 1. daß Säurechloride, welche kein Bromatom in ortho-Stellung enthalten, leicht durch Natronlauge (20 ccm einer 8% Lösung auf 0·5 g des Säurechlorides) meistens schon vor Beginn des Kochens verseift werden; in keinem Falle braucht man zur Umwandlung mehr als zehn Sekunden zu kochen; 2. daß jene Säurechloride, welche ein Bromatom in ortho-Stellung enthalten, stabiler sind und erst durch 3—4 Minuten langes Kochen mit Alkali zerlegt werden; 3. daß Säurechloride, welche zwei Bromatome in ortho-Stellung enthalten, außerordentlich beständig sind. Lütjens[2]) fand, daß das Dichlorid der Tetrajod-terephtalsäure so beständig ist, daß es selbst nach mehrstündigem Erhitzen mit Wasser auf 150° C nicht angegriffen wird. Es ist wahrscheinlich, daß die Umwandlung eines Säurechlorides in die Säure durch ein intermediäres Produkt erfolgt, im Sinne des unten gegebenen Schemas, und daß in einem ortho-substituierten Säurechlorid nicht genügend freier Raum für die Bildung der intermediären Substanz vorhanden ist.

$$R\cdot C\begin{matrix}\nearrow O\\ \searrow Cl\end{matrix} + H_2O = R\cdot C\begin{matrix}\nearrow OH\\ - OH\\ \searrow Cl\end{matrix} = R - \overset{\nearrow OH}{C} = O + HCl$$

Unter gewissen Bedingungen haben Nitrile die Fähigkeit, nach der zunächst stattfindenden Addition von einem Molekül Wasser noch ein zweites zu addieren.

$$R\cdot C:N + H_2O = R\cdot CO\cdot NH_2$$
$$R\cdot CO\cdot NH_2 + H_2O = R\cdot CO\cdot ONH_4$$

Merz und Weith[3]) haben zuerst Abnormitäten in dem Verhalten gewisser Nitrile beobachtet; sie fanden, daß die gewöhnliche Methode nicht genügt um Perchlorbenzonitril, Hexachlor-α-naphtonitril in die entsprechenden Säuren überzuführen. Selbst nach zwanzigstündigem Erhitzen dieser Nitrile mit einer Lösung von Chlorwasserstoff in Eisessig auf 200° blieben sie unverändert. Hofmann[4]) beobachtete ein ähnliches Verhalten im Falle des 2, 3, 4, 6-Tetramethylbenzonitrils und des Pentamethylbenzonitrils.

Jacobson[5]), welcher das dem Pentamethylbenzonitril entsprechende Amid nach einer anderen Methode erhielt, zeigte, daß es

---

1) Sudborough, Trans. **65**, 1028 (1894); **67**, 587 (1895).
2) Lütjens, Ber. d. deutsch. chem. Ges. **29**, 2823 (1896).
3) Merz und Weith. ibid. **16**, 2886 (1883).
4) Hofmann, ibid. **17**, 1915 (1884).
5) Jacobson, ibid. **22**, 1219 (1889).

nicht nach den gewöhnlichen Reaktionen in Pentamethylbenzoesäure verwandelt werden kann.

Cain[1]) fand, daß Nitrodurolnitril nur schwierig verseift werden kann:

$$\begin{array}{c} CH_3 \quad CH_3 \\ NO_2\langle\quad\quad\rangle CN \\ CH_3 \quad CH_3 \end{array}$$

Man wird ersehen, daß in allen diesen Fällen die Nitrilgruppe zu beiden Seiten einen ortho-Substituenten besitzt.

Aus späteren, speziell von Claus[2]) herrührenden Untersuchungen scheint hervorzugehen, daß schon ein einzelner Substituent in ortho-Stellung genügt, um eine beträchtliche Hinderung bei der Verseifung eines Nitriles auszuüben, und daß zwei ortho-Substituenten die Schwierigkeiten nur noch vergrößern. Daraus hat man gefolgert, daß diese Erschwerung durch die Raumverhältnisse der Gruppen hervorgerufen wird. Es ist ersichtlich, daß bei der Umwandlung einer Nitrilgruppe in eine Aminogruppe und dieser in eine Karboxylgruppe, in jedem einzelnen Falle eine größere Gruppe erzeugt wird. Wenn nun der Raum um das Nitrilradikal durch die Gegenwart zweier Gruppen in ortho-Stellung beschränkt wirkt, da diese ja auch einen bestimmten Raum in Anspruch nehmen, so kann man annehmen, daß in gewissen Fällen nicht genügend Raum vorhanden ist, um noch anderen Atomen den Eintritt in das Molekül zu gestatten. Die gleiche Erscheinung findet man in einigen Fällen auch in der Fettreihe.

So beobachteten z. B. Pschorr und Wolfes[3]), daß saure Verseifungsmittel keine Wirkung auf α-Phenyl-o-Nitrozimtsäurenitril (I), α-p-Nitrophenyl-o-Nitrozimtsäurenitril (II) oder α-p-Methoxyphenyl-o-nitrozimtsäurenitril (III) ausüben:

$$\begin{array}{r} (o)\ NO_2 \cdot C_6H_4 - C - H \\ \| \quad\;\; \\ C_6H_5 - C - CN \\ (I) \end{array} \qquad \begin{array}{r} (o)\ NO_2 \cdot C_6H_4 - C - H \\ \| \quad\;\; \\ (p)\ NO_2 \cdot C_6H_4 - C - CN \\ (II) \end{array}$$

$$\begin{array}{r} (o)\ NO_2 \cdot C_6H_4 - C - H \\ \| \quad\;\; \\ (p)\ CH_3 \cdot O - C_6H_4 - C - CN \\ (III) \end{array}$$

während alkalische Reagenzien auch keine Verseifung hervorrufen, sondern tiefgreifende Konstitutionsänderungen bedingen.

Wir haben bereits erwähnt, daß Amide die Fähigkeit haben, ein Molekül Wasser aufzunehmen und in Ammoniumsalze überzugehen. Diese Reaktion, welche das zweite Stadium bei der Verseifung der Nitrile

---

1) Cain, Ber. d. deutsch. chem. Ges. **38**, 969 (1895).
2) Claus, Liebigs Annal. d. Chem. u. Pharm. **265**, 364 (1891).
3) Pschorr und Wolfes, Ber. d. deutsch. chem. Ges. **32**, 3399 (1899).

vorstellt, unterliegt denselben hindernden Einflüssen von ortho-Substituenten. Die besonders von Claus[1]), Sudborough[2]) und einigen anderen angestellten Versuche führten zu gleichen Resultaten wie bei den Nitrilen. Remsen und Reid[3]) bestimmten die Verseifungskonstanten für einige substituierte Amide und fanden folgende Resultate: Benzamid hat den Koeffizienten 0,0209.

Name	ortho-	meta-	para-
Toluylsäureamid	0·00220	0·0193	0·0175
Amidobenzamid	0·00178	0·0177	0·0198
Oxybenzamid	0·00437	—	—
Methoxybenzamid	0·0116	—	—
Äthoxybenzamid	0·0093	—	—
Chlorbenzamid	0·00321	—	0·0179
Brombenzamid	—	0·0184	0·0146
Jodbenzamid	0·00106	—	—
Nitrobenzamid	0·00054	0·0196	0·0236

Beobachtungen dieser Art können unter Umständen dazu dienen, die Konstitution gewisser Amide zu bestimmen.

So stellte Gattermann[4]) ein Amid dar, dem eine der zwei folgenden Formeln zukommen mußte:

$CO \cdot NH_2$, OR (I)

OR, $CO \cdot NH_2$ (II)

Da die betreffende Verbindung sich nicht verseifen ließ, so unterliegt es wohl keinem Zweifel, daß ihr die Formel (I) zukommt, da in der Formel (II) kein zweiter ortho-Substituent enthalten ist; es sei darauf hingewiesen, daß der zweite Benzolring in diesem Falle die gleiche Rolle spielt, wie eine in ortho-Stellung stehende Gruppe.

Remsen und Reid[5]) fanden, daß bei einigen Sulfonamiden dieselben Beziehungen zwischen Hydrolyse und Substitution zutreffen: so kann o-Sulfamidobenzoesäure beim Kochen mit verdünnter Schwefelsäure nicht verseift werden, während das p-Isomere, dieser Behandlung unterworfen, leicht hydrolysiert wird.

1) Claus, Journ. f. prakt. Chem. **37**, 197 (1888). Liebigs Annal. d. Chem. u. Pharm. **265**, 364 (1891); **266**, 223 (1891); **269**, 208 (1892).

2) Sudborough, Trans. **67**, 601 (1895). Sudborough, Jackson und Loyd, ibid. **71**, 229 (1897).

3) Remsen und Reid, Amer. Chem. J. **21**, 340 (1899).

4) Gattermann, Liebigs Annal. d. Chem. u. Pharm. **244**, 75 (1888).

5) Remsen und Reid, Amer. Chem. J. **21**, 281 (1899).

Einen weiteren Schritt nach vorwärts bedeutete die Entdeckung Fischers[1]), daß Substitution in α-Stellung eine gleiche Wirkung auch in der Fettreihe ausübt.

So z. B. ergaben sich folgende Werte bei der Hydrolyse verschiedener Amine aus der Malonsäurereihe in gleichen Zeiten:

Malonamid	89 %
Monopropylmalonamid	57 %
Diäthylmalonamid	3 %

Dagegen wurde das Dimethylmalonamid schon in der Hälfte der Zeit zu nicht weniger als 56 % verseift.

Sachs und Goldmann[2]) fanden, daß die Amide (I) und (II) leicht verseift werden können, (III) dagegen schwieriger und (IV) überhaupt nicht:

C_6H_5, H — C — C_6H_5—NH, $CO \cdot NH_2$

(I)

CH_3, H — C — $N(CH_3)(C_6H_5)$, $CO \cdot NH_2$

(II)

C_6H_5, C_6H_5 — C — C_6H_5, $CO \cdot NH_2$

(III)

C_6H_5, H — C — $N(CH_3)(C_6H_5)$, $CO \cdot NH_2$

(IV)

Sicherlich bedingt hier der Ersatz eines Wasserstoffs durch eine Methylgruppe, oder der einer Methylgruppe durch ein Phenylradikal, eine Verringerung des benutzbaren Raumes um die Amidogruppe.

Aromatisch substituierte Amide vom Typus Ar·NR·CO·R können in der Regel durch hydrolysierende Mittel in ihre Säuren und Basen zerlegt werden; Beobachtungen von Menton[3]) haben aber ergeben, daß diese Reaktion durch die Gegenwart von ortho-Substituenten im Benzolkern erschwert werden kann. Er fand, daß weder das Acetyl-methyl-orthoxylidin (I) noch das Acetyl-äthyl-orthoxylidin (II) leicht gespalten werden kann. Wenn wir die Formeln dieser Substanzen betrachten, so erscheint es wahrscheinlich, daß räumliche Verhältnisse an diesem abnormen Verhalten Anteil nehmen, wenngleich es gegenwärtig noch nicht möglich ist, ihre Wirkung zu erklären.

---

1) Fischer, Ber. d. deutsch. chem. Ges. **35**, 852 (2902).

2) Sachs und Goldmann, Ber. d. deutsch. chem. Ges. **35**, 3325 (1902).

3) Menton, Liebigs Annal. d. Chem. u. Pharm. **263**, 317 (1891).

(I) (II)

Autenrieth und Hennigs[1]) haben die Hydrolyse verschiedener Disulfone näher studiert und finden, daß α-, γ- und δ-Disulfone nicht hydrolysierbar sind; weder in dem Falle, wo die Sulfogruppen einer offenen Kette angehören, noch wenn sie in einem Ringe stehen. Nur die β-Disulfone lassen sich hydrolysieren. Wenn man die Formeln all dieser Verbindungen vergleicht, ersieht man, daß im Falle der β-Verbindungen die Gruppen X in der „kritischen Stellung" 1 : 6 zueinander liegen, so daß der Fall mit der dynamischen Hypothese von Bischoff in Übereinstimmung zu stehen scheint.

(α) (β) (γ) (δ)

§ 4. Verkettungsreaktionen.

Der Einfluß der Raumanordnung der Atome auf die Verkettungsreaktionen ist sehr eingehend studiert worden; Bischoff allein hat nahezu siebzig Publikationen über dieses Thema gegeben. In dem vorliegenden Abschnitt soll nur eine Übersicht über die wichtigsten Teile dieser Untersuchungen gegeben und gleichzeitig auch diesbezügliche Arbeiten anderer Forscher beschrieben werden.

Es ist natürlich unmöglich, alle Arbeiten Bischoffs in seinen „Studien über Verkettung"[2]) zu berücksichtigen; wir wollen uns begnügen, die Zusammenfassung seiner Resultate, die er hauptsächlich in vier Arbeiten[3]) gegeben hat (Nr. VI, XXXII, XLI und LI), hier mitzuteilen und wenn nötig, die Resultate anderer Arbeiten einzureihen.

In seinen ersten Untersuchungen beschreibt Bischoff die Alkylierung von Malon- und Acetessigester durch Einwirkung verschiedener Alkylbromide auf die Natriumderivate der Ester. Als ein Beispiel seiner Arbeiten wollen wir die Einwirkung eines α-Bromfettsäureesters auf die Natriumderivate des Malon- und Acetessigesters beschreiben. Die normalen Reaktionen verlaufen im Sinne folgender Gleichungen:

---

1) Autenrieth und Hennigs, Ber. d. deutsch. chem. Ges. **35**, 1388 (1902).

2) Ber. d. deutsch. chem. Ges. **28**, 2616, 2824 (1895); **29**, 966, 972, 979, 982, 1276, 1280, 1286, 1504, 1514, 1741 (1896); **30**, 487, 2303, 2310, 2315, 2464, 2469, 2476, 2760, 2764, 2769, 2976, 3169, 3174, 3178 (1897); **31**, 2672, 2678, 2839, 2847, 3015, 3025, 3236, 3241, 3248 (1898); **32**, 1748, 1755, 1761, 1940, 1948, 1953 (1899); **33**, 924, 931, 1249, 1261, 1269, 1386, 1392, 1398, 1591, 1603, 1668, 1676, 1686 (1900); **34**, 1835, 1844, 2057, 2125, 2135 (1901); **37**, 4341, 4350, 4356, 4548, 4556, 4653 (1904); **39**, 3830, 3840, 3846, 3854 (1906).

3) ibid. **29**, 982 (1896); **31**, 3025 (1898); **32**, 1953 (1899); **33**, 1603 (1900).

$$\begin{array}{c} COOC_2H_5 \\ | \\ X—C—Na \\ | \\ COOC_2H_5 \end{array} + \begin{array}{c} Z \\ | \\ Br—C—COOC_2H_5 \\ | \\ Y \end{array} = NaBr + \begin{array}{c} COOC_2H_5 \quad\quad \\ |\quad Z \quad\quad\quad \\ |\quad | \quad\quad\quad \\ X—C—C—COOC_2H_5 \\ |\quad | \quad\quad\quad \\ |\quad Y \quad\quad\quad \\ COOC_2H_5 \quad\quad \end{array}$$

$$\begin{array}{c} COOC_2H_5 \\ | \\ CH_3—CO—C—Na \\ | \\ X \end{array} + \begin{array}{c} Z \\ | \\ Br—C—COOC_2H_5 \end{array} = NaBr + \begin{array}{c} COOC_2H_5 \quad\quad \\ |\quad Z \quad\quad\quad \\ |\quad | \quad\quad\quad \\ CH_3 \cdot CO—C—C—COOC_2H_5 \\ |\quad | \quad\quad\quad \\ |\quad Y \quad\quad\quad \\ COOC_2H_5 \quad\quad \end{array}$$

(in the second reactant, Y stands below the C of Br—C—COOC$_2$H$_5$)

Neben den Muttersubstanzen verwendete Bischoff noch die Methyl-, Äthyl-, Propyl-,Iso-propyl-, Iso-butyl-, Iso-amyl- und Allylderivate des Malon- und Acetessigesters, die er mit den α-Brom-Derivaten des Propionsäure-, Buttersäure-, Isobuttersäure- und Isovaleriansäureesters kombinierte. Seine Resultate kann man folgendermaßen zusammenfassen:

I. Im allgemeinen hat man gefunden, daß irgend ein Bromfettsäureester, mit Derivaten des Acetessigester kombiniert, keine so gute Ausbeuten liefert, wie mit dem entsprechenden Derivat des Malonsäureesters; wird z. B. α-Brompropionsäure mit dem Natriumderivate des Methyl-acetessigesters und Methyl-malonsäuresters kombiniert, so ist die Ausbeute an normalen Produkten im letzteren Falle größer als im ersteren. Bischoff erklärt dieses Verhalten auf Grund seiner „dynamischen Hypothese“ folgendermaßen:

Die beiden Reaktionsprodukte in dem gegebenen Beispiele sind:

$$\text{(I)}\quad \begin{array}{c} {}_{(5)}CH_3 \quad\quad\quad\quad\quad\quad \\ | \quad\quad {}^{(1)} \quad\quad\quad\quad \\ {}_{(4)}CO \quad CH_3 \quad\quad\quad\quad \\ | \quad\quad | \quad\quad\quad\quad\quad \\ \underset{(4)}{CH_3} — C — \underset{(2)}{CH} — \underset{(1)}{COOC_2H_5} \\ |{}_{(3)} \quad\quad\quad\quad\quad\quad \\ \underset{(4)}{COOC_2H_5} \quad\quad\quad\quad \end{array} \qquad\qquad \text{(II)}\quad \begin{array}{c} {}_{(4)}COOC_2H_5 \quad\quad\quad\quad \\ | \quad\quad CH_{3(1)} \quad\quad\quad \\ | \quad\quad | \quad\quad\quad\quad\quad \\ \underset{(4)}{CH_3} — C — \underset{(2)}{CH} — \underset{(1)}{COOC_2H_5} \\ |{}_{(3)} \quad\quad\quad\quad\quad\quad \\ {}_{(4)}COOC_2H_5 \quad\quad\quad\quad \end{array}$$

Gebildeter Acetessigester — Gebildeter Malonsäureester

Eine nähere Untersuchung der Formeln zeigt, daß jede derselben drei Kohlenstoffatome in 1—4-Stellung zu der Karboxylestergruppe (I) besitzt; das Endprodukt der Acetessigestersynthese enthält aber außerdem noch einen Kohlenstoff in 1,5-Stellung, also, nach der Hypothese von Bischoff, in der „kritischen Position“, was schon genügt, um die Reaktion zugunsten der Malonsäureestersynthese zu wenden.

II. In bezug auf die Verkettungsfähigkeit der Fettsäurereste findet Bischoff folgende Reihenfolge, in welcher die leichter reagierenden zuerst stehen:

$$\begin{array}{c} CH_3 \\ | \\ CH - \\ | \\ CO \cdot OR \\ \text{(I)} \end{array} \qquad \begin{array}{c} CH_3 - CH_2 \\ | \\ CH - \\ | \\ CO \cdot OR \\ \text{(II)} \end{array} \qquad \underbrace{\begin{array}{c} CH_3 \\ | \\ CH_3 - C - \\ | \\ CO \cdot OR \end{array} \text{ und } \begin{array}{c} CH_3 \\ | \\ CH - CH_2 - \\ | \\ CO \cdot OR \end{array}}_{\text{(III)}}$$

$$\begin{array}{c} CH_3 - CH - CH_3 \\ | \\ CH - \\ | \\ CO \cdot OR \\ \text{(IV)} \end{array}$$

III. Die Malonsäureesterradikale reagieren in folgender Reihenfolge, wobei das reaktionsfähigste Radikal an erster Stelle steht:

$$\begin{array}{c} H \\ | \\ -CO-C- \\ | \\ -CO \\ \text{(I)} \end{array} \quad \begin{array}{c} CH_3 \\ | \\ -CO-C- \\ | \\ -CO \\ \text{(II)} \end{array} \quad \begin{array}{c} CH_2-CH_3 \\ | \\ -CO-C- \\ | \\ -CO \\ \text{(III)} \end{array} \quad \begin{array}{c} CH_2-CH_2-CH_3 \\ | \\ -CO-C- \\ | \\ CO \\ \text{(IV)} \end{array}$$

$$\begin{array}{c} CH_2-CH:CH_2 \\ | \\ -CO-C- \\ | \\ -CO \\ \text{(V)} \end{array} \qquad \begin{array}{c} CH_2-CH_2-CH-CH_3 \\ | \qquad\quad | \\ -CO-C- \qquad CH_3 \\ | \\ -CO \\ \text{(VI)} \end{array}$$

$$\begin{array}{c} CH_3 \\ | \\ CH_2-CH-CH_3 \\ | \\ -CO-C- \\ | \\ -CO \\ \text{(VII)} \end{array} \qquad \begin{array}{c} CH_3 \\ | \\ CH-CH_3 \\ | \\ -CO-C- \\ | \\ -CO \\ \text{(VIII)} \end{array}$$

IV. Es scheint, daß im Falle des Acetessigesters die Grenze der Verkettungsfähigkeit mit dem Äthylderivat erreicht ist, denn Brompropionsäureester reagiert schon fast gar nicht mehr mit dem Ester.

In einer weiteren Reihe von Untersuchungen studierte B i s c h o f f die Einwirkung von Natriumäthylat auf eine Mischung von Malonsäureester und Brommalonsäureester in der Hoffnung eine Verkettung der beiden Moleküle des Esters zu erzielen:

$$\begin{array}{ccc} & CH_3O\cdot CO & \\ & | & \\ CH_3- & C & -Na \\ & | & \\ & CH_3O\cdot CO & \end{array} + \begin{array}{cc} & COOCH_3 \\ & | \\ Br- & CH \\ & | \\ & COOCH_3 \end{array} \quad \text{sollte geben:} \quad \begin{array}{cccc} & CH_3O\cdot CO & & COOCH_3 \\ & | & & | \\ CH_3- & C & - & CH \\ & | & & | \\ & CH_3O\cdot CO & & COOCH_3 \end{array}$$

(I)

Er fand aber, daß die Reaktion nicht in diesem Sinne verläuft, sondern daß aus einer Hälfte der Substanz das Produkt (II) gebildet wird, während aus der übrigen Hälfte (III) als Reaktionsprodukt entsteht.

$$\begin{array}{ccc} CH_3O\cdot CO & & COOCH_3 \\ | & & | \\ C & = & C \\ | & & | \\ CH_3O\cdot CO & & CO\cdot OCH_3 \end{array} \qquad\qquad \begin{array}{cc} & CH_3O\cdot CO \\ & | \\ CH_3- & CH \\ & | \\ & CH_3O\cdot CO \end{array}$$

(II) (III)

Es ist ersichtlich, daß im Verlaufe der zweiten Reaktion die Zahl der Substituenten in der 1,4-Position nicht so groß ist, wie in der in Formel I wiedergegebenen Reaktion.

In der dreizehnten Abhandlung seiner Studien zeigte B i s c h o f f, daß die Gegenwart anderer Elemente als Kohlenstoff in der Kette, die in den früheren Fällen gewonnenen Resultate nicht wesentlich berührten. Er wählte zum Studium dieser Verhältnisse die Reaktion zwischen dem Dikaliumderivat des Methylen-diäthyl-sulfons und Jod. Bei normalem Verlauf konnte er folgende Reaktion erwarten:

$$2\ \begin{array}{ccc} C_2H_5\cdot SO_2\cdot & & K \\ & \diagdown\ \diagup & \\ & C & \\ & \diagup\ \diagdown & \\ C_2H_5\cdot SO_2 & & K \end{array} + 2J_2 = 4KJ + \begin{array}{ccccc} C_2H_5-SO_2 & & & & SO_2\cdot C_2H_5 \\ & \diagdown & & \diagup & \\ & C & = & C & \\ & \diagup & & \diagdown & \\ C_2H_5-SO_2 & & & & SO_2\cdot C_2H_5 \end{array}$$

Diese Reaktion würde jedes Schwefelatom in die 1,5-Position zu drei Kohlenstoffatomen bringen, d. h. im ganzen zwölf 1,5-Stellungen bilden; sie würde aber ferner vier Kohlenstoffatome in die 1,6-Stellung in bezug auf drei weitere bringen, also insgesamt zwölf 1,6-Positionen hervorrufen, wie man aus nachfolgendem Skelett ersehen kann:

$$\begin{array}{ccccc} C-C-S & & & & S-C-C \\ & \diagdown & & \diagup & \\ & C & : & C & \\ & \diagup & & \diagdown & \\ C-C-S & & & & S-C-C \end{array}$$

Eine derartige Anhäufung von Substituenten in den kritischen Positionen würde aber sehr unwahrscheinlich sein, falls die dynamische Hypothese zutrifft, und in der Tat hat sich herausgestellt, daß nicht diese Verbindung gebildet wird, sondern daß die Reaktion einen ganz verschiedenen Verlauf nimmt; sie führte zu einer Verbindung, in welcher die Möglichkeit einer Kollision zwischen den Gruppen in 1,5- und 1,6-Stellung ausgeschlossen ist. Das Kaliumsulfonderivat reagiert mit Jod folgendermaßen:

$$\begin{matrix} C_2H_5 \cdot SO_2 \\ \quad\diagdown \\ \qquad CK_2 \\ \quad\diagup \\ C_2H_5 \cdot SO_2 \end{matrix} + 2J_2 = 2KJ + \begin{matrix} C_2H_5 \cdot SO_2 \\ \quad\diagdown \\ \qquad CJ_2 \\ \quad\diagup \\ C_2H_5 \cdot SO_2 \end{matrix}$$

In diesem Reaktionsprodukt ist die Zahl der Atome in 1,5- und 1,6-Stellung zueinander nicht größer wie in der ursprünglichen Verbindung. Daraus scheint hervorzugehen, daß die Bischoffsche Hypothese auch auf einige Fälle angewendet werden kann, in welchen die Kette nicht nur aus Kohlenstoffatomen besteht. Dies wurde auch bestätigt, als man Natriumderivate des Malonesters mit Dijodderivaten des Methylendiäthylsulfons reagieren ließ; denn die Reaktion verlief nicht im Sinne der ersten Gleichung, welche die Bildung vieler 1,5- und 1,6-Positionen zur Folge gehabt hätte, sondern folgte der zweiten Gleichung:

$$2(C_2H_5O \cdot CO)_2CHNa + (C_2H_5SO_2)_2C \cdot J_2 = 2NaJ + \begin{matrix} (C_2H_5O \cdot CO)_2 \cdot CH & & SO_2 \cdot C_2H_5 \\ & \diagdown C \diagup & \\ & \diagup \quad \diagdown & \\ (C_2H_5O \cdot CO)_2 \cdot CH & & SO_2 \cdot C_2H_5 \end{matrix} \quad \text{(I)}$$

$$2(C_2H_5O \cdot OC)_2CHNa + (C_2H_5SO_2)_2CJ_2 = 2NaJ + (C_2H_5O \cdot OC)_2C : C(COOC_2H_5)_2 + CH_2(SO_2 \cdot C_2H_5)_2 \quad \text{(II)}$$

In einer weiteren Reihe von Arbeiten untersuchte Bischoff die Reaktionen zwischen α-Bromfettsäureestern und gewissen aromatischen Basen, d. h. also im allgemeinen Reaktionen nach folgendem Schema:

$$2\,\begin{matrix} X \\ | \\ NH \\ | \\ Y \end{matrix} + Br - \begin{matrix} a \\ | \\ C \\ | \\ b \end{matrix} - COOC_2H_5 = \begin{matrix} X \\ | \\ NH \cdot HBr \\ | \\ Y \end{matrix} + \begin{matrix} X \\ | \\ N \\ | \\ Y \end{matrix} - \begin{matrix} a \\ | \\ C \\ | \\ b \end{matrix} - COOC_2H_5$$

Er fand die experimentellen Fehlergrenzen zu ungefähr 5 %, so daß geringere Differenzen bei Beurteilung dieser Frage nicht in Betracht kommen.

Die folgende Tabelle gibt eine Übersicht über die erhaltenen Resultate:

			$a = CH_3$, $b = H$		$a = C_2H_5$, $b = H$	
X	Y		100° %	120° bis 130° %	100° %	120° bis 130° %
$C_6H_5 \cdot CH_2$	H	Benzylamin	98	—	—	94
C_6H_5	H	Anilin*)	95	95	—	86
$CH_3 \cdot C_6H_4$	H	m-Toluidin	94	—	—	87
$CH_3 \cdot C_6H_4$	H	p-Toluidin	92	93	—	93
$(CH_3)_2 \cdot C_6H_3$	H	m-Xylidin	91	96	—	89
$(CH_2)_5 \cdot N$	H	Piperidin	91	—	88	—
$Cl \cdot C_6H_4$	H	p-Chloranilin	92	—	—	—
C_6H_5	C_2H_5	Äthylanilin	79	96	22	66
$CH_3 \cdot C_6H_4$	H	o-Toluidin*)	80	96	—	81
$NO_2 \cdot C_6H_3 \cdot CH_3$	C_2H_5	1,2,4-Nitrotoluidin	71	88	—	—
$Cl \cdot C_6H_4$	H	o-Chloranilin	61	—	—	—
$NO_2 \cdot C_6H_4$	H	m-Nitroanilin	59	87	—	—
$NO_2 \cdot C_6H_4$	H	p-Nitroanilin	5	80	—	13
C_6H_5	$CH_2 . C_6H_5$	Benzylanilin	0	50	—	—
$NO_2C_6H_3 \cdot CH_3$	H	1,2,5-Nitro-toluidin	0	42	—	—
$NO_2 \cdot C_6H_4$	H	o-Nitroanilin	0	14	—	—
$NO_2 \cdot C_6H_3 \cdot CH_3$	H	1,3,4-Nitrotoluidin	0	7	—	—
C_6H_5	C_6H_5	Diphenylamin	0	0	—	—

*) Man vergl. mit diesen Resultaten die Angaben von H. Goldschmidt und Wachs[1]), sowie H. Goldschmidt und R. Bräuer[2]).

In vielen dieser Fälle finden wir Beispiele, welche die dynamische Hypothese bestätigen. Vergleichen wir z. B. die relativen Ausbeuten, welche man bei der Reaktion von Äthyl- oder Benzylanilin mit Brompropion- und Brombuttersäureester erhält, so finden wir folgende Verhältnisse:

I.	Äthylanilin	mit	Propionsäureester	bei	100° gibt	79 %
II.	„	„	Buttersäureester	„	„ „	22 %
III.	Benzylanilin	„	Propionsäureester	„	130° „	50 %
IV.	„	„	Buttersäureester	„	„ „	13 %

Wenn wir nun die Formeln dieser Reaktionsprodukte einzeln untersuchen, so finden wir im Falle I ein Kohlenstoffatom in der 1,5-Position zu zwei anderen; im Falle II finden wir die Methylgruppe (I) in 1,5-Stellung in bezug auf das Kohlenstoffatom (5) und die Phenylgruppe, sowie gleichzeitig in 1,6-Position zu der Methyl-

1) Goldschmidt und Wachs, Zeitschr. f. physikal. Chem. **24**, 353 (1897).
2) Goldschmidt und Bräuer, Ber. d. deutsch. chem. Ges. **39**, 97 (1906).

gruppe (6); ferner finden wir die Methylgruppe (6) in der 1,5-Stellung zu den Gruppen (2) und (4). Somit ist in Formel (II) viel mehr Gelegenheit zu Kollisionen zwischen Atomen in den kritischen Stellungen vorhanden als in Formel (I); daher auch die relativ geringe Ausbeute an (II) erklärlich.

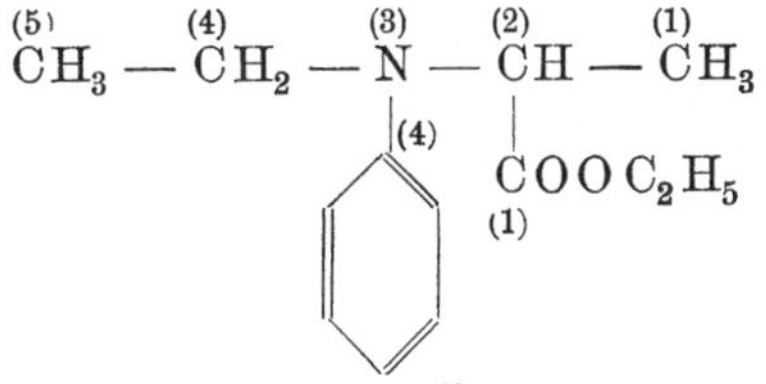

$$\overset{(5)}{CH_3}-\overset{(4)}{CH_2}-\overset{(3)}{N}-\overset{(2)}{CH}-\overset{(1)}{CH_3}$$

(4) am N; $\underset{(1)}{COOC_2H_5}$ am CH

(I)

$$\overset{(6)}{CH_3}-\overset{(5)}{CH_2}-\overset{(4)}{N}-\overset{(3)}{CH}-\overset{(2)}{CH_2}-\overset{(1)}{CH_3}$$

(5) am N; (4) $COOC_2H_5$ am CH

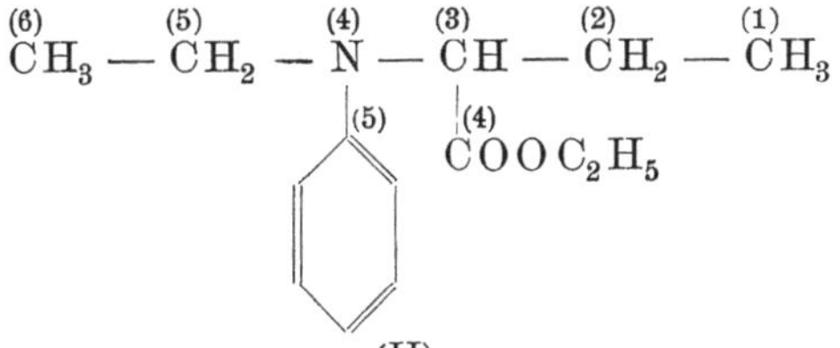

(II)

Gleiche Resultate kann man aus (III) und (IV) ableiten. In (III) ist die Phenylgruppe (5) in der 1,5-Position zu der mit (1) bezeichneten Gruppe; während in (IV) die Phenylgruppe (6) in 1,5-Stellung zu dem Kohlenstoffatom (2) und der — $COOC_2H_5$-Gruppe und in 1,6-Stellung zu dem Kohlenstoffatom (1) steht; außerdem befindet sich noch die Phenylgruppe (5) in der 1,5-Stellung zu (1).

Somit wird auch hier die Möglichkeit zu Kollisionen der in den kritischen Stellungen stehenden Atome durch Einführung von Buttersäureester an Stelle von Propionsäureester bedeutend erhöht.

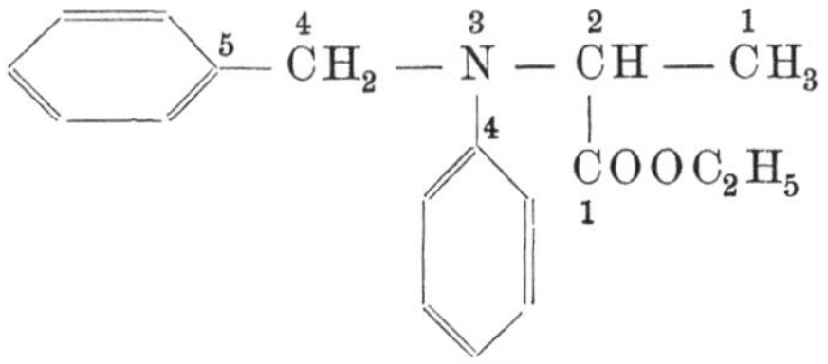

$$\overset{5}{}-\overset{4}{CH_2}-\overset{3}{N}-\overset{2}{CH}-\overset{1}{CH_3}$$

4 am N; $\underset{1}{COOC_2H_5}$ am CH

(III)

$$\overset{6}{}-\overset{5}{CH_2}-\overset{4}{N}-\overset{3}{CH}-\overset{2}{CH_2}-\overset{1}{CH_3}$$

4 $COOC_2H_5$ am CH

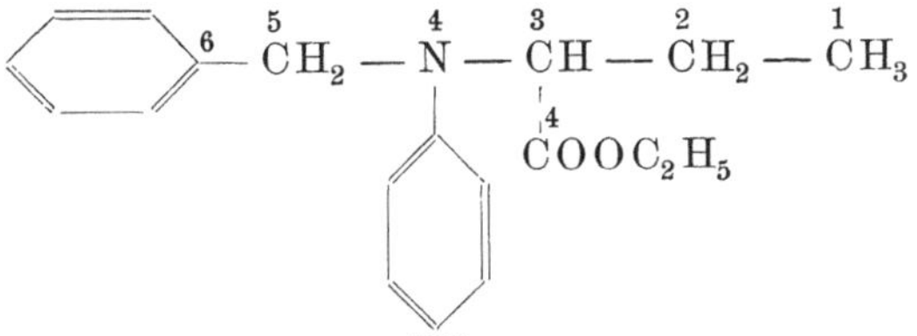

(IV)

Ist a in der allgemeinen Formel eine Isopropylgruppe (z. B. im Falle des α-Bromisovaleriansäureesters $(CH_3)_2 \cdot CH \cdot CH \cdot Br \cdot COOC_2H_5$, so findet man eine steigende Hinderung durch die ganze Reaktionsreihe.

Die sekundären Basen, mit Ausnahme des Piperidins, reagieren fast gar nicht. Dies ist jedenfalls darauf zurückzuführen, daß irgend eine an Stickstoff gebundene Gruppe sich nachher im Endprodukt in 1,5-Stellung zu den zwei Methylradikalen des Esters befindet.

$$\begin{array}{ccccccc} & & \overset{1}{CH_3} & & \overset{4}{COOC_2H_5} & & R'\,_5 \\ & & | & & | & & | \\ \underset{1}{CH_3} & - & \underset{2}{CH} & - & \underset{3}{CH} & \text{———} & \underset{4}{N} - \underset{5}{R} \end{array}$$

Im Gegensatz dazu findet man, daß, im Falle beide Substituenten a und b Methylgruppen sind, (z. B. beim Isobuttersäureester) die Ausbeute eine deutliche Erhöhung erfährt.

Dies scheint auf die Tatsache zurückzuführen, daß die Methylgruppen nicht wie im früheren Falle in 1,5-Position zu der an das Stickstoffatom gebundenen Gruppe stehen, sondern die 1,4-Stellung zu der letzteren einnehmen, wie man aus folgender Formel ersehen kann:

$$\begin{array}{ccccccc} & & \overset{1}{CH_3} & & \overset{4}{R'} & & \\ & & |^{2} & & |^{3} & & \\ \overset{1}{CH_3} & - & C & - & N & - & \underset{4}{R} \\ & & | & & & & \\ & & \underset{1}{COOC_2H_5} & & & & \end{array}$$

Wir können somit folgende Reihenfolge aufstellen, in welcher die Gruppen mit der am geringsten hemmenden Wirkung an erster Stelle stehen:

$$\begin{array}{c} CH_3 \\ | \\ -CH - COOC_2H_5; \end{array} \qquad \begin{array}{c} CH_2 - CH_3 \\ | \\ -CH - COOC_2H_5; \end{array}$$

$$\begin{array}{c} CH_3 \\ | \\ -C - COOC_2H_5; \\ | \\ CH_3 \end{array} \qquad \begin{array}{c} CH_3 \\ | \\ CH - CH_3 \\ | \\ -CH - COOC_2H_5 \end{array}$$

Die nächsten Untersuchungen B i s c h o f f s betreffen die Reaktion zwischen α-Bromfettsäureestern und verschiedenen Natriumalkoholaten nach der allgemeinen Gleichung:

$$X \cdot ONa + Br - \overset{\displaystyle a}{\underset{\displaystyle b}{\overset{|}{\underset{|}{C}}}} - COOC_2H_5 = XO - \overset{\displaystyle a}{\underset{\displaystyle b}{\overset{|}{\underset{|}{C}}}} - COOC_2H_5 + NaBr$$

Bischoff nimmt an, daß die Ausbeute an Alkyloxyester dann am größten ist, wenn die räumlichen Faktoren die weitgehendste Annäherung zwischen dem Natrium- und dem Bromatom gestatten. Wenn wir nun die dynamische Hypothese eingehender betrachten, als wir es bisher getan haben, so werden wir sehen, daß dies nicht allein von einer einfachen Kollision zwischen zwei Atomen A und B abhängt, sondern auch von der Möglichkeit, daß das Atom A das Atom B aus einer bestimmten Sphäre herausdrängen und sich selbst in diese Sphäre begeben kann. Wir müssen aber noch einen Schritt weiter gehen und versuchen festzustellen, ob irgend welche Kräfte tätig sind, die sich bestreben, das aus der Wirkungssphäre gedrängte Atom B wieder in diesen Bereich zurückzuführen. Wenn wir die beiden Formeln folgendermaßen wiedergeben:

und annehmen, daß das Atom A, von dem wir früher gesprochen haben, sich X nähert, mit dem es reaktionsfähig ist, so wird es nach der Ansicht von Bischoff mit dem Atom B kollidieren und erst dann mit X reagieren können, wenn B bis zu einem gewissen Grade aus der Wirkungssphäre verdrängt ist, da sonst die Atome A und X nicht innerhalb ihres gegenseitigen Reaktionsbereichs gelangen können.

Es ist klar, daß B nach der ersten Kollision zurückgestoßen und nun weiterhin entweder mit Z, C oder R zusammentreffen wird [Formel (I)]. Sind diese Gruppen genügend massiv, so werden sie B wieder in die ursprüngliche Position zurückstoßen; erlangt es nun dieselbe, bevor A Zeit hatte, innerhalb des Reaktionsradius von X zu treten, so kann sich der Prozeß unbegrenzt oft wiederholen, ohne daß A jemals fähig ist mit X zu reagieren. Nehmen wir dagegen an Stelle der schweren Gruppen Z und R kleinere, oder leichtere an (etwa Wasserstoffatome wie in der zweiten Formel), so erscheint es viel weniger wahrscheinlich, daß der Zusammenstoß mit B genügt, um X in die ursprüngliche Stellung, aus der es durch A verdrängt wurde, zurückzubringen; nehmen wir aber den extremen Fall an, daß die Gruppen Z und R nicht vorhanden sind, daß also B überhaupt nicht kollidieren kann, nachdem es aus seiner Position durch A verdrängt worden ist, so wird es sicher nicht so schnell in die ursprüngliche Sphäre zurückkehren wie in den anderen Fällen und wahrscheinlich auch zu spät ankommen, um die zum Eintreten der Reaktion notwendige Annäherung von A und X zu verhüten.

Mit der Absicht, den Wert dieser Hypothese zu prüfen, unternahm Bischoff das Studium der nachfolgenden Reaktionen. Da Sauerstoff zweiwertig ist, so ist anzunehmen, daß um das Atom desselben mehr freier Raum vorhanden ist als um ein Kohlenstoffatom, denn im ersten Falle haben wir es nur mit zwei Gruppen zu tun, während dagegen im letzteren ihre Zahl in demselben Raum vier beträgt. Haben wir daher zwei Gruppen in dem einen Falle an Sauerstoff, im anderen Falle aber an Kohlenstoff gebunden, so wird die Möglichkeit eines Zusammenstoßes dieser zwei Gruppen im ersten Falle geringer sein als im zweiten. Aus dem Vorangehenden sollten wir somit erwarten, daß im allgemeinen die Verkettung durch ein Sauerstoffatom leichter erfolgen wird, als durch ein Kohlenstoffatom, und daß die durch große Gruppen hervorgerufene Hemmung im ersteren Falle geringer sein wird als im letzteren. Bischoff hat die Richtigkeit dieser Ansicht gezeigt und zwar folgendermaßen: Er löste den Bromester in Ligroin, suspendierte das Alkoholat in der Lösung und kochte eine Stunde lang. Nach Ablauf dieser Zeit fand er folgende vier verschiedene natriumhaltige Verbindungen:

(A) Natriumbromid von der Verkettungsreaktion,
(B) unverändertes Alkoholat,
(C) Natriumsalz der Bromsäure, deren Ester er benutzte, — das Resultat einer Verseifung,
(D) ein Natriumsalz der Alkyloxysäure, gebildet durch die Reaktion.

Er benützte folgende Alkohole:

I. Methyl $CH_3 \cdot OH$
II. Äthyl $C_2H_5 \cdot OH$
III. Propyl $CH_3 \cdot CH_2 \cdot CH_2OH$
IV. Butyl $CH_3 \cdot CH_2 \cdot CH_2 \cdot CH_2 \cdot OH$
V. Oktyl $CH_3 \cdot CH_2 \cdot CH_2 \cdot CH_2 \cdot CH_2 \cdot CH_2 \cdot CH_2 \cdot CH_2 \cdot OH$
VI. Isopropyl $\begin{matrix} CH_3 \\ CH_3 \end{matrix} \!\!>\! CH \cdot OH$
VII. Sekundäres Butyl $\begin{matrix} CH_3CH_2 \\ CH_3 \end{matrix} \!\!>\! CH \cdot OH$
VIII. Isokapryl $\begin{matrix} CH_3 \cdot CH_2 \cdot CH_2 \cdot CH_2 \cdot CH_2 \\ CH_3 \end{matrix} \!\!>\! CH \cdot OH$
IX. Isobutyl $\begin{matrix} CH_3 \\ CH_3 \end{matrix} \!\!>\! CH \cdot CH_2 \cdot OH$
X. Isoamyl $\begin{matrix} CH_3 \\ CH_3 \end{matrix} \!\!>\! CH \cdot CH_2 \cdot CH_2 \cdot OH$
XI. Tertiäres Butyl $\begin{matrix} CH_3 \\ CH_3 \\ CH_3 \end{matrix} \!\!-\!\!>\! C \cdot OH$

Die folgende Tabelle gibt die erhaltenen Resultate wieder. Die Buchstaben entsprechen den vier Reaktionen, die römischen Zahlen bedeuten die in der Liste angeführten Alkohole.

	α-Brompropionsäureester				α-Brombuttersäureester			
	A	B	C	D	A	B	C	D
I	89	0	1	10	84	0	1	15
II	87	0	0	13	84	1	0	15
III	84	0	0	16	78	2	2	18
IV	85·5	1·5	1	12	81	8	3	8
V	87	2	1	10	—	—	—	—
VI	77	1	4	18	71	1	3	25
IX	86	2	2	10	84	2·5	2	11·5
X	80	1	5	14	79·5	1·5	5	14
XI	74·5	3	6	16·5	80·5	1	3	15·5

	α-Bromisobuttersäureester				α-Bromisovaleriansäureester			
	A	B	C	D	A	B	C	D
I	84	1	0	15	80	1	1	18
II	82	1	0	17	74	1	2	23
III	83	1·5	2	13·5	77	3	3	17
IV	86	1	2	11	86	8	3	3
V	75	3·5	1·5	20	67	3	3	27
VI	76	1	1	22	71	2	4	23
IX	81	1·5	1	16·5	78	5·5	4	12·5
X	79·5	1·5	5	14	75	2·5	6	16·5
XI	78·5	0·5	4·5	16·5	77·5	1·5	5	16

Eine Untersuchung dieser Zahlen führt zu folgendem Resultat:

Die hemmende Wirkung einer langen Kette zeigt sich in der Differenz der Werte für Oktylalkohol V und dem vorangehenden Butylalkohol IV. Die Unterschiede zwischen A sind nicht so sehr ausgeprägt beim α-Brompropionsäureester als beim Bromisobuttersäureester, wo der Unterschied zwischen 86 und 75 % liegt; beim α-Brom-isovalerianester sind die Unterschiede der Werte noch größer (86 und 67 %). Die Verseifungskonstante D ist gleichfalls beim Oktylalkohol höher als beim Butylalkohol; sie steigt von 11 zu 20 % mit α-Bromisobuttersäureester und von 3 zu 27 % mit α-Bromisovaleriansäureester. Daraus scheint hervorzugehen, daß eine lange Kette einen beträchtlichen Einfluß ausüben kann, falls der andere Teil des Moleküls zwei Gabelungen trägt, wenngleich, wie man aus der Figur für α-Brompropionsäureester ersieht, einer einzigen Abzweigung in der zweiten Hälfte des Moleküls nur eine geringe Wirkung zukommt. Schematisch läßt sich die Sachlage folgendermaßen darstellen:

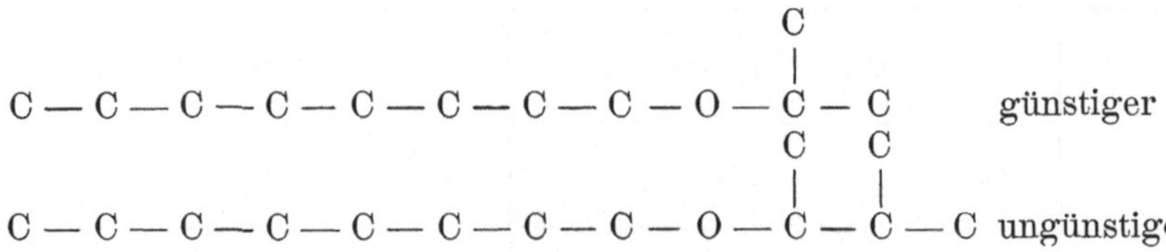

```
                                        C
                                        |
C — C — C — C — C — C — C — C — O — C — C        günstiger
                                    C   C
                                    |   |
C — C — C — C — C — C — C — C — O — C — C — C    ungünstiger.
```

In bezug auf die Alkohole mit einer einfachen Seitenkette, VI, IX und X, kann man sagen, daß sie in folgender Reihenfolge reagieren, wobei die reaktionsfähigsten an erster Stelle stehen: Isoamylalkohol, Isobutylalkohol und Isopropylalkohol. Dieses Verhalten stimmt recht gut mit der dynamischen Hypothese überein, wie man aus nachstehenden Figuren ersehen kann:

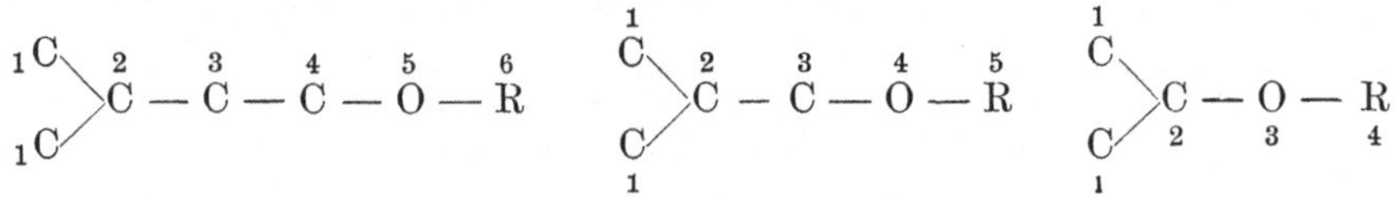

```
                                      1                          1
1C    2   3   4   5   6               C   2   3   4   5          C
   >C — C — C — O — R                  >C — C — O — R             >C — O — R
1C                                    C                          C   2   3   4
                                      1                          1
      X Isoamyl.                        IX Isobutyl.               VI Isopropyl.
```

Denn im Falle X hat das Kohlenstoffatom (1) nur ein Sauerstoffatom in der kritischen Stellung, während in IX und VI die kritische Stellung irgendwo im Säureteil des Moleküls unter den Kohlenstoffatomen liegt.

In der letzten Reihe seiner Abhandlungen studierte Bischoff die Reaktion zwischen α-Bromfettsäureestern und den Natriumderivaten ein- und zweiwertiger Phenole. In bezug auf die Säuren konnte er zeigen, daß hier dieselbe Abstufung in der Reaktionsgeschwindigkeit auftritt, wie bei den Alkoholaten; dagegen konnte er in bezug auf die Phenole keine Folgerungen über die Frage der sterischen Hinderung ableiten. Aus seinen Resultaten scheint hervorzugehen, daß in dieser Reaktion rein chemische Einflüsse irgendwelche sterische Wirkungen überwiegen. Bischoff hat weitaus das größte und bedeutendste Material über die Frage der Verkettung geliefert; er scheint allein auf diesem Gebiete fast ebenso viel gesammelt zu haben wie die übrigen Forscher zusammen; die einzigen diesbezüglichen Untersuchungen, welche in bezug auf Vollständigkeit noch mit den seinen verglichen werden könnten, sind die von Menschutkin[1]) angegebenen, welche wir jetzt besprechen wollen. Um den Einfluß der Substitution im Benzolkern auf den Verlauf chemischer Reaktionen in der Seitenkette festzustellen, studierte Menschutkin folgende Reaktionen eingehender, indem er in jedem einzelnen Falle die Konstanten bestimmte:

1. Einwirkung von Allylbromid auf Toluidine:

meta- 445, para- 96, ortho- 54.

---

1) Ber. d. deutsch. chem. Ges. **30**, 2966, 2775 (1897). Journ. Russ. Phys. Chem. Soc. **29**, 444 (1897).

2. Einwirkung von Dipropylamin auf Nitrobrombenzole:

ortho- 88 · 8, para- 23, meta- 0.

3. Einwirkung von Allylbromid auf Chloraniline:

para- 34, meta- 23, ortho- 9.

4. Einwirkung von Allylbromid auf Xilidine:

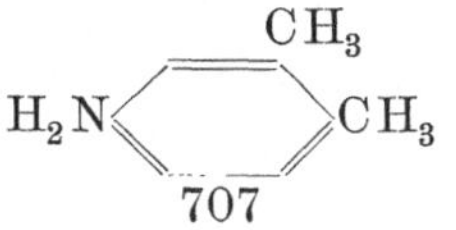

CH_3
H_2N CH_3
707

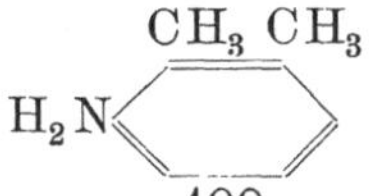

CH_3 CH_3
H_2N
400

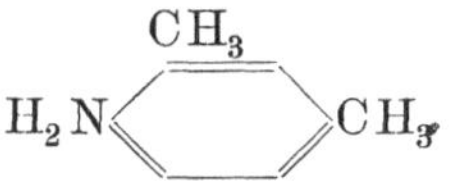

CH_3
H_2N CH_3
325

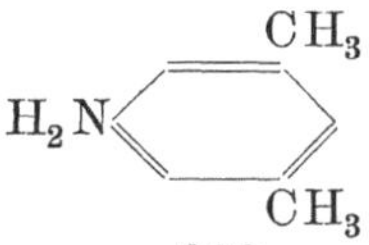

CH_3
H_2N
CH_3
209

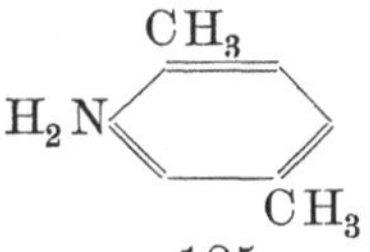

CH_3
H_2N
CH_3
185

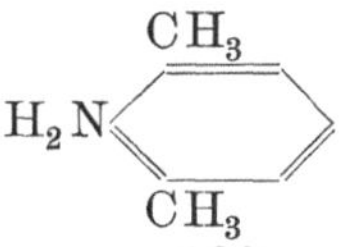

CH_3
H_2N
CH_3
129

5. Einwirkung von Allylbromid auf Cumidin und Mesidin:

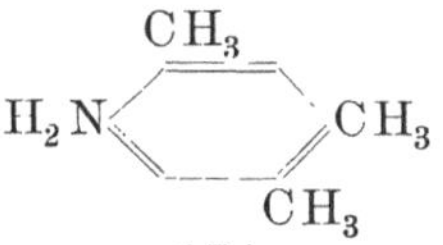

CH_3
H_2N CH_3
CH_3
174

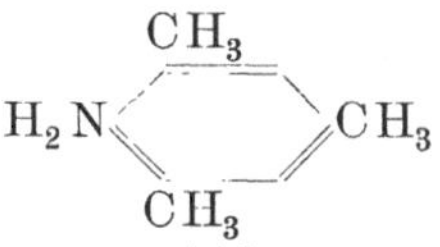

CH_3
H_2N CH_3
CH_3
115

Der Einfluß der ortho-Substituenten ist in allen diesen Fällen stark hervortretend — mit einer sehr wichtigen Ausnahme — der Nitrogruppe. Im Zusammenhang damit mag die von Baly und Collie[1]) gefundene Tatsache wiederholt werden, daß die Einführung der Nitrogruppe in den Benzolring eine Änderung des ganzen Vibrationssystems eines Benzolmoleküles herbeiführt und dasselbe mehr einer aliphatischen Substanz ähnlich macht. Es ist wahrscheinlich, daß das Studium der Absorptionsspektra der Nitrobrombenzole einiges Licht auf die Menschutkinschen Resultate werfen würde.

Eine weitere Reihe von Untersuchungen behandelt die Reaktionen von Allyl- oder Methylbromid mit verschiedenen primären Aminen. Die folgende Tabelle gibt die hauptsächlichsten Resultate wieder:

---

1) Baly und Collie, Trans. **87**, 1332 (1905).

	Konstante für CH_3Br	und für $C_3H_5 \cdot Br$
$NH_2 \cdot CH_3$	34910	8302
$NH_2 \cdot CH_3 \cdot CH_3$	—	3807
$NH_2 \cdot CH_2 \cdot CH_2 \cdot CH_3$	15215	3783
$NH_2 \cdot CH(CH_3) \cdot CH_2 \cdot CH_3$ . . .	5091	1200
$NH_2 \cdot C(CH_3)_3$	1822	314

In Übereinstimmung mit Bischoffs dynamischer Hypothese sollte man erwarten, daß bei Reaktionen zwischen Aminen und Allylbromid eine Anhäufung von Substituenten an dem dem Stickstoffatom zunächst stehenden Kohlenstoffatom eine große Hemmung der Reaktion herbeiführen würde; denn dies ist die kritische Stellung in dem Reaktionsprodukt, das gebildet werden soll. Die Sachlage wird ganz klar, wenn wir eine typische Kette aufschreiben und die einzelnen Glieder numerieren:

$$\underset{1}{CH_2} : \underset{2}{CH} — \underset{3}{CH_2} — \underset{4}{N} — \underset{5}{C} \ldots$$

Die experimentellen Befunde unterstützen diese Ansicht, wie man aus den letzten drei Figuren in der dritten Kolumne ersieht. Der ungünstige Einfluß verzweigter Ketten in den Aminen zeigt sich in folgenden Resultaten, worin die Zahlen die Positionen angeben, die mit dem obigen Schema in Übereinstimmung stehen.

$\overset{4}{N}—\overset{5}{C}—\overset{6}{C}—C$	3783	$\overset{4}{N}—\overset{5}{C}(\overset{6}{C})(\overset{6}{C})$	1257	$\overset{4}{N}—\overset{5}{C}(\overset{6}{C}—C)(\overset{6}{C}—C)$	672
$\overset{4}{N}—\overset{5}{C}—\overset{6}{C}—C—C$	3886	$\overset{4}{N}—\overset{5}{C}—\overset{6}{C}(\overset{6}{C})—C$	1200	$\overset{4}{N}—\overset{5}{C}(\overset{6}{C})—\overset{6}{C}(C)—C$	586
$\overset{4}{N}—\overset{5}{C}—\overset{6}{C}—C—C—C$	3790	$\overset{4}{N}—\overset{5}{C}—\overset{6}{C}(\overset{6}{C})—C—C$	1189	$\overset{4}{N}—\overset{5}{C}(\overset{6}{C})(\overset{6}{C})—\overset{6}{C}$	314
$\overset{4}{N}—\overset{5}{C}—\overset{6}{C}—C(C)—C$	2985			$\overset{4}{N}—\overset{5}{C}(\overset{6}{C})(\overset{6}{C})—\overset{6}{C}—C$	270
$\overset{4}{N}—\overset{5}{C}—\overset{6}{C}(C)—C$	2759				

In dem verbleibenden Teile dieses Abschnittes wollen wir noch die Resultate einiger anderer Forscher auf diesem Gebiete besprechen; da wir es hier mehr oder weniger mit isolierten Tatsachen zu tun haben, so erscheint es nötig, eine gewisse Einteilung zu treffen.

Die einfachste Anordnung dieser Reaktionen dürfte eine Klassifizierung derselben mit Berücksichtigung der direkt bei der Verkettung beteiligten Atome bilden. Wir werden dieselben daher in folgender Reihenfolge besprechen: Verkettung zwischen zwei Kohlenstoffatomen, zwischen einem Kohlenstoff- und einem Stickstoffatom, zwischen einem Stickstoffatom und einem Nicht-Kohlenstoffatom.

Bone und Sprankling[1]) studierten die Reaktionen zwischen α-Brompropionsäureester und den Natriumderivaten des Acetessigesters (I A) und Methylacetessigesters (II A); ebenso zwischen α-Bromisobuttersäureester und denselben Natriumderivaten (I B) und (II B). Die Resultate sind in nachfolgender Zusammenstellung wiedergegeben:

	(I A)	(II A)	(I B)	(II B)
Reaktionsdauer	16 Stunden	17 Stunden	4 Tage	2½ Tage
Prozentmenge der theoretischen Ausbeute an Ester	70 %	52 %	44 %	18 %
Prozentmenge der theoretischen Ausbeute an Säure	42 %	26 %	18 %	5 %

Die Methylierung des Acetylbernsteinsäureesters (III) und seiner Methylderivate (IV) und (V) gab folgende Ausbeuten:

$$CH_3-CO-\underset{\displaystyle CH_2-COOC_2H_5}{\underset{|}{CH}}-COOC_2H_5 \quad \text{(III)}$$

$$CH_3-CO-\underset{\displaystyle CH_3-CH-COOC_2H_5}{\underset{|}{CH}}\cdot COOC_2H_5 \quad \text{(IV)}$$

$$CH_3-CO-\underset{\displaystyle (CH_3)_2C-COOC_2H_5}{\underset{|}{CH}}-COOC_2H_5 \quad \text{(V)}$$

	(III)	(IV)	(V)
Methyliertes Produkt	82,5 %	80 %	81,0 %
Methylierte Säure	14,0 „	26 „	10,5 „

In allen Fällen wurden wirkliche Bernsteinsäurederivate gebildet. Der Autor untersuchte weiterhin die Reaktionen von Malonester VI mit (a) Brompropionsäureester, (b) Bromisobuttersäureester und ferner von Methylmalonester (VII) mit (a) Brompropionsäureester, (b) Bromisobuttersäureester. Das Resultat war in jedem Falle eine Mischung zweier Ester, welche bei der Hydrolyse Bernsteinsäure und Glutarsäure ergaben:

[1]) Bone und Sprankling, Trans. **75**, 839 (1899).

	Prozente an Ester,	Bernsteinsäure,	Glutarsäure.
$CH-(COOC_2H_5)_2$ / $CH_3-CH-COOC_2H_5$; $CH(COOC_2H_5)_2$ / $CH_2-CH_2-COOC_2H_5$ (VI a)	75	58	12,5
$CH(COOC_2H_5)_2$ / $(CH_3)_2C-COOC_2H_5$; $CH(COOC_2H_5)_2$ / $CH_2-CH(CH_3)\cdot COOC_2H_5$ (VI b)	77	44	22
$CH_3\cdot C(COOC_2H_5)_2$ / $CH_3\cdot CH\cdot COOC_2H_5$; $CH_3\cdot C(COOC_2H_5)_2$ / $CH_2\cdot CH_2\cdot COOC_2H_5$ (VII a)	61	39	10
$CH_3\cdot C-(COOC_2H_5)_2$ / $CH_2\cdot CH(CH_3)\cdot COOC_2H_5$ (VII b)	61	0	50

Die Reaktion von α-Cyanpropionsäureester (VIII) mit α-Bromisobuttersäureester bildet eine Mischung von Trimethylbernsteinsäure (IX) und Dimethylglutarsäure (X) in folgenden Proportionen:

$$\begin{array}{l} CH_3\cdot CH\cdot COOC_2H_5 \\ \quad\ | \\ \quad CN \end{array} \quad \text{(VIII)} \qquad \begin{array}{l} CH_3\cdot CH\cdot COOC_2H_5 \\ \quad\ | \\ \quad CH_2\cdot CH(CH_3)\cdot COOC_2H_5 \end{array} \quad \text{(X)}$$

$$\begin{array}{l} CH_3\cdot CH\cdot COOC_2H_5 \\ \qquad\quad | \\ (CH_3)_2\cdot C\cdot COOC_2H_5 \end{array} \quad \text{(IX)}$$

Gesamtester: VIII 50—57 % IX 15 % X 25—30 %

Es scheint, daß auch in diesem Falle die Anhäufung von Substituenten in gewissen Stellungen den Verlauf einiger Reaktionen im ungünstigen Sinne beeinflußt, so daß diese in anderer Richtung vor sich gehen und neue Verbindungen bilden.

Aldehyde haben die Fähigkeit, sich mit α- und γ-Alkylhomologen des Pyridins und Chinolins zu kondensieren und zwar im Sinne nachfolgender Gleichung[1]):

---

[1]) Jakobson und Reimer, Ber. d. deutsch. chem. Ges. **16**, 1082, 2602 (1883).

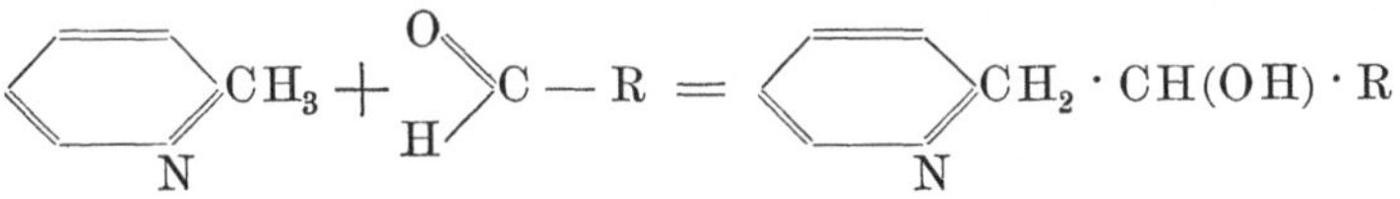

$$C_5H_4N{\cdot}CH_3 + \overset{O}{\underset{H}{\gt}}C - R = C_5H_4N{\cdot}CH_2 \cdot CH(OH) \cdot R$$

Verwendet man nun Formaldehyd, so können, wie Königs[1]) gezeigt hat, alle drei Wasserstoffe der Methylgruppe durch die Gruppe $CH_2 \cdot OH$ ersetzt werden, so daß ein Radikal vom Typus

$$-C \begin{cases} CH_2 \cdot OH \\ - CH_2 \cdot OH \\ CH_2 \cdot OH \end{cases}$$

gebildet wird.

Die Reaktion erfolgt aber nur dann in diesem Sinne, wenn keine Substituenten in ortho-Stellung zu der Methylgruppe anwesend sind. Bei Gegenwart eines solchen ortho-Substituenten verliert ein Wasserstoffatom der Methylgruppe die Fähigkeit, mit Formaldehyd zu reagieren.

Königs formulierte dieses Verhalten folgendermaßen: In den α- oder γ-Methyl- oder Methylengruppen wird die Zahl der durch die Methylolgruppe ersetzbaren Wasserstoffatome um eins verringert, wenn das benachbarte β-Kohlenstoffatom eine Alkylgruppe trägt oder einem Benzolring angehört [z. B. im Falle des Lepidins (I)]:

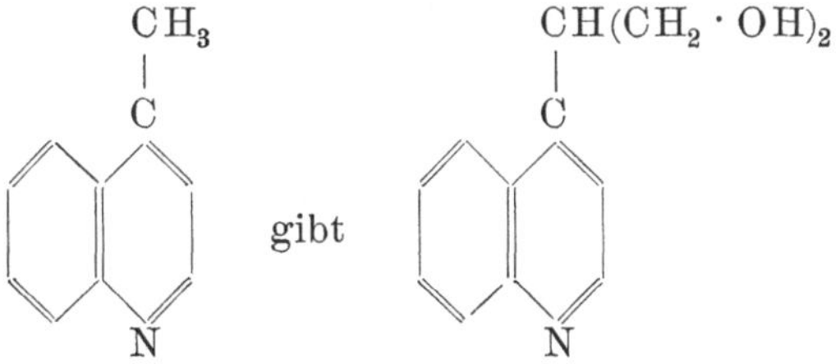

CH_3–C (Chinolinring, N) gibt $CH(CH_2 \cdot OH)_2$–C (Chinolinring, N)

(I)

Andererseits scheint die Besetzung der zweiten β-Stellung keinen weiteren hindernden Einfluß auf die Reaktion auszuüben, denn im ms-Methylakridin (II) ist dieselbe Anzahl von Wasserstoffatomen ersetzbar, wie im Lepidin:

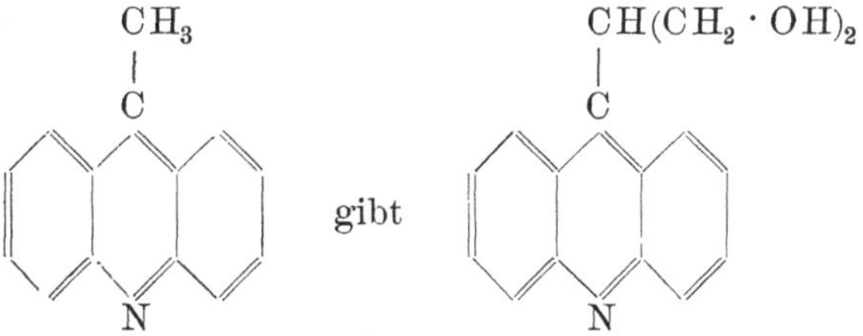

CH_3–C (Akridinring, N) gibt $CH(CH_2 \cdot OH)_2$–C (Akridinring, N)

(II)

[1]) Königs, Ber. d. deutsch. chem. Ges. **31**, 2364 (1898); **32**, 223, 3599 (1899); **34**, 4323 (1901). Königs und Bischkopf, Ber. d. deutsch. chem. Ges. **34**, 4327. Königs und Stockhausen, Ber. d. deutsch. chem. Ges. **34**, 4330 (1901).

Die Gegenwart einer Karboxylgruppe in β-Stellung scheint, im Gegensatz zu den übrigen Substituenten, die Reaktion zu erleichtern.

Als abschließendes Beispiel dieser Art wollen wir den Fall der Triphenylmethanfarbstoffe wählen. Die Rosanilinfarbstoffe werden erhalten durch Oxydation einer Mischung von Anilin mit seinen Homologen; im Falle des Pararosanilins können wir die Reaktion folgendermaßen schreiben:

$$NH_2 \cdot C_6H_4 \cdot CH_3 + 2O = NH_2 \cdot C_6H_4 \cdot CHO + H_2O \qquad \text{(I)}$$

$$NH_2 \cdot C_6H_4 \cdot CHO + 2C_6H_5 \cdot NH_2 = NH_2 \cdot C_6H_4 \cdot CH \begin{array}{l} \diagup C_6H_4 \cdot NH_2 \\ \diagdown C_6H_4 \cdot NH_2 \end{array} + H_2O \qquad \text{(II)}$$

Wahrscheinlich wird das p-Toluidin zunächst zu p-Amidobenzaldehyd oxydiert, im Sinne der ersten Gleichung, und dieser kondensiert sich mit Anilin unter Bildung von Paraleukanilin. Das in der p-Stellung zu der Amidogruppe des Anilins stehende Wasserstoffatom ist das einzige, welches im Verlaufe der zweiten Reaktion angegriffen wird. Nun kann man in dieser Reaktion sowohl das p-Toluidin als auch das Anilin durch ihre Derivate ersetzen, ohne daß weitere Hinderungen entstehen; nur ein wichtiger Fall bildet davon eine Ausnahme. Wird m-Toluidin an Stelle von Anilin verwendet, so wird die Reaktion zu einem beträchtlichen Teile gehemmt; desgl. bei Benützung von symmetrischem Xylidin und 1,3-Dimethyl-5-amidobenzol. Offensichtlich wird durch die Gegenwart einer Methylgruppe in meta-Stellung zur Amidogruppe eine Hinderung der Reaktion hervorgerufen. Falls wir die Formel des o,o-Dimethyl-p-rosanilins voll ausschreiben, werden wir ohne weiteres ersehen, daß eine solche Methylgruppe in ortho-Stellung zu den im Verlaufe der Reaktion austretenden Wasserstoffatomen steht; es erscheint somit wahrscheinlich, daß wir es auch hier mit räumlichen Einflüssen zu tun haben:

CH_3

NH_2 (Benzolring) —CH ⟨ (Ring mit CH_3, NH_2) / (Ring mit CH_3, NH_2)

CH_3

Wir müssen uns nun, nach der getroffenen Einteilung, einer weiteren Art von Reaktionen zuwenden, nämlich der Verkettung mit Hilfe von Kohlenstoff- und Sauerstoffatom. In diesem Abschnitt müßte auch die Esterbildung behandelt wnrden; es erschien jedoch vorteilhafter, diese Reaktionen in einem besonderen Kapitel zu behandeln.

Spiegel und Sabbath[1]) fanden, daß sich Alkyl, Allyl- und Benzyl-äther des p-Nitrophenols auf gewöhnliche Weise darstellen lassen, daß es dagegen unmöglich ist, die Äther vom tertiären Butyl (I) und tertiären Amyl (II) zu gewinnen. Im Falle des Isobutylradikals (III) bestanden keine Schwierigkeiten bei der Gewinnung des Äthers:

```
CH3 CH3        CH3 CH2 — CH3        CH3 — CH2
  \ /            \ /                       |
   C              C                        |
  / \            / \                       |
CH3            CH3                  CH3 — CH —
 (I)            (II)                     (III)
```

Sagrebin[2]) und später Rosenfeld-Freiberg[3]) studierten den Verlauf folgender Reaktionen und bestimmten gleichzeitig die Geschwindigkeit der Ätherbildung bei verschiedenen Estern der Benzolsulfonsäure:

$$C_6H_5 \cdot SO_2 \cdot OR + R \cdot OH = C_6H_5 \cdot SO_2 \cdot OH + R \cdot O \cdot R.$$

Die von Rosenfeld-Freiberg gewonnenen Resultate sind folgende:

Benzolsulfonsäure	Methyl-alkohol	Äthyl-alkohol	Propyl-alkohol	Iso-butyl-alkohol	Iso-amyl-alkohol
Methylester	3019	1560	1137	772	827
Äthylester	2311	1130	816	498	546
Butylester	584	228	171	96	115
Iso-amylester	608	268	195	123	137

Diese Resultate stimmen mit den von Menschutkin gefundenen insofern überein, als der Einfluß der Seitenkette zum Ausdruck gelangt.

Die nächste Reihe von Reaktionen, die wir beschreiben müssen, behandelt die Verkettung eines Kohlenstoff- und Stickstoffatoms. Oximbildung und ähnliche Reaktionen sind hier nicht erwähnt, sondern werden in einem besonderen Teil beschrieben werden.

Paal und Kromschröder[4]) fanden, daß bei Einwirkung von ortho-Nitrobenzylchlorid auf ortho-Nitroanilin nur eine geringe Menge an Reaktionsprodukt erzielt wird, daß dagegen bei Einführung der m- oder p-Nitroaniline an Stelle der o-Verbindung eine viel bessere Ausbeute erhalten wird.

---

1) Spiegel und Sabbath, Ber. d. deutsch. chem. Ges. **34**, 1935 (1901).
2) Sagrebin, Journ. Russ. Phys. Chem. Soc. **31**, 19 (1899).
3) Rosenfeld-Freiberg, ibid. **34**, 422 (1902).
4) Paal und Kromschröder, Journ. f. prakt. Chem. (**2**), **54**, 265 (1896).

Der Einfluß der Nitrogruppe in ortho-Stellung tritt stark hervor und scheint sterischen Charakters zu sein, da die beiden Kohlenstoffe, an welche die Nitrogruppen gebunden sind, in 1, 6 - Stellung zueinander stehen.

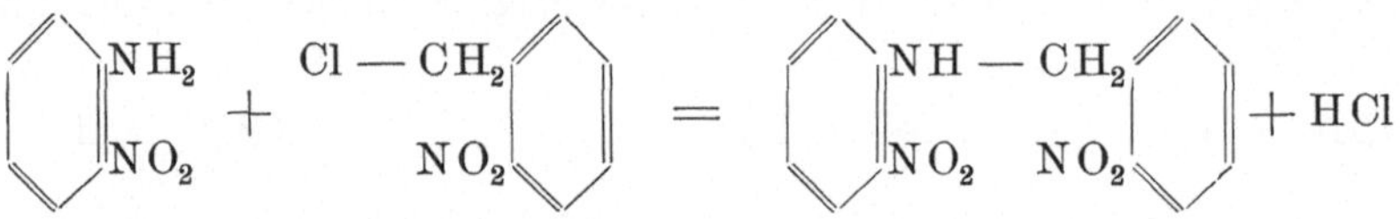

$$NH_2 \quad NO_2 \quad + \quad Cl - CH_2 \quad NO_2 \quad = \quad NH - CH_2 \quad NO_2 \quad NO_2 \quad + HCl$$

Dieselben Autoren fanden einen ähnlichen Unterschied auch in dem Verhalten der Reaktionsprodukte selbst; denn o-Nitrobenzyl-o-nitroanilin ließ sich nicht acetylieren, während die entsprechenden meta- und para-Verbindungen keine Zeichen von Hinderungen zeigten.

Paal und Benker[1]) untersuchten die Produkte der Einwirkung von p-Nitrobenzylchlorid auf die drei Nitroaniline und o-Anisidine und fanden, daß alle, mit einziger Ausnahme des p-Nitrobenzyl-o-nitroanilins, acetyliert werden konnten, was mit der sterischen Hypothese übereinstimmt.

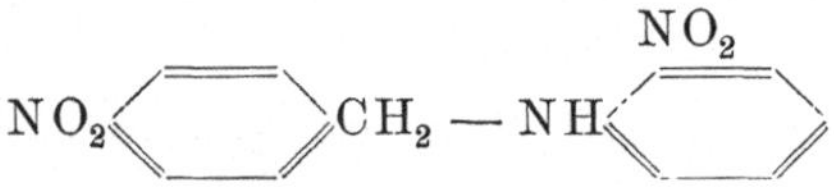

$$NO_2 \quad CH_2 - NH \quad NO_2$$

Paal und Härtel[2]) zeigten, daß sich die drei isomeren o-Oxybenzylnitraniline gegenüber Essigsäureanhydrid ganz verschieden verhalten. Die Verbindung (I) läßt sich nur an der Hydroxylgruppe acetylieren, während die anderen auch am Stickstoff angegriffen werden. Der hindernde Einfluß der Nitrogruppe (die in (I) in 1,5-Stellung zu dem eintretenden Acetylrest liegt) ist dadurch erwiesen:

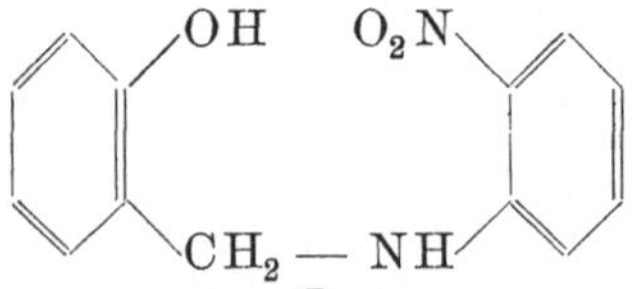

$$OH \quad O_2N \quad CH_2 - NH$$

(I)

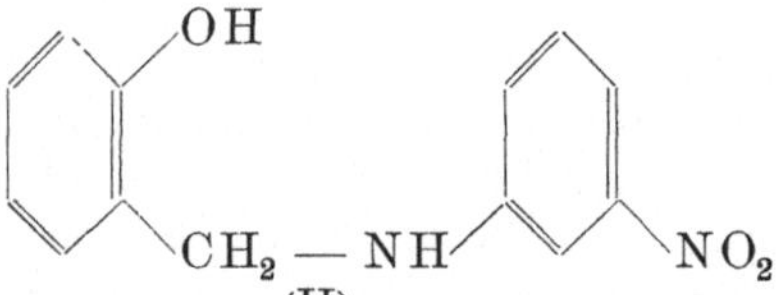

$$OH \quad CH_2 - NH \quad NO_2$$

(II)

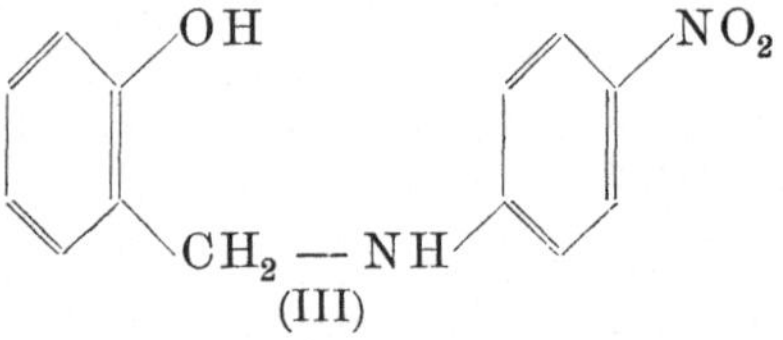

$$OH \quad NO_2 \quad CH_2 - NH$$

(III)

1) Paal und Benker, Ber. d. deutsch. chem. Ges. **32**, 1251 (1899).
2) Paal und Härtel, Ber. d. deutsch. chem. Ges. **32**, 2057 (1899).

Aldehyde reagieren mit Anilin und seinen Homologen unter Austritt von Wasser in folgender Weise:

$$X \cdot CHO + H_2N \cdot R = X - CH : NR$$

Hantzsch[1]) konnte nachweisen, daß dem symmetrischen Tribrom- und Trinitroanilin diese Fähigkeit abgeht; hier würden die Bromatome in 1,6-Stellung mit der Gruppe X zu liegen kommen, falls die Reaktion stattfände.

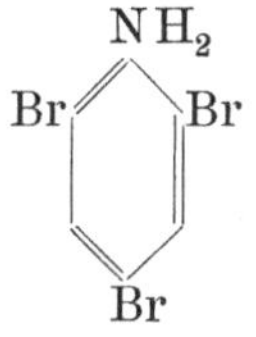

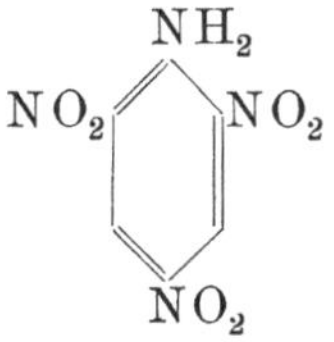

NH_2 / Br, Br / Br (Tribromanilin) — NH_2 / NO_2, NO_2 / NO_2 (Trinitroanilin)

Die Wirkung der Orthosubstituenten erinnert in diesem Falle an den Einfluß derselben Radikale bei der Veresterung diorthosubstituierter aromatischer Säuren.

Eibner[2]) bestimmte die Temperaturerhöhung, welche beim Mischen äquimolekularer Mengen Aldehyd und Anilin auftritt. X repräsentiert das jeweils an die Aldehydgruppen gebundene Radikal.

X	Temperatur steigt
H	über 100^0
CH_3	„ 100^0
C_2H_5	„ 100^0
$(CH_3)_2 \cdot CH$	„ 59^0
$(CH_3)_2 \cdot CH \cdot CH_2$	„ 66^0
C_6H_{13}	„ 69^0
C_6H_5	„ 59^0
$HO \cdot C_6H_4$	„ 55^0

Flintermann und Prescott[3]) versuchten gewisse Amidoverbindungen mit aliphatischen Dibromiden zu verketten.

Sie fanden, daß zwei Moleküle Pyridin mit Hilfe von Äthylendibromid zu Verbindung (I), oder mit Trimethylenbromid zu (II) vereinigt werden konnten; ferner daß Pyridin in dieser Hinsicht besser reagiert als Trimethylamin, welches zu den Verbindungen (III) und (IV) führt. Keine Kette konnte dagegen bei Anwendung von 1,2-Dibrompropan gebildet werden, welche zu (V) hätte führen müssen:

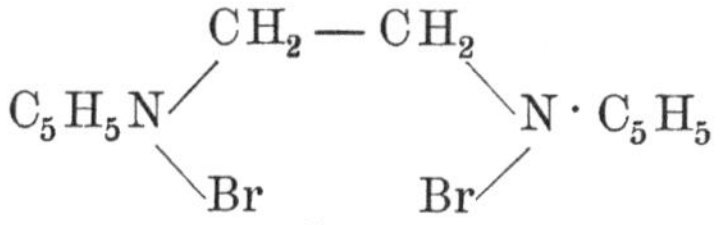

$$\begin{array}{ccc} & CH_2 - CH_2 & \\ C_5H_5N\diagup & & \diagdown N \cdot C_5H_5 \\ \diagdown Br & & Br\diagup \end{array}$$

(I)

$$\begin{array}{ccc} & CH_2 \cdot CH_2 \cdot CH_2 & \\ C_5H_5N\diagup & & \diagdown NC_5H_5 \\ \diagdown Br & & Br\diagup \end{array}$$

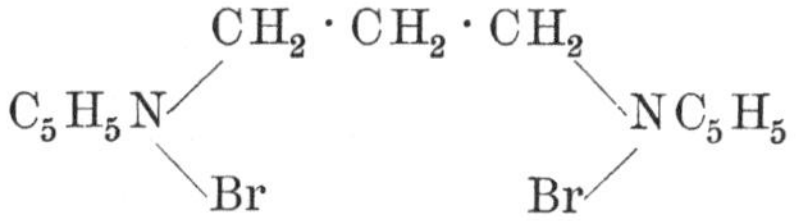

(II)

1) Hantzsch, Ber. d. deutsch. chem. Ges. **23**, 2776 (1890).
2) Eibner, Liebigs Annal. d. Chem. u. Pharm. **316**, 99 (1901).
3) Flintermann und Prescott, Amer. Chem. J. **18**, 28 (1896).

```
           CH2 · CH2                                CH2 · CH2 · CH2
          /          \                             /               \
(CH3)3 N               Br           (CH3)3 N                         N(CH3)3
          \                                  \                     /
           Br                                  Br               Br
              (III)                                    (IV)
```

```
                 CH3
                  |
                 HC —— CH2
                /         \
        C5H5 N              N · C5H5
                \          /
                 Br     Br
                    (V)
```

Baer und Prescott[1]) stellten folgende Verbindung aus Methylenbromid und Pyridin dar:

```
                CH2
               /    \
       C5H5 N         N · C5H5
               \     /
               Br  Br
```

Bischoff[2]) nimmt an, daß diese Arbeit seine dynamische Hypothese bestätigt; es ist aber ziemlich schwer zu erkennen, auf welche Gründe er diesen Anspruch basiert.

Scholtz[3]) führte eine Reihe von Untersuchungen über die Reaktion von o-Xylylenbromid mit Aminen durch. Er fand, daß die Aminoverbindungen in sechs Klassen eingeteilt werden konnten, insofern als jede Kategorie von der anderen verschieden reagierte:

I. Primäre aliphatische Amine geben Verbindungen vom Typus:

```
          CH2
        /     \
  C6H4         N — R
        \     /
          CH2
```

II. Sekundäre aliphatische Amine reagieren unter Bildung folgender Verbindungen:

```
          CH2        R
        /     \    /
  C6H4          N
        \     /  |  \
          CH2    |    R
                 Br
```

III. Tertiäre aliphatische Amine geben:

```
R   \                                      / R
R'  —  N — CH2 — C6H4 — CH2 — N  —  R'
R'' /  |                                   |  \ R''
       Br                                  Br
```

[1]) Baer und Prescott, Amer. Chem. J. **18**, 28 (1896).
[2]) Bischoff, Materialien S. 529.
[3]) Scholtz, Ber. d. deutsch. chem. Ges. **31**, 420 (1898).

IV. Primäre aromatische Amine, welche keinen Substituenten in ortho-Stellung zur Amidogruppe enthalten, geben folgende Typen, die im Gegensatz zu der Verbindung (I) keine basischen Eigenschaften besitzen:

$$C_6H_4\left\langle\begin{matrix} CH_2 \\ CH_2 \end{matrix}\right\rangle N - Ar$$

V. Wenn primäre Amine einen Substituenten in ortho-Stellung zu der Aminogruppe enthalten, so ergibt sich eine Verbindung vom Typus:

$$Ar - NH - CH_2 - C_6H_4 - CH_2 - NH - Ar$$

was auch bei sekundären aromatischen und gemischten fett-aromatischen Basen zutrifft.

VI. Wenn eine aromatische Base zwei Substituenten in ortho-Stellung zu der Aminogruppe enthält, so tritt überhaupt keine Reaktion ein, was auch bei tertiären aromatischen Basen der Fall ist.

Wedekind[1]) untersuchte das Verhalten des Pikrylchlorids gegenüber aromatischen Basen. Er fand, daß die Nitrogruppe die einzige ist, deren Einfluß in meta-Stellung stark hervortritt. Dies kann auf die bereits mehrfach erwähnte abnorme Wirkung zurückgeführt werden, welche die Nitrogruppe auf die Vibrationsverhältnisse des Benzolmoleküls ausübt. Die übrigen von Wedekind studierten Substituenten wie COOH, Cl, OH, $CH_3 \cdot CO$, CHO, zeigen den größten Einfluß in der ortho-Stellung zu der Aminogruppe und den geringsten in der para-Stellung. Die sekundären Basen, Methyl-, Äthyl-, Benzylanilin, Piperidin, Diphenylamin und Karbazol wurden ebenfalls auf ihr diesbezügliches Verhalten studiert.

Die ersten vier Basen ergaben normale Reaktionsprodukte:

$$\begin{matrix} X \\ Y \end{matrix}\Big\rangle N - C_6H_2(NO_2)_3$$

Die rein aromatischen Basen lieferten dagegen Additionsprodukte vom Typus:

$$\begin{matrix} Ar \\ Ar \end{matrix}\Big\rangle NH \Big\langle\begin{matrix} C_6H_2(NO_2)_3Cl \\ C_6H_2(NO_2)_3Cl \end{matrix}$$

Aus einem Vergleich zwischen Diphenylamin und Methylanilin:

$$\begin{matrix} C_6H_5 - N - C_6H_5 \\ | \\ H \end{matrix} \qquad \begin{matrix} C_6H_5 - N - CH_3 \\ | \\ H \end{matrix}$$

folgert Wedekind, daß in dem ersteren das Wasserstoffatom von der Annäherung des Chloratoms durch die schweren, nur wenig be-

[1]) Wedekind, Ber. d. deutsch. chem. Ges. **33**, 426 (1900).

weglichen Phenylgruppen geschützt wird, während im Methylanilin die Methylgruppe leichter verdrängt wird und dadurch nicht so schützend wirkt.

Zwei Disulfonsäuren des β-Naphtols sind bekannt, denen man folgende Formeln zuschreibt:

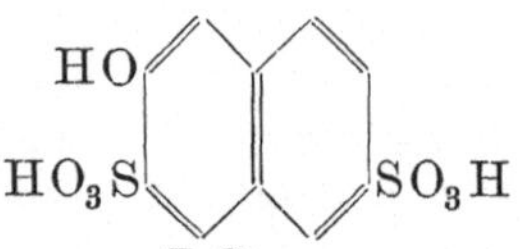

HO, HO_3S, SO_3H

R-Säure

SO_3H, HO, SO_3H

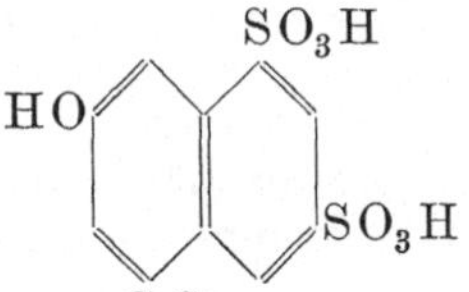

G-Säure

Smith[1]) studierte das Verhalten dieser Säuren gegenüber Diazoniumsalzen. Man ersieht aus der Formel, daß bei der G-Säure das in der Regel durch die Diazogruppe ersetzbare Wasserstoffatom zwischen dem Hydroxyl und der Sulfogruppe liegt, während bei der isomeren Säure nur eine Gruppe, das Hydroxyl, die ortho-Stellung einnimmt. Smith mischte nun gleichstarke Lösungen der Sulfonsäuren mit gleichen Mengen einer Lösung von p-Toluyl-diazoniumchlorid und bestimmte die Menge des unveränderten Chlorids nach Ablauf einer bestimmten Zeit.

Die folgende Tabelle zeigt die gewonnenen Resultate:

Minuten	% unveränderten Diazoniumsalzes	
	G-Säure	R-Säure
0	100·0	100·0
5	94·0	12·6
15	84·5	0
180	77·2	0
24 Stunden	31·0	0

Es scheint demnach, daß die Sulfogruppe eine beträchtliche Hinderung der Reaktion bedingt wenn sie in der peri-Stellung steht, dagegen nur eine geringe Wirkung ausübt, wenn sie die 2,6-Stellung zu dem Hydroxylradikal einnimmt.

Wir kommen nun zu der letzten Klasse von Reaktionen, nämlich jenen, bei welchen die Verkettung vermittelst eines Stickstoffatoms und eines Nichtkohlenstoffatoms erfolgt; doch sind nur wenige Tatsachen in dieser Hinsicht bekannt.

Lloyd und Sudborough[2]) studierten die Salzbildung organischer Basen mit di-orthosubstituierten Benzolkarbonsäuren, in der Hoffnung, eine hindernde Wirkung zu finden; nichts dergleichen konnte beobachtet werden.

1) Smith, Trans. **89**, 1505 (1906).
2) Lloyd und Sudborough, Trans. **75**, 580 (1899).

Bamberger und Rising[1]) fanden, daß ortho-Substituenten einen beträchtlichen Einfluß auf den Verlauf der Reaktion zwischen Aryl-hydroxylaminen und Nitroso-arylen ausüben:

$$C_6H_5-NH-OH + O:N-C_6H_5 = C_6H_5-N\underset{O}{\diagdown\diagup}N-C_6H_5 + H_2O$$

Ihre Resultate sind folgende: Unmethylierte oder m-methylierte Verbindungen reagieren fast mit derselben Leichtigkeit; p-Substituenten verringern die Reaktionsgeschwindigkeit und o-Substituenten haben den größten hindernden Effekt.

Die Reaktionsgeschwindigkeit verringert sich in folgender Reihenfolge:

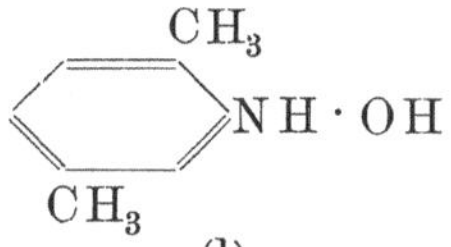

CH3, NH·OH, CH3 (I)

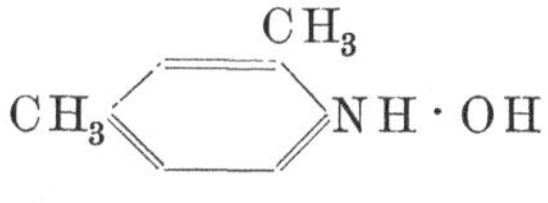

CH3, CH3, NH·OH (II)

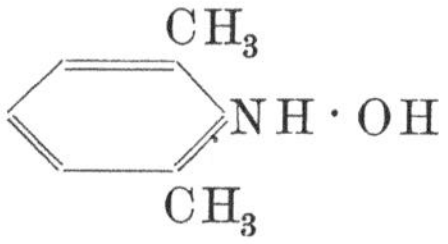

CH3, NH·OH, CH3 (III)

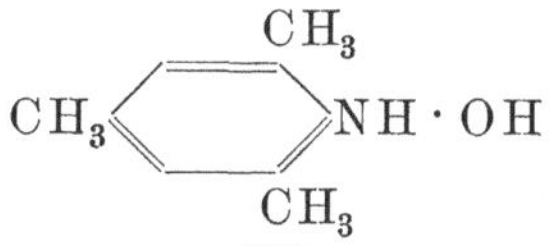

CH3, CH3, NH·OH, CH3 (IV)

Aus der letzten Verbindung, dem Mesityl-hydroxylamin konnte überhaupt kein Azoxy-derivat dargestellt werden.

Bamberger und Rising[2]) untersuchten auch die Einwirkung von Aryl-hydroxylaminen auf Diazobenzolchlorid und fanden gleichfalls ähnliche Verschiedenheiten. Die Reaktion verläuft normal nach folgender Gleichung:

$$C_6H_5\underset{OH}{N}-H + N\equiv\underset{Cl}{N}\cdot C_6H_5 = C_6H_5-\underset{OH}{N}-N:N-C_6H_5 + HCl$$

Die folgenden Figuren geben die in den einzelnen Fällen von den Autoren gefundenen relativen Werte wieder.

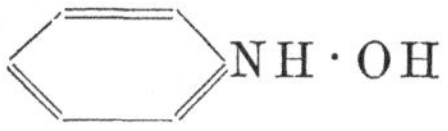

NH·OH 99

CH3, NH·OH 97

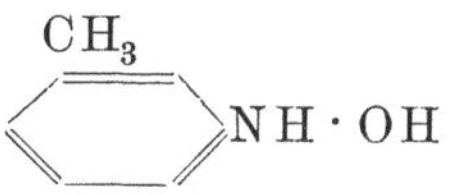

[1]) Bamberger und Rising, Liebigs Annal. **316**, 257 (1901); siehe auch Bamberger, Ber. d. deutsch. chem. Ges. **33**, 113, 273, 3193 (1900).

[2]) Bamberger und Rising, Liebigs Annal. d. Chem. u. Pharm. **316**, 257 (1901).

CH_3 CH_3 NH · OH — 96 | CH_3 NH · OH — 90

CH_3 NH · OH CH_3 — 79 | CH_3 CH_3 NH · OH — 77

CH_3 NH · OH — 75 | CH_3 CH_3 NH · OH — 52

CH_3 NH · OH CH_3 — 31 | CH_3 CH_3 NH · OH CH_3 — 4

Hier wurde gleichfalls bei Anwendung von Hydroxylamin nur eine geringe Einwirkung beobachtet. Es verdient hervorgehoben zu werden, daß Bamberger und Rüst[1]) eine derartige geringe Reaktionsfähigkeit des Mesidins im Falle der Diazoreaktion beobachteten. Es gelang ihnen nicht, das Isodiazo-derivat darzustellen.

Elbs[2]) zeigte, daß eine alkalische Lösung von ana-nitro-o-Toluchinolin bei der Elektrolyse unter Verwendung einer Nickelelektrode Azoxy- und Azoderivate liefert; (I) ana-nitro-p-Toluchinolin (II), und ana-nitro-m-Xylochinolin (III) ergaben nur das korrespondierende Amido-chinolin:

NO_2 CH_3 N — (I) | NO_2 CH_3 N — (II) | NO_2 CH_3 CH_3 N — (III)

Aus einem Vergleich der Formeln scheint hervorzugehen, daß ein Substituent in der ortho-Stellung zu der Nitrogruppe einen hindernden Einfluß auf die Reaktion ausübt; Elbs betrachtet dies als einen Fall von sterischer Hinderung.

1) Bamberger und Rüst, Ber. d. deutsch. chem. Ges. **33**, 3511 (1900).
2) Elbs, Zeitschr. f. Elektrochem. **10**, 579 (1904).

§ 5. Intramolekulare Änderungen.

Hydrazobenzol unterliegt bei der Einwirkung von Mineralsäuren einer intramolekularen Änderung und verwandelt sich in Benzidin.

$$\underset{\text{Hydrazobenzol}}{C_6H_5 - NH - NH - C_6H_5} \longrightarrow \underset{\text{Benzidin}}{NH_2 - C_6H_4 - C_6H_4 - NH_2}$$

Wenn daher Azobenzol in saurer Lösung reduziert wird, so unterliegt das gebildete Hydrazobenzol sofort der Umlagerung und das gebildete Produkt ist somit Benzidin und nicht Hydrazobenzol.

Jacobson und andere[1]) führten eine Reihe von Untersuchungen aus, mit der Absicht, die Wirkung der Substitution auf diese Reaktion zu finden und kamen dabei zu folgenden Resultaten:

Jacobson begann seine Untersuchungen mit p-Aethoxy-azobenzol in der Erwartung, daß dasselbe bei der Reduktion in Anilin und p-Phenetidin zerfallen würde, da die Benzidinumlagerung infolge der p-Stellung der Aethoxygruppe nicht erfolgen kann.

Ein derartiger Zerfall erfolgt aber nicht; sondern eine intramolekulare Neuanordnung der Atome findet statt und zwar in zwei Wegen unter Bildung folgender Produkte:

(I) NH $O \cdot C_2H_5$ NH_2

(II) NH_2 NH $O \cdot C_2H_5$

Diese intramolekulare Änderung unterscheidet sich von der Bezidinumlagerung insofern, als nur eine —NH-Gruppe in die —NH_2-Gruppe verwandelt wird, so daß mit anderen Worten nur die Hälfte des Moleküls der Bezidinumlagerung unterliegt. Daher nennt man diese Umwandlung „Semidin-Umlagerung“ und die entstehenden Produkte „Semidine“; ferner wird die Verbindung (I), in welcher zwei Stickstoffatome in ortho-Stellung zueinander liegen als „ortho-Semidin“, (II) dagegen, wo sie in p-Stellung stehen, als ein „para-Semidinderivat“ bezeichnet.

Eine Untersuchung der relativen Mengen der aus verschiedenen Azoderivaten erhaltenen Verbindungen ergab, daß die Stellung der substituierenden Gruppen in den zwei Phenylresten einen großen Einfluß auf den Reaktionsverlauf ausübt.

---

[1]) Jacobson u. andere, Ber. d. deutsch. chem. Ges. **25**, 992 (1892); **26**, 681, 688, 703 (1893); **27**, 2700 (1894); **28**, 2541, 2680 (1895); **31**, 890 (1895). Liebigs Annal. d. Chem. u. Pharm. **287**, 97 (1895); **303**, 290 (1898). Witt und andere, Ber. d. deutsch. chem. Ges. **25**, 1013 (1892); **27**, 2351, 2358 (1894). Tauber, ibid. **25**, 1019 (1992). Noelting und Meyer, Chem. Zeit. **18**. 1095 (1894).

(I) 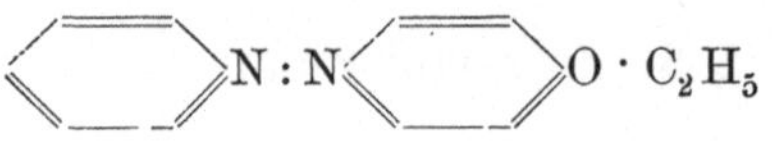 N : N O · C_2H_5

CH_3

(II) 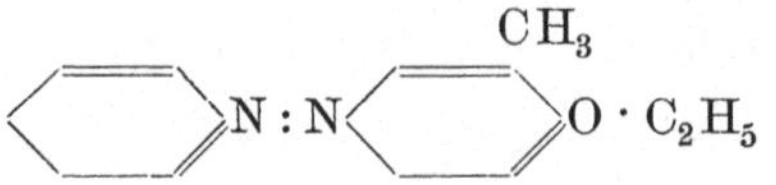 N : N O · C_2H_5

CH_3

(III) 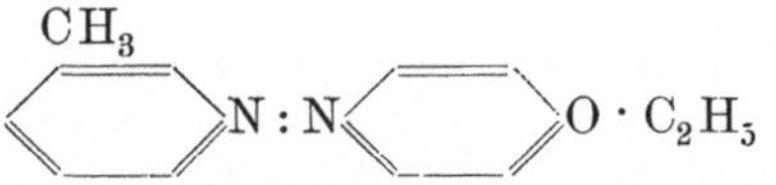 N : N O · C_2H_5

(IV) 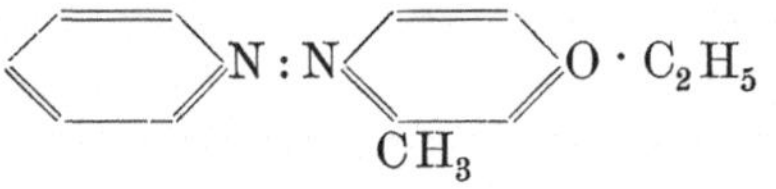 N : N O · C_2H_5

CH_3

(V) 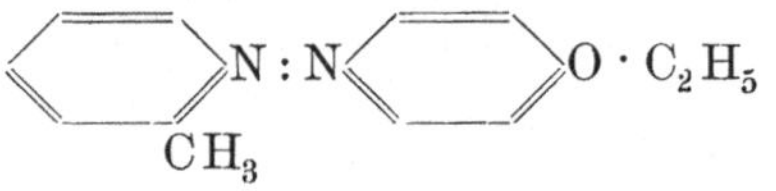 N : N O · C_2H_5

CH_3

Die Verbindungen (I), (II) und (III) gaben bei der Reduktion hauptsächlich ortho-Semidine und nur geringe Mengen von para-Semidinen, während andererseits (IV) und (V) para-Semidine als Hauptprodukte lieferten. Viele ähnliche Fälle sind bekannt, welche alle darauf hinweisen, daß die ortho-Semidinumlagerung in jenen Verbindungen, welche neben der p-Äthoxy-gruppe noch einen Substituenten in ortho-Stellung zu der Azogruppe in einem der beiden Benzolringe enthalten, nur in geringem Maße eintritt. Mit anderen Worten, liegt ein Substituent in einem der beiden Ringe in ortho-Stellung zu der Azogruppe, so hindert er die ortho-Semidinumlagerung. Wenn nun beide, eine para- und eine ortho-Stellung substituiert sind, kann natürlich eine para-Semidinumlagerung nicht in Frage kommen, sondern eine ortho-Semidinumlagerung erfolgt, wenn auch nicht in weitgehendem Maße. Der Grund dafür wird leichter zu erkennen sein, wenn wir die Produkte einer ortho-Semidinumlagerung im Falle der Verbindungen (IV) und (V) betrachten. Man hat gefunden, daß die wandernden Wasserstoffatome immer dem äthoxylierten Ringe angehören, so daß die gebildeten Produkte sind:

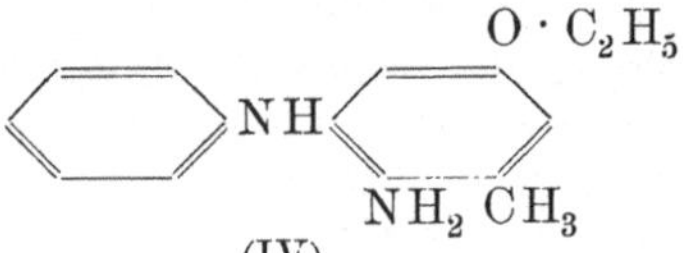

O · C_2H_5

NH

NH_2 CH_3

(IV)

O · C_2H_5

NH

CH_3 NH_2

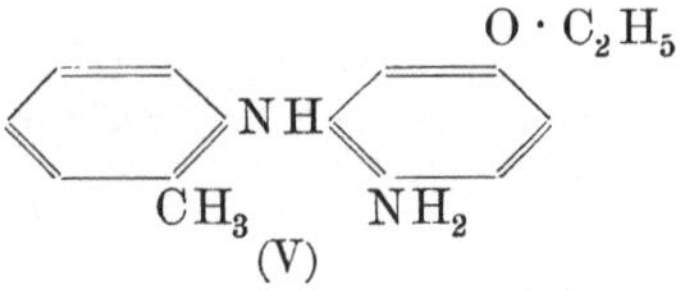

(V)

Im Falle (IV) kommen nun drei Substituenten in einen Ring zu liegen, während im Falle (V) beide Ringe je einen Substituenten in ortho-Stellung zu der — NH-Gruppe besitzen.

In diesen Verhältnissen findet Jacobson den Grund, warum diese Umlagerung nur in geringem Maße eintritt, da zu viel Raum durch die Amido- und Methylgruppen in Anspruch genommen wird, so daß eine derartige Umlagerung nicht in so leichter Weise erfolgen kann.

Eine scheinbare Anomalie hat man bei dem Naphtalinderivate (I) beobachtet, wo man erwartete, daß diese Verbindung mehr para- als ortho-Semidin bilden würde, da ja ein Teil des zweiten Benzolringes gewissermaßen in ortho-Stellung zu der Azo-gruppe steht:

$O \cdot C_2H_5$ ... $N : N \cdot C_6H_5$ (I)

$O \cdot C_2H_5$ ... $NH \cdot C_6H_5$, NH_2 (II)

In der Tat hat man aber keinen solchen Reaktionsverlauf konstatiert, denn das Hauptprodukt der Reaktion ist ein ortho-Semidin (II).

Nach der Ansicht von Baeyer führt die Reduktion eines Benzols zu einem Hexahydrobenzol eine Raumvergrößerung des Moleküls herbei, so daß der Einfluß des zweiten Benzolringes stärker hervortreten sollte, falls man ihn reduziert. Dies ist auch in der Tat der Fall, da nur eine geringe Menge an ortho-Verbindung resultiert, verglichen mit der sehr gesteigerten Ausbeute an para-Semidin.

Die geringe Wirkung des Benzolringes ist aber eine seltsame Erscheinung, besonders wenn man sich erinnert, welchen starken räumlichen Einfluß der Phenylrest bei Veresterung ausübt.

Jacobson fand, daß folgende Verbindung:

$R\langle C_6H_4 \rangle NH - NH \langle C_6H_5 \rangle$

zu vier verschiedenen Produkten führt:

$NH_2\langle C_6H_4 \rangle - \langle C_6H_4 \rangle NH_2$ Umlagerung mit Austritt von R

(I)

$R - \langle C_6H_3 \rangle NH_2$, $NH \cdot C_6H_5$ ortho-Semidinumlagerung

(II)

$R\langle C_6H_4 \rangle NH \langle C_6H_4 \rangle NH_2$ para-Semidinumlagerung

(III)

NH_2 / NH_2 / R — Diphenylbildung ohne Elimination

(IV)

Die vergleichende Wirkung der verschiedenen Substituenten ist aus der nachfolgenden Tabelle zu ersehen; A bedeutet, daß nur wenig von der Verbindung gebildet wird; B, daß bis zu 15 % gebildet werden und C, daß beträchtliche Mengen erzeugt werden:

R	I	II	III	IV
Cl	B	C	A	C
Br	A	C	A	C
J	(?)	B	0	C
$O \cdot C_2H_5$	0	C	B	0
$O \cdot CO \cdot CH_3$	B	0	0	C
$N(CH_3)_2$	0	A	0	C
$NH \cdot CO \cdot CH_3$	0	0	C	0
CH_3	0	C	(?)	(?)
COOH	C	(?)	0	0

Der Unterschied zwischen den Wirkungen der Alkyl- und Acylsubstituenten ist besonders bemerkenswert.

Ein etwas ähnlicher Einfluß eines ortho-Substituenten wurde von Morgan beobachtet[1]). Bei der Umlagerung von Diazoamidoverbindungen in Amidoazo-derivate fand er, daß ein Chloratom in ortho-Stellung zu der Diazogruppe einen hindernden Einfluß ausübt.

Harries und Hübner[2]) studierten die Wirkung von Methylgruppen auf die Beckmannsche Umlagerung. Sie fanden, daß bei den Oximen des Acetomesitylens (I), Desoxy-mesityl-oxyds (II) und Kamphers (III) die Tendenz zur Umlagerung größer ist als bei dem Oxim des Aceto-methyl-cyklopentans (IV). In (I) und (III) sind zwei Methylgruppen in 1,5-Stellung zum Stickstoff, in (II) sind drei, in (IV) dagegen nur eine. Dieser Fall steht somit mit der dynamischen Hypothese von Bischoff im Einklang:

$CH_3 - C(=N \cdot OH) - C$ (Ring mit CH_3, CH_3, CH_3)

(I)

$CH_3 - C(=N \cdot OH) - C$ (Ring mit $C(CH_3)_2$, $C(CH_3)_2$, CH_2, $C-CH_3$)

(II)

1) Morgan, Trans. **81**, 86 (1902).

2) Harries und Hübner, Liebigs Annal. d. Chem. u. Pharm. **296**, 302 (1897).

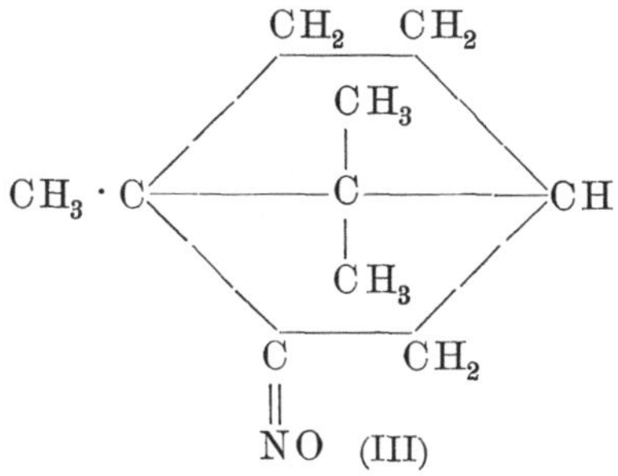

CH2 CH2 / CH3 / CH3·C—C—CH / CH3 / C CH2 / ‖ / NO (III)

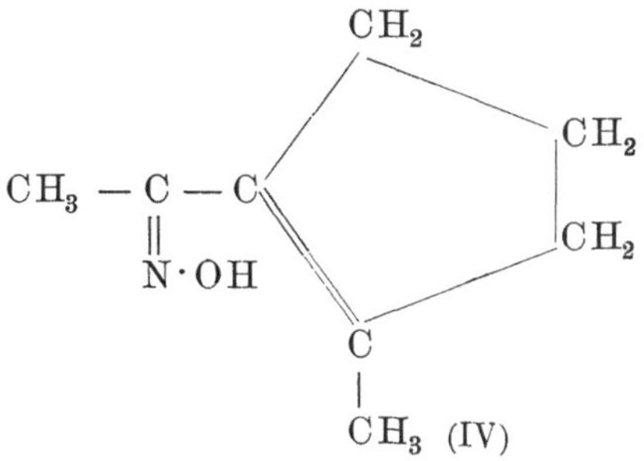

CH2 / CH2 / CH3—C—C / ‖ / N·OH / CH2 / C / | / CH3 (IV)

§ 6. Anlagerungsreaktionen.

Wird ein Nitril in alkoholischer Lösung mit Chlorwasserstoff behandelt, so erhält man als Reaktionsprodukt einen salzsauren Iminoäther, welcher durch Addition von einem Molekül Alkohol an das Nitril gebildet wird:

$$R\cdot CN + R'\cdot OH + HCl = R\cdot C\begin{matrix} \diagup NH\cdot HCl \\ \diagdown OR' \end{matrix}$$

Pinner[1]) fand, daß bei den folgenden vier ortho-substituierten Nitrilen eine solche Alkoholaddition nicht eintritt:

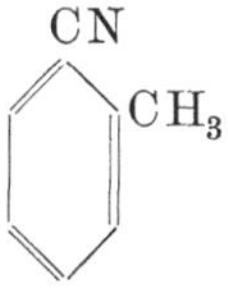

CN / CH3

o-Tolunitril

CN / CH3 / CH3

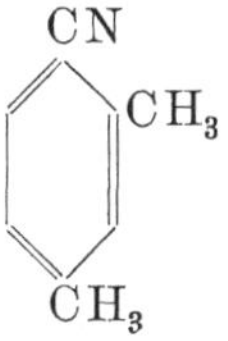

2,4-Dimethyl-benzonitril

CN

α-Naphtonitril

CH3 / CN / CN

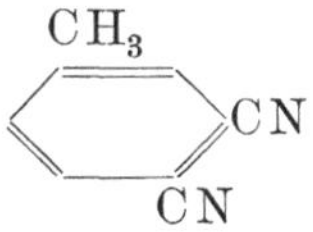

2,5-Dimethyl-benzonitril

während in Homo-phtalonitril nur eines der Nitrilradikale angegriffen wird.

Rappeport[2]) hat gezeigt, daß eine Nitrogruppe in ortho-Stellung gleichfalls die Bildung des Additionsproduktes hindern kann. Dies scheint somit ein weiteres Beispiel dafür zu sein, daß der Eintritt neuer Atome in das Molekül gehindert werden kann durch die Gegenwart anderer Radikale, welche sich so nahe bei der reagieren-

[1]) Pinner, Ber. d. deutsch. chem. Ges. **23**, 2917 (1890). „Die Imidoäther und ihre Derivate". Berlin (1892).

[2]) Rappeport, Ber. d. deutsch. chem. Ges. **34**, 1893 (1901).

[3]) Müller, ibid. **19**, 1491 (1886).

den Gruppe befinden, daß sie den Raum in Anspruch nehmen, den sonst die eintretenden Atome ausfüllen würden.

Amidoxime können gebildet werden durch Einwirkung von Hydroxylamin auf Nitrile:

$$CH_3 \cdot CN + NH_2 \cdot OH = CH_3 \cdot C(NH_2) : N \cdot OH$$

Aber auch bei dieser Reaktion sind Beispiele über die hindernde Wirkung von ortho-Substituenten bekannt, ebenso wie bei der Addition von Wasser oder Alkoholaten an das Nitrilradikal. Folgende Beispiele seien erwähnt. Para- und meta-Cyanbenzoesäure reagieren leicht mit Hydroxylamin, während die ortho-Verbindung erst nach mehrtägiger Einwirkung angegriffen wird. Para-tolunitril wird viel leichter angegriffen als das ortho-Isomere[1]). α-Naphtonitril[2]) reagiert wie ein ortho-substituiertes Nitril, während jene Verbindungen, in denen die Cyangruppe zwischen zwei ortho-Substituenten eingeschlossen ist, keine Fähigkeit zur Amidoximbildung zeigen[3]). Para-methyl-ortho-nitrobenzonitril wird durch Hydroxylamin bei Temperaturen unter 100° C nicht angegriffen[4]).

Unter bestimmten Bedingungen vereinigen sich Ester mit Alkoholaten zu Additionsprodukten:

$$R \cdot C(OR'') : O + NaOR'' = R \cdot C(OR')(OR'')(ONa)$$

v. Pechmann[5]) hat nun beobachtet, daß Benzoesäureester beim halbstündigen Behandeln mit Natriummethylat 80% des Additionsproduktes bildet, während Mesitylenkarbonsäure unter den gleichen Bedingungen, selbst nach 6stündiger Einwirkung, nur 30% liefert.

Angeli[6]) hat gezeigt, daß die Leichtigkeit, mit welcher Blausäure an Ketonverbindungen addiert wird, auf der Natur der mit dem Karbonyl verbundenen Radikale beruht.

Victor Meyer[7]) und Petrenko-Kritschenko[8]) haben gezeigt, daß Hexabromaceton sich nicht mit Cyanwasserstoff vereinigen läßt. Dies kann durch sterische Hinderung erklärt werden; aber es ist wahrscheinlicher, daß der chemische Charakter der Bromatome eine große Rolle dabei spielt.

---

1) Schubart, Ber. d. deutsch. chem. Ges. **22**, 2433 (1889).
2) Tiemann, ibid. **22**, 2391 (1889).
3) Küster und Stallberg, Liebigs Annal. d. Chem. u. Pharm. **278**, 207 (1894). Ber. d. deutsch. chem. Ges. **22**, 2391 (1889).
4) Weise, Ber. d. deutsch. chem. Ges. **22**, 2418 (1889).
5) von Pechmann, Ber. d. deutsch. chem. Ges. **31**, 501 (1898).
6) Angeli, Atti R. Accad. Lincei (**5**), **5**, I. 84 (1896).
7) V. Meyer, Ber. d. deutsch. chem. Ges. **28**, 2777 (1895).
8) Petrenko-Kritschenko, ibid. **28**, 3203 (1895).

Die Addition von Bisulfit an Ketone gemäß folgender Gleichung:

$$KHSO_3 + R \cdot CO \cdot R' = \begin{matrix} R & & OH \\ & C & \\ R' & & SO_3K \end{matrix}$$

wurde von Petrenko-Kritschenko und ebenso von Stewart studiert.

Die Untersuchungen des ersteren wurden mit der Absicht ausgeführt, die Konfiguration von Kohlenstoffketten zu bestimmen und werden im IV. Kapitel besprochen, welches diese Verhältnisse näher behandelt. Einige seiner Resultate zeigen aber den hindernden Einfluß, welche die Anhäufung von Substituenten in der Nähe einer Karbonylgruppe[1]) hervorruft. Er mischte die Lösungen von Kaliumbisulfit und dem gegebenen Keton zu einer $\frac{n}{100}$-Lösung; in dieser Mischung titrierte er nach einstündigem Stehen das unverbundene Bisulfit mit Jod und erhielt folgende Zahlen:

		% der gebildeten Bisulfitverbindung
Aceton	$CH_3 \cdot CO \cdot CH_3$	22
Methyl-äthyl-keton . .	$CH_3 \cdot CO \cdot C_2H_5$	14
Methyl-isopropyl-keton .	$CH_3 \cdot CO \cdot CH \cdot (CH_3)_2$	2,7
Acetophenon	$CH_3 \cdot CO \cdot C_6H_5$	0,8
Methyl-benzyl-keton . .	$CH_3 \cdot CO \cdot CH_2 \cdot C_6H_5$	15,6

Stewart[2]) führte eine ähnliche Untersuchung durch und benutzte gleiche Mengen $\frac{n}{12}$-Lösungen von Natriumbisulfit und dem entsprechenden Keton, wobei große Sorgfalt auf möglichst gleiche Bedingungen verwendet wurde. Die gewonnenen Resultate, in Prozenten ausgedrückt, ergeben sich aus nachfolgender Tabelle:

		10 Min.	30 Min.	50 Min.	70 Min.
Acetaldehyd . .	$CH_3 \cdot CHO$	85	88,0	88,7	88,7
Aceton	$CH_3 \cdot CO \cdot CH_3$	28,5	47,0	55,9	58,9
Methyl-äthyl-keton	$CH_3 \cdot CO \cdot CH_2 \cdot CH_3$	14,5	25,1	32,4	38,4
Methyl-isopropyl-keton	$CH_3COCH(CH_3)_2$	4,2	7,5	11,6	13,0
Pinakolin . . .	$CH_3CO \cdot C(CH_3)_3$	4,2	5,6	5,6	5,6

In diesen Fällen scheint die Einführung eines Substituenten in der Nähe des Karbonyls die Reaktionsfähigkeit dieser Gruppe zu erniedrigen. Andererseits bewirkt die Einführung der Karboxylgruppe in Nachbarstellung zum Karbonyl eine anomale Wirkung; denn ob-

[1]) Petrenko-Kritschenko, Liebigs Annal. d. Chem. u. Pharm. **341**, 150 (1905).

[2]) Stewart, Trans. **87**, 186 (1905). Proc. **21**, 78 (1905).

gleich das Radikal größer ist als Wasserstoff, bedingt es doch eine Steigerung der Reaktionsfähigkeit des Karbonyls, wie aus nachfolgender Tabelle zu ersehen ist:

	% 10 Min.	% 30 Min.	% 50 Min.	% 70 Min.
Aceton	28,5	47,0	55,9	58,9
Acetessigester	37,4	56,0	64,0	67,6
Acetondikarbonsäureester	40,2	61,0	68,1	73,0

Die Resultate führten Stewart und Baly[1]) zu einer Reihe weiterer Untersuchungen, über welche wir bereits in dem einleitenden Teile dieses Kapitels eine Übersicht gegeben haben.

Werden gewisse Ketone mit Phosphorsäure behandelt, so vereinigen sie sich zu Verbindungen, welche als Phosphorsäureester unbeständiger ortho-Formen der betreffenden Ketone betrachtet werden können.

$$\begin{matrix} C_6H_5 \\ CH_3 \end{matrix}\!\!>CO + H_3PO_4 \;=\; \begin{matrix} C_6H_5 \\ CH_3 \end{matrix}\!\!>C\!<\!\begin{matrix} O - P\!:\!O\,(OH)_2 \\ OH \end{matrix}$$

Klages und Lickroth[2]) führten sehr vollständige Untersuchungen über die Wirkung der Substitution auf diese Reaktion aus und kamen dabei zu folgenden Schlüssen: In der aromatischen Reihe findet keine Addition statt, wenn die Karbonylgruppe zwischen zwei ortho-Substituenten liegt. So fanden sie z. B., daß Verbindungen vom Typus (I) leicht Additionsprodukte bildeten; Verbindungen wie (II) gaben keine Reaktion, während in (III) nur eine Karbonylgruppe reagierte, wogegen in (IV) beide fähig waren, Additionsverbindungen zu liefern:

CH₃ CH₃ / ⟨ ⟩CO·R / CH₃ (I)

CH₃ / CH₃⟨ ⟩CO·CH₃ / CH₃ (II)

CH₃·CO CH₃ / CH₃⟨ ⟩CO·CH₃ (III)

CH₃·CO⟨ ⟩CO·CH₃ (IV)

Fettaromatische Ketone, in denen das aliphatische Radikal größer als Methyl ist, bilden gewöhnlich keine Oxoniumsalze. Die einzige bekannte Ausnahme scheint Propionyl-pseudocumenol zu sein

---

[1]) Stewart und Baly, Trans. **89**, 389 (1906).

[2]) Klages und Lickroth, Ber. d. deutsch. chem. Ges. **32**, 1549 (1899). Vergl. Weiler, ibid. 1908.

[2, 4, 5 $(CH_3)_3$ — I, $C_2H_5 \cdot COO \cdot C_6H_2$], welches ein gut definiertes kristallisierendes Salz liefert.

Raikow[1]) studierte dasselbe Phänomen in der Aldehydreihe. Er beobachtete, daß, während bei den aromatischen Ketonen „ein" ortho-Substituent genügt, um die Addition zu verhindern, bei den Aldehyden deren „zwei" notwendig sind. Weitere gemeinsam mit Schtarbanow[2]) durchgeführte Untersuchungen führten zu folgenden Schlüssen. Phosphorsäure und ihre Ester reagieren mit solchen Verbindungen, welche eine Benzoylgruppe an ein Wasserstoffatom oder eine Methoxylgruppe gebunden enthalten:

C_6H_5·CO — H C_6H_5·CO — O · CH_3

Substituenten im Ringe erniedrigen die Reaktionsfähigkeit der Karbonylgruppe und zwar in stärkerem Maße bei den Estern, als den Aldehyden. Man kann dabei keine Regel aufstellen, da selbst gleiche Substituenten in derselben Stellung verschieden zu wirken scheinen, wie man aus folgenden Beispielen ersehen kann:

CH_3·C_6H_4·CHO
Reagiert sofort

C_6H_5·CHO
Reagiert nach einigen Tagen

CH_3·C_6H_4·CO·CH_3
Bleibt unverändert

C_6H_5·CO·CH_3
Reagiert sofort.

Raikow folgert, daß chemische Reaktionen hauptsächlich durch zwei Faktoren beeinflußt werden — durch die Affinität zwischen den reagierenden Stoffen und der Größe der wirksamen „Reaktionssphäre".

Dieser zweite Faktor hängt von den gegenseitigen Beziehungen aller Teile des Moleküls ab.

Wird eine Substanz geschmolzen oder in einer Flüssigkeit gelöst, so findet eine Änderung in der Größe der wirksamen Reaktionssphäre statt, welche genügen kann, um eine Änderung in der Reaktionsfähigkeit der Substanz herbeizuführen. Er erklärt die Tatsache, daß eine lange Alkylkette eine größere Wirkung bei den Estern als bei den Ketonen ausübt, durch die Annahme, daß die Valenzen des Sauerstoffatoms unsymmetrisch angeordnet sind, wie aus nachfolgenden Formeln zu ersehen ist:

```
— C — C — C — C — . . . .        — C — O
  ||                               ||  /
  O                                O  R
```

1) Raikow, Chem. Zeitg. **24**, 367 (1900).

2) Raikow und Schtarbanow, ibid. **25**, 1134 (1901).

Klages[1]) fand, daß arsenige Säure gleichfalls die Fähigkeit besitzt mit Ketonen Additionsprodukte zu bilden. Die Resultate sind den bei der Phosphorsäure gefundenen analog.

Blanksma[2]) hat beobachtet, daß die Einführung von vier Substituenten in ortho-Stellung zu dem Schwefelatom einen hindernden Einfluß auf die Oxydation eines Sulfides zu einem Sulfon ausübt; z. B. Verbindungen vom nachfolgenden Typus können nicht auf gewöhnliche Weise oxydiert werden:

$NO_2\langle R_2C_6H_2\rangle{-}S{-}\langle C_6H_2R_2\rangle NO_2$

gibt nicht:

$NO_2\langle R_2C_6H_2\rangle{-}SO_2{-}\langle C_6H_2R_2\rangle NO_2$

Es gilt als allgemeine Regel, daß tertiäre Amine sich mit einem Molekül eines Halogenalkyls zu einem quaternären Ammoniumsalz verbinden können, gemäß folgender Gleichung:

$$N\cdot abc + Alk\cdot X = N(Alk)(X)\cdot abc$$

Hofmann[3]) beobachtete 1872, daß Mesidin (I), Tetramethylamidobenzol (II) und Pentamethyl-amidobenzol (III) diese Reaktion nicht eingehen.

(I) CH_3, CH_3, CH_3 / NH_2

(II) CH_3, CH_3, CH_3, CH_3 / NH_2

(III) CH_3, CH_3, CH_3, CH_3, CH_3 / NH_2

Andererseits beobachtete Rosenstiehl[4]), daß in gewissen Fällen ein ortho-Substituent die Bildung eines quaternären Ammonium-

1) Klages, Ber. d. deutsch. chem. Ges. **35**, 2313 (1902).
2) Blanksma, Rec. trav. chim. **20**, 425 (1901).
3) Hofmann, Ber. der deutsch. chem. Ges. **5**, 704, 718 (1872); **18**, 1824 (1885).
4) Rosenstiehl, Compt. rend. de l'Acad. d. Sciences **115**, 180 (1892).

salzes erleichtern kann, selbst so weitgehend, daß ein sekundäres Amin sich wie ein tertiäres verhalten kann. Z. B. fand er, daß Methyl-o-toluidin (IV) imstande ist, wie Dimethylanilin (V) zu reagieren, wenigstens insofern es die Reaktion mit Alkyljodiden betrifft:

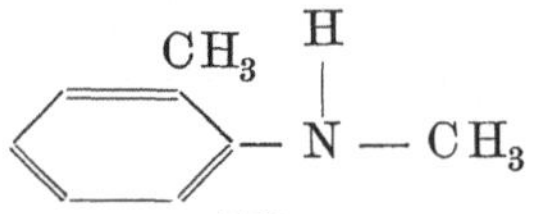

(IV) 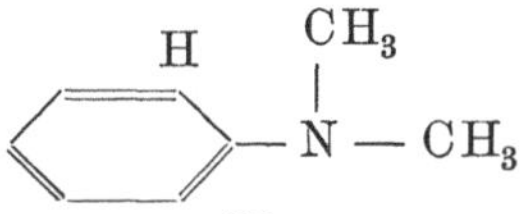 (V)

Weitere von ihm entdeckte Fälle sind:

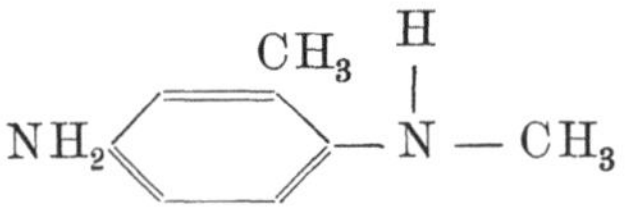

welches reagiert als:

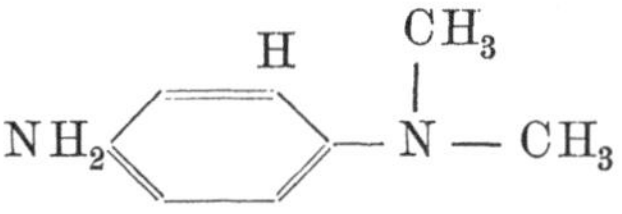

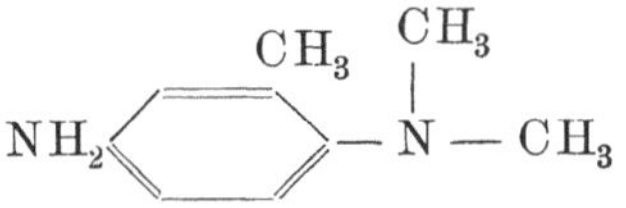

welches reagiert als:

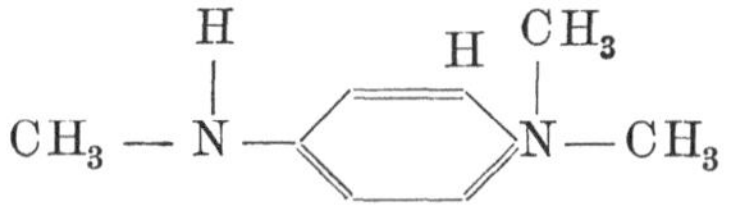

Rosenstiehl formulierte folgende Regel: „Eine Methylgruppe in ortho-Stellung zu dem Stickstoff eines sekundären Amins überträgt auf dasselbe einige Eigenschaften eines tertiären Amins; sie verleiht einem tertiären Amin mit freier para-Stellung die Eigenschaften eines para-substituierten Amins und einem para-Amidoderivat eines tertiären Amins die Eigenschaften eines unsymmetrisch alkylierten Diamins.“ Es ist sehr wahrscheinlich, daß die benachbarte räumliche Stellung der Amido- und Methylgruppen eine beträchtliche Rolle in dieser Frage spielt.

Fischer und Windaus[1]) untersuchten drei Brom-toluidine und drei Brom-Xylidine und fanden, daß (I)—(V) durch wiederholtes Behandeln mit Methyljodid in quaternäre Ammoniumjodide verwandelt werden konnten; in (VI) dagegen, wo die Amidogruppe zwischen zwei ortho-Substituenten liegt, erhielten sie das quaternäre Salz selbst beim Erhitzen mit Methyljodid auf 100° nicht[2]).

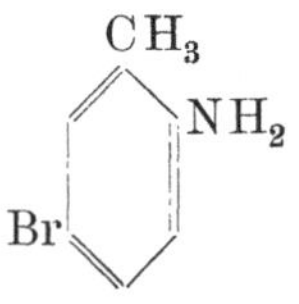

(I) 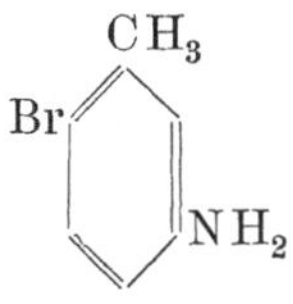 (II) 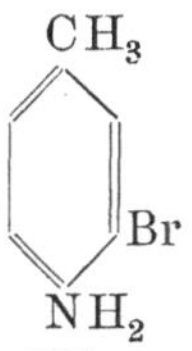 (III)

1) Fischer und Windaus, Ber. d. deutsch. chem. Ges. **33**, 1967 (1900).

2) Friedländer, Monatsh. **19**, 644 (1898).

CH_3, NH_2, Br, CH_3 (IV) CH_3, Br, CH_3, NH_2 (V) CH_3, Br, CH_3, NH_2 (VI)

Dieses Verhalten spricht sehr zugunsten der Hypothese von der sterischen Hinderung; aber einige Widersprüche wurden von Pinnow[1]) beobachtet, der fand, daß in verschiedenen Fällen wahrscheinlich die sterischen Einflüsse viel geringer sind als die rein chemischen.

Z. B. weder (I) noch (II) liefert ein Ammoniumjodid, während (III) eine fast quantitative Ausbeute ergibt:

NO_2, CH_3, $N(CH_3)_2$ (I) $NH \cdot CO \cdot CH_3$, CH_3, $N(CH_3)_2$, NO_2 (II)

CH_3, N, CH_3, $C—CH_3$, $CH_3 \cdot CO \cdot NH$, N, J, CH_3 (III)

Decker[2]) hat gezeigt, daß jene Chinolinderivate, welche einen Substituenten in ortho-Stellung zu dem Stickstoffatom enthalten, in gewissen Fällen keine Additionsprodukte mit Methyljodid geben.

Wedekind[3]) studierte die Reaktionsmengen verschiedener quaternärer Ammoniumsalze, welche durch 48stündige Einwirkung von Alkyljodiden auf Dimethylanilin bei gewöhnlicher Temperatur entstehen. Seine Resultate sind folgende:

---

[1]) Pinnow, Ber. d. deutsch. chem. Ges. **34**, 2077 (1901).

[2]) Decker, Ber. d. deutsch. chem. Ges. **24**, 1984 (1891).

[3]) Wedekind, Ber. d. deutsch. chem. Ges. **32**, 511 (1899). Zur Stereochemie d. fünfwertigen Stickstoffs S. 18.

	% der Theorie
CH_3J	89
$CH_3 \cdot CH_2J$	16 [1]
$CH_3 \cdot CH_2 \cdot CH_2J$	28
$CH_3 \cdot CH_2 \cdot CH_2 \cdot CH_2J$	17
$(CH_3)_2 \cdot CHJ$	5
$(CH_3)_2 \cdot CH \cdot CH_2J$	1
$\frac{CH_3}{C_2H_5}{>}CHJ$	3
$CH_2 : CH \cdot CH_2J$	93 [1]
$C_6H_5 \cdot CH_2J$	83

Die vergleichsweise niedrige Ausbeute im Falle des Äthyljodides ist bemerkenswert. Es ist ebenso erwähnenswert, daß eine Übereinstimmung mit der dynamischen Hypothese von Bischoff in den Resultaten des Isobutyl- und sekundären Butyljodids zu finden ist. Im ersten Falle würde das Reaktionsprodukt die in dynamischer Hinsicht unbegünstigte Verbindung (I) sein, in der zwei Paar Methylgruppen in 1,5-Stellung zueinander liegen; während im zweiten Falle (II) nur drei Methylgruppen in ungünstiger Stellung zueinander liegen, statt vier:

$$\begin{array}{ccccc} {}_{(1)}CH_3 & & & & {}_{(5)}CH_3 \\ | & & {}_{(3)} & & |\ \diagup J \\ {}_{(2)}CH & - & CH_2 & - & N \diagdown C_6H_5 \\ | & & & & |{}_{(4)} \\ {}_{(1)}CH_3 & & & & {}_{(5)}CH_3 \end{array} \qquad \begin{array}{ccccc} & & {}_{(4)}CH_3 & & {}_{(5)}CH_3 \\ & & | & & |\ \diagup J \\ & & {}_{(3)}CH & - & N \diagdown C_6H_5 \\ & & | & & |{}_{(4)} \\ CH_3 & - & CH_2 & & CH_3\,{}_{(5)} \\ {}_{(1)} & & {}_{(2)} & & \end{array}$$

In einer späteren Abhandlung korrigierte Wedekind [1]) einzelne seiner Daten und führte einige neue Resultate an. Er ließ die Alkyljodide mit Dimethylanilin durch 48 Stunden stehen und erhitzte dann die Mischung durch 2 Stunden auf 100° C. Dabei erhielt er folgende Zahlen:

	% der Theorie
$CH_3 \cdot CH_2 \cdot CH_2J$	28
$CH_3 \cdot CH_2 \cdot CH_2 \cdot CH_2J$	17
$(CH_3)_2 \cdot CHJ$	5
$(CH_3)_2 \cdot CH \cdot CH_2 \cdot CH_2J$	3
$(CH_3)_2 \cdot CH \cdot CH_2J$	1,5

Diese Zahlen sind aber nur dann richtig, wenn die Radikale in der oben geschilderten Weise eingeführt werden; denn Wedekind bestätigte die Beobachtung Menschutkins [2]), daß eine Verbindung, die sich nach der einen Methode nur sehr schwer synthetisieren läßt, leicht bei Benutzung anderer Ausgangsprodukte er-

[1]) Wedekind, Liebigs Annal. d. Chem. u. Pharm. **318**, 90 (1901).
[2]) Menschutkin, Ber. d. deutsch. chem. Ges. **28**, 1398 (1895).

halten werden kann. So z. B. erhält man, obgleich nach der ersten obigen Methode die Ausbeute mit Äthyljodid und Dimethylanilin nur 16 % beträgt, eine fast quantitative Ausbeute desselben Endproduktes, wenn man Methyljodid und Methyläthylanilin verwendet. Die Einführung einer dritten verzweigten Kette in das Molekül macht sich in der erhaltenen Ausbeute stark bemerkbar, wie man aus folgenden Zahlen ersieht:

	mit $CH_3 \cdot J$	mit $(CH_3)_2 \cdot CH \cdot J$
$\begin{matrix}(CH_3)_2 \cdot CH \\ (CH_3)_2 \cdot CH\end{matrix}\!\!>\!NH$ Di-isopropyl-anilin	45 %	1·4 %
$\begin{matrix}(CH_3)_2 \cdot CH \cdot CH_2 \cdot CH_2 \\ (CH_3)_2 \cdot CH \cdot CH_2 \cdot CH_2\end{matrix}\!\!>\!NH$ Di-isoamyl-anilin	47 %	

Die Tatsache, daß Di-isoamyl-anilin mit Methyljodid so leicht reagiert, steht in starkem Kontrast zu der Schwierigkeit, mit welcher Di-isopropyl-anilin mit Isobutyljodid in Reaktion tritt, obgleich im ersten Falle eine Verbindung gebildet wird, welche reicher an Kohlenstoffatomen ist, als im anderen. Daraus geht hervor, daß die Stellung der Kohlenstoffatome einen größeren Einfluß ausübt, als deren Anzahl.

Häußermann[1]) beobachtete, daß Methyljodid keine Wirkung, weder auf Triphenylamin (I) noch Diphenyl-m-toluidin (II) ausübt, selbst wenn beide Substanzen zusammen im geschlossenen Rohr 10 Stunden auf 100° C erhitzt werden.

$$(C_6H_5)_3N \quad \text{(I)} \qquad\qquad (C_6H_5)_2N\text{—}C_6H_4\text{—}CH_3 \ (m) \quad \text{(II)}$$

Man kann dies möglicherweise auf sterische Gründe zurückführen, obgleich chemische Einflüsse allein zur Erklärung genügen dürften.

Aus diesen Beispielen kann man immerhin den Schluß ziehen, daß räumliche Verhältnisse bei Additionsreaktionen tertiärer Basen eine wichtige Rolle spielen; allerdings muß man auch die Anomalien, die wir gelegentlich erwähnten, mit in Betracht ziehen.

Es ist wahrscheinlich, daß in einigen dieser abnormen Reaktionen der Schlüssel für die anderen und für weitere Nutzanwendung in der Stereochemie gefunden werden kann.

§ 7. Substitution.

Wir müssen uns nun dem Einfluß der sterischen Hinderung auf Substitutionsreaktionen zuwenden, bei denen vielfach zunächst un-

1) Häußermann, Ber. d. deutsch. chem. Ges. **34**, 38 (1901).

beständige Additionsverbindungen gebildet werden. Wenn man Phosphorpentachlorid auf ein Keton einwirken läßt, so wird allgemein das Sauerstoffatom durch zwei Chloratome ersetzt:

$$\begin{matrix} R \\ R' \end{matrix}\!\!>\!CO + PCl_5 = \begin{matrix} R \\ R' \end{matrix}\!\!>\!CCl_2 + POCl_3$$

In manchen Fällen kann aber diese Reaktion gehemmt, oder überhaupt verhindert werden, so bei Gegenwart anderer Atomgruppen in der Nähe des Karbonylradikals. Fittig und Borsche[1]) beobachteten, daß unsymmetrisches Dichloraceton in der Kälte nicht mit Phosphorpentachlorid reagiert; auch beim Erwärmen beider Substanzen tritt keine bemerkenswerte Reaktion ein. Faworsky[2]) beobachtete einen etwas ähnlichen Fall beim α-Dichlor-propyl-methylketon $CH_3 \cdot CO \cdot CCl_2 \cdot CH_2 \cdot CH_3$, wo gleichfalls keine Reaktion eintritt, selbst wenn man die Mischung bis zum Sieden erhitzt. Daraus scheint hervorzugehen, daß zwei Chloratome in α-Stellung zu der Karbonylgruppe eine hindernde Wirkung auf die Reaktion ausüben; man kann aber nicht behaupten, daß die Hinderung eine rein stereochemische ist, denn auch der chemische Einfluß der beiden Chloratome kann dabei in Frage kommen.

Pechmann und Burton[3]) fanden, daß Acetondikarbonsäureester leicht mit Phosphorpentachlorid folgendermaßen reagiert:

$$CO\begin{matrix} \diagup CH_2 \cdot COOR \\ \\ \diagdown CH_2 \cdot COOR \end{matrix} + PCl_5 = \begin{matrix} CH \cdot COOR \\ \| \\ C \cdot Cl \\ \diagdown CH_2 \cdot COOR \end{matrix} + HCl + POCl_3$$

Als Petrenko-Kritschenko[4]) diese Reaktion auf substituierte Ester zu übertragen versuchte, fand er beträchtliche Schwierigkeiten. Trialkylierte Acetondikarbonsäureester reagierten nur mit Schwierigkeit und die noch weiter substituierten Tetraalkylester reagierten überhaupt nicht.

Dibenzyl-aceton-dikarbonsäureester zeigten ein ähnliches Verhalten, denn sie reagierten mit Phosphorpentachlorid selbst bei Wasserbadtemperatur nicht. Aus diesen Beispielen scheint hervorzugehen, daß die Hemmung wahrscheinlich mehr auf stereochemische als rein chemische Ursachen zurückzuführen ist, da die Einführung derartiger Alkylgruppen in eine Verbindung in der Regel keine große Wirkung auf die chemischen Eigenschaften der Substanz ausübt.

Der Fall der Oximbildung wird schon lange als klassisches Beispiel sterischer Hinderung einer chemischen Reaktion betrachtet.

---

1) Fittig und Borsche, Liebigs Annal. d. Chem. u. Pharm. **133**, 114 (1865).
2) Faworsky, Journ. f. prakt. Chem. (**2**), **51**, 536 (1895).
3) Pechmann und Burton, Ber. d. deutsch. chem. Ges. **20**, 145 (1887).
4) Petrenko-Kritschenko, Liebigs Annal. d. Chem. u. Pharm. **289**, 52 (1895).

Einer der fruchtbarsten Forscher auf diesem Gebiete war Kehrmann[1]), welcher diese Frage in bezug auf substituierte Chinone studierte. Die von ihm und anderen Forschern[2]) auf diesem Gebiete erhaltenen Resultate können folgendermaßen zusammengefaßt werden:

1. Wenn man gewöhnliches p-Benzo-chinon auf eine genügende Menge Hydroxylamin einwirken läßt, so bildet sich ein Dioxim, indem beide Karbonylgruppen angegriffen werden.

2. Bei monosubstituierten p-Benzo-chinonen findet man gewöhnlich, daß zunächst nur eine Karbonylgruppe reagiert und somit ein Monoxim gebildet wird. Die substituierenden Gruppen scheinen in ortho-Stellung einen schützenden Einfluß auf die Karbonylgruppe auszuüben. So z. B. wird in dem unten gegebenen Falle (I), in welchem X Chlor, Brom oder Methyl vorstellt, das Oxim (II) zuerst gebildet, während das Dioxim nur mit Schwierigkeit entsteht.

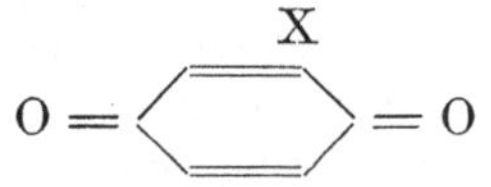

X
O = ⟨ ⟩ = O
(I)

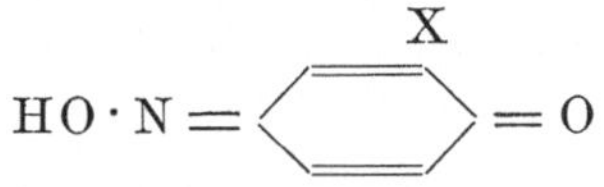

X
HO · N = ⟨ ⟩ = O
(II)

3. Di-substituierte Chinone können in zwei Klassen eingeteilt werden: a) in solche, wo die zwei Substituenten in ortho-Stellung zu einer Karbonylgruppe stehen, und b) in solche, wo jede Karbonylgruppe einen ortho-Substituenten besitzt.

Im Falle a) kann eine Reihe von Beispielen angeführt werden, welche zeigen, daß Hydroxylamin nur die Karbonylgruppe angreift, welche keinen ortho-Substituenten besitzt, z. B. werden folgende Monoxime gebildet:

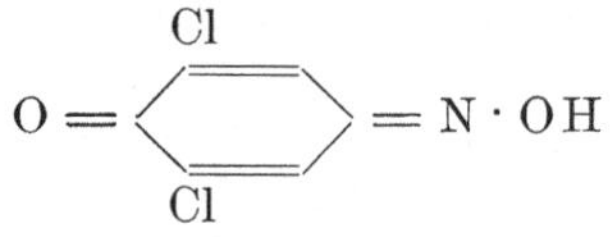

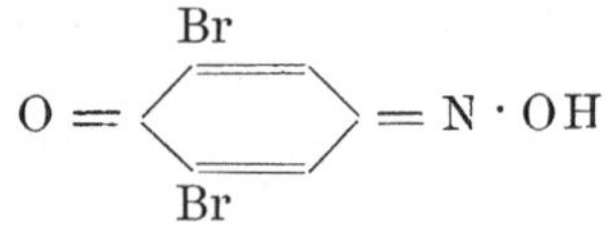

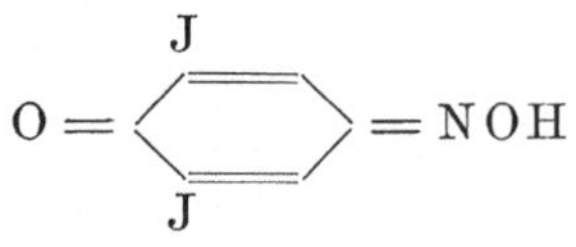

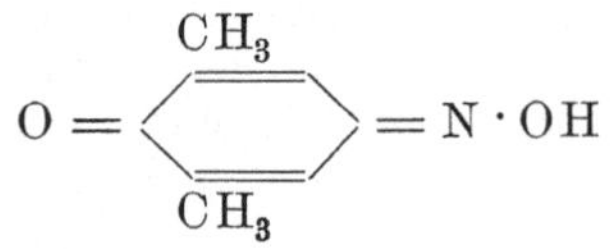

Cl
O = ⟨ ⟩ = N · OH
Cl

Br
O = ⟨ ⟩ = N · OH
Br

J
O = ⟨ ⟩ = NOH
J

CH_3
O = ⟨ ⟩ = N · OH
CH_3

---

[1]) Kehrmann, Ber. d. deutsch. chem. Ges. **21**, 3315 (1888); **23**, 3557 (1891); **27**, 1431, 3344 (1895). Journ. f. prakt. Chem. (**2**), **40**, 257 (1889); **42**, 134 (1890). Liebigs Annal. d. Chem. u. Pharm. **310**, 89 (1900).

[2]) Herzig und Zeisel, Ber. d. deutsch. chem. Ges. **21**, 3493 (1888). Nietzki und Schneider, ibid. **27**, 1431 (1894). Börnstein, ibid. **34**, 4349 (1901).

Man hat allgemein gefunden, daß bei Oximen vom Typus:

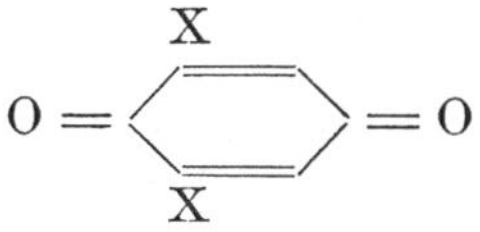

X

O = ⬡ = O

X

die Schwierigkeit zur Di-oximbildung größer ist, wenn X ein Chlor-, Brom- oder Jodatom vorstellt, als wenn es eine Methyl- oder Äthylgruppe ist.

In der Klasse (b) wird ein neuer Faktor in dem Problem sichtbar. Der Fall des Thymo-chinons kann als Beispiel dienen. Wird diese Substanz (I) mit Hydroxylamin behandelt, so bildet sie zunächst das Monoxim (II), das nur mit einiger Schwierigkeit in das Dioxim (III) verwandelt werden kann:

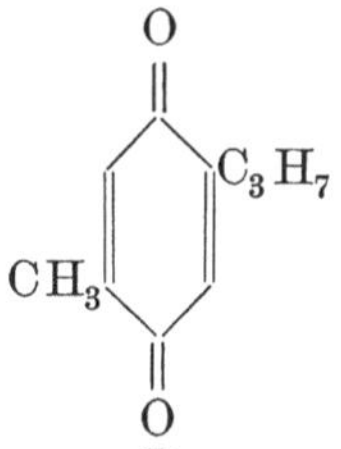

O	O	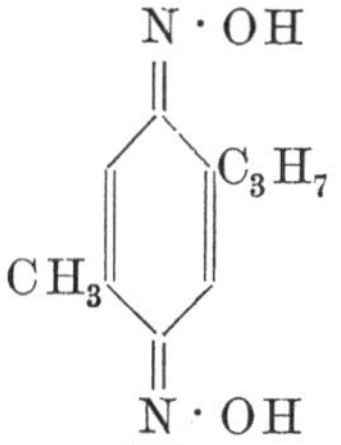 N · OH
C_3H_7	C_3H_7	C_3H_7
CH_3	CH_3	CH_3
O	N · OH	N · OH
(I)	(II)	(III)

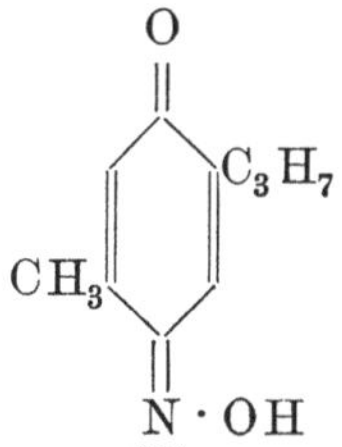

Kehrmann schließt daraus, daß der Reaktionsverlauf durch die Atom- und Molekulargröße der Substituenten beeinflußt wird, da die Oximbildung zunächst an der Karbonylgruppe stattfindet, welche den kleineren ortho-Substituenten besitzt.

4. Trisubstituierte Chinone zeigen ein etwas ähnliches Verhalten; die Karbonylgruppe mit den beiden ortho-Substituenten wird weniger leicht angegriffen, als die andere. Sind einige der Substituenten Alkyle und die anderen Halogenatome, so findet man, daß die Oximbildung um so leichter erfolgt, je weniger Halogensubstituenten gegenwärtig sind; keine Oxime können z. B. von Trihalogenchinonen erhalten werden, während m-Dihalogen-alkylchinone leicht etwas unbeständige Oxime liefern; Monohalogen-thymo-chinon kann ohne weiteres in das Oxim verwandelt werden.

5. Tetrasubstituierte Chinone geben keine Oxime, mit Ausnahme von Naphtochinonen vom Typus:

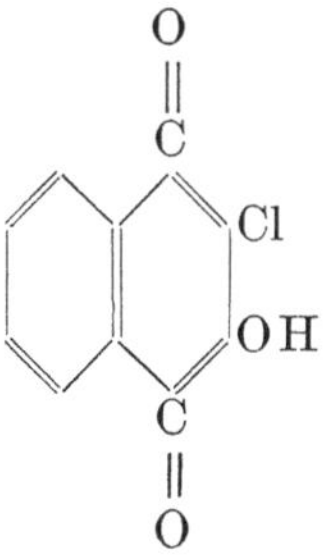

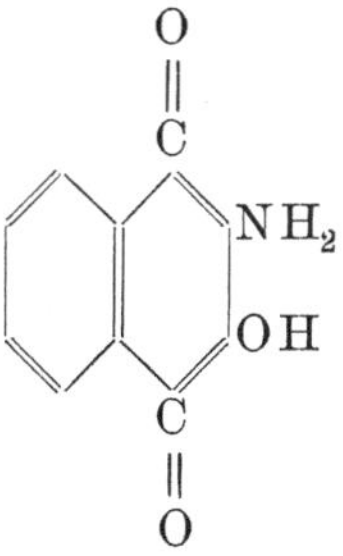

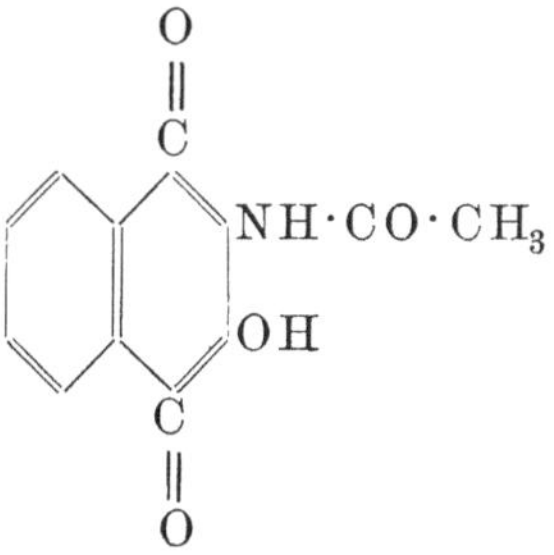

O	O	O
C	C	C
Cl	NH_2	$NH \cdot CO \cdot CH_3$
OH	OH	OH
C	C	C
O	O	O

In diesem Falle erinnert der geringe Einfluß des zweiten Benzolringes an den Fall der Benzidinumlagerung, wo ihm ebenfalls nur eine geringe Wirkung zukam.

Stewart und Baly[1]) haben die Richtigkeit der Kehrmannschen Annahme über die Ursache der Unwirksamkeit der Karbonylgruppe in Zweifel gezogen.

Wie bereits in der Einleitung zu diesem Kapitel erklärt wurde, haben diese Autoren gezeigt, daß die Reaktionsfähigkeit der Karbonylgruppe in einer Ketonverbindung proportional der Persistenz eines bestimmten Absorptionsbandes im Spektrum dieser Substanz ist. Eine Untersuchung der Spektra verschiedener chinoider Verbindungen ergab folgendes Resultat.

1. Benzochinon hat ein isorropisches[2]) Band von langer Persistenz und zeigt keine Anzeichen eines Benzolcharakters.

2. Die Einführung eines Methylradikals oder Halogenatoms bewirkt eine Verringerung der Persistenz des isorropischen Bandes und erzeugt im Spektrum ein Band, das dem des Benzols gleicht, und zwar ist diese Änderung größer bei Substitution durch Cl als bei der durch Methyl.

3. Der Benzolcharakter der Verbindung erhöht sich in dem Grade, als das isorropische Band sich verringert.

Aus diesen Tatsachen konnte man folgende Folgerungen ableiten. Benzochinon existiert fast vollkommen in chinoider Form. Toluchinon existiert zwar zum großen Teil in chinoider Form, besitzt aber gewisse Kennzeichen des Benzols und oszilliert wahrscheinlich in einer ähnlichen Weise, wie das Benzolmolekül vibriert. Chlor-benzochinon besitzt zwar noch gewisse chinoide Eigenschaften, nähert sich aber in seinem Vibrationszustand mehr den intramolekularen Bewegungen des Benzols. Trichlor-chinon, bei welchem ein isorropischer Prozeß praktisch nicht mehr existiert, vibriert in einer fast gleichen Weise wie der Benzolring.

In einer weiteren Abhandlung haben diese Autoren[3]) gezeigt, daß zur Hervorbringung des isorropischen Prozesses zunächst die Bildung einer chinoiden Struktur notwendig ist. Da die Reaktionsfähigkeit der Karbonylgruppe in den Chinonen auf dem isorropischen Prozeß beruht, so ist ersichtlich, daß der Benzolcharakter der substituierten Chinone schon an sich genügt, um die geringe Reaktionsfähigkeit derselben zu erklären, ohne daß man es deshalb notwendig hat, zur Hypothese der sterischen Hinderung zu greifen.

---

[1]) Stewart und Baly, Trans. **89**, 618 (1906).

[2]) Ein isorropisches Band findet man in dem Spektrum einer Verbindung welche eine der folgenden Gruppen enthält:

—CO·CO— oder (Ring mit CO oben und CO unten);

es hat seinen Kopf ca. bei 2000 Einheiten. [Stewart und Baly, Trans. **89**, 489 (1906)].

[3]) Stewart und Baly, Trans. **89**, 489 (1906).

Ein eigentümlicher Fall einer Oximbildung wurde von Börnstein[1]) beobachtet, der zeigte, daß Hydroxylamin nicht mit der Karbonylgruppe des p-Tolyl-amido-p-toluchinon-mono-tolylimids reagiert, sondern die Tolyl-imido-gruppe austreibt:

$$CH_3\cdot C_6H_4\cdot N{=}C_6H(CH_3)(NH\cdot C_6H_4\cdot CH_3){=}O + NH_2\cdot OH = HO\cdot N{=}C_6H(CH_3)(NH\cdot C_6H_4\cdot CH_3){=}O$$

Er führt dieses Verhalten auf sterische Hinderung zurück, hervorgerufen durch die in ortho-Stellung zu dem Karbonylradikal stehende Tolylamidogruppe.

Bei Ketonen, deren Karbonylgruppen nicht dem Ringe angehören, sind viele ähnliche Beispiele sterischer Hinderung beobachtet worden. Claus und Stiebel[2]) zeigten, daß Aceto-durol:

$$CH_3\cdot CO\cdot C_6H(CH_3)_4$$

nicht in ein Oxim verwandelt werden konnte, während es beim Aceto-iso-durol[3]) noch zweifelhaft ist:

$$CH_3 - CO\cdot C_6H(CH_3)_4$$

Beckmann[4]) fand, daß Benzpinakolin $C_6H_5\cdot CO\cdot C(C_6H_5)_3$ kein Oxim gibt; ebenso reagiert Phenylmesitylketon[5]) selbst bei hoher Temperatur nicht mit Hydroxylamin. Feith und Davies[6]) zeigten, daß Acetomesitylen und Hydroxylamin bei niedriger Temperatur nicht reagieren, während bei Erhöhung der Temperatur nicht das Oxim, sondern ein Produkt der Beckmannschen Umlagerung resultiert.

Baum[7]) studierte diese Reaktion beim Dibenzoylmesitylen, Diaceto-isodurol und Aceto-penta-methylbenzol und fand, daß in keinem

1) Börnstein, Ber. d. deutsch. chem. Ges. **34**, 4349 (1901).
2) Claus und Stiebel, Ber. d. deutsch. chem. Ges. **20**, 3101 (1887).
3) Claus und Focking, Ber. d. deutsch. chem. Ges. **20**, 3098 (1887); Baum, ibid. **28**, 3207 (1895). V. Meyer und Sohn, ibid. **29**, 830, 2564 (1896).
4) Beckmann, Liebigs Annal. d. Chem. u. Pharm. **252**, 14 (1889).
5) Hantzsch, Ber. d. deutsch. chem. Ges. **23**, 2772 (1890).
6) Feith und Davies, ibid. **24**, 3207 (1895).
7) Baum, Ber. d. deutsch. chem. Ges. **28**, 3207 (1895).

Fall das Oxim gebildet wird. Mesitylglyoxylsäure gab ein Nitril und Acetomesitylen ein Amido-derivat.

V. Meyer[1]) führte eine Reihe von Untersuchungen bei Mesitylenderivaten durch und fand, daß bei den folgenden neun Ketonen kein Oxim gebildet wird; in den Formeln bedeutet M das Radikal:

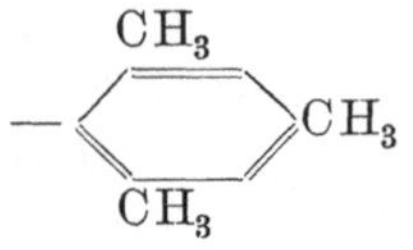

CH_3

— C_6H_2 CH_3

CH_3

$M \cdot CO \cdot CH_3$	$M \cdot CO \cdot C_2H_5$	$M \cdot CO \cdot C_3H_7$ normal-
$M \cdot CO \cdot C_6H_5$	$M \cdot CO \cdot CH_2 \cdot Cl$	u. iso-
$M \cdot CO \cdot CCl_3$	$M \cdot CO \cdot CH_2 \cdot CH_2 \cdot COOH$	$M \cdot CO \cdot CHCl_2$

Smith[2]) konnte aus dem Xylyl-o-tolyl-keton ebenfalls kein Oxim darstellen.

Alle diese angeführten Fälle scheinen deutlich die Wirkung räumlicher Einflüsse auf das chemische Verhalten der Verbindungen zu zeigen; in den meisten derselben ist es wahrscheinlich, daß die in ortho-Stellung zu dem Karbonyl stehende Methylgruppe einen hindernden Einfluß auf die Reaktionsfähigkeit desselben ausübt. Wenn man andere ketonartige Verbindungen betrachtet, so findet man dieselben Einflüsse. So fanden z. B. Harries und Hübner[3]) Schwierigkeiten bei der Oximbildung folgenden Ketons:

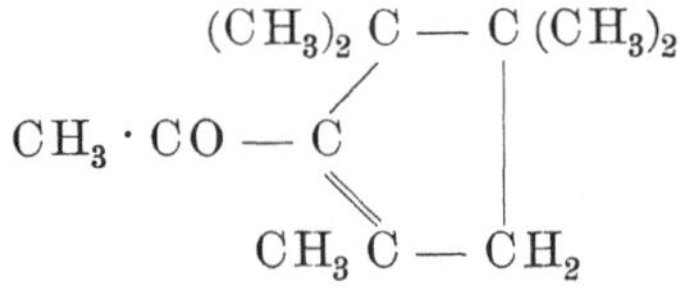

$(CH_3)_2\,C — C\,(CH_3)_2$

$CH_3 \cdot CO — C$

$CH_3\,C — CH_2$

Petrenko-Kritschenko und Rosenzweig[4]) fanden, daß bei gewissen Tetrahydropyronderivaten keine Oxime gebildet werden. Sie zeigten, daß in Verbindungen vom Typus (I), wo R in ortho-Stellung entweder eine Methoxyl- oder eine Äthoxylgruppe bedeutet, keine sterische Hinderung eintritt; dagegen konnten Oxime weder bei Verbindung (II) noch bei (III) gebildet werden:

---

1) V. Meyer, Ber. d. deutsch. chem. Ges. **29**, 836 (1896).

2) Smith, Ber. d. deutsch. chem. Ges. **24**, 4050 (1891).

3) Harries und Hübner, Liebigs Annal. d. Chem. u. Pharm. **296**, 301 (1897).

4) Petrenko-Kritschenko und Rosenzweig, Ber. d. deutsch. chem. Ges. **32**, 1747 (1899).

```
                                          COOC2H5
                                          |
   CH2 — CH — C6H4 · R                   CH — CH — C6H5
  /        \                            /        \
CO          >O                        CO          >O
  \        /                            \        /
   CH2 — CH — C6H4 · R                   CH — CH — C6H5
                                          |
                                          COOC2H5
          (I)                                  (II)

                       COOC2H5
                       |
                       CH — CH — CH3
                      /        \
                    CO          >O
                      \        /
                       CH — CH — CH3
                       |
                       COOC2H5
                         (III)
```

Die Tatsache, daß unreduzierte Pyronderivate keine Oxime bilden, kann kaum als ein Beispiel für sterische Hinderung betrachtet werden, sondern der Fall scheint eine bessere Erklärung in der von Collie[1]) aufgestellten Pyronformel zu finden.

Petrenko-Kritschenko[2]) hat die Wirkung von Hydroxylamin auf verschiedene Ketone quantitativ bestimmt; seine Resultate werden in Kapitel IV mitgeteilt werden.

Stewart[3]) untersuchte die Wirkung, welche die Einführung von Substituenten in gewisse Ketone in bezug auf Oximbildung hervorruft. Einige der von ihm gefundenen Zahlen seien hier angeführt:

Keton	Formel	10	20	30	40 Minuten
Aceton	$CH_3 \cdot COCH_3$ . . .	45·1	49·7	50	50·1% Oxim gebildet
Methyl-äthyl-keton	$CH_3 \cdot CO \cdot CH_2 \cdot CH_3$	36·6	39·2	39·2	39·2 „
Methyl-isopropyl-keton	$CH_3 \cdot CO \cdot CH(CH_3)_2$	31·4	31·5	32·0	32·0 „
Pinakolin . . .	$CH_3 \cdot CO \cdot C(CH_3)_3$.	12·9	17·0	24·5	24·5 „

Man hat gefunden, daß auch bei der Hydrazonbildung einiger Ketone sterische Hinderung auftreten kann, welche der bei der Oximbildung beobachteten gleicht. Dieselbe tritt besonders bei aro-

[1]) Collie, Trans. **85**, 971 (1904).

[2]) Petrenko-Kritschenko. Journ. f. prakt. Chem. (**2**), **61**, 431 (1900). Ber. d. deutsch. chem. Ges. **34**, 1702 (1901); **39**, 1452 (1906).

[3]) Stewart, Trans. **87**, 410 (1905).

matischer Verbindung deutlich hervor; so reagiert z. B. ein Keton vom Typus:

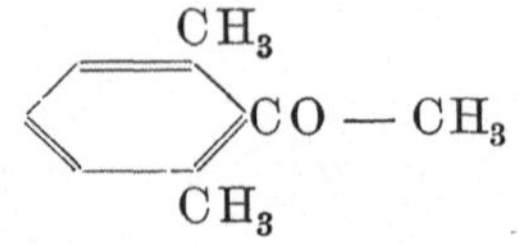

$$\underset{CH_3}{\overset{CH_3}{C_6H_3}}\!\!>CO - CH_3$$

nicht mit Phenylhydrazin[1]); in einigen anderen Fällen tritt dagegen die Hydrazonbildung wieder ein, wenn man an Stelle des Methyls der Acetylgruppe andere Radikale substituiert. Beispiele dieser Art sind Mesityl-glyoxyl-säure (I) und ihr Dinitro-Derivat (II):

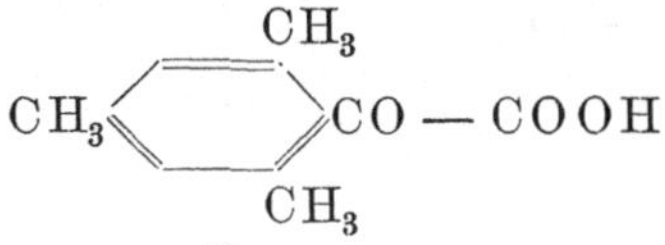

$$CH_3\!<\underset{CH_3}{\overset{CH_3}{C_6H_2}}\!>CO - COOH \qquad (I)$$

$$CH_3\!<\underset{NO_2\;CH_3}{\overset{NO_2\;CH_3}{C_6}}\!>CO - COOH \qquad (II)$$

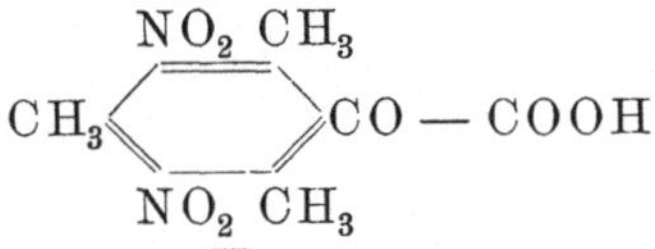

Dieses Verhalten ist wahrscheinlich auf eine Änderung in der chemischen Natur der Verbindung zurückzuführen, welche durch die Einführung der neuen Gruppe bedingt wird.

V. Meyer und Kullgren[2]) studierten die Wirkung verschiedener an den Mesitylrest gebundener Seitenketten und fanden, daß folgende Verbindungen nicht mit Phenylhydrazin reagieren. In den Formeln bedeutet M das Mesitylradikal:

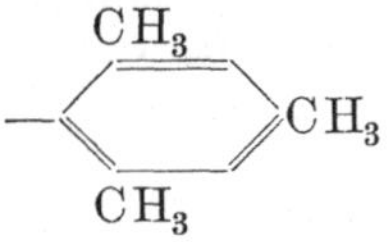

$$-\underset{CH_3}{\overset{CH_3}{C_6H_2}}\!>CH_3$$

$$M \cdot CO \cdot CH_2Cl$$
$$M \cdot CO \cdot CH \cdot Cl_2$$
$$M \cdot CO \cdot CCl_3$$
$$M \cdot CO \cdot CH_2 \cdot CH_2 \cdot COOH$$

Bamberger und Rising[3]) fanden, daß Arylhydrazine auf Mesityl-chinol (I) nicht einwirken, während das niedere Homologe (II) damit reagiert:

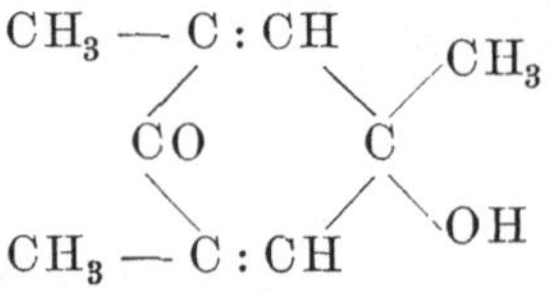

```
CH3 — C : CH                    CH3 — C : CH
     /       \    CH3               /       \    CH3
   CO         C/                  CO         C/
     \       / \                    \       / \
CH3 — C : CH    OH                  CH : CH    OH
      (I)                               (II)
```

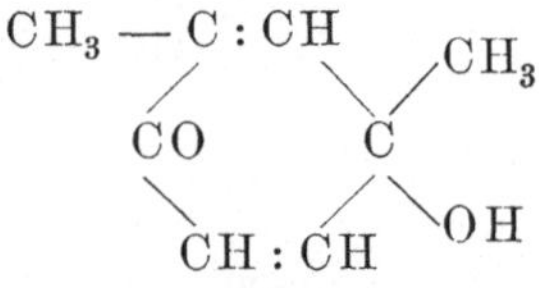

[1]) Baum, Ber. d. deutsch. chem. Ges. **28**, 3207 (1895). V. Meyer, ibid. **29**, 835 (1896).
[2]) V. Meyer und Kullgren, Ber. d. deutsch. chem. Ges. **29**, 836 (1896).
[3]) Bamberger und Rising, ibid. **34**, 3636 (1901).

Herzig und Zeisel[1]) fanden, daß weder Penta- noch Tetraäthylphlorogluzin ein Hydrazon bilden.

$$\text{Ring: } C(OH)\text{; } C_2H_5 \cdot C\text{; } C{<}^{C_2H_5}_{C_2H_5}\text{; } CO\text{; } CO\text{; } C(C_2H_5)(C_2H_5)$$

$$\text{Ring: } C(OH)\text{; } C_2H_5 \cdot C\text{; } C{<}^{C_2H_5}_{C_2H_5}\text{; } CO\text{; } CO\text{; } C(C_2H_5)(H)$$

$$\text{Ring: } C(OH)\text{; } C_2H_5 \cdot C\text{; } C{<}^{H}_{C_2H_5}\text{; } OC\text{; } CO\text{; } C(C_2H_5)(C_2H_5)$$

Beim Studium der Einwirkung von Pikrylchlorid auf aromatische Basen beobachtete Wedekind[2]), daß die Verbindung (I) leicht ein Hydrazon bildet, die Verbindung (II) dagegen auf keine Weise zur Reaktion gebracht werden kann.

$$CH_3 \cdot CO \cdot C_6H_4 \cdot NH \cdot C_6H_2(NO_2)_3 \quad \text{(I)}$$

$$C_6H_4(CO - CH_3) \cdot NH - C_6H_2 \cdot (NO_2)_3 \quad \text{(II)}$$

Ähnliche Beobachtungen wurden bei aliphatischen Ketonen gemacht, obgleich in diesen Fällen die Hinderung nicht so markant ist.

Petrenko-Kritschenko, Pissarchewsky, Herschkowitz und Ephrussi[3]) fanden, daß Phenylhydrazin wohl mit den Methyl- und mono-Äthyl-aceton-dikarbonsäureestern reagiert, aber auf die Dimethyl- und Diäthylderivate nicht einwirkt. In diesem Falle genügt also schon die Einführung von Alkylgruppen um sterische Hinderung hervorzurufen, was auch bei den von Smith und MacCoy[4]) studierten 1,4-Diketonen zutrifft. Sie beobachteten, daß Phenylhydrazin Desyl-p-acetophenon (I) leicht in ein Pyridazin-

---

[1]) Herzig und Zeisel, Ber. d. deutsch. chem. Ges. **21**, 3493 (1888).

[2]) Wedekind, Ber. d. deutsch. chem. Ges. **33**, 426 (1900).

[3]) Petrenko-Kritschenko, Pissarchewsky, Herschkowitz und Ephrussi, Ber. d. deutsch. chem. Ges. **28**, 3203 (1897).

[4]) Smith und McCoy, ibid. **35**, 2171 (1902).

derivat umwandelt, daß es dagegen weder auf das α-Isomere (II) noch auf Desyl-acetomesiton, Aceto-mesitylen, Benzoyl-mesitylen, Dibenzoyl-mesitylen oder Propionyl-isodurol einwirkt.

$$\begin{array}{c} C_6H_5-CH-CO-C_6H_5 \\ | \\ CH_2-CO-C_{10}H_7 \\ \text{(I)} \end{array} \qquad \begin{array}{c} C_6H_5 \quad CO-C_6H_5 \\ \diagdown C \diagup \\ C_6H_5 \quad CO-C_{10}H_7 \\ \text{(II)} \end{array}$$

Petrenko-Kritschenko und Eltschaninoff[1]) führten quantitative Versuche über die Reaktionsgeschwindigkeit bei der Einwirkung von Phenylhydrazin auf gewisse Ketone durch. Die folgenden Zahlen geben die relativen Reaktionsgeschwindigkeiten wieder:

Aceton	66
Methyl-äthyl-keton	52
Methyl-n-propyl-keton . . .	38
Acetonyl-aceton	22·7

Läßt man Phosphorpentachlorid auf Benzoesäure wirken, so entsteht Benzoylchlorid; verwendet man aber Oxybenzoesäure, so bilden sich Phosphorderivate, wie[2]):

$$C_6H_4\langle^{OH}_{COOH} + PCl_5 = HCl + POCl_3 + C_6H_4\langle^{OH}_{COCl}$$

$$C_6H_4\langle^{OH}_{COCl} + POCl_3 = HCl + C_6H_4\langle^{O\cdot POCl_2}_{COCl}$$

Anschütz und seine Schüler[3]) haben nun gezeigt, daß die Reaktion nur dann in diesem Sinne verläuft, wenn kein Substituent in ortho-Stellung zu der Hydroxylgruppe vorhanden ist. Ist ein solcher in der Verbindung enthalten, so nimmt die Reaktion nachfolgenden Verlauf, in dem das Phosphoroxychlorid nicht zur Einwirkung gelangt:

$$\underset{COOH}{\overset{R}{C_6H_2}}\text{—}OH + PCl_5 = HCl + POCl_3 + \underset{COOH}{\overset{R}{C_6H_2}}\text{—}OH$$

Anschütz[3]) hat einen derartigen Verlauf bei nachfolgenden Substanzen festgestellt:

---

1) Petrenko-Kritschenko und Eltschaninoff, Liebigs Annal. d. Chem. u. Pharm. **341**, 150 (1905).

2) Anschütz und Moore, Liebigs Annal. d. Chem. u. Pharm. **228**, 308 (1885); **239**, 314, 333 (1887).

3) Anschütz und andere, Ber. d. deutsch. chem. Ges. **30**, 221 (1897).

3-Methyl-salizylsäure	3,5-Dinitro-salizylsäure
3-Chlor-salizylsäure	3-Nitro-5-chlorsalizylsäure
3-Nitro-salizylsäure	3-Nitro-5-bromsalizylsäure
3,5-Dichlorsalizylsäure	3-Brom-5-nitro-salizylsäure
3,5-Dibromsalizylsäure	Oxyuvitinsäure
3,5-Dijodsalizylsäure	α-Oxy-β-naphtoesäure.

Wahrscheinlich nimmt das phosphorhaltige Radikal in dem Reaktionsprodukt einen entsprechend großen Raum ein, so daß im Falle, wo die Hydroxylgruppe von anderen Atomen umgeben ist, wenn sich z. B. zwei Radikale in ortho-Stellung befinden, nicht genügend freier Raum zur Bildung des Additionsproduktes vorhanden ist.

Einer der frühesten Fälle sterischer Hinderung wurde in der Reaktion der Anilidbildung von Bischoff und Walden [1]) beobachtet, welche fanden, daß die Einführung von Methyl- und Akylradikalen die Bildung von Piperazinderivaten hindert.

Bischoff [2]) untersuchte zunächst die Bildung verschiedener Anilide bei Temperaturen von 100° C, die im Sinne folgender Gleichung vor sich geht:

$$X \cdot COOH + H_2N \cdot C_6H_5 = H_2O + X \cdot CO \cdot NH \cdot C_6H_5$$

Die nachstehenden Zahlen geben die in gleichen Zeiten gebildeten Anilidmengen an:

X	%	X	%	X	%
H	97	C_6H_5 . . .	0	$HO \cdot CH_2$ . .	41·4
CH_3	19·4	$C_6H_5 \cdot CH$ . .	0	$HO \cdot CH \cdot (CH_3)$	28·5
C_2H_5	16·0	$C_6H_5 \cdot CH_2 \cdot CH_2$	0	$HO \cdot CH \cdot (C_2H_5)$	20·9
n-C_3H_7 . . .	6·5	$C_6H_5 \cdot CH : CH$	0	$HO \cdot CH (C_6H_5)$	16·2
n-C_4H_9 . . .	5·4			$HO \cdot C(CH_3)_2$.	7·1
$(CH_3)_2 \cdot CH$ . .	4·4				
$(CH_3)_2 \cdot CH \cdot CH_2$	0·0				

Die Prozentmengen der mit verschiedenen Säuren bei 100° C erhaltenen Toluidide (I), m-Xylidide (II) und Methylanilide sind in der folgenden Tabelle enthalten:

X	I	II	III	IV
H	92·2 %	95·0 %	94·6 %	92·0 %
CH_3	17·6 „	31·6 „	26·2 „	25·0 „
C_2H_5	7·2 „	11·9 „	3·6 „	16·0 „
n-C_3H_7	2·7 „	3·0 „	0·9 „	8·0 „
n-C_4H_9	4·2 „	3·4 „	1·8 „	8·0 „
i-C_3H_7	1·4 „	0·0 „	0·3 „	11·0 „
i-C_4H_9	—	—	—	2·0 „
$HO \cdot CH_2$	28·4 „	44.6 „	20·4 „	13·0 „
$HO \cdot CH(CH_3)$	20·4 „	26·5 „	11·8 „	12·0 „
$HO \cdot CH(C_2H_5)$	14·5 „	—	4·9 „	3·0 „
$HO \cdot CH(C_6H_5)$	14·1 „	14·7 „	6·1 „	0·0 „
$HO \cdot C(CH_3)_2$	0	1·2 „	2·4 „	0·0 „

[1]) Bischoff und Walden, Ber. d. deutsch. chem. Ges. **23**, 1972 (1890); **25**, 2919, 2931, 3275 (1892); **26**, 265 (1893).

[2]) Bischoff, Ber. d. deutsch. chem. Ges. **30**, 2321, 2467, 2475, 2477 (1897).

Die folgende Tabelle[1]) zeigt die Wirkung, welche die Einführung von Substituenten in das Anilin hervorbringt; a bedeutet ein Propionylradikal, b einen Phenylacetylrest.

Substituenten	ortho		meta		para	
	a	b	a	b	a	b
CH_3.	54	43	94	48	92	43
Cl	61	49	87	71	92	72
NO_2	0	42	59	77	5	63

Aus diesen Resultaten scheint hervorzugehen, daß das Hydroxylradikal einen günstigen Einfluß ausübt; die Phenylgruppe hat eine stärker hemmende Wirkung als das Methylradikal; verzweigte offene Ketten hindern ebenfalls die Reaktion.

Bischoff zeigte, daß sich ein gewisser Zusammenhang zwischen den Valenzverhältnissen und der sterischen Hinderung ergibt, falls man die dynamische Hypothese auf diesen Fall anwendet; denn wenn wir zwei Systeme in einer gewöhnlichen Kette anordnen, so finden wir:

$$\begin{matrix} {}^{1}CH_3 \diagdown \\ {}^{2}\!\!>CH - \overset{3}{C}H_2 - \overset{4}{C}O - \overset{5}{O} - NH - C_6H_5 \\ {}^{1}CH_3 \diagup \end{matrix}$$

(I) günstige Gruppierung

$$\begin{matrix} {}^{1}CH_3 \diagdown \\ {}^{2}\!\!>CH - \overset{3}{C}H_2 - \overset{4}{C}O - \overset{5}{N}H - C_6H_5 \\ {}^{1}CH_3 \diagup \end{matrix}$$

(II) ungünstige Gruppierung.

In (I) steht das Sauerstoffatom in δ-Stellung zu der Methylgruppe, während sich in (II) das Stickstoffatom an dieser Stelle befindet. Wenn wir nun die Vorstellung über die durch die Valenzen verursachten Vibrationen der Atome als richtig annehmen, so ersieht man, daß das Sauerstoffatom mit zwei Radikalen kollidiert (CO und NH), sich daher in zwei Richtungen bewegen muß, während das Stickstoffatom in (II) mit drei Gruppen zusammenstößt (CO, H und C_6H_5) und sich somit in drei Richtungen bewegen wird; daraus scheint es wahrscheinlich, daß bei ihm die Möglichkeit eines Zusammenstoßes mit der Methylgruppe größer ist als bei dem Sauerstoffatom.

Vorländer und Weißbrenner[2]) fanden, daß bei $1^1/_2$- bis 2stündiger Einwirkung von Ammoniak auf den Diäthyl-ester der

---

1) Bischoff, Ber. d. deutsch. chem. Ges. **30**, 2774 (1897).

2) Vorländer und Weißbrenner, Ber. d. deutsch. chem. Ges. **33**, 556 (1900).

Phenylglyzin-ortho-karbonsäure eine gewisse Menge Monoamid neben dem Diamid gebildet wird, was darauf hinzudeuten scheint, daß nicht genügend freier Raum für den Eintritt der zweiten Amidogruppe vorhanden ist. Dasselbe Resultat wurde beobachtet, wenn Anilin an Stelle von Ammoniak verwendet wurde. Eine der neueren Arbeiten auf diesem Gebiete rührt von Fischer und Dilthey[1]) her, welche die Einwirkung von Ammoniak auf Alkylmalonsäure, Phenylessigsäure und Benzoesäureester studierten. Die von ihnen mit flüssigem Ammoniak bei 17° C erhaltenen Resultate sind in nachfolgender Tabelle enthalten:

Substanz	Tage	%
Malonamid	10	63
Methyl-malonamid	28	50
Äthyl-malonamid	21	63
Propyl-malonamid	21	89
Diäthyl-malonamid	60	1·1
Dipropyl-malonamid	60	2·6
Phenylacetamid	—	23·4
Benzamid	—	5·37

Die letzten beiden Zahlen geben die Prozentmengen an, welche nach 26stündigem Erhitzen auf 125° C mit bei 0° gesättigtem alkoholischen Ammoniak erhalten wurden.

Substanz	Zeit	Temp.	%
Malonamid	5 Tage	17°	98
Methyl-malonamid	5 „	18°	34
„ „	26 Stunden	130°	40
Äthyl-malonamid	26 „	130°	53
Propyl-malonamid	26 „	130°	61
Dimethyl-malonamid	30 „	145°	2·6
Diäthyl-malonamid	12 „	140°	Spuren
Dipropyl-malonamid	12 „	150°	0
Phenyl-acetamid	26 „	175°	75
Benzamid	26 „	175°	16·8

Räumliche Verhältnisse scheinen auch gewisse Reaktionen aromatischer Basen zu beeinflussen und zwar in einigen Fällen in solchem Maße, daß der chemische Charakter der betreffenden Substanzen verändert wird. Derartige Beispiele findet man in Arbeiten von Weinberg[2]), Bernthsen[3]), Rosenstiehl[4]), Busch[5]), Blumer[6]) und Gnehm[7]).

1) Fischer und Dilthey, Ber. d. deutsch. chem. Ges. **35,** 4128 (1902).
2) Weinberg, Ber. d. deutsch. chem. Ges. **25**, 1610 (1892); **26**, 307 (1893).
3) Bernthsen, ibid. **25**, 3128, 3366 (1892).
4) Rosenstiehl, Compt. rend. de l'Acad. d. Sciences **115**, 180 (1892).
5) Busch, Ber. d. deutsch. chem. Ges. **32**, 1008 (1899).
6) Blumer, Liebigs Annal. d. Chem. u. Pharm. **304**, 87 (1898).
7) Gnehm, ibid. **304**, 95 (1898).

So z. B. haben die sekundären Basen gewöhnlich nicht die Fähigkeit sich mit Aldehyden zu Triphenylmethanderivaten zu kondensieren; führt man aber eine Methylgruppe in die ortho-Stellung zu der Amidogruppe ein, so erhält die Verbindung die Fähigkeit sich mit Aldehyden zu verbinden, gleicht also nunmehr einer tertiären Base, oder mit anderen Worten (I) verhält sich wie (II).

R

$C_6H_4 > N <^{H}_{R}$ (I) $\qquad$ $C_6H_5 \cdot NR_2$ (II)

Auch bei der Bildung von Nitrosoverbindungen, sowie bei der Kuppelung mit Diazoverbindungen, hat man ähnliche Erscheinungen beobachtet. Wenn man ein aromatisches tertiäres Amin, das keinen Substituenten in para-Stellung zu dem Stickstoffatom besitzt, mit salpetriger Säure behandelt, so bildet sich eine Nitrosoverbindung; führt man aber eine Methylgruppe in ortho-Stellung zu der Alkylamidogruppe ein, so schwindet diese Fähigkeit.

Dimethylanilin kuppelt sich mit Diazoverbindungen zu Amidoazoverbindungen; aber auch hier bedingt die Einführung eines ortho-Substituenten einen hindernden Einfluß. Friedländer[1]) erklärt diese Tatsachen durch die Annahme, daß in allen drei Fällen zunächst eine Additionsverbindung mit dem entsprechenden Reagens gebildet wird (Aldehyd, salpetrige Säure oder Diazoverbindung) und daß erst nachträglich eine intramolekulare Änderung stattfindet, deren Resultat die Bildung einer para-substituierten Verbindung ist. Die Gegenwart eines ortho-Substituenten hindert nun die Bildung des Additionsproduktes und somit den gewöhnlichen Reaktionsverlauf. Morgan[2]) fand, daß der sukzessive Ersatz der Wasserstoffatome X im m-Phenylendiamin:

X NH_2

X (Benzolring)

X NH_2

die Reaktionsfähigkeit der Amidogruppe erniedrigt; werden alle drei X-Atome durch Radikale ersetzt, so wirkt Methylbromid oder Chlorid überhaupt nicht mehr auf die Amidogruppen ein.

Andererseits hat Graebe[3]) gezeigt, daß ein ortho-Substituent in manchen Fällen einen günstigen Einfluß auf den Reaktionsverlauf ausüben kann.

So fand er, daß der Ersatz des Ketonsauerstoffs in Benzophenonderivaten durch das Radikal $C_6H_5 \cdot N =$ viel leichter vor sich geht, wenn ein ortho-Substituent gegenwärtig ist.

1) Friedländer, Monatsh. **19**, 627 (1898).
2) Morgan, Trans. **81**, 650 (1902).
3) Graebe, Ber. d. deutsch. chem. Ges. **32**, 1678 (1899).

R R

— CO — → — C —
‖
$N \cdot C_6H_5$

Quantitative Untersuchungen zeigen, daß die chemische Natur des Substituenten einen beträchtlichen Einfluß auf die Größe der von ihm bedingten sterischen Hinderung ausübt; so daß es kaum möglich ist, diese Erscheinungen nur auf rein stereochemische Verhältnisse zurückzuführen.

Menschutkin[1]) zeigte, daß bei der Acetylierung der Amine die ortho-Substituenten einen stärker hindernden Einfluß ausüben, als die meta- und para-Substituenten. Die von ihm beim Toluidin, und zwar bei 183° und ohne Lösungsmittel, erhaltenen Werte sind:

	o-	m-	p-
30 Min.	42·6	58·7	67·5
10 Stunden . . .	65·7	78·4	81·6

Potozki[2]) studierte die Azetylierung einiger ungesättigter Amine und konnte die von Menschutkin aufgestellte Behauptung, daß man aus der Reaktionsgeschwindigkeit bei der Acetylierung bestimmen kann, ob ein gegebenes Amin primär, sekundär oder tertiär ist, bestätigen.

Cybulsky[3]) bestimmte die Acetylierungsgeschwindigkeit bei einigen Derivaten des Chinolins und Naphtalins. Seine bei 210° durchgeführten Versuche ergaben folgende Resultate:

Substanz:	die in einer ½ Stunde gebildete Menge betrug:
Anilin	68·7
α-Naphtylamin	35·0
β-Naphtylamin	69·1
α-Tetrahydronaphtylamin	63·3
β-Tetrahydronaphtylamin	89·7
Tetrahydrochinolin	16·8
Tetrahydro-o-toluchinolin	1·2
Tetrahydro-m-toluchinolin	12·5
Tetrahydro-p-toluchinolin	20·7

§ 8. Zerfall und Polymerisation.

Hat eine Verbindung die Tendenz unter gewissen Bedingungen in irgend einer Weise in niedere Verbindungen zu zerfallen, so wird nach Einführung komplexerer Radikale an Stelle einfacherer, der Zerfall der Verbindung noch erleichtert. Der Grund für dieses Ver-

[1]) Menschutkin, Journ. Russ. Phys. Chem. Soc. **32**, 46 (1900).
[2]) Potozki, Journ. Russ. Phys. Chem. Soc. **35**, 339 (1903).
[3]) Cybulsky, Journ. Russ. Chem. Soc. **35**, 219 (1903).

halten dürfte darin liegen, daß die Substituenten einen entsprechenden Raum für sich in Anspruch nehmen und daher den übrigen Teil des Moleküls mehr zusammendrängen, als es in der ursprünglichen Verbindung der Fall war; da die Zersetzung den Verlust verschiedener Atome zur Folge hat, also eine Lockerung der Atome anstrebt, so wird die Zersetzung um so besser fortschreiten, je mehr Substituenten wir eingeführt haben.

Einen derartigen Fall finden wir z. B. in den substituierten Malonsäuren[1]), wo die Reaktion folgenden Verlauf nimmt:

$$X-\underset{\underset{COOH}{|}}{\overset{\overset{COOH}{|}}{C}}-H = CO_2 + X-\underset{\underset{H}{|}}{\overset{\overset{COOH}{|}}{C}}-H$$

Die folgenden Zahlen geben die Mengen der in fünf Minuten sich zersetzenden Säure in Prozenten an, wobei X variiert:

X	Prozente zersetzter Säure
$(CH_3)_2 \cdot C$	37·4
CH_3	39·2
$CH_3 \cdot CH_2$	42·5
H	42·9
$CH_3 \cdot CH_2 \cdot CH_2$	44·9
$CH_2 = CH - CH_2$	63·4
$C_6H_5 - CH_2$	69·8

Substituenten scheinen auch bei einigen Alkyljodiden die Abspaltung von Jodwasserstoffsäure zu erleichtern, wie folgende Zahlen zeigen[2]). Sie repräsentieren die maximale Reaktionsgeschwindigkeit zwischen alkoholischem Kali und dem Alkyljodid:

4·00	$J \cdot C(CH_3)_3$
2·32	$J \cdot CH{<}^{CH_3}_{C_2H_5}$
1·43	$J \cdot CH_2 - CH(CH_3)_2$
1·42	$J \cdot CH(CH_3)_2$
1·00	$J \cdot CH_2 - CH_2 - CH_3$
0·83	$J \cdot CH_2 - CH_3$
0·50	$J \cdot CH_2 - CH_2 - CH_2 - CH_3$

In keinem der beiden letzten Fälle kann man aus den angeführten Zahlen einen allgemeinen Schluß ziehen, höchstens in bezug auf den Einfluß spezieller Gruppen; sie dienen lediglich dazu, zu zeigen, daß bei Ersatz einer Gruppe durch eine andere eine Ände-

1) Hjelt, Ber. d. deutsch. chem. Ges. **27**, 1178 (1894).

2) Brussow, Journ. f. Russ. Phys. Chem. Soc. **32**, 7 (1900). Zeitschr. f. phys. Chem. **34**, 729 (1902).

rung in dem Charakter der Substanz eintritt, welche wahrscheinlich auf räumliche Verhältnisse zurückzuführen ist.

Einige andere Fälle mögen nun beschrieben werden, in denen Substituenten den Zerfall gewisser Substanzen erleichtern. Werden gewisse Phenoxyfettsäuren destilliert, so zerfallen sie im Sinne folgender Gleichung:

$$C_6H_5 - O - \underset{\displaystyle CH_3}{\overset{\displaystyle X}{\overset{|}{\underset{|}{C}}}} - COOH = C_6H_5 \cdot OH + CH_2 : CX - COOH$$

Wenn X ein Wasserstoffatom ist, so kann die Methylgruppe ersetzt werden durch das Äthyl- oder Isopropylradikal, ohne daß sich die Säure bei der Destillation zersetzt. Ist X dagegen eine Methylgruppe, so zerfallen alle drei Säuren im Sinne obiger Gleichung [1]).

Hoogewerff und van Dorp [2]) haben gefunden, daß Acetophenon nicht durch Schwefelsäure zersetzt werden kann, daß dagegen ortho-, mono- und disubstituierte Acetophenone auf diese Weise zersetzt werden. Muhr [3]) beobachtete einen ähnlichen Fall bei Derivaten von Karboxylsäuren. Er fand, daß Benzoylpropionsäure gegen Jodwasserstoff- und Chlorwasserstoffsäure beständig ist, daß dagegen ihre Di-ortho-dimethyl-derivate beim Erhitzen mit Jodwasserstoffsäure im Sinne folgender Gleichung zersetzt werden.

$$(CH_3)_2C_6H_3 \cdot CO - CH_2 - CH_2 - COOH + H_2O =$$

$$(CH_3)_2C_6H_3 \cdot H + HO \cdot CO \cdot CH_2 \cdot CH_2 \cdot CH_2 \cdot COOH$$

Klages und Lickroth [4]) studierten das Verhalten ihrer Ketonphosphorsäureester [5]) beim Erhitzen und fanden, daß Substituenten einen großen Einfluß auf die Stabilität der Verbindungen ausüben. Ihre Methode besteht darin, daß sie einfach das Keton mit Phosphorsäure kochen und die entsprechenden Hydrokarbon- und Fettsäuren darstellen, ohne erst den intermediären Ester in diesem Falle zu isolieren.

---

1) Bischoff, Ber. d. deutsch. chem. Ges. **33**, 928 (1900).

2) Hoogewerff und van Dorp, Proc. K. Akad. Wetensch. Amsterdam **1901**, 1073.

3) Muhr, Ber. d. deutsch. chem. Ges. **28**, 3215 (1895).

4) Klages und Lickroth, Ber. d. deutsch. chem. Ges. **32**, 1549 (1899).

5) Siehe früher, Seite 334.

$$R - CO - CH_3 + H_2O = R \cdot H + HO \cdot CO \cdot CH_3$$

[Strukturformeln (I)–(VIII): Benzolringe mit CO·R bzw. CO — R und verschieden gestellten Substituenten R′]

(I) $C_6H_5 \cdot CO \cdot R$

(II) R′ an einem Nachbarkohlenstoff von CO — R

(III) R′ gegenüber von CO — R

(IV) R′ an einem Nachbarkohlenstoff von CO — R

(V) R′ an beiden Nachbarkohlenstoffen von CO — R

(VI) je ein R′ an einem Nachbarkohlenstoff und gegenüber von CO — R

(VII) je ein R′ an einem Nachbarkohlenstoff und an einem weiter entfernten Ringkohlenstoff

(VIII) R′ an beiden Nachbarkohlenstoffen und gegenüber von CO — R

In der Verbindung vom Typus (I) repräsentiert R ein Methyl- Propyl- oder Butylradikal; in (II) bedeuten R und R′ Methylgruppen; in (III) ist R eine Propyl- und R′ eine Äthylgruppe.

Keine dieser Verbindungen wurde zersetzt. Die Typen (IV) und (VI) zerfielen innerhalb acht Stunden in einem Betrage von 20 bis 30%; (V) wurde in derselben Zeit vollkommen gespalten. Der Einfluß einer großen Zahl von Substituenten ist praktisch gleich Null und kein Unterschied wird beobachtet, wenn man an Stelle der Methylgruppe die Isopropylgruppe für R in (VII) einführt. Wenn in Verbindung (VIII) R durch Benzyl ersetzt ist und an Stelle der R′ keine Substituenten vorhanden sind, so tritt keine Zersetzung ein; werden dagegen drei Methylgruppen an Stelle der R′ eingeführt, so zersetzt sich die Substanz.

Menschutkin, Kriger und Ditrich[1]) studierten den Zerfall verschiedener organischer Salze des Dimethylamins beim Erhitzen auf 212°:

$$R \cdot CO \cdot ONH_2(CH_3)_2 = R \cdot CO \cdot N(CH_3)_2 + H_2O.$$

Die folgenden Zahlen geben die für den Zerfall gefundenen Werte bei einer Versuchsdauer von einer Stunde:

---

[1]) Menschutkin, Kriger und Ditrich, Journ. Russ. Phys. Chem. Soc. **35**, 103 (1903).

Säure	% Menge
Essigsäure	84·79
Propionsäure	81·59
n-Buttersäure	76·11
i-Buttersäure	48·57
Benzoesäure	23·26
o-Toluylsäure	19·42
m-Toluylsäure	26·44
p-Toluylsäure	24·89
Mesitylensäure	29·34
Phenylessigsäure	75·61
Phenylpropionsäure	71·44

Aus diesen und einigen früheren diesbezüglichen Untersuchungen[1]) kommt Menschutkin zu folgenden Schlußfolgerungen. Die Menge der entstehenden Amide ist größer bei normalen Fettsäuren. Eine Gabelung der Kette erniedrigt die Amidbildung mehr oder weniger, je nachdem die Gabelung näher oder entfernter von der Karboxylgruppe liegt. Bei aromatischen oder tertiären Fettsäuren ist die Amidbildung gering; Seitenketten in ortho-Stellung erniedrigen dieselbe ebenfalls, während solche in meta- und para-Stellung sie beschleunigen. Aromatische Säuren, in denen die Karboxylgruppe sich in der Seitenkette befindet, verhalten sich wie Fettsäuren; sie zeigen größere Reaktionsgeschwindigkeit bei normalen Ketten, aber erniedrigen dieselben bei verzweigten.

Crafts[2]) hat gefunden, daß die Stellung der Methylgruppen einen beträchtlichen Einfluß auf die Hydrolyse der Sulfonsäuren des Mesitylens und Pseudocumols ausübt:

CH_3, CH_3, CH_3, SO_3H (I)

CH_3 CH_3, CH_3, SO_3H (II)

Wenn die Verbindung (I) mit 38 % Salzsäure bei 81° C behandelt wird, so hydrolysiert sie sich in 15 Minuten unter Bildung von freier Schwefelsäure, während die Verbindung (II) bei gleicher Behandlung selbst nach fünf Stunden keine Zersetzung erleidet.

Sehr wenige Tatsachen sind bekannt, welche den Einfluß sterischer Verhältnisse bei der Polymerisation behandeln. Der Einfluß substituierender Methylgruppen zeigt sich bei der Polymerisation verschiedener Säuren der Akrylsäurereihe. Akryl- und α-Methylakrylsäure können polymerisiert werden, β-Methyl-akrylsäure dagegen nicht. Auwers[3]) hat im Verlaufe seiner kryoskopischen Unter-

[1]) Menschutkin, Journ. Russ. Phys. Chem. Soc. **26**, 61 (1894). Ber. d. deutsch. chem. Ges. **31**, 1423 (1898).

[2]) Crafts, Ber. d. deutsch. chem. Ges. **34**, 1360 (1901).

[3]) Auwers, Zeitschr. f. phys. Chem. **18**, 621 (1895); **21**, 337 (1896). Ber. d. deutsch. chem. Ges. **31**, 3039 (1898).

suchungen gezeigt, daß die Fähigkeit der Phenole, in Lösungen komplexe Moleküle zu bilden, durch Substitution in ortho-Stellung stark beeinflußt wird.

§ 9. Zusammenfassung.

In den vorangehenden Teilen dieses Kapitals wurde eine eingehende Übersicht der wichtigsten Untersuchungen auf dem Gebiete der sterischen Hinderung gegeben; nunmehr soll eine kurze Zusammenfassung der gewonnenen Resultate dieses Kapitel beschließen. Zur Erleichterung des Überblickes werden die einzelnen Abschnitte unter derselben Überschrift behandelt werden wie in dem experimentellen Teil.

Veresterung. Die Geschwindigkeit, mit welcher ein Ester gebildet wird, beruht auf verschiedenen Faktoren, hauptsächlich auf folgenden: 1. der Methode der Veresterung, 2. der Struktur der betreffenden Säure und 3. der Struktur des betreffenden Alkohols.

In bezug auf den ersten Faktor hat man gefunden, daß räumliche Verhältnisse keinen bemerkenswerten Einfluß auf die Ionenreaktion haben. Findet dagegen die Reaktion ohne Ionisation statt (wie im Falle der Veresterung mit Salzsäure und Alkohol), so üben räumliche Verhältnisse einen größeren Einfluß auf den Verlauf der Reaktion aus. In bezug auf Alkohole hat man gefunden, daß zum Beispiel bei Veresterung einer und derselben Säure mit drei isomeren Alkoholen (normalen, sekundären und tertiären) die unter gleichen Bedingungen gewonnenen Estermengen beträchtlich differieren; der normale Alkohol ergibt am meisten, der tertiäre am wenigsten Ester. Dies wird auf die bedeutendere Raumerfüllung um die Hydroxylgruppe in den Fällen des sekundären und tertiären Alkohols zurückgeführt. Die gleiche Erscheinung wird bei einer normalen und iso-Säure beobachtet, wenn sie mit demselben Alkohol esterifiziert werden; die iso-Säure ergibt unter gleichen Bedingungen weniger Ester als die normale Säure.

Bei ungesättigten stereoisomeren Säuren scheint die räumliche Stellung der Substituenten einen beträchtlichen Einfluß auf die Leichtigkeit der Veresterung auszuüben. Die folgenden Formeln geben die Verhältnisse wieder:

$$\begin{array}{c} Y-C-H \\ \| \\ X-C-COOH \end{array}$$

Wird leicht verestert.

$$\begin{array}{c} H-C-Y \\ \| \\ X-C-COOH \end{array}$$

Ist schwer zu verestern.

$$\begin{array}{c} Y-C-Z \\ \| \\ X-C-COOH \end{array}$$

Ist sehr schwer zu verestern.

$$\begin{array}{c} Y-C-Z \\ \| \\ H-C-COOH \end{array}$$

Läßt sich leicht verestern.

Gesättigte Säuren lassen sich viel leichter verestern, als die entsprechenden ungesättigten; z. B. läßt sich Buttersäure leichter verestern als Krotonsäure. Der Einfluß der Substituenten zeigt sich nicht nur bei den einbasischen Fettsäuren, sondern auch bei den mehrbasischen und auch bei jenen der alicyklischen Reihe. Wenn wir nun zu den aromatischen Säuren übergehen, so finden wir ganz ähnliche Erscheinungen. Benzoesäure läßt sich leicht verestern; dagegen die disubstituierten Benzoesäuren vom Typus:

$$C_6H_3X_2\cdot COOH \quad \text{(COOH, beiderseits X in Orthostellung)}$$

in denen X ein Alkylradikal, eine Nitrogruppe oder ein Halogenatom repräsentiert, sind schwer zu verestern. Es scheint, daß die Reaktion mehr durch die Form und das Gewicht der Radikale beeinflußt wird, als durch deren chemischen Charakter. Ähnliche Resultate hat man auch bei aromatischen zwei- und mehrbasischen Säuren erhalten.

Aus den nunmehr zur Verfügung stehenden Resultaten scheint hervorzugehen, daß die Veresterung mit Hilfe von Salzsäure und Alkohol in zwei Stadien verläuft:

$$\text{(I)}\quad R-C\begin{cases}=O\\-OH\end{cases} + C_2H_5\cdot OH = R-C\begin{cases}-O\cdot C_2H_5\\-OH\\-OH\end{cases}$$

$$\text{(II)}\quad R-C\begin{cases}-O\cdot C_2H_5\\-OH\\-OH\end{cases} = R-C\begin{cases}-O\cdot C_2H_5\\=O\end{cases} + H_2O$$

Die im ersten Stadium (I) gebildete Verbindung enthält die große Gruppe:

$$-C\begin{cases}-O\cdot C_2H_5\\-OH\\-OH\end{cases}$$

wenn nun die Substituenten in dem Radikal R genügend groß sind und so viel Raum einnehmen, daß sie den Eintritt eines Alkoholmoleküls verhindern, so wird sich das intermediäre Produkt nur schwer bilden und die Ausbeute an Ester wird daher gering sein.

Hydrolyse. Auch bei dieser Reaktion nimmt man die Bildung einer intermediären Verbindung an, welche bei der Hydrolyse eines Esters folgende sein würde:

$$\text{(I)}\quad R-C\begin{cases}=O\\-O\cdot C_2H_5\end{cases} + H_2O = R-C\begin{cases}-OH\\-O\cdot C_2H_5\\-OH\end{cases}$$

$$\text{(II)}\quad R-C\begin{matrix}\diagup OH\\ -O\cdot C_2H_5\\ \diagdown OH\end{matrix} = R-C\begin{matrix}\diagup OH\\ =O\end{matrix} + C_2H_5\cdot OH$$

Auch hier kommen dieselben Einflüsse zur Geltung wie bei der Veresterung; denn wir finden, daß der Ester einer einfachen Säure leichter hydrolysiert wird, als der einer substituierten Säure. Dies trifft sowohl in der aromatischen als auch aliphatischen Reihe zu.

Die Hydrolyse eines Nitrils geht ebenfalls in zwei Stadien vor sich:

$$\text{(I)}\quad R-C\equiv N + H_2O = R-\underset{\underset{O}{\|}}{C}-NH_2$$

$$\text{(II)}\quad R-\underset{\underset{O}{\|}}{C}-NH_2 + H_2O = R-\underset{\underset{O}{\|}}{C}-ONH_4$$

Substituenten in der Gruppe R werden somit auch in diesem Falle eine hindernde Wirkung ausüben; ebenso bei der Hydrolyse von Amiden zu Ammoniumsalzen (Stadium II).

Verkettungsreaktionen. Wenn zwei Substanzen miteinander reagieren, um eine kettenförmige Verbindung zu bilden, so hängt die Ausbeute an der letzteren sehr von der Struktur der ursprünglichen Verbindungen ab. Man hat allgemein gefunden, daß nur eine sehr geringe Ausbeute erhalten wird, wenn viele Substituenten in der 1,5- oder 1,6-Position zueinander liegen. Die nachfolgenden Formeln illustrieren die Verhältnisse graphisch:

I. Gute Ausbeuten:

$$\mathbf{R}\cdot CH_2\cdot CH_2\cdot CH_2\cdot X \quad X\cdot CH_2\cdot CH_2\cdot CH_2\cdot \mathbf{R} \xrightarrow{-2X}$$

$$\overset{1}{\mathbf{R}}\cdot \overset{2}{C}H_2\cdot \overset{3}{C}H_2\cdot \overset{4}{C}H_2\cdot \overset{5}{C}H_2\cdot \overset{6}{C}H_2\cdot CH_2\cdot \mathbf{R}$$

II. Gute Ausbeuten:

$$\mathbf{R}\cdot CH_2\cdot X \quad X\cdot CH_2\cdot \mathbf{R} \xrightarrow{-2X} \overset{1}{\mathbf{R}}-\overset{2}{C}H_2-\overset{3}{C}H_2-\overset{4}{\mathbf{R}}$$

III. Schlechte Ausbeuten:

$$\mathbf{R}\cdot CH_2\cdot CH_2\cdot X \quad X\cdot CH_2\cdot CH_2\cdot \mathbf{R} \xrightarrow{-2X}$$

$$\overset{1}{\mathbf{R}}\cdot \overset{2}{C}H_2\cdot \overset{3}{C}H_2\cdot \overset{4}{C}H_2\cdot \overset{5}{C}H_2\cdot \overset{6}{\mathbf{R}}$$

Wie wir bereits im Abschnitt I dieses Kapitels erwähnt haben, wird demnach eine Reaktion, welche zwei Reihen von Produkten bilden kann, jene Substanz erzeugen, in der die wenigsten Atome in 1,5- oder 1,6-Stellung zueinander liegen.

Intramolekulare Änderung. Wenn eine Verbindung einer intramolekularen Umlagerung in zwei verschiedene Produkte fähig ist, so wird jene Verbindung in größerer Quantität gebildet werden, „*in der die Substituenten am gleichmäßigsten im Molekül angeordnet sind, also den weitesten Spielraum für ihre intramolekularen Bewegungen haben*".

Z. B. kann die Verbindung (I) theoretisch sowohl (II) wie (III) liefern. In der Praxis wird aber immer (II) gebildet, wahrscheinlich infolge der gleichmäßigen Raumverteilung der Substituenten, welche in dieser Anordnung (II) freiere Bewegungen haben als in (III).

(I)

R′ — C_6H_3 (R) —NH—NH— C_6H_5

(II)

R′ — C_6H_3 (R) —NH— C_6H_4 — NH_2

(III)

R′, R — C_6H_2 (NN_2) —NH— C_6H_5

Anlagerungsreaktionen. Die Leichtigkeit, mit welcher neue Atome in ein Molekül eingeführt werden können, hängt bis zu einem gewissen Grade von dem innerhalb des Moleküls verfügbaren Raume ab. Bei Ersatz kleinerer Atomgruppen durch größere Radikale kann die Reaktion eventuell verhindert werden. Dabei muß aber bemerkt werden, daß in einigen Fällen eine Verbindung (sagen wir X Y Z) nur mit großer Schwierigkeit aus zwei seiner Bestandteile (sagen wir X und Y Z) gebildet wird, während die Bildung dieser Substanz leicht erfolgt, wenn zwei andere (z. B. Y und Z X) benutzt werden.

Substitution. Da wahrscheinlich die meisten Substitutionsreaktionen in zwei Stadien verlaufen, wobei zunächst die Bildung von Additionsprodukten erfolgt, so ist zu erwarten, daß räumliche Einflüsse die Substitutionsreaktionen ebenso beeinflussen wie die Additionsreaktionen.

Derartige Erscheinungen sind bei vielen Reaktionen beobachtet worden, z. B. bei der Acetylierung, Oximierung, Anilidbildung und bei der Einwirkung von Ammoniak auf Ester.

Zersetzung. Oft findet man, daß die Homologen einer leicht zersetzbaren Substanz noch leichter zerfallen wie die Muttersubstanz. Der Grund dafür scheint in räumlichen Verhältnissen zu liegen. Wir können annehmen, daß in der Muttersubstanz die Atome eng zusammengedrängt sind und nicht genügend Raum zu freier Bewegung besitzen. Wenn der freie Raum durch weitere Einführung von Atomen noch mehr verringert wird, die Atome noch enger zusammengedrängt werden, so wird das Bestreben nach freierer Beweguug stärker werden, eine Zersetzung also noch leichter erfolgen.

II. Beziehungen zwischen Raumformel und chemischen Eigenschaften.

Wenn wir die Frage über die Stabilität zyklischer Verbindungen erörtern, so können wir uns diesem Problem von zwei Seiten aus nähern: Denn die Stabilität einer ringförmigen Verbindung kann abgeleitet werden, einmal aus der Leichtigkeit, mit der sich der Ring öffnet, oder andererseits aus der Schwierigkeit, die man findet, wenn eine offene Kette zu einem Ringe geschlossen wird.

Im letzteren Falle sind drei sehr wesentliche Punkte zu beachten. Sie sind: 1. die Anzahl der Atome in der offenen Kette, 2. die räumliche Lage der Atome, welche sich direkt bei der Ringschließung beteiligen, und 3. die Natur der Atome, welche an jene Kettenglieder gebunden sind, die sich nicht bei der Ringbildung direkt beteiligen.

In bezug auf den ersten Punkt scheint aus den bisher erhaltenen Resultaten hervorzugehen, daß Ketten, die aus fünf oder sechs Kohlenstoffatomen bestehen, leichter zur Ringbildung neigen, als solche mit größerer oder geringerer Anzahl. Beispiele, welche den zweiten Punkt betreffen, sind bereits auf den vorangehenden Seiten beschrieben worden: z. B. die Bildung des Maleinsäureanhydrids aus Maleinsäure erfolgt leichter, als bei Fumarsäure, da die Hydroxylgruppen in der Maleinsäure räumlich näher stehen als in der Fumarsäure. Beispiele, welche den dritten Punkt behandeln, werden im dritten Kapitel dieses Teiles behandelt werden.

§ 1. Baeyers Spannungstheorie.

Die Ringschließung offener Kohlenstoffketten scheint gegenwärtig das weitaus sicherste Mittel zur Bestimmung der räumlichen Lage und der gegenseitigen Beziehungen der Kohlenstoffatome zu sein; denn man muß annehmen, daß zwei Kohlenstoffatome leichter verbunden werden können, wenn sie schon an sich räumlich nahe liegen und daß größere Schwierigkeiten eintreten werden, wenn dieselben erst in eine solche Lage gebracht werden müssen, damit Ringbildung eintreten kann. Von diesem Gesichtspunkt ausgehend leitete v. Baeyer[1]) seine Spannungstheorie ab, welche folgendermaßen formuliert werden kann:

„Die vier Valenzen eines Kohlenstoffatoms wirken in der Richtung der Verbindungslinien eines Tetraederzentrums mit seinen Ecken, d. h. also unter einem

[1]) v. Baeyer, Ber. d. deutsch. chem. Ges. **18** 2277 (1885).

Winkel von $109^0 28'$ aufeinander. Die Richtung der Anziehung kann eine Ablenkung erfahren, die jedoch eine mit der Größe der letzteren wachsende Spannung zur Folge hat.“

Die Anwendung dieser Idee auf die verschiedenen Ringverbindungen ist einfach. Nehmen wir den Fall des Trimethylens, so ist zunächst anzunehmen, daß die drei Kohlenstoffe in bezug aufeinander symmetrisch angeordnet sind, d. h. sie liegen in den Ecken eines gleichseitigen Dreiecks.

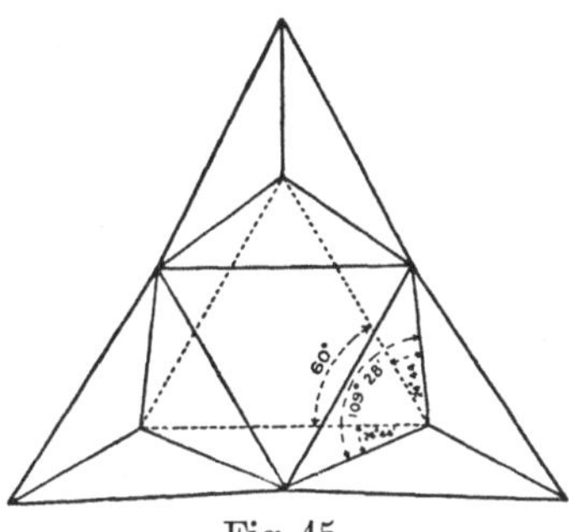

Fig 45.

Die verbindenden Valenzen müssen daher zueinander unter einem Winkel von 60^0 geneigt sein. Normalerweise kommen dieselben aber unter einen Winkel von $109^0 28'$ zur Wirkung, wenn sie von dem Mittelpunkt eines regelmäßigen Tetraeders nach den Ecken desselben gerichtet sind. Somit muß jede derselben um einen Winkel von $\frac{1}{2}(109^0 28' - 60^0) = 24^0 44'$ von der ursprünglichen Lage abgelenkt worden sein.

Die folgende allgemeine Formel gibt die Ablenkung für Ringverbindungen, welche eine beliebige Anzahl von Kohlenstoffatomen enthalten können:

$$\frac{1}{2}\left[109^0 28' - \frac{2(n-2)}{n} \cdot 90^0\right]$$

und in der n die Anzahl der ringbildenden Atome bedeutet.

Die folgende Tabelle gibt den Ablenkungswinkel für die bisher experimentell gefundenen zyklischen Polymethylene an, wobei das Äthylen als ein zweigliedriges Ringsystem aufgefaßt wird:

	Ablenkungswinkel
[Äthylen]	$54^0 44'$
Trimethylen	$24^0 44'$
Tetramethylen . . .	$9^0 44'$
Pentamethylen . . .	$0^0 44'$
Hexamethylen . . .	$-5^0 16'$
Heptamethylen . . .	$-9^0 33'$
Oktomethylen	$-12^0 51'$
Nonamethylen	$-15^0 16'$

Die Theorie setzt dabei voraus, daß alle ringbildenden Kohlenstoffatome in derselben Ebene liegen, denn nur unter dieser Annahme kann die Ablenkung auf diese Weise bestimmt werden. Die aus obigen Zahlen abzuleitenden Folgerungen sind leicht zu erkennen. Falls sie richtig sind, so muß das Pentamethylen der beständigste unter allen gesättigten Ringen sein, während Tetramethylen und Heptamethylen ungefähr die gleiche Beständigkeit zeigen müßten.

Einen Beweis für die allgemeine Richtigkeit der Resultate findet man in den Verbrennungswärmen einiger Polymethylene. Z. B. die folgenden Zahlen[1]) bedeuten die Energiemengen, welche notwendig sind, um die entsprechenden Ringe unter gleichzeitiger Anlagerung von zwei Wasserstoffatomen aufzuspalten:

Trimethylen	38·1 Cal.
Tetramethylen	42·6 Cal.
Pentamethylen	16·1 Cal.
Hexamethylen	13·9 zu 14·8 Cal.

Traube[2]) kommt auf Grund seiner Betrachtungen über die Atomvolumina zyklischer Verbindungen gleichfalls zu dem Schluß, daß die Spannungstheorie richtig ist.

Nun sind aber verschiedene Fälle bekannt, in denen Reaktionen nicht den Verlauf nehmen, den man erwarten müßte, falls die v. Baeyersche Idee den wirklichen Zustand der Dinge in den Molekülen richtig darstellen würde. Perkin jun.[3]) sagt in bezug auf diese Verhältnisse bei zyklischen Polymethylenverbindungen, „daß die Spannungstheorie genauer ist und der Wahrheit näher kommt bei Verbindungen mit positiven Spannungswinkeln, so beim Tri-, Tetra- und Pentamethylen als beim Hexa-, Hepta- und Oktomethylen, welche negative Spannungswinkel haben“.

Weitere Schwierigkeiten finden sich in bezug auf die relative Beständigkeit der Penta- und Hexamethylenderivate insofern, als diese Verbindungen gegenseitig ineinander verwandelt werden können, was in späteren Beispielen noch eingehender gezeigt werden wird.

Ferner sind Fälle bekannt, in denen Trimethylenverbindungen gebildet werden durch Reaktionen, welche eigentlich Hexamethylenderivate liefern sollten. So erwartete Perkin jun.[4]) durch Einwirkung von Dibrompropan-tetrakarbonsäureester auf das Dinatriumsalz des Propantetrakarbonsäureesters zu einem Hexamethylen-oktokarbonsäureester zu gelangen (I), während in der Tat Trimethylentetrakarbonsäureester gebildet wurde (II):

$$\text{(I)}\quad \begin{array}{c} (C_2H_5OOC)_2\cdot C - CH_2 - C\cdot(COOC_2H_5)_2 \\ \qquad\qquad\quad | \qquad\qquad\quad | \\ (C_2H_5OOC)_2\cdot C - CH_2 - C\cdot(COOC_2H_5)_2 \end{array}$$

---

1) Stohmann und Kleber, Journ. f. prakt. Chem. (**2**), **45**, 475 (1892). Vergl. Meyer und Jacobson, Lehrbuch der organischen Chem. II, **1**, 7.

2) Traube, Über den Raum der Atome, Sammlg. chem. u. chem.-techn. Vorträge IV. Ahrens.

3) Perkin junior, Ber. d. deutsch. chem. Ges. **35**, 2105 (1902).

4) Perkin junior, Trans. **87**, 358 (1905).

$$\text{(II)}\qquad \overset{\displaystyle CH_2}{(C_2H_5OOC)_2C - C(COOC_2H_5)_2}.$$

§ 2. Die relative Beständigkeit gesättigter zyklischer Verbindungen.

Trimethylen. Dasselbe ist am unbeständigsten von allen Polymethylenen. Der Ring kann schon durch Einwirkung von Salzsäure, Bromwasserstoff, Jodwasserstoff oder Schwefelsäure gesprengt werden [1]).

Er wird von Permanganat nicht angegriffen und unterscheidet sich dadurch vom Propylen [2]). Brom wirkt nur sehr langsam ein [3]), so daß die einzelnen Kohlenstoffatome dieser zyklischen Verbindung nicht so ungesättigt erscheinen wie jene der isomeren Olefine; zu einer anderen Folgerung gelangt man aus den Arbeiten von Berthelot [4]), welche die Bildungswärmen von Trimethylen- und Propylenderivaten behandeln:

	Bildungswärme	Bromanlagerung	Anlagerung von H_2SO_4
Trimethylen	— 17·1 Cal.	+ 38·5 Cal.	+ 25·5 Cal.
Propylen	— 9·4 Cal.	+ 29·1 Cal.	+ 16·7 Cal.

Die Differenzen in der Tabelle deuten darauf hin, daß das Trimethylen als solches einen um ca. 8 Cal. größeren Energieinhalt besitzt wie Propylen.

Tetramethylen. Von den zyklischen Polymethylenverbindungen, welche einen Ring von vier Kohlenstoffatomen als Ringglieder besitzen, konnte bis in die neueste Zeit die Grundsubstanz, das Tetramethylen, nicht frei dargestellt werden. Es schien nicht beständig zu sein; doch stand diese Instabilität des Vierringes wohl nur in geringer Beziehung zu der in diesem Ringe herrschenden Spannung, da ja viele Derivate des Tetramethylens, so als einfachstes das Methylderivat, lange bekannt waren. Andererseits waren die Schwierigkeiten bei den Versuchen, das reine Zyklobutan darzustellen, doch in dem durch den noch großen Spannungswinkel bedingten leichten Zerfall des Vierringes begründet. Das Tetramethylen war nämlich bei der hohen Temperatur, bei der bis in die letzte Zeit die Versuche zu seiner Darstellung vorgenommen wurden, unbeständig. Erst in jüngster Zeit haben Willstätter und Bruce [5]), die diese Ursache erkannten, ihre Untersuchungen bei weit niedriger Temperatur angestellt und das Zyklobutan rein erhalten. Sie gingen von dem schon bekannten Zyklobuten aus,

---

1) Freund, Monatsh. **3**, 626 (1882).
2) Freund, Monatsh. **3**, 626 (1882).
3) Wagner, Ber. d. deutsch. chem. Ges. **21**, 1236 (1888).
4) Berthelot, Compt. rend. de l'Acad. d. Sciences **129**, 483 (1899).
5) Willstätter und Bruce, Ber. d. deutsch. chem. Ges. **40**, 3979 (1907).

$$\begin{array}{ll} CH_2 - & CH \\ | & \| \\ CH_2 - & CH \end{array}$$

das nach den Angaben von Willstätter und Schmädel[1]) aus Aminozyklobutan bei der Destillation des quaternären Ammoniumhydroxyds entsteht. Während man vermittelst der Reduktionsmethode von Sabatier und Senderens mit Nickel, welche bei 180—200° ausgeführt wird, aus Zyklobuten das Butan erhält, entstand nach der gleichen Methode bei niedrigerer Temperatur von 100° reines Zyklobutan. Auf diese Weise haben Willstätter und Bruce das reine Tetramethylen gewonnen.

Die Stabilität dieses Ringes ist größer als jene des Trimethylenringes.

Ein deutlicher Unterschied in den Stabilitätsverhältnissen der beiden Ringe zeigt sich in dem verschiedenen Verhalten der entsprechenden Acetylderivate[2]):

$$\begin{array}{l} CH_2 \diagdown \\ | \qquad \rangle CH \cdot CO \cdot CH_3 \quad \text{und} \\ CH_2 \diagup \end{array}$$

$$\begin{array}{ll} CH_2 - & CH_2 \\ | & | \\ CH_2 - & CH \cdot CO \cdot CH_3 \end{array}$$

Aus der ersten Verbindung entsteht bei Einwirkung von naszierendem Wasserstoff unter Sprengung des Ringes eine offene Verbindung, der sekundäre Amylalkohol:

$$CH_3 \cdot CH_2 \cdot CH_2 - CH \cdot OH - CH_3,$$

aus dem Tetramethylenderivat dagegen unter Erhaltung des Ringes der dazu gehörige sekundäre Alkohol:

$$\begin{array}{ll} CH_2 - & CH_2 \\ | & | \\ CH_2 - & CH - CH \cdot OH \cdot CH_3 \end{array}$$

Bei gewöhnlicher Temperatur ist der Vierring gegen Brom, Jod, Bromwasserstoffsäure beständig. Tetramethylenmonokarbonsäure ist verhältnismäßig ziemlich beständig gegen Bromwasserstoffsäure unter Bedingungen, welche Trimethylen-mono-karbonsäure in γ-Brombuttersäure verwandeln.

Tetramethylen-derivate können auch hin und wieder durch geeignete Reagenzien in Verbindungen der Pentamethylenreihe verwandelt werden. Z. B. hat Demjanow[3]) gezeigt, daß bei Einwirkung von salpetriger Säure auf Zyklobutyl-methylamin neben dem

---

1) Willstätter und Schmädel, Ber. d. d. chem. Ges. **38**, 1892 (1905).
2) Perkin jun. und Sinclair, Trans. **61**, 37 (1892).
3) Demjanow, Journ. Russ. Phys. Chem. Soc. **35**, 26 (1903).

normalen Reaktionsprodukt eine geringe Menge eines Pentamethylenderivates entsteht:

```
CH2 — CH · CH2 · NH2                   CH2 — CH2
|      |                               |         >CH · OH
CH2 — CH2            ——————>           CH2 — CH2
```

Pentamethylen. Die Muttersubstanz wird selbst beim Kochen mit Jodwasserstoffsäure nicht angegriffen; die Monokarbonsäure bleibt nach langem Kochen mit Bromwasserstoffsäure unverändert[1]) und man kann im allgemeinen sagen, daß der Pentamethylentypus von allen Zykloparaffinen der beständigste ist. Andererseits gibt es gewisse Reaktionen, die später behandelt werden, aus denen hervorzugehen scheint, daß der Hexamethylen- und der Pentamethylentypus nahezu gleich stabil sind.

Hexamethylen. Wenn Kamphersäureanhydrid mit Aluminiumchlorid behandelt wird, so entsteht Hexa-hydro-xylylsäure[2]). Diese Reaktion bietet somit ein Beispiel für die Umwandlung fünfgliedriger in sechsgliedrige Ringe:

```
CH3 COOH                    CH3 CH3
  \ /                         \ /
   C                           C
  / \                         / \
CH2   \   CH3               CH2 CH2
|      C<                   |    |
CH2   /   CH3               CH2 CH — CH3
  \ /                         \ /
   CH                          C
   |                          / \
  COOH                       H   COOH
```

Meister[3]) fand ein ähnliches Beispiel in einer bizyklischen Verbindung, denn wenn das Pinakon (I) mit verdünnter Schwefelsäure behandelt wird, so verwandelt es sich in das Pinakolin (II):

```
CH2 — CH2    OH       CH2 — CH2
|         \  /         /        |
|          >C ——— C<            |
|         /       / \           |
CH2 — CH2       OH   CH2 — CH2
                (I)

CH2 — CH2  CH2 — CH2
|        \ /        \
|         C<         >CH2
|        /  \       /
CH2 — CH2   CO — CH2
               (II)
```

1) Perkin jun., Ber. d. deutsch. chem. Ges. **35**, 2105 (1902).
2) Perkin und Yates, Trans. **79**, 1373 (1900).
3) Meister, Ber. d. deutsch. chem. Ges. **32**, 2054 (1899).

Andererseits haben Zelinsky[1]) und Aschan[2]) gezeigt, daß einige Hexamethylenverbindungen in Pentamethylenderivate umgelagert werden können.

So ergibt Hexa-hydro-jodphenol beim Erhitzen mit Jodwasserstoffsäure auf 230° C Methyl-pentamethylen und 1-Methyl-3-oxy-hexahydrobenzol bei gleicher Behandlung, Dimethyl-pentamethylen.

Diese Erscheinungen stehen in sichtbarem Widerspruch mit v. Baeyers Spannungstheorie; derselbe schwindet aber, wenn man einen gewissen Vorbehalt in bezug auf die Raumformel des Hexamethylens macht.

Wenn wir annehmen, daß die Kohlenstoffatome im Hexamethylen in zwei Ebenen liegen, so erscheint es möglich, zwei Formeln[3]) zu konstruieren, in denen keine beträchtliche Spannung existiert:

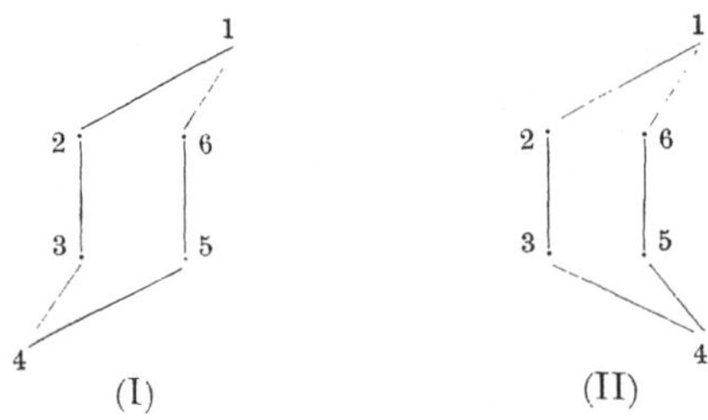

(I) (II)

Die Stellung der Kohlenstoffatome kann man aus folgenden Photographien ersehen[4]). Im ersten Falle (Fig. 46) liegen die Kohlenstoffatome 1, 3, 5 in derselben und 2, 4, 6 in einer dazu parallelen Ebene. In der zweiten Formel (Fig. 47) liegen die Atome 2, 3, 5 und 6 in einer Ebene, während die Verbindungslinie von 1 und 4 parallel zu dieser Ebene liegt.

Wenngleich uns diese Formeln von gewissen Schwierigkeiten befreien, rufen sie andererseits nicht weniger bedeutende hervor. Im Falle der ersten Formel müßten zwei isomere Monosubstitutionsprodukte existieren, da in derselben zwei verschiedene Reihen von Wasserstoffatomen vorkommen; ferner sollten alle o-Disubstitutionsprodukte in optisch aktiven Formen existieren. Dies scheint aber nicht der Fall zu sein, da die von Werner und Conrad[5]) durchgeführten Versuche zur Spaltung der cis-Hexahydrophtalsäure zu keinem positiven Ergebnis führten. Demnach scheint die ebene Formel des Hexamethylens den Tatsachen noch besser zu entsprechen als die Formel von Sachse.

---

1) Zelinsky, Ber. d. deutsch. chem. Ges. **29**, 731 (1896); **30**, 1537 (1897).

2) Aschan, Liebigs Annal. d. Chem. u. Pharm. **324**, 8 (1903).

3) Sachse, Ber. d. deutsch. chem. Ges. **23**, 1363 (1890). Zeitschr. f. physik. Chem. **10**, 203 (1892).

4) Angaben zur Verfertigung des Sachseschen Modells sind in Anhang B gegeben.

5) Werner und Conrad, Ber. d. deutsch. chem. Ges. **32**, 3046 (1899).

Im zweiten Falle würden die cis-Formen der Disubstitutionsprodukte eine Molekular-asymmetrie ergeben müssen, ähnlich der des

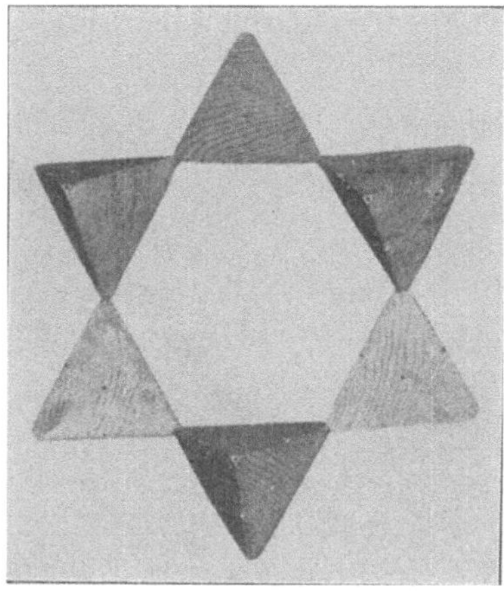

Fig. 46.

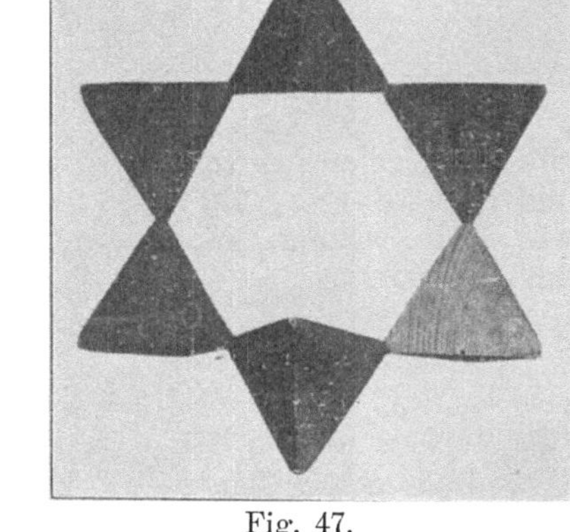

Fig. 47.

Inosits. Es scheint somit, daß keines der beiden von Sachse gegebenen Modelle (Fig. 46 u. 47) durch die Tatsachen gerechtfertigt wird. Die zwei Formeln können aber als Phasen innerhalb der Vibrationen des Hexamethylensystems betrachtet werden, und diese Annahme befreit uns von allen Schwierigkeiten, welche entstehen, sobald jede Formel als ein starres Objekt aufgefaßt wird.

Heptamethylen. Ebenso wie der Hexamethylenring in den Pentamethylenring verwandelt werden kann, so kann Heptamethylen durch Erwärmen mit Jodwasserstoff in einen sechsgliedrigen Ring, das Methylhexamethylen[1]), übergeführt werden. Ein Beispiel für die Umwandlung einer Heptamethylen- in eine Hexamethylenverbindung wurde von Demjanow[2]) gegeben, welcher feststellte, daß bei Einwirkung von Silbernitrit auf Zyklohexyl-methylaminchlorhydrat Suberylalkohol gebildet wird:

$$\begin{array}{l} CH_2 - CH_2 - CH_2 \\ | \qquad\qquad\quad\ | \\ CH_2 - CH_2 - CH - CH_2 \cdot NH_2 \end{array} \longrightarrow \begin{array}{l} CH_2 - CH_2 - CH_2 \\ | \\ CH_2 - CH_2 - CH_2 \end{array} \!\!\!> CH \cdot OH$$

Karbozyklische Systeme mit noch höherer Gliedzahl darzustellen, ist in der neuesten Zeit gelungen. So wurde von Willstätter und Veraguth[3]) das Zyklooktan, von Zelinsky[4]) sogar das Zyklononan gewonnen.

1) Markownikoff, Journ. Russ. Phys. Chem. Soc. **25**, 547 (1893).
2) Demjanow, ibid. **36**, 166 (1904).
3) Willstätter und Veraguth, Ber. d. deutsch. chem. Ges. **40**, 957 (1907).
4) Zelinsky, Ber. d. deutsch. chem. Ges. **40**, 3277 (1907).

Oktomethylen. Zu einigen Derivaten des Zyklooktans gelangten Willstätter und Veraguth[1]) beim Abbau des Granatbaumalkaloids Pseudopelletierin, unter denen besonders das Zyklo-oktadien Interesse erregte. Aus diesem ungesättigten achtgliedrigen Ring, dem wahrscheinlich die Formel

$$\begin{array}{l} CH = CH - CH = CH \\ | \qquad\qquad\qquad\quad | \\ CH_2 - CH_2 - CH_2 - CH_2 \end{array}$$

zukommt, gelang es vermittelst der Reduktionsmethode von Sabatier und Senderens, die schon bei der Darstellung des Tetramethylens, wie oben erwähnt, zu so gutem Resultate geführt hatte, auch hier das Zyklooktan:

$$\begin{array}{l} CH_2 - CH_2 - CH_2 - CH_2 \\ | \qquad\qquad\qquad\quad | \\ CH_2 - CH_2 - CH_2 - CH_2 \end{array}$$

rein darzustellen.

Daß in der Tat dieser Verbindung ein Ring mit acht Kohlenstoffatomen als Ringglieder zukommt, beweist die Tatsache, daß durch Oxydation mit Salpetersäure Korksäure gebildet wird.

Über die Stabilitätsverhältnisse dieses Ringsystems kann noch nichts Genaueres gesagt werden, doch behauptet Willstätter, daß die Beständigkeit desselben eine nicht geringe sei.

Wenn sich dadurch schon hier ein gewisser Gegensatz zur Spannungstheorie zeigt, so ist das in erhöhtem Maße bei dem von Zelinsky erhaltenen Zyklononan der Fall.

Nonamethylen. Zelinsky[2]) erhielt durch trockene Destillation von Sebazinsäure $COOH - (CH_2)_8 \cdot COOH$ das Zyklononanon, aus dem er durch Reduktion mit Natrium das Zyklononan darstellte. Die Schwierigkeiten bei der Ausführung der Synthese gestatteten nicht, den Körper in größeren Mengen darzustellen und genauere Untersuchungen anzustellen. Jedenfalls war das Ringsystem gegen Permanganat beständig und konnte durch Brom nicht aufgespalten werden, es zeigte also eine ziemlich große Stabilität.

Die weiteren genaueren Untersuchungen über die Stabilitätsverhältnisse dieser höheren karbozyklischen Verbindungen dürften jedenfalls in bezug auf die Spannungstheorie von hohem Interesse sein.

§ 3. Einfluß der räumlichen Stellung der Atome auf die Fähigkeit zum Ringschluß.

1. In karbozyklischen Verbindungen. Auf Grund seiner Vorstellung über die tetraedrische Form der Kohlenstoffatome folgerte van't Hoff, daß die Entfernung zwischen zwei endständigen Atomen in einer kettenförmigen Verbindung nicht unbegrenzt durch Addition neuer Atome wachsen wird. Die Atome werden in einer offenen

---

1) Willstätter und Veraguth, Ber. d. deutsch. chem. Ges. **40**, 957 (1907).
2) Zelinsky, Ber. d. deutsch. chem. Ges. **40**, 3277 (1907).

Kette nicht in einer geraden Linie angeordnet sein. Die Kette wird sich kurvenartig reihen und ihre Enden werden näher und näher aneinander kommen bis fünf Atome in der Kette vorhanden sind, und die weitgehendste Annäherung erfolgt ist.

Fig. 48 illustriert diese Vorstellung.

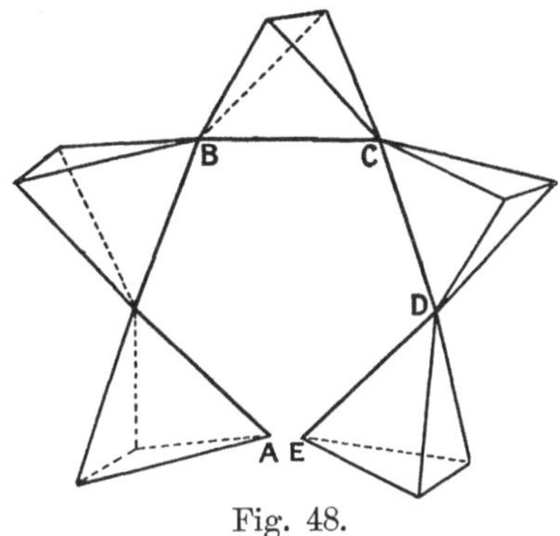

Fig. 48.

Van't Hoff hat festgestellt, daß die Distanzen A B, A C, A D und A E zueinander in einem Verhältnis stehen wie 1 : 1·02 : 0·67 : 0·07, so daß nach dieser Theorie die Valenzzentren der Endatome einer fünfgliedrigen Kette näher beisammen liegen, als in irgend einer Kette von weniger als fünf Atomen. Ein fünfgliedriger Ring würde demnach beständiger sein, als irgend einer mit einer größeren oder geringeren Anzahl von ringbildenden Atomen.

Fast alle diesbezüglichen Untersuchungen haben die Richtigkeit dieser theoretischen Folgerung ergeben. Es erscheint deshalb kaum notwendig, einzelne der gewonnenen Resultate hier anzuführen, um so weniger, als eine ausführliche Übersicht über diesen Punkt in Kapitel IV gegeben wird.

Es sind aber einige wenige Fälle bekannt, in denen die Reaktion nicht den von der Theorie geforderten Verlauf nimmt. Ein oder zwei Beispiele dieser Art mögen beschrieben werden:

1. Trimethylenbromid reagiert mit Zink unter Bildung von Trimethylen und liefert nicht, wie man erwarten sollte, Hexamethylen[1]).

2. Acetyl-propyl-bromid gibt beim Behandeln mit festem Kali kein Hexamethylenderivat, sondern Acetyltrimethylen[2]).

3. α-Brom-glutarester gibt beim Behandeln mit Kali oder Chinolin Trimethylen-dikarbonsäureester[3]):

---

1) Gustavsohn, Journ. f. prakt. Chem. (**2**), **59**, 302 (1899).

2) Lipp, Ber. d. deutsch. chem. Ges. **22**, 1207 (1889). Idzowska und Wagner, Journ. Russ. Phys. Chem. Soc. **30**, 259 (1898).

3) Bowtell und Perkin jun. Proc. **15**, 241 (1899).

$$\mathrm{CH_2}\begin{cases}\mathrm{CH_2 - COOC_2H_5} \\ \mathrm{CHBr - COOC_2H_5}\end{cases} = \mathrm{HBr} + \mathrm{CH_2}\begin{cases}\mathrm{CH - COOC_2H_5} \\ | \\ \mathrm{CH - COOC_2H_5}\end{cases}$$

4. Die Karbonsäure wird in gleicher Weise gebildet, wenn Dimethyl-bromglutarsäureester mit alkoholischem Kali behandelt wird[1]).

2. In heterozyklischen Verbindungen. Für diese Verbindungen, welche neben Kohlenstoffatomen noch andere Atome im Ringe enthalten, war die Spannungstheorie ursprünglich nicht bestimmt; nichtsdestoweniger hat man in vielen Fällen Resultate erhalten, welche zu denselben Folgerungen wie bei den karbozyklischen Verbindungen führten. Z. B. Diacetylaceton, eine Substanz mit offener Kette, verliert schon beim Stehen bei gewöhnlicher Temperatur 1 Molekül H_2O und verwandelt sich in die stabilere Ringverbindung, das Dimethylpyron:

$$\mathrm{CH_3 \cdot CO \cdot CH_2 \cdot CO \cdot CH_2 \cdot CO \cdot CH_3} \rightarrow \mathrm{CO}\begin{cases}\mathrm{CH : C - CH_3} \\ \mathrm{CH : C - CH_3}\end{cases}\!\!\!\!>\mathrm{O} + \mathrm{H_2O}$$

Dies ist wahrscheinlich auf die räumliche Nähe der beiden an das Brücken-Sauerstoffatom gebundenen Kohlenstoffatome zurückzuführen.

Miolati[2]) hat gezeigt, daß die Geschwindigkeit, mit welcher der Ring des Glutarimids geöffnet wird, ca. hundertmal größer ist als jene, mit welcher Succinimid gespalten wird, so daß der aus einem Stickstoff- und vier Kohlenstoffatomen bestehende Ring viel beständiger ist als jener, welcher ein Stickstoff- und fünf Kohlenstoffatome enthält.

R. Meyer[3]) berichtet, daß von folgenden drei Verbindungen beim Erhitzen mit konzentrierter Salzsäure nur die erste beständig bleibt.

$$\mathrm{C_6H_4}\begin{cases}\mathrm{NH} \\ \mathrm{NH}\end{cases}\!\!>\mathrm{CO} \qquad \mathrm{C_6H_4}\begin{cases}\mathrm{NH} \\ \mathrm{NH}\end{cases}\!\!>\mathrm{CO} \qquad \mathrm{C_6H_4}\begin{cases}\mathrm{NH} \\ \mathrm{NH}\end{cases}\!\!>\mathrm{CO}$$

Eine Oxysäure, welche sowohl eine Hydroxyl- als auch Karboxylgruppe enthält, kann durch Abspaltung von Wasser in ein Lakton verwandelt werden.

---

[1]) Perkin jun. und Thorpe, Trans. **75**, 50 (1890).

[2]) Miolati, Atti R. Accad. Lincei, **3**, 515 (1894).

[3]) R. Meyer, Naturwissenschaftliche Rundschau, **16**, 477, 494 (1901).

Hjelt[1]) war der erste, welcher die Ansicht aussprach, daß die Raumanordnung der Atome die Ursache sei, daß gewisse Laktone sich viel leichter bilden als andere.

Wislicenus erörterte nachher diese Verhältnisse vom theoretischen Standpunkt aus sehr eingehend in seiner Abhandlung über „Die räumliche Anordnung der Atome".

Die bisher gewonnenen Resultate können folgendermaßen zusammengefaßt werden:

α-Oxykarbonsäuren bilden keine Laktone durch intramolekulare Abspaltung von Wasser, sondern reagieren bimolekular:

$$\begin{array}{l} CH_3 - CH - OH \\ \qquad\quad | \\ \qquad\ CO - OH \end{array} \quad \text{gibt nicht} \quad \begin{array}{l} CH_3 - CH\diagdown \\ \qquad\quad |\qquad >O \\ \qquad\ CO\diagup \end{array}$$

sondern zwei Moleküle geben:

$$\begin{array}{l} CH_3 - CH - O - CO \\ \qquad\quad |\qquad\qquad | \\ \qquad\ CO - O - CH - CH_3 \end{array}$$

β-Oxy-karbonsäuren bilden gewöhnlich ungesättigte Säuren und kondensieren sich nicht zu zyklischen Verbindungen.

γ-Oxy-karbonsäuren bilden Laktone viel leichter als alle anderen Klassen; sie verlieren oft freiwillig 1 Molekül Wasser:

$$\begin{array}{l} CH_2 - CH_2 - OH \\ | \\ CH_2 - CO - OH \end{array} = \begin{array}{l} CH_2 - CH_2\diagdown \\ | \qquad\qquad\ >O \\ CH_2 - CO\diagup \end{array} + H_2O$$

δ-Oxy-karbonsäuren formen ebenfalls leicht Laktone, wenn auch nicht mit derselben Leichtigkeit wie die γ-Säuren:

$$\begin{array}{l} \ \diagup CH_2 - CH - CH_3 \\ CH_2 \qquad\quad \diagdown OH \\ \ \diagdown CH_2 - CO - OH \end{array} = \begin{array}{l} \ \diagup CH_2 - CH - CH_3 \\ CH_2 \qquad\quad >O \\ \ \diagdown CH_2 - CO \end{array} + H_2O$$

Wenn wir nun die Reihe der Dikarbonsäuren betrachten und mit Oxalsäure beginnen, so finden wir, daß weder Oxalsäure noch Malonsäure ein Anhydrid liefern; Bernsteinsäure verliert dagegen Wasser schon beim einfachen Erhitzen. Glutarsäureanhydrid ist schon schwieriger zu gewinnen, während Adipinsäure und die höheren Homologen besonderer Methoden bedürfen, wie z. B. Erhitzen der Säure mit Acetylchlorid. Wenn wir nun die Formeln der hypothetischen und der wirklich existierenden Anhydride aufzeichnen, so ersehen wir, daß drei- und viergliedrige Ringe nicht gebildet werden, während fünf- und sechsgliedrige am leichtesten entstehen. Die Namen der nicht existierenden Anhydride sind schräg gedruckt:

---

1) Hjelt, Ber. d. deutsch. chem. Ges. **15**, 630 (1882).

```
CO\            /CO\           CH2 — CO\
|   O        CH2    O          |         O
CO/            \CO/           CH2 — CO/
```

Oxalsäureanhydrid — *Malonsäureanhydrid* — Bernsteinsäureanhydrid

```
   /CH2 — CO\            CH2 — CH2 — CO\
CH2           O           |               O
   \CH2 — CO/            CH2 — CH2 — CO/
```

Glutarsäureanhydrid — *Adipinsäureanhydrid*

Holleman und Voerman[1]) studierten die Stabilität verschiedener Anhydride zweibasischer Säuren gegen Wasser; die erhaltenen Resultate waren aber in den meisten Fällen, infolge der Unlöslichkeit der Anhydride in Wasser, wenig befriedigend.

Genauere Messungen konnten bei Bernsteinsäure- und Glutarsäureanhydrid vorgenommen werden; der fünfgliedrige Ring des ersteren war stabiler als der sechsgliedrige des letzteren; folgende Zahlen geben die relative Reaktionsgeschwindigkeit der beiden Verbindungen in Gegenwart von Wasser bei 25° C an:

	K.
Bernsteinsäureanhydrid . .	0·1683
Glutarsäureanhydrid . . .	0·1708

Werden Salze primärer Amine erhitzt, so verwandeln sie sich in manchen Fällen in eine Mischung von einem sekundären Amin und einem Ammoniumsalz:

$$2NH_2 \cdot R \cdot HX = NH_4 \cdot X + NHR_2 \cdot HX$$

Wird dieselbe Reaktion bei einer Diamidoverbindung durchgeführt, so entsteht eine zyklische Amidoverbindung. Wenn wir die Resultate betrachten, welche sich beim Erhitzen der Chlorhydrate verschiedener Diaminoverbindungen ergeben, so finden wir folgendes.

Äthylendiamin bildet keinen dreigliedrigen Ring, sondern statt dessen treten zwei Moleküle zu einem Piperazinmolekül zusammen:

```
                                   /NH\
  CH2 — NH2                     CH2    CH2
2 |          · HX = 2NH4 · X +   |      |
  CH2 — NH2                     CH2    CH2
                                   \NH/
```

Trimethylendiamin bildet eine Mischung von β-Methylpyridin und Trimethylenimin:

---

[1]) Holleman und Voerman, Proc. K. Akad. Wetensch. Amsterdam **1903**, 589.

$$\mathrm{CH_2}\begin{cases}\mathrm{CH_2-NH_2}\\ \mathrm{CH_2-NH_2}\end{cases}\cdot\mathrm{HX} = \mathrm{NH_4\cdot X} + \mathrm{CH_2}\begin{cases}\mathrm{CH_2}\\ \mathrm{CH_2}\end{cases}\mathrm{NH}$$

Tetramethylendiamin und Pentamethylendiamin kondensieren intramolekular unter Bildung von Pyrrolidin resp. Piperidin.

Eine Reihe weiterer Untersuchungen zeigt gleichfalls den Einfluß der Anzahl der Atome in der Kette in bezug auf die Ringbildung. Bischoff[1]) kondensierte Formaldehyd mit verschiedenen Diaminoverbindungen und kam zu folgendem Resultate. Verbindungen vom Typus

$$X-\dot{N}-\dot{N}-X$$

kondensieren leicht mit Formaldehyd, bilden aber sechsgliedrige Ringe. Dasselbe gilt für den Typus

$$X-\dot{N}-CH_2-\dot{N}-X$$

Ein fünfgliedriger Ring wurde aus einem Amin vom Typus

$$X-\underset{|}{N}-CH_2-CH_2-\underset{|}{N}-X$$

erhalten. Dagegen konnte kein Ring aus Aminen vom Typus

$$X-\underset{|}{N}-CH_2-CH_2-CH_2-\underset{|}{N}-X$$

gebildet werden.

§ 4. Zusammenfassung.

Aus allen vorangehenden Beispielen geht mit Deutlichkeit hervor, daß die Spannungstheorie im allgemeinen gültig ist, wenngleich in gewissen Fällen Resultate gefunden wurden, welche nicht mit dieser Theorie übereinstimmen.

Bei den karbozyklischen Verbindungen steigt die Beständigkeit der Polymethylene mit der Zahl der Ringglieder, bis der Ring fünf Kohlenstoffatome enthält; fünf- und sechsgliedrige Ringe scheinen nahezu gleiche Stabilität zu besitzen; darüber hinaus scheinen die Substanzen wieder an Beständigkeit zu verlieren. Ähnliche Beobachtungen hat man bei heterozyklischen Verbindungen gemacht.

---

1) Bischoff, Ber. d. deutsch. chem. Ges. **31**, 3248 (1898).

III. Die Wirkung der Substitution auf die Bildung und Beständigkeit zyklischer Verbindungen.

Der Ersatz einer Gruppe in einer bestimmten Verbindung durch eine andere kann eine zweifache Wirkung hervorrufen; erstens kann bei beträchtlichen Differenzen im chemischen Charakter beider Substituenten eine Änderung in dem chemischen Verhalten der ganzen Verbindung hervorgerufen werden, und zweitens kann der neu eingeführte Substituent, selbst wenn er dem früheren in seinem chemischen Verhalten gleicht, in der räumlichen Anordnung seiner Atome verschieden sein, er kann einen größeren oder geringeren Raum für sich in Anspruch nehmen und dadurch gewisse Reaktionen mehr oder weniger beeinflussen, auf welche der ursprüngliche Substituent keinen Einfluß besaß.

Mit dem ersten Punkt brauchen wir uns hier nicht eingehender zu befassen; doch ist es in manchen Fällen schwierig, einen Unterschied zwischen einem rein chemischen und einem stereochemischen Einfluß festzustellen, so daß manche der weiterhin erwähnten Tatsachen auch nach beiden Richtungen erklärt werden können.

Wenn wir die stereochemischen Wirkungen der Substitution betrachten, so können wir sie zunächst in zwei Klassen einteilen: erstens in solche Fälle, in denen die Substitution eine Hinderung für gewisse Reaktionen bewirkt und zweitens in solche, wo die Einführung einer neuen Gruppe den Verlauf gewisser Reaktionen erleichtert.

Den einfachsten Fall bietet die Umwandlung einer Verbindung mit offener Kette in eine ringförmige Substanz, wobei viele Beispiele bekannt sind, in denen stereochemische Faktoren eine solche Reaktion verhindern.

Ipatjew[1]) stellte eine Reihe von Versuchen an, Trimethylenringe aus den Dinatrium-derivaten des Malonesters und Alkyldibromiden darzustellen, wobei er folgende Tatsachen beobachtete.

Dibromide, deren Bromatome an benachbarte Kohlenstoffatome gebunden sind, ergaben den Trimethylenring nur dann, wenn 1. beide Bromatome an primäre Kohlenstoffatome gebunden sind (I), oder 2., wenn das eine an ein primäres, das andere an ein sekundäres Kohlenstoffatom gebunden ist (II):

```
RO·CO — C — CO·OR        RO·CO — C — CO·OR
        / \                      / \
   H₂C — CH₂              CH₂ - CH·CnH2n+1
      (I)                      (II)
```

Ist dagegen ein Bromatom an ein primäres und das andere an ein tertiäres Kohlenstoffatom gebunden, so tritt keine Ringbildung ein; dasselbe ist der Fall, wenn beide Bromatome an sekundäre

[1]) Ipatjew, Journ. Russ. Chem. Soc. **30**, 391 (1898); **34**, 351 (1902).

Kohlenstoffatome gebunden sind. Somit werden folgende Ringsysteme (III) und (IV) nicht gebildet:

```
RO · CO — C — CO · OR                  RO · CO — C — CO · OR
         / \                                    / \
       CH2—C — CnH2n+1              CnH2n+1 — CH — CH — CnH2n+1
           |
         CnH2n+1
       (III)                                  (IV)
```

Wenn endlich beide Bromatome an tertiäre Kohlenstoffatome gebunden sind, tritt gleichfalls keine Ringbildung ein:

```
               RO · CO — C — CO · OR
                        / \
                       /   \
CnH2n+1 — C ————— C — CnH2n+1
          |       |
       CnH2n+1 CnH2n+1
```

Wird nicht gebildet.

Ein etwas ähnlicher Fall wurde von Petrenko-Kritschenko[1]) bei den Hydropyronen beobachtet. Er fand, daß die Bildung des Ringes in diesem Falle auf der gegenseitigen Beeinflussung der Gruppen A und R beruht, indem eine Anziehung beider zu Konfiguration (I), eine Abstoßung derselben aber zu (II) führt. Aus Konfiguration (I) werden aber Ringe gebildet, aus (II) dagegen nur ungesättigte Ketone.

```
                              (I)
A — CH ——— CO ——— CH — A         A — CH — CO — CH — A
    |                 |      →       |             |
R — C — OH      HO — C — R       R — CH —— O —— CH — R
    |                 |
    H                 H

                              (II)
A — CH —— CO —— CH — A           A — C —— CO —— C — A
    |                |       →       ||             ||
HO — C — R      R — C — OH       H — C — R     R — C — H
    |                |
    H                H
```

Eine Ringbildung trat dann ein, wenn R Methoxyphenyl war; wurden disubstituierte Phenylgruppen eingeführt, so trat keine Ringbildung mehr ein.

Während sich Benzaldehyd leicht mit Diäthylketon zu Hydropyronderivaten kondensieren ließ, konnte dieselbe Reaktion, wie

---

[1]) Petrenko-Kritschenko, Ber. d. deutsch. chem. Ges. **31**, 1508 (1898).

Vorländer[1]) fand, mit Dipropylketon nicht ausgeführt werden. Bischoff erklärt dies mit Hilfe seiner dynamischen Hypothese; denn in Verbindung (II) würde sich eine Methylgruppe zu jedem Phenylradikal in der kritischen Position befinden, was bei der aus dem Diäthylketon entstehenden Verbindung (I) nicht der Fall ist.

$$\begin{array}{ccccccccc}
\overset{(4)}{CH_3} & - & \overset{(3)}{CH} & - & CO & - & \overset{(3)}{CH} & - & \overset{(4)}{CH_3} \\
 & & |{\scriptstyle(2)} & & & & |{\scriptstyle(2)} & & \\
\overset{(1)}{C_6H_5} & - & CH & & & & CH & - & \overset{(1)}{C_6H_5} \\
 & & | & & & & | & & \\
 & & OH & & & & OH & & \\
\end{array}$$

(I)

$$\begin{array}{ccccccccccccc}
\overset{(5)}{CH_3} & - & \overset{(4)}{CH_2} & - & \overset{(3)}{CH} & - & CO & - & \overset{(3)}{CH} & - & \overset{(4)}{CH_2} & - & \overset{(5)}{CH_3} \\
 & & & & | & & & & | & & & & \\
 & & \underset{(1)}{C_6H_5} & - & CH & & & & CH & - & \underset{(1)}{C_6H_5} & & \\
 & & & & |{\scriptstyle(2)} & & & & |{\scriptstyle(2)} & & & & \\
 & & & & OH & & & & OH & & & & \\
\end{array}$$

(II)

Scholtz und Jaroß[2]) zeigten, einigen Beobachtungen Bischoffs[3]) folgend, daß die Einwirkung von Formaldehyd auf Diamine stark durch stereochemische Faktoren beeinflußt wird. So konnten sie wohl die Ringverbindungen I—IV darstellen, fanden aber Widerstand gegen einen Ringschluß bei den Verbindungen VII—X.

$$C_6H_4 \begin{cases} CH_2 - N - C_6H_5 \\ \qquad\quad \rangle CH_2 \\ CH_2 - N - C_6H_5 \end{cases}$$

(I)

$$\begin{array}{l} CH_2 - N - C_6H_4 - CH_3 \\ | \qquad\quad \rangle CH_2 \\ CH_2 - N - C_6H_4 - CH_3 \end{array}$$

(IV)

$$C_6H_4 \begin{cases} CH_2 - N - C_6H_4 - CH_3 \\ \qquad\quad \rangle CH_2 \\ CH_2 - N - C_6H_4 - CH_3 \end{cases}$$

(II)

$$\begin{array}{l} \qquad\qquad\qquad CH_3 \\ CH_2 - N - C_6H_4 \\ | \qquad\quad \rangle CH_2 \\ CH_2 - N - C_6H_4 \\ \qquad\qquad\qquad CH_3 \end{array}$$

(V)

$$\begin{array}{l} CH_2 - N - C_6H_5 \\ | \qquad\quad \rangle CH_2 \\ CH_2 - N - C_6H_5 \end{array}$$

(III)

$$CH_2 \begin{cases} CH_2 - N - C_6H_5 \\ \qquad\quad \rangle CH_2 \\ CH_2 - N - C_6H_5 \end{cases}$$

(VI)

1) Vorländer, Ber. d. deutsch. chem. Ges. **30**, 2261 (1897).

2) Scholtz und Jaroß, Ber. d. deutsch. chem. Ges. **34**, 1504 (1901).

3) Bischoff, ibid. **37**, 3255 (1898).

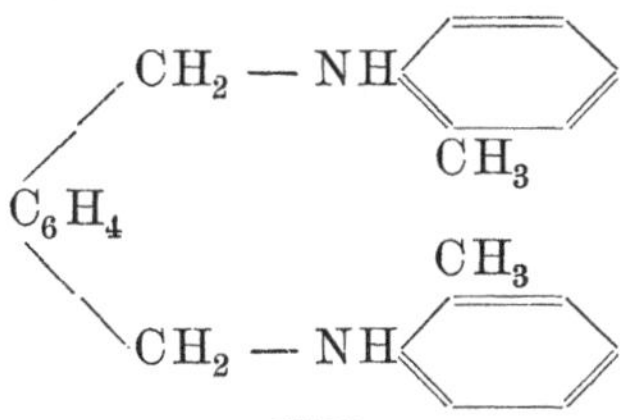

$C_6H_4(CH_2-NH-C_6H_4\cdot CH_3)_2$

(VII)

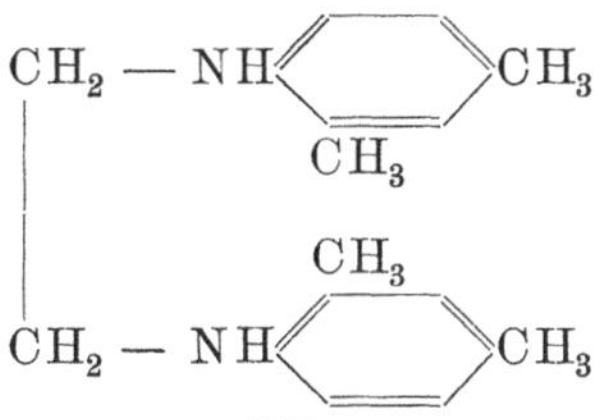

$CH_2-NH-C_6H_3(CH_3)_2$
$|$
$CH_2-NH-C_6H_3(CH_3)_2$

(IX)

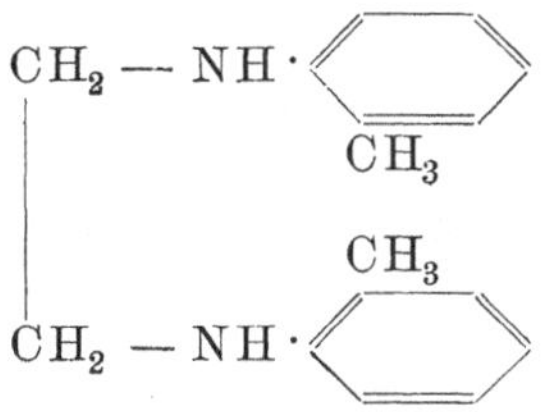

$CH_2-NH\cdot C_6H_4\cdot CH_3$
$|$
$CH_2-NH\cdot C_6H_4\cdot CH_3$

(VIII)

$CH_2(CH_2-NH\cdot C_6H_4\cdot CH_3)_2$

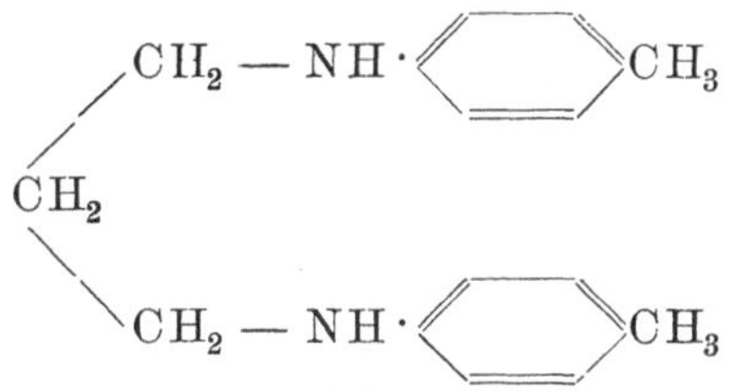

(X)

Aus diesen Resultaten tritt der Einfluß der Methylgruppe in der ortho-Stellung und die Indifferenz derselben in meta- und para-Stellung deutlich hervor. Allerdings können die Phenylgruppen frei um ihre Achse rotieren, doch diese Rotation bringt die Methylgruppen in eine solche Lage, daß sie die Ringbildung verhindern.

Weitere Untersuchungen zeigten, daß Acetaldehyd eine ringförmige Verbindung bilden konnte, die dem Typus (V) entspricht, und daß Propylaldehyd eine der Form (X) entsprechende liefert; Karbonylchlorid bildet dagegen zyklische Verbindungen vom Typus (IV) und (V), aber keine solche vom Typus (VIII).

Einige Arbeiten von Busch lassen keinen Zweifel obwalten, daß diese Hinderungen durch stereochemische Ursachen bedingt sind. Er fand, daß bei entsprechender Wahl der Reagenzien keine Schwierigkeit bei der Ringbildung mehr auftritt, nämlich dann, wenn die in unmittelbarer Nähe der ringschließenden Atome befindlichen Gruppen entfernt wurden bezw. in den nun reagierenden Substanzen nicht vorhanden waren. Z. B. ist der Einfluß des Substituenten R in der nachfolgenden, schematisch dargestellten Reaktion (Kondensation mit einem Aldehyd) stark hervortretend[1]):

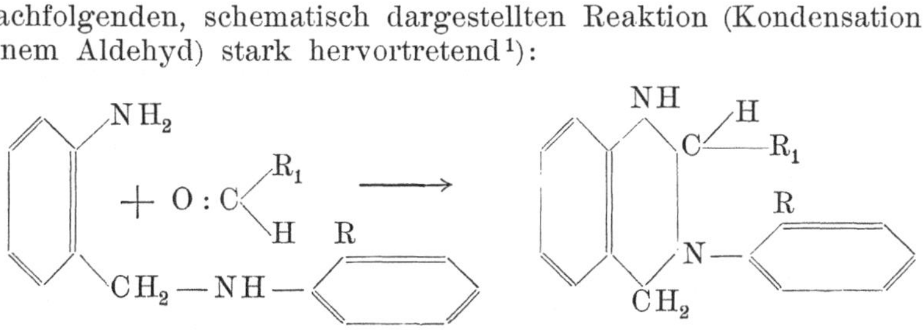

$$C_6H_4\begin{matrix} NH_2 \\ CH_2-NH-C_6H_4R \end{matrix} + O:C\begin{matrix} R_1 \\ H \end{matrix} \longrightarrow C_6H_4\begin{matrix} NH-C(H)(R_1) \\ CH_2-N-C_6H_4R \end{matrix}$$

Wird dagegen eine Methylengruppe zwischen Stickstoffatom und Phenylrest eingeschoben, also der ortho-Substituent gewissermaßen

---

1) Busch, Journ. f. prakt. Chem. (2), **55**, 357 (1897).

aus dem Wirkungsbereich der reagierenden Atome hinausgeschoben, so hat er nur noch geringen Einfluß auf die Reaktion.

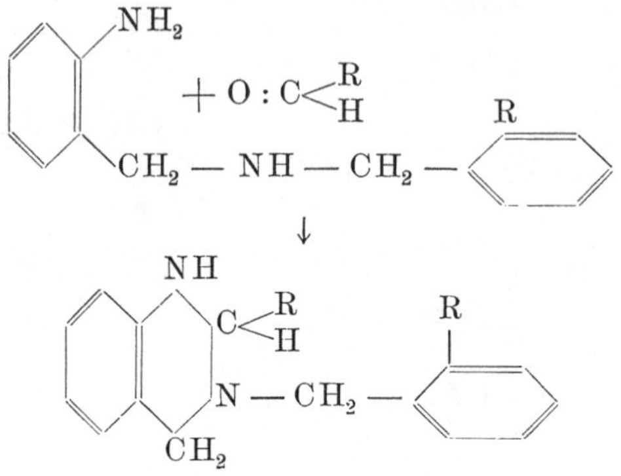

NH_2

$+ O : C<^{R}_{H}$ R

$CH_2 — NH — CH_2 —$

↓

NH

$C<^{R}_{H}$ R

$N — CH_2 —$

CH_2

Bei der Synthese von Piperazinderivaten beobachtete Bischoff[1]) zwei Fälle, in denen die Einführung von Substituenten eine Hinderung für die Ringbildung bedingte. Der Versuch, zwei Moleküle α-Brom-isovaleriananilid zu nachfolgendem Ringsystem zu kondensieren, gelang ihm nicht. Er erklärt dies mit Hilfe seiner dynamischen Hypothese, da in der folgenden hypothetischen Verbindung die Phenylgruppen in der kritischen 1,5- und 1,6-Position zu den Methylradikalen stehen:

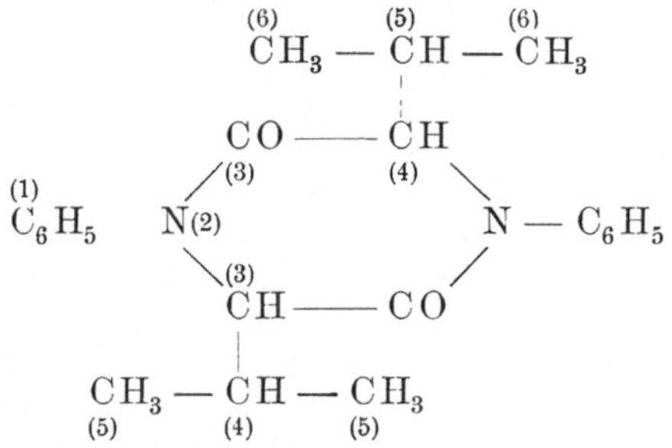

(6) (5) (6)
$CH_3 — CH — CH_3$

CO —— CH
(3) (4)

(1)
C_6H_5 N(2) $N — C_6H_5$

(3)
CH —— CO

$CH_3 — CH — CH_3$
(5) (4) (5)

Bischoff[2]) fand einen weiteren, mehr allgemeineren Fall, in welchem, je nachdem was für Substituenten in der Verbindung vorhanden sind, eine verschiedene Wirkung erzielt wird.

Der Ring (I) kann nur gebildet werden, wenn a und b Wasserstoffatome sind; wenn a oder b, oder beide durch Methyl ersetzt werden, so tritt keine Ringbildung mehr ein, sondern es entsteht eine Verbindung vom Typus (II).

Hier stehen wieder die hindernden Gruppen in 1,5-Position zueinander:

---

1) Bischoff, Ber. d. deutsch. chem. Ges. **30**, 2319 (1897).
2) Bischoff, Ber. d. deutsch. chem. Ges. **30**, 2310 (1897).

$$\begin{array}{c} C_6H_5N \begin{array}{l} \diagup C(a)(b) - CO \diagdown \\ \diagdown C(a)(b) - CO \diagup \end{array} NH \\ \text{(I)} \end{array} \qquad \begin{array}{c} C_6H_5 - N \begin{array}{l} \diagup C(a)(b) - CO \cdot NH_2 \\ \diagdown C(a)(b) - CO \cdot NH_2 \end{array} \\ \text{(II)} \end{array}$$

o-Xylylenbromid reagiert mit Anilin unter Bildung einer Ringverbindung:

$$C_6H_4\begin{array}{l} - CH_2 \cdot Br \\ - CH_2 \cdot Br \end{array} + \begin{array}{l} H \\ H \end{array}\!\!> N \cdot C_6H_5 = 2\,HBr + C_6H_4 \begin{array}{l} CH_2 \\ CH_2 \end{array}\!\!> N \cdot C_6H_5$$

Wenn nun o-substituierte Aniline verwendet werden (o-Toluidin, o-Xylidin oder o-Pseudocumidin), so wird der Ring nicht gebildet, während bei den entsprechenden m- oder p-substituierten Anilinen keine Schwierigkeit besteht. α-Naphtylamin, o-Chlor- und o-Bromanilin bilden gleichfalls keinen Ring. Die ortho-Substituenten üben somit einen deutlich sichtbaren, hindernden Einfluß aus, der aber verschwindet, sobald man den Substituenten genügend weit aus der Wirkungssphäre der Amidogruppe entfernt, so z. B. beim o-Tolubenzylamin, bei dem keine Hinderung mehr besteht:

$$C_6H_4 \begin{array}{l} CH_3 \\ CH_2 - NH_2 \end{array}$$

Ähnliche Resultate wurden erhalten, als man Trimethylenbromid an Stelle des Xylylenbromids verwendete [1]).

Wenn Phenoxy-acetale (I) mit verdünnter Schwefelsäure gekocht werden, so kondensieren sie sich zu Cumaronderivaten (II); befindet sich aber eine Methoxygruppe in ortho-Stellung zu der Seitenkette, so findet keine Reaktion statt [2]):

$$\underset{\text{(I)}}{C_6H_4\begin{array}{l} - O - CH_2 \\ - H \quad CH(OC_2H_5)_2 \end{array}} \longrightarrow \underset{\text{(II)}}{C_6H_4 \begin{array}{l} - O - CH \\ - CH \end{array}} \qquad \underset{\text{(III)}}{C_6H_4 \begin{array}{l} O \cdot CH_3 \\ - O - CH_2 - CH(OC_2H_5)_2 \end{array}}$$

1) Scholtz, Ber. d. deutsch. chem. Ges. **31**, 414, 627, 1154, 1707 (1898); **32**, 2251 (1899).

2) Störmer, Liebigs Annal. d. Chem. u. Pharm. **312**, 334 (1900).

Einen weiteren Fall intramolekularer Ringschließung findet man bei der Bildung von Tetrazoliumderivaten[1]. Formazyl-benzol (I) kann zu Triphenyl-tetrazoliumhydroxyd (II) oxydiert werden. Wenn aber die an die beiden Stickstoffatome gebundenen Phenylgruppen ortho-Substituenten enthalten, so geht die Reaktion viel langsamer vor sich, als es sonst der Fall ist; eine gleiche Wirkung wird auch hervorgerufen, wenn Substituenten in den an das Kohlenstoffatom gebundenen Phenylrest eingeführt sind:

$$C_6H_5-C\begin{cases} {}^{\nearrow\!\!\!\!\nearrow} N-NH-C_6H_5 \\ {}_{\searrow} N=N-C_6H_5 \end{cases} \qquad C_6H_5-C\begin{cases} {}^{\nearrow\!\!\!\!\nearrow} N-N-C_6H_5 \\ \qquad\quad | \diagup OH \\ {}_{\searrow} N=N-C_6H_5 \end{cases}$$

(I) (II)

Wir wollen nunmehr zu dem anderen Teil dieses Abschnittes übergehen und die Wirkung der Substitution auf die Stabilität zyklischer Verbindungen besprechen.

Bei karbozyklischen Verbindungen ist diese Wirkung durchaus keine gleiche; denn in manchen Fällen scheint sie die Stabilität zu erniedrigen, in anderen wieder zu erhöhen[2]. Raumverhältnisse scheinen aber eine gewisse Rolle dabei zu spielen; denn Buchner[3] fand, daß die symmetrischer konfigurierten Trimethylene den Ring viel schwieriger öffnen, als jene, in denen die Substituenten unsymmetrisch verteilt sind; Gustavson und Popper[4] sprechen die Ansicht aus, daß Symmetrie einen größeren Einfluß auf die Stabilität ausübt, als der chemische Charakter der Substituenten. Manchmal bedingt die Einführung eines neuen Radikals in eine Verbindung eine Schwächung der Stabilität, wie z. B. beim Methyl-furan, dessen Ring beim Behandeln mit Salzsäure in methylalkoholischer Lösung viel leichter geöffnet wird als jener des Furans[5].

Andererseits fand Hjelt[6], daß die Stabilität des Phtalidringes durch Substitution erhöht wird, denn Phenolphtalein ist stabiler als Diphenylphtalid und dieses wiederum beständiger als Phtalid:

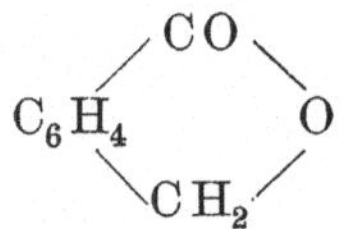

Phtalid (am wenigsten beständig).

[1] Wedekind und Struwe, Ber. d. deutsch. chem. Ges. **31**, 1746 (1898).
[2] Kötz, Journ. f. prakt. Chem. (**2**), **68**, 174 (1903).
[3] Buchner, Liebigs Annal. d. Chem. u. Pharm. **284**, 202 (1895).
[4] Gustavson und Popper, Journ. f. prakt. Chem. (**2**), **58**, 458 (1898).
[5] Harries, Ber. d. deutsch. chem. Ges. **31**, 37 (1898).
[6] Hjelt, Chem. Zeitg. **18**, 3 (1894).

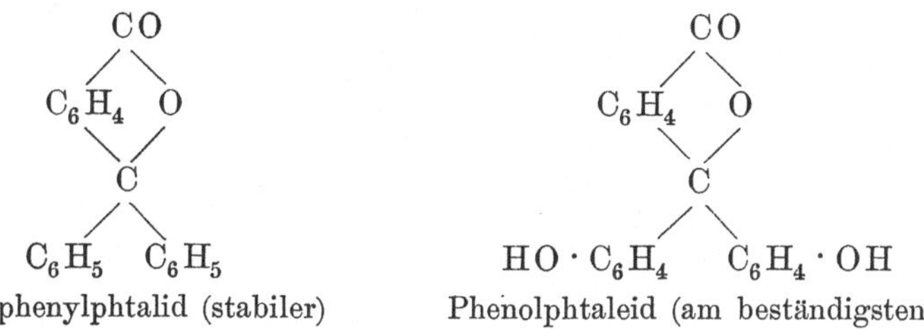

Diphenylphtalid (stabiler) Phenolphtaleid (am beständigsten)

Der Einfluß der räumlichen Anordnung der Substituenten zeigt sich vielleicht auch bei Derivaten des Imidazols:

NH

C_6H_4 CH

N

Benzimidazol

bei welchen die Hydrolyse mit Natronhydrat durch die Gegenwart eines Substituenten am Kohlenstoff, der zwischen den beiden Stickstoffatomen liegt, verhindert wird; dasselbe ist der Fall, wenn Methylgruppen im Benzolkern substituiert sind.

Radikale an beiden Stickstoffatomen hindern gleichfalls die Ringsprengung und zwar scheint ihr Einfluß proportional ihrer Größe zu sein [1]).

Busch [2]) fand, daß ein ortho-Substituent R in Verbindungen der Phenyltetrahydrochinazolinreihe die Stabilität der Substanz erhöht:

CH NH

HC C CH_2 R

HC N—

C

CH CH_2

Außer diesen rein qualitativen Untersuchungen können verschiedene Beispiele angeführt werden, in denen diese Verhältnisse quantitativ bestimmt worden sind.

Miolati [3]) studierte den Einfluß der Substitution bei Derivaten des Succinimids. Substituenten im Ringe steigern die Stabilität, denn Methylsuccinimid hydrolysiert sich nur halb so schnell als Succinimid; aus der folgenden Tabelle kann man aber gleichzeitig ersehen, daß die Einführung einer Alkylgruppe an das Stickstoffatom, die Stabilität des Imids erniedrigt:

---

1) Fischer und Rigaud, Ber. d. deutsch. chem. Ges. **34**, 4202 (1901).

2) Busch, Journ. f. prakt. Chem. (**2**), **55**, 357 (1897).

3) Miolati, Atti R. Accad. Lincei (**5**), **3**, II, 515 (1894). Miolati und Longo, ibid. 597 (1894); **4**, I, 351 (1895). Miolati und Lotti, ibid. **5**, I, 88 (1896). Vgl. Piutti, Ber. d. deutsch. chem. Ges. **29**, 85 (1896).

Name	Verseifungskoeffizient
Succinimid	0·002382
Methylimid	0·2263
Äthylimid	0·08426
n-Propylimid	0·0550
i-Propylimid	0·06781
sec.-Butylimid	0·03723
i-Butylimid	0·03885

Noch bessere Beispiele für stereochemische Einflüsse findet man bei den substituierten Phenylderivaten des Succinimids[1]):

Name	Verseifungskoeffizient
Phenyl-succinimid	2·2681
o-Tolyl-succinimid	0·8558
m- „ „	1·098
p- „ „	1·1210
2,3-Dimethylphenylsuccinimid . . .	0·8147
3,4- „ „ . . .	1·270
2,4- „ „ . . .	0·8653
3,5- „ „ . . .	1·145
2,6- „ „ . . .	0·1571
2,5- „ „ . . .	0.8757

Der Einfluß der orthoständigen Methylgruppe tritt stark hervor im Verhältnis zu dem der entsprechenden m- und p-Substituenten.

Die Aufspaltung des Succinimidringes wurde auch noch von Gilbody und Spranklin[2]) studiert. Es scheint, daß die Substitution in dem aliphatischen Ring die Stabilität erniedrigt, jene in dem aromatischen sie aber erhöht.

Diese Beispiele dürften genügen, um zu zeigen, daß Substituenten in gewissen Reaktionen einen hindernden Einfluß ausüben können.

In anderen Fällen hat man dagegen gefunden, daß Substituenten die Bildung einer zyklischen Substanz erleichtern. Einige dieser Beispiele sollen nun beschrieben werden.

Die Bildung eines Anhydrids einer zweibasischen Säure erfolgt mehr oder weniger leicht, je nachdem die Karboxylgruppen näher oder entfernter voneinander liegen. Fälle dieser Art wurden bei den ungesättigten Säuren erwähnt, wo die eine Form viel leichter Wasser verliert, wie die andere stereoisomere Verbindung. In diesen Fällen wird die mehr oder weniger benachbarte Stellung der Karboxylgruppen auf die Gegenwart der doppelten Bindung zurückgeführt; man hat aber gefunden, daß eine ähnliche Annäherung auch durch Substitution hervorgerufen wird.

Wenn wir die verschiedenen substituierten Maleinsäuren betrachten, so finden wir allgemein, daß je mehr Substituenten wir

---

1) Miolati und Lotti, Atti R. Accad. Lincei (5), **5**, I, 88 (1896),
2) Gilbody und Spranklin, Proc. **16**, 224 (1900).

einführen, auch um so leichter Anhydridbildung erfolgt; folgende Säuren seien erwähnt:

Säure	
H — C — COOH ‖ H — C — COOH	beständig; Anhydrid bildet sich bei der Destillation.
CH_3 — C — COOH ‖ H — C — COOH	Anhydrid bildet sich unter 100° C.
CH_3 — C — COOH ‖ Br — C — COOH	Anhydrid bildet sich beim Stehen über Schwefelsäure.
Br — C — COOH ‖ Br — C — COOH	Anhydrid bildet sich schon bei gewöhnlicher Temperatur.
C_2H_5 — C — COOH ‖ C_2H_5 — C — COOH	Nur in Form des Anhydrids bekannt.

Es scheint demnach, als ob die Einführung größerer Gruppen eine nähere Zusammenpressung der Karboxylgruppen in dem Moleküle bedingt, und somit die Abspaltung des Wassers erleichtert.

Ähnliche Resultate hat man auch in anderen Reihen gefunden. Glutarsäure siedet fast ohne Zersetzung bei 303—305°; Methyl- und Äthylglutarsäure zerfallen dabei teilweise in Anhydride, während Iso-thrimethyl-glutarsäure ein Anhydrid schon beim Kochen mit Wasser liefert.

Hjelt[1]) studierte die Anhydridbildung bei den substituierten Bernsteinsäuren; bei einstündigem Erhitzen und bei Anwendung verschiedener Temperaturen erhielt er folgende Werte:

Bernsteinsäure	6·7 %	bei	200° C
Methylbernsteinsäure	42·9 %	„	200° C
„	18·9 %	„	170° C
„	14·1 %	„	160° C
Äthylbernsteinsäuren	14·5 %	„	160° C
n-Propylbernsteinsäure . . .	16·6 %	„	160° C
Iso-propyl-bernsteinsäure . .	29·9 %	„	160° C

Man wird beobachten, daß nicht nur die Größe der in die Verbindung eingeführten Radikale einen Einfluß auf den Betrag der Hinderung ausübt, sondern auch ihre chemische Natur, ihre Konfiguration und wahrscheinlich auch die Art ihrer Vibration.

α-Oxy-karbonsäuren können bei Gegenwart von wasserentziehenden Mitteln nach zwei Richtungen reagieren; sie können einen

[1]) Hjelt, Ber. d. deutsch. chem. Ges. **26**, 1925 (1893).

Ring bilden wie in (I) oder in eine Säure, ein Keton, einen Aldehyd oder andere Produkte (II) zerfallen.

$$\begin{array}{c} R' \\ | \\ R-C-OH \\ | \\ COOH \end{array} + \begin{array}{c} HO\cdot C=O \\ | \\ HO\cdot C-R \\ | \\ R' \end{array} = \begin{array}{c} R' \\ | \\ R-C-O-CO \\ | \qquad\qquad | \\ CO-O-C-R \\ | \\ R' \end{array} + 2H_2O$$

(I)

$$\begin{array}{c} R' \\ | \\ R-C-OH \\ | \\ COOH \end{array} = H\cdot COOH + \begin{array}{c} R' \\ \diagdown \\ CO \\ \diagup \\ R \end{array}$$

(II)

Man hat nun gefunden, daß der sechsgliedrige Ring nur dann gebildet wird, wenn entweder R oder R' ein Wasserstoffatom ist; z. B. wird kein Ring gebildet, wenn beide durch Methylgruppen ersetzt werden.

Dagegen hat man gefunden, daß Benzilsäure ein Anhydrid liefert, dem folgende Formel zukommen würde:

$$\begin{array}{l} (C_6H_5)_2-C-O-CO \\ \qquad\qquad\quad | \qquad\qquad | \\ \qquad\qquad CO-O-C-(C_6H_5)_2 \end{array}$$

so daß in diesem Falle die Phenylradikale keinen so großen Einfluß auszuüben scheinen wie die Methylgruppen.

Laktone können aus halogensubstituierten Säuren durch Abspaltung von Halogenwasserstoffsäuren entstehen:

$$C_nH_{2n}\begin{array}{l}\diagup X \\ \diagdown COOH\end{array} = C_nH_{2n}\begin{array}{l}\diagup O \\ \diagdown CO\end{array}\!\!\Big| + HX$$

Freer[1]) hat nun gefunden, daß auch in diesem Falle entsprechende Substituenten eine Erleichterung der Ringbildung bedingen, so daß dann z. B. γ-halogensubstituierte Säuren freiwillig in ihre Laktone übergehen.

Fittig[2]) und Hjelt[3]) haben gezeigt, daß die Umwandlung einer zweibasischen Oxykarbonsäure in eine Laktonsäure:

---

1) Freer, Liebigs Annal. d. Chem. u. Pharm. **319**, 351 (1901).
2) Fittig, ibid. **238**, 197 (1897).
3) Hjelt, Acta Soc. scient. fennicae, **18**, I; **19**, 13.

$$\begin{array}{ccc} & \mathrm{H} \quad \mathrm{X} & & \mathrm{H} \quad \mathrm{X} \\ \mathrm{COOH} - & \mathrm{C} - \mathrm{CX} - \mathrm{OH} & = \mathrm{HOOC} - & \mathrm{C} - \mathrm{CX} - \mathrm{O} \\ & \mathrm{CH_2 \cdot COOH} & & \mathrm{CH_2} \text{———} \mathrm{CO} \end{array}$$

dann die meiste Zeit in Anspruch nimmt, wenn X ein Wasserstoffatom ist. Die Phenylgruppe steigert die Reaktionsgeschwindigkeit 4 mal, Methyl 8 mal und Isobutyl 16 mal. Sind beide X-Radikale Methylgruppen, so bildet sich das Lakton zweimal so schnell, als wenn die X-Gruppen Äthylradikale oder Wasserstoffatome repräsentieren.

Bischoff[1]) zeigte, daß die gleichen Verhältnisse auch bei Lävulinsäure und ihren Homologen zutreffen. Weitere Untersuchungen, ausgeführt von Bischoff und Walden[2]), führten zu folgenden Resultaten. Die Zahlen bedeuten die Prozentmengen an Lakton, welche unter den angegebenen Bedingungen gebildet werden:

Nach x Minuten	Lävulinsäure	α-Methyl-lävulinsäure	α-Dimethyl-lävulinsäure	α-Äthyl-lävulinsäure
15	7·63	20·48	27·86	37·24
30	13·09	29·85	31·96	44·26
45	21·54	33·99	35·62	47·95
60	26·57	48·88	—	58·63

Bei näherem Studium dieser Beispiele wird man erkennen, daß die Gegenwart substituierender Gruppen einen sehr beträchtlichen Einfluß auf Reaktionen haben kann, welche die Bildung von Ringverbindungen bewirken. In gewissen Fällen üben Substituenten einen hindernden Einfluß auf den Verlauf der Reaktion aus, in anderen erleichtern sie die Bildung zyklischer Substanzen. Der erste Fall gleicht bis zu einem gewissen Grade den Verkettungsreaktionen, welche wir in einem früheren Kapitel besprochen haben, wo gleichfalls Substituenten einen hindernden Einfluß ausübten; der zweite Fall erinnert an die Zersetzungsreaktionen, bei denen Substituenten den Zerfall erleichterten.

IV. Konfiguration optisch inaktiver Kohlenstoffverbindungen.

§ 1. Die Form von Kohlenstoffketten.

In diesem Kapitel werden zwei Fragen erörtert werden. Zunächst die Form, welche eine offene Kohlenstoffkette unter gewöhnlichen Verhältnissen im Raume einnimmt, und weiterhin die Kon-

1) Bischoff, Ber. d. deutsch. chem. Ges. **23**, 621 (1891).
2) Bischoff und Walden, ibid. **26**, 1452 (1893).

figuration der Moleküle kettenförmiger Verbindungen. In der ersten Abteilung haben wir zu bestimmen, ob mehrere einfach gebundene Kohlenstoffatome in einer geraden Linie angeordnet sind, ob sie eine Zickzackform einnehmen oder in einer mehr oder weniger zyklischen Figur angeordnet sind; im zweiten Abschnitt müssen wir zur Konfigurationsbestimmung inaktiver Kohlenstoffverbindungen in ähnlicher Weise vorgehen, wie bei der Konfigurationsbestimmung der verschiedenen Zucker.

Wenn wir die Strukturformel irgend einer Paraffinverbindung betrachten:

$$\overset{1}{C}H_3 - \overset{2}{C}H_2 - \overset{3}{C}H_2 - \overset{4}{C}H_2 - \overset{5}{C}H_2 - \overset{6}{C}H_2 - \overset{7}{C}H_2 \cdots$$

so müßten wir eigentlich schließen, daß in einer solchen Formel die mit 1 und 2 bezeichneten Atome näher beisammen liegen als 1 und 3 oder irgend eine noch höhere Zahl; wir sollten demnach erwarten, daß eine Reaktion zwischen Gruppen, die an 1 und 2 gebunden sind, viel leichter vor sich gehen würde, als wenn die reagierenden Gruppen z. B. an die Atome 1 und 7 gebunden wären.

Wenn wir aber andererseits annehmen, daß die vier an ein Kohlenstoffatom gebundenen Gruppen eine tetraedrische Lage im Raume einnehmen, so nimmt das Problem ein ganz verschiedenes Aussehen an, denn wir werden finden, was wir bereits im II. Kapitel dieses Teiles beschrieben haben, daß sich die Atome 1 und 5 räumlich näher stehen als irgend zwei andere, denn die Entfernungen sind folgende:

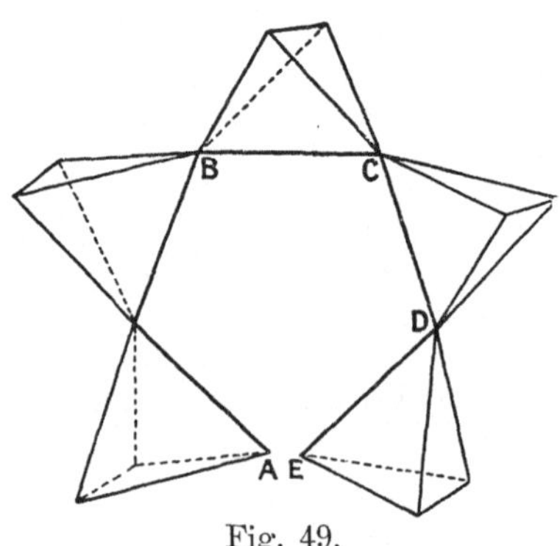

Fig. 49.

zwischen	A	und	B	1·00
„	A	„	C	1·02
„	A	„	D	0·67
„	A	„	E	0·07

Das experimentelle Material, das wir in Kapitel II besprochen haben, spricht viel mehr zugunsten der zweiten Ansicht; denn es konnte gezeigt werden, daß die Reaktionsfähigkeit zweier Gruppen viel größer ist, wenn sie in 1,5- oder 1,6-Stellung zueinander liegen, als wenn sie in der Kette näher beisammen stehen. Das gleiche kann man auch aus den im I. Kapitel über Verkettungsreaktionen angeführten Resultaten schließen, in denen der Einfluß der 1,5- und 1,6-Position ebenso deutlich zu erkennen war.

Petrenko-Kritschenko[1]) hat einige Zeit lang eine Reihe von Arbeiten durchgeführt, mit der Absicht, zu zeigen, daß diese allgemeine Ansicht unzutreffend sei; es scheint immerhin angebracht, seine Resultate zu besprechen, um zu zeigen, inwieweit seine daraus gezogenen Schlüsse gerechtfertigt sind.

Seine ersten diesbezüglichen Arbeiten basieren auf folgender Hypothese. Menschutkin und andere haben nachgewiesen, daß die Reaktionsfähigkeit einer zyklischen Verbindung in der Regel größer ist, als die der entsprechenden aliphatischen Verbindung; dieses Verhalten suchte Petrenko-Kritschenko durch die Annahme zu erklären, daß die Ringstruktur eine Entfernung der hindernden Gruppen aus der Nähe der reagierenden Radikale bedingt, und somit die sterische Hinderung derselben aufhebt. Ein konkretes Beispiel wird das Verständnis erleichtern. Betrachten wir den Fall der Ketonverbindungen (I) und (II):

```
          O                          O
          |                          ||
   X      C      X            H      C      H
    \   /   \   /              \   /   \   /
H — C         C — H        H — C         C — H
    |         |                |         |
    H         H                X - - - - X
        (I)                         (II)
```

so ersehen wir, daß in der Verbindung (I) die Reaktion der Karbonylgruppe einer sterischen Hinderung von seiten der Radikale X ausgesetzt ist; denn da sich die Kohlenstoffatome, an welche die X-Radikale gebunden sind, frei um ihre Achse drehen können, so dürften die X-Radikale früher oder später einmal in die in der ersten Figur gezeichnete Lage und somit in den Wirkungsbereich der Karbonylgruppe gelangen.

Wenn wir nun andererseits die beiden X-Gruppen miteinander zu der zyklischen Verbindung (II) verbinden, so wird ihre sterische

[1]) Petrenko-Kritschenko, Journ. f. prakt. Chem. (2), **61**, 431 (1900); **62**, 315 (1900). Petrenko-Kritschenko und E. Eltschaninoff, Ber. d. deutsch. chem. Ges. **34**, 1699 (1901). Petrenko-Kritschenko und S. Lordkipanidze, ibid. **34**, 1702 (1901). Petrenko-Kritschenko und E. Eltschaninoff, Journ. Russ. Phys. Chem. Soc. **35**, 146 (1903). Petrenko-Kritschenko und E. Kestner, ibid. **35**, 406 (1903). Petrenko-Kritschenko und Dolgopoloff, ibid. **36**, 1505 (1905). Petrenko-Kritschenko, Liebigs Annal. d. Chem. u. Pharm. **341**, 150 (1905). Petrenko-Kritschenko und A. Konschin, ibid. **342**, 51 (1905). Petrenko-Kritschenko und A. Konschin, Journ. Russ. Phys. Chem. Soc. **37**, 1127 (1906). Petrenko-Kritschenko und W. Kantscheff, Ber. d. deutsch. chem. Ges. **39**, 1452 (1906). Journ. Russ. Phys. Chem. Soc. **38**, 773 (1906). Petrenko-Kritschenko, Journ. f. prakt. Chem. (2), **75**, 61 (1907).

Hinderung viel geringer sein wie im vorigen Falle, was man bei einem Vergleich der Formeln (I) und (II) ersehen kann; in (II) sind die X-Radikale viel weiter aus der Wirkungssphäre der Karbonylgruppe entfernt als in (I); man könnte nun einwenden, daß die Verbindung (III) auch in folgender Weise geschrieben werden kann:

```
      X ——— X
      ¦  O  ¦
      ¦  ‖  ¦
      ¦  C  ¦
      ¦ ╱ ╲ ¦
H — C       C — H
    |       |
    H       H
```

(III)

in welchem Falle die sterische Hinderung durch die Ringbildung noch erhöht erscheint. Konstruiert man sich aber diese Konfiguration am Modell, so erweist sie sich infolge ihrer großen Spannungsverhältnisse als unmöglich. So weit können wir die Ansicht Petrenko-Kritschenko als richtig zulassen: Zweifellos dürfte die sterische Hinderung bei der zyklischen Verbindung geringer sein, als bei der entsprechenden Substanz mit offener Kette.

Wir müssen nun sehen, welche Methoden Petrenko-Kritschenko benutzt, um den relativen Betrag der sterischen Hinderung in beiden Fällen zu bestimmen.

Da wir es hier mit Ketonen zu tun haben, so erscheint es nur natürlich, die gewöhnlichen Ketonreaktionen anzuwenden, also die Bildung von Additionsprodukten oder von Verbindungen, in denen der Sauerstoff der Karbonylgruppe durch verschiedene Radikale ersetzt ist; Petrenko-Kritschenko benutzte auch in der Tat die Bildung von Bisulfitverbindungen, von Oximen und von Phenylhydrazonen zur Prüfung dieser Verhältnisse:

$$\begin{matrix} R \\ R' \end{matrix}\!\!>\!C:O + KHSO_3 = \begin{matrix} R \\ R' \end{matrix}\!\!>\!C\!<\!\begin{matrix} SO_3K \\ OH \end{matrix}$$

$$\begin{matrix} R \\ R' \end{matrix}\!\!>\!C:O + NH_2\cdot OH = \begin{matrix} R \\ R' \end{matrix}\!\!>\!C:N\cdot OH + H_2O$$

$$\begin{matrix} R \\ R' \end{matrix}\!\!>\!C:O + NH_2\cdot NH\cdot C_6H_5 = \begin{matrix} R \\ R' \end{matrix}\!\!>\!C:N\cdot NH\cdot C_6H_5 + H_2O$$

Wenn wir in Betracht ziehen, wie sterische Hinderungen am besten quantitativ bestimmt werden können, so erscheint es am richtigsten die Anfangsgeschwindigkeit einer gegebenen Reaktion zu bestimmen, und nicht einfach bloß die Menge des gebildeten Reaktionsproduktes nach einer willkürlich gewählten Zeit zu ermitteln. Menschutkin hat gezeigt, daß die Anfangsgeschwindigkeit und die nach Verlauf der Reaktion entstandene Substanzmenge in keinem einfachen Verhältnis zueinander stehen.

Petrenko-Kritschenko bestimmt aber einfach die nach Verlauf von einer Stunde entstandene Menge des Reaktionsproduktes. Ein derartiges Verfahren kann aber kaum wertvolle Resultate liefern, wenn es auf eine reversible Reaktion, wie es die Bildung der Bisulfitverbindung ist, angewendet wird. Seine Werte mögen aber zum Vergleich mit später nach anderen Methoden erhaltenen Zahlen hier angegeben werden:

$CH_3 \cdot CO \cdot CH_3$	22 %
$CH_3 \cdot CO \cdot CH_2 \cdot CH_3$	14 „
$CH_3 \cdot CO \cdot CH_2 \cdot CH_2 \cdot CH_3$	12·4 „
$CH_3 \cdot CO \cdot CH_2 \cdot CH_2 \cdot CH_2 \cdot CH_2 \cdot CH_2 \cdot CH_3$	5·7 „
$CH_3 \cdot CO \cdot CH(CH_3)_2$	2·7 „
$CH_3 \cdot CH_2 \cdot CO \cdot CH_2 \cdot CH_3$	1·8 „
$CH_3 \cdot CH_2 \cdot CO \cdot CH_2 \cdot CH_2 \cdot CH_3$	2·0 „
$CH_3 \cdot CH_2 \cdot CH_2 \cdot CO \cdot CH_2 \cdot CH_2 \cdot CH_3$	0·0 „

Die in gleicher Weise für die zyklischen Ketone erhaltenen Werte waren:

$$\begin{matrix} CH_2 - CH_2 - CH_2 \\ | \qquad\qquad\qquad \diagdown \\ | \qquad\qquad\qquad\quad CO \\ | \qquad\qquad\qquad \diagup \\ CH_2 - CH_2 - CH_2 \end{matrix} \quad \ldots\ldots \quad 4{\cdot}8\ \%$$

$$\begin{matrix} \quad\diagup CH_2 - CH_2 \diagdown \\ CH_2 \qquad\qquad\qquad CO \\ \quad\diagdown CH_2 - CH_2 \diagup \end{matrix} \quad \ldots\ldots \quad 35{\cdot}0\ \%$$

$$\begin{matrix} CH_2 - CH_2 \\ | \qquad\quad \diagdown \\ | \qquad\qquad CO \\ | \qquad\quad \diagup \\ CH_2 - CH_2 \end{matrix} \quad \ldots\ldots \quad 7{\cdot}0\ \%$$

$$\begin{matrix} CH_2 \\ | \quad \diagdown \\ | \qquad CH \cdot CO \cdot CH_3 \\ | \quad \diagup \\ CH_2 \end{matrix} \quad \ldots\ldots \quad 0\ \%$$

Aus diesen Werten ergibt sich, daß die zyklischen Verbindungen in den meisten Fällen reaktionsfähiger sind. Allerdings kann man diesen Resultaten nicht zu viel Wert zusprechen, da im Verlaufe der Reaktionszeit der reversible Prozeß — die Hydrolyse — stattfindet.

Die Resultate, welche Petrenko-Kritschenko mit Hydroxylamin an Stelle des Kaliumbisulfits durchführte, sind wahrscheinlich genauer. Er bediente sich dabei folgender Methode. Eine milligrammmolekulare Lösung von Hydroxylamin in Wasser wurde in einer 100 ccm-Flasche mit einem gleichen Gewicht an Alkohol verdünnt. Das Gefäß wurde dann in Wasser von Zimmertemperatur 20 Minuten stehen gelassen und hierauf die berechnete Menge einer milligramm-molekularen Lösung eines Ketons in Alkohol von 50 % zugefügt. Nachher wurde die Flasche mit 50 % Alkohol bis zur Marke gefüllt, geschüttelt und eine Stunde stehen gelassen. Nach Ablauf dieser Zeit wurde das unveränderte Hydroxylamin durch Titration bestimmt. Dabei wurden folgende Zahlen erhalten, welche die Prozentmengen des nach Verlauf von einer Stunde gebildeten Oxims ausdrücken:

$CH_3 \cdot CO \cdot CH_3$	82 %
$CH_3 \cdot CO \cdot CH_2 \cdot CH_3$	79·2 „
$CH_3 \cdot CO \cdot CH_2 \cdot CH_2 \cdot CH_3$	74·6 „
$CH_3 \cdot CH_2 \cdot CO \cdot CH_2 \cdot CH_3$	37·9 „
$CH_3 \cdot CH_2 \cdot CO \cdot CH_2 \cdot CH_2 \cdot CH_3$	36·8 „
$CH_3 \cdot CH_2 \cdot CH_2 \cdot CO \cdot CH_2 \cdot CH_2 \cdot CH_3$	31·4 „
$CH_3 \cdot CO \cdot CH_2 \cdot CH_2 \cdot CH_2 \cdot CH_2 \cdot CH_2 \cdot CH_3$	67·6 „
$CH_3 \cdot CO \cdot CH(CH_3)_2$	33·0 „
$CH_3 \cdot CH_2 \cdot CO \cdot CH(CH_3)_2$	28·9 „
$C_6H_5 \cdot CO \cdot CH_3$	9·2 „
$C_6H_5 \cdot CHO$	85·0 „
$(CH_3)_2 \cdot CH \cdot CHO$	76·7 „

$$\begin{array}{l} CH_2 - CH_2 - CH_2 \diagdown \\ | \qquad\qquad\qquad\qquad > CO \\ CH_2 - CH_2 - CH_2 \diagup \end{array} \quad \ldots\ldots\ldots \quad 44{\cdot}2\,\%$$

$$\begin{array}{l} \quad \diagup CH_2 - CH_2 \diagdown \\ CH_2 \qquad\qquad\qquad > CO \\ \quad \diagdown CH_2 - CH_2 \diagup \end{array} \quad \ldots\ldots\ldots \quad 92{\cdot}0\,\%$$

$$\begin{array}{l} CH_2 - CH_2 \diagdown \\ | \qquad\qquad\quad > CO \\ CH_2 - CH_2 \diagup \end{array} \quad \ldots\ldots\ldots \quad 61{\cdot}8\,\%$$

$$\begin{array}{l} CH_2 - CH_2 \\ | \qquad\quad\; | \\ CH_2 - CH \cdot CO \cdot CH_2 \cdot CH_3 \end{array} \quad \ldots\ldots\ldots \quad 32{\cdot}4\,\%$$

$$\begin{array}{l} CH_2 \diagdown \\ | \qquad > CH \cdot CO \cdot CH_3 \\ CH_2 \diagup \end{array} \quad \ldots\ldots\ldots \quad 9{\cdot}1\,\%$$

Die Reaktion zwischen Ketonen und Phenylhydrazin wurde in derselben Weise durchgeführt wie die mit Hydroxylamin. Das unveränderte Phenylhydrazin wurde dann nach der Methode von E. Meyer[1]) bestimmt. Die dabei gefundenen Prozentmengen sind folgende:

[1]) E. Meyer, Journ. f. prakt. Chem. (**2**), **36**, 115 (1887).

$CH_3 \cdot CO \cdot CH_3$		66
$CH_3 \cdot CO \cdot CH_2 \cdot CH_3$		52
$CH_3 \cdot CO \cdot CH_2 \cdot CH_2 \cdot CH_3$		38
$CH_3 \cdot CO \cdot CH_2 \cdot CH_2 \cdot CH_2 \cdot CH_2 \cdot CH_2 \cdot CH_3$		31
$CH_3 \cdot CO \cdot CH(CH_3)_2$		15
$CH_3 \cdot CO \cdot C(CH_3)_3$		3·6
$CH_3 \cdot CH_2 \cdot CO \cdot CH_2 \cdot CH_3$		11
$CH_3 \cdot CH_2 \cdot CO \cdot CH_2 \cdot CH_2 \cdot CH_3$		10
$CH_3 \cdot CH_2 \cdot CO \cdot CH \cdot (CH_3)_2$		3·7
$CH_3 \cdot CH_2 \cdot CH_2 \cdot CO \cdot CH_2 \cdot CH_2 \cdot CH_3$		7·5
$C_6H_5 \cdot CO \cdot CH(CH_3)_2$		0·5
$CH_3 \cdot CO \cdot CH_2 \cdot CH_2 \cdot CO \cdot CH_3$	ein Molekül	22·7
	ein halbes Molekül	17·9
$\begin{matrix} CH_2 - CH_2 - CH_2 \\ \vert \qquad\qquad\qquad\quad \\ CH_2 - CH_2 - CH_2 \end{matrix} \!\!> CO$		26·9
$\begin{matrix} CH_2 - CH_2 \\ CH_2 \qquad\quad CO \\ CH_2 - CH_2 \end{matrix}$ (Ring)	ein Molekül	39·7
	ein halbes Molekül	56·0
$\begin{matrix} CH_2 - CH_2 \\ \vert \qquad\quad \\ CH_2 - CH_2 \end{matrix} \!\!> CO$		42·3
$\begin{matrix} CH_2 - CH_2 \\ \vert \qquad\quad \vert \\ CH_2 - CH - CO - CH_2 - CH_3 \end{matrix}$		7·5
$\begin{matrix} CH_2 - CH_2 \\ \vert \qquad\quad \vert \\ CH_2 - CH - CO - C_6H_5 \end{matrix}$		1·2
$\begin{matrix} CH_2 \\ \vert \\ CH_2 \end{matrix} \!\!> CH \cdot CO \cdot CH_3$		5·6

Aus diesen Resultaten ergibt sich, daß nach Verlauf von einer Stunde eine viel größere Menge Reaktionsprodukt bei den zyklischen Ketonen gebildet wird, als bei den analogen offenen Verbindungen. Petrenko-Kritschenko schreibt dies dem Umstand zu, daß die Atome in der zyklischen Kette dem Wirkungsbereich der Karbonylgruppe besser entzogen sind, wie wir es ja bereits früher erwähnt haben; wenn wir aber in Betracht ziehen, daß zyklische Verbindungen viel mehr tautomer sind, als Verbindungen mit offenen Ketten, so erscheint die Theorie von der naszierenden Karbonylgruppe [1]) eine wahrscheinlichere Erklärung für diese Resultate zu geben.

---

[1]) Siehe Seite 264.

Man kann sich diesem Problem auch noch von anderen Seiten aus nähern.

So wendet z. B. Massol[1]) folgende Methode an. Er bestimmte die Neutralisationswärme zwischen Kaliumhydroxyd und zweibasischen Säuren mit offenen Ketten, beginnend bei Malonsäure und fortschreitend bis zur Sebazinsäure, welche acht Methylengruppen zwischen zwei Karboxylgruppen enthält. Seine, nach folgender Gleichung berechneten Resultate sind in großen Kalorien (Q) angegeben:

$$C_nH_{2n-2}O_4 + 2KOH = C_nH_{2n-4}O_4K_2 + 2H_2O + Q$$

		Q
Malonsäure	$COOH \cdot CH_2 \cdot COOH$	48·57
Bernsteinsäure	$COOH \cdot (CH_2)_2 \cdot COOH$	46·40
Glutarsäure	$COOH \cdot (CH_2)_3 \cdot COOH$	44·23
Adipinsäure	$COOH \cdot (CH_2)_4 \cdot COOH$	45·45
Pimelinsäure	$COOH \cdot (CH_2)_5 \cdot COOH$	45·45
Suberinsäure	$COOH \cdot (CH_2)_6 \cdot COOH$	44·76
Azelainsäure	$COOH \cdot (CH_2)_7 \cdot COOH$	44·76
Sebazinsäure	$COOH \cdot (CH_2)_8 \cdot COOH$	43·99

Aus diesen Resultaten scheint hervorzugehen, daß die fünfgliedrigen Ketten keinen besonderen Vorteil vor den übrigen besitzen; statt dessen findet man ein stetiges Abnehmen der Werte mit der wachsenden Entfernung der Karboxylgruppen.

Bei Betrachtung der Leitfähigkeit zweibasischer Säuren in bezug auf das vorliegende Problem hat man in erster Linie die zweite Dissoziations-konstante zu berücksichtigen. Die für die zweite Dissoziationskonstante verschiedener zweibasischer Säuren gefundenen Zahlen[2]) unterstützen die von Massol gefundenen Werte, denn auch hier unterscheiden sich die für fünfgliedrige Ketten gefundenen Werte in keiner besonderen Weise von den übrigen. Es muß bemerkt werden, daß ein Steigen der zweiten Dissoziationskonstante darauf hindeutet, daß die Karboxylgruppen sich im Raume weiter voneinander entfernen.

		$K_2 \times 10^6$
Malonsäure	$COOH \cdot CH_2 \cdot COOH$	1·0
Bernsteinsäure	$COOH(CH_2)_2 \cdot COOH$	2·3
Glutarsäure	$COOH(CH_2)_3 \cdot COOH$	2·7
Adipinsäure	$COOH(CH_2)_4 \cdot COOH$	2·4
Pimelinsäure	$COOH(CH_2)_5 \cdot COOH$	2·6
Suberinsäure	$COOH(CH_2)_6 \cdot COOH$	2·5

Eine allgemeine Besprechung dieser Frage, insoweit sie halogensubstituierte Säuren betrifft, findet man in einer Abhandlung von Freer[3]). Es erscheint nicht notwendig, auf die Details dieser

---

1) Massol, Compt. rend. de l'Acad d. Sciences **130**, 130, 338 (1900).
2) R. A. Lehfeldt, Electro-Chemistry I, S. 112—117.
3) Freer, Liebigs Annal. d. Chem. u. Pharm. **319**, 345 (1901).

Arbeit näher einzugehen; die gefundenen Resultate sind im allgemeinen folgende:

$$\begin{array}{ccccccccc} - C & - & C & - & C & - & C & - & COOH \\ | & & | & & | & & | & & \\ \delta & & \gamma & & \beta & & \alpha & & \end{array}$$

Der Einfluß der Halogenatome auf die Karboxylgruppen kann als das Resultat zweier Faktoren betrachtet werden. Der erste Faktor beruht auf der Anzahl der Kohlenstoffatome in der Kette, da eine Verlängerung der Kette die Stärke der Säure reduziert. Der zweite Faktor betrifft die eigentliche Entfernung zwischen den Halogenatomen und der Karboxylgruppe im Raume und sein Einfluß zeigt sich in der Leichtigkeit, mit welcher Halogenatome in γ-Stellung hydrolysiert werden können. Wenn wir von der Wirkung des ersten Faktors allein schließen, so ist die γ-Stellung weiter von der Karboxylgruppe entfernt wie die α-Position. Ziehen wir aber den zweiten Faktor allein in Betracht, so ergibt sich das Gegenteil. Die δ-Chlor-, Brom- und Jodderivate der Valeriansäure zeigen im Vergleich zu den γ-Verbindungen eine geringere Anfangsgeschwindigkeit, so daß sich hier der Einfluß der Anzahl der Kohlenstoffatome in der Kette von selbst fühlbar macht. Die δ-Säuren hydrolysieren sich auch langsamer als die γ-Derivate, und da sowohl die δ- als auch β-Säuren eine geringere Aktivität besitzen als die entsprechenden γ-Säuren, so muß man annehmen, daß die γ-Stellung der α-Stellung räumlich näher liegt, als die β- oder δ-Stellungen.

Prager[1]) faßte das Problem von einer anderen Seite aus an. Er ging von der Tatsache aus, daß Phenol die Fähigkeit besitzt, sich mit Diazobenzol zu kuppeln; da er dieses Verhalten auf die Struktur des Phenols zurückführte, bemühte er sich nun eine entsprechend konfigurierte aliphatische Substanz zu finden, die er in der Form des Oxal-krotonsäureesters entdeckte. Denn beide haben, wie man aus nachfolgenden Formeln sehen kann, eine ziemlich ähnliche Struktur:

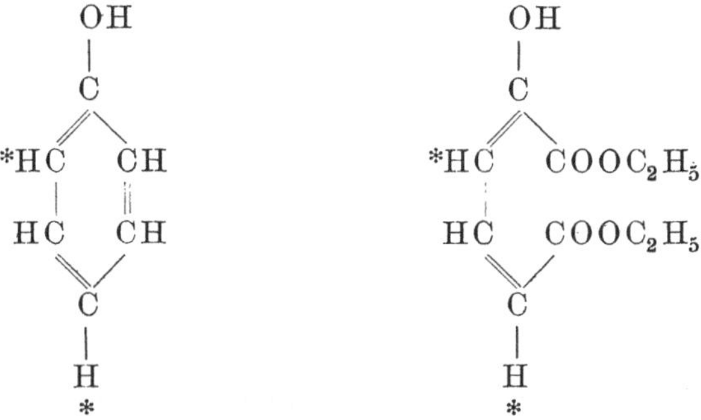

Er fand, daß Oxal-krotonsäureester mit Diazobenzol reagierte und daß zwei Wasserstoffatome desselben durch den Diazobenzolrest ersetzt werden konnten.

---

[1]) Prager, Liebigs Annal. d. Chem. u. Pharm. **338**, 360 (1905).

Diese beiden Atome sind mit Sternchen bezeichnet und zum Vergleiche sind auch in der Phenolformel die beiden ersetzbaren Atome auf diese Weise markiert. Allerdings ist bis jetzt noch kein Beweis geliefert worden, daß die besondere Gruppierung die Reaktion beeinflußt resp. veranlaßt, denn man könnte den Effekt auch der Gegenwart der doppelten Bindungen in beiden Substanzen zusprechen. Prager konnte allerdings zeigen, daß die Reaktion weder mit Krotonsäureester, $CH_3 \cdot CH : CH \cdot COOC_2H_5$, noch mit Sorbonsäure $CH_3 \cdot CH : CH \cdot CH : CH \cdot COOH$ vor sich geht, obwohl die letztere die gleiche Anordnung der doppelten Bindungen enthält wie obige Verbindungen; dadurch scheint es wohl sicher, daß sie allein diese Wirkung nicht hervorbringen können. Der einzige noch verbleibende Faktor wäre die Hydroxylgruppe; im Phenol tritt nun die Diazogruppe zunächst in die para-Stellung und dann in die ortho-Position; beim Oxal-krotonsäureester sind die Verhältnisse umgekehrt; dies kommt aber erst in zweiter Linie in Betracht; die Hauptsache ist, daß in beiden Verbindungen die Wasserstoffatome in derselben relativen Stellung in der Kette angegriffen werden. Wenn wir nun die Formel für Oxal-krotonsäureester in der Zickzackform schreiben, so finden wir tatsächlich kaum eine Ähnlichkeit mit dem Phenol, wenigstens ist die Ähnlichkeit beider Verbindungen bei weitem nicht so klar wie in den ersten zwei Formeln:

```
        OH                      OH
        |                       |
        C                       C — COOC₂H₅
      //  \                    //
  *HC      CH                 CH
    |      ||                 |
   HC      CH                 CH
      \\  /                  //
        C                   CH
        H                     \
        *                      COOC₂H₅
```

Dieser Beweis ist nicht sehr stark, er unterstützt aber immerhin die Ansicht, daß die kettenförmigen Verbindungen den entsprechenden zyklischen Verbindungen in bezug auf ihre Konfiguration gleichen. Der schwache Punkt liegt dabei in der stillschweigend gemachten Annahme, daß in dieser Reaktion die Konfiguration eine größere Rolle spielt als die Struktur. Baly und Stewart machten im Verlaufe einiger noch nicht publizierten Arbeiten eine Beobachtung, die, soweit sich bisher ergeben hat, nicht mit der Ansicht übereinstimmt, daß offene und geschlossene Ketten einander in ihrer räumlichen Konfiguration gleichen.

Hartley und Dobbie[1]) berichteten, daß Diketo-hexamethylen:

```
    CH₂ — CH₂
   /         \
 CO           CO
   \         /
    CH₂ — CH₂
```

1) Hartley und Dobbie, Trans. **73**, 598 (1898).

keine selektive Absorption zeigt. Da dieses Verhalten nicht mit den Anschauungen von Baly und Stewart übereinstimmte, wiederholten diese Autoren die Experimente mit einem Diketohexamethylen, das ihnen von W. H. Perkin jun. überlassen worden war. Die mit dieser Verbindung gefundenen Resultate differierten mit den von Hartley und Dobbie erhaltenen, denn man beobachtete im Spektrum ein langes Absorptionsband, dessen Kopf (Maximum der Absorption) bei $\lambda = 3550$ lag und das in einer $\frac{n}{10}$-Lösung bei einer Verkürzung seiner durchstrahlten Schicht von 20 mm bis auf 5 mm bestehen blieb; man beobachtete weiter, daß dieses Band verschwindet, sobald Salzsäure zu der Lösung hinzugefügt wird; wenn man nun die von Hartley und Dobbie angeführten Resultate beachtet, so scheint es möglich, daß ihrer Substanz, auf Grund der Darstellungsweise, noch Spuren von Schwefelsäure anhafteten, wodurch das Ausbleiben des Absorptionsbandes im Spektrum eine Erklärung finden würde.

Wenn wir nun die Formeln des Acetonylacetons und des Diketo-hexamethylens nebeneinander schreiben, so erkennt man bald, daß sie gleiche Form besitzen.

Man sollte demnach auch eine Ähnlichkeit in ihren Absorptionsspektren erwarten, wenn die Ansicht von Prager richtig ist. In der Tat existiert aber nur eine sehr geringe Ähnlichkeit in dieser Hinsicht zwischen beiden Verbindungen, denn das Diketo-hexamethylen besitzt ein Absorptionsband von großer Persistenz, das Band des Acetonylacetons ist dagegen bemerkenswert wegen seiner Seichtigkeit[1]). Die von Petrenko-Kritschenko erhaltenen Resultate stehen damit im Einklang, denn er fand, daß die Reaktionsfähigkeit der Karbonylgruppe im Acetonylaceton sehr gering ist im Vergleich mit jener des Diketo-hexamethylens.

Wenn wir demnach die Ansicht Pragers gelten lassen, d. h. also, daß die Konfiguration und nicht die Struktur die Reaktionsfähigkeit eines bestimmteu Radikals bedingt, so würde der spektroskopische Befund nicht für die zyklische Konfiguration einer Verbindung vom Typus des Acetonylacetons sprechen.

Es wurde bereits erwähnt, daß Heyl und Victor Meyer[2]) bei der Veresterung der Aconit- und Trikarballylsäure keine sterische Hinderung beobachteten; dies würde gleichfalls zugunsten einer

---

1) Stewart und Baly, Trans. **89**, 489 (1906).
2) Heyl und V. Meyer, Ber. d. deutsch. chem. Ges. **28**, 2776 (1895)

zyklischen Konfiguration der Kette sprechen; denn wenn wir die Formeln dieser beiden Säuren in zyklischer Form schreiben, so ersieht man, daß die Kohlenstoffatome der beiden Karboxylradikale in 1,5-Position zueinander liegen, aber von der dritten im Zentrum der Kette befindlichen Karboxylgruppe weit entfernt stehen.

$$\begin{array}{ccc} & COOH & \\ & | & \\ & C & \\ /\!/ & & \backslash \\ C & & CH_2 \\ & \backslash \quad / & \\ HOOC & & COOH \end{array} \qquad \begin{array}{ccc} & COOH & \\ & | & \\ & CH & \\ / & & \backslash \\ CH_2 & & CH_2 \\ & \backslash \quad / & \\ HOOC & & COOH \end{array}$$

Aconitsäure — Trikarballylsäure

Den stärksten Beweis zugunsten der zyklischen Form haben wir bereits in dem Kapitel über Kettenbildung mitgeteilt. Wenn wir die enorme Menge von Material in Betracht ziehen, welches zugunsten der dynamischen Hypothese gefunden wurde, so müssen wir sicher annehmen, daß eine besondere Beziehung zwischen den Positionen 1 und 5 oder 1 und 6 in einer Kohlenstoffkette existiert; da nun diese Stellungen von allen anderen am wahrscheinlichsten aneinander grenzen würden, falls die Kette eine zyklische Form besäße, so scheinen diese Verhältnisse in der Tat stark für die Annahme zu sprechen, daß die Kette eine zyklische Form annimmt, oder daß sie zum mindesten in sehr oft aufeinander folgenden Intervallen in diese Form vibriert.

Nunmehr müssen wir eine Reihe weiterer Experimente beschreiben, welche zu einem davon verschiedenen Schlusse führen.

Petrenko-Kritschenko und Konschin[1]), deren Resultate mit den von Evans erhaltenen, die am Ende dieses Kapitels noch beschrieben werden, verglichen werden sollten, haben folgende Reaktionsgeschwindigkeiten bestimmt: a) zwischen Glykol-mono-chlorhydrin und Kaliumhydroxyd und b) zwischen Alkyldibromiden und Zinkstaub:

$$\begin{array}{l} CH_2 \cdot Cl \\ | \\ (CH_2)_n \\ | \\ CH_2 \cdot OH \end{array} \xrightarrow{KOH} \begin{array}{l} CH_2 \diagdown \\ | \\ (CH_2)_n \quad \rangle O \\ | \\ CH_2 \diagup \end{array}$$

$$\begin{array}{l} CH_2 \cdot Br \\ | \\ (CH_2)_n \\ | \\ CH_2 \cdot Br \end{array} \xrightarrow{Zn} \begin{array}{l} \diagup CH_2 \\ (CH_2)_n \quad | \\ \diagdown CH_2 \end{array}$$

1) Petrenko-Kritschenko und Konschin, Liebigs Annal. d. Chem. u. Pharm. **342**, 51 (1905).

Die Konstanten wurden nach der gewöhnlichen Gleichung für bimolekulare Reaktionen berechnet. Die dabei benutzte Methode und die erhaltenen Resultate sind unten angegeben.

Ein Milligramm-Molekül des Chlorhydrins und ein Milligramm-Molekül Kaliumhydrat wurden in 100 ccm wässerigen Alkohol gelöst und zwar in einer solchen Konzentration, daß nach erfolgter Mischung des Alkalis und Chlorhydrins die Menge des Alkohols in der Lösung 54 % betrug. Die bei der Temperatur von 24·9° C durchgeführten Untersuchungen ergaben folgende Werte:

	t Min.	X %	K
Äthylenchlorhydrin $CH_2Cl \cdot CH_2OH$ . .	15	16·85	0·01351
	30	29·60	0·01401
	45	37·39	0.01327
	60	43.62	0·01289
γ-Pentylen-chlorhydrin $CH_3 \cdot CHCl \cdot CH_2 \cdot CH_2 \cdot CH_2OH$ . .	15	4·15	—
	30	5·19	0·00076
	45	6·75	0·00097
	60	7·78	0·00091

In einer weiteren Versuchsreihe wurde die Methode in geringer Weise verändert. Ein Milligramm-Molekül des Chlorhydrins wurde mit 10 Milligramm-Molekülen Kalihydrat in 100 ccm wässerigem Alkohol gslöst und zwar so, daß die Alkoholkonzentration nach der Mischung 48 % betrug. Die Temperatur war auch in diesem Falle 24·9° C:

	t Min.	X %	K
Trimethylenchlorhydrin $CH_2Cl \cdot CH_2 \cdot CH_2OH$	30	0·52	0·00017
	45	1·04	0·00021
	60	1·56	0·00026
γ-Pentylenchlorhydrin	30	21·29	0·00854
	45	28·56	0·00858
	60	32·70	0·00763
δ-Hexylen-chlorhydrin $CH_3 \cdot CHCl \cdot CH_2 \cdot CH_2 \cdot CH_2 \cdot CH_2OH$.	30	10·4	0·00041
	45	10·9	0·00041
	60	11·0	0·00028

Unter den gleichen Bedingungen, aber bei der Temperatur von 69·7°, wurden folgende Resultate erhalten:

	t Min.	X %	K
Trimethylenchlorhydrin	15	2·08	0·00142
	30	4·15	0·00144
	45	6·23	0·00147
	60	7·78	0·00140

	t Min.	X %	K
δ-Hexylenchlorhydrin (undestilliert) . .	15	21·8	—
	30	23·9	0·00235
	45	25·44	0·00208
	60	25·44	0·00135
δ-Hexylenchlorhydrin (destilliert)	15	11·41	—
	30	14·54	0·00275
	45	16·60	0·00234
	60	18·17	0·00207

Aus diesen Resultaten folgert Petrenko-Kritschenko, daß eine plötzliche Erniedrigung der Reaktionsgeschwindigkeit eintritt, wenn die α-Verbindung durch die β-Verbindung ersetzt wird; daß dagegen keine große Differenz zwischen den anderen Gliedern der Reihe existiert, höchstens daß die γ-Verbindung eine etwas höhere Reaktionsgeschwindigkeit zu besitzen scheint wie seine Nachbarn.

Bei Durchführung der Reaktion zwischen Alkyldibromiden und Zinkstaub wurde folgende Methode angewendet: Ein Milligramm-Molekül des Dibromids und ein Milligramm-Atom Zinkstaub wurden in einer Flasche mit 100 ccm 50%igem Alkohol gemischt und durch eine resp. sechs Stunden in Wasser bei einer Temperatur von 18 bis 19° geschüttelt. Nach Verlauf dieser Zeit wurde die Menge des Reaktionsproduktes bestimmt und dabei folgende Resultate erhalten:

		1 St. %	6 St. %
Äthylenbromid	$CH_2Br \cdot CH_2Br$	19·87	—
Propylenbromid	$CH_2 \cdot CHBr \cdot CH_3$	20·87	53·58
Trimethylenbromid	$CH_2Br \cdot CH_2 \cdot CH_2Br$	2·02	2·60
γ-Pentylenbromid	$CH_3 \cdot CHBr \cdot CH_2 \cdot CH_2 \cdot CH_2Br$ . .	1·80	1·55
Pentamethylenbromid	$CH_2Br \cdot CH_2 \cdot CH_2 \cdot CH_2 \cdot CH_2Br$ . .	1·25	1·04
δ-Hexylenbromid	$CH_2Br \cdot CH_2 \cdot CH_2 \cdot CH_2 \cdot CHBr \cdot CH_3$.	1·92	—
Zwei Moleküle Methylbromid		0·3	—

Die etwas eigentümlichen Zahlen der 6 Stunden-Reihe sind auf die Gegenwart von Zinkoxyd im Zinkstaub zurückzuführen. Auch hier sind die Ausbeuten bei der Reaktion zwischen Atomen in α-Stellung weit größer als jene bei Atomen in der γ-Stellung.

Argumente, welche sich auf die Bildung zyklischer Verbindungen stützen, können in diesem speziellen Falle immerhin täuschen; denn in den meisten Fällen können wir nur die Stabilität des Ringes bestimmen, nachdem er gebildet ist; die Energiemenge, welche notwendig war, den Ring zu schließen, ist aber davon ganz verschieden.

Im Falle der Malein- und Fumarsäure können wir z. B. die Energiemenge bestimmen, welche erforderlich ist, um die zur Ringbildung ungeeignete Form der Fumarsäure in die zur Anhydridbildung begünstigtere Form der Maleinsäure überzuführen. Wir können ferner die zur Umwandlung der Säure in das Anhydrid notwendige Energiemenge bestimmen. Wir können in diesem Falle auch den Prozeß umkehren und die Stabilität des Anhydridringes feststellen, sowie die bei der Umwandlung von Maleinsäure in Fumarsäure frei werdende Energie bestimmen. Wir sind in diesem Falle in der Lage, diese Werte zu bestimmen, da jedes der intermediären Produkte eine stabile Substanz ist, mit der wir als solche arbeiten können. Wenn wir dagegen den Unterschied feststellen sollen zwischen der Energiemenge (a), welche notwendig ist, um ein Lakton aus einer Säure zu bilden, deren Atome im Raume zickzackförmig angeordnet sind, und der Energiemenge (b), die notwendig ist, um das Lakton zu bilden, nachdem die Atome der Säure in eine mehr oder weniger zyklische Form gebracht worden sind, so können wir es nicht, da wir keine experimentelle Methode zur Feststellung dieser Werte besitzen. Die zyklische Form, einmal gebildet, kann ebenso unbeständig sein wie die Zickzackform; wir haben kein Mittel, um festzustellen, ob dem so ist oder nicht, und vor allen Dingen ist es uns unmöglich, die intermediäre Verbindung zu isolieren. Mit Ausnahme von Petrenko-Kritschenko scheinen alle, die das Problem angegriffen haben, diese Verhältnisse nicht richtig beachtet zu haben; denn es scheint doch, daß zur Bildung einer ringförmigen Verbindung zwei Operationen notwendig sind: 1. die Atomkette muß zunächst in eine zyklische Form gebracht werden und 2. der Ring muß durch Zusammentritt der beiden Kettenenden gebildet werden. Die für jede einzelne Operation notwendigen Energiemengen sind aber unabhängig voneinander.

Das uns in dieser Hinsicht gegenwärtig zur Verfügung stehende Material ist noch zu geringfügig, um irgend eine Behauptung aufzustellen; alles, was wir über diese Verhältnisse mit einiger Sicherheit sagen können, kann mit wenigen Worten zusammengefaßt werden. Wir wissen, daß fünf- und sechsgliedrige Ringe stabiler sind als jene, welche mehr oder weniger Kohlenstoffatome enthalten; demnach erscheint es wahrscheinlich, daß in den normalen Kettenverbindungen jene mit fünf und sechs Kohlenstoffatomen leichter in zyklische Konfigurationen gebracht werden können als solche mit weniger als fünf Atomen, wenn in jedem Falle die aufgewandte Energiemenge die gleiche ist. Daraus dürfen wir aber nun keinesfalls schließen, daß eine solche zyklische Anordnung der Atome unbeweglich ist, sondern im Gegenteil, eine solche Annahme würde ganz ungerechtfertigt erscheinen; denn wenn wir die äußeren Einflüsse in Betracht ziehen, welche in der verschiedensten Weise jederzeit auf ein gegebenes Molekül einwirken können, so erscheint es im höchsten Grade unwahrscheinlich, daß irgend eine Atomanordnung eine starre Konfiguration für eine auch nur bestimmbare Zeit bewahren könnte.

§ 2. Methoden, durch welche die Konfiguration von Molekülen ohne Zuhilfenahme der optischen Aktivität bestimmt werden kann.

Wir müssen nun zu dem zweiten Teile dieser Betrachtungen übergehen und die Mittel und Wege besprechen, mit deren Hilfe wir fähig sind, gewisse Konfigurationen von Verbindungen mit offenen Ketten zu bestimmen. Bei den Zuckern konnten wir, wie man sich erinnern wird, die optischen Eigenschaften der Substanzen zu diesem Zwecke verwenden, jetzt, wo wir es mit Verbindungen zu tun haben, welche kein optisches Drehungsvermögen besitzen, wird die Sache viel komplizierter; in den meisten Fällen ist die Konfigurationsbestimmung überhaupt unmöglich, da die uns zur Verfügung stehenden Mittel ungenügend sind. Selbst wenn wir gewisse Anschauungen und Ansichten aussprechen, so kann dies nur in einer rein versuchenden Form geschehen. Es ist deshalb zu beachten, daß die im nachfolgenden Teile gegebenen Resultate nur Ausnahmefälle sind, bei denen irgend welche besonderen Eigenschaften der Substanzen uns in den Stand setzen, ihnen gewisse Konfigurationen als wahrscheinlich zuzusprechen.

Zunächst wollen wir die von Bruni[1]) aus der Bildung von festen Lösungen abgeleiteten Folgerungen besprechen. Nach seiner Ansicht werden zwei organische Verbindungen von analoger Struktur nur dann eine feste Lösung bilden, wenn ihre Konfigurationen ähnlich sind. Nun findet er z. B. bei der Bestimmung der Molekulargewichte von Malein- und Fumarsäureester in einer Lösung von Bernsteinsäureester, nach der kryoskopischen Methode, für Maleinsäureester einen normalen Wert von 149·5—164 (berechnet 144) bei Fumarsäureester dagegen den abnormen Wert von 797—914. Daraus schließt er, daß die Konfiguration des Bernsteinsäuremoleküls weit mehr der Fumarsäure als der Maleinsäure gleicht. Somit würden in der Bernsteinsäure die Karboxylgruppen so weit als möglich voneinander entfernt liegen, eine Frage, mit der wir uns später noch von einem anderen Standpunkt aus beschäftigen werden. In derselben Weise schließt er, daß das Stilben dem Azobenzol in seiner Konfiguration gleicht. Es ist wahrscheinlich, daß dem Azobenzol die trans-Konfiguration zukommt:

$$\begin{array}{lll} C_6H_5 - N & & \\ & \| & \\ & N - C_6H_5 & \end{array}$$

so daß dem Stilben gleichfalls die trans-Form zukäme:

$$\begin{array}{rcl} C_6H_5 - & C & - H \\ & \| & \\ H - & C & - C_6H_5 \end{array}$$

Krotonsäure scheint zur Buttersäure im gleichen Verhältnis zu stehen wie Fumarsäure zur Bernsteinsäure, während Iso-krotonsäure

[1]) Bruni, Über feste Lösungen. (Ahrens, Sammlung chem. u. chem.-techn. Vortr. Bd. VI.)

zur Buttersäure im gleichen Verhältnis steht wie Maleinsäure zur Bernsteinsäure. Demnach würde Krotonsäure die fumaroide Konfiguration besitzen und die sechs Verbindungen sich folgendermaßen darstellen lassen:

Buttersäure	Krotonsäure	Isokrotonsäure
$CH_3 - CH - H$ $\vert$ $H - CH - COOH$	$CH_3 - C - H$ $\Vert$ $H - C - COOH$	$H - C - CH_3$ $\Vert$ $H - C - COOH$

Bernsteinsäure	Fumarsäure	Maleinsäure
$COOH - CH - H$ $\vert$ $H - CH - COOH$	$COOH - C - H$ $\Vert$ $H - C - COOH$	$H - C - COOH$ $\Vert$ $H - C - COOH$

Die Konfiguration der Phenylpropionsäure wurde in ähnlicher Weise abgeleitet und zwar aus der Tatsache, daß sie mit Zimtsäure vom Schmp. 133° eine feste Lösung gibt, dagegen keine mit Allozimtsäure vom Schmp. 69° bildet. Da man der letzteren die maleinoide Form zuspricht, würde demnach die Phenylpropionsäure eine fumaroide Konfiguration besitzen. Es sind noch einige derartige Beispiele bekannt, doch erscheint es nicht nötig, sie im Detail zu beschreiben.

Wir haben bereits bei dem Problem über Verkettungen die Wichtigkeit der Dissoziationskonstanten organischer Säuren gezeigt; im folgenden werden wir eine Anwendung derselben auf das vorliegende Problem finden. Wenn wir die Dissoziationskonstanten einbasischer Säuren mit denen ihrer Alkylderivate vergleichen, so finden wir, daß, je mehr Alkyle in das Molekül eingeführt werden, um so stärker die Dissoziationskonstante erniedrigt wird. Z. B. gibt die Essigsäurereihe folgende Zahlen:

		$K \times 10^5$
Ameisensäure	$H \cdot COOH$	0·021
Essigsäure	$CH_3 \cdot COOH$	0·0018
Propionsäure	$CH_3 \cdot CH_2 \cdot COOH$ . .	0·0013
Isobuttersäure	$(CH_3)_2 \cdot CH \cdot COOH$ . .	0·0014
Trimethylessigsäure	$(CH_3)_3 \cdot C \cdot COOH$ . . .	0·000978

Derselbe Einfluß macht sich bei der Malonsäurereihe bemerkbar, wie die Untersuchung von Walker[1]) ergab:

		$K \times 10^5$
Malonsäure	$CH_2(COOH)_2$	0·158
Methylmalonsäure	$CH_3 \cdot CH \cdot (COOH)_2$ . .	0·086
Dimethylmalonsäure	$(CH_3)_2 \cdot C \cdot (COOH)_2$ . .	0·076

Wenn wir aber zu der Bernsteinsäurereihe übergehen, finden wir diese Regel nicht mehr zutreffend. Es sei darauf hingewiesen,

---

1) Walker, Trans. **61**, 696 (1892).

daß die disubstituierten Bernsteinsäuren, gleich den Weinsäuren, in verschiedenen stereoisomeren Formen existieren, deren Konfiguration durch folgende Formeln dargestellt werden können:

```
        X   Y                      X   H
        |   |                      |   |
COOH — C — C — COOH        COOH — C — C — COOH
        |   |                      |   |
        H   H                      H   Y
      anti-Form                  para-Form
```

Die Dissoziationskonstanten verschiedener substituierter Bernsteinsäuren, teilweise von Walden[1]) und später mit reineren Substanzen von Bone und Sprankling[2]) bestimmt, sind folgende:

	K (Walden)	K Bone und Sprankling
Bernsteinsäure	0·0068	
Isopropylbernsteinsäure	0·0075	
Äthylbernsteinsäure	0·0085	
Methylbernsteinsäure	0·0086	0·00854
Isobutylbernsteinsäure	0·0088	
Propylbernsteinsäure	0·0091	
Allyl-bernsteinsäure	0·0109	
Dimethyl-bernsteinsäure (para) . .	0·0191	0·0196
Dimethyl-bernsteinsäure (anti) . .	0·0123	0·01235
Äthyl-methylbernsteinsäure (para) .	0·0207	
Äthyl-methylbernsteinsäure (anti) .	0·0201	
Trimethylbernsteinsäure	0·0307	0·0321
Propyl-dimethyl-bernsteinsäure . .	0.0551	
Äthyldimethyl-bernsteinsäure . .	0·0556	
Tetramethylbernsteinsäure . . .	0·0314	

In diesem Falle bringt die Substitution, wie man aus den Zahlen ersehen kann, die entgegengesetzte Wirkung hervor, denn die Leitfähigkeit steigt mit der Einführung weiterer Alkylgruppen, statt, wie in den früheren Beispielen, zu fallen. Nun bedeutet aber eine Erhöhung der Leitfähigkeit einer zweibasischen Säure im allgemeinen eine räumliche Annäherung der Karboxylgruppen, denn z. B. die Leitfähigkeit der Phtalsäure ist größer wie jene der Isophtalsäure und Maleinsäure hat gleichfalls eine höhere Affinitätskonstante als Fumarsäure:

	$K \times 10^5$
Phtalsäure	0·121
Isophtalsäure	0·029
Maleinsäure	1·17
Fumarsäure	0·093

1) Walden, Zeitschr. f. physikal. Chem. **8**, 433 (1891).
2) Bone und Sprankling, Trans. **75**, 839 (1899).

Es ist demnach wahrscheinlich, daß die Substitution in diesem Falle eine Annäherung der Karboxylradikale bewirkt, so daß diese in den alkylierten Bernsteinsäuren näher beisammen liegen, wie in der ursprünglichen Substanz. Aus den von Bruni erhaltenen Resultaten sind wir zu dem Schlusse berechtigt, daß der Bernsteinsäure die fumaroide Form zukommt, so daß die beiden Karboxylgruppen so weit als möglich in dem Molekül entfernt liegen. Die Substitution bedingt ersichtlich eine Änderung in die maleinoide Form; während diese nun bei den ungesättigten Verbindungen auf einmal erfolgt, wird diese Änderung bei den gesättigten Verbindungen infolge der freien Rotation der Kohlenstoffatome um ihre Achse, ganz allmählich bewirkt; jede neu eingeführte Gruppe schiebt gewissermaßen die Karboxylgruppen um ein kleines Stück näher aneinander. Auf diese Weise können wir aus den Affinitätskonstanten einige Informationen über die Konfiguration dieser Säuren erhalten.

Evans[1]) versuchte die Konfiguration verschiedener Chlorhydrine zu bestimmen und zwar durch Vergleich der Geschwindigkeit, mit welcher Chlorwasserstoff aus denselben unter gleichen Bedingungen frei wird. Er benutzte dabei folgende Methode. Äquimolekulare Mengen von Monchlorhydrin und Kaliumhydroxyd wurden in verdünnter Lösung gemischt und die nach gewissen Zeiträumen entstandenen Mengen Kaliumchlorid bestimmt. Da gleichzeitig noch sekundäre Reaktionen eintreten, variierten die nach der Gleichung für bimolekulare Reaktionen berechneten Koeffizienten mehr oder weniger; er war daher gezwungen zu Extrapolationen Zuflucht zu nehmen, um genauere Resultate zu erhalten, wodurch er zu folgenden Werten gelangte:

Geschwindigkeitskonstante von	24·5° C	34° C	43·6° C
$CH_2Cl \cdot CH_2 \cdot OH$	0·0068	0·0193	0·0523
$CH_3 \cdot CHCl \cdot CH_2 \cdot OH$	0·049	0·147	0·031
$(CH_3)_2 : CCl \cdot CH_2 \cdot OH$	1·73	4·70	11·00
$(CH_3)_2 : CCl \cdot CH \cdot (CH_3) \cdot OH$ . . .	1·93	5·00	9·40
$CH_2Cl \cdot CH \cdot (OH) \cdot CH_2Cl$	0·76	2·27	6·70
$CH_2Cl \cdot CHCl \cdot CH_2 \cdot OH$	0·32	0·54	0·96
$CH_2Cl \cdot CH_2 \cdot CH_2 \cdot OH$.	Praktisch unzersetzt		

Diese Resultate wurden in folgendem Sinne gedeutet:

Evans geht von der Annahme aus, daß die Geschwindigkeit der Reaktion:

$$R\langle{}^{CH_2 \cdot OH}_{Cl} = R\langle{}^{CH_2}_{O}\!\!| + HCl$$

1) Evans, Zeitschr. f. physikal. Chem. 7, 337 (1891).

hauptsächlich beeinflußt wird durch die Distanz, welche das Chloratom von der Hydroxylgruppe trennt. Die stereochemischen Formeln der Chlorhydrine müssen daher in Einklang gebracht werden mit den von ihm gefundenen Reaktionsgeschwindigkeiten. Auf diese Weise kam er zu den Konfigurationen, die wir nun beschreiben werden. Evans nennt zunächst eine Ebene, welche durch die Schwerpunkte aller Kohlenstoffatome in der Kette (die durch Tetraeder dargestellt sind) geht, eine Hauptebene. Im Äthylenchlorhydrin liegt das Chloratom und die Hydroxylgruppe in einer von diesen Hauptebenen, aber diametral entgegengesetzt, wie man aus der Figur 50 ersieht.

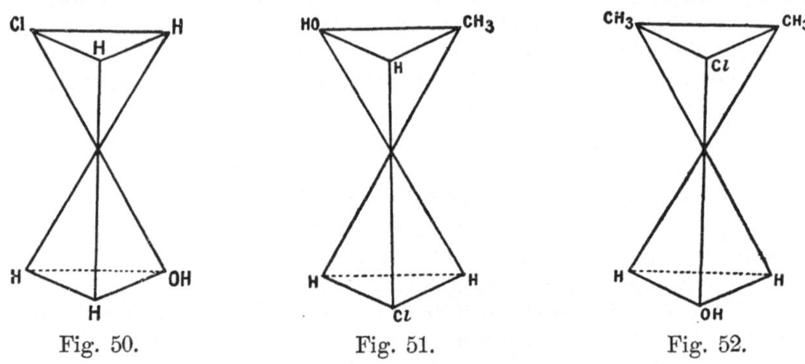

Fig. 50. Fig. 51. Fig. 52.

Im Mono-methyl-äthyl-chlorhydrin liegen die beiden Gruppen nicht mehr in einer Hauptebene, sondern sind in der aus Fig. 51 ersichtlichen Weise angeordnet.

Für das Dimethyl-äthylen-chlorhydrin ist die Konfiguration, wie sie Fig. 52 zeigt, in der das Chloratom und die Hydroxylgruppe in einer Hauptebene liegen, von Evans ausgewählt worden.

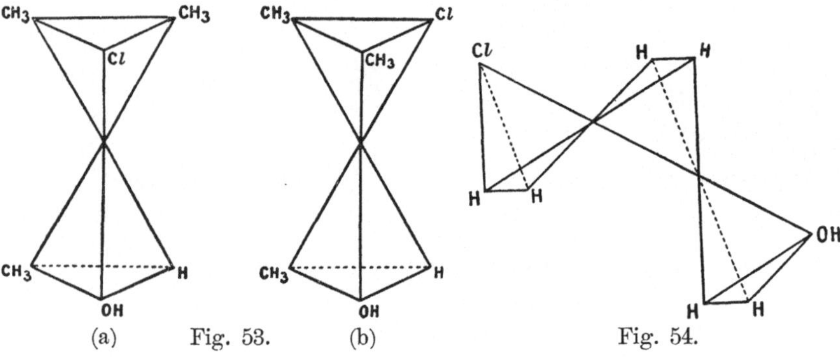

(a) Fig. 53. (b) Fig. 54.

Die Figuren 53 (a) und (b) entsprechen zwei möglichen Konfigurationen des Trimethyl-äthylen-chlorhydrins.

Im Trimethylen-chlorhydrin liegen das Cl-atom und die OH-gruppe wieder in einer Hauptebene, s. Fig. 54.

Von den zwei Dichlorhydrinen kommt nach Evans dem symmetrischen die Konfiguration nach Fig. 55 zu; dem unsymmetrischen dagegen die aus Fig. 56 ersichtliche.

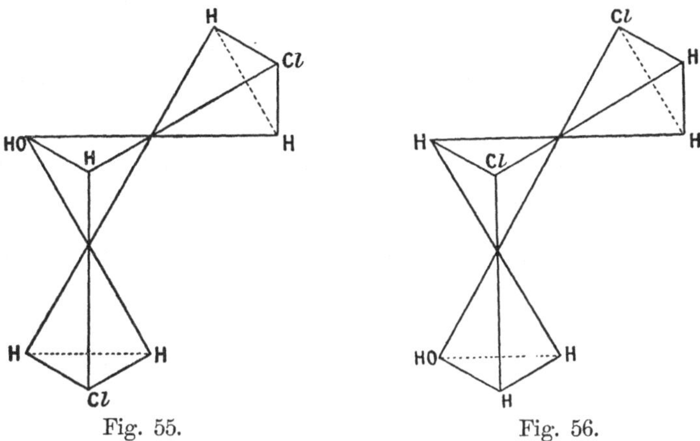

Fig. 55. Fig. 56.

Wenn wir nun diese Figuren näher studieren, so sehen wir, daß die relative Distanz zwischen dem Chloratom und dem Hydroxyl durch die starke Linie in den folgenden vier Figuren ausgedrückt werden kann:

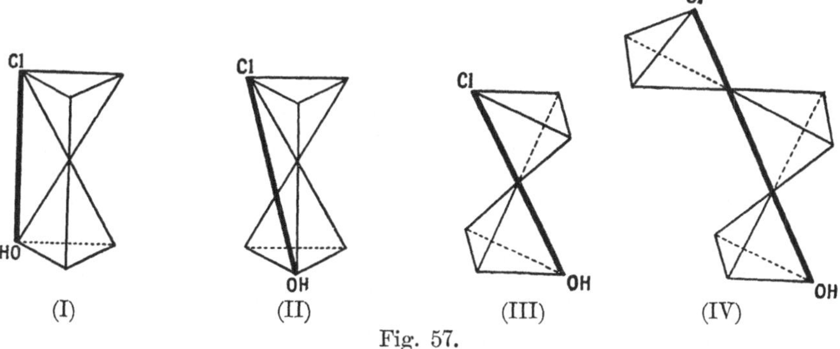

(I) (II) (III) (IV)

Fig. 57.

Ein Vergleich mit den experimentellen Resultaten ergibt, wenn wir die Konfiguration (I) dem Dimethyl-äthylenchlorhydrin, (II) dem Monomethyl-äthylenchlorhydrin, α-Dichlorhydrin und β-Dichlorhydrin, (III) dem Äthylenchlorhydrin und (IV) dem Trimethylchlorhydrin zuschreiben, eine Reihe von Konfigurationen, welche ganz gut mit dem experimentellen Befunde übereinstimmen. Trimethyl-äthylen-chlorhydrin kann sein (I) oder (II). Es ist bemerkenswert, daß im β-Dichlorhydrin nur eines der Chloratome wirksam ist.

Es ist recht eigentümlich, daß Evans und Petrenko-Kritschenko, von verwandten Resultaten ausgehend, zu einem gerade entgegengesetzten Schlusse gelangen. Evans findet in seinen Experimenten einen endgültigen Beweis für die halbkreisförmige Anordnung der drei Kohlenstoffatome, während Petrenko-Kritschenko aus ähnlichen Daten schließt und dabei obige Annahme verneint.

Hiermit haben wir die Übersicht über das Problem der Konfigurationsbestimmung optisch inaktiver Verbindungen beendet. Wir haben dabei gesehen, daß wir ohne Beihilfe des Polarimeters nicht imstande sind, einen großen Fortschritt zu erreichen. Wahrscheinlich würde man eine größere Aussicht auf Erfolg haben, wenn die Arbeiten bei sehr niedrigeren Temperaturen durchgeführt werden könnten; denn unter diesen Bedingungen kann man auf eine größere Stabilität der Konfigurationen schließen. Bevor nicht derartige Methoden angewendet werden, dürfte das Problem kaum in obiger Weise gelöst werden.

V. Die Raumformeln des Benzols.

Es würde unmöglich sein im Rahmen dieses Kapitels eine vollständige Übersicht der Geschichte der Benzolformeln zu geben; das einzige was wir tun können, ist, die hervorspringendsten Punkte der wichtigeren Benzolformeln, die zu irgend einer Zeit aufgestellt wurden, zusammen zu fassen und zu zeigen, wo sie mit der Theorie übereinstimmen und wo sie differieren.

Zunächst wird es notwendig sein die Forderungen und Bedingungen zu betrachten, welche eine Raumformel des Benzols erfüllen muß; jene Eigenschaften der Verbindung, welche nicht direkt auf räumliche Verhältnisse Bezug haben, werden dabei nicht erwähnt.

Es ist wohl kaum notwendig darauf hinzuweisen, daß der einzige Grund für die Aufstellung einer Raumformel für irgend eine Verbindung in der Hoffnung liegt, daß eine solche Formel die Eigenschaften und Reaktionen der betreffenden Substanz in einer besseren Weise verständlich macht, als eine gewöhnliche Strukturformel.

§ 1. Über die Möglichkeit molekulare Asymmetrie durch Substitution hervorzurufen.

Wenn man die verschiedenen möglichen Raumformeln des Benzols betrachtet, so erscheint eine Klassifikation derselben höchst wünschenswert; die einfachste Methode einer Einteilung dürfte die Zusammenstellung der Formeln mit Hinsicht auf die Lage ihrer Kohlenstoffe sein, nämlich ob diese in einer Ebene liegen oder nicht.

Diese Frage erhob sich schon sehr früh in der Geschichte der Stereochemie und da viele Versuche durchgeführt wurden, um festzustellen, welche von den Konfigurationen die tatsächlich dem Benzol zukommende ist, so soll eine kurze Übersicht über diese Untersuchungen hier gegeben werden.

Es ist ohne weiteres einleuchtend, daß keine optische Aktivität in den Benzolverbindungen auftreten kann, wenn alle Wasserstoffatome des Benzols in einer Ebene liegen, da ja in diesem Falle keine Enantiomorphie möglich ist, auch dann nicht, wenn Substitutionsprodukte vorliegen. Wenn dagegen die Prismenformel oder eine ihr ähnliche dem Benzol entsprechen würde, so sollten ortho-Substitutionsprodukte auch in optisch aktiven Formen möglich sein. Le Bel[1]) versuchte aktives o-Toluidin zu isolieren. Lewkowitsch[2]) machte den Versuch mit zwei Methylsalizylsäuren; Victor Meyer und Lühn[3]) benutzten Nitro- und Formyl-thymotinsäure; während H. O. Jones und Kewley[4]) di- und trisubstituierte Amidobenzolderivate mit Hilfe von d-Kamphersulfonsäure zu spalten versuchten. Alle blieben ohne Erfolg und man hat daraus gefolgert, daß keine Asymmetrie im Benzol gebildet werden kann, selbst wenn alle im Benzolkern gebundenen Gruppen untereinander verschieden sind. Die einzig mögliche Erklärung scheint demnach in der Annahme zu liegen, daß alle Wasserstoffe des Benzols in einer Ebene gelagert sind.

Es gibt allerdings noch einen anderen Gesichtspunkt zur Beurteilung dieser Frage.

Fischer[5]) hat gezeigt, „daß zur Erzeugung einer chemischen Wirkung Enzyme und Glukoside gewissermaßen wie Schloß und Schlüssel zueinander passen müssen“ und Winther[6]) hat einen ähnlichen Ausspruch in bezug auf die Spaltung mit Hilfe aktiver Basen gemacht. Bei aliphatischen Verbindungen können wir annehmen, daß alle Kohlenstoffatome in einer Ebene liegen, oder daß sie zum mindesten in eine solche gebracht werden können, ohne die innere Struktur des Moleküls zu stören. Wenn dagegen die Kohlenstoffatome des Benzols nicht in einer Ebene liegen, auch nicht in eine solche durch einfache Verschiebung der Atome untereinander gebracht werden können, so wäre es immerhin möglich, daß ein solcher Unterschied von der gewöhnlichen Struktur genügen kann, um eine Spaltung nach den gewöhnlichen Methoden zu vereiteln, so daß es zur Trennung der Benzolderivate in optisch aktive Isomere vielleicht einer bisher noch nicht aufgefundenen Methode bedarf.

Andererseits kann man annehmen, daß sich die Kohlenstoffatome des Benzolmoleküls in einem Zustand der Vibration befinden, in welchem sich ihre Zentren in einem gegebenen Moment in einer Ebene befinden, im nächsten Moment aber einige Atome aus dieser Ebene herausschwingen und eine neue Lage im Raume einnehmen, aus der sie wieder in die ursprüngliche Ebene zu den anderen Atomen zurückkehren können. Ein solches Vibrationssystem würde drei-dimensional sein und dennoch könnte eine asymmetrische Substitution keine optische Aktivität hervorrufen; denn angenommen, daß eine räumlich asymmetrische Substanz gebildet werden könnte, so würden ihre

---

1) Le Bel, Bull. Soc. chim. (**2**), **38**, 98 (1882).
2) Lewkowitsch, Trans. **53**, 791 (1888). Vergl. Ber. d. deutsch. chem. Ges. **16**, 1576 (1883).
3) V. Meyer und Lühn, Ber. d. deutsch. chem. Ges. **28**, 2795 (1895).
4) Jones und Kewley, Proc. Camb. Phil. Soc. **12**, 122 (1904).
5) Fischer, Ber. d. deutsch. chem. Ges. **27**, 2992 (1894).
6) Winther, ibid. **28**, 3000 (1895).

Atome durch die ebene Phase, in der die Substanz inaktiv ist, hindurch auch in die enantiomorphe Form schwingen; eine solche Substanz ließe sich aber mit unseren heutigen Hilfsmitteln nicht in optisch aktive Komponenten zerlegen.

Da diese Frage also noch nicht gelöst erscheint, sollen auf den folgenden Seiten beide Arten von Benzolformeln besprochen werden.

§ 2. Forderungen, welche eine Raumformel des Benzols erfüllen muß.

Irgend eine Raumformel des Benzolmoleküls muß folgenden Tatsachen Rechnung tragen:

1. Der Gleichwertigkeit der sechs Kohlenstoffatome.
2. Der Gleichwertigkeit der sechs Wasserstoffatome.
3. Der Existenz nur eines einzigen mono-Substitutionsproduktes, dreier Disubstitutionsderivate usw.
4. Der Existenz von Di-, Tetra- und Hexahydroderivaten.
5. Den Beziehungen zwischen Wasserstoffatomen in ortho- und para-Stellung einerseits und zwischen zwei Wasserstoffatomen in meta-Stellung andererseits.
6. Daß sechs Wasserstoffatome notwendig sind, um den Benzolkern zu bilden.
7. Dem Unterschied zwischen aromatischen und aliphatischen Verbindungen (aromatischer Charakter).

   Zu diesen kann noch eine weitere Forderung hinzugefügt werden, falls die Ansichten Pasteurs und van't Hoffs berücksichtigt werden.
8. Das Molekül muß eine Symmetrieebene besitzen.

§ 3. Diskussion der Benzolformeln.

Es erscheint am einfachsten, die Formeln nach folgender Einteilung zu ordnen und zu besprechen:

1. Formeln, in denen die Zentren aller Kohlenstaffatome in einer Ebene liegen.
2. Formeln, in denen die Zentren der Kohlenstoffatome in zwei parallelen Ebenen liegen.

1. Formeln, in denen die Zentren aller Kohlenstoffatome in einer Ebene liegen. Die erste dieser Raumformeln, welche erst in jüngster Zeit von Graebe[1]) angenommen wurde, wird gebildet, indem man einfach sechs Tetraeder zusammenlegt und zwar in der von der Kekuléschen Formel angegebenen Weise.

Es ist leicht ersichtlich, daß diese Formel genau denselben Nachteil besitzt, wie die ebene Formel, denn die Positionen 1,2 und 1,6 sind verschieden, und somit zwei ortho-Substitutionsprodukte möglich. Wendet man aber Kekulés Vibrationshypothese auf diese Formel

---

[1]) Graebe, Ber. d. deutsch. chem. Ges. **35**, 526 (1902).

an, so schwindet diese Schwierigkeit. Nehmen wir z. B. an, daß die Ecken der Tetraeder im Hintergrunde des Modells immer in Kontakt bleiben, während jene im Vordergrund bald nach rechts und bald

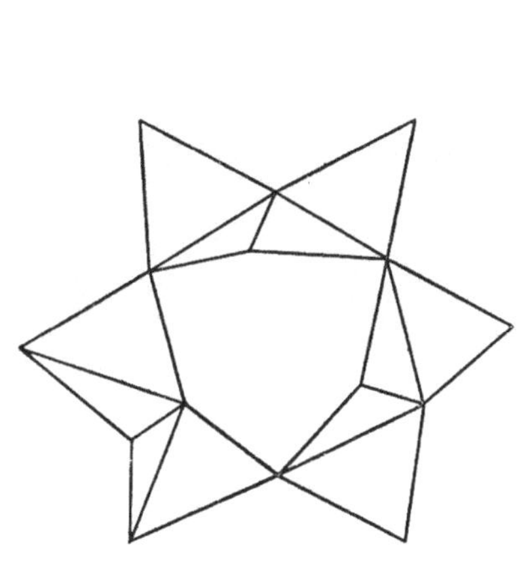

Fig. 58.

Fig. 59.

nach links vibrieren, so erhalten wir eine räumliche Darstellung der Kekuléschen Vibrationsformel, welche alle Vorteile der ebenen Formel besitzt, aber auch keine mehr.

Eine etwas ähnliche Formel wurde von Wunderlich vorgeschlagen [1]).

Einen zweiten Typus einer Raumformel, in welcher die Zentren aller Kohlenstoffatome in einer Ebene liegen, bildet die von Marsh [2]), v. Baeyer [3]), Lohschmidt [4]) und Erlenmeyer jun. [5]) aufgestellte Formel. Eine Kritik derselben durch Thiele [6]) kann hier nicht ausführlicher wiedergegeben werden; nur die Haupteinwände derselben seien erwähnt. Das Modell wird konstruiert, indem man sechs Tetraeder auf einer sechsseitigen Fläche zusammenlegt. (Siehe Fig. 60 und 61.)

Die Nachteile dieser Formel überwiegen bei weitem die Vorzüge, die sie besitzen mag.

Die wichtigsten Punkte, in denen sie mit unseren heutigen Kenntnissen in Widerspruch steht, sind folgende:

---

1) Wunderlich, Konfiguration organischer Moleküle, S. 21.

2) Marsh, Phil. Mag. **26**, 426 (1888).

3) v. Baeyer, Liebigs Annal. d. Chem. u. Pharm. **245**, 123 (1888).

4) Lohschmidt, Monatshefte **11**, 28 (1890).

5) Erlenmeyer jun., Liebigs Annal. d. Chem. u. Pharm. **316**, 57 (1901).

6) Thiele, ibid. **319**, 136 (1908).

1. Die p-Kohlenstoffatome sind in bezug aufeinander genau so wie die mittleren Kohlenstoffatome in der Bernsteinsäure angeordnet, so daß Terephtalsäure ein Anhydrid ebenso leicht wie die Bernsteinsäure liefern sollte.

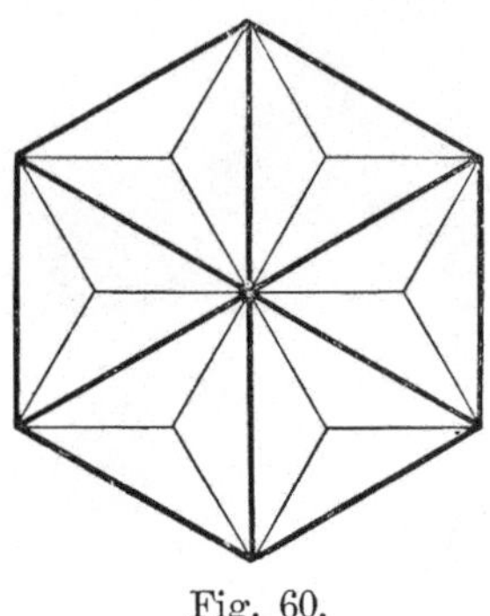

Fig. 60.

Fig. 61.

2. Isophtalsäure müßte gleichfalls ein Anhydrid bilden.
3. Die Säure $HO - \overset{1}{C}H_2 - C_6H_4 - \overset{2}{C}OOH$ würde der γ-Oxybuttersäure entsprechen und sollte daher ein Lakton geben, was auch bei der p-Oxy-phenyl-essigsäure zutreffen müßte.

$C_6H_4 \left\langle \begin{array}{l} CH_2 \cdot OH \\ COOH \end{array} \right.$ (o-Stellung)

$\begin{array}{l} CH_2 - CH_2 \cdot OH \\ | \\ CH_2 - COOH \end{array}$

$C - OH$ (Ring) $C - CH_2 \cdot COOH$ (p-Stellung)

Eine dritte Formel von ähnlichem Typus wurde von Knoevenagel vorgeschlagen; ohne daß er dabei eine Annahme über die Form der Kohlenstoffatome macht, stellt er folgende zwei Postulate auf:

1. Die Atome, welche eine bestimmte Masse besitzen, sind in fortwährender, rapider Bewegung innerhalb des Moleküls.
2. Die vier Valenzen oder vielmehr die vier Maxima der Anziehung zwischen den Kohlenstoffatomen sind von einem Punkte ausgehend nach auswärts gerichtet und zwar in Direktionen parallel zu den Linien, welche das Zentrum eines Tetraeders mit den vier Ecken desselben verbindet.

Zur besseren graphischen Darstellung sind die Kohlenstoffatome als Kugeln angenommen, deren Zentren in der Papierebene liegen.

1) Knoevenagel, Ber. d. deutsch. chem. Ges. **36**, 2803 (1903).

Die Affinitäten, welche die Wasserstoffatome binden, kann man sich von dieser Ebene aus nach aufwärts gerichtet vorstellen und durch die Punkte in den Zentren der Kreise, welch letztere den Äquator der Kohlenstoffatome bezeichnen, dargestellt denken. Die aufeinanderfolgenden Kohlenstoffatome denkt man sich in verschiedener Richtung rotierend, z. B. das eine in der Richtung des Uhrzeigers, das nächstfolgende in entgegengesetzter und so weiter in dem Sinne, wie es die Pfeile in der Figur anzeigen.

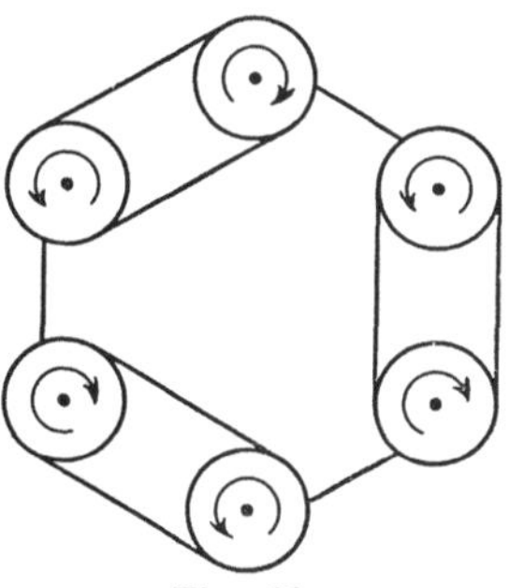
Fig. 62.

Wenngleich diese Theorie der Schwierigkeit in bezug auf die beiden ortho-Substitutionsprodukte ausweicht, ruft sie zur selben Zeit die Möglichkeit zu einer ganzen Reihe neuer isomerer Verbindungen hervor, welche ihre Existenz dem Unterschiede in der entgegengesetzten Drehung der Kohlenstoffatome verdanken würden. Knoevenagel führt selbst diesen Punkt an, glaubt aber, daß solche Isomere sehr schwierig aufzufinden sein dürften. Als Beispiel eines Falles, welcher möglicherweise auf diese Ursache zurückgeführt werden könnte, führt er die Tatsache an, daß zwei Benzolphenone existieren; er erklärt ihre Verschiedenheit durch die Annahme, daß in dem einen Fall die beiden Kohlenstoffatome, welche mit der Karbonylgruppe verbunden sind, in derselben, das andere Mal in einer einander entgegengesetzten Richtung rotieren.

Eine weitere Formel, welche gleichfalls in diese Klasse gehört, wurde von Werner[1]) aufgestellt und basiert auf seiner Vorstellung über das Kohlenstoffatom und die Affinitätswirkung desselben, welche wir ja bereits mehrfach besprochen haben. Wenn wir annehmen, sechs Atome liegen, einen Ring bildend, in einer Ebene vereinigt, so wird jedes Atom in den Anziehungsbereich der anderen fünf Atome gelangen, und somit ein Heraustreten der einzelnen Atome aus dem Ring verhindert werden.

Da nun im Benzolring jedes Kohlenstoffatom dieselbe Affinitätswirkung ausüben kann, so wird der statische Zustand des Moleküls der sein, in welchem alle Kohlenstoffatome, unbeachtet ihrer gegenseitigen Stellung, durch einen möglichst großen Betrag ihrer Affinität verbunden sind. In Fig. 63 stellen die mit a bezeichneten Flächen die Affinitäten dar, welche zur Bindung der Wasserstoffatome verwendet werden. Sie sind bei der nachfolgenden Betrachtung außer acht gelassen, da sie keinen Einfluß auf die verbleibende Affinität ausüben.

Wir vereinfachen die Vorstellung über die in dieser Formel obwaltenden Verhältnisse sehr, wenn wir uns einer symbolischen Darstellung bedienen und annehmen, die Affinität eines Kohlenstoffatoms

[1]) Werner, Beiträge zur Theorie der Affinität und Valenz. Lehrbuch der Stereochemie, S. 375.

gewissermaßen einer Lichtemission gleicht, die von einer leuchtenden Quelle ausgeht; nehmen wir daher an, das Atom 1 sei leuchtend und sendet seine Strahlen zu den fünf übrigen Atomen. Alsdann werden die zwei Atome 2 und 6, welche in ortho-Stellung zu 1 stehen, den größten Teil des Lichtes empfangen und zwar in gleichen Mengen. Die meta-Kohlenstoffatome 3 und 5 werden dagegen durch die ortho-Kohlenstoffatome verdeckt und demnach nur wenig Licht erhalten, das außerdem noch durch die größere Entfernung abgeschwächt wird. Das para-Kohlenstoffatom 4 wird zwar eine bedeutendere Lichtmenge empfangen, deren Wirkung aber durch die noch größere Entfernung von der Lichtquelle 1 entsprechend abgeschwächt sein wird.

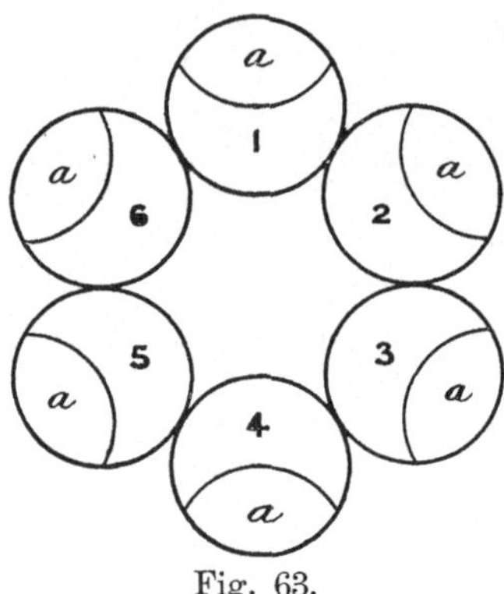

Fig. 63.

Genau dieselben Bedingungen müssen nun nach der Wernerschen Hypothese für den Affinitätsaustausch gelten. Die größte Energiemenge wird zu gleichen Teilen auf die ortho-Substituenten ausgeübt werden. Die Atome in meta-Stellung werden nur eine geringe Affinitätswirkung aufeinander ausüben, welche außerdem noch durch die größere Entfernung geschwächt sein wird. Die para-Kohlenstoffe werden zwar durch bedeutend stärkere Affinitäten gebunden sein, aber die dazwischen liegende Entfernung wird dieselbe nicht zur vollen Geltung kommen lassen.

Nur zwei wichtige Einwände können gegen die Wernersche Formel erhoben werden.

Zunächst gibt sie keine Erklärung für die Tatsache, daß sechs und zwar nur sechs Kohlenstoffatome zur Bildung des Benzolringes notwendig sind, so daß er den eigentümlichen aromatischen Charakter erhält. Wenn man Werners Vorstellung über das Kohlenstoffatom und seine Affinitätswirkung annimmt, so ist kein Grund vorhanden, warum nicht auch ein fünfgliedriger Ring ebenso stabil sein sollte wie ein sechsgliedriger und doch ist keine Verbindung von der Formel C_5H_5 bekannt, welche so beständig ist wie Benzol.

Zweitens gibt sie keine Erklärung für die eigentümlichen Beziehungen, welche zwischen der ortho- und para-Stellung einerseits und den meta-Stellungen andererseits im Benzol existieren.

Baly, Edwards und Stewart[1]) haben eine Ansicht über das Benzolmolekül dargelegt, welche mit unseren gegenwärtig bekannten chemischen und spektroskopischen Tatsachen im Einklang steht. Sie lassen dabei die Frage über die Form der Atome und über die Richtungen, in welcher die Valenzen wirken, ganz außerhalb ihrer Betrachtungen. Baly und Collie[2]) haben gezeigt, daß das Absorptionsspektrum des Benzols sieben sehr ähnliche und an-

---

1) Baly, Edwards und Stewart, Trans. **89**, 514 (1906).
2) Baly und Collie, Trans. **87**, 1332 (1905).

grenzende Absorptionsbanden enthält; sie haben gleichzeitig darauf hingewiesen, daß die Bildung dieser sieben Banden erklärt werden kann durch die Annahme, daß jedes Band seine Existenz einer separaten Bildung und Wiederaufspaltung einer Bindung zwischen je zwei Kohlenstoffatomen des Ringes verdankt. Es sind nun sieben derartige Bindungsänderungen, d. h. also Bildung und Wiederaufhebung von Kohlenstoffbindungen, im Benzol möglich, wie man aus folgenden Figuren ersehen kann, wobei die X jene Kohlenstoffatome bezeichnen, welche ihre Bindungen ändern:

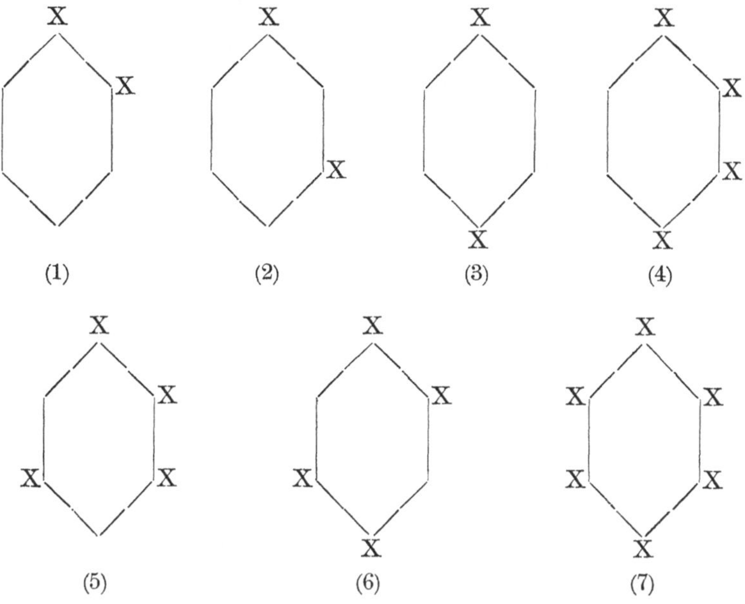

Um die sieben Phasen hervorzurufen, müssen wir annehmen, daß die Kohlenstoffatome des Benzolringes befähigt sind, ihre Lagen zu verändern: Wir können uns eine sehr einfache Vorstellung davon machen, wenn wir die Vibration des Benzolringes mit der eines elastischen Ringes vergleichen, der in seiner Ruhelage gestört worden ist. Dann können wir uns vorstellen, daß der Ring in Phasen schwingt, von denen (I) und (II) Extreme sind.

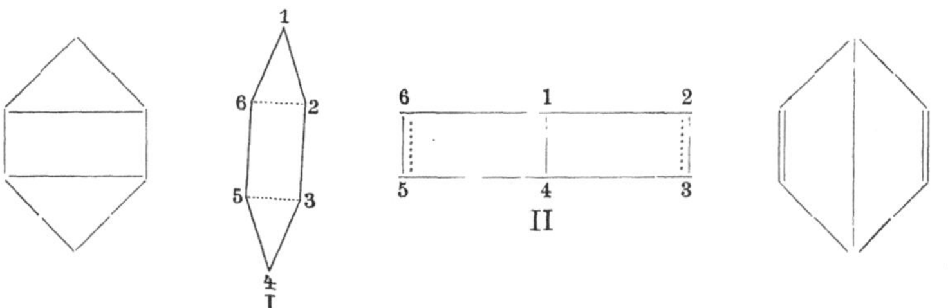

Jedes Atom besitzt noch freie Affinität und demzufolge werden in dem System, sobald es den Zustand erreicht hat, der in (I) dargestellt ist, diese überschüssigen Affinitäten in den nunmehr sehr nahe gelagerten Atomen 2 und 6 sowie 3 und 5 zur Wirkung gelangen und sich gegenseitig binden, wie es durch die punktierten Linien angedeutet ist. Die Atome 1 und 4 sind dagegen voneinander und von den übrigen weit entfernt und bleiben somit ungesättigt. Wenn nun andererseits der Ring in die Form (II) übergeht, so kommen die drei Atome 2, 1 und 6 ganz in die Nähe der Atome 3, 4 und 5 und demgemäß wird zwischen diesen Atompaaren Bindung eintreten. Wenn nun der Ring aus der Form (I) in die Form (II) schwingt, so können viele der sieben Phasen, welche Bindungsänderungen bedeuten, durchlaufen werden. Nehmen wir z. B. an, der Ring hätte die Form (II) erreicht, und beginnt sich nun wieder zu öffnen, so wird natürlich zuerst die Bindung zwischen 1 und 4 gestört, worauf die gleichzeitig mitwirkenden ortho-Bindungen 2 : 3 und 5 : 6 gelöst werden. Wenn der Ring auf halbem Wege das Zwischenstadium durchläuft, also gewissermaßen eine Kreisform annimmt, so ist die 7. Phase, die zentrische Formel erreicht. Somit können auf diesem Wege die Phasen 1, 2, 3, 6 und 7 gebildet werden; 4 und 5 würden sich als Resultat einer gegenseitigen Beeinflussung dieser inneren Bewegung und einer gleichzeitig stattfindenden äußeren Bewegung ergeben, wie sie z. B. bei Kollisionen von Molekülen möglich ist.

Diese Formel erklärt viele Eigenschaften des Benzols, welche mit Hilfe der gewöhnlichen Formeln nicht leicht zu verstehen sind.

Z. B. haben Baly und Ewbank[1]) gezeigt, daß das Phenol Keto-Enol-Tautomerie zeigt; nun ist leicht ersichtlich, daß, sobald der Ring die Form (II) angenommen hat, das Wasserstoffatom der Hydroxylgruppe und das —CH- in der para-Stellung räumlich sehr nahe liegen und somit eine Wanderung des Wasserstoffs in folgendem Sinne erfolgen kann:

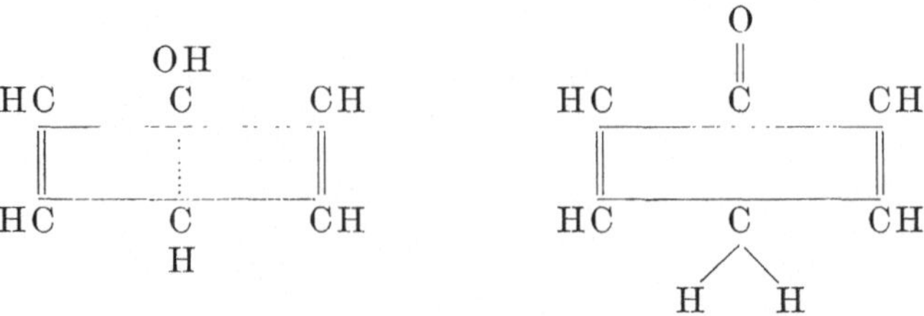

Diese Formel erklärt auch den Mechanismus bei der Reaktion zwischen Phenol und salpetriger Säure:

HO·⟨ ⟩CH → O=⟨ ⟩=H_2

O : N · OH → O=⟨ ⟩=N·OH

1) Baly und Ewbank, Trans. **87**, 1347 (1905).

Baly und Ewbank haben gezeigt, daß die intramolekulare Bewegung der disubstituierten Benzolringe weniger durch para- als durch ortho-Substitution gestört wird. Diese Tatsache spricht gleichfalls zugunsten dieser Theorie, denn im p-Xylol würden die Vibrationen des Ringes in der Richtung der Symmetrielinien des Moleküls erfolgen und somit nicht soviel durch die Massen der Substituenten gestört werden:

CH_3

CH_3

Bei Gegenwart von ortho-Substituenten würde die unsymmetrische Beladung des Ringes die Vibration viel stärker beeinflussen und viel mehr komplizieren.

Dieselbe Erklärung kann man auch für die Reduktion der Phtalsäure anwenden. In der Terephtalsäure wird die Vibration des Ringes nicht sehr durch die Substituenten in para-Stellung gestört werden; die Säure wird daher zeitweise in folgender Form bestehen:

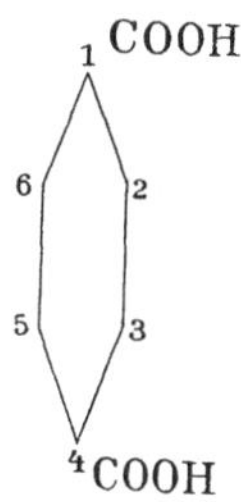

In dieser Phase sind aber die Kohlenstoffatome 1 und 4 von den übrigen weit entfernt, somit ungesättigt, also leicht befähigt, je ein Wasserstoffatom aufzunehmen und in die $\Delta^{2:5}$ Dihydro-terephtalsäure überzugehen.

Bei der Isophtalsäure werden die Schwingungen des Ringes viel stärker beeinträchtigt werden durch die meta-Substitution, so daß es zweifelhaft ist, ob eines der Kohlenstoffatome des Ringes je die extreme Phase erreichen wird, in der es ungesättigt erscheint. Iso-phtalsäure läßt sich daher nur unter beträchtlichen Schwierigkeiten reduzieren und bildet dann eine Tetrahydrosäure.

Wenn Benzol chloriert wird, so bilden sich die p-Dichlor-verbindungen, während die ortho-Verbindung nur in geringer Menge gebildet wird.

Wenn wir annehmen, der Benzolring befände sich in der Form (I), so werden die beiden Kohlenstoffatome an den extremen Enden ebenso wie im letzten Falle ungesättigt erscheinen; wenn nun Chloratome in ihre Reaktionssphäre gelangen, können sie leicht aufgenommen werden. Als Resultat wird sich die Verbindung (II) ergeben. Wenn nun die entgegengesetzte Phase der Vibration erreicht ist, wie in Fig. (III), so wird ein Molekül Chlorwasserstoff eliminiert und Chlorbenzol gebildet. Ist die erste Form wieder erreicht, so beginnt der Prozeß von neuem und verläuft so, wie es in den anderen Figuren dargestellt ist, bis als Endprodukt p-Dichlorbenzol gebildet ist:

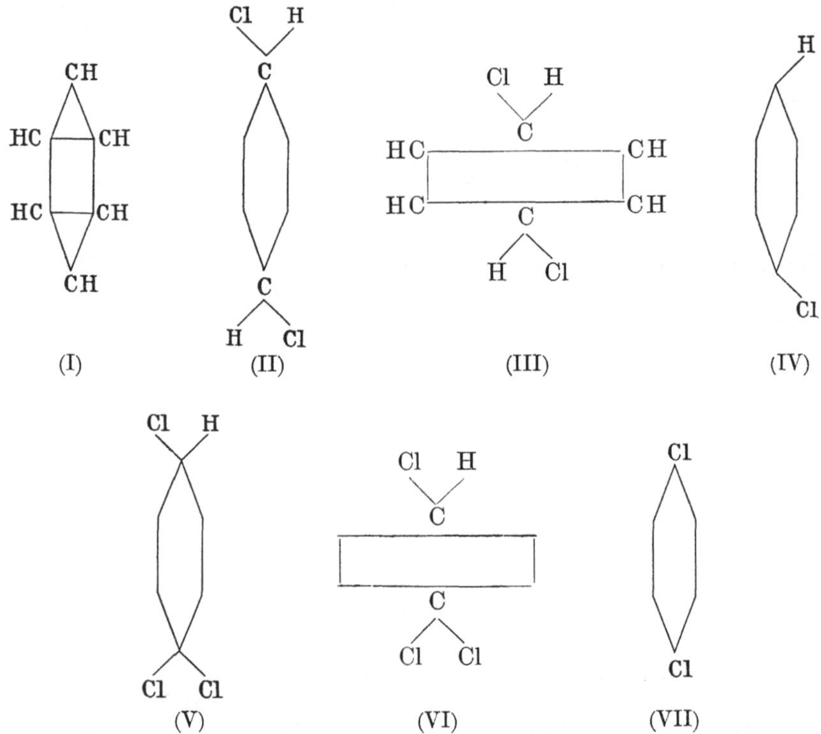

Baly und Collie[1]) haben gezeigt, daß im Nitrobenzol die typischen intramolekularen Bewegungen des Benzolringes in irgend einer Weise gestört sind, was wahrscheinlich auf den ungesättigten Zustand der Nitro-gruppe zurückzuführen ist. Auf jeden Fall fehlt dem Nitrobenzol die typische Benzolvibration, wodurch die eigentümliche Tatsache vielleicht erklärlich wird, daß die Nitrierung von Halogenbenzolen die Halogenatome viel labiler macht, als es sonst in den gewöhnlichen Halogenbenzolen der Fall ist; denn wenn die

1) Baly und Collie, Trans. **87**, 1332 (1905).

typischen Vibrationen des Ringes herabgedrückt werden, wird sich die Verbindung mehr dem Zustande einer gewöhnlichen aliphatischen Verbindung nähern.

2. Formeln, in denen die Zentren der Kohlenstoffatome in zwei parallelen Ebenen liegen. Die früheste Raumformel für das Benzol wurde von Havrez in seinen „Principes de la chimie unitaire" im Jahre 1866 aufgestellt. In seiner Formel waren die Kohlenstoffatome in zwei parallelen Ebenen angeordnet; doch sind seine Ideen nur noch von historischem Interesse.

Die erste Formel aus dieser Klasse, welche wir besprechen müssen, ist die von Ladenburg aufgestellte Prismenformel[1]). In ihr befinden sich je drei Kohlenstoffatome in den Ecken eines gleichseitigen Dreiecks, und beide Dreiecke sind parallel zueinander im Raume angeordnet, wie man es aus folgender Figur erkennen kann:

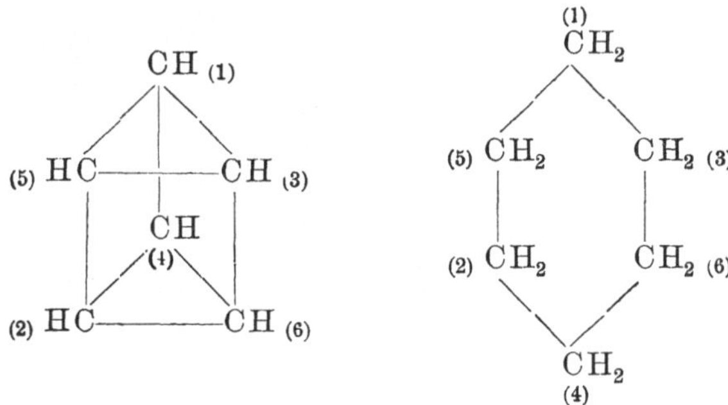

Die ortho-, meta- und para-Stellungen kann man aus den beigefügten Zahlen ersehen. Sie sind die einzigen, welche mit den Isomerieverhältnissen des Benzols im Einklang stehen. Bei der Reduktion werden aber die ursprünglichen Beziehungen in der Formel nicht mehr erhalten, denn im Hexahydrobenzol sind zwei frühere para-Stellungen des Benzols in ortho-Positionen verwandelt worden. Ferner sollten die meta- und para-Dikarbonsäuren leichter Anhydride bilden als die ortho-Dikarbonsäuren. Demnach hat die Prismenformel, wenn sie auch in mancher Hinsicht von Interesse ist, keinen praktischen Wert.

Eine zweite Formel derselben Art wurde von drei verschiedenen Forschern aufgestellt: Vaubel[2]), Marsh[3]) und Chicandard[4]). Da Vaubel dieselbe am weitgehendsten ausgearbeitet zu haben scheint, wollen wir uns mit der Beschreibung seines Modells begnügen.

---

[1]) Ladenburg, Ber. d. deutsch. chem. Ges. **2**, 140 (1869). Theorie der aromatischen Verbindungen. Braunschweig 1876.

[2]) Vaubel, Journ. f. prakt. Chem. (**2**), **44**, 137 (1891).

[3]) Marsh, Phyl. Mag. **26**, 426 (1888).

[4]) Chicandard, Compt. rend. de l'Assoc. franc. pour l'Avancem. des Sciences, 1900 (480).

Nach seiner Anschauung wird der Benzolring aus sechs Kohlenstoffatomen von tetraedrischer Form gebildet, die so angeordnet sind, daß jedes Tetraeder mit seinen Kanten an zwei andere Atome zu liegen kommt, die sich nun abwechselnd, das eine oberhalb und das andere unterhalb einer gemeinsamen Ebene befinden, welche von den Grundflächen der Tetraeder gebildet wird. Mit anderen Worten, sie unterscheidet sich von der v. Baeyerschen Formel nur dadurch, daß nicht alle Wasserstoffatome in einer Ebene liegen, sondern abwechselnd über und unter derselben angeordnet sind, wie es aus den folgenden Figuren am besten zu ersehen ist.

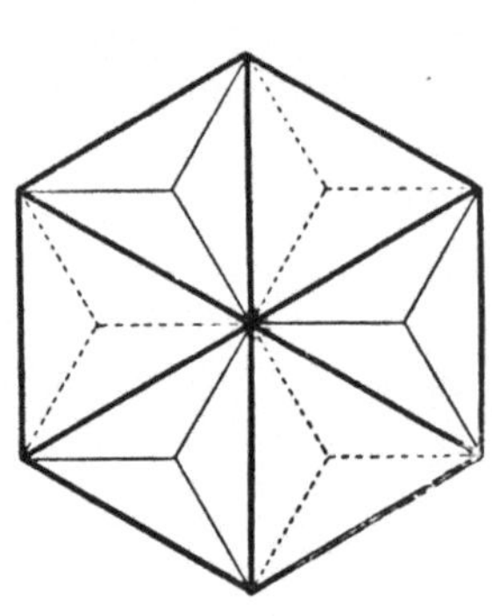

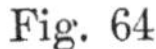

Fig. 64.

Fig. 65.

Die Nachteile dieser Konfiguration sind leicht zu erkennen:

1. Isophtalsäure würde leichter ein Anhydrid bilden müssen als Phtalsäure.
2. Resorzin müßte einen Methylenäther bilden.
3. Würde keine Ursache für die eigentümlichen Regelmäßigkeiten bei der Veresterung vorliegen, wie sie in der von V. Meyer aufgestellten Esterifizierungsregel zum Ausdruck gelangen[1]).
4. Ortho- und meta-Disubstituonsprodukte müßten Enantiomorphismus zeigen.

Dem ersten Einwand begegnet Vaubel, indem er annimmt, daß in der Isophtalsäure eine besondere Konfiguration vorliegt, welche die Anhydridbildung verhindert. Falls der Rest des Moleküls durch die gerade Linie wiedergegeben wird, ergibt sich die Erklärung aus folgender Figur:

```
HO — C : O        O : C — OH
     |                |
_____|______    ______|____
```

In dieser Verbindung würden demnach nicht die Hydroxylgruppen, sondern die Sauerstoffatome der Karbonylradikale mit-

[1]) Siehe I. Kapitel dieses Teiles.

einander kollidieren. Seine Erklärung, warum keine Enantiomorphie in den oben genannten Fällen auftritt, basiert auf der Annahme, daß die Tetraeder Schwingungen um die äußeren Kanten, also jene, welche das Sechseck bilden, ausführen. Diese Annahme würde aber die Wanderung einer substituierenden Gruppe von einer Valenz des Kohlenstoffs zu einer anderen zur Voraussetzung haben, eine Idee, welche kaum einen großen Anklang gefunden haben dürfte.

Eine weitere Formel in dieser Klasse[1]) rührt von Sachse her[2]). (Siehe Figg. 66 und 67). Diese Formel erscheint bis zu einem gewissen Grade besser als die bisher erwähnten. Sie enthält die meta-Atome in derselben, ortho- und para- in verschiedenen Ebenen; sie kann recht gut auf höhere aromatische Reihen angewendet werden und illustriert auch recht anschaulich den Unterschied zwischen aromatischen und aliphatischen Verbindungen. Es ist sicher, daß ein derartig konstruierter sechsgliedriger Ring eine der stabilsten Verbindungen vorstellen wird, die man sich nur denken kann; denn in diesem Molekül wird keine irgendwie geartete Bewegung möglich sein und die Formel repräsentiert einfach einen starren Körper.

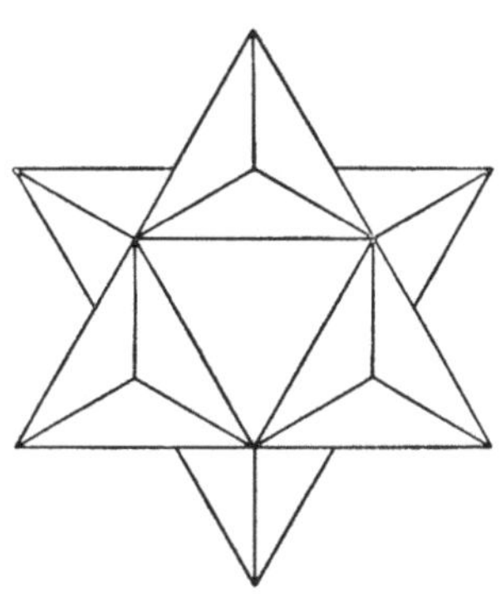

Fig. 66.

Fig. 67.

Eine derartige Vorstellung über ein Molekül scheint aber gegenwärtig mit unseren allgemeinen Anschauungen über das Verhalten der Atome nicht in Einklang zu stehen. Außerdem nimmt Sachse eine Art von Bindung zwischen Kohlenstoffatomen an, welche in keiner anderen Verbindung existieren könnte und welche zur Absättigung der Affinitäten dreier Kohlenstoffatome in einem einzigen Punkt führt.

Ganz abgesehen aber von diesen rein theoretischen Einwänden gibt es noch eine Reihe praktischer Hindernisse, welche nicht zu umgehen sind:

1) Angaben für die Konstruktion eines Modells sind im Anhang A gegeben.
2) Sachse, Ber. d. deutsch. chem. Ges. **21**, 2530 (1888).

1. Iso-phtalsäure und Phtalsäure sollten beide mit fast gleicher Leichtigkeit ein Anhydrid bilden.

2. Resorzin sollte einen Methylenäther liefern.

3. Enantiomorphismus müßte unvermeidlich bei einigen Substitutionsprodukten auftreten, da in diesem Falle keine Vibrationen stattfinden können, welche die Bildung desselben verhindern könnten.

Bloch[1]) hat eine Raumformel des Benzols konstruiert, der er die Ansichten Werners über das Kohlenstoffatom und eine Atom-

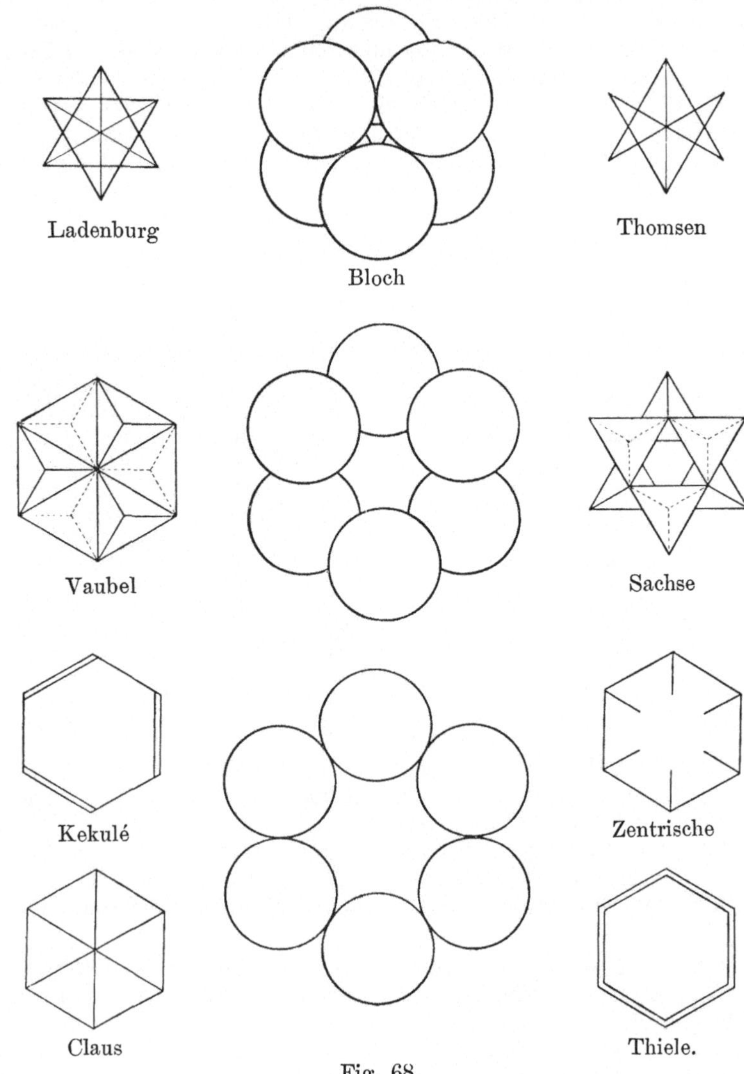

Fig. 68.

1) Bloch, Alfred Werners Theorie des Kohlenstoffatoms, S. 60.

anordnung im Sinne der Modelle von Vaubel und Sachse zugrunde legt; sie scheint somit die Vorteile der beiden anderen Theorien zu besitzen, ohne an ihren Nachteilen zu leiden, und läßt sich bei der von Bloch gemachten Annahme gewisser Vibrationen leicht in eine Linie mit allen älteren Benzolformeln bringen, wie folgende Figuren zeigen: Bis zu einem gewissen Grade erscheint aber Blochs Modell nur eine Wiederholung der von Collie sechs Jahre früher gegebenen Raumformel des Benzols.

Infolge der Differenzen in der räumlichen Atomanordnung zeigt die Formel von Bloch ein vollkommen verschiedenes Bild gegenüber der Wernerschen Formel, wenn man die Affinitätswirkungen zwischen den einzelnen Kohlenstoffen in Betracht zieht; z. B. in Werners Modell sind die Affinitäten zwischen Atomen, die in meta-Stellung zueinander stehen, gering, was in Blochs Formel nicht der Fall ist.

Barlow und Pope[1]) basieren ihre Hypothese auf der Kristallform des Benzols und verwenden gleichzeitig eine Methode der Spaltung, welche der früher von Stewart bei der Umwandlung der geometrischen Isomeren angenommenen gleicht, während die Formel selbst der in Fig. 68 in der obersten Reihe gezeichneten Figur ähnlich ist. Ihre Raumformel erscheint wohl vom kristallographischen Standpunkt aus betrachtet ganz interessant, scheint aber nur wenig oder gar keinen Zusammenhang mit dem chemischen Charakter des Benzols zu haben. Durch ihre starre, unbewegliche Konstruktion erinnert sie mehr an die älteren Typen von Raumformeln als an die nach modernen Anschauungen begünstigteren vibrierenden Systeme.

Herrmann[2]) stellte folgende Raumformel für das Benzol auf. Die sechs Kohlenstoffatome liegen in den Ecken eines regulären Oktaeders; die Wasserstoffatome liegen in den Ecken eines regulären Sechseckes, welches sich auf einer Meridianebene eines Würfels befindet, der dem Oktaeder so umschrieben ist, daß die Mittelpunkte seiner sechs Flächen mit den Oktaederecken zusammenfallen.

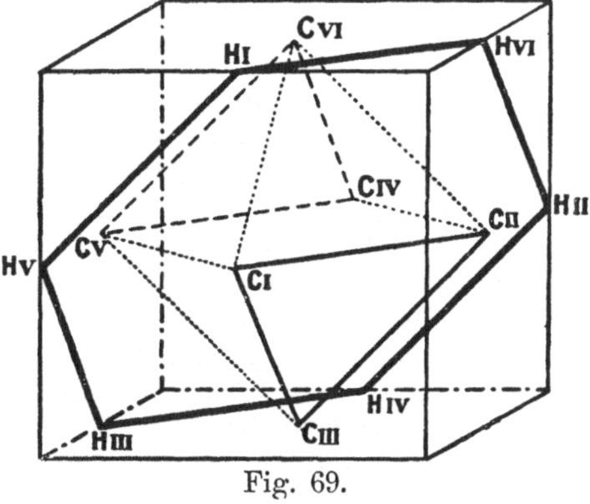

Fig. 69.

1) Barlow und Pope, Trans. **89**, 1675 (1906).
2) Herrmann, Ber. d. deutsch. chem. Ges. **21**, 1949 (1888).

Die Projektion der Kohlenstoffatome auf die Ebene, in welcher die Wasserstoffatome liegen, gibt folgendes Bild, worin die innerhalb der Kreise befindlichen Kohlenstoffe unterhalb, die anderen oberhalb der Ebene liegen:

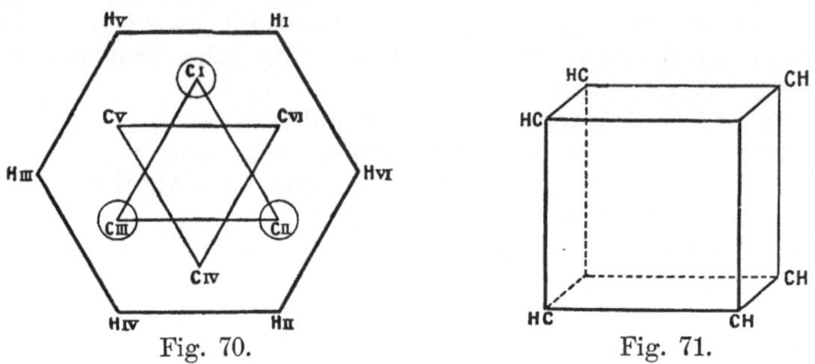

Fig. 70. Fig. 71.

Wenn wir zwei ortho- oder meta-Substitutionsprodukte betrachten, in denen die substituierenden Gruppen untereinander verschieden sind (z. B. wie in o-Toluidin), so ersieht man, daß das Molekül asymmetrisch ist und demgemäß Enantiomorphismus zeigen müßte.

König[1]) hat folgende Ansicht über die Atomanordnung im Benzol gegeben. Die Kohlenstoffatome liegen in den Ecken eines Würfels in der Weise, daß zwei gegenüberliegende Ecken frei bleiben. Er nimmt ferner eine Vibration dieses Systems an und zwar so, daß zunächst eine Rhomboederform und endlich eine hexagonale Anordnung resultieren würde.

Die letzte Raumformel der Benzols, mit der wir uns bekannt machen wollen, verbindet die guten Eigenschaften der früheren und enthält verschiedene eigene Vorteile. Zunächst läßt sich diese von Collie[2]) aufgestellte Formel infolge den ihr innewohnenden weitgehenderen Bewegungsformen nicht in eine Klasse mit den früher beschriebenen Formeln bringen; denn sie enthält sowohl Phasen, in denen die Zentren der sechs Kohlenstoffatome in einer Ebene liegen, als auch solche, wo nur drei Kohlenstoffatome in einer Ebene sich befinden, während die anderen in einer dazu parallelen Ebene gelagert sind. Solche vibrierende Bewegungen schließen jede Möglichkeit für die Existenz enantiomorpher Substitutionsprodukte des Benzols von vornherein aus und man vermeidet somit die Schwierigkeiten, welche aus diesem Grunde bei allen anderen Formeln, in denen die sechs Kohlenstoffatome nicht in einer Ebene liegen, entstehen.

In Collies Raumformel liegen die Kohlenstoffatome in den Ecken eines Oktaeders. Über die Form der Kohlenstoffatome wird keine besondere Annahme gemacht, in dem Modell werden sie zur besseren Darstellung durch Tetraeder repräsentiert.

---

1) König, Chem. Zeitg. **29**, 30 (1905).
2) Collie, Trans. **71**, 1013 (1897).

Die Forderung, daß jedes Kohlenstoffatom mit zwei anderen in genau derselben Weise gebunden ist, und daß die Bindungen ausgehen von zwei der vier symmetrisch gelagerten Anziehungspunkte, welche jedes Kohlenstoffatom besitzt, kann nur die in Fig. 72 und 73 wiedergegebene Konfiguration erfüllen.

Außerdem gibt es nur eine Möglichkeit, nach welcher sechs Wasserstoffatome symmetrisch auf zwölf der übrig gebliebenen Anziehungspunkte verteilt sein können, und diese ist in Fig. 74 dargestellt. (Fig. 75 zeigt eine unsymmetrische Anordnung.)

In diesem System kann eine Bewegung in zweifacher Weise stattfinden:

1. Bewegung eines jeden Tetraeders um sein Zentrum.
2. Bewegung der einzelnen Tetraeder um den Schwerpunkt des ganzen Systems.

Im ersten Falle wird die gleichzeitige Rotation der einzelnen Tetraeder um ihre Mittelpunkte (angenommen, alle Tetraeder drehen sich in gleicher Richtung), die mit ihnen verbundenen Wasserstoffatome in zwei verschiedenen Partien nach dem Zentrum des Systems zu tragen, nämlich jene an den 1, 3, 5-Kohlenstoffatomen einerseits und die an den Kohlenstoffatomen 2, 4, 6 befindlichen andererseits, so daß, wenn die eine Partie sich im Innern oder nahe dem Zentrum befindet, die andere außerhalb oder weit entfernt vom Mittelpunkt des Systems steht. Im zweiten Fall, wo die Tetraeder eine schwingende Bewegung um den Schwerpunkt des ganzen Systems ausführen, wird diese Bewegung die relative Lage der Tetraeder in bezug aufeinander verändern und abwechselnd die sechs ungesättigten Anziehungspunkte dieser Tetraeder in Aktion treten lassen. (Siehe Figg. 76, 77 und 78).

In Fig. 76 ist in der ersten Phase eine extreme Stellung der Kohlenstoffatome dargestellt. Wenn wir irgend drei Kohlenstoffatome aus diesem Schema herausgreifen, z. B. 1, 2, 3, so wird man ersehen, daß die Position, welche 2 eben einzunehmen im Begriffe ist, zwischen 1 und 3 liegt; in gleicher Weise, wenn wir die Atome 2, 3 und 4 nehmen, wird sich 3 in eine neue Lage zwischen 2 und 4 begeben; somit wird das Kohlenstoffatom 2 sich nach rechts und 3 in entgegengesetzter Richtung bewegen.

Fig. 77 zeigt die intermediäre Phase zwischen Fig. 76 und Fig. 78; in dieser Figur ist die Ansicht von der Seite genommen, und zwar sieht man das Bild in einer Ebene, die senkrecht zu der in Figg. 76 und 78 dargestellten Bildebene liegt.

Wenn das Kohlenstoffatom 1 in Fig. 79 sich im Sinne der gestrichelten Linie und das Kohlenstoffatom 2 im Sinne der anderen gestrichelten Linie bewegt, so wird eine geringe Rotation der beiden Atome um ihre Zentren die beiden freien Valenzen für einen Moment gegenseitig zur Wirksamkeit bringen, wie es in Fig. 80 dargestellt ist.

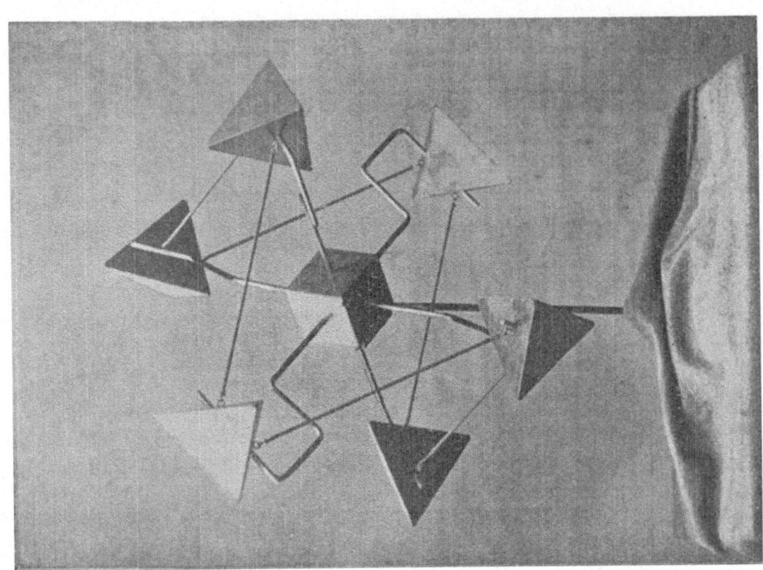

Fig. 73.

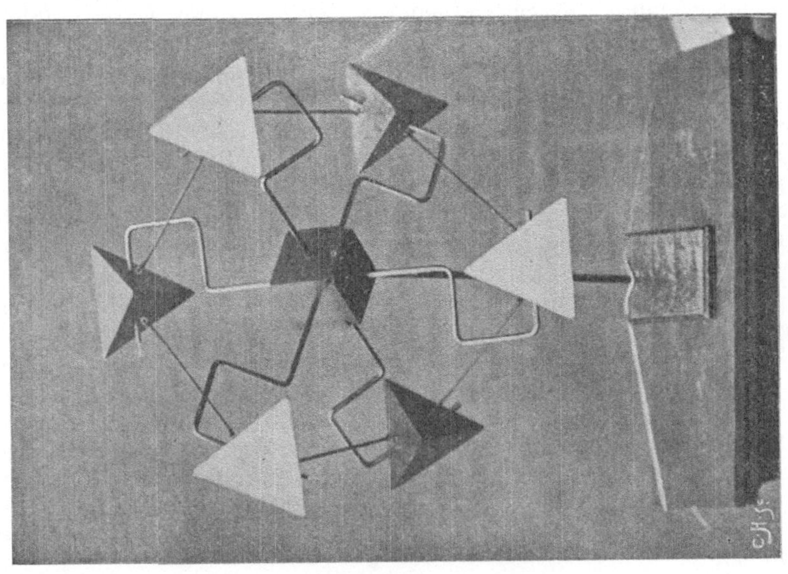

Fig. 72.

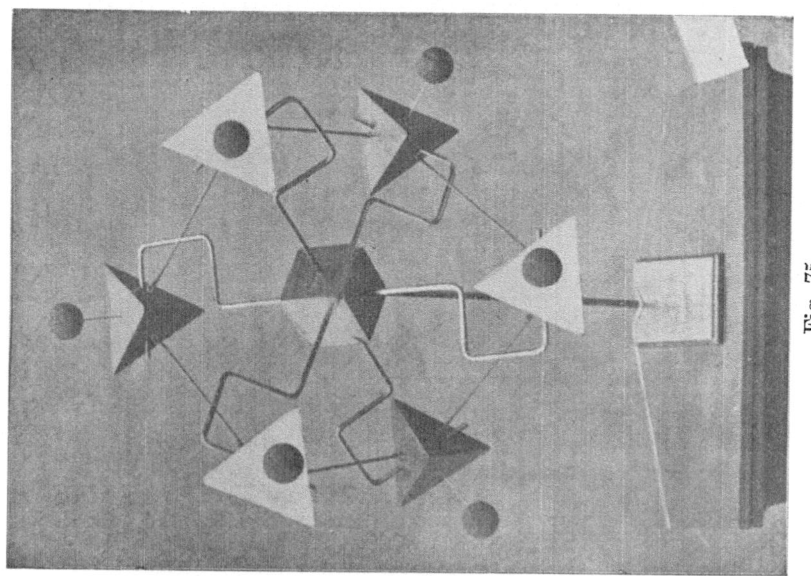

Fig. 75.

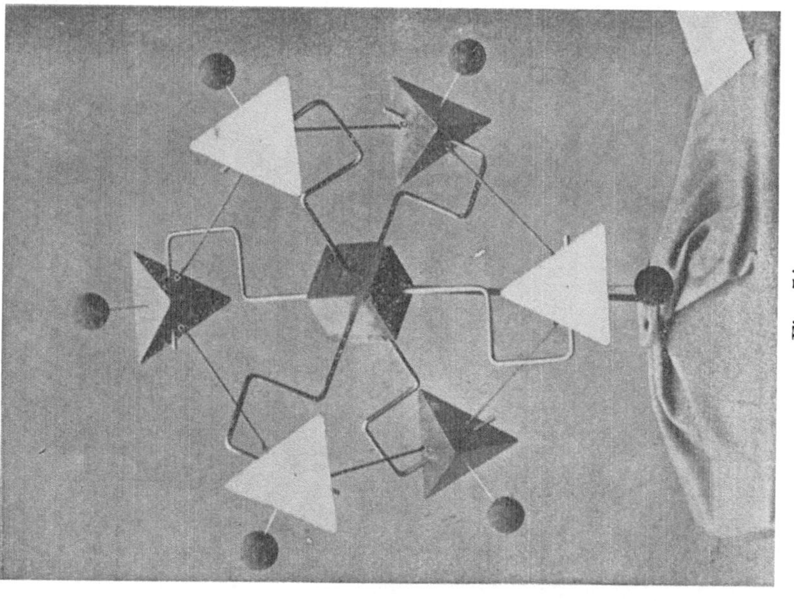

Fig. 74.

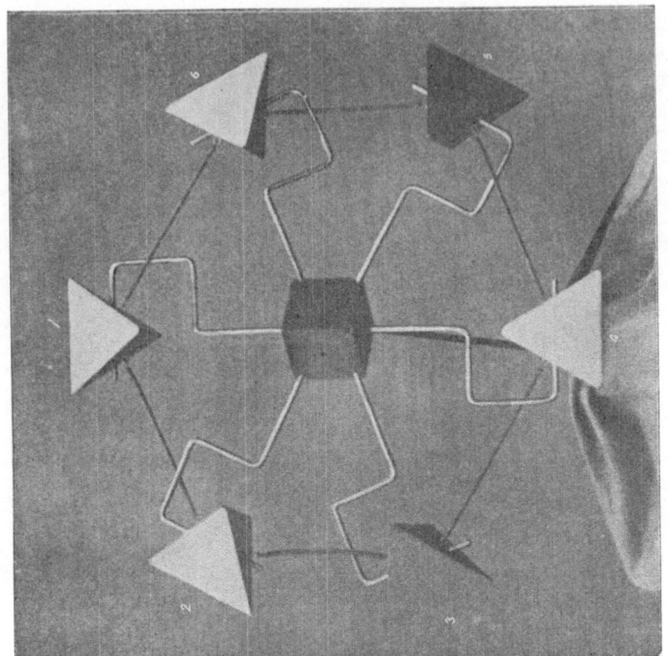

Fig. 77.

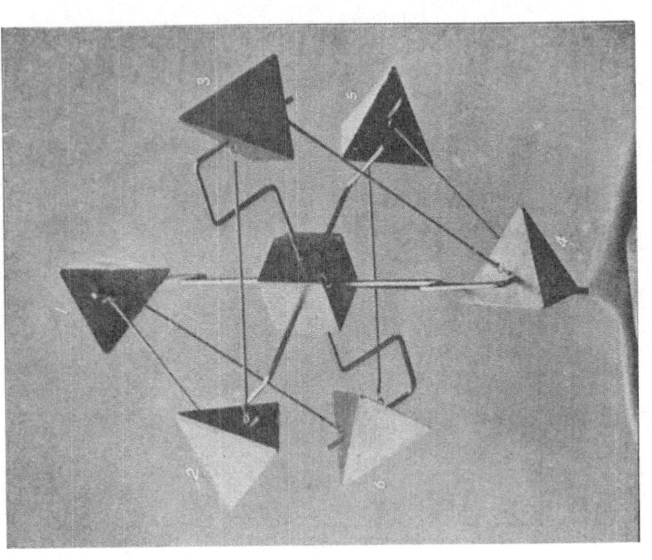

Fig. 76.

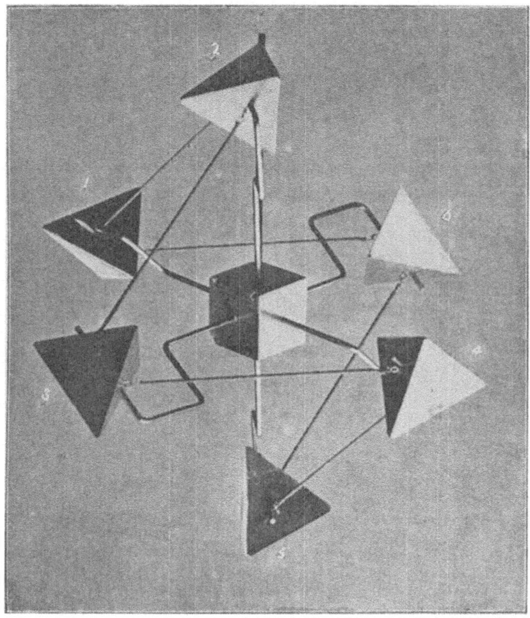

Fig. 78.

Die Angriffspunkte der freien Affinitäten befinden sich in beiden Kohlenstoffatomen auf den Flächen a, b, c, während die Fläche a, b, d in 1 und a, c, d in 2 durch die Wasserstoffatome eingenommen werden.

Auf die Weise wird fast für einen Moment eine doppelte Bindung zwischen den Atomen 1 : 2 und ebenso 3 : 4 und 5 : 6 gebildet.

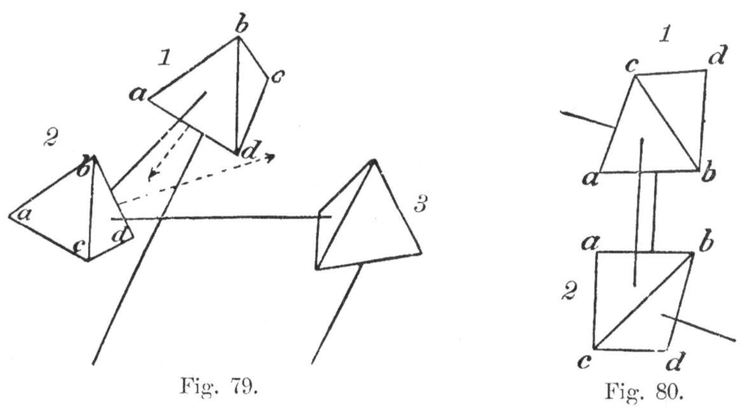

Fig. 79. Fig. 80.

Angenommen, die sechs Kohlenstoffatome befänden sich nun in einer Ebene und wir setzen die Rotation um ihre Mittelpunkte weiter fort, so werden entweder drei oder sechs der Angriffspunkte der freien Affinitäten gegen das Zentrum des Systems zu gerichtet werden und weiter wird bei der Rückbewegung von Fig. 78 zu Fig. 76 und umgekehrt fast einen Moment lang eine doppelte Bindung zwischen 2 und 3, sowie 4 : 5 und 6 : 1 wieder eintreten.

Wenn wir die Projektionen dieser Phasen nehmen, erhalten wir folgende Figuren:

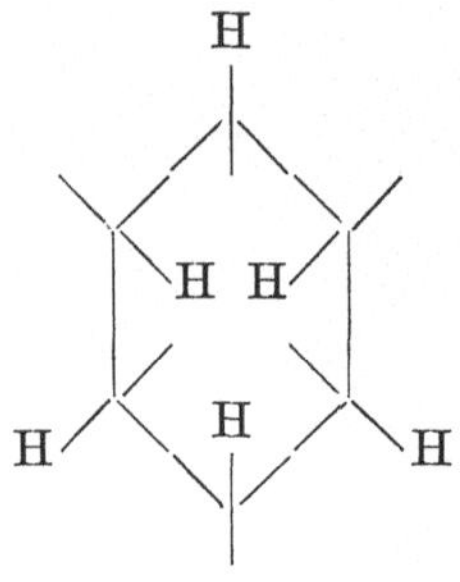

Erste Phase

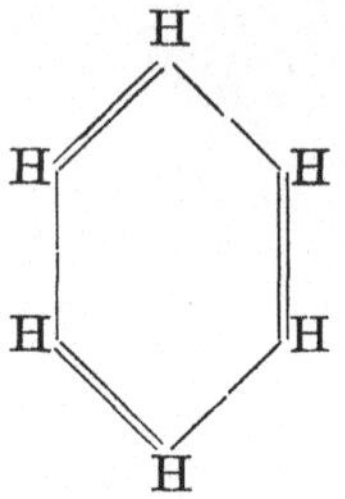

Kekulés-Formel

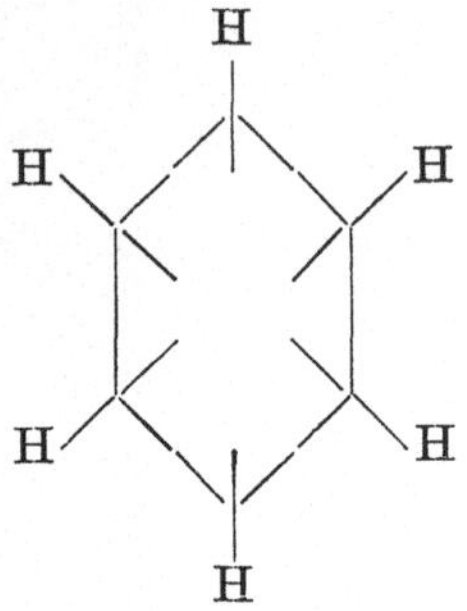

Zentrische Formel

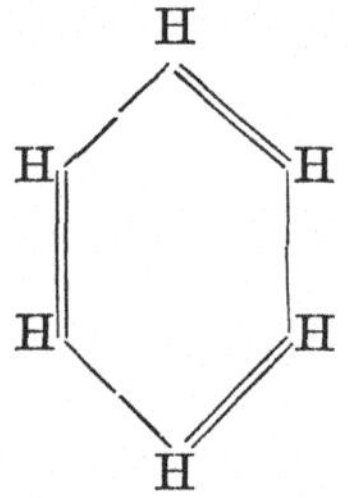

Kekulés-Formel

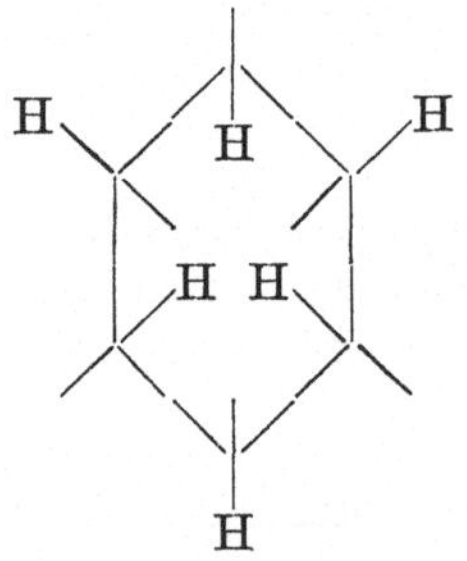

Letzte Phase

Diese Raumformel des Benzols steht somit im Einklang sowohl mit der Kekuléschen als auch zentrischen Formel; sie zeigt, daß diese sich gegenseitig ineinander umwandeln lassen. Sie zeigt ferner, wie die angenommenen Doppelbindungen der Kekuléschen Formel sich zwischen die Kohlenstoffatome schieben und so die Existenz zweier o-Toluidine unmöglich macht. Sie unterscheidet sich aber von beiden dadurch, daß sich unter den fünf Konfigurationen zwei mit vollkommen verschiedener Anordnung der Wasserstoffatome befinden. Durch diese Eigenheit seiner Formel war Collie imstande, eine Erklärung für die von Crum Brown und Gibson[1]) aufgestellte Regel zu geben.

Diese Formel von Collie unterscheidet sich somit von all den anderen, die wir bisher beschrieben haben, durch die Leichtigkeit, mit der sie für die verschiedensten Anforderungen modifiziert werden

[1]) Crum Brown und Gibson, Trans. **61**, 367 (1892).

kann. So steht sie z. B. in vollkommenem Akkord mit den Formeln von Ladenburg, Claus, Dewar oder der von Baly, Edwards und Stewart. Die früheren Raumformeln besitzen diese Anpassungsfähigkeit bei weitem nicht in dem Maße und dadurch erscheint die Formel von Collie den anderen überlegen. Die dabei notwendig werdenden Modifikationen können die übrigen Vorteile der Collie'schen Formel nicht schmälern. Die Darstellung des Benzolmoleküls als ein System, das sich in kontinuierlicher Vibration befindet, ist nur ein Fortschritt auf der von Kekulé mit seiner Oszillations-Hypothese eröffneten Bahn; sicherlich gibt sie eine richtigere Darstellung der chemischen Eigenschaften des Benzols, als jene Raumformeln, in denen die Atome als fest verankert oder so dicht zusammengepreßt dargestellt werden, daß jede Art von Bewegung unmöglich erscheint.

§ 4. Schlußfolgerung.

Die Einwände, welche wir gegen die älteren Typen von Raumformeln erheben konnten, zeigen deutlich, daß ein Fortschritt auf diesem Gebiete nur auf der von Kekulé durch Aufstellung seiner Vibrationsformel eröffneten Bahn möglich sein wird. Gegenwärtig findet die Idee, daß das Benzol eine besondere Substanz sei, welche zu allen Zeiten und unter allen Umständen durch dieselbe starre unbewegliche Formel repräsentiert werden kann, nur noch wenig Anhänger unter jenen, welche die Frage eingehender studiert haben. Es wird vielmehr immer allgemeiner anerkannt, daß das Benzolmolekül sich in einem Zustande kontinuierlicher Vibration befindet, und daß die einzig befriedigende Raumformel alle die anderen Formeln als Phasen seiner eigenen Bewegungen enthält, ja möglicherweise selbst noch neue, bisher unbekannte Phasen erbringen kann. Die leitenden Grundzüge einer derartigen Formel wurden von Collie gegeben und es erscheint wahrscheinlich, daß irgend eine künftighin als zutreffend angenommene Raumformel mit dieser im wesentlichen übereinstimmen wird.

Schluß.

Wir haben nun unsere Übersicht über das ganze Gebiet der stereochemischen Forschung beendet und haben gezeigt, auf welchen Bahnen sich diese Untersuchungen im wesentlichen in der Vergangenheit bewegt haben. Am Ende dieser Betrachtungen angelangt, erscheint es daher zweckmäßig, die erreichten Resultate noch einmal zu untersuchen, um, wenn möglich, jene Richtungen abzuleiten, welche die künftige Forschung in diesem Gebiete einschlagen wird.

Die Stereochemie ist eine Wissenschaft von relativ kurzem Bestande. Kaum eine Generation ist vergangen, seit van't Hoff und Le Bel ihre grundlegenden Arbeiten publizierten (denn von diesem Zeitpunkt an kann man erst den Beginn der eigentlichen Entwickelung stereochemischer Forschung rechnen) und doch ist in dieser verhältnismäßig kurzen Zeit dieses Gebiet so eingehend durchforscht worden, daß wir nicht nur seine Umrisse kennen, sondern in einzelnen Teilen höchstens noch experimentelle Daten anhäufen können mit der Aussicht auf künftige Verallgemeinerung.

Das Problem der optischen Aktivität, welches zuerst zur Einführung räumlicher Vorstellungen in der Chemie führte, scheint nun in ein neues Stadium einzutreten, und mehr vom Standpunkt des Physikers als dem des reinen Chemikers aus behandelt zu werden. Abgesehen aber von diesen mehr physikalischen Problemen gibt es noch eine Reihe anderer, welche einer Lösung harren und die höchstwahrscheinlich mit Hilfe chemischer Mittel beantwortet werden dürften. Da sind z. B. die Erscheinungen der Razemisation, welche, obgleich sehr eingehend von den verschiedensten Forschern studiert, heute noch immer nicht vollkommen aufgeklärt sind. Wir wissen wohl, daß gewisse aktive Verbindungen durch Erwärmen razemisiert werden können, und ziehen daraus den Schluß, daß im Verlaufe dieses Prozesses Änderungen in der räumlichen Anordnung der Atome stattfinden. Aber wir sind vollkommen im Unklaren über die Natur dieser Neuanordnung; ob sie dadurch hervorgerufen wird, daß die beteiligten Atome von dem Reste des Moleküls sich loslösen und nachher in neuen Positionen wieder aufgenommen werden; oder ob die Änderung einfach durch eine Steigerung der intramolekularen Vibrationen hervorgerufen wird, so daß die Amplitüden der Schwingungen erhöht und auf diese Weise die Atome in neue Stellungen gebracht werden, aus denen sie keine Ursache haben zurückzukehren. Die Lösung einer derartigen Frage würde sicher zu wertvollen Resultaten führen, da sie uns ein für allemal in den Stand setzen würde, das Problem der „gerichteten“ im Gegensatz zu den „nicht gerichteten“ Affinitäten zu entscheiden; denn die zweite oben gegebene Ansicht über die Razemisation steht ganz außerhalb der Idee, daß die Affinitäten Kräfte sind, welche in ganz spezifischen Richtungen wirken.

Unsere gegenwärtigen Kenntnisse begünstigen mehr die Auffassung Werners über die Wirkungsweise der Affinitäten, obzwar eine wirklich befriedigende Lösung dieser Frage noch immer fehlt; da sie mit eine der fundamentalsten Fragen der Stereochemie ist, wäre eine definitive Antwort darauf erforderlich.

Eines der wichtigsten mit der optischen Aktivität im Zusammenhang stehenden Probleme ist, vom stereochemischen Standpunkt aus gesehen, die Frage, ob es möglich ist, optisch aktive Verbindungen zu erzeugen, welche kein asymmetrisches Kohlenstoffatom enthalten, sondern ihre Aktivität der Asymmetrie des Moleküls allein verdanken. Man könnte sagen, daß solche Substanzen ja bereits bekannt sind, denn der Inosit enthält z. B. kein asymmetrisches Kohlenstoffatom in seinem Molekül. Wie wir aber bereits früher gezeigt haben, kann man die Aktivität der Inositreihe auf die Gegenwart eines pseudoasymmetrischen Kohlenstoffatoms im Ringe zurückführen; so daß dieser Fall eigentlich nur einer geringen Modifikation unserer Definition bedarf, um in die Reihe der übrigen eingereiht werden zu können. Das wirkliche Beispiel eines asymmetrischen Moleküls, welches kein asymmetrisches Kohlenstoffatom enthält, findet man in Verbindungen der Allylenreihe, wie z. B.:

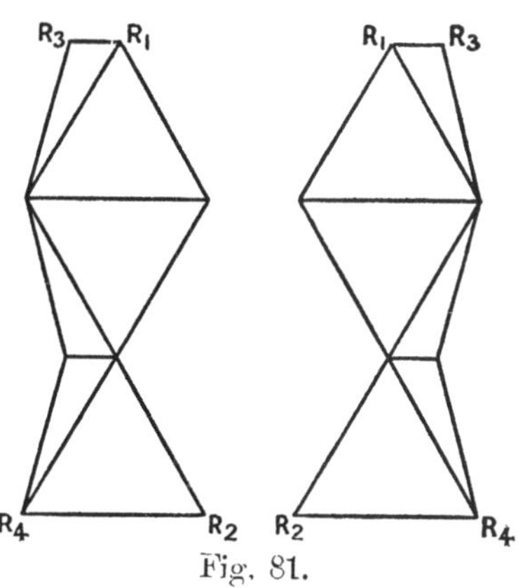

Fig. 81.

$$\begin{array}{ccc} R_1 & & R_2 \\ & \diagdown \quad \diagup & \\ & C = C = C & \\ & \diagup \quad \diagdown & \\ R_3 & & R_4 \end{array}$$

Wie man aus der nachfolgenden Raumformel ersehen wird, liegen die Gruppen R_1, R_2, R_3, R_4 gewissermaßen in den Ecken eines Tetraeders; dieses Molekül ist demnach ein asymmetrischer Körper und die beiden Formeln sind enantiomorph. Van't Hoff hat schon in der frühesten Ausgabe seiner Abhandlung über die Anordnung der Atome im Raume diesen Fall erkannt und vorausgesagt.

Wenn sich die Linie $R_4 R_2$ in der Papierebene befindet, so liegt die Linie $R_3 R_1$ senkrecht zu dieser. An Stelle der doppelten Bindungen können wir auch Ringe zwischen die Kohlenstoffatome einschieben, ohne dadurch die Asymmetrie zu ändern; denn Verbindungen vom Typus:

$$\begin{matrix} R_1 \\ R_2 \end{matrix} \!\!>\! C \!<\!\! \begin{matrix} CH_2 - CH_2 \\ CH_2 - CH_2 \end{matrix} \!\!>\! C \!<\!\! \begin{matrix} CH_2 - CH_2 \\ CH_2 - CH_2 \end{matrix} \!\!>\! C \!<\!\! \begin{matrix} R_3 \\ R_4 \end{matrix}$$

würden ebenso in enantiomorphen Formen existieren können. Schon verschiedentlich sind Versuche[1]) unternommen worden, solche Substanzen darzustellen, ohne daß sie bisher zu einem definitivem Resultate geführt haben.

Die anorganische Chemie hat noch nicht das Stadium erreicht, in welchem stereoisomere Substanzen ebenso leicht dargestellt werden könnten, wie wir es im Falle der Kohlenstoffverbindungen gesehen haben; dagegen sind Salze des Kobalts, Platins und Chroms, und zwar rein anorganische Verbindungen, in stereoisomeren Formen erhalten worden. Es würde von höchstem Interesse sein, falls man einige derselben in optisch ativem Zustande erhalten könnte. Natürlich wäre es leicht, solche asymmetrische, optisch aktive Verbindungen darzustellen, deren Aktivität durch die Gegenwart eines Kohlenstoffkomplexes bedingt wäre, aber das eigentlich wichtige und schwierige Experiment würde das sein, in welchem die Verbindung überhaupt kein Kohlenstoffatom enthält. Wenn eine derartige Verbindung isoliert werden könnte, so würde sich uns ein ganz neues Feld eröffnen, von viel weiterer Ausdehnung als jenes, das sich durch die Entdeckung optisch aktiver Stickstoff-, Schwefel-, Selen- und Zinnverbindungen ergeben hat.

Die Beziehungen zwischen Lebenswirkung und Molekularasymmetrie sind bereits von den verschiedensten Forschern studiert worden, und es ist als wahrscheinlich anzunehmen, daß in der Zukunft, wenn noch mehr Resultate in dieser Hinsicht zur Verfügung stehen werden, der Zusammenhang zwischen beiden Erscheinungen klarer erkannt werden wird. Gegenwärtig ist aber dieser so wichtige Zusammenhang noch fast vollkommen in Dunkel gehüllt. Den Mechanismus, nach welchem die lebenden Zellengewebe die asymmetrischen Substanzen aufbauen, kennen wir nicht, ja wir können nicht einmal eine vernünftige Theorie über diese Vorgänge aufstellen, welche durch irgendwelche experimentelle Beweise Unterstützung fände. Die Arbeiten von Marckwald und Mc. Kenzie[2]) scheinen zu zeigen, daß nur jene Reaktionen, welche ein relativ langes Zeitintervall zu ihrer Vollführung bedürfen, fähig sind, asymmetrische Verbindungen durch direkte Synthese zu bilden; und es scheint nicht unwahrscheinlich, daß die Zeit in diesem Problem einer der Hauptfaktoren ist.

---

[1]) Dimroth und Feuchter, Ber. d. deutsch. chem. Ges. **36**, 2238 (1903). Marckwald und Meth, Ber. d. deutsch. chem. Ges. **39**, 1171, 2035 (1906). Perkin und Pope, Proc. **22**, 107 (1906).

[2]) Marckwald und Mc Kenzie, Ber. d. deutsch. chem. Ges. **34**, 469 (1901).

Es ist anzunehmen, daß die Synthesen, welche durch den Lebensprozeß vollzogen werden, langsamer verlaufen als unsere Laboratoriumsreaktionen, und daß durch die langen Intervalle, in welchen diese synthetischen Prozesse in den lebenden Organismen vor sich gehen, verschiedene asymmetrische Kräfte der Natur Gelegenheit haben, einen längeren und dauernderen Einfluß auf sie auszuüben. Welcher Art diese Kräfte sind, können wir nicht mit Sicherheit feststellen, denn wir wissen so viel wie nichts darüber; aber es scheint nicht unmöglich, daß die Erdrotation, der Erdmagnetismus oder die Bewegung der Erde um die Sonne, alles einseitige Kräfte, einen asymmetrischen Einfluß ausüben können.

Obgleich unsere gegenwärtigen Theorien genügen, um die große Mehrzahl der bisher aufgefundenen Isomeriefälle zu erklären, so sind doch einige Beispiele bekannt, welche nicht durch diese Anschauungen befriedigend erklärt werden können und da wir nur durch das Studium der Ausnahmefälle hoffen können, Fortschritte in neue Gebiete zu machen, so wollen wir unsere Aufmerksamkeit auf eine oder zwei Beispiele dieser Art lenken.

Zunächst wollen wir die Zimtsäure erwähnen. Es ist schon lange bekannt, daß drei Zimtsäuren existieren, während unsere heutige Theorie nur deren zwei als möglich zuläßt. Dieser Fall war daher schon genügend kompliziert, wurde es aber noch mehr durch neuere Arbeiten von Erlenmeyer jun.[1]), der einen weiteren Typus von Isomerie gefunden zu haben scheint. Nach seiner Ansicht gleicht die Zimtsäure eines bestimmten Ursprungs den razemischen Formen von Verbindungen, welche ein asymmetrisches Kohlenstoffatom enthalten, obgleich sie sich von diesen unterscheidet, insofern als die Zimtsäure keine optische Aktivität zeigt. Erlenmeyer berichtet nun, daß er in der Tat die Zimtsäure aus Storax in zwei stereoisomere Modifikationen zerlegt habe, was aber nach unseren heutigen Theorien in keiner befriedigenden Weise erklärt werden kann. Marckwald und Meth[2]) haben die Richtigkeit der Erlenmeyerschen Resultate bestätigt; doch kann man diese Frage noch nicht als wirklich definitiv gelöst betrachten. Es wäre wünschenswert, daß eine Person diese Arbeit wiederholen würde, mit der Absicht, jeden Zweifel zu beseitigen und die Frage endgültig zu entscheiden. Ganz abgesehen aber von diesem Punkte verdient der Fall der Zimtsäuren die sorgfältigste Beachtung.

Ein analoger Fall wurde von Lossen[3]) beobachtet und zwar bei den Hydroximsäuren; derselbe wurde bereits in Kap. III, S. 180 beschrieben.

---

1) Erlenmeyer jun. und Arnold, Liebigs Annal. d. Chem. u. Pharm. **337**, 329 (1905). Erlenmeyer jun., Ber. d. deutsch. chem. Ges. **38**, 2562, 3496 (1905). Ibid. **39**, 788, 1570 (1906). Erlenmeyer jun., Barkow und Herz, Ber. d. deutsch. chem. Ges. **40**, 653 (1907).

2) Marckwald und Meth, Ber. d. deutsch. chem. Ges. **39**, 1176, 1966, 2598 (1906).

3) Lossen, Liebigs Annal. d. Chem. u. Pharm. **281**, 199 (1894). Lossen und Zanni, Liebigs Annal. d. Chem. u. Pharm. **282**, 226 (1894). Vgl. Werner, Ber. d. deutsch. chem. Ges. **29**, 1150 (1896) und Lubak, ibid. 1153.

Ein eigenartiges Beispiel wurde von Henriques[1]) unter den Schwefelderivaten des β-Naphtols beobachtet. Er erhielt das Dioxy-dinaphtyl-sulfid in zwei Formen, denen er folgende Raumformeln zuschreibt:

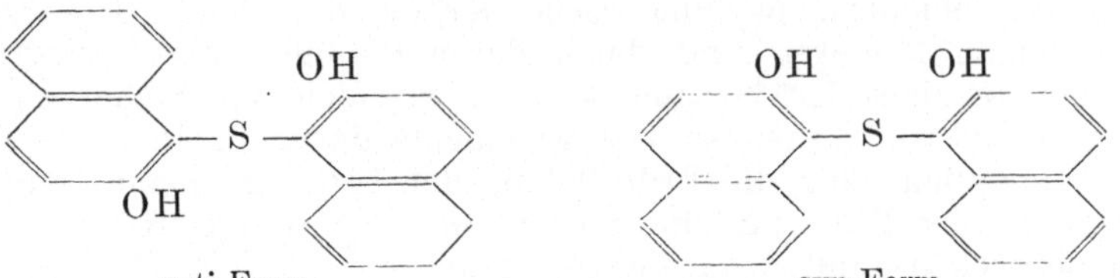

OH S OH

anti-Form

OH S OH

syn-Form

Er fand, daß die beiden Verbindungen verschiedene Schmelzpunkte zeigen, verschiedene Acetylderivate liefern und daß die eine Form in die andere umgewandelt werden kann. Die Konfigurationen dieser Substanzen wurden aus ihrem Verhalten bei der Oxydation abgeleitet; denn wenn die anti-Form oxydiert wird, treten die beiden Sauerstoffatome in gegenseitige Bindung und die Naphtalinringe werden dadurch in die syn-Konfiguration umgelagert.

Bei der Reduktion dieser intermediären Verbindung erhält man dann die syn-Verbindung:

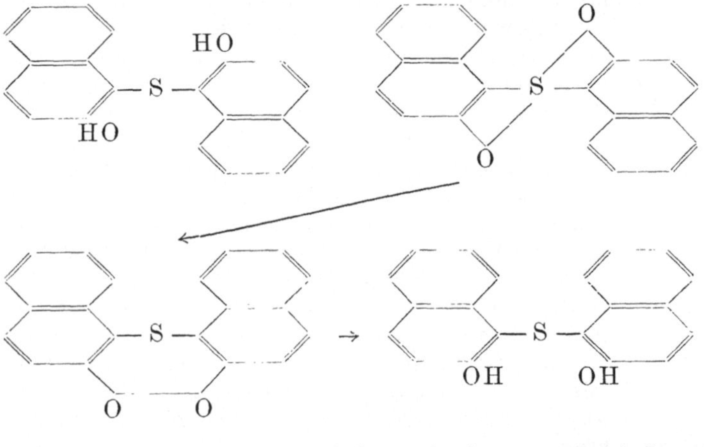

HO S HO

O S O

S O O → S OH OH

Henriques fand weiter, daß nur in der syn-Verbindung beide Hydroxylgruppen unter Bildung eines Dinaphtalin-thiophens abgespalten werden konnten:

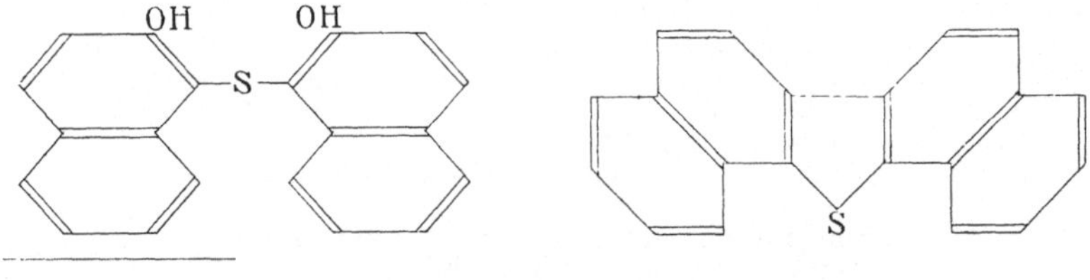

OH S OH

S

[1]) Henriques, Ber. d. deutsch. chem. Ges. **27**, 2993 (1894).

Dieser Fall läßt sich nicht nach unseren gebräuchlichen stereochemischen Ansichten erklären und es wäre wünschenswert, daß eine Aufklärung dieser Verhältnisse erfolgen würde. Es steht nicht in Übereinstimmung mit unseren gegenwärtigen Ansichten, daß ein Schwefelatom die Fähigkeit besitzen sollte, gewissermaßen eine Fixierung der Atomgruppen eines Moleküls hervorzurufen, so daß die freie Drehbarkeit um das Schwefelatom nicht stattfinden könnte; es scheint wahrscheinlicher, daß die Isomerie nicht durch stereochemische Ursachen bedingt wird. Jedenfalls verdient aber diese Frage ein genaueres Studium.

Ein weiterer abnormer Fall wurde in der Reihe der Dibenzylidinbernsteinsäure beobachtet. Stobbe[1]) berichtet, daß diese drei Substanzen, wie man erwarten konnte, in drei isomeren Formen existieren, die nachfolgenden Raumformeln entsprechen:

$$\begin{array}{ccc} HOOC-C & \text{———————} & C-COOH \\ \| & & \| \\ C_6H_5-C-H & & H-C-C_6H_5 \end{array}$$

$$\begin{array}{ccc} HOOC-C & \text{———————} & C-COOH \\ \| & & \| \\ C_6H_5-C-H & & C_6H_5-C-H \end{array}$$

$$\begin{array}{ccc} HOOC-C & \text{———————} & C-COOH \\ \| & & \| \\ H-C-C_6H_5 & & C_6H_5-C-H \end{array}$$

Jede dieser Säuren hat ihr charakteristisches Anhydrid, obgleich nun noch ein viertes Anhydrid zu existieren scheint, welches in eines der drei übrigen durch Einwirkung des Sonnenlichtes verwandelt werden kann; für die Bildung einer derartigen Substanz haben wir gegenwärtig keine Erklärung.

Außer diesen Beispielen gibt es noch eine Reihe von Fällen, in denen Isomerie angenommen wurde, deren sichere Existenz aber noch zweifelhaft erscheint, und es wäre wünschenswert, daß dieser Unsicherheit ein Ende gelegt würde. Fälle dieser Art sind z. B. die Aniline und die Isomerie in Verbindungen vom Typus Nabc.

Im Zusammenhang damit sei darauf aufmerksam gemacht, daß ein Fall ganz übersehen wurde, in dem man Stereoisomerie erwarten könnte, nämlich bei den Trialkylamin- oder -phosphin-oxyden. Auf Grund der Vorstellungen, welche wir gegenwärtig über die Konfiguration fünfwertiger Stickstoffverbindungen angenommen haben und in Analogie mit ähnlichen Verbindungen des Phosphors[2]) scheint es außer Zweifel, daß Stereoisomerie auch in Verbindungen vom Typus:

---

[1]) Stobbe, Verh. d. Ges. deutsch. Naturforsch. u. Ärzte, München 1899, Seite 88.

[2]) Caven, Trans. **81**, 1361 (1902).

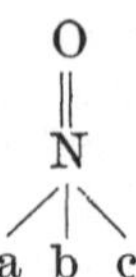

möglich ist.

Aus dem Studium solcher Substanzen könnte man viele interessante Resultate erhalten, und es ist zu hoffen, daß diesem Falle künftighin die gebührende Aufmerksamkeit geschenkt wird.

In der Klasse der Stickstoff-stereoisomeren scheint es eigentümlich, daß die Azogruppe diesen Typus von Isomerie nicht zu begünstigen scheint, daß also Azoverbindungen nicht in stereoisomeren Formen auftreten. Janowski[1]) beschreibt zwei Trinitro-azotoluole und zwei p-Azoxy-toluole, doch scheinen diese neben dem von Willstätter und Benz[2]) beschriebenen Azophenol die einzigen derartigen Substanzen zu sein, in denen Stereoisomerie beobachtet wurde. Weitgehendere Untersuchungen dieser Art würden immerhin von gewissem Interesse sein, obgleich sie kaum einen besonderen Fortschritt für unsere stereochemischen Theorien erbringen würden.

Das wichtigste Problem in dem Gebiete der Stereoisomerie, die durch eine doppelte Bindung bedingt wird, ist sicher die Addition von Brom in trans-Position an ungesättigte Säuren, welche in cis-Stellung durch oxydierende Mittel angegriffen werden. Es ist kaum zu bezweifen, daß diese Differenz tatsächlich besteht und vom rein theoretischen Standpunkt aus betrachtet erscheint dieser Fall vielleicht das wichtigste aller unserer gegenwärtigen Probleme der Stereochemie zu sein. Die erste Frage, welche beantwortet werden muß, ist sicher die, den genauen Einfluß festzustellen, welchen die Natur der Radikale oder Atome auf die doppelte Bindung ausüben. Denn nach unseren gegenwärtigen Kenntnissen erscheint es wahrscheinlich, daß das zweiwertige Element fähig ist, gewissermaßen als eine Brücke zwischen den zwei Kohlenstoffatomen zu wirken und dadurch intramolekulare Änderungen entweder hindern oder befördern kann, da der Unterschied dann auftritt, wenn ein einwertiges Element, wie Brom, an die Stelle eines zweiwertigen, wie Sauerstoff, tritt. Man müßte versuchen, einige andere mehrwertige Elemente, die fähig sind eine Doppelbindung zu lösen, an eine Äthylenbindung anzulagern und feststellen, welche Stellung diese Atome dann in bezug aufeinander im Raume einnehmen, ob sie sich in cis- oder in trans-Stellung angelagert haben. Wie immer aber eine Lösung dieses Problems erhalten werden sollte, sie wird sicher zur Klarlegung der zugrunde liegenden Ursachen beitragen; denn gegenwärtig besitzen wir keine Hypothese, welche uns diese Tatsachen überhaupt nur verständlich machen würde.

Wenden wir uns von diesen noch weiter liegenden Fragen näher liegenden zu, so ist zunächst ein dringendes Bedürfnis für eine neue Methode zu genaueren Konfigurationsbestimmungen von Verbin-

1) Janowski, Monatsh. **9**, 831 (1888).
2) Willstätter und Benz, Ber. d. deutsch. chem. Ges. **39**, 3492 (1906).

dungen vorhanden; denn gegenwärtig sind kaum irgendwie zuverläßliche bekannt, selbst nicht im Falle der Äthylen-Isomeren. In der Hydrazonreihe ist überhaupt noch nichts in dieser Hinsicht getan worden und das gleiche gilt auch für die Chinon-oxime. Dasselbe Bedürfnis ist für die Konfigurationsbestimmung kettenförmiger Verbindungen vorhanden, die nicht optisch aktiv sind; denn hier kennen wir, mit Ausnahme einiger weniger Fälle, absolut nichts über die Raumanordnung der Atome. Es ist nicht anzunehmen, daß wir bereits alle möglichen Hilfsmittel zur Konfigurationsbestimmung dieser Substanzen gefunden haben; erfolgreiche Untersuchungen in dieser Hinsicht würden sicher für die dafür verwendete Zeit entschädigen.

Es sind aber noch wichtigere Fragen als diese zu bearbeiten. Z. B. die Stabilität der verschiedenen Polymethylenringe scheint mehr von räumlichen als von chemischen Faktoren abzuhängen; ein sorgfältiges Studium dieser Fälle, welche mit der v. Baeyerschen Spannungstheorie in Einklang stehen und jener, welche Ausnahmen zu dieser Theorie bilden, dürften immerhin wertvolle Resultate ergeben und möglicherweise zur Aufklärung der Ursachen führen, welche die Stabilitätsverhältnisse der zyklischen Verbindungen bei Variation der Gliedzahl beherrschen. Von diesem Gesichtspunkt aus betrachtet, erscheint besonders die fast gleiche Stabilität fünf- und sechsgliedriger Ringe bemerkenswert und von einem speziellen Studium der bereits bekannten Ausnahmefälle würden sich vielleicht neue Richtungen für derartige Untersuchungen ergeben.

Die Probleme der sterischen Hinderung sind gleichfalls noch nach vielen Richtungen hin zu erforschen. Es ist unnötig auf Details einzugehen; ein Fall wird als Beispiel genügen. In einem früheren Kapitel haben wir gezeigt, daß der zweite Ring in Naphtalinverbindungen in manchen Fällen einen hindernden Einfluß ausübt, bei anderen Reaktionen dagegen nicht; es sei nur an die Fälle der Oximbildung, Veresterung, Hydrolyse und Benzidinumlagerung erinnert. Wenn wir die Hypothese von der sterischen Hinderung in ihrer einfachen Form auf diese Beispiele anwenden, so werden wir zu dem sichtbaren Schlusse geführt, daß der zweite Ring im Naphtalinmolekül seine Konfiguration je nach dem Charakter des zweiten mit ihm verbundenen Ringes ändern kann, eine Ansicht, welche uns möglicherweise zu interessanten Resultaten führen kann. Wenn wir andererseits die sterische Anschauung verwerfen, können wir gleichfalls eine Reihe wichtiger Folgerungen aus denselben Tatsachen ableiten; denn wenn wir die sterischen Betrachtungen nicht anerkennen, so muß die verschiedene Wirkung auf eine Änderung im chemischen Charakter der zwei Ringe zurückgeführt werden.

Ein anderes Beispiel von sterischer Hinderung, das ein sorgfältiges Studium verdient, bieten Erscheinungen, welche man allgemein unter dem Namen der dynamischen Hypothese von Bischoff zusammenfaßt. Der moderne Standpunkt der Chemie scheint einerseits mehr mechanische Vorstellungen zu begünstigen, andererseits aber weniger materialistisch zu sein, als vor zehn bis zwanzig Jahren; denn wenn wir heute noch von „Kollisionen“ zwischen Atomen sprechen, so benutzen wir das Wort mehr als eine passende Nomenklatur, und nicht als eine Bezeichnug, welche den wirklichen Vorgang darstellen soll. Wir sind dadurch in Gefahr gekommen, einfache Vorstellungen, Begriffe fallen zu lassen und an ihrer statt nichts anderes als reine Worte zu benutzen, deren wirkliche Bedeutung nicht mehr zutrifft. Es scheint ratsam, nunmehr diese ganze Frage zu revidieren, um sie mit unseren gegenwärtigen Ansichten in anderen Gebieten der Wissenschaft in Einklang zu bringen. Es mag sein, daß die Idee von den Kollisionen der Atome die richtige ist, aber es ist kein Grund vorhanden, warum die ganze Frage nicht von frischem, von einem neuen Standpunkt aus behandelt werden sollte. Es ist unwahrscheinlich, daß irgendwelche experimentelle Arbeiten künftighin mehr erbringen werden, als eine Bestätigung der von Bischoff bereits festgestellten Hauptpunkte; aber eine neue Erklärung für das Auftreten der „kritischen Positionen“ könnte immerhin zu Resultaten von größter Wichtigkeit leiten.

Es ist hier nicht der Ort, um die praktischen Anwendungen der Stereochemie zu besprechen, da sie ja in anderen Werken eingehend behandelt worden sind. Man kann aber annehmen, daß die Saccharimetrie mit der Hilfe des Polarimeters noch nicht abgeschlossen hat.

Die Stereochemie ist bis jetzt noch nicht viel mit anderen Wissenschaften in Verbindung getreten, aber Möglichkeiten in dieser Richtung sind anzunehmen, wie die bei der Untersuchung des natürlichen Petroleums erhaltenen Resultate zeigen. Vom geologischen Standpunkt ist es vom höchsten Interesse zu wissen, ob das Petroleum ein anorganisches Produkt ist, oder ob es seine Entstehung organischer Materie verdankt. Walden[1]) hat darauf hingewiesen, daß, falls das Petroleum optisch aktiv wäre, seine Bildung aus einstigen Organismen als sicher gelten könne. Diese Aktivität wurde nun von Ragusin beim kaukasischen und amerikanischen Petroleum festgestellt, so daß diese Frage kaum mehr zweifelhaft erscheint.

Endlich mag es gut sein, noch darauf hinzuweisen, daß Möglichkeiten zu fruchtbaren Untersuchungen in Verbindung mit Dimorphismus vorzuliegen scheinen. Es sind bereits einige Versuche in dieser Richtung angestellt worden; so versuchte z. B. Knoevenagel das Vorkommen zweier Formen des Benzophenols mittelst der Raumformel des Benzols zu erklären; ein weiteres Studium dieser Frage ist jedoch nicht unternommen worden.

Jenen, welche derartige Untersuchungen aufzunehmen gedenken, sei das Studium von O. Lehmanns „Molekularphysik“ empfohlen, da in diesem Buche einige Reihen von Beispielen organischer und anorganischer dimorpher Verbindungen zusammengestellt sind.

---

1) Walden, Naturwissenschaftliche Rundschau **15**, 15 (1900).

Anhang A.

Die Beziehungen der Stereochemie zur Physiologie.

In einem früheren Kapitel dieses Buches wurde gezeigt, daß gewisse anorganische Verbindungen die Fähigkeit haben, die Schwingungsebene polarisierten Lichtes beim Durchgang durch ihre Kristalle abzulenken, daß sie aber diese Eigenschaft verlieren, wenn die Kristalle gelöst werden; andererseits wurde darauf hingewiesen, daß bestimmte Kohlenstoffverbindungen diesen Einfluß auf die Polarisationsebene beibehalten, selbst wenn man sie schmilzt oder auflöst. Im ersten Falle haben wir die Wirkung auf die Kristallform zurückgeführt; im letzteren Falle haben wir es mit einer fundamentalen Asymmetrie innerhalb des Moleküls zu tun. Bis vor einigen Jahren waren die einzigen bekannten optisch aktiven Substanzen natürlich vorkommende, so daß für eine Zeitlang dieser Fall dem Zustand der organischen Chemie vor der Synthese des Harnstoffs durch Wöhler glich; denn in beiden Fällen glaubte man, daß es einer besonderen Kraft zur Erzeugung organischer Substanzen einerseits und optisch aktiver Verbindungen andererseits bedürfe. Ja, selbst noch in jüngster Zeit nahmen einige Chemiker an, daß es zur Erzeugung asymmetrischer, aktiver Verbindungen einer Lebenskraft bedürfe[1]). Es scheint kaum nötig, darauf hinzuweisen, daß diese Ansicht auf einem vollkommenen Mißverständnis des ganzen Problems basiert. Es wird allgemein anerkannt, daß die Synthese des Harnstoffs ein- für allemal die Hypothese beseitigte, daß die sogenannten organischen Substanzen nur durch Lebewesen erzeugt werden können, und doch wird zugegeben, daß Wöhler selbst ein lebendes Wesen war. Die Anhänger der vitalistischen Theorie der asymmetrischen Synthese verharren jedoch bei der Ansicht, daß, weil Pasteur seine Hände zur Trennung der Kristalle der aktiven Weinsäuren benützte, ein vitaler Einfluß ins Spiel kam und die Synthese nur ein weiteres Beispiel der vitalen Methode sei. Diese Art Schlußfolgerung verfehlt den Hauptpunkt vollkommen. Wenn wir von der Bildung einer Substanz durch vitale Wirkung sprechen, so meinen wir natürlich damit die Bildung

[1]) Siehe die Polemik in Bd. **58** und **59** (1898—9) der „Nature“, in welcher Japp, Bartrum, Errera, Fitzgerald u. a. teilnahmen.

in einem lebenden Organismus und nicht die Darstellung im Laboratorium mit Hilfe des menschlichen Geistes. Letztere Methode wird gewöhnlich als eine reine chemische betrachtet, obgleich genauer gesprochen, sie auch nur eine Modifikation der anderen ist. Aber selbst wenn wir das zugeben, so erscheint doch die Bildung asymmetrischer Verbindungen mit Hilfe von Kräften, die außerhalb lebender Organismen liegen, nicht als unmöglich, denn wir kennen eine Reihe „asymmetrischer Kräfte" in der Natur, so daß die Wirkung der einen oder anderen immerhin genügen könnte, um eine asymmetrische Verbindung aus rein symmetrischem Material zu bilden. Die Arbeit von Byk[1]) hat gezeigt, daß ein aktiver Körper durch die Wirkung rein natürlicher Kräfte erzeugt werden könnte, ohne Zuhilfenahme lebender Wesen irgendwelcher Art.

Die wirklichen Prozesse, mit Hilfe deren lebende Organismen imstande sind, optisch aktive Verbindungen aus rein symmetrischen zu erzeugen, sind noch nicht entdeckt worden; wir sind vollkommen im Unklaren über die Art und Weise, in welcher diese Operationen vor sich gehen. Es ist möglich, daß die synthetischen Prozesse der lebenden Organismen sehr langsam verlaufen, so daß bestimmte natürliche Kräfte, wie die Rotation der Erde, oder der Erdmagnetismus, Zeit haben, die Reaktionen zu beeinflussen. Diesbezügliche Experimente könnten möglicherweise zu interessanten Resultaten führen.

Wenn wir nun die stereochemischen Konfigurationen der von Organismen erzeugten Produkte betrachten, so finden wir, daß, wo immer auch nur die Möglichkeit zur Bildung von Stereoisomerie vorhanden ist, die Pflanzen- oder Tierzelle fast allgemein die aktive Form der Verbindung enthält.

Die Mehrzahl der Eiweißkörper sind fast alle linksdrehend, während die Gallenstoffe in der rechtsdrehenden Form auftreten. Dipenten scheint eine Ausnahme von dieser Regel zu bilden, da es in der razemischen Form vorkommt.

Aus der Tatsache, daß so viele Produkte lebender Organismen optische Aktivität entfalten, können wir annehmen, daß die Organismen selbst die Fähigkeit haben, zwischen den rechts- und linksdrehenden Verbindungen zu unterscheiden, indem sie die eine Form zerstören, die andere aber mehr oder weniger unberührt lassen. Eine ganz beträchtliche Menge Untersuchungen sind in dieser Hinsicht durchgeführt worden und alle scheinen sie diese Ansicht zu bestätigen.

Es erscheint demnach wahrscheinlich, daß die Bestandteile der lebenden Zellen selbst asymmetrisch sind und bei ihrer Wirkung auf fremde Körper mit jenen stereochemischen Formen in Reaktion treten, welche ihren eigenen Konfigurationen am besten angepaßt sind, während sie jenen stereoisomeren Typus verschmähen, dessen Konfiguration für eine gegenseitige Wirkung ungünstiger erscheint.

Auf den folgenden Seiten wird eine kurze Übersicht über die bei einigen typischen Fällen erhaltenen Resultate gegeben. Eine

---

1) Byk, Zeitschr. f. physik. Chemie **49**, 641 (1904).

Verallgemeinerung der in diesem Gebiete gewonnenen Resultate läßt sich gegenwärtig noch nicht durchführen, da das zur Verfügung stehende Material noch viel zu wenig zusammenhängend und in einigen Fällen auch widersprechend ist; alles was wir versuchen wollen ist, zu zeigen, in welcher Weise der stereochemische Charakter einer Verbindung ihre Wirkung auf lebende Organismen, resp. deren reagierende Bestandteile beeinflußt.

Zunächst wollen wir die Beziehungen untersuchen, welche zwischen der Konfiguration einer Verbindung und ihrer Wirkung auf bestimmte organisierte und nicht organisierte Fermente bestehen.

Wir haben bereits früher in dem Kapitel über optische Antipoden, S. 45, darüber berichtet; auch die Arbeit von Bertrand, S. 48, ist gleichfalls in dieser Hinsicht von Interesse. Wir brauchen die an diesen Stellen mitgeteilten Tatsachen hier nicht zu wiederholen. Wir wollen vielmehr zunächst die Frage der selektiven Fermentation der Zucker und Glukoside besprechen. Eine Zusammenstellung dieser Arbeiten wurde von Emil Fischer in seiner Abhandlung, betitelt „Bedeutung der Stereochemie für die Physiologie“ [1]), gegeben.

Fischer und Thierfelder[2]) behandelten die Rechtsformen der Glukose, Mannose, Galaktose und Talose mit demselben Ferment und fanden, daß die ersten zwei leicht, die Galaktose schwer und die Talose überhaupt nicht angegriffen wird. Wenn wir nun die Raumformel dieser vier Körper daraufhin prüfen, so ergibt sich eine mögliche Erklärung für diese Unterschiede von selbst.

Glukose	Mannose	Galaktose	Talose
$CH_2 \cdot OH$	$CH_2 \cdot OH$	$CH_2 \cdot OH$	$CH_2 \cdot OH$
$HO \cdot H$	$HO \cdot H$	$HO \cdot H$	$HO \cdot H$
$HO \cdot H$	$HO \cdot H$	$H \cdot OH$	$H \cdot OH$
$H \cdot OH$	$H \cdot OH$	$H \cdot OH$	$H \cdot OH$
$HO \cdot H$	$H \cdot OH$	$HO \cdot H$	$H \cdot OH$
CHO	CHO	CHO	CHO
leicht gärfähig		schwerer gärfähig	nicht gärfähig

E. Fischer[3]) hat die Ansicht ausgesprochen, daß Ferment und Zucker gewissermaßen wie Schloß und Schlüssel zueinander passen müssen, wenn eine gegenseitige Wirkung erzielt werden soll. Wenn wir nun einen Teil des Ferments in derselben Weise symbolisch darstellen wie den Zucker und mit X die Radikale bezeichnen, welche mit den Hydroxylgruppen in Aktion treten und sie so anordnen, daß eine weitgehendste Annäherung beider Gruppenarten möglich ist, so müssen wir ein vollkommenes Ferment für d-Glukose folgendermaßen schreiben:

---

[1]) Zeitschr. f. physiol. Chem. **26**, 60 (1898).

[2]) Fischer und Thierfelder, Ber. d. deutsch. chem. Ges. **27**, 2035 (1894).

[3]) E. Fischer, Ber. d. deutsch. chem. Ges. **27**, 2992 (1894).

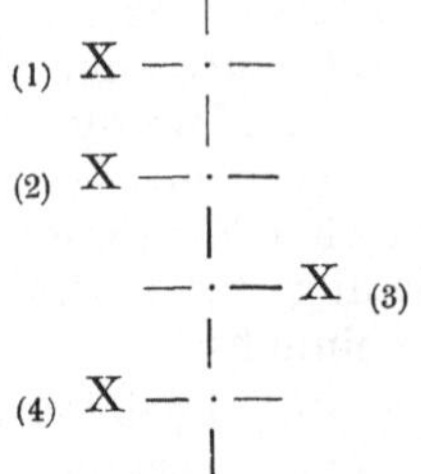

In diesem Falle würden alle vier Gruppen einander vollkommen angepaßt sein, so daß dieses Bild des Fermentes sozusagen einen perfekten Schlüssel für das Schloß Glukose bildet. Im Falle der Mannose können nur drei Gruppen (1, 2 und 3) aufeinander einwirken; in Galaktose können 1, 3 und 4 die Hydroxylgruppen angreifen, während in Talose nur zwei (1 und 3) in Aktion treten. Die Analogie in bezug auf Schloß und Schlüssel darf man natürlich nicht zu weit führen; aber sicher ist, daß ein Zusammenhang zwischen Konfiguration und der Leichtigkeit der Fermentation in gewissen Verbindungen besteht.

Soviel in bezug auf die Zucker; wir müssen nun zu den Glukosiden übergehen.

E. Fischer erhielt aus d-Glukose zwei Methylglukoside α und β, denen er folgende Formeln zuschreibt:

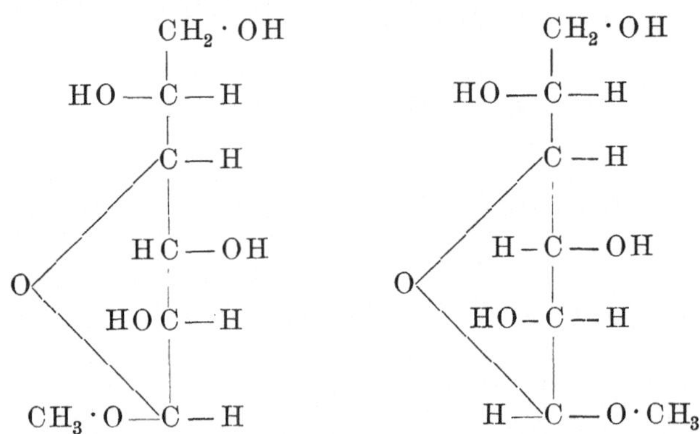

Man ersieht daraus, daß beide Formeln nur in bezug auf die Konfiguration der untersten Kohlenstoffatome der Kette differieren. Wenn man nun Emulsin auf diese zwei Verbindungen einwirken läßt, so greift es wohl die β-Form an, läßt aber die α-Varietät praktisch unberührt; benützt man dagegen Maltase, so findet man, daß die α-Form zerstört wird, während die β-Form unangegriffen bleibt. Wenn man l-Glukose an Stelle der d-Form für die Darstellung der Glukoside verwendet, so werden wie im Falle der d-Verbindung zwei isomere Methyl-l-glukoside erhalten, von denen jedoch keines, weder von Maltase noch von Emulsin angegriffen wird. Es ist keine Frage, daß die Raumisomerie die Ursache der verschiedenen Wirkung beider Zucker ist; denn die einzig mögliche Erklärung liegt in ihrer Konfiguration. Viele Beispiele derselben Art können angeführt werden; z. B. Methyl-galaktose-glukosid existiert in zwei Formen, von denen die eine angegriffen wird, während die andere unverändert bleibt. Die Wirkung des Fermentes ist in diesem Falle sichtbar langsamer als bei der d-Glukoseverbindung. Denselben Unterschied in der Vergärungsfähigkeit findet man ja auch zwischen den Zuckern selbst; Galaktose wird viel schwieriger vergoren als Glukose. Dieser Parallelismus ist aber kein allgemeiner; denn obgleich d-Mannose so leicht vergoren wird wie d-Glukose, werden die beiden Methylglukoside der d-Mannose weder durch Emulsin noch Maltase angegriffen und die beiden Methyl-glukoside der l-Mannose bleiben gleichfalls unberührt. Wenn wir diese Fermente auf die Glukoside der Pentosen anwenden, z. B. Methyl-Pentosen oder -Heptosen, finden wir keine Einwirkung. Diese Tatsache erbringt somit eine weitere Bestätigung für den bedeutenden Einfluß, welchen eine geringe Änderung im Charakter einer Substanz auf deren Wirkung ausübt. Wenn wir z. B. die Formeln von Glukose und Xylose vergleichen, so finden wir in der Glukose ein asymmetrisches Kohlenstoffatom (gekennzeichnet durch ein Sternchen), welches in der Xylose fehlt:

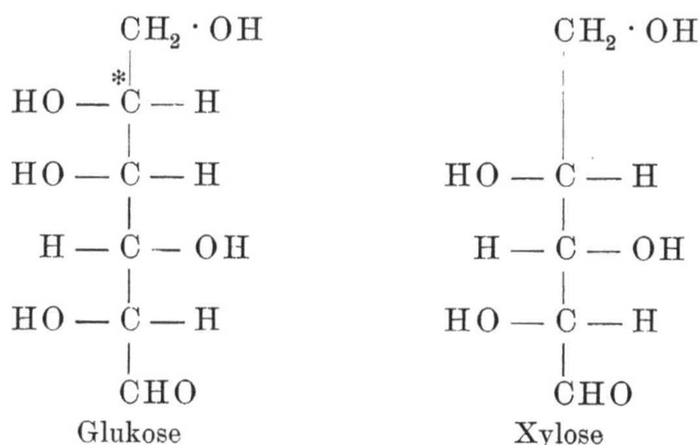

Folgende Tabelle ist insofern von Interesse, als sie die Wirkung von Emulsin und Maltase auf synthetische und natürliche Glukoside demonstriert. Das Zeichen — zeigt an, daß keine Hydrolyse stattfindet, während das Zeichen + eine solche andeutet:

Synthetische Glukoside	Emulsin	Maltase
α-Methyl-d-glukosid	—	+
β-Methyl-d-glukosid	+	—
α-Methyl-l-glukosid	—	—
β-Methyl-l-glukosid	—	—
α-Äthyl-d-glukosid	—	+
α-Methyl-d-galaktosid	—	+
β-Methyl-d-galaktosid	+	—
α-Methyl-Xylosid	—	—

Synthetische Glukoside	Emulsin	Maltase
β-Methyl-Xylosid	—	—
Methyl-d-mannosid	—	—
Methyl-l-mannosid	—	—
Methyl-arabinosid	—	—
Methyl-rhamnosid	—	—
Methyl-glukoheptosid	—	—
Methyl-sorbosid	—	—
Phenol-d-glukosid	+	—
Methyl-fruktosid (nicht kristallisiert)		+
Natürliche Glukoside		
Salizin	+	—
Helizin	+	—
Äskulin	+	
Arbutin	+	—
Koniferin	+	—
Phyllyrin	—	
Apiin	—	—
Syringin	+	—
Saponin	—	—
Phlorizin	—	—
Mandelsäurenitril-glukosid (halb-synthetisch)	+	—
Amygdalin	+	+
Querzitrin	—	

Bevor wir diesen Wissenszweig verlassen, wollen wir unsere Aufmerksamkeit noch dem Amygdalin etwas näher widmen. Diese Verbindung unterscheidet sich von all den anderen beschriebenen Glukosiden, da sie sich von einem Disaccharid ableitet, während die übrigen von Monosacchariden herrühren.

Wenn Amygdalin mit Maltase behandelt wird, zerfällt es in ein Molekül Mandelsäurenitrilglukosid und ein Molekül Traubenzucker. Emulsin aber führt diese Reaktion um einen Schritt weiter als Maltase, denn bei seiner Einwirkung zerfällt das Amygdalin in Benzaldehyd, Blausäure und Traubenzucker. Diese verschiedene Wirkungsweise beider Fermente ist jedenfalls auf eine Differenz ihrer Konfigurationen zurückzuführen. Das Amygdalinmolekül erscheint gewissermaßen als ein Schloß, zu welchem das Emulsin ein genau passender Schlüssel ist, während ein anderer Schlüssel, die Maltase, nur ein oder zwei Riegel des Schlosses bewegt, die anderen aber unberührt läßt.

E. Fischer[1]) hat auf den Wert der Enzymwirkung als ein Mittel zur Konfigurationsbestimmung von Substanzen hingewiesen und es ist zu erwarten, daß diese Methode künftig häufiger angewendet werden wird als gegenwärtig.

---

[1]) Fischer, Ber. d. deutsch. chem. Ges. **28**, 1508 (1895).

Wir haben nun gezeigt, daß ein enger Zusammenhang zwischen der Konfiguration einer Substanz und der Leichtigkeit, mit welcher sie auf ein Ferment wirkt, besteht; wir wollen jetzt zu einem anderen Teil übergehen und den Einfluß der Konfiguration von Verbindungen auf ihre Nährwerte besprechen.

Brion[1]) studierte die Wirkung tierischer Organismen auf die vier Weinsäuren. Seine Resultate können folgendermaßen zusammengefaßt werden. Links- und Mesoweinsäure scheinen fast im gleichen Maße verbrannt zu werden; Rechtsweinsäure wird in einem geringeren Grade und Traubensäure am schwersten zerstört. Dieses Verhalten der Traubensäure deutet darauf hin, daß sie beim Durchgang durch den Organismus nicht in ihre Komponenten zerlegt wird.

In der Pentosegruppe haben Neuberg und Wohlgemuth[2]) die drei Arabinosen und ihre Derivate in dieser Hinsicht untersucht. Die Substanzen wurden sowohl per os (I) als auch durch subkutane (II) und intravenöse (III) Injektion verabreicht. Die nach den drei Methoden erhaltenen Resultate stimmten ganz gut überein. Die nachfolgenden Zahlen geben die Prozente der verabreichten Substanz, welche im Urin der Kaninchen unverändert aufgefunden wurden:

Substanz	I	II	III
l-Arabinose	14·5	7·1	28·3
d- „	31·2	36·0	31·0
r- „	28·5	31·7	29·0

Die drei Arabonsäuren zeigten ganz ähnliche Differenzen, wenn sie den Tieren in Form ihrer Natriumsalze verabreicht wurden, und zwar wurde die Linksform in diesem Falle weniger angegriffen wie die Rechtsform. Wurde d- oder r-Arabit dem Tiere verabreicht, so zeigten sich geringe Mengen von Pentosen im Urin, was nicht der Fall war, wenn l-Arabit verwendet wurde.

Wurde dem menschlichen Organismus r-Arabinose verabreicht, so fand eine beträchtliche Spaltung in die optischen Antipoden statt, denn zwei Drittel der ausgeschiedenen Substanz bestand aus der optisch aktiven d-Form. Dasselbe Verhalten wurde auch bei Kaninchen, allerdings in geringerem Maße beobachtet.

Die Autoren folgern aus diesem Verhalten, daß die razemische Arabinose, welche im Harn des Pentoseurikers stets allein, ohne eine der optisch aktiven Formen, auftritt, im Organismus dieses Kranken an einer Stelle gebildet wird, wo die Zerlegung in die optischen Antipoden nicht mehr erfolgen kann.

Nagano[3]) fand, daß links-Xylose besser assimiliert wird als l-Arabinose.

Neuberg und Mayer[4]) studierten den Fall der drei Mannosen in dieser Hinsicht und fanden, daß die d-Form am besten aufgebraucht

[1]) Brion, Zeitschr. f. physiol. Chem. **25**, 283 (1898).
[2]) Neuberg und Wohlgemuth, Ber. d. deutsch. chem. Ges. **34**, 1745 (1901). Zeitschr. f. physiol. Chem. **35**, 41 (1902).
[3]) Nagano, Pflügers Archiv **90**, 389 (1902).
[4]) Neuberg und Mayer, Zeitschr. f. physiol. Chem. **37**, 530 (1903).

wird. Sie beobachteten ferner, daß beim Durchgang dieser drei Verbindungen durch den Organismus jede derselben bis zu einem gewissen Grade in ein Derivat der Glukosereihe verwandelt wird. Diese Beobachtung ist von Wichtigkeit, da sie zeigt, daß der physiologische Prozeß einen Konfigurationswechsel des Zuckermoleküls herbeiführen kann. Rosenfeld[1]) fand, daß Zucker im Urin in folgender Reihenfolge ausgeschieden werden: Galaktose, Mannose, Dextrose; die Alkohole in folgender Ordnung: Dulzit, Mannit und Sorbit.

Diese Beispiele dürften genügend den Einfluß der Konfiguration einer Verbindung auf ihre physiologische Wirkung zeigen. Wir wollen nun einige Beispiele von stereochemischen Einflüssen auf den Geschmacks- und Geruchssinn geben. Dabei ist es interessant zu erwähnen, daß Pasteur die Nervensubstanz in chemischer Hinsicht als asymmetrisch betrachtete.

Piutti[2]) berichtet, daß rechts-Asparagin einen süßen Geschmack besitzt, während die Linksform fade schmeckt. Diesen Unterschied findet man aber nicht in den Asparaginderivaten, denn d- und le Asparaginsäure haben denselben Geschmack. Bei der Glutaminsäur-fanden Menozzi und Appiani[3]), daß die Rechtsform süß schmeckt, während die links-Glutaminsäure geschmacklos ist. Sternberg[4]) berichtet, daß in der Regel nur eine quantitative, aber keine qualitative Differenz zwischen den Wirkungen der Stereoisomeren auf die Sinnesorgane besteht. Einen strittigen Fall bilden Mannose und Glukose. W. A. van Ekenstein[5]) berichtet, daß die erstere süß schmeckt, während die letztere bitter ist. Dem wurde von Neuberg und Mayer[6]) widersprochen. Werner und Conrad[7]) fanden einen Unterschied in den Gerüchen der Methylester der zwei aktiven trans-Hexahydro-terephtalsäuren; während Schmidt und Tiemann beobachteten, daß razemische Terpene häufig weniger stark duften, als die aktiven Isomeren.

Die giftigen Eigenschaften der zwei Stereoisomeren sind in manchen Fällen verschieden, in manchen gleich gefunden worden. Chabriés[8]) Resultate mit den Weinsäuren sind nach Cushny[9]) wertlos, da das giftige Medium in diesem Falle das Wasserstoffion ist.

Ladenburg und Falck[10]) verglichen die Wirkung des aktiven d-Coniins und des synthetischen inaktiven Alkaloids, fanden aber keine Unterschiede zwischen beiden. Die physiologische Prüfung synthetischen rechts- und links-Coniins ergab ein ähnliches Resultat;

1) Rosenfeld, Centralblatt für innere Medizin **21**, 177 (1900).

2) Piutti, Compt. rend. de l'Acad d. Sciences **103**, 134 (1886).

3) Menozzi und Appiani, Atti R. Acad. Lincei (**5**), **2**, II, 421 (1893). Gazzetta **17**, 126, 182 (1887).

4) Sternberg, Archiv. Anat. Phys. **1898**, 457.

5) Van Ekenstein, Rec. trav. chim. **15**, 222 (1896).

6) Neuberg und Mayer, Zeitschr. f. physiol. Chem. **37**, 545 (1903).

7) Werner und Conrad, Ber. d. deutsch. chem. Ges. **32**, 3052 (1899).

8) Chabrié, Compt. rend. de l'Acad. d. Sciences **116**, 1410 (1893).

9) Cushny, Journ. f. Physiol. **30**, 193 (1904).

10) Ladenburg und Falck, Liebigs Annal. d. Chem. u. Pharm. **247**, 83 (1888).

denn Albahary und Löffler fanden, daß die beiden aktiven Isomeren sich vollkommen gleich verhalten und daß Meerschweinchen, denen 5 mg d- oder l-Coniinchlorhydrat auf 100 g Tiergewicht durch subkutane Injektion verabreicht wurden, unter identischen Vergiftungssymptomen nach 29 Minuten starben. Poulsson[1]) studierte die Wirkung des Cocains auf die Zunge und fand, daß die anästhesierende Wirkung des d-Cocains stärker und schneller erfolgte als jene des l-Cocains, wenngleich die Wirkung im ersten Falle nicht so anhaltend war, wie mit l-Cocain. Die tödliche Dosis scheint bei beiden Isomeren gegenüber Fröschen und Kaninchen dieselbe zu sein. Die Differenz in ihrer Wirkung wurde von Ehrlich und Einhorn[2]) bestätigt. Die therapeutische Wirkung von Atroscin wird als verschieden gegenüber der des Skopolamins angegeben[3]). Cushny[4]) fand, daß Atropin und Hyoscyamin in gleicher Weise und in gleicher Stärke auf das Zentralnervensystem bei Säugetieren wirken. Atropin besitzt eine stärker reizende Wirkung auf die reflektorischen Nerven des Rückenmarks als Hyoscyamin. Andererseits ist Hyoscyamin fast zweimal so stark in seiner Wirkung auf die Nervenenden der Speicheldrüsen, des Herzens und der Pupille. Nun ist Atropin razemisches Hyoscyamin; die andere Base, welche man benutzte, war l-Hyoscyamin, so daß wir folgende Resultate haben: d l-Hyoscyamin und l-Hyoscyamin zeigten dieselbe Wirkung auf das Zentralnervensystem der Säugetiere; demnach muß die Wirkung von d-Hyoscyamin und l-Hyoscyamin in diesem Falle identisch sein. Andererseits hat d l-Hyoscyamin eine stärkere Wirkung auf das Nervensystem des Rückenmarks als l-Hyoscyamin, so daß hier das d-Isomere das intensivere ist. Da bei der Wirkung auf die Pupille das l-Hyoscyamin fast zweimal so stark ist wie d l-Hyoscyamin, so folgt als wahrscheinlich, daß in diesem Falle d-Hyoscyamin fast ohne Wirkung ist.

Albertoni[5]) findet, daß sich Cinchonin, welches rechtsdrehend ist, von dem linksdrehenden isomeren Cinchonidin unterscheidet. Letzteres wirkt viel langsamer und es bedarf größerer Mengen, um dieselbe Wirkung zu erzielen; es bedingt Erbrechen und hat eine stärker markierte Tendenz, Krampferscheinungen hervorzurufen.

Die beiden Isomeren, Chinin und Chinidin, differieren gleichfalls in ihrer physiologischen Wirkung, denn das letztere hat keine narkotischen Eigenschaften, wenngleich es die fieberstillende Wirkung des Chinins besitzt[6]).

Mayor[7]) fand, daß das rechts- und links-Nikotin in ihren physiologischen Eigenschaften differieren; das letztere ist zweimal so giftig als das erstere. Wird links-Nikotin injiziert, so ruft es Schmerz und Erregung hervor und führt bald nach der Injektion Lähmungserscheinungen herbei, dann treten Zuckungen der Gliedmaßen

[1]) Poulsson, Archiv exp. Path. Pharmak. **27**, 309 (1890).
[2]) Ehrlich und Einhorn, Ber. d. deutsch. chem. Ges. **27**, 1870 (1894).
[3]) Hesse, Journ. f. prakt. Chem. (**2**), **64**, 353 (1901).
[4]) Cushny, Journ. Physiol. **30**, 193 (1904).
[5]) Albertoni, Archiv exp. Path. Pharmak. **15**, 272.
[6]) Macchiavelli, Jahresberichte der Chemie **1875**, 772.
[7]) Mayor, Ber. d. deutsch. chem. Ges. **37**, 1225 (1904).

ein, heftige Krampfanfälle treten auf, die Atmungsbewegungen werden geringer und der Tod tritt durch Erstickung ein; ganz anders verhält sich rechts-Nikotin. Die Dosis, welche bei links-Nikotin tödlich wirkt, ruft hier nur ein leichtes Zittern hervor, das Tier erholt sich bald.

Es scheint, daß den stabilen Isomeren in der Regel eine geringere Wirkung zukommt als den labilen. Dies wurde an früherer Stelle bereits beim Atropin und seinen Derivaten gezeigt, und ein weiteres Beispiel bildete die stabile und labile Form des Methylmorphimethins, bei welchen das erstere eine viel schwächere Wirkung ausübt als das letztere.

Hildebrandt[1]) untersuchte die Äthyl-, Propyl-, Butyl- und Isoamyl-derivate des Benzyl-coniumjodids und fand, daß die niedriger schmelzenden Isomeren eine geringere Giftwirkung besitzen als die höher schmelzenden.

Wir haben nun genügende Beweise erbracht, daß die physiologische Wirkung und die Konfiguration asymmetrischer Kohlenstoffverbindungen im nahen Zusammenhange stehen; wir wollen in den folgenden Beispielen zeigen, daß auch Unterschiede in der Raumanordnung der Atome bei anderen Verbindungen Differenzen in ihren physiologischen Eigenschaften bedingen.

Crum Brown und Fraser[2]) zeigten, daß gewisse Alkaloide nach Vereinigung mit Methyljodid neue physiologische Eigenschaften erhalten, ohne aber eine ihrer früheren Wirkungen zu verlieren. Dieses neue Attribut gleicht in seiner Wirksamkeit der Curarewirkung; denn die Methyladditionsprodukte haben eine lähmende Wirkung auf die motorischen Nervenenden der Muskel zur Folge, und es wurde erst kürzlich von Boehm gezeigt[3]), daß bei Addition von Methyljodid an Curin (die tertiäre Base, die in Curare enthalten ist) Curarin gebildet wird, eine Substanz, 226 mal giftiger als die Muttersubstanz, und die in hohem Grade die lähmenden Eigenschaften des Curare zeigt.

In all diesen Fällen verwandeln wir eine tertiäre Base in ein Ammoniumsalz nach folgender Reaktion:

$$\begin{matrix} R \\ R' \\ R'' \end{matrix}\!\!>\!N + CH_3 \cdot J = \begin{matrix} R \\ R' \\ R'' \end{matrix}\!\!>\!N\!<\!\begin{matrix} CH_3 \\ \\ J \end{matrix}$$

und wir kommen daher zu dem unvermeidlichen Schluß, daß es die Änderung vom dreiwertigen zum fünfwertigen Zustand des Stickstoffs ist, welche der Substanz die Eigenschaft, lähmend zu wirken, verliehen hat.

Diese Frage ist aber dadurch noch nicht entschieden; denn wir müssen uns erst vergewissern, ob diese neue Eigenschaft bedingt wird durch die Änderung der Gruppenzahl am Stickstoff oder der Konfiguration des Moleküls. Diese Frage ist glücklicherweise

1) Hildebrandt, Ber. d. deutsch. chem. Ges. **38**, 597 (1905).

2) Crum Brown und Fraser, Trans. Roy. Soc. Edinb. **25**, 707 (1868). Proc. Roy. Soc. Edin. **1869**, 560.

3) Boehm, Archiv d. Pharmacie **235**, 660 (1897). Archiv f. exp. Path. u. Pharmak. **6**, 101.

leicht zu entscheiden. Wir brauchen nur das Stickstoffatom durch andere Atome ersetzen, welche gleichfalls die Fähigkeit haben, aus dem dreiwertigen in den fünfwertigen Zustand überzugehen. Es ist allgemein bekannt, daß Verbindungen des dreiwertigen Phosphors, Arsens, Antimons, abgeleitet aus den entsprechenden Wasserstoffverbindungen PH_3, SbH_3, AsH_3 bei Ersatz der Wasserstoffatome durch Alkyle, die Fähigkeit haben, sich mit Alkyljodiden zu Phosphonium-, Arsonium-, Antimoniumjodiden zu vereinigen:

$$P \cdot R_4 \cdot J \qquad As \cdot R_4 \cdot J \qquad Sb \cdot R_4 \cdot J$$

Vulpian[1]) hat nun gezeigt, daß Verbindungen von diesem Typus nicht das gewöhnliche physiologische Verhalten der Phosphor-, Arsen- oder Antimonverbindungen zeigen, sondern starke curareartige Wirkung. Die von Vulpian tatsächlich benutzten Substanzen waren Tetra-äthyl-arsonium-kadmium-jodid (I), Tetramethyl-arsoniumzinkjodid (II), Methyl-triäthyl-antimoniumhydroxyd (III) und Tetraäthyl-phosphoniumjodid (IV).

$$\begin{matrix} C_2H_5 & & C_2H_5 \\ & As & -J \cdot CdJ_2 \\ C_2H_5 & & C_2H_5 \end{matrix} \qquad \begin{matrix} CH_3 & & CH_3 \\ & As & -J \cdot ZnJ_2 \\ CH_3 & & CH_3 \end{matrix}$$

(I) (II)

$$\begin{matrix} C_2H_5 & & C_2H_5 \\ & Sb & -OH \\ C_2H_5 & & CH_3 \end{matrix} \qquad \begin{matrix} C_2H_5 & & C_2H_5 \\ & P & -J \\ C_2H_5 & & C_2H_5 \end{matrix}$$

(III) (IV)

Diese Resultate zeigen, daß die Curarewirkung nicht durch die Gegenwart irgend welcher besonderer Radikale bedingt wird, sondern vielmehr durch die Änderung der stereochemischen Konfiguration des Moleküls durch Hinzutritt der beiden anderen Valenzen hervorgerufen wird. In dem Abschnitt über die Stereochemie der Stickstoffverbindungen haben wir gezeigt, daß solche vom Typus N · a b c wahrscheinlich eine ebene Konfiguration haben, so daß alle vier Atome in einer Ebene liegen; während die Verbindungen vom Typus N · a b c d X eine verschiedene Raumanordnung ihrer Atome besitzen, so daß die curareartige Wirkung durch die Änderung der ebenen in die dreidimensionale Anordnung der Atome hervorgerufen zu werden scheint. Ein endgültiger Beweis zugunsten der stereochemischen Erklärung wird durch das Verhalten der Schwefelverbindungen erbracht. Da der Schwefel in den Sulfiden zweiwertig erscheint, ist es selbstverständlich, daß die Atomanordnung eine ebene sein muß, da eine Ebene durch drei Punkte gelegt werden kann. Wenn nun Alkyljodide an die Sulfide addiert werden, so haben die neu entstehenden Verbindungen keine ebene Atomanordnung mehr, denn sie sind fähig, in optisch aktiven Formen aufzutreten. Nun wird dieser Wechsel von der ebenen in die dreidimensionale Konfiguration durch

[1]) Vulpian, Archiv de phys. norm. et. pathol. 1, 472.

einen Wechsel in den physiologischen Eigenschaften dieser Verbindungen begleitet und zwar in ähnlicher Weise wie bei den Stickstoffverbindungen; denn Curci[1]) und Kunkel[2]) zeigten, daß Schwefelbasen, wie Trimethyl-sulfin-hydroxyd, $(CH_3)_3 \cdot S \cdot OH$, eine ausgesprochene curareartige Wirkung besitzt. Ein analoger, wenngleich nicht so wertvoller Fall ist die Umwandlung eines einwertigen Jodatoms in ein dreiwertiges; Alkyljodide zeigen keine Curarewirkung, dagegen das Diphenyljodoniumchlorid, $(C_6H_5)_2 \cdot J \cdot Cl$, besitzt, wie Gottlieb[3]) gezeigt hat, diese eigentümliche lähmende Wirkung auf die motorischen Nerven, welche eine charakteristische Eigenart des Curaregiftes ist. Hier sind wahrscheinlich auch die vier Gruppen tetraedrisch im Raume angeordnet.

Die Ammoniakderivate des Kobalts, Chroms und Rhodiums wurde von Bock[4]) studiert, welcher zeigte, daß das Metallatom in diesen Substanzen einen geringeren Einfluß auf die physiologische Wirkung der Substanz ausübt, als der allgemeine Typus der Verbindung.

Der Einfluß, welchen cis-trans-Isomerie in zyklischen Verbindungen in bezug auf das physiologische Verhalten der Isomeren ausübt, soll im Falle folgender zwei Säuren erläutert werden. Die cis-Isomeren haben einen starken Geruch, während in beiden Fällen die trans-Form jedes Geruches bar ist.

Hexahydro-o-diäthyl-benzylamin-karbonsäuren:

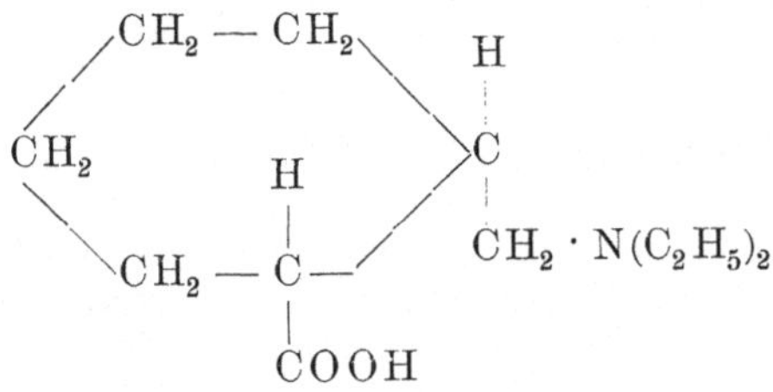

cis-Form, stark riechend

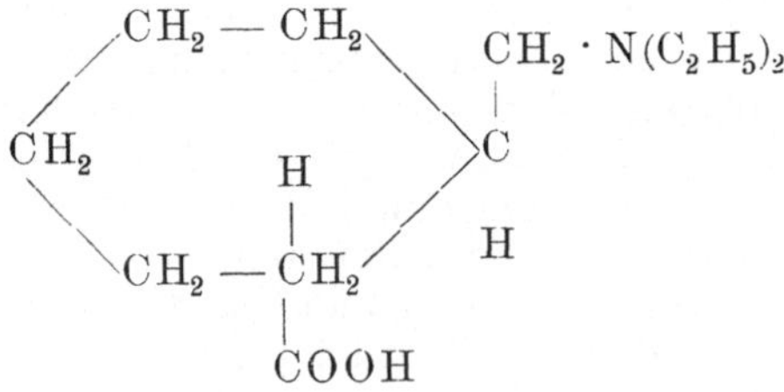

trans-Form, geruchlos

1) Curci, Arch. de Pharm. et de Therap. **4** (1896).

2) Kunkel, Lehrbuch der Toxikologie (1901).

3) Gottlieb, Ber. d. deutsch. chem. Ges. **27**, 1592 (1894).

4) Bock, Arch. f. exp. Path. u. Pharmak. **52**, I, 30 (1904).

Hexahydro-p-diäthyl-benzylamin-karbonsäuren:

$$\begin{array}{ccc} COOH & & CH_2 \cdot N(C_2H_5)_2 \\ | & CH_2 - CH_2 & | \\ C & & C \\ | & CH_2 - CH_2 & | \\ H & & H \end{array}$$

cis-Form, stark riechend

$$\begin{array}{ccc} COOH & & H \\ | & CH_2 - CH_2 & | \\ C & & C \\ | & CH_2 - CH_2 & | \\ H & & CH_2 \cdot N(C_2H_5)_2 \end{array}$$

trans-Form, geruchlos

In bezug auf Differenzen im physiologischen Verhalten stereoisomerer Verbindungen vom Äthylentypus sind nicht viele Tatsachen bekannt. Ishizuka[1]) fand, daß Maleinsäure ein stärkeres Gift ist als Fumarsäure; 1·94 g pr. 1 Kilogramm Hundegewicht sind bei der ersteren tödliche Dosis, während dieselbe Dosis von Fumarsäure harmlos ist. Es ist wahrscheinlich, daß die Differenz in der größeren Affinitätskonstante der Maleinsäure ihre Ursache findet. Dieselben toxischen Effekte findet man bei der Kultivierung von „Penicillium glaucum“ in Lösungen der beiden Säuren; der Spaltpilz wächst leicht in Fumarsäure-, aber nur schwer in Maleinsäurelösung.

Kahlenberg und True[2]) fanden bei „Lupinus albus L.“ folgende Werte. Eine Lösung von ein Gramm-Molekül Fumarsäure in 6400 Litern Wasser wirkte tödlich; bei einer Verdünnung auf 12 800 Liter blieb der Organismus intakt. Ein Gramm-Molekül Maleinsäure in 3200 Litern Wasser war tödlich; aber bei Verdünnung auf 6400 Liter war keine giftige Wirkung zu konstatieren. Diese Unterschiede der Resultate bei beiden Pilzarten scheint auf eine Differenz in der Molekularkonfiguration der reagierenden chemischen Bestandteile in beiden Pilzarten hinzudeuten. Weitere Untersuchungen auf diesem Gebiete könnten vielleicht zu interessanten Resultaten führen, da der Fall in gewissem Sinne der Fermentwirkung bei Zuckern gleicht.

Der Einfluß geometrischer Isomerie auf den Geschmackssinn wurde gleichfalls in ein oder zwei Fällen konstatiert. In der Äthylenreihe haben wir als Beispiel den Benzil-β-amido-krotonsäureester, von welchem eine Form (Schmp. 79 – 80°) ganz geschmacklos ist, während die isomere Verbindung (Schmp. 21°) einen intensiv-süßen Geschmack besitzt, der an Pfefferminz erinnert. Eine ähnliche Differenz findet sich unter den geometrisch-isomeren Kohlenstoffstickstoffverbindungen, denn die syn-Form des Anisaldoxims ist geschmacklos, während die gewöhnliche anti-Form sehr süß schmeckt.

Es wurde bereits in diesem Buche erwähnt, daß Ladenburgs Theorie von der Isomerie des dreiwertigen Stickstoffs bei ringförmigen

[1]) Ishizuka, Bull. Coll. Agr. Tokyo **2**, 484 (1897).
[2]) Kahlenberg und True, Botanical Gazette, Chicago **22**, 181 (1896).

Verbindungen, in denen der Stickstoff als Ringglied fungiert, auch auf den Isomeriefall des Tropins und ψ-Tropins angewendet worden ist. Die folgenden Abschnitte enthalten eine Zusammenstellung der in physiologischer Hinsicht aufgefundenen Tatsachen, welche Ladenburgs Ansicht zweifelhaft erscheinen lassen.

Tropin und ψ-Tropin sind isomere Substanzen mit folgender allgemeinen Strukturformel:

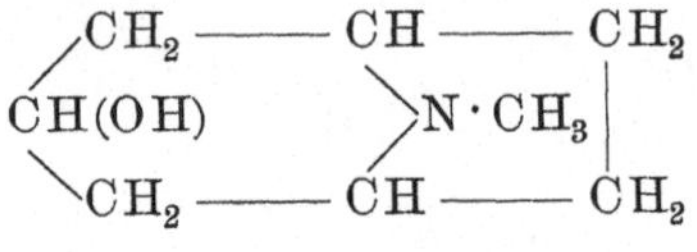

$$\begin{array}{lcccc} & CH_2 & — & CH & — & CH_2 \\ CH(OH) & & & \rangle N \cdot CH_3 & & | \\ & CH_2 & — & CH & — & CH_2 \end{array}$$

Das Mandelsäurederivat des Tropins hat eine stark mydriatische Wirkung, während das analoge ψ-Tropinderivat inaktiv ist.

Wenn wir die Ladenburgsche Hypothese von der räumlich unsymmetrischen Anordnung der Stickstoffvalenzen, nach welcher man die Isomeren folgendermaßen darstellen müßte (A und B):

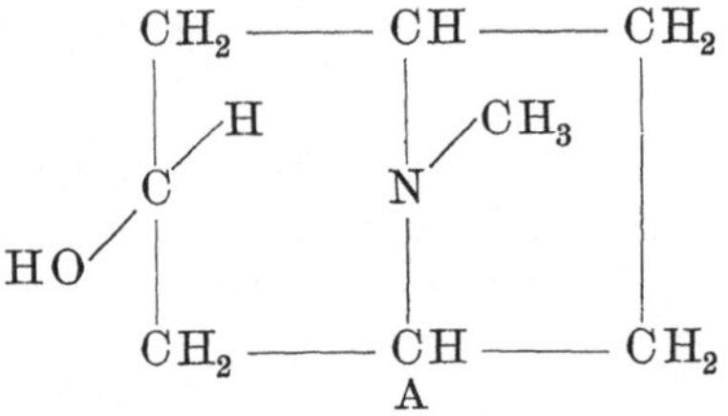

$$\begin{array}{ccccc} CH_2 & — & CH & — & CH_2 \\ | & & | & & | \\ HO / C \diagup H & & N \diagup CH_3 & & | \\ | & & | & & | \\ CH_2 & — & CH & — & CH_2 \end{array}$$

A

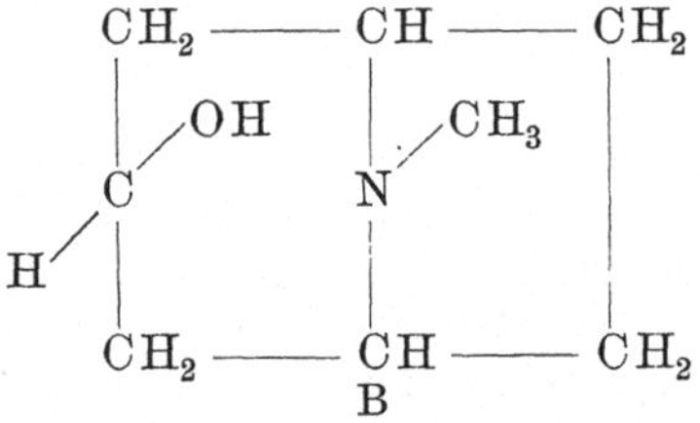

$$\begin{array}{ccccc} CH_2 & — & CH & — & CH_2 \\ | & & | & & | \\ H / C \diagup OH & & N \diagup CH_3 & & | \\ | & & | & & | \\ CH_2 & — & CH & — & CH_2 \end{array}$$

B

verwerfen, werden wir zu der einzig möglichen Annahme gedrängt, daß die Isomerie durch eine verschiedene Raumanordnung der Atome in der Gruppe —CH(OH)— bedingt wird. Stellen wir ein Modell der Strukturformel auf, so finden wir, daß die beiden Ringe des Moleküls unter einem rechten Winkel aufeinander treffen, statt in einer gleichen Ebene zu liegen, so daß eine rohe graphische Darstellung die Modelle folgendermaßen wiedergeben würde:

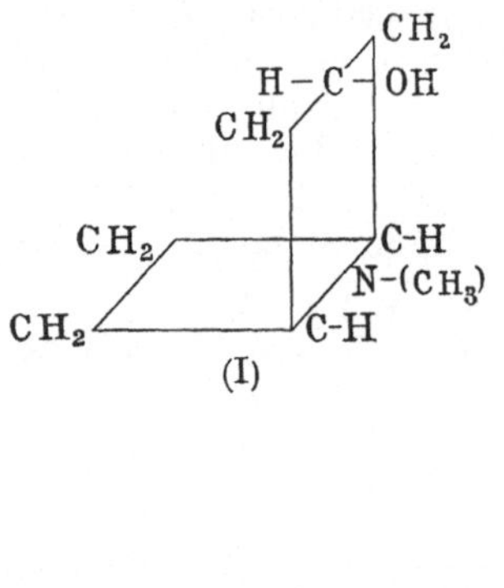

CH_2; H—C—OH; CH_2; CH_2; C-H; N-(CH_3); CH_2; C-H

(I)

CH_2; HO—C—H; CH_2; CH_2; C-H; N-(CH_3); CH_2; C-H

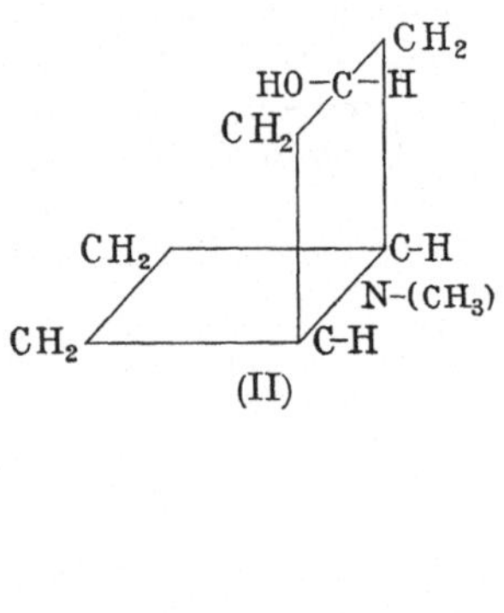

(II)

Der Unterschied zwischen den zwei Formeln besteht darin, daß in Formel (I) die Hydroxylgruppe auf derselben Seite des Moleküls liegt wie die beiden Wasserstoffatome, während sie in Formel (II) auf der entgegengesetzten Seite des Moleküls und zwar zusammen mit den beiden Methylengruppen des Ringes angeordnet ist.

Die Verbindung N-Methylvinyl-diaceton-alkamin kann ebenso in zwei stereoisomeren Formen existieren, welche durch folgende zwei Formeln dargestellt werden können:

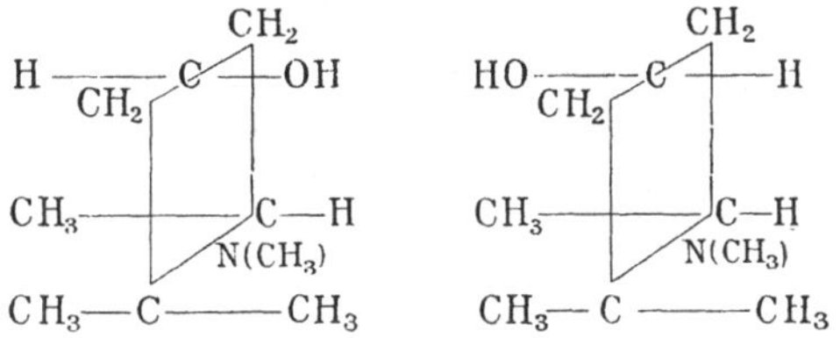

```
              CH2                       CH2
H ———————C———OH            HO ———————C———H
      CH2                        CH2

CH3 ————————C—H            CH3 ————————C—H
          N(CH3)                     N(CH3)
CH3—C————————CH3           CH3—C————————CH3
      (I A.)                     (II A.)
```

Es ist leicht zu erkennen, daß die Formeln (I) und (I A) einander gleichen, ebenso wie (II) und (II A) analog sind.

Eines dieser N-Methylvinyl-diaceton-alkamine, entweder (I A) oder (II A), hat nun dieselben physiologischen Eigenschaften wie Tropin, während das andere unwirksam ist, so wie ψ-Tropin. Eine Ähnlichkeit zwischen den beiden Reihen ist daher sehr naheliegend.

Der Hauptunterschied zwischen den Formeln (I A) und (II A) scheint zu sein, daß im ersten Falle das Wasserstoffatom der Brücke auf derselben Seite des Moleküls liegt wie die zwei Methylgruppen, während es in (II A) mit dem Wasserstoffatom auf einer Seite liegt. Falls wir dieses Wasserstoffatom durch eine Methylgruppe ersetzen könnten, würde auch die Möglichkeit zu Stereoisomerie verschwinden. Aus dem physiologischen Verhalten der neuen Verbindung könnten wir aber gewisse Schlußfolgerungen ziehen über die Wirkung, welche eine derartige Anordnung einer Hydroxylgruppe und zweier Methylgruppen auf einer Seite des Moleküls ausübt; denn in den neuen Verbindungen muß die Hydroxylgruppe unbedingt mit zwei Methylgruppen auf einer Seite liegen, da ja die beiden Konfigurationen identisch sind:

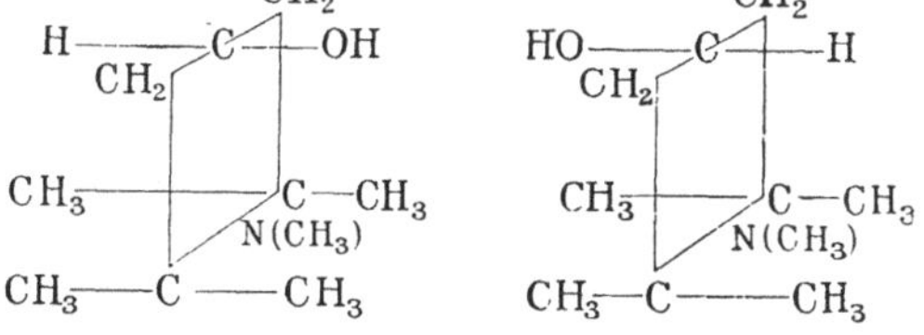

```
              CH2                       CH2
H ———————C———OH            HO ———————C———H
      CH2                        CH2

CH3 ————————C—CH3          CH3 ————————C—CH3
          N(CH3)                     N(CH3)
CH3—C————————CH3           CH3—C————————CH3
```

Diese Verbindung ist bekannt, und zwar als N-Methyl-triaceton-alkamin. Eine Prüfung ihrer Eigenschaften zeigt, daß sie dieselben physiologischen Wirkungen besitzt wie das Tropin. Daraus kann man schließen, daß das physiologisch aktive N-Methyl-vinyl-diaceton-alkamin die Konfiguration (II A) hat, und daß demgemäß dem Tropin die Raumformel (II) zukommen muß, während ψ-Tropin der Formel (I) entsprechen würde[1]).

Im Falle des Tropins und N-Methyl-vinyl-diaceton-alkamins übt das labile Isomere die physiologische Wirkung aus, während die stabile Form in beiden Fällen unwirksam ist. In Analogie damit sollten wir dann erwarten, daß das physiologisch aktive N-Methyl-triaceton-alkamin die labile Verbindung ist, wenn die Ladenburgsche Hypothese richtig wäre; da aber bisher keine weitere isomere Form aufgefunden worden ist, scheint sie ein stabiler Körper zu sein. Diese Tatsache berührt nicht die Frage vom Standpunkt der alternativen Theorie der Isomerie, ist aber vom Ladenburgschen Standpunkt aus betrachtet sehr eigenartig.

Es sollte aber nicht übersehen werden, daß Groschuff[2]) zwei isomere Verbindungen von der Formel:

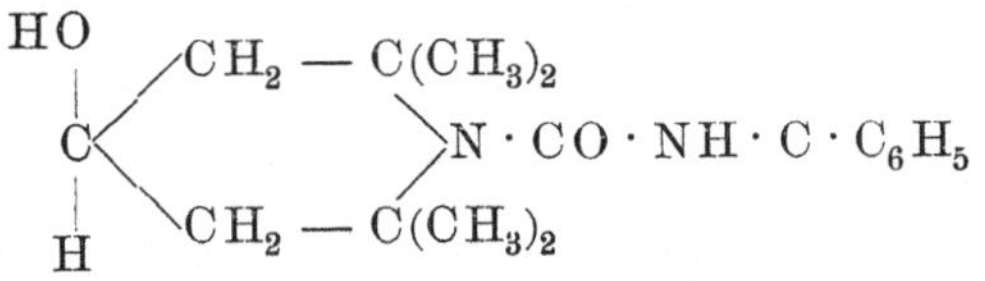

$$\begin{array}{l} HO \quad\; CH_2 - C(CH_3)_2 \\ \;\; C \qquad\qquad\qquad\quad > N \cdot CO \cdot NH \cdot C \cdot C_6H_5 \\ \;\; H \quad\;\; CH_2 - C(CH_3)_2 \end{array}$$

erwähnt, ein Fall, den nur die Ladenburgsche Hypothese erklären kann. Es würde interessant sein, die physiologische Wirkung dieser zwei Substanzen kennen zu lernen.

Die Differenzen, welche man im physiologischen Verhalten von Cocain, Eucain und α-Cocain beobachtet hat, sind möglicherweise gleichfalls auf räumliche Einflüsse zurückzuführen, obgleich über diesen Punkt gegenwärtig noch nichts Genaues bekannt ist.

---

[1]) Diese Methode erbringt natürlich keinen Beweis für die absolute Konfiguration der Verbindung, denn das entgegengesetzte Resultat wird erhalten, wenn man die Beziehungen des Wasserstoffatoms zu den Methylgruppen als Ausgangspunkt annimmt; falls man in dieser Weise vorgeht, würde Tropin durch (I) und ψ-Tropin durch (II) repräsentiert werden.

[2]) Groschuff, Ber. d. deutsch. chem. Ges. **34**, 2974 (1901).

Anhang B.

Stereochemische Modelle.

Tetraeder aus Kartonpapier können von der Firma Franz Hugershoff, Leipzig, Karolinenstraße 13, erhalten werden. Sie sind an Drahtständern befestigt und kosten je 1 Mk.; ohne die Gestelle sind sie entsprechend billiger.

Diese Tetraeder können in zwei Formen erhalten werden, entweder von gewöhnlichem Typus oder mit abgestumpften Ecken; die letzteren eignen sich besonders für Modelle, in denen zwei oder drei Tetraeder verbunden werden.

Die Österreichisch-amerikanische Gummifabrik-Aktiengesellschaft, Breitensee bei Wien, Hütteldorferstraße 74, erzeugt nach dem Vorschlage von P. Friedländer Kohlenstoffmodelle aus Gummischläuchen; sie sind für die Demonstration einfacher Verbindungen recht bequem und bestehen aus vier Gummiröhrchen, die von einem Verbindungspunkte nach den Richtungen der vier Ecken eines Tetraeders angeordnet sind. Sie kosten ca. 30 Mk. per 100 St. In gleicher Weise kann man auch dreiachsige Modelle für Stickstoff, zweiachsige für Sauerstoff und einachsige für Wasserstoff erhalten, die sich dann zu 20 Mk., resp. 15 Mk. und 6 Mk. per 100 St. stellen.

Auf Veranlassung von P. Jacobson[1]) bringt die Firma C. Desaga in Heidelberg Modelle in den Handel, die sich recht gut auch für Demonstration komplizierterer Verbindungen eignen.

Die Atome werden durch Holzkugeln dargestellt, die Valenzen durch zylindrisch nach dem Mittelpunkt gerichtete Bohrungen markiert. Durch Bleistäbchen, die in die Bohrungen passen, wird die Verbindung der einzelnen Kugeln hergestellt. Infolge der Biegsamkeit dieser Stäbchen (die auf Vorschlag von C. Engler auch durch Metallspiralen ersetzt werden können) kann man leicht mehrfache Bindungen und ringförmige Verbindungen demonstrieren. Man erhält so für den Preis von 5 Mk. in einem Holzkästchen: 8 große schwarze Kugeln (Kohlenstoffmodelle), 4 braune Kugeln (Stickstoffmodelle), 2 mittelgroße rote Kugeln (Sauerstoffmodelle), 30 verschiedenfarbige kleine

[1]) Jacobson, Chem. Zeitschr. **16**, 808 (1892).

Kugeln mit je einem Bleistäbchen versehen zur Versinnlichung beliebiger einwertiger Atome bezw. Radikale sowie 12 lange und 12 kurze Bleistäbchen zur Verbindung obiger Modelle.

Man kann sich aber auch ganz leicht selbst verschiedene derartige Modelle anfertigen; am einfachsten kann man sich Tetraeder aus Kernseife zurechtschneiden, auch Glaserkitt kann man dazu verwenden; durch Nadeln verbindet man dann die einzelnen Tetraeder; auch Kork kann man leicht in entsprechender Weise zu Tetraedern schneiden; vier Stifte oder Streichhölzer unter den richtigen Winkeln angebracht, dienen als Bindungen; durch kurze Gummi- oder Bleiröhrchen kann man die Enden der Stifte gegenseitig verbinden. Nach Knoevenagel[1]) kann man sich auch aus einer Mischung von einem Teil Terpentin, einem Teil Schellack und einem halben Teil gefälltem Kalziumkarbonat leicht Tetraeder herstellen.

Tetraeder aus Kartonpapier kann man sich leicht machen, indem man den Karton nach der folgenden Zeichnung zurechtschneidet

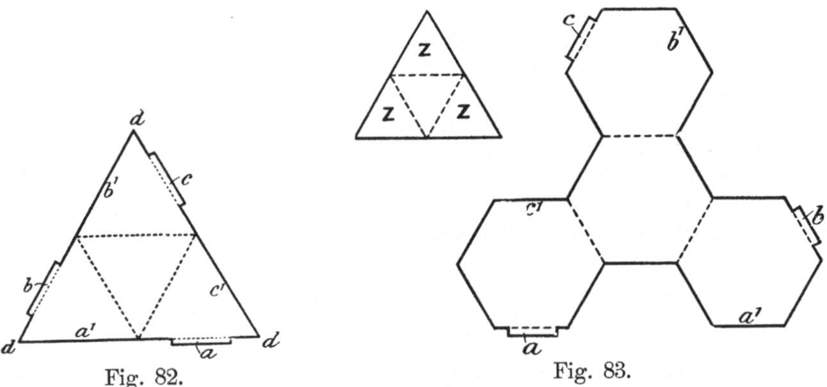

Fig. 82. Fig. 83.

(Fig. 82), nach den punktierten Linien zusammenfaltet und die mit a a', b b' und c c' markierten Teile mit Gummi so festklebt, daß a, b und c in das Innere des Tetraeders zu liegen kommen. Die mit d bezeichneten Punkte kommen zusammen und können mit etwas Siegellack befestigt werden.

Nach dieser Anordnung erhält man das gewöhnliche scharfkantige Tetraeder; da dasselbe aber für manche Zwecke weniger praktisch ist, seien noch Angaben zur Darstellung abgestumpfter Tetraeder gegeben. Man schneidet das Kartonpapier in ein Stück von nachfolgender Gestalt (Fig. 83), faltet es nach den punktierten Linien und verbindet a mit a' wie im letzten Falle. Diese Anordnung ergibt ein unvollkommenes Tetraeder, dessen vier leere Ecken nun mit Kartonstücken verklebt werden müssen. Dazu benutzt man ein Stück Kartonpapier von der Form der kleinen Figur, gummiert die Lappen z und klebt sie an der Innenseite des Tetraeders an.

[1]) Knoevenagel, Liebigs Annal. d. Chem. u. Pharm. **311**, 201 (1900).

Holztetraeder kann man bei jedem Tischler erhalten. Sie sollten in jeder Ecke, in den Zentren der Flächen und Kanten Bohrungen besitzen, um so mehrere derselben leicht durch Drahtstifte verbinden zu können. Es ist vorteilhaft, in die Bohrungen noch Messingeinlagen einzufügen, um ein eventuelles Spalten des Holzes bei stärkerem Druck zu verhindern. Die bequemste Größe für derartige Tetraeder sind solche mit ungefähr 10 cm Kantenlänge.

Wir müssen nun die Konstruktion verschiedener Benzolmodelle besprechen.

Graebes Modell (S. 412) erhält man durch Verbindung der sechs Kohlenstoffatome nach der in der Illustration angegebenen Weise.

Marshs Modell S. 413 kann man sich leicht bilden; man zeichnet auf ein Papier ein gleichseitiges Sechseck, teilt es in gleichseitige Dreiecke und setzt auf jedes Dreieck ein Tetraeder.

Vaubels Formel (S. 421) kann man leicht aus Kartontetraedern konstruieren; man zeichnet sich zunächst wieder ein gleichseitiges Sechseck auf einen Karton; nun setzt man aber nicht alle Tetraeder auf eine Seite des Kartons, sondern abwechselnd das eine oben und das andere unten.

Sachses Formel (p $\underline{\pi}$) kann man am besten in zwei Teilen darstellen; zunächst werden je drei Kohlenstoffatome miteinander in der in Fig. 84 gezeichneten Weise verbunden; man benutzt zur Befestigung am besten einen entsprechend gebogenen Draht, den man an den Seiten von A nach B, B nach C und C nach A befestigt; man kann ihn entweder mit Siegellack oder mit gummiertem Papier an den Tetraederkanten anbringen; auf diese Weise erhalten wir zwei Gruppen mit je drei Tetraedern, die man nur noch mit Wachs oder Siegellack miteinander zu verbinden braucht.

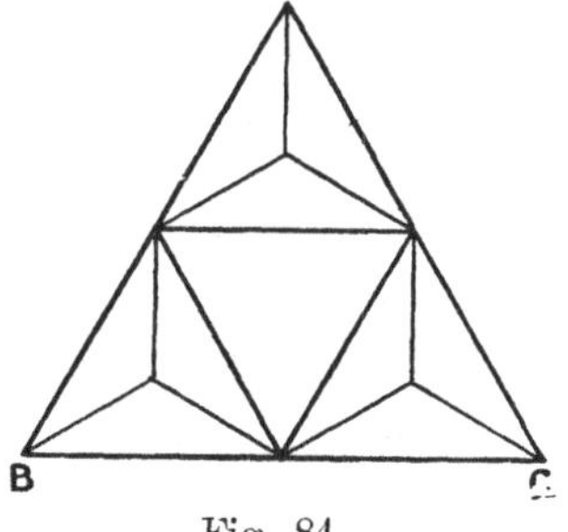

Fig. 84.

Collies Benzolmodell (S. 426) kann man bei der Firma Mssrs. Baird und Tatlock in London für einen Preis von 50 Mark beziehen. Für eine Selbstverfertigung brauchen wir wohl kaum nähere Angaben zu machen, da die gegebenen Illustrationen genügen dürften. Die Tetraeder können aus Holz oder Karton mit Korkkernen verfertigt werden; Gummibändchen, die man mit Häkchen an Ringen befestigen kann, dienen als Bindungen. Jedes Kohlenstoffatom, resp. Tetraeder, muß sich frei um seine Lagerung drehen lassen.

Modelle für die beiden Konfigurationen des Hexamethylens wurden von Sachse[1]) beschrieben und werden folgendermaßen dargestellt. Zunächst schneidet man ein Stück Kartonpapier nach Fig. 85 zu; dann werden sechs Tetraeder von entsprechender Größe auf die

1) Sachse, Ber. d. deutsch. chem. Ges. **23**, 1363 (1890).

schattierten Dreiecke aufgesetzt; nachher wird der Kartonstreifen nach den Linien B C, C D, E F, F G, A B und G H geknickt und zusammengelegt.

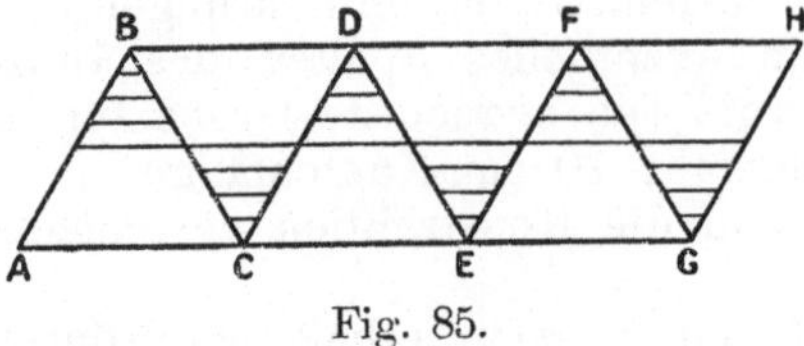

Fig. 85.

Dieselbe Konfiguration erhält man, wenn man ein Stück Karton von der in Fig. 86 gezeichneten Gestalt benützt. Auf die mit Zahlen versehenen Dreiecke werden nun die Tetraeder so befestigt, daß 1, 3 und 5 auf einer, 2, 4 und 6 auf der anderen Seite zu liegen kommen.

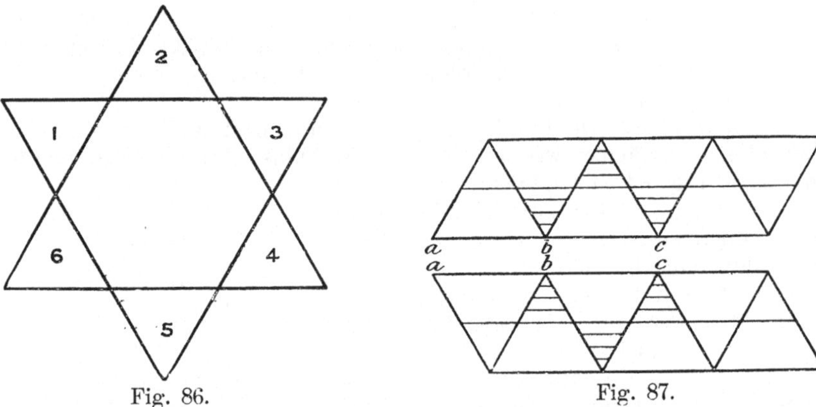

Fig. 86. Fig. 87.

Die andere Konfiguration ist etwas mehr kompliziert; man schneide sich zwei Stück Kartonpapier zu Formen, wie sie Fig. 87 zeigt; auf die schattierten Dreiecke klebt man nun wieder passende Tetraeder; dann werden beide Teile so miteinander verbunden, daß die gleichen Buchstaben zusammenfallen.

Das Modell gewinnt an Anschaulichkeit, wenn man alle Teile mit Ausnahme der Tetraeder schwärzt.

Namenverzeichnis.

Sach-Register.